DELIUS KLASING

Dr. Etzold
Diplom-Ingenieur für Fahrzeugtechnik

So wird's gemacht

pflegen – warten – reparieren

Band 67

BMW 5er Reihe E34
Limousine von 9/87 bis 7/95
touring-Modell von 9/91 bis 1/96

Benziner

518i	1,8 l/	83 kW	(113 PS)	1/93 – 8/94
518i	1,8 l/	85 kW	(115 PS)	9/94 – 1/96
520i	2,0 l/	95 kW	(129 PS)	9/87 – 4/90
520i	2,0 l/	110 kW	(150 PS)	5/90 – 1/96
525i	2,5 l/	125 kW	(170 PS)	9/87 – 4/90
525i	2,5 l/	141 kW	(192 PS)	5/90 – 1/96
530i	3,0 l/	138 kW	(188 PS)	9/87 – 8/90
535i	3,5 l/	155 kW	(211 PS)	9/87 – 8/92

Diesel

524td	2,4 l/	85 kW	(115 PS)	9/87 – 8/90
525td	2,5 l/	85 kW	(115 PS)	4/93 – 1/96
525tds	2,5 l/	105 kW	(143 PS)	9/90 – 1/96

Delius Klasing Verlag

Bibliografische Information der Deutschen Nationalbibliothek
Die Deutsche Nationalbibliothek verzeichnet diese Publikation in der Deutschen Nationalbibliografie; detaillierte bibliografische Daten sind im Internet über http://dnb.dnb.de abrufbar.

12. Auflage
ISBN 978-3-7688-0651-0

Alle Angaben ohne Gewähr
Abbildungen; Redaktion Dr. Etzold; BMW AG
Umschlaggestaltung: Ekkehard Schonart
Druck: Books on Demand, Norderstedt

Delius Klasing Verlag, Siekerwall 21, D - 33602 Bielefeld
Tel.: 0521/559-0, Fax: 0521/559-115
E-Mail: info@delius-klasing.de
www.delius-klasing.de
www.sowirdsgemacht.com

Lieber Leser,

obwohl die Automobile von Modellgeneration zu Modellgeneration technisch wesentlich aufwendiger und komplizierter werden, greifen von Jahr zu Jahr immer mehr Heimwerker zum »So wird's gemacht«-Handbuch. Die Erklärung dafür ist einfach: Weil die Technik des Automobils komplizierter geworden ist, kommt man selbst als Fachmann bei Wartungs- und Reparaturarbeiten am Fahrzeug ohne eine spezielle Anleitung nicht mehr aus.

Auch der fachkundige Hobbymonteur, der sein Fahrzeug selbst wartet und repariert, sollte bedenken, daß der Fachmann viel Erfahrung hat und durch die Weiterschulung und den ständigen Erfahrungsaustausch über den neuesten Technikstand verfügt. Mithin kann es für die Überwachung und Erhaltung der Betriebs- und Verkehrssicherheit des eigenen Fahrzeugs sinnvoll sein, in regelmäßigen Abständen eine Fachwerkstatt aufzusuchen.

Grundsätzlich muß sich der Heimwerker natürlich darüber im klaren sein, daß man mit Hilfe eines Handbuches nicht automatisch zum Kfz-Mechaniker wird. Auch deshalb sollte man nur solche Arbeiten durchführen, die man sich selbst zutraut. Das gilt insbesondere für jene Arbeiten, die die Verkehrssicherheit des Fahrzeugs beeinträchtigen können. Gerade in diesem Punkt sorgt das »So wird's gemacht«-Handbuch jedoch für praktizierte Verkehrssicherheit. Durch die exakte Beschreibung der erforderlichen Arbeitsschritte und den Hinweis, die Sicherheitsaspekte nicht außer acht zu lassen, wird der Heimwerker vor der Arbeit entsprechend sensibilisiert und fachlich richtig informiert. Auch wird darauf hingewiesen, im Zweifelsfall die Arbeit lieber einem Fachmann zu überlassen.

Vor jedem Arbeitsgang empfiehlt sich ein Blick in das vorliegende Buch. Dadurch werden Umfang und Schwierigkeitsgrad der Reparatur offenbar. Außerdem wird deutlich, welche Ersatz- oder Verschleißteile eingekauft werden müssen und ob unter Umständen die Arbeit nur mit Hilfe von Spezialwerkzeug durchgeführt werden kann.

Für die meisten Schraubverbindungen ist das Anzugsmoment angegeben. Bei Schraubverbindungen, die in jedem Fall mit einem Drehmomentschlüssel angezogen werden müssen (Zylinderkopf, Achsverbindungen usw.), ist der Wert **fett** gedruckt. Nach Möglichkeit sollte man generell jede Schraubverbindung mit einem Drehmomentschlüssel anziehen. Übrigens: Für viele Schraubverbindungen sind Innen- oder Außen-Torxschlüssel erforderlich.

Als ich Anfang der siebziger Jahre den ersten Band der »So wird's gemacht-Buchreihe« auf den Markt brachte, wurden im Automobilbau nur ganz wenige elektronische Bauteile eingesetzt. Inzwischen ist das elektronische Management allgegenwärtig; ob bei der Steuerung der Zündung, des Fahrwerks oder der Gemischaufbereitung. Die Elektronik sorgt auch dafür, daß es in verschiedenen Bereichen keine Verschleißteile mehr gibt, wie zum Beispiel der früher für den Zündfunken unentbehrliche Unterbrecherkontakt im Zündverteiler. Das Überprüfen elektronischer Bauteile ist wiederum nur noch mit teuren und speziell auf das Fahrzeugmodell abgestimmten Prüfgeräten möglich, die dem Heimwerker in der Regel nicht zur Verfügung stehen. Wenn also verschiedene Reparaturschritte nicht mehr beschrieben werden, so liegt das ganz einfach am vermehrten Einsatz von elektronischen Bauteilen.

Das vorliegende Buch kann natürlich auch nicht auf jede aktuelle, technische Frage eingehen. Dennoch hoffe ich, daß die getroffene Auswahl an Reparatur-, Wartungs- und Pflegehinweisen in den meisten Fällen die auftretenden Probleme zufriedenstellend löst.

Rüdiger Etzold

Inhaltsverzeichnis

Der Motor

Der **5er BMW E34** wird von einem flüssigkeitsgekühlten Reihenmotor angetrieben. Der 1,8-l-Motor besitzt 4 Zylinder, alle anderen hier berücksichtigten Motoren weisen 6 Zylinder auf. Das Triebwerk ist im Motorraum längs zur Fahrtrichtung eingebaut. Es kann nur mit einem geeigneten Kran nach oben herausgehoben werden.

Zum Einsatz kommen je nach Modell folgende Triebwerke:

Modell 518 i: 4-Zylindermotor **M40** mit 1,8 l Hubraum. Ab 9/94 modifiziert (Steuerkette, Zündanlage, Saugrohr) als Motor **M43**.

Modelle 520i/525i (2,0 l und 2,5 l Hubraum): bis April 1990 der Motor **M20**, seit Mai 1990 der (leistungsstärkere) 4-Ventil-Motor **M50**.

Modelle 530i/535i: Motor **M30** mit 3,0 l und 3,5 l Hubraum.

Modell 524 td: Turbodieselmotor **M21** mit 2,4 l Hubraum.

Modelle 525 td/525 tds: Turbodieselmotor **M51** mit 2,5 l Hubraum.

In dem aus Grauguß bestehenden Motorblock sind die Zylinderbohrungen eingelassen. Bei hohem Verschleiß oder Riefen an den Zylinderwänden können die Zylinder von einer Fachwerkstatt gehont, also ausgeschliffen werden. Anschließend müssen dann allerdings Kolben mit Übermaß eingebaut werden. Im unteren Teil des Motorblocks befindet sich die Kurbelwelle, die von den Kurbelwellenlagern abgestützt wird. Über Gleitlager sind die Pleuel, die die Verbindung zu den Kolben herstellen, mit der Kurbelwelle verbunden. Den unteren Abschluß des Motors bildet die Ölwanne, in der sich das für die Schmierung und Kühlung erforderliche Motoröl sammelt. Oben auf den Motorblock ist der Leichtmetall-Zylinderkopf aufgeschraubt. Er besteht aus Aluminium, weil dieses Metall eine bessere Wärmeleitfähigkeit und ein geringeres spezifisches Gewicht gegenüber Grauguß aufweist.

Der Zylinderkopf ist nach dem sogenannten Querstromprinzip aufgebaut. Das bedeutet, daß das frische Kraftstoff-Luftgemisch auf der einen Seite des Zylinderkopfes einströmt, während die verbrannten Gase auf der gegenüberliegenden Seite ausgestoßen werden. Durch die Querstrom-Anordnung ist ein schneller Gaswechsel sichergestellt. Oben im Zylinderkopf befindet sich die Nockenwelle. Angetrieben wird die Nockenwelle bei den Motoren M40, M20 und M21 von der Kurbelwelle über einen Zahnriemen, bei den Motoren M30, M43, M50 und M51 über eine Einfachrollenkette. Die Nockenwelle betätigt bei den M20/M30-Motoren über Kipphebel die V-förmig angeordneten Ein- und Auslaßventile. Der 4-Ventil-Motor M50 besitzt eine zweite Nockenwelle, jede stößt nur die Einlaß- beziehungsweise Auslaßventile direkt über wartungsfreie Hydrostößel auf. Auch der Dieselmotor M 51 besitzt Hydrostößel. Beim Dieselmotor M21 und beim 4-Zylindermotor M40/M43 betätigt die Nockenwelle die Ventile über Schlepphebel, die sich an der dem Ventil gegenüberliegenden Seite auf (beim M40/M43-Motor selbstausgleichenden) Kugelbolzen abstützen. Bei den Motoren M20, M21 und M30 muß das Ventilspiel regelmäßig im Rahmen der Wartung und nach Reparaturen kontrolliert, gegebenenfalls eingestellt werden.

Seit 9/92 sind die 6-Zylinder-Benzinmotoren verbessert, unter anderem mit einer variablen Nockenwellensteuerung ausgerüstet, abgekürzt VANOS genannt. Hierbei wird die Einlaßnockenwelle je nach Motordrehzahl durch eine Stelleinheit gegenüber dem Kettenrad verdreht, so daß sich optimale Ventil-Steuerzeiten ergeben. Angesteuert wird die Verstelleinheit durch das Motor-Steuergerät. Weitere Änderungen im Hinblick auf bestmöglichen Leerlaufkomfort, Drehmomentverlauf, Abgas-Emissionswert und Verbrauch sind: erhöhte Verdichtung in Verbindung mit einer selektiven Klopfregelung, Einfach-Ventilfedern mit geringeren Federkräften, leichtere Kolben mit längeren Pleuel.

Für die Motorschmierung sorgt eine Ölpumpe, die bei den 6-Zylinder-Benzinmotoren und dem 2,4-l-Dieselmotor vorn in der Ölwanne sitzt und je nach Motor durch die Kurbelwelle beziehungsweise über eine Nebenwelle angetrieben wird. Beim 4-Zylinder- und dem 2,5-l-Dieselmotor sitzt die Ölpumpe im Steuergehäusedeckel am Kurbelwellenende und ist mit dieser verzahnt. Das im Ölsumpf angesaugte Öl gelangt über Bohrungen und Leitungen zu den Lagern der Kurbel- und Nockenwelle sowie in die Zylinderlaufbahnen.

Die Kühlmittelpumpe sitzt vorn am Motorblock, deren Welle dreht bei entsprechender Temperatur den Kühlerlüfter über eine Visco-Kupplung mit. Der Antrieb der Pumpe erfolgt über den Keilriemen, der auch den Generator antreibt, beim M40-

Motor über den Nockenwellen-Zahnriemen. Zu beachten ist, daß der Kühlmittelkreislauf ganzjährig mit einer Mischung aus Kühlerfrost- und Korrosionsschutzmittel sowie kalkarmem Wasser befüllt sein muß.

Für die Aufbereitung eines zündfähigen Kraftstoff-Luftgemisches sorgt eine elektronische Zünd- und Einspritzanlage, wodurch langzeitstabile Abgasemissionswerte garantiert werden. Vorn am Zylinderkopf ist anstelle des Zündverteilers ein sogenannter Hochspannungsverteiler angeflanscht, der durch die Nockenwelle direkt angetrieben wird. Die Zündanlage des Motors M43/M50 hat keinen Verteiler, es gibt also bei diesem Motor keine beweglichen Teile der Zündanlage. Beim Dieselmotor wird die Kraftstoffzuteilung durch die DDE (Digitale Diesel-Elektronik) ebenfalls elektronisch geregelt.

Motor M 20 (520 i, 525 i bis 4/90)

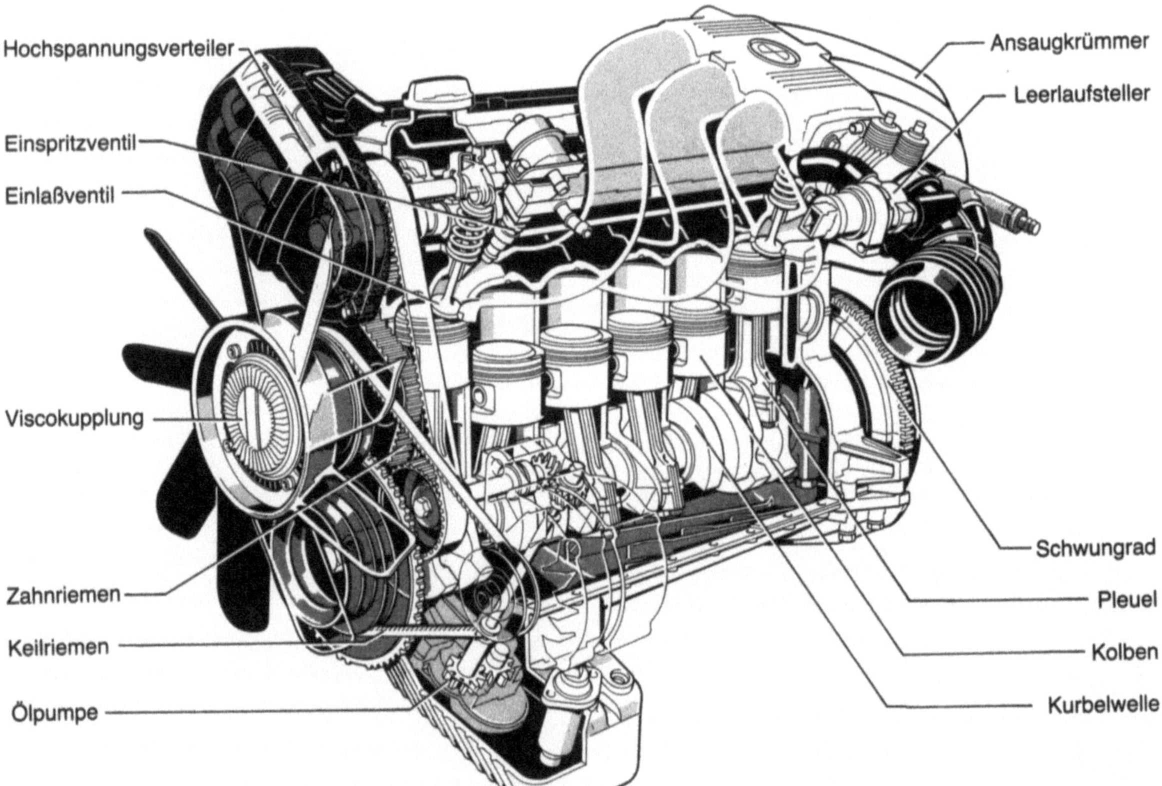

Motor M 50 (520 i, 525 i seit 5/90)

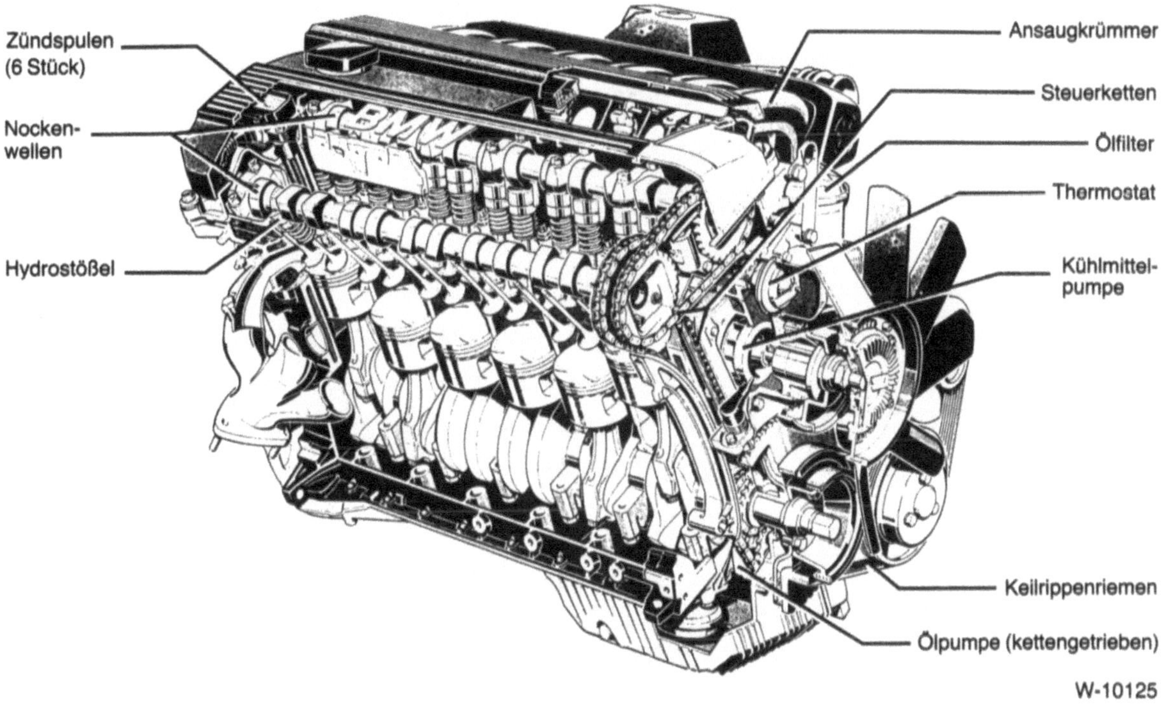

Motor M 30 (530 i, 535 i bis 8/92)

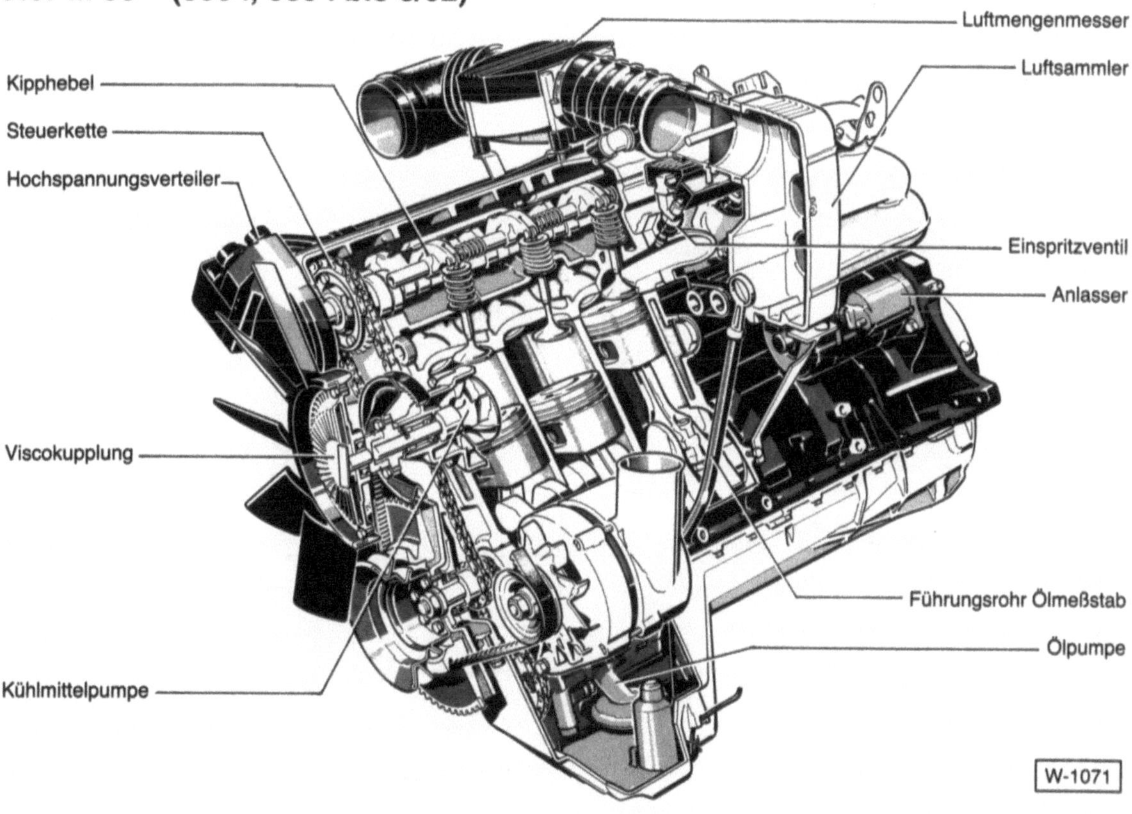

Motor M 21 (524 td bis 8/90)

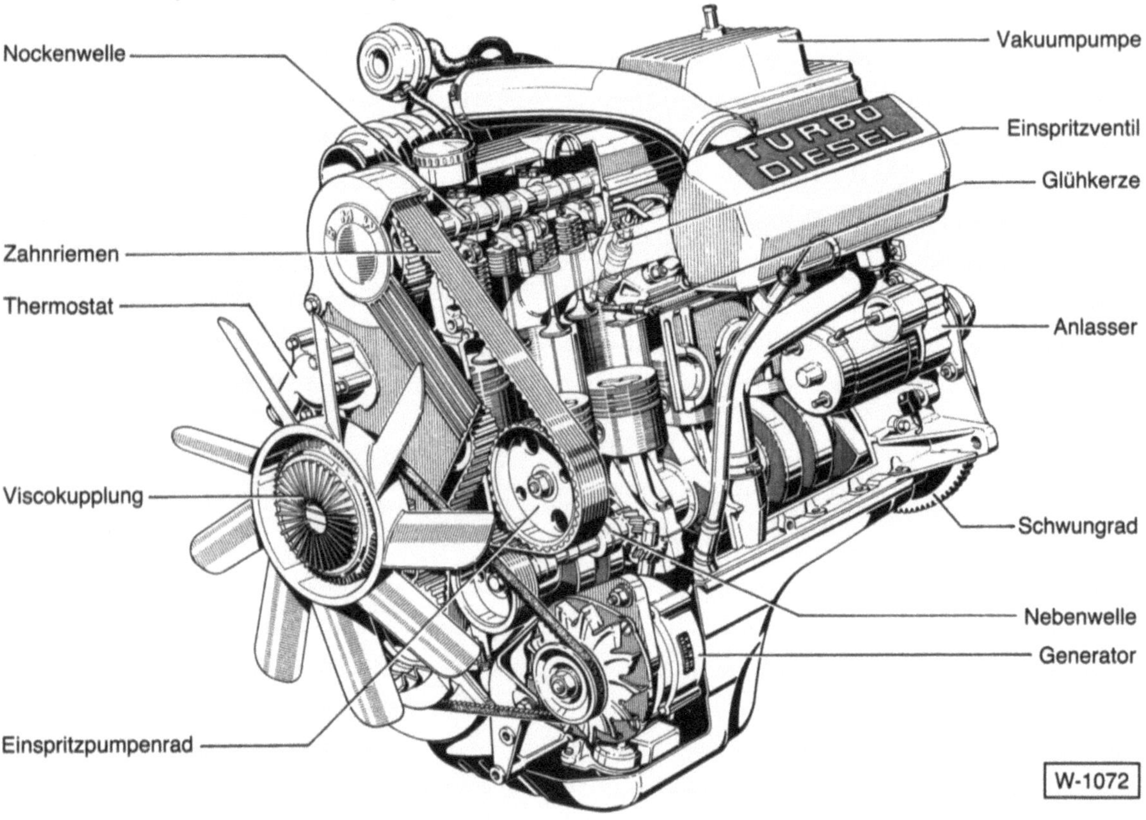

Motor M 51 (525 td/tds seit 9/90)

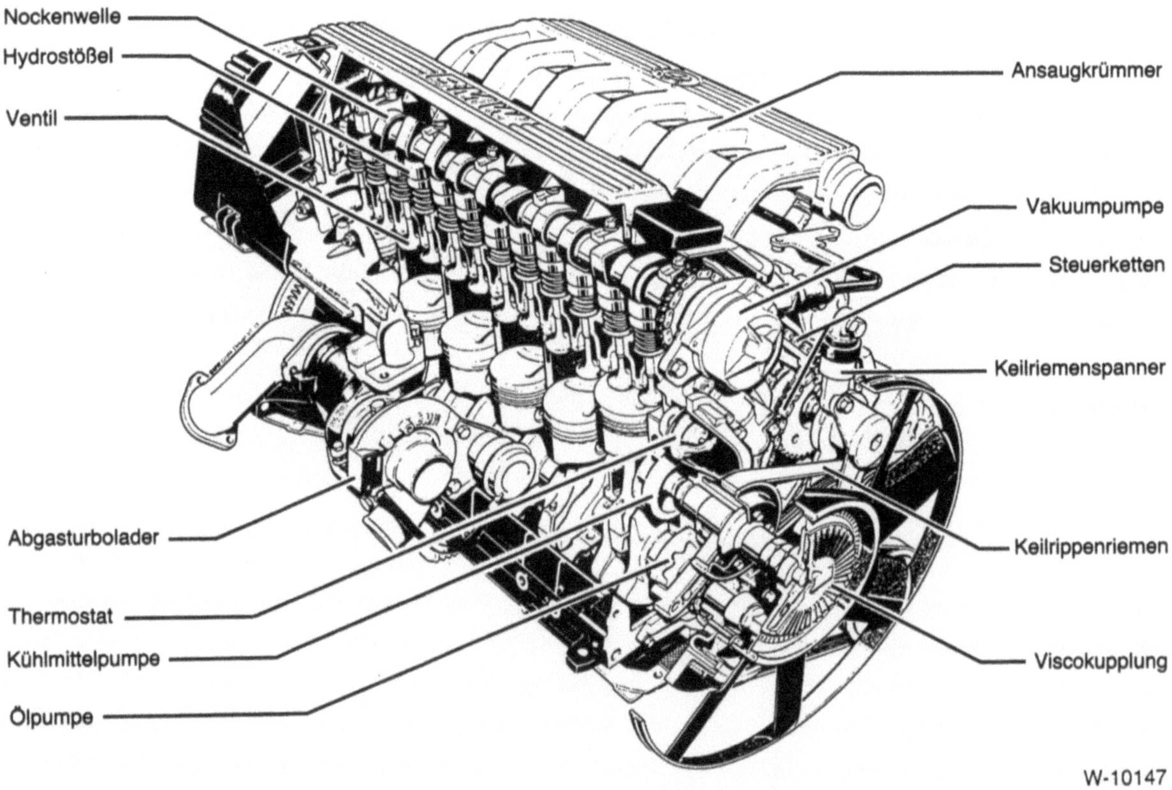

Die wichtigsten Motordaten

Modell	518i	518i	520i	520i	525i	525i / iX[5]
Motortyp	M40	M43	M20	M50	M20	M50
Herstellung von – bis	1.93 – 8.94	9. 94 – 1/96	9.87 – 4.90	5.90 – 1/96	9.87 – 4.90	5.90 – 1/96
Hubraum cm^3	1796	1796	1991	1991	2494	2494
Leistung kW bei 1/min PS bei 1/min	83/5500 113/5500	85/5500 115/5500	95/6000 129/6000	110/5900 150/5900	125/5800 170/5800	141/5900 192/5900
Drehmoment Nm bei 1/min	162/4250	168/3900	164/4300	190/4700[2]	222/4300	245/4700[3]
Bohrung ∅ mm	84,0	84,0	80,0	80,0	84,0	84,0
Hub mm	81,0	81,0	66,0	66,0	75,0	75,0
Verdichtung	8,8	9,7	8,8	10,5	8,8	10,0/10,5[4]
Kraftstoffart ROZ	N bleifrei 91	S bleifrei 95[5]	N bleifrei 91	S bleifrei 95	N bleifrei 91	S bleifrei 95
Zünd-/Einspritzanlage[1]	DME M1.7	DME M1.7	DME M1.1	DME M3.1	DME M1.1	DME M3.1
Zündfolge	1-3-4-2		1-5-3-6-2-4			

Modell	530i	535i	530i	540i	524td	525td	525tds
Motortyp	M30	M30	M60/1	M60/2	M21	M51	M51
Herstellung von – bis	9.87 – 8. 90	9.87 – 8.92	9.92 – 1/96	9.92 – 1/96	9.87 – 8.90	4.93 – 1/96	9.90 – 1/96
Hubraum cm^3	2986	3430	2997	3982	2443	2498	2498
Leistung kW bei 1/min PS bei 1/min	138/5800 188/5800	155/5700 211/5700	160/5800 218/5800	210/5800 286/5800	85/4800 115/4800	85/4800 115/4800	105/4800 143/4800
Drehmoment Nm bei 1/min	260/4000	305/4000	290/4500	400/4500	220/2400	222/1900	260/2200
Bohrung ∅ mm	89,0	92,0	84,0	89,0	80,0	80,0	80,0
Hub mm	80,0	86,0	67,6	80,0	81,0	82,8	82,8
Verdichtung	9,0	9,0	10,5	10,0	22,0	22,0	22,0
Kraftstoffart ROZ	N bleifrei 91	N bleifrei 91	S bleifrei 95	S bleifrei 95	Diesel	Diesel	Diesel
Zünd-/Einspritzanlage[1]	DME M1.1	DME M1.1	DME M3.3	DME M3.3	DDE	DDE	DDE
Zünd-/Einspritzanlage[1]	1-5-3-6-2-4		1-5-4-8-6-3-7-2		1-5-3-6-2-4		

[1]) DME = Digitale Motor-Elektronik (Motronic), DDE = Digitale Diesel-Elektronik.
[2]) 190/4200 ab Modelljahr '93 durch VANOS-Steuerung.
[3]) 250/4200 ab Modelljahr '93 durch VANOS-Steuerung.
[4]) ab Modelljahr '93.
[5]) iX = Allradversion

Motor aus- und einbauen

Der Motor wird ohne Getriebe nach oben ausgebaut. Abgas- und Ansaugkrümmer sowie Generator bleiben am Motor angebaut. Zum Ausbau des Motors wird ein Kran benötigt. In **keinem Fall** darf der Motor mit einem Rangierheber nach unten abgesenkt werden, da der Heber am Motor schwere Schäden verursachen würde.

Da auch auf der Wagenunterseite einige Verbindungen gelöst werden müssen, werden vier Unterstellböcke sowie zum Aufbocken des Wagens ein Rangierheber benötigt. Vor der Montage im Motorraum sollten die Kotflügel mit Decken geschützt werden.

Je nach Baujahr und Ausstattung können die elektrischen Leitungen beziehungsweise Unterdruck- oder Kühlmittelschläuche unterschiedlich im Motorraum verlegt sein. Da im einzelnen nicht auf jede Variante eingegangen werden kann, empfiehlt es sich, die jeweilige Leitung mit Tesaband zu kennzeichnen, bevor sie abgezogen wird.

Achtung: Der Ausbau ist am Motor M20 beschrieben. Besondere Hinweise für die Motoren M30 (3,0- und 3,5 l) und Dieselmotor M21 stehen am Ende des Kapitels.

Ausbau

- Motorhaube ausbauen, siehe Kapitel »Karosserie«.
- Massekabel und Pluskabel von der Batterie abklemmen.
- Fahrzeug aufbocken, siehe Seite 114.

- Aggregateunterschutz abschrauben.
- Getriebe ausbauen, siehe Seite 121.

- Fahrzeuge mit Servolenkung: Keilriemen ausbauen, Hydraulikpumpe abschrauben und mit angeschlossenen Leitungen zur Seite legen. **Achtung:** Wenn die Hydraulikleitung geöffnet wird, muß das System nach dem Einbau entlüftet werden, siehe 286.
- Fahrzeuge mit Klimaanlage: Kältekompressor abschrauben und mit angeschlossenen Leitungen zur Seite legen. **Achtung:** Der Kältemittelkreislauf darf **auf keinen Fall** geöffnet werden, da das Kältemittel Frigen enthält und bei Hautberührungen zu Erfrierungen führen kann.
- Kühlmittel ablassen, siehe 274.

- Stecker vom Öldruckschalter abziehen. Die Abbildung zeigt den Öldruckschalter beim Motor M 20 (unterhalb des rechten Motorträgers, bei den anderen Modellen am Zylinderkopf beziehungsweise am Ölfiltergehäuse).
- Fahrzeug ablassen, siehe Seite 114.
- Lüfter ausbauen, siehe Seite 81.
- Kühler ausbauen, siehe Seite 83.

Achtung: Falls die Kühlmittelschläuche durch Quetschschellen gesichert sind, Schellen mit Seitenschneider durchkneifen und beim Einbau Schraubschellen verwenden.

- Gaszug –1– am Drosselklappenhebel aushängen. Dazu Drosselklappe öffnen, Nippel –3– mit schmalem Schraubendreher ausclipsen. Nasen –2– des Clips zusammen-

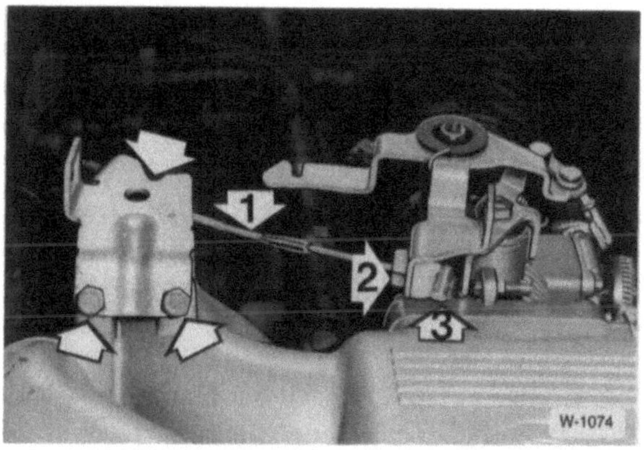

drücken und aus dem Drosselklappenhebel herausziehen. Seilzug durch den Schlitz im Drosselklappenhebel nach unten herausnehmen.

- Falls vorhanden, Seilzug für automatisches Getriebe aushängen.
- Halter abschrauben –Pfeile–.

- Schelle –1– lösen, Luftschlauch aus Halterung –Pfeil– am Luftfiltergehäuse aushängen und herausnehmen.
- Halteschlaufen für Kühlmittelschlauch –2– an Luftfiltergehäuse durchschneiden.
- Stecker –3– abziehen.

- Schelle –1– öffnen und Luftschlauch abnehmen.
- Luftfiltergehäuse herausnehmen, dazu Muttern –2– lokkern.

- Kühlmittelschlauch –1– abziehen, vorher Schelle ganz öffnen und zurückschieben.
- Kraftstoffschläuche –2/3– abziehen, vorher Schläuche mit Tesaband kennzeichnen, damit sie beim Einbau nicht verwechselt werden; Schlauchschellen öffnen.

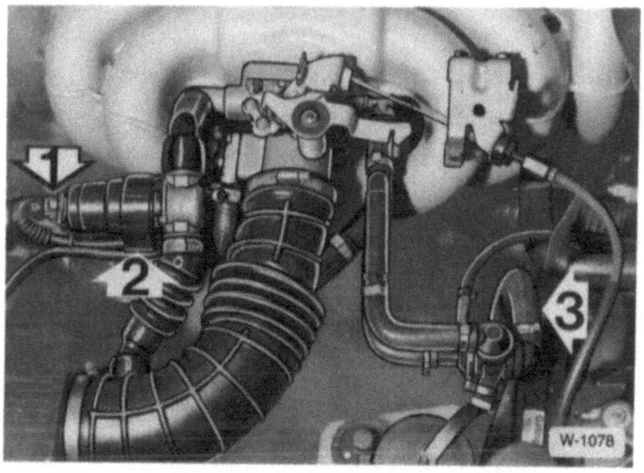

- Stecker –1– vom Leerlaufsteller abziehen.
- Elektrische Leitung am Kabelhalter –2– aushängen.
- Unterdruckschlauch –3– für Bremskraftverstärker abziehen.

- Heizungsschläuche –1/2– mit Tesaband markieren und ausbauen.

- Unterdruckschlauch –3– abziehen.

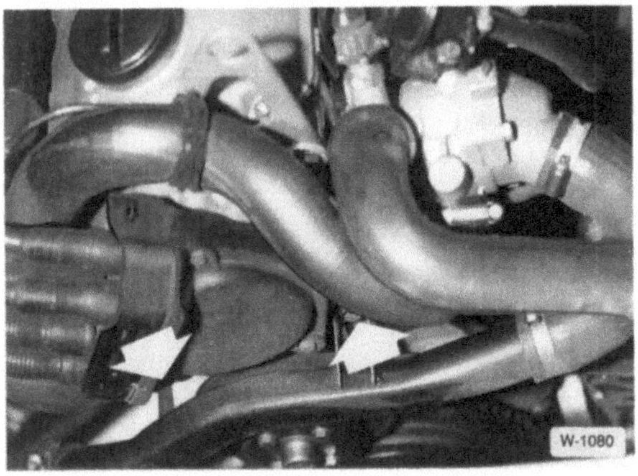

- Kühlmittelrohr abschrauben und herausnehmen.
- Zündkabel von der Zündspule abziehen.
- Falls vorhanden, Leitungen für Ölkühler abschrauben und mit geeignetem Stopfen verschließen.
- Kabelschacht unter dem Verteiler mit Schraubendreher heraushebeln und Kabel zur linken Motorseite legen.
- Anschlußkabel vom Anlasser abschrauben.
- Abdeckung hinten vom Generator und elektrische Leitungen abschrauben.
- Steckverbindung hinter Generator trennen.
- Stecker für Bezugsmarkengeber am Kabelbaum unter dem Ansaugrohr abziehen.
- Falls vorhanden, Stecker für Zylinderkennung abziehen.
- Sämtliche Steckverbindungen am Kabelstrang unterhalb des Saugrohres trennen. Falls vorhanden, Unterdruckschlauch abziehen.

- Motorkabelbaum unter Ansaugrohr links –Pfeil– und rechts abschrauben, vom Ansaugkrümmer abnehmen und zur Seite legen.

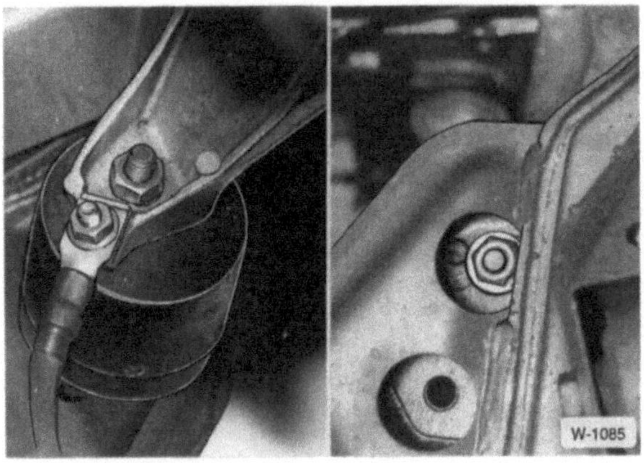

- Masseband abschrauben.
- Motorlager links von oben und rechts von unten abschrauben.

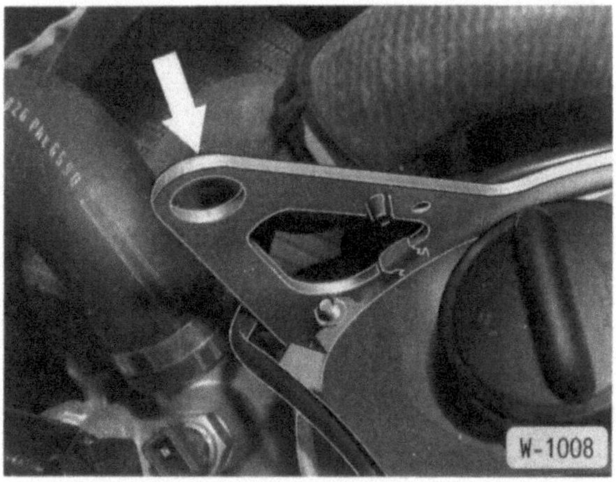

- Motor anseilen. Dazu geeignetes Seil oder eine Kette an den Aufhängeösen –Pfeil– des Motors einhängen. Motor mit Werkstattkran leicht anheben.
- Prüfen, ob sämtliche Schläuche und Leitungen, die vom Motor zum Aufbau führen, abgezogen sind. Anschließend Motor herausheben.

Achtung: Der Motor muß beim Herausheben sorgfältig geführt werden, um Beschädigungen am Aufbau zu vermeiden.

Einbau

- Motorlager, Kühlmittel-, Öl- und Kraftstoffschläuche auf Porosität oder Risse prüfen, falls erforderlich erneuern.
- Rillenkugellager in der Kurbelwelle und Kupplungsausrücklager auf leichten Lauf und Ausrückhebel auf Leichtgängigkeit prüfen.
- Kupplungs-Mitnehmerscheibe auf ausreichende Belagdicke sowie Belagzustand prüfen.
- Motor vorsichtig in den Motorraum einführen. Beim Absenken darauf achten, daß der Motor sorgfältig geführt wird, um Beschädigungen an Antriebswelle, Kupplung und Aufbau zu vermeiden.
- Führungsstift in die Bohrung am Achsträger einführen und Muttern für Motorlager anschrauben, nicht festziehen.

- Fahrzeug aufbocken, siehe Seite 114.
- Getriebe einbauen, siehe Seite 121.
- Fahrzeug ablassen, siehe Seite 114.
- Motor durch Schüttelbewegungen spannungsfrei einrichten. Anschließend Motorlager mit **45 Nm** festziehen. Massekabel anschrauben.
- Motorkabelbaum ansetzen und festschrauben.
- Sämtliche Stecker und Schläuche aufschieben, siehe unter Ausbau. Schläuche mit Schellen sichern.
- Elektrische Leitungen an Generator anschrauben, siehe unter »Generator aus- und einbauen«.
- Abdeckung für Generator anschrauben.
- Kabelschacht unter Verteiler einclipsen.
- Kühlmittelrohr anschrauben.
- Luftfilter-Einsatz prüfen, gegebenenfalls ausklopfen oder erneuern. Luftfilter einbauen, siehe Seite 90.
- Gaszug und, falls vorhanden, Seilzug für automatisches Getriebe am Drosselklappenhebel einhängen, Halter anschrauben.
- Kühler einbauen, siehe Seite 83.
- Lüfter einbauen, siehe Seite 81.
- Falls ausgebaut, Kältekompressor anschrauben.
- Servopumpe anschrauben.
- Aggregateunterschutz anschrauben.
- Keilriemen einbauen und spannen, siehe Seite 61.
- Sämtliche elektrischen Leitungen, Unterdruck-, Kühlmittel- und Kraftstoffschläuche entsprechend den angebrachten Markierungen anschließen. Schläuche mit Schellen sichern. Elektrische Leitungen mit Kabelbindern fixieren.
- Ölstand in Motor und Getriebe prüfen, gegebenenfalls auffüllen.
- Kühlmittel auf Gefrierschutz prüfen und auffüllen, siehe Seite 273.
- Massekabel und Pluskabel an die Batterie anklemmen.
- Motor starten und auf Betriebstemperatur bringen, Kühlmittelstand überprüfen und sämtliche Schlauchanschlüsse auf Dichtheit prüfen.
- Ventilspiel prüfen, siehe Kapitel »Wartung«.
- Motorhaube einbauen, siehe Kapitel »Karosserie«.

Motor M30

Ausbau

- Aggregateunterschutz ausbauen.
- Kühlmittel-Ausgleichbehälter ausbauen.
- Getriebeölleitungen von der Ölwanne abnehmen, dazu Klemmutter abschrauben.
- Leerlaufsteller aus dem Ansaugluftschlauch herausziehen. Vorher Stecker abziehen und Klemmutter lösen.
- Stecker für Luftmengenmesser abziehen.
- Schlauchschellen für Luftansaugschlauch lösen. An der Unterseite des Luftmengenmessers 3 Halteklammern abziehen. Luftschlauch mit Luftmengenmesser herausnehmen, dabei Kurbelgehäuse-Entlüftungsschlauch abziehen.
- Stecker für Ölniveauschalter, nähe Generator-Rückseite, trennen.
- Stecker vom Tankentlüftungsventil abziehen.
- Schlauch vom Aktivkohlefilter abziehen.
- Kühlschlauch von der Rückseite des Generators abziehen, vorher Schelle lösen.
- Stecker von den Temperaturfühlern an der Kabelleiste, vom Drosselklappenschalter und vom Öldruckschalter abziehen.
- Kabelleiste abschrauben, vorher Abdeckkappen mit Schraubendreher heraushebeln.

Einbau

- Der Einbau erfolgt grundsätzlich in umgekehrter Reihenfolge.

Motor M21

Ausbau

- Kühlmittel-Ausgleichbehälter ausbauen.

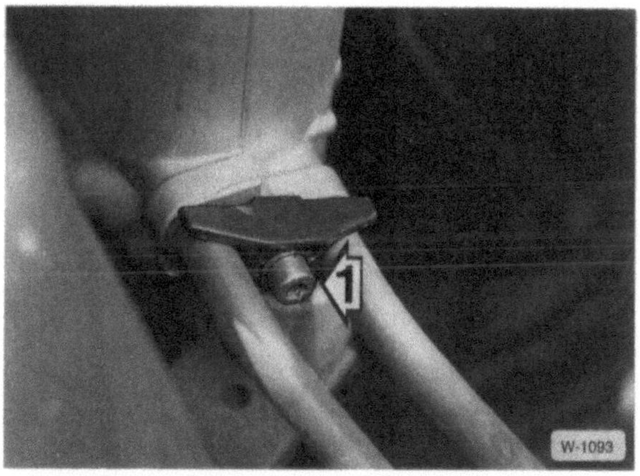

- Ölleitungen abnehmen, dazu Schraube –1– lösen. Leitungen und Öffnungen am Gehäuse mit geeigneten Stopfen verschließen.

- Ölfiltergehäuse mit 2 Schrauben –2– von der Karosserie abschrauben
- Filtergehäuse mit Draht an Motor binden.

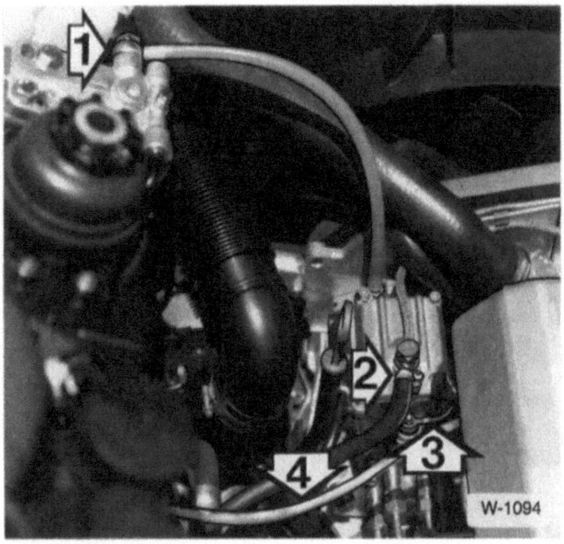

- Kraftstoffleitungen –1– und –2– abschrauben.
- Mutter –3– lösen und Kabel abnehmen.
- Unterdruckschlauch –4– abziehen.
- Stecker für Ladeluft-Temperaturfühler abziehen.
- Anschlußkabel für Öldruckschalter mit Seitenschneider durchtrennen.
- Stecker für Einspritzpumpe trennen. Bei Fahrzeugen mit Automatikgetriebe vorher Halter für Seilzug abschrauben.
- Kabel für Glühkerzen abschrauben.

Einbau

- Anschlußkabel für Öldruckschalter zusammenlöten und isolieren oder geeigneten Steckverbinder einbauen.
- Kraftstoffleitungen anschrauben, vorher Dichtringe auf Beschädigungen und Porosität prüfen, gegebenenfalls ersetzen.
- Ölleitungen mit 22 Nm anschrauben, vorher O-Ringe auf Beschädigungen und Porosität prüfen, gegebenenfalls ersetzen.
- Ölfilter an Karosserie anschrauben.
- Sämtliche elektrischen Leitungen und Unterdruckschläuche aufschieben beziehungsweise anschrauben.
- Kraftstoffanlage entlüften, siehe Seite 102.

Zahnriemen aus- und einbauen

Motor M20

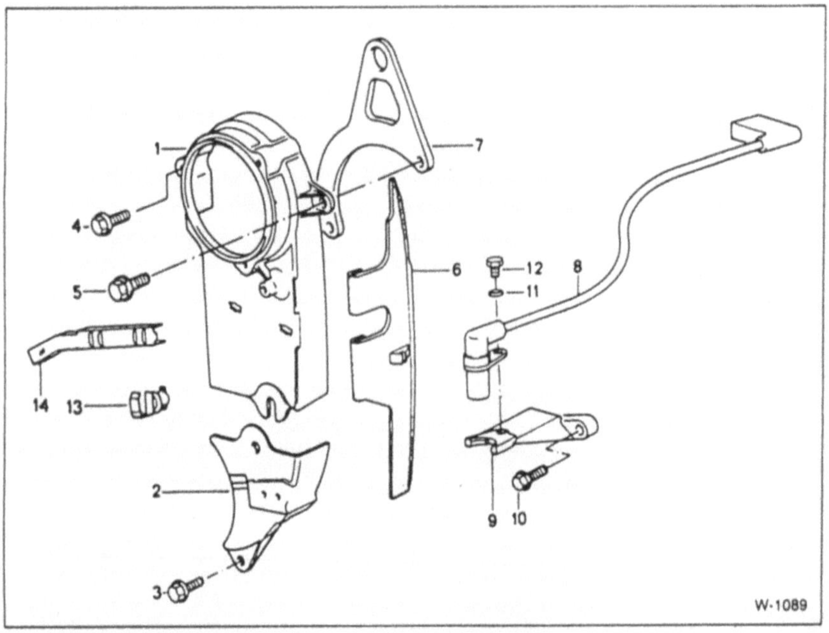

1 – Obere Zahnriemenabdeckung
2 – Untere Zahnriemenabdeckung
3 – Sechskantschraube M6
4 – Sechskantschraube M6
5 – Sechskantschraube M6
6 – Gummiabdeckung
7 – Motoraufhängehaken
8 – Impulsgeber
9 – Halter
10 – Sechskantschraube M8
11 – Federscheibe
12 – Zylinderschraube M6
13 – Halter
14 – Kabelschacht

Achtung: Der Zahnriemen ist im Rahmen der Wartung alle 4 Jahre zu ersetzen. Ein gelaufener Zahnriemen darf **nicht** wiederverwendet werden, sondern ist, wenn er einmal entspannt wurde, grundsätzlich zu ersetzen, und zwar unabhängig von der Laufleistung.

Ausbau

- Motorhaube ausbauen, siehe Kapitel »Karosserie«.

- Abdeckhaube für Zündverteiler abnehmen. Dazu Laschen oben und unten mit Schraubendreher über die Rastnase anheben.
- Kabelschacht mit Schraubendreher abhebeln.

- Verteilerkappe –1– abschrauben und mit Zündkabeln abnehmen. Hierzu wird ein Winkelschraubendreher SW 8 benötigt, zum Beispiel HAZET 850-8 mit 865.

- Verteilerläufer –2– mit Innensechskant-Winkelschraubendreher SW 3 abschrauben und mit Abdeckring –3– herausnehmen.
- Obere Zahnriemenabdeckung abschrauben –4–.
- Gummiabdeckung ausclipsen.
- Kabelschacht unterhalb des Verteilers abhebeln und zur Seite legen.

- Zylinder 1 auf OT stellen. Dazu Getriebe in Leerlaufstellung bringen, Handbremse anziehen. Kurbelwelle an der Riemenscheibe in Motordrehrichtung verdrehen.

- Kurbelwelle so weit verdrehen, bis die Kerbe –1– am Nockenwellenzahnrad auf die Markierung –2– am Zylinderkopf zeigt. Gleichzeitig muß die OT-Markierung am Schwingungsdämpfer der Bezugsmarke gegenüberstehen. Zum Verdrehen des Motors kann auch der 5. Gang eingelegt und das Fahrzeug bei gelöster Handbremse auf einer ebenen Fläche verschoben werden.

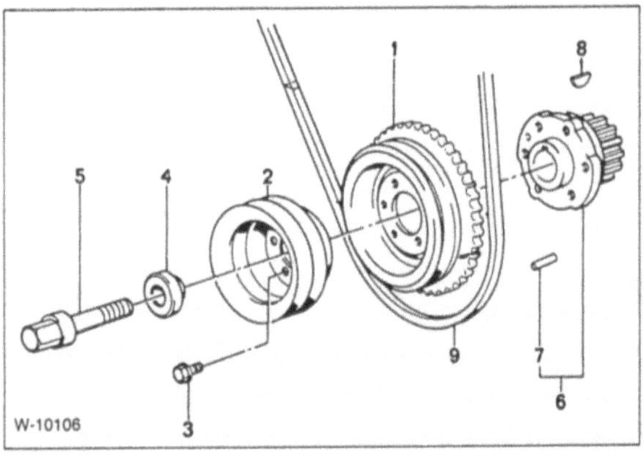

- Schwingungsdämpfer –1– von der Kurbelwelle abschrauben. Dabei 1. Gang einlegen, Handbremse anziehen und dadurch Riemenscheibe gegenhalten. Zusätzlich abgebildete Teile: 2 – Riemenscheibe, 3 – Sechskantschraube, 4 – Beilagscheibe, 5 – Zentralschraube, 6 – Zahnriemenrad, 7 – Paßstift, 8 – Scheibenfeder, 9 – Keilriemen.
- Stecker für Bezugsmarkengeber unter dem Ansaugrohr abziehen.
- Falls vorhanden, Stecker für Zylinderkennung abziehen.
- Stecker vom Öldruckschalter abziehen, siehe Seite 75.
- Befestigungsmutter für Spannbügel des Generators am Motorblock lösen.
- Obere Zahnriemenabdeckung nach oben abnehmen.
- Spannbügel ganz abschrauben und untere Abdeckung abnehmen.

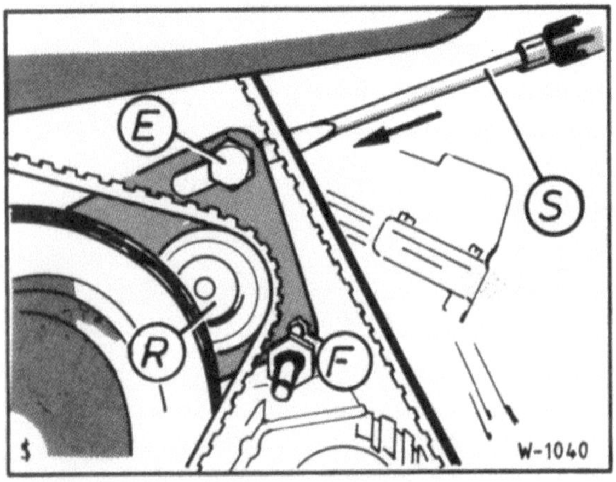

- Schrauben –E– und –F– lockern und Spannrolle –R– mit Schraubendreher –S– nach innen drücken.
- Schraube –E– festziehen.
- Zahnriemen abnehmen. **Achtung:** Bei ausgebautem Zahnriemen Motor möglichst nicht verdrehen, sonst können an Kolben und Ventilen schwere Schäden entstehen.

Einbau

Achtung: Beim Auflegen des Zahnriemens darf weder die Nockenwellenstellung noch die Zwischenwellenstellung oder die der Kurbelwelle verändert werden. Sonst können schwerwiegende Schäden am Motor entstehen, beziehungsweise der Motor gibt nicht mehr seine volle Leistung ab. Nachdem der Zahnriemen gespannt wurde, empfiehlt es sich, die Einstellung Nockenwelle und Kurbelwelle nochmals zu kontrollieren.

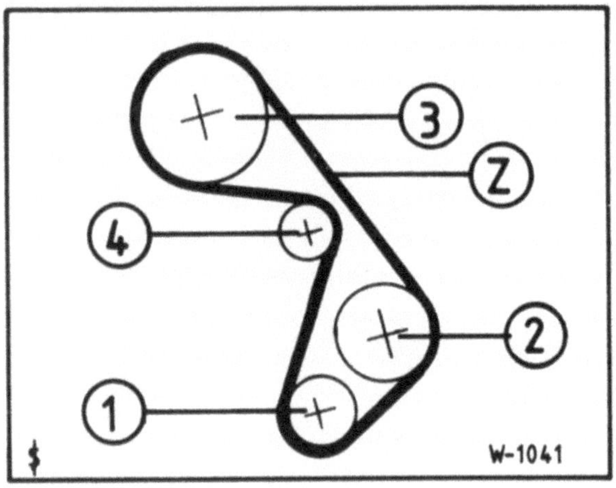

1 – Kurbelwelle	3 – Nockenwelle
2 – Zwischenwelle	4 – Spannrad

- **Neuen** Zahnriemen auflegen. Dabei am Kurbelwellenzahnrad –1– beginnen und Zahnriemen –Z– entsprechend der Numerierung in der Abbildung auflegen.

Spannen

- Schrauben –E– so weit lockern, daß sich die Spannrolle durch die Federkraft bewegen läßt.
- Motor in Drehrichtung einmal bis OT durchdrehen. Dadurch spannt sich der Zahnriemen durch die Federkraft der Spannvorrichtung.

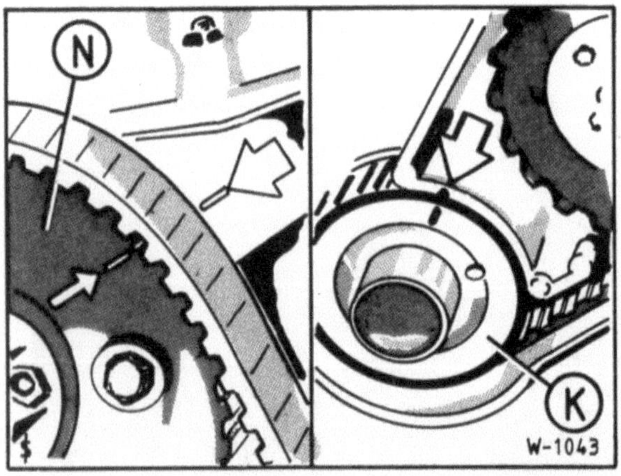

- Steuerzeiten überprüfen. Bei OT-Stellung der Kurbelwelle muß die Markierung am Nockenwellenzahnrad –N– mit der Markierung auf dem Zylinderkopf übereinstimmen –Pfeile–. Gleichzeitig muß sich die Markierung am Kurbelwellenflansch –K– mit der Nase auf der Abdeckung dekken.
- In dieser Stellung zuerst Schraube –E–, dann Schraube –F– festziehen, siehe Abbildung W-1040.

- Andernfalls Zahnriemen nochmal abnehmen, Räder auf Markierung stellen und Zahnriemen neu auflegen und spannen.

Achtung: Die Markierungen müssen bei gespanntem Zahnriemen unbedingt gleichzeitig übereinstimmen, sonst können schwerwiegende Schäden am Motor entstehen.

- Untere Zahnriemenabdeckung und Spannbügel für Generator einbauen, nicht festschrauben.
- Obere Zahnriemenabdeckung mit Motoraufhängehaken anschrauben.
- Gummiabdeckung hinten einhängen, nach vorn ziehen und über die Kante der oberen Verkleidung einrasten.
- Spannbügel für Generator anschrauben.
- Kabelschacht unter Verteiler einclipsen.
- Stecker für Öldruckschalter aufschieben.
- Stecker für Bezugsmarkengeber und Zylinderkennung aufstecken.
- Schwingungsdämpfer ansetzen und mit 23 Nm festziehen.
- Keilriemen einbauen und spannen, siehe Seite 61.
- Abdeckung in Verteiler einsetzen.
- Verteilerläufer und Verteilerkappe anschrauben.
- Abdeckung für Verteiler ansetzen und einclipsen.

Achtung: Für die Überwachung der Zahnriemen-Wechselintervalle am Zylinderkopfdeckel einen Aufkleber anbringen mit Datum und Kilometerstand des Zahnriemenwechsels.

- Motorhaube einbauen, siehe Kapitel »Karosserie«.

Zylinderkopfdeckel aus- und einbauen

Motor M 20

Ausbau

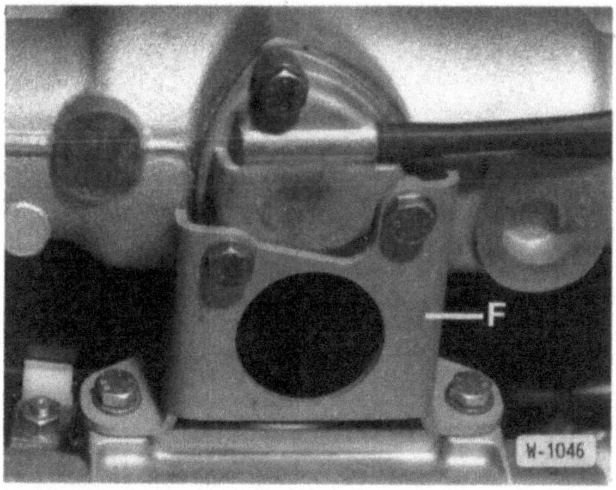

- Stützblech –F– abschrauben.

- Entlüftungsschlauch –Pfeil– abziehen.
- 8 Muttern und Schrauben herausdrehen und Zylinderkopfdeckel abnehmen.

Einbau

- Dichtung für Zylinderkopfdeckel auf Beschädigungen prüfen, gegebenenfalls ersetzen.
- Zylinderkopfdeckel auf Zylinderkopf setzen und ganz leicht anschrauben. Dabei Zündkabelleiste mit anschrauben.
- Muttern in der Reihenfolge von 1 bis 8 mit 9 Nm anschrauben.
- Motor warmfahren und Zylinderkopfdeckel auf Dichtheit prüfen.

Motor M 21

Ausbau

- Ladeluftschlauch zwischen Luftfilter und Turbolader ausbauen, vorher Schellen lösen und zurückschieben.

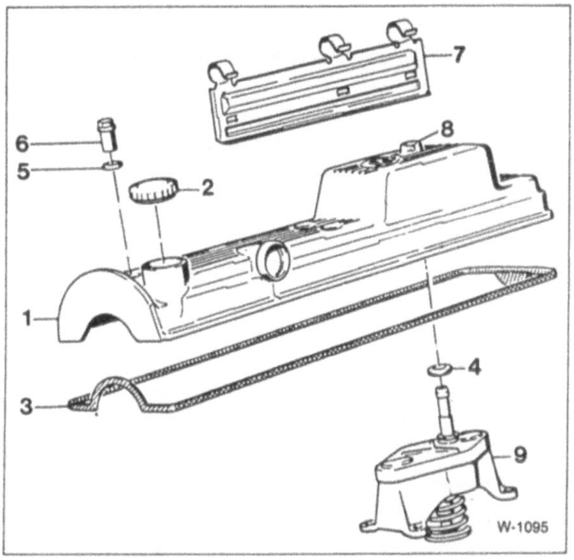

- Schlauch für Bremskraftverstärker vom Anschlußstutzen –8– abziehen.

Zusätzlich abgebildete Teile: 1 – Zylinderkopfdeckel, 2 – Verschlußdeckel, 3 – Dichtung, 4 – O-Ring, 5 – Dichtring, 6 – Hutmutter, 7 – Wärmeschutzblech, 9 – Vakuumpumpe

- 3 Schrauben für Zahnriemendeckel lockern, nicht abschrauben.

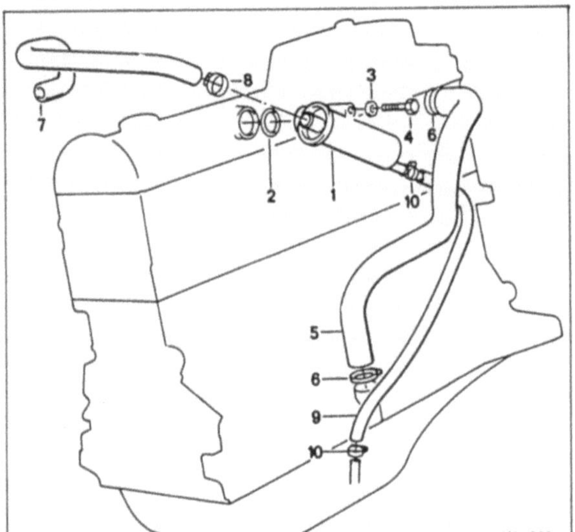

W-1096

- Luftschlauch –7– ausbauen, vorher Schelle –8– lösen.
- Schlauch –9– am Ölabscheider –1– abziehen, vorher Schelle –10– lösen.
- Ölabscheider –1– abschrauben –3/4–. Zusätzlich abgebildete Teile: 2 – O-Ring, 5 – Schlauch, 6/10 – Schellen.
- 4 Hutmuttern herausdrehen und Zylinderkopfdeckel abnehmen.

Einbau

- Deckeldichtung und Gummiring –4– in Abbildung W-1095 auf Beschädigung und Porosität prüfen, gegebenenfalls ersetzen.
- Gummiring einsetzen und einölen.
- Deckeldichtung ansetzen, Zylinderkopfdeckel ansetzen.
- Schraubenhülsen mit neuen Dichtringen einsetzen und über Kreuz mit 15 Nm festziehen.
- Dichtring für Ölabscheider prüfen, gegebenenfalls ersetzen. Ölabscheider einbauen.
- Schrauben für Zahnriemenschutz festziehen. **Achtung:** Erst Zylinderkopfdeckel, dann Zahnriemenschutz festziehen.
- Schläuche aufschieben und mit Schellen sichern.

Motor M 30

Ausbau

- Leerlaufsteller aus dem Ansaugluftschlauch herausziehen. Vorher Stecker abziehen und Klemmutter lösen.
- Stecker für Luftmengenmesser abziehen.
- Schlauchschellen für Luftansaugschlauch lösen. An der Unterseite des Luftmengenmessers 3 Halteklammern abziehen. Luftschlauch mit Luftmengenmesser herausnehmen, dabei Kurbelgehäuse-Entlüftungsschlauch abziehen.
- Zündkabel von Zündspule und Zündkerzen abziehen.
- Abdeckung für Zündverteiler ausclipsen.
- Zündkabelbaum abschrauben und zur Seite legen.
- Zylinderkopfdeckel mit 8 Muttern und 1 Schraube an der Stirnseite beim Zündverteiler abschrauben und abheben.

Einbau

- Dichtung auf Beschädigungen prüfen.
- Anzugsdrehmoment 10 Nm, Schraube zuletzt anziehen.

Motor M 50

Ausbau

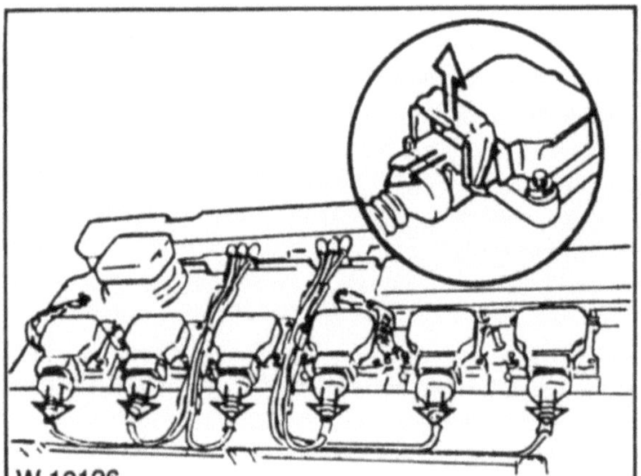
W-10126

- Abdeckung abnehmen und Stecker an den Zündspulen abziehen. Dabei Metallbügel nach oben ziehen.
- Zündspulen am Zylinderkopf abschrauben und abnehmen.

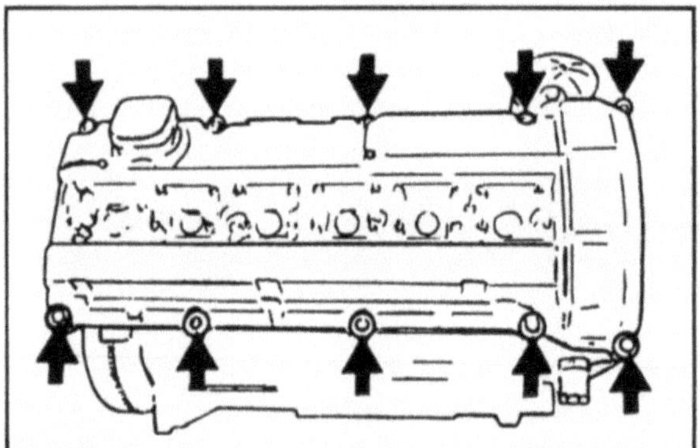
W-10128

- Zylinderkopfhaube abschrauben. **Achtung:** Anordnung der Schrauben-Gummiunterlagen für späteren Wiedereinbau beachten.

Einbau

- Beschädigte Dichtungen ersetzen. Beim Auflegen der Dichtung besonders auf richtige Lage in den Aussparungen der Zylinderkopf-Stirnseite achten.
- Weiterer Einbau erfolgt in umgekehrter Reihenfolge wie der Ausbau. Schrauben von Zündspulen und Zylinderkopfdeckel gleichmäßig mit 10 Nm anziehen.
- Stecker für Zündspulen einrasten und mit den Metallbügeln sichern.

Zylinderkopf aus- und einbauen

Motoren M20, M21, M30

Zylinderkopf nur bei abgekühltem Motor ausbauen. Abgas- und Ansaugkrümmer bleiben angeschlossen.

Eine defekte Zylinderkopfdichtung ist an folgenden Merkmalen erkennbar:

- Leistungsverlust.
- Kühlflüssigkeitsverlust. Weiße Abgaswolken bei warmem Motor.
- Ölverlust.
- Kühlflüssigkeit im Motoröl, Ölstand nimmt nicht ab, sondern zu. Graue Farbe des Motoröls, Schaumbläschen am Peilstab, Öl dünnflüssig.
- Motoröl in der Kühlflüssigkeit.
- Kühlflüssigkeit sprudelt stark.
- Keine Kompression auf 2 benachbarten Zylindern.

Ausbau

Achtung: Einige Arbeiten sind im Kapitel »Motor aus- und einbauen« näher beschrieben, deshalb empfiehlt es sich, dieses Kapitel ebenfalls durchzulesen. Diese Beschreibung gilt speziell für den Motor M20. Zusätzliche Hinweise sowie Anzugsdrehmomente für die Motoren M30 und M21 stehen am Ende des Kapitels.

- Motorhaube ausbauen, siehe Kapitel »Karosserie«.
- Vorderes Abgasrohr abschrauben, siehe Seite 110.
- Kühlmittel ablassen, siehe Seite 274.
- Batterie-Massekabel abklemmen.
- Seilzüge am Drosselklappenhebel aushängen. Halter abschrauben.
- Ansaugluftschlauch ausbauen.
- Stecker von Luftmengenmesser und Leerlaufsteller abziehen.
- Kühlmittelschläuche am Thermostat abziehen.
- Kraftstoffschläuche mit Tesaband markieren und ausbauen.
- Falls vorhanden, unterhalb des Ansaugrohres Steckverbindungen am Kabelsatz trennen und Schlauch abziehen.
- Motorkabelbaum abschrauben und zur Seite legen.
- Lüfter ausbauen, siehe Seite 81.
- Vorwärmschlauch unterhalb des Leerlaufstellers vom Drosselklappenstutzen abziehen, vorher Schelle ganz lösen und zurückschieben.
- Ölmeßstab herausziehen und Führungsrohr vom Luftsammler abschrauben.
- Zahnriemen ausbauen, siehe Seite 20.
- Heizungsschlauch am Zylinderkopf abziehen.
- Zylinderkopfdeckel ausbauen.
- Kurbelgehäuse-Entlüftungsrohr unter dem Ansaugkrümmer entgegen der Federkraft nach unten drücken und mit Werkzeug BMW-111290 arretieren. Zur Arretierung kann auch ein geeigneter Blech- oder Drahtbügel verwendet werden.

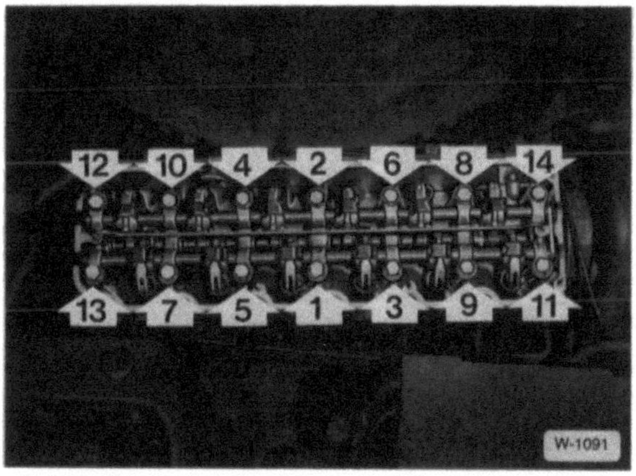

- Zylinderkopfschrauben in umgekehrter Reihenfolge der Numerierung, also von 14 nach 1, herausdrehen.

Achtung: Der Zylinderkopf kann auch mit Außentorxschrauben angeschraubt sein.

- Zylinderkopf abheben.

Achtung: Zylinderkopf nach dem Ausbau nicht auf der Dichtfläche absetzen, dabei könnten voll geöffnete Ventile beschädigt werden. Deshalb Zylinderkopf auf 2 Holzleisten legen.

Einbau

Vor dem Einbau Zylinderkopf und Zylinderblock mit geeignetem Schaber von Dichtungsresten freimachen. Darauf achten, daß keine Dichtungsreste in die Bohrungen fallen.

- Bohrungen mit Lappen verschließen.
- Zylinderkopf und Motorblock mit Stahllineal in Längs- und Querrichtung auf Planheit prüfen, gegebenenfalls nacharbeiten (Werkstattarbeit).

Motor	Zylinderkopfhöhe	
	Normalmaß	Bearbeitungsgrenze
M20	125,1±0,1 mm	124,7 mm
M50	140±0,1 mm	139,55 mm
M30 (530i, 535i)	129,0±0,1 mm	128,6 mm
M21 (524td)	148±0,1 mm	148±0,1[1] mm

[1]) Zylinderkopf darf nicht nachgeplant werden.

- Zylinderkopf auf Risse, Zylinderlauffläche auf Riefen überprüfen.
- Bohrungen der Zylinderkopfschrauben sorgfältig von Öl und anderen Rückständen reinigen. **Achtung:** In den Sacklöchern darf sich kein Öl befinden, da sonst die Schrauben nicht den vollen Druck auf den Zylinderkopf ausüben, obwohl sie mit dem richtigen Drehmoment angezogen wurden. Außerdem kann der Motorblock reißen.
- Zylinderkopfdichtung grundsätzlich ersetzen. Neue Dichtung ohne Dichtmittel so auflegen, daß keine Bohrungen verdeckt werden.

Achtung: Bei nachgeplantem Zylinderkopf kann, je nachdem welche Höhe der Zylinderkopf nach der Bearbeitung aufweist, eine Zylinderkopfdichtung in Originalstärke oder eine um 0,3 mm stärkere Dichtung eingebaut werden. Durch die dickere Dichtung wird eine Verkleinerung des Brennraumes vermieden.

- Vor Aufsetzen des Zylinderkopfes prüfen, ob sich die Nockenwelle in OT-Stellung befindet, siehe Seite 20.
- Zylinderkopf aufsetzen. Zur Führung können 2 alte Zylinderkopfschrauben verwendet werden, vorher Köpfe absägen und Schlitze für Schraubendreher anbringen.
- Zylinderkopfschrauben **immer erneuern. Achtung:** Beim Motor M20 können Schrauben mit Sechskantkopf eingebaut worden sein, diese müssen in jedem Fall durch die neueren Torxschrauben ersetzt werden.
- Neue Zylinderkopfschrauben geölt einsetzen und leicht anziehen.

Achtung: Das Anziehen der Zylinderkopfschrauben ist mit größter Sorgfalt durchzuführen. Vor dem Anziehen der Schrauben sollte der Drehmomentschlüssel auf seine Genauigkeit überprüft werden. Außerdem wird zum Anziehen der Zylinderkopfschrauben eine Winkelscheibe, zum Beispiel HAZET 6690, benötigt. Steht die Winkelscheibe nicht zur Verfügung, Schlüssel ansetzen, Winkelmesser-Lineal am Schlüsselarm anlegen und mit Kreide den entsprechenden Winkel anzeichnen. Anschließend Schlüsselarm in einem Zug bis zur angezeichneten Markierung drehen.

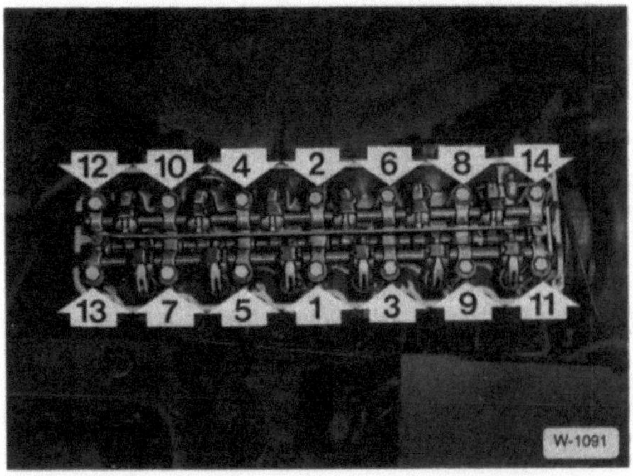

- Die Zylinderkopfschrauben in jeder Stufe jeweils in der Reihenfolge von 1 bis 14 anziehen. Dabei unterschiedliche Anzugsvorschrift je nach Motor beachten.

Motor M20 (Torx-Zylinderkopfschrauben):

1. Stufe: mit Drehmomentschlüssel **30 Nm**

2. Stufe: mit starrem Schlüssel **90°** (1/4 Umdrehung)

3. Stufe: mit starrem Schlüssel **90°**

- Dichtring für Entlüftungsrohr auf Porosität oder Beschädigung prüfen, gegebenenfalls ersetzen. Werkzeug BMW-111209 entfernen und darauf achten, daß das Entlüftungsrohr wieder in die richtige Ausgangsposition zurückkehrt.
- Zahnriemen einbauen.
- Heizungsschlauch am Zylinderkopf aufschieben und mit Schelle sichern.
- Führungsrohr für Ölmeßstab anschrauben, Meßstab einschieben.
- Vorwärmschlauch einbauen.
- Lüfter einbauen, dabei auf richtigen Sitz der Lüfterabdeckung in den unteren Führungslaschen achten.
- Kabelleiste ansetzen und festschrauben.
- Rundstecker verbinden, Rändelmutter festdrehen.
- Kühlmittelschläuche am Gehäuse für Kühlmittelregler aufschieben und mit Schellen sichern.
- Keilriemen einbauen und spannen, siehe Seite 61.
- Sämtliche Kühlmittel-, Kraftstoff- und Unterdruckschläuche aufschieben und mit Schellen sichern.
- Elektrische Leitungen entsprechend der angebrachten Markierungen anklemmen.
- Seilzüge am Drosselklappenhebel einhängen, Halter anschrauben.
- Vorderes Abgasrohr an Abgaskrümmer anschrauben.
- Zylinderkopfdeckel einbauen, siehe Seite 23.
- Motorhaube einbauen, siehe Kapitel »Karosserie«.
- Batterie-Massekabel anklemmen.
- Kühlmittel auffüllen, siehe Kapitel »Wartung«.
- Ölstand im Motor prüfen, gegebenenfalls Öl nachfüllen. Wurde der Zylinderkopf abgebaut aufgrund einer defekten Zylinderkopfdichtung, empfiehlt sich ein vorgezogener Ölwechsel einschließlich eines Ölfilterwechsels, da sich im Motoröl Kühlflüssigkeit befinden kann.

Achtung: Die Zylinderkopfschrauben dürfen **nicht** nachgezogen werden.

Motor M 30

Ausbau

- Stütze für Ansaugkrümmer abschrauben.

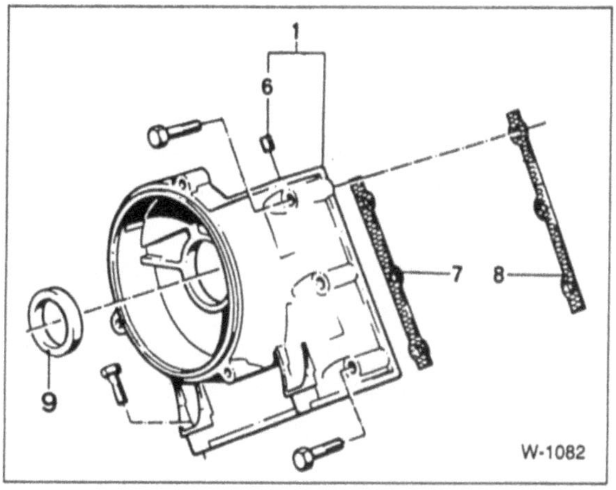

- Räderkastendeckel oben –1– abschrauben. Zusätzlich abgebildete Teile: 6 – Gewindeeinsatz, 7 – Dichtung links, 8 – Dichtung rechts, 9 – Wellendichtring.
- Kolben für Kettenspanner ausbauen, siehe Seite 45.
- Kettenrad von der Nockenwelle abschrauben. Dabei Schlüssel ansetzen und durch einen leichten Schlag auf den Schlüsselarm Lösemoment der Schrauben überwinden.

- Fixierstifte –6– (BMW 111063) einsetzen, damit sich beim Lösen der Zylinderkopfschrauben die Kipphebelachsen nicht verdrehen. Zusätzlich abgebildete Teile: Feder –1–, Scheibe –2–, Kipphebel –3–, Anlaufring –4–, Sprengring –5–. A = Kipphebelachse auf der Auslaßseite, E = Kipphebelachse auf der Einlaßseite.

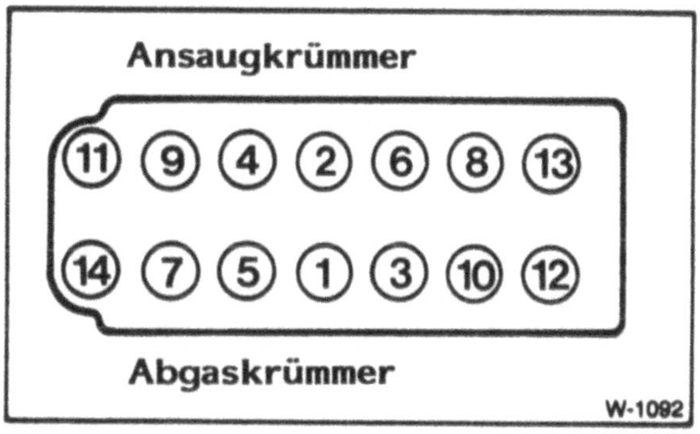

- Zylinderkopfschrauben in der Reihenfolge von 14 bis 1 zuerst ½ Umdrehung lösen, dann herausschrauben.

Einbau

Achtung: Zylinderkopfschrauben jeweils in der Reihenfolge von 1 bis 14 in **3 Stufen** anziehen:

1. Stufe: Schrauben 1 bis 6 mit **60 Nm** anziehen
Fixierstifte abnehmen
Schrauben 7 bis 14 mit **60 Nm** anziehen

Anschließend **20 Minuten Setzzeit** abwarten

2. Stufe: Schrauben 1 bis 14 mit **80 Nm** anziehen

Nach **25 Minuten Warmlauf:**

3. Stufe: Schrauben 1 bis 14 mit starrem Schlüssel **35°** weiterdrehen

- Kettenrad an Nockenwellenflansch mit **10 Nm** anschrauben.

Achtung: Kette so auflegen, daß sich der Paßstift am Kettenrad unten links befindet, wenn die Gewindebohrungen senkrecht zum Motor stehen.

- Kolben für Kettenspanner einbauen. Verschlußschraube mit 35 ± 5 Nm festziehen.
- Räderkastendeckel oben einbauen. Dabei Schrauben M 6 mit 10 Nm und Schrauben M 8 mit 22 Nm festziehen.
- Stütze für Ansaugkrümmer anschrauben.

Motor M 21

Ausbau

- Motoröl ablassen, siehe Seite 271.
- Ausgleichbehälter ausbauen.
- Turbolader ausbauen, siehe Seite 51.
- Stütze am Luftsammler abschrauben und am Motorblock lockern.
- Halter vom Zylinderkopf abschrauben.
- Leitungen für Glühkerzen abschrauben.
- Ölabscheider abschrauben.
- Überwurfmuttern für Einspritzleitungen von Einspritzdüsen und Einspritzpumpe abschrauben. Dazu wird der Spezialschlüssel HAZET 4550 benötigt.
- Öffnungen mit Schutzkappen verschließen.
- Zylinderkopfdeckel ausbauen.

- Motor auf OT Zylinder 1 stellen. Dazu Getriebe in Leerlaufstellung bringen, Handbremse anziehen. Kurbelwellen-Riemenscheibe in Motordrehrichtung drehen, bis die OT-Marke auf der Riemenscheibe gegenüber der Kerbe an der Zahnriemenverkleidung steht. Gleichzeitig müssen sich die Ventile für Zylinder 6 **überschneiden**. Die Ventile überschneiden sich, wenn das Einlaßventil gerade schließt und das Auslaßventil gerade öffnet. Das heißt, der Weg des Einlaßventils nach oben ist gerade beendet und der Kipphebel für das Auslaßventil beginnt gerade gegen den Ventilschaft zu drücken.

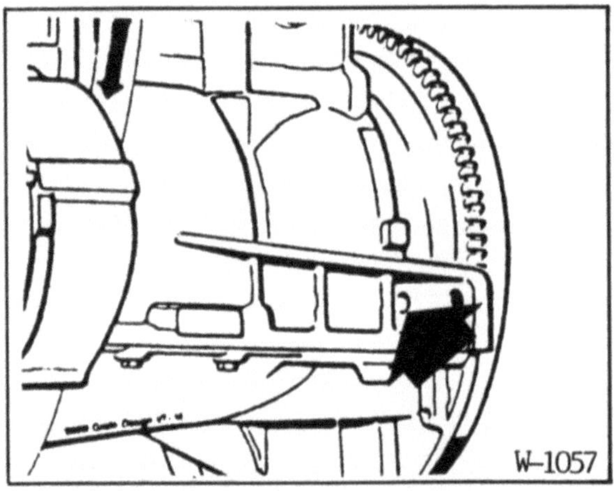

- In OT-Stellung Kurbelwelle mit geeignetem Dorn arretieren. Dazu Dorn durch die Bohrung –Pfeil– im Motorblock in die Bohrung des Schwungrades einsetzen.
- Zahnriemenschutzdeckel abschrauben, vorher Kühlmittelschlauch ausbauen.
- Zahnriemen entspannen und vom Nockenwellenrad abnehmen.
- Schraube für Nockenwellenrad lockern.
- Mutter und Schraube für Spannvorrichtung lockern.

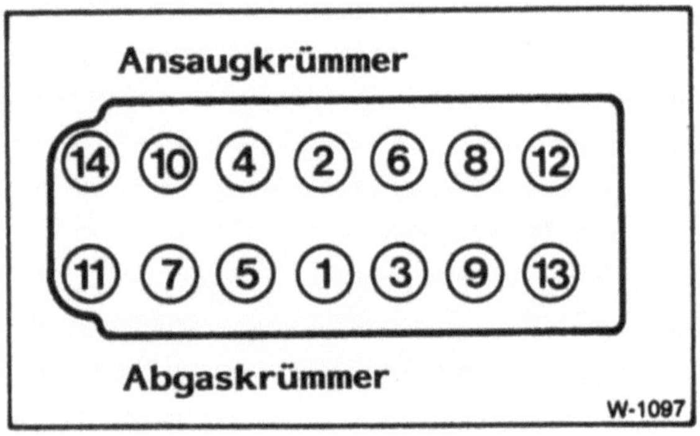

- Zylinderkopfschrauben in der Reihenfolge von 14 nach 1 zuerst ½ Umdrehung lösen, dann herausschrauben.

Einbau

- Neue Zylinderkopfdichtung auflegen.

Achtung: Je nach Kolbenüberstand werden drei in der Dicke unterschiedliche Zylinderkopfdichtungen eingebaut. Beim Ersetzen der Dichtung Kennzeichnung beachten und nur eine neue Dichtung gleicher Kennzeichnung einbauen. Als Kennzeichnung besitzt die Zylinderkopfdichtung 1, 2 oder 3 Markierungslöcher.

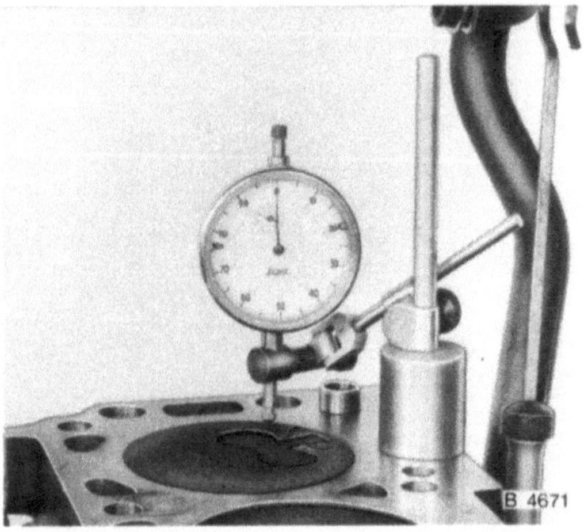

- Kolben und Ventile auf Schleif-Spuren untersuchen und wenn nötig austauschen. Sind die Spuren nur gering, so genügt es, eine dickere Dichtung einzusetzen. Dazu muß mit einer Meßuhr der Kolbenüberstand gemessen werden.

Zylinderkopfdichtung	1 Loch – Stärke 1,55 mm
	2 Loch – Stärke 1,68 mm
	3 Loch – Stärke 1,87 mm

Achtung: Zylinderkopfschrauben jeweils in der Reihenfolge von 1 bis 14 (Abbildung W-1097) in **3 Stufen** anziehen:

1. Stufe: mit Drehmomentschlüssel **50 Nm**

2. Stufe: mit starrem Schlüssel Schrauben 1 bis 10 mit **90°**, Schrauben 11 bis 14 mit **73°**

Nach **15 Minuten Warmlauf** (nach Montage des Motors):

3. Stufe: mit starrem Schlüssel **90°** weiterdrehen

- Ventilspiel einstellen, siehe unter »Wartung«.
- Förderbeginn der Einspritzpumpe prüfen.
- Zahnriemen auflegen und spannen, siehe Seite 20.
- Zahnriemenschutz locker anschrauben. Schrauben erst festziehen, nachdem der Zylinderkopfdeckel eingebaut ist.
- Zylinderkopfdeckel einbauen.

Achtung: Absteckdorn für Motor-Arretierung herausziehen.

- Kraftstoffleitungen ansetzen, Überwurfmuttern mit 20 Nm festziehen. Bei Undichtigkeiten Muttern bis 25 Nm nachziehen.
- Ölabscheider mit 17 Nm anschrauben, vorher Dichtring auf Beschädigung prüfen, gegebenenfalls ersetzen.
- Halter am Zylinderkopf anschrauben.
- Kabel für Glühkerzen anschrauben.
- Stütze an Luftsammler und Motorblock anschrauben.
- Turbolader einbauen, siehe Seite 51.
- Ausgleichbehälter einbauen.
- Motoröl auffüllen.

Zylinderkopf aus- und einbauen

Motor M50 (Modelle 520i, 525i seit 5/90)

Zylinderkopf nur bei abgekühltem Motor ausbauen. Abgas- und Ansaugkrümmer bleiben angeschlossen.

Eine defekte Zylinderkopfdichtung ist an folgenden Merkmalen erkennbar:

- Leistungsverlust.
- Kühlflüssigkeitsverlust. Weiße Abgaswolken bei warmem Motor.
- Ölverlust.
- Kühlflüssigkeit im Motoröl, Ölstand nimmt nicht ab, sondern zu. Graue Farbe des Motoröls, Schaumbläschen am Peilstab, Öl dünnflüssig.
- Motoröl in der Kühlflüssigkeit. **Achtung:** In diesem Fall muß nach erfolgter Reparatur der Kühler ausgebaut werden und mit dem Reinigungsmittel »Solvethane« durchgespült werden, um die Ölreste aus dem Kühler zu entfernen.
- Kühlflüssigkeit sprudelt stark.
- Keine Kompression auf 2 benachbarten Zylindern.

Ausbau

- Batterie-Massekabel (–) abklemmen. **Achtung:** Dadurch wird aus dem Speicher des Radios der Code für die Diebstahlsicherung gelöscht. Die Batterie darf nur bei ausgeschalteter Zündung abgeklemmt werden, da sonst das Steuergerät der Einspritzanlage beschädigt wird. Vor dem Abklemmen sollten auch die Hinweise im Kapitel »Radio« bzw. »Batterie aus- und einbauen« durchgelesen werden.
- Fahrzeug aufbocken, siehe Seite 114.
- Vorderes Abgasrohr vom Krümmer abschrauben, siehe Seite 110.
- Kühlmittel ablassen, siehe Seite 274.
- Kühlmittel aus dem Motor ablassen, dazu Ablaßschraube seitlich am Motorblock unter dem Abgaskrümmer herausdrehen. Nach dem Ablassen Schraube sofort wieder anschrauben und festziehen.
- Kühlmittelschläuche am Thermostat abziehen, vorher Schlauchschellen öffnen.
- Gaszug am Drosselklappenhebel aushängen, siehe Seite 95.
- Kappe vom Öl-Einfüllstutzen abnehmen.

- Kleine Abdeckungen –Pfeile– mit einem Schraubendreher abhebeln und die darunterliegenden Schrauben lösen. 2 Kunststoffverkleidungen vom Zylinderkopf abnehmen.

- Massekabel –1– vorn am Zylinderkopf abschrauben.
- Anschluß –2– für Zylinderkopf-Entlüftung abziehen, dabei Lasche am Anschluß mit einem Schraubendreher anheben.
- Schraube –3– abschrauben und Geber aus dem Zylinderkopf herausziehen. 4 – Schlauchschelle.

- 2 Schrauben –1– lösen und Steckerleiste nach oben abziehen. Lage der Gummidichtungen für den Wiedereinbau merken.

- An jeder Zündspule Metallbügel –2– nach oben ziehen und Stecker abziehen, siehe Abbildung. Steckerleiste komplett mit Kabeln abnehmen.

W-10179

- Zündspulen am Zylinderkopf abschrauben und abnehmen. Lage der Massebänder für Wiedereinbau merken.

W-10158

- Am Drosselklappenstutzen folgende Schläuche und Stecker abziehen. Zweckmäßigerweise Zuleitung und Anschluß vor dem Abziehen markieren, damit beim Einbau nichts vertauscht wird. Schlauchschellen aufschrauben, bei den Steckern Drahtsicherungen beim Abziehen zusammendrücken. –1– Stecker für Drosselklappenschalter, –2– Stecker für Temperaturfühler Luft, –3– Kühlmittelschläuche für Drosselklappenvorwärmung, –4– Schlauch für Tankentlüftung, –6– Kraftstoffzulauf (blanker Anschluß), –7– Kraftstoffrücklauf (schwarzer Anschluß). **Achtung:** Feuergefahr, nicht rauchen. Austretenden Kraftstoff mit einem Lappen auffangen.

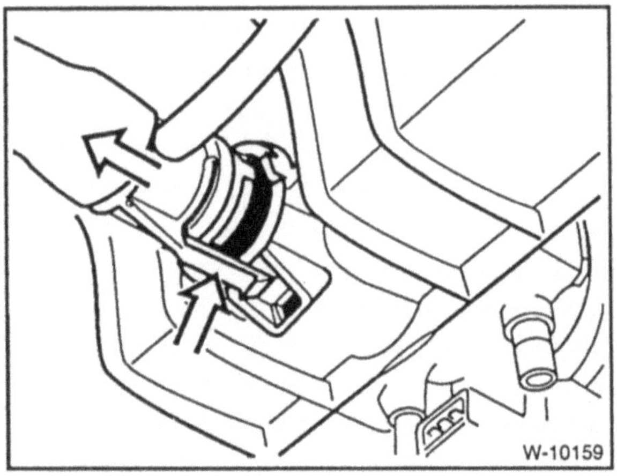
W-10159

- Schlauch für Leerlaufregelventil unten am Ansaugrohr ausclipsen. **Achtung:** Die Haltezunge bricht leicht ab. Der Anschluß ist nicht von oben sichtbar, die Abbildung zeigt das Ansaugrohr von unten.

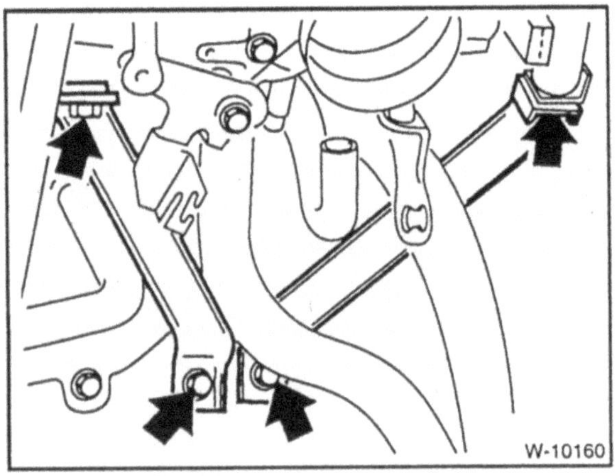
W-10160

- Ansaugrohr-Stütze abschrauben.

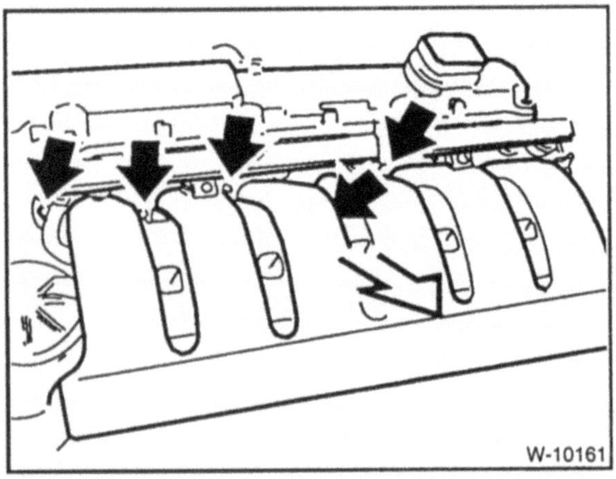
W-10161

- Ansaugkrümmer vom Zylinderkopf abschrauben. **Achtung:** Darauf achten, daß keine Teile in die Ansaugwege fallen. Nicht entfernte Teile führen zu schweren Motorschäden.

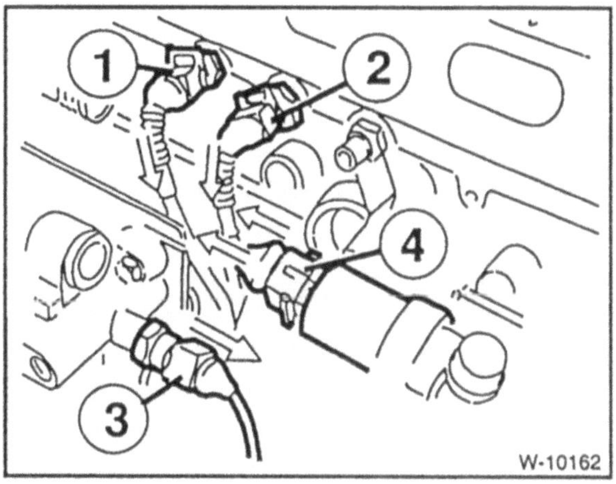

- Stecker abziehen, dabei Drahtsicherungen eindrücken. –1– Temperaturfühler, –2– Fernthermometer, –3– Öldruckschalter, –4– Leerlaufregelventil.

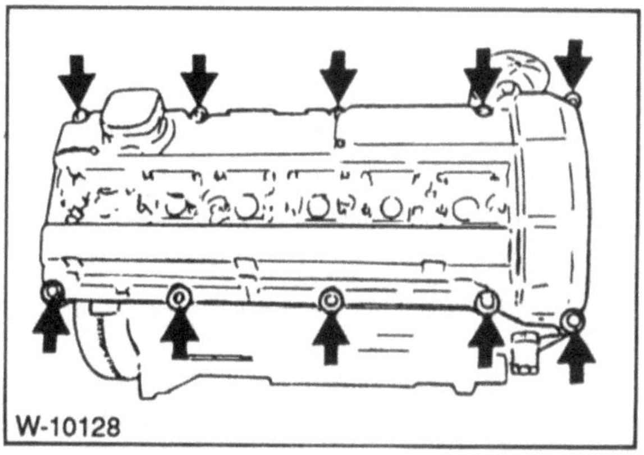

- Zylinderkopfhaube abschrauben. **Achtung:** Anordnung der Schrauben-Gummiunterlagen für späteren Wiedereinbau beachten.

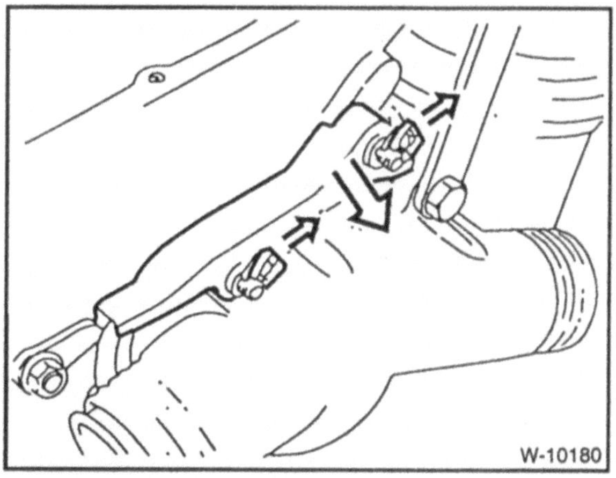

- Kabelschacht vorn am Thermostatgehäuse abbauen, dazu Clips seitlich abziehen.

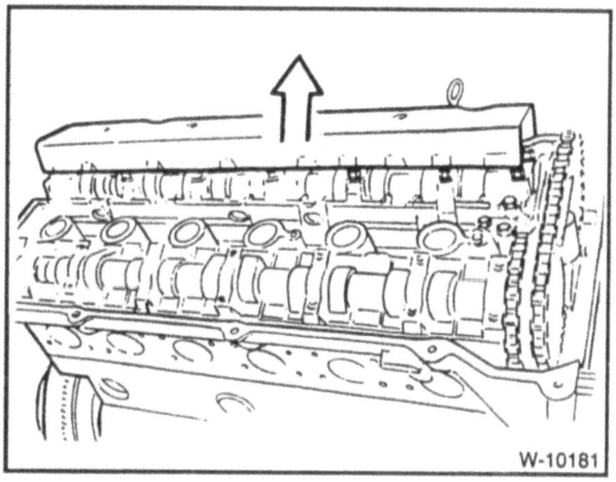

- Abdeckhaube abziehen.
- Motor auf OT Zylinder 1 stellen. Dazu 5. Gang einlegen und Fahrzeug auf ebener Fläche vorwärts schieben, oder an der Kurbelwellenriemenscheibe in Drehrichtung durchdrehen, bis die Nockenspitzen der Ein- und Auslaßnocken von Zylinder 1 (Steuerkettenseite) zueinander zeigen. Die Pfeile auf den Kettenrädern der beiden Nockenwellen zeigen dann nach oben.

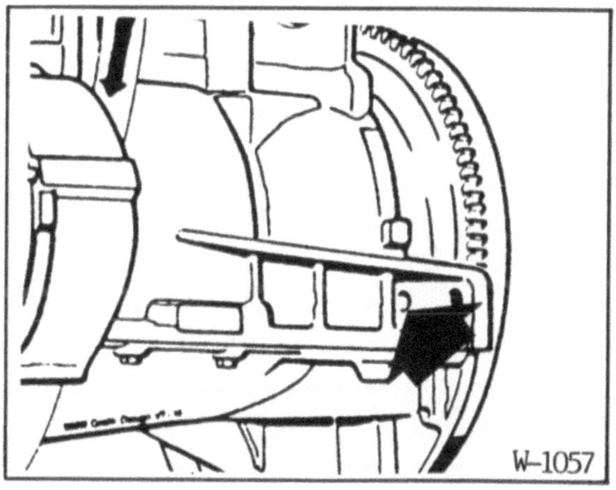

- Kurbelwelle in OT-Stellung mit BMW-Werkzeug 11 2 300 oder anderem geeigneten Dorn arretieren. Dazu Dorn durch die Bohrung im Motorblock in die Bohrung des Schwungrades einsetzen.

Modelle bis 8/92

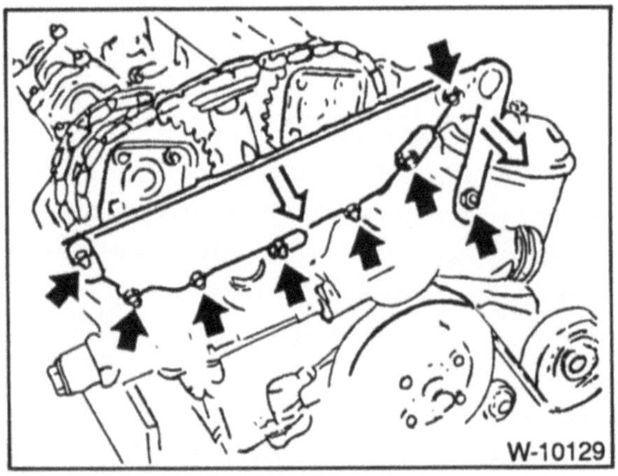

- Aufhängeöse und Räderkastendeckel oben abbauen. Lage der Paßhülsen an den beiden äußeren Schrauben für Wiedereinbau merken. Dichtung abnehmen, immer ersetzen.

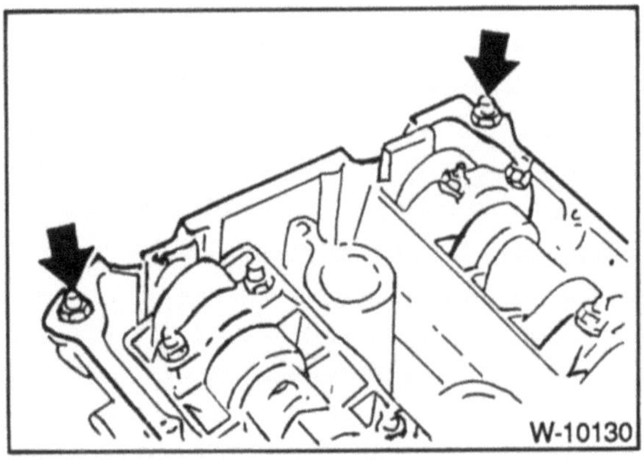

- Beide Bolzen für Ventildeckelverschraubung herausdrehen.

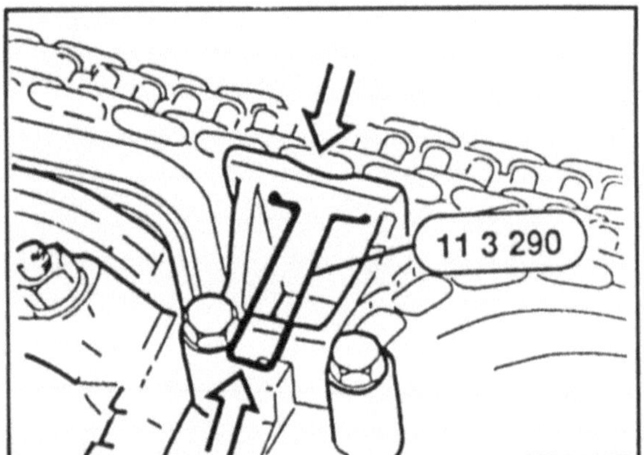

- Oberen Kettenspanner niederdrücken und durch Einstecken des BMW-Spezialwerkzeuges in dieser Stellung arretieren.

- Kettenräder abschrauben und komplett mit Kette abnehmen.

Modelle ab 9/92 (mit VANOS)

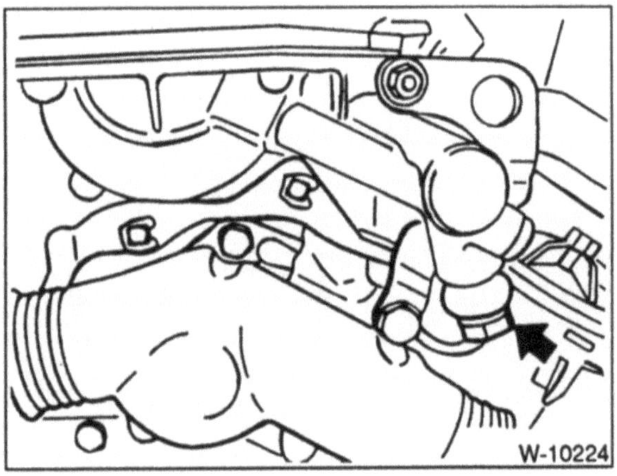

- Ölleitung an der VANOS-Stelleinheit abschrauben und mit sauberem Stopfen verschließen.
- Elektrischen Anschlußstecker am Magnetventil der VANOS-Stelleinheit abziehen.

- Verschlußschrauben aus der Stelleinheit herausdrehen.

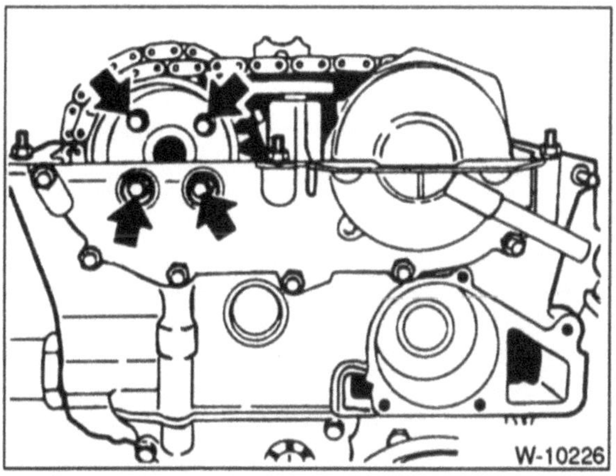

● Schrauben am Kettenrad der Auslaßnockenwelle lösen.

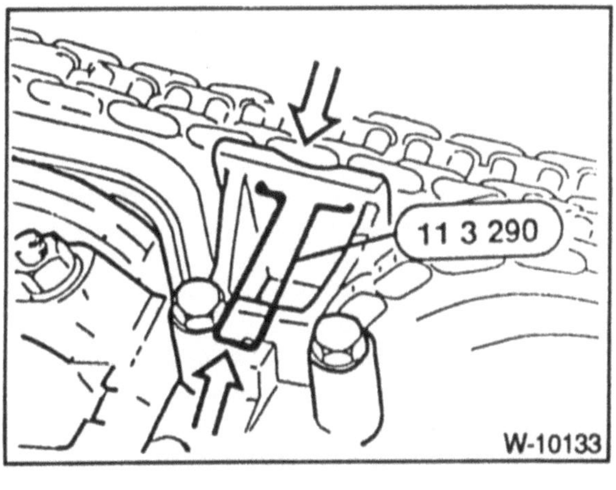

● Oberen Kettenspanner niederdrücken und durch Einstecken des BMW-Spezialwerkzeuges in dieser Stellung arretieren.

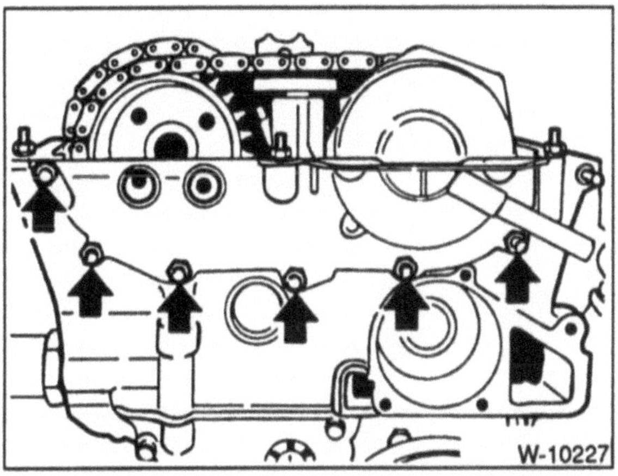

● Muttern lösen und VANOS-Stelleinheit abnehmen.

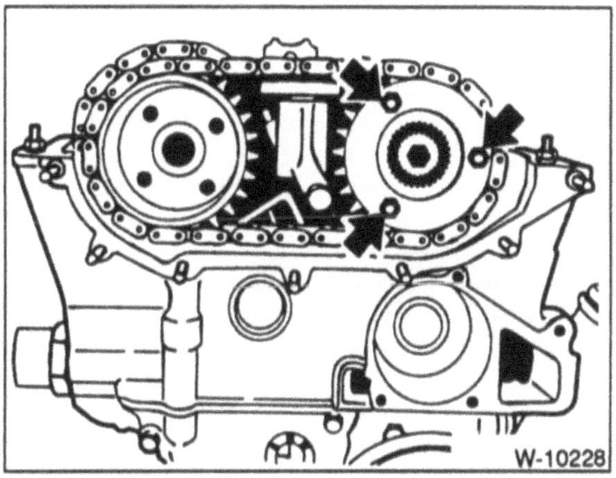

● Schrauben am Kettenrad der Einlaßnockenwelle lösen. Anlaufscheibe vom Kettenrad abnehmen.

● Beide Kettenräder mit Kette von den Nockenwellen abnehmen.

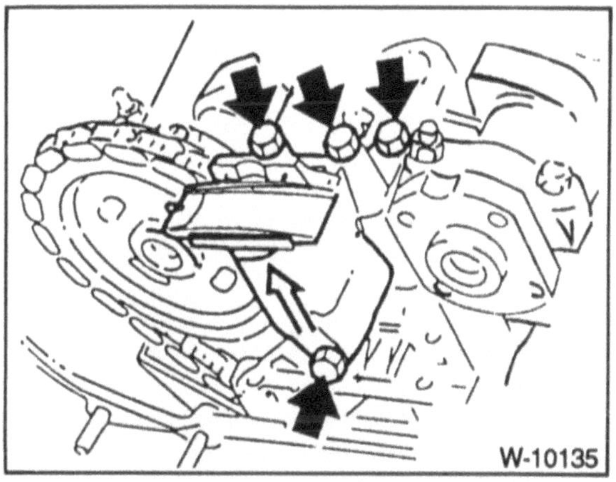

● Lagerbock für Kettenspanner oben abbauen.

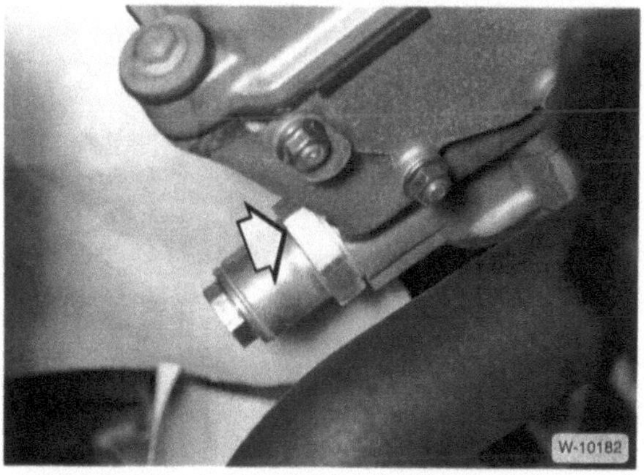

● Kettenspanner am Zylinderkopf herausschrauben. **Achtung:** Kettenspanner festhalten, er steht unter Federdruck.

- Kettenführung abbauen, anschließend Kettenrad von der Auslaßnockenwelle abziehen. **Achtung:** Kette mit Drahthaken gegen nach unten rutschen sichern.

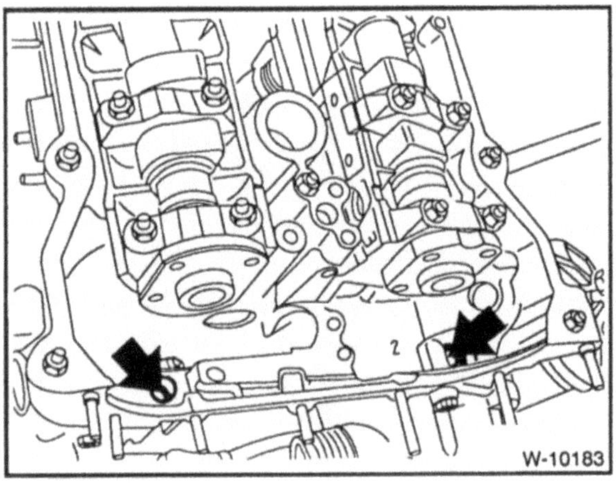

- 2 Schrauben –Pfeile– lösen.
- Zylinderkopfschrauben von außen nach innen in mehreren Durchgängen lösen. Zum Lösen der Schrauben wird ein Spezial-Torxschlüssel benötigt, zum Beispiel BMW 11 2 250.

Achtung: Zylinderkopf nach dem Ausbau nicht auf der Dichtfläche absetzen, dabei könnten voll geöffnete Ventile beschädigt werden. Deshalb Zylinderkopf auf 2 Holzleisten legen.

Einbau

- Dichtungsreste mit handelsüblichem Dichtungsentferner und einem Hartholzschaber entfernen. **Darauf achten, daß keine Dichtungsreste in die Bohrungen fallen. Bohrungen mit Lappen verschließen.**
- Paßhülsen –Pfeile– auf Beschädigung und richtigen Sitz prüfen. In den Gewindelöchern darf sich kein Motoröl befinden.

Achtung: Immer neue Zylinderkopfschrauben verwenden, geölt einsetzen. Die Beilagscheiben sind bei Serien-Zylinderköpfen unverlierbar, da sie eingeklemmt sind (»verstemmt«). Bei Einbau eines neuen Zylinderkopfes neue Unterlegscheiben einlegen, ohne sie zu verstemmen.

- Zylinderkopf auf Risse, Zylinderlauffläche auf Riefen überprüfen.
- Zylinderkopf und Motorblock mit Stahllineal in Längs- und Querrichtung auf Planheit prüfen, gegebenenfalls nacharbeiten (Werkstattarbeit). Die maximale Planabweichung darf 0,03 mm betragen.

Modell	Zylinderkopfhöhe	
	Normalmaß	Bearbeitungsgrenze
520i, 525i ab 5/90	140 ± 0,1 mm	139,55 mm

Achtung: Bei nachgeplantem Zylinderkopf kann, je nachdem welche Höhe der Zylinderkopf nach der Bearbeitung aufweist, eine Zylinderkopfdichtung in Originalstärke oder eine um 0,3 mm stärkere Dichtung eingebaut werden. Durch die dickere Dichtung wird eine Verkleinerung des Brennraumes vermieden.

- Bohrungen der Zylinderkopfschrauben sorgfältig von Öl und anderen Rückständen reinigen. **Achtung:** In den Sacklöchern darf sich kein Öl befinden, da sonst die Schrauben nicht den vollen Druck auf den Zylinderkopf ausüben, obwohl sie mit dem richtigen Drehmoment angezogen wurden. Außerdem kann der Motorblock reißen.
- Zylinderkopfdichtung grundsätzlich ersetzen. Neue Dichtung ohne Dichtmittel so auflegen, daß keine Bohrungen verdeckt werden.

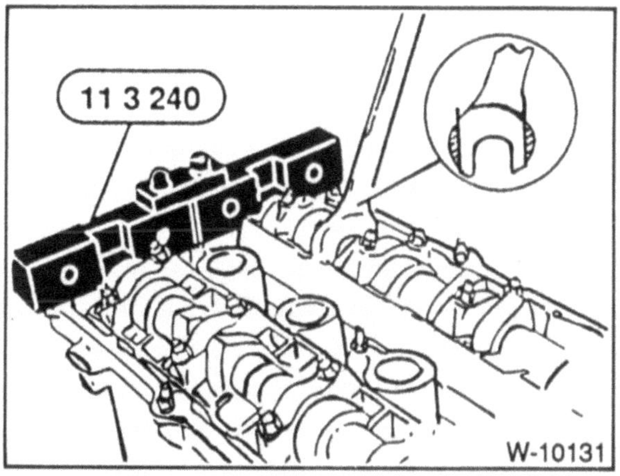

- Nockenwellen mit dem abgebildeten BMW-Werkzeug in der richtigen Stellung fixieren. Falls nötig, Nockenwellen an dem Sechskant SW 24 verdrehen.

Achtung: Dabei Nockenwellengehäuse nicht beschädigen. Gegebenenfalls Gabelschlüssel außen abschleifen, damit er schmäler wird.

Muß die Nockenwelle dabei soweit verdreht werden, daß sich Ventile des 1. und 6. Zylinders bewegen, Kurbelwelle erst ca. 30° von der OT-Stellung in Motordrehrichtung verdrehen und erst nach dem Drehen der Nockenwelle zurückdrehen. Dadurch wird eine Berührung der Ventile mit den Kolben vermieden.

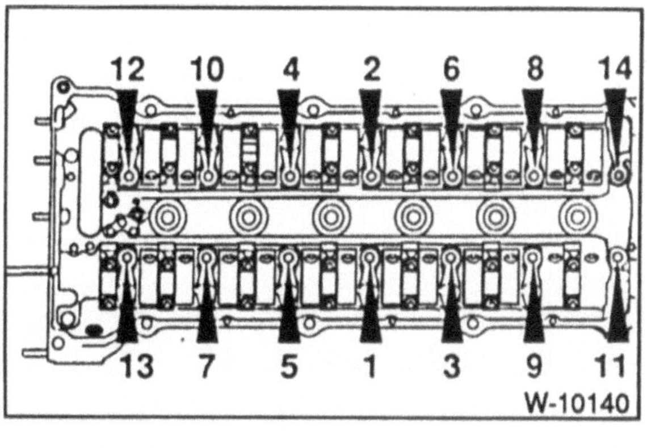

- Zylinderkopfschrauben jeweils in der Reihenfolge von 1 bis 14 in **3 Stufen** anziehen:

1. Stufe: Schrauben 1 bis 14 mit Drehmomentschlüssel **30 Nm** anziehen.

2. Stufe mit starrem Schlüssel **90°** weiterdrehen

3. Stufe mit starrem Schlüssel **90°** weiterdrehen

Achtung: Das Anziehen der Zylinderkopfschrauben ist mit größter Sorgfalt durchzuführen. Vor dem Anziehen der Schrauben sollte der Drehmomentschlüssel auf seine Genauigkeit überprüft werden. Außerdem wird zum Anziehen der Zylinderkopfschrauben eine Winkelscheibe, zum Beispiel HAZET 6690, benötigt. Steht die Winkelscheibe nicht zur Verfügung, Schlüssel ansetzen, Winkelmesser-Lineal am Schlüsselarm anlegen und mit Kreide den entsprechenden Winkel anzeichnen. Anschließend Schlüsselarm in einem Zug bis zur angezeichneten Markierung drehen.

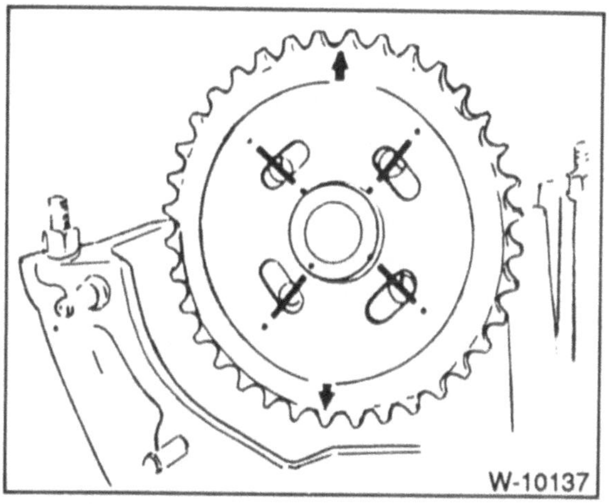

- Kettenrad an Nockenwellenflansch aufsetzen. Der Pfeil auf dem Kettenrad muß nach oben zeigen. Die Gewindebohrungen sollen auf der linken Seite der Langlöcher liegen, da beim Einsetzen des Kettenspanners das Kettenrad nach links gedreht wird.
- Kettenführung sowie oberen Kettenspanner einbauen.
- **Modelle bis 8/92:** Obere Steuerkette mit Kettenrädern einsetzen, Pfeile auf den Kettenrädern zeigen nach oben. Schrauben für Kettenräder noch nicht festziehen.

Modelle ab 9/92 (mit VANOS)

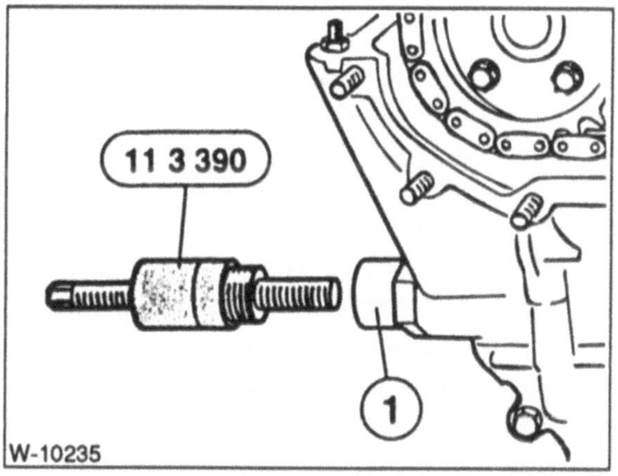

- In das Gewinde des Kettenspanners das BMW-Sonderwerkzeug 11 3 390 einschrauben. Dieses Werkzeug drückt gegen die Steuerkette und spannt sie etwas vor, damit die Nockenwellenräder in der Mitte der Langlöcher stehen. Mit etwas Geschick kann ein ähnliches Werkzeug auch selbst angefertigt werden. Ohne das Werkzeug ist eine korrekte Montage der Steuerkette nicht möglich.

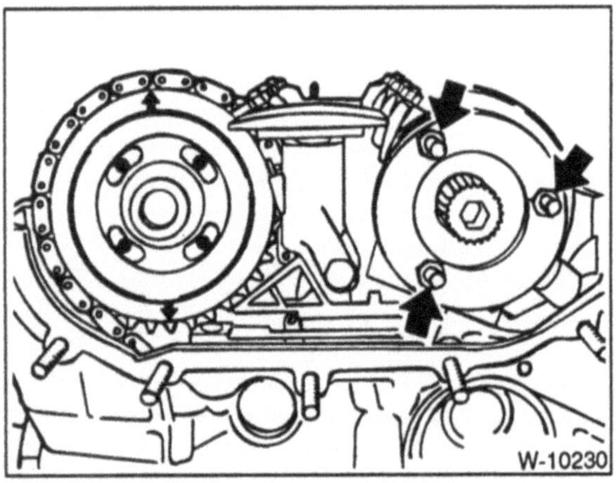

- Anlaufscheibe einsetzen und mit 20 Nm anschrauben.

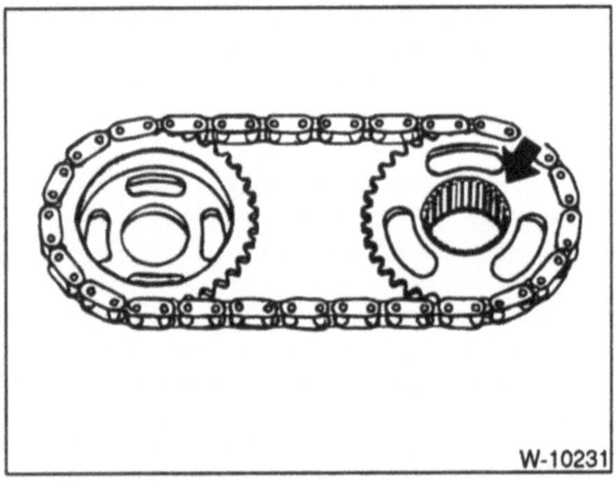

- Obere Steuerkette mit Kettenrädern aufsetzen, dabei Einbaulage beachten: Die flache Seite des Einlaßnockenwellen-Kettenrades zeigt nach außen, der Bund zur Nockenwelle.

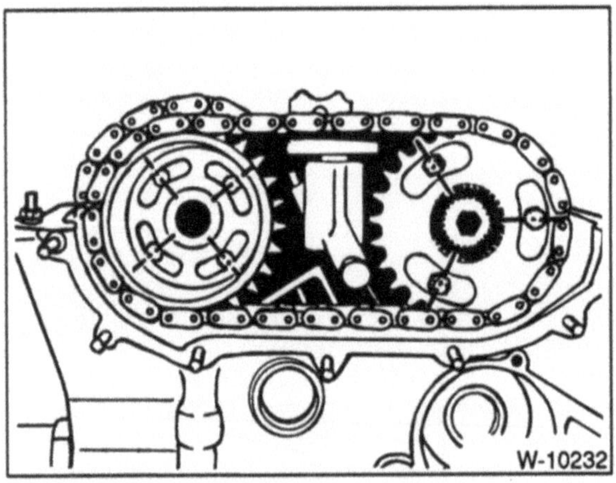

- Der Pfeil auf dem Auslaßnockenwellen-Kettenrad zeigt nach oben. Die Schrauben müssen mittig in den Langlöchern stehen.
- Anlaufscheibe auf die Einlaßnockenwelle aufsetzen und festschrauben.
- Kettenrad der Auslaßnockenwelle anschrauben, Schrauben noch nicht festziehen.

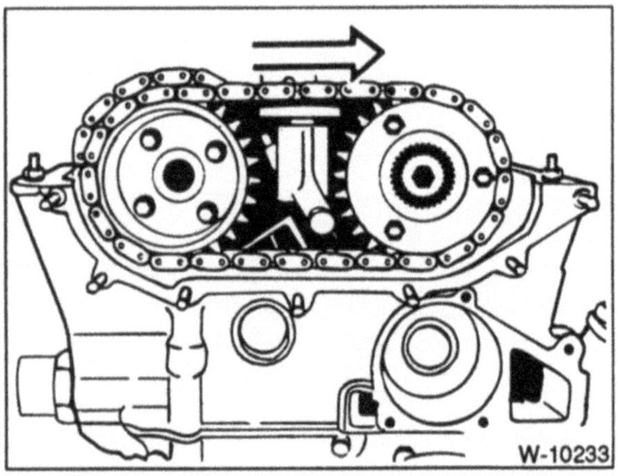

- Vor der Montage der VANOS-Verstelleinheit die beiden Kettenräder bis zum Anschlag in den Befestigungs-Langlöchern nach rechts drehen.

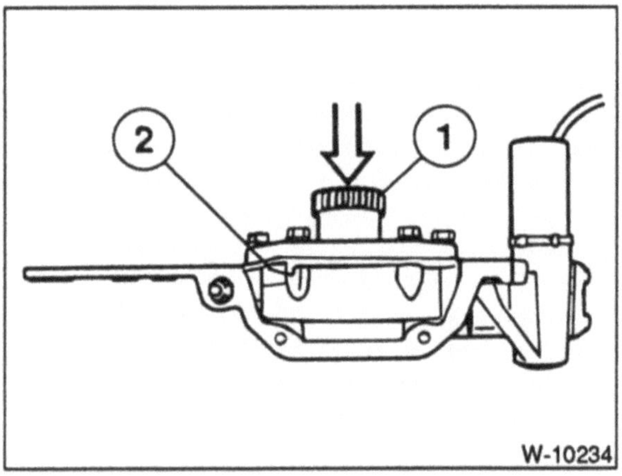

- Vor dem Aufsetzen die VANOS-Zahnwelle mit Hydraulikkolben –1– bis zum Anschlag in Richtung Gehäuse –2– zurückdrücken.

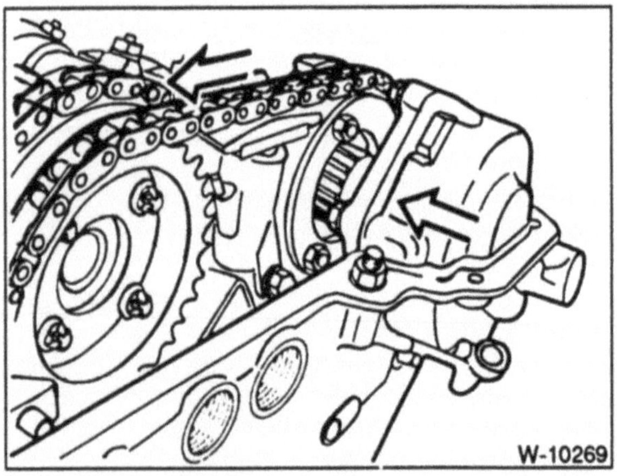

- VANOS-Verstelleinheit aufsetzen, dabei rastet die Zahnwelle in das Kettenrad ein. Gegebenenfalls Kettenrad von

Hand etwas entgegen dem Uhrzeigersinn verdrehen, damit die Zahnwelle einrastet. VANOS-Einheit in Richtung Zylinderkopf schieben, dabei verdreht sich das Kettenrad durch die Schrägverzahnung linksherum. Diese Bewegung durch Verdrehen des Kettenrades von Hand unterstützen.

W-10236

- VANOS-Verstelleinheit anschrauben. Die Stoßecken der Dichtfläche zwischen Zylinderkopf und VANOS-Einheit mit Flüssigdichtung »Drei Bond 1209« abdichten.
- Oberen Kettenspanner durch Entfernen des Sonderwerkzeuges 11 3 290 entlasten, siehe unter »Ausbau«.

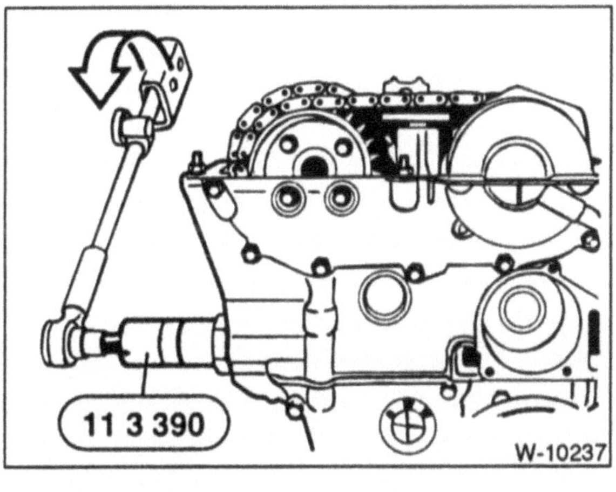

W-10237

- Steuerkettenspanner durch Verdrehen der Spannschraube des Sonderwerkzeugs mit 1,3 Nm vorspannen.
- In dieser Stellung das Kettenrad der Auslaßnockenwelle mit 20 Nm in zwei Durchgängen gleichmäßig anschrauben.
- Sonderwerkzeuge zur Arretierung der Nockenwelle und Steuerkettenvorspannung entfernen.

Achtung: Die BMW-Werkstatt prüft anschließend die VANOS-Funktion mit Hilfe von Spezialwerkzeugen. Treten nach dem Einbau keine Mängel im Fahrverhalten auf, kann auf diese Prüfung verzichtet werden, sonst BMW-Werkstatt aufsuchen.

- Öldruckleitung an die VANOS-Verstelleinheit mit neuen Dichtungen anschrauben. Elektrischen Anschlußstecker anschließen.

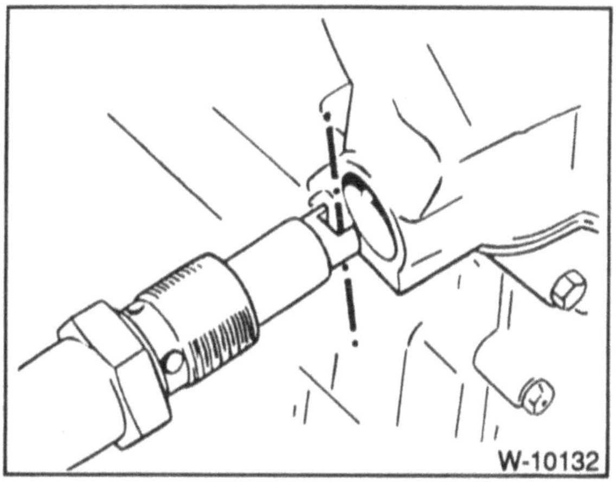

W-10132

- Unteren Kettenspanner mit neuem Dichtring mit **35 Nm** einschrauben. Dabei Einbaulage beachten. Die Nut am Kolben muß senkrecht zur Spannschiene stehen. Beim Einsetzen oberen Kettenspanner entlasten.
- **Modelle bis 8/92:** Erst jetzt die Schrauben der Kettenräder über Kreuz mit **20 Nm** festziehen.
- Räderkastendeckel mit neuer Dichtung einbauen. Dabei **Schrauben M6 mit 10 Nm und Schrauben M8 mit 22 Nm** festziehen. Paßhülsen an den beiden äußeren Schrauben nicht vergessen.
- 2 Bolzen für Ventildeckelverschraubung einschrauben.
- Arretierwerkzeug der Nockenwellen wieder entfernen.

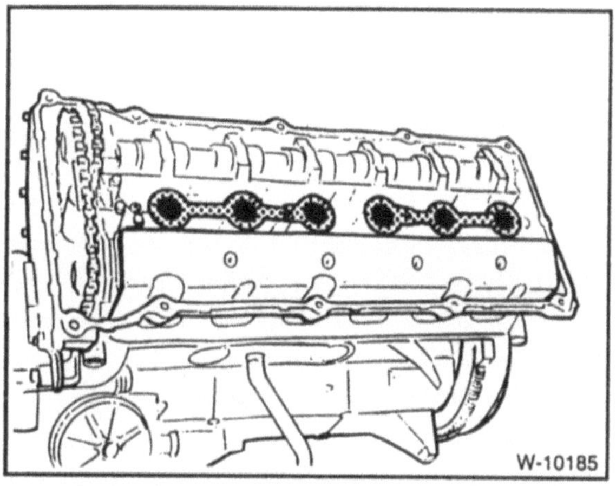

W-10185

- Zylinderkopfdeckel und Ansaugrohr einbauen, in umgekehrter Reihenfolge wie unter »Ausbau« beschrieben. Beschädigte Dichtungen ersetzen, siehe Abbildung. Beim Auflegen der äußeren Zylinderkopfdeckel-Dichtung besonders auf richtige Lage in den Aussparungen der Zylinderkopf-Stirnseite achten.
- Zylinderkopfdeckel gleichmäßig mit **10 Nm** anziehen.
- Zündspulen mit Papierzwischenlage einsetzen und anschrauben, siehe Seite 277.
- Stecker für Zündspulen einrasten und mit den Metallbügeln sichern.
- Gaszug am Drosselklappenhebel einhängen.

- Sämtliche Kühlmittel-, Kraftstoff- und Unterdruckschläuche aufschieben und mit Schellen sichern.
- Elektrische Leitungen anklemmen, siehe unter »Ausbau«.
- Zylinderkopf-Verkleidungen anschrauben.
- Vorderes Abgasrohr am Abgaskrümmer anschrauben, siehe Seite 110.

Achtung: Absteckdorn für OT-Einstellung vor Inbetriebnahme des Motors am Schwungrad herausziehen.

- Kühlmittel auffüllen, siehe Seite 274.
- Ölstand im Motor prüfen, gegebenenfalls Öl nachfüllen. Wurde der Zylinderkopf aufgrund einer defekten Zylinderkopfdichtung abgebaut, empfiehlt sich ein vorgezogener Ölwechsel einschließlich eines Ölfilterwechsels, da sich im Motoröl Kühlflüssigkeit befinden kann.

Zylinderkopf aus- und einbauen

Motor M51 (Modelle 525td/tds)

Eine defekte Zylinderkopfdichtung ist an folgenden Merkmalen erkennbar:

- Leistungsverlust.
- Kühlflüssigkeitsverlust. Weiße Abgaswolken bei warmem Motor.
- Ölverlust.
- Kühlflüssigkeit im Motoröl, Ölstand nimmt nicht ab, sondern zu. Graue Farbe des Motoröls, Schaumbläschen am Peilstab, Öl dünnflüssig.
- Motoröl in der Kühlflüssigkeit. **Achtung:** In diesem Fall muß nach erfolgter Reparatur der Kühler ausgebaut werden und mit dem Reinigungsmittel »Solvethane« durchgespült werden, um die Ölreste aus dem Kühler zu entfernen.
- Kühlflüssigkeit sprudelt stark.
- Keine Kompression auf 2 benachbarten Zylindern.

Ausbau

- Batterie-Massekabel (–) abklemmen. **Achtung:** Dadurch wird aus dem Speicher des Radios der Code für die Diebstahlsicherung gelöscht. Die Batterie darf nur bei ausgeschalteter Zündung abgeklemmt werden, da sonst das Steuergerät der Einspritzanlage beschädigt wird. Vor dem Abklemmen sollten auch die Hinweise im Kapitel »Radio« bzw. »Batterie aus- und einbauen« durchgelesen werden.
- Vorderes Abgasrohr vom Turbolader abschrauben.
- Kühlmittel aus dem Motor ablassen, dazu Ablaßschraube seitlich am Motorblock unter dem Abgaskrümmer herausdrehen. Nach dem Ablassen Schraube sofort wieder anschrauben und festziehen.

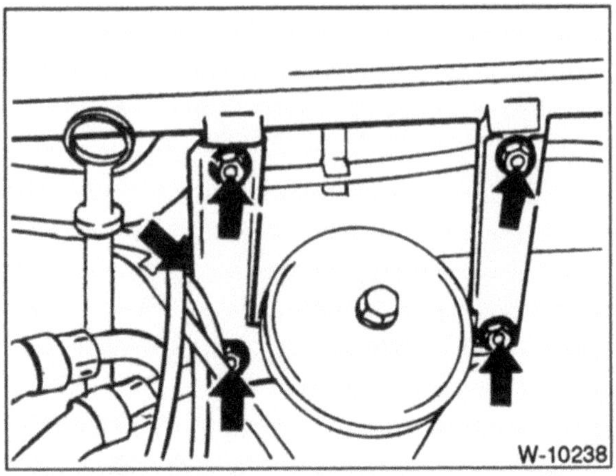

- Ansaugkrümmer-Halterungen abschrauben und ausclipsen.

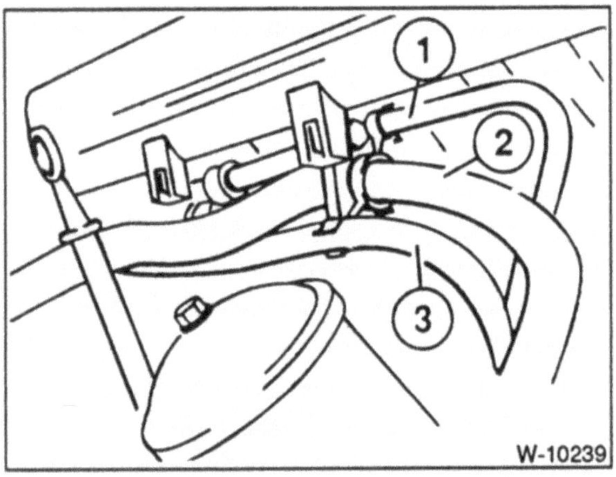

- Folgende Schläuche aus der Zylinderkopf-Halterung ausclipsen: 1– Unterdruckleitung für Bremskraftverstärker, 2– Kühlmittelschlauch für Heizung, 3 – Kraftstoffleitung zur Einspritzpumpe.
- Unterdruckschlauch am Ansaugkanal (am Abgasrückführungsventil) abziehen.
- Elektrischen Anschlußstecker für Temperaturfühler am Ansaugkrümmer abziehen, dabei Drahtsicherung niederdrücken.

- Ansaugkrümmer abschrauben.

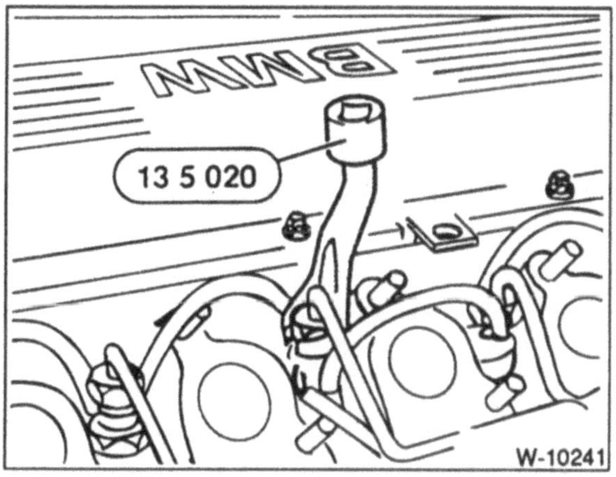

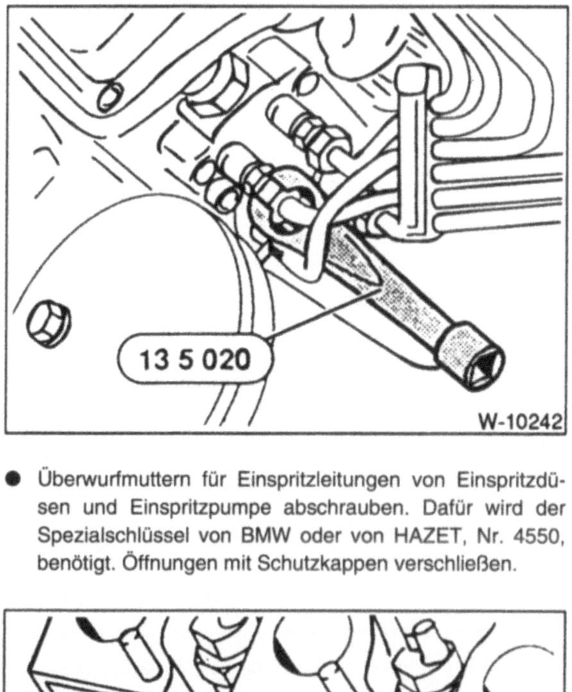

- Überwurfmuttern für Einspritzleitungen von Einspritzdüsen und Einspritzpumpe abschrauben. Dafür wird der Spezialschlüssel von BMW oder von HAZET, Nr. 4550, benötigt. Öffnungen mit Schutzkappen verschließen.

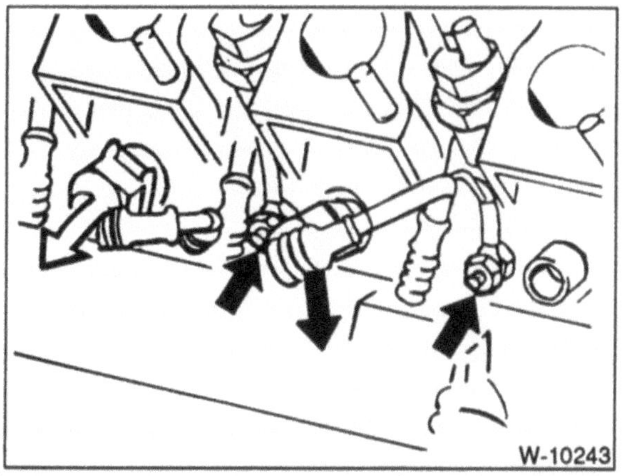

- Steckkontakte und Anschlüsse für die Glühkerzen lösen.
- Keilriemen ausbauen, siehe Seite 61.

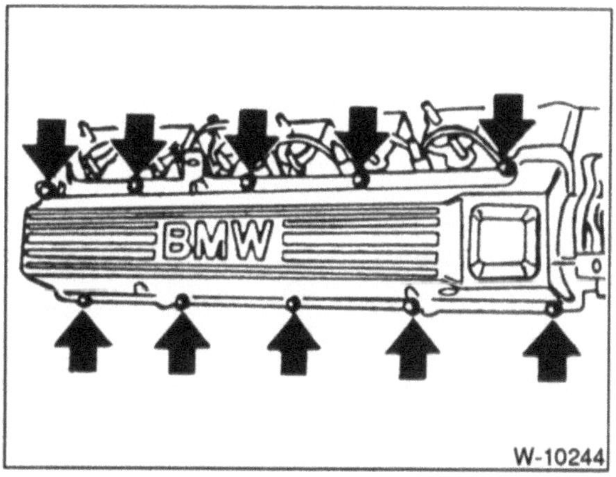

- Alle Zylinderkopfdeckelschrauben gleichmäßig zuerst $1/2$ Umdrehung, dann ganz lösen. Zylinderkopfdeckel abnehmen.

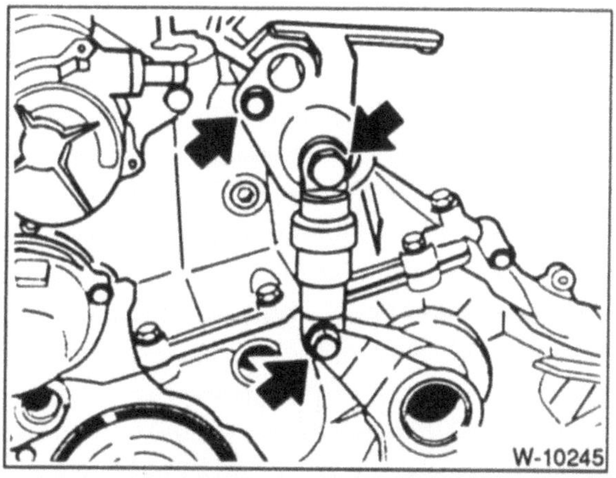

- Hydraulischen Keilriemenspanner abschrauben und Dämpfer aushängen. **Achtung:** Ausgebauten Spanner nur in Einbaulage, also stehend, lagern. Sonst können später Funktionsstörungen auftreten.

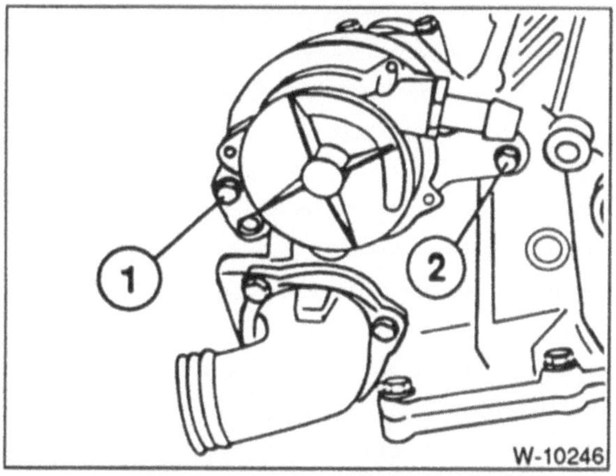

- 2 Schrauben –1– und –2– herausdrehen und Unterdruckpumpe abnehmen. Schraube –2– dient gleichzeitig als Halter für die Kettenführung. Da das Schraubengewinde abdichten muß, ist das Gewinde von neuen Schrauben beschichtet. Nach jedem Lösen muß die Schraube entweder erneuert werden oder vor dem Einschrauben mit handelsüblicher, flüssiger Dichtmasse bestrichen werden.

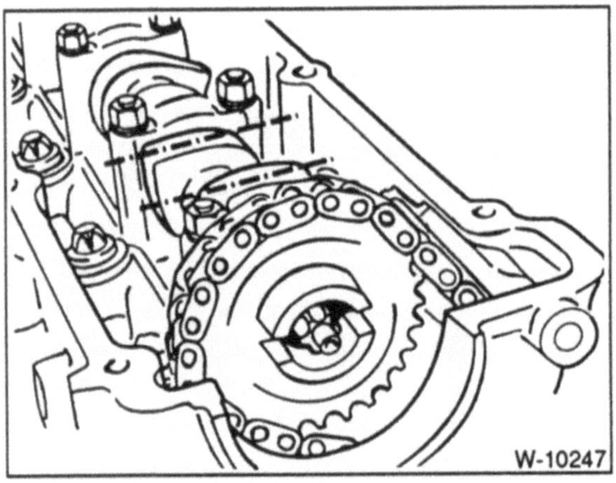

- Motor auf OT Zylinder 1 stellen. Dazu 5. Gang einlegen und Fahrzeug auf ebener Fläche vorwärts schieben, oder an der Kurbelwellenriemenscheibe in Drehrichtung durchdrehen, bis die Nockenspitzen der Ein- und Auslaßventile von Zylinder 1 (Steuerkettenseite) gleichmäßig nach oben zeigen.

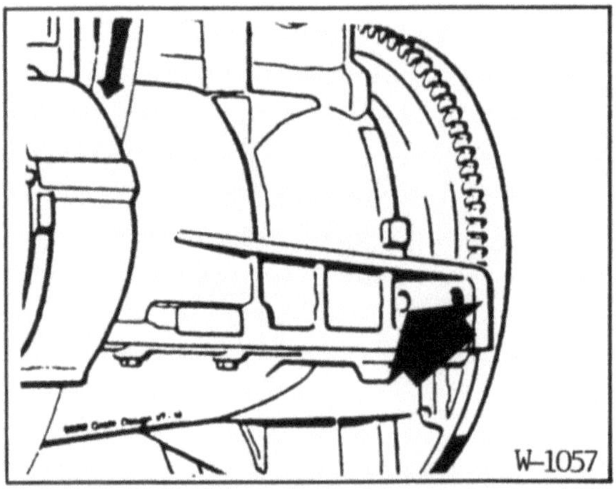

- Kurbelwelle in OT-Stellung mit BMW-Werkzeug 11 2 300 oder anderem geeigneten Dorn arretieren. Dazu Dorn durch die Bohrung im Motorblock in die Bohrung des Schwungrades einsetzen.

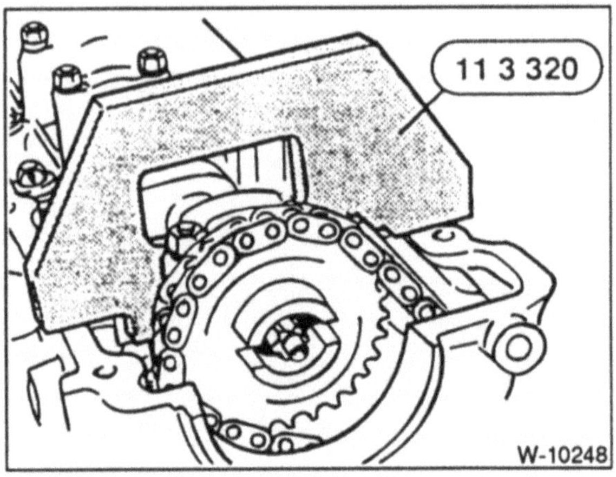

- Nockenwelle mit dem BMW-Werkzeug arretieren. Das Werkzeug ist nicht unbedingt erforderlich, allerdings muß beim Lösen des Kettenrads die Nockenwelle am Sechskant SW 27 gegengehalten werden.

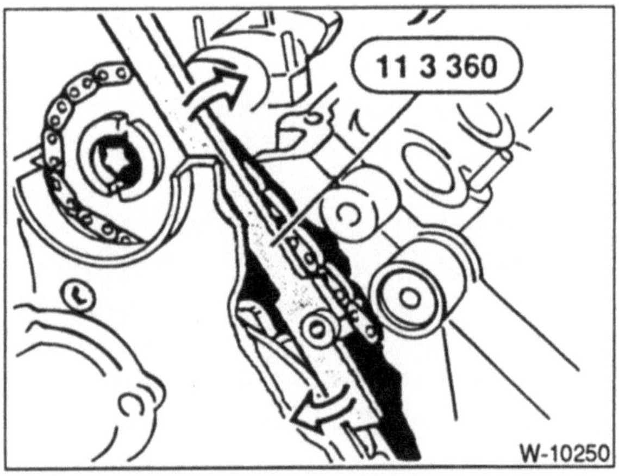

- Geeigneten Spannhebel an der Kettenspannschiene ansetzen und den Kettenspanner eindrücken.

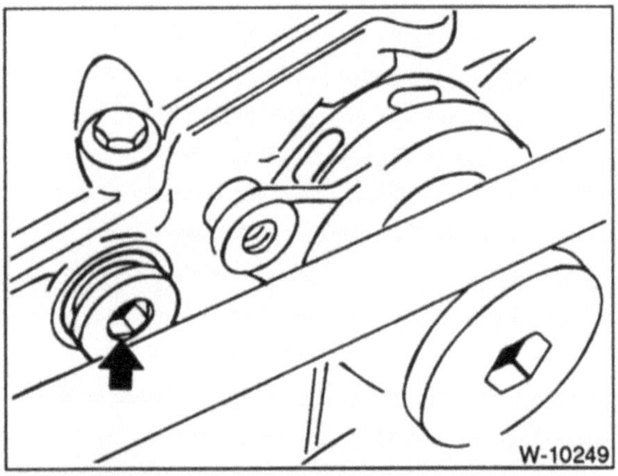

- Blindstopfen ausschrauben und Spanner in eingedrückter Stellung mit einem passenden Dorn arretieren.

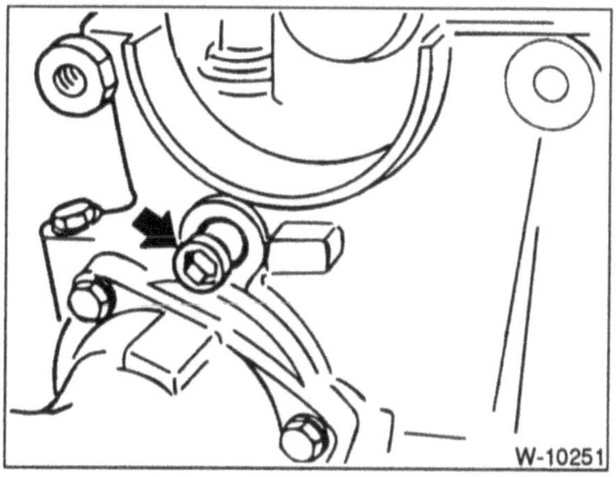

W-10251

- Haltestift für Spannschiene am Zylinderkopf abschrauben und mit O-Ring abnehmen.

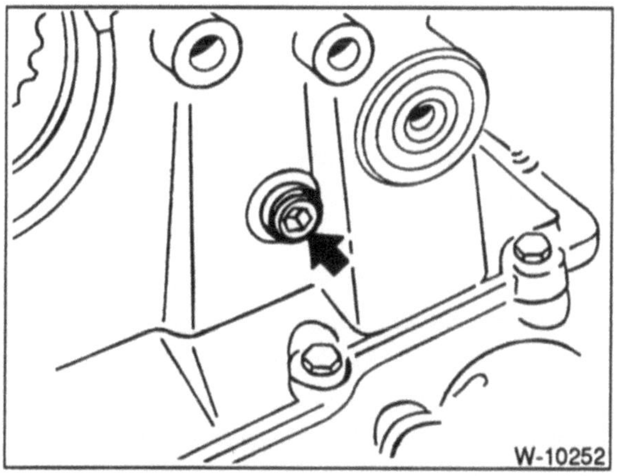

W-10252

- Haltestift für Kettenführung abschrauben und mit O-Ring abnehmen.

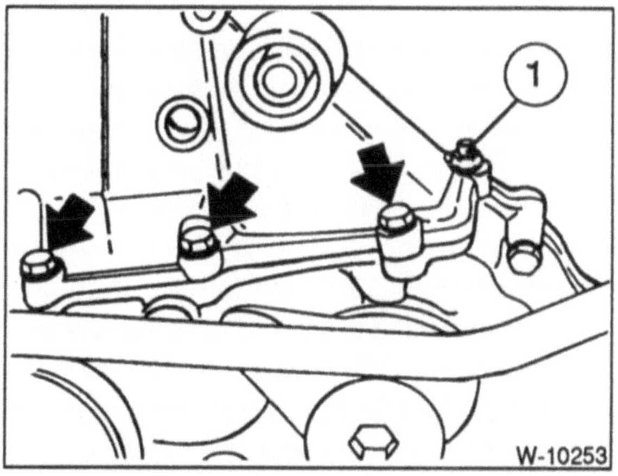

W-10253

- Räderkastendeckelverschraubung lösen. Verschraubung –1– ist als Stehbolzen mit Mutter ausgeführt.

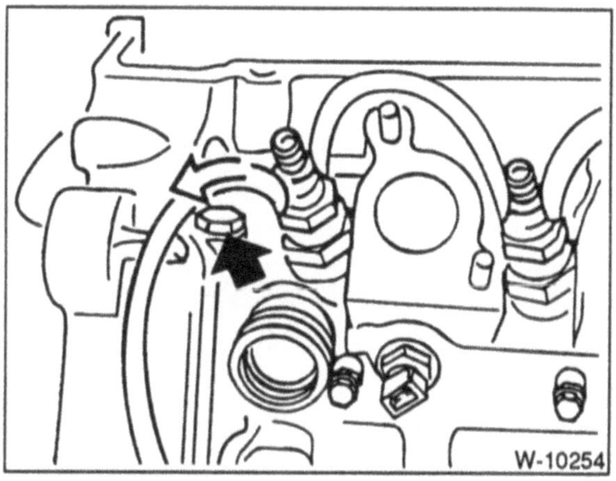

W-10254

- Schraube –Pfeil– lösen sowie Leckölschlauch von der Einspritzdüse abziehen.

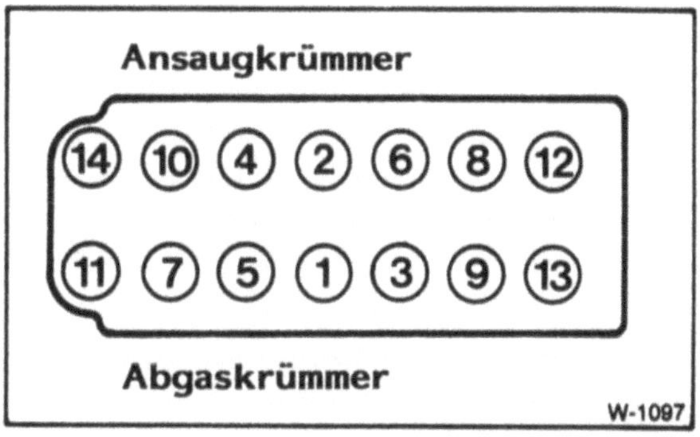

W-1097

- Zylinderkopfschrauben entgegen der Reihenfolge von 14 nach 1 um 1/2 Umdrehung lösen. Anschließend in gleicher Reihenfolge herausdrehen. Zum Herausdrehen der Zylinderkopfschrauben wird eine Stecknuß für Außentorxschrauben der Größe E12 benötigt.
- Zylinderkopf abheben.

Achtung: Zylinderkopf nach dem Ausbau nicht auf der Dichtfläche absetzen, dabei könnten voll geöffnete Ventile beschädigt werden. Deshalb Zylinderkopf auf 2 Holzleisten legen.

Einbau

W-10255

- Vor dem Einbau Zylinderkopf und Zylinderblock mit geeignetem Schaber von Dichtungsresten freimachen. **Darauf achten, daß keine Dichtungsreste in die Bohrungen fallen, Bohrungen mit Lappen verschließen.**
- Paßhülsen –Pfeile– auf richtigen Sitz überprüfen.
- Zylinderkopf und Motorblock mit Stahllineal in Längs- und Querrichtung auf Planheit prüfen. **Achtung:** Der Zylinderkopf darf nicht nachgearbeitet werden. Bei Beanstandungen darf er nicht nachgeplant, sondern muß ersetzt werden.
- Zylinderkopf auf Risse, Zylinderlauffläche auf Riefen überprüfen.
- Bohrungen der Zylinderkopfschrauben sorgfältig von Öl und anderen Rückständen reinigen. Steht keine Preßluft zur Verfügung, Lappen um Schraubendreher wickeln und Flüssigkeit in den Bohrungen auswischen. **Achtung:** In den Sacklöchern darf sich kein Öl befinden, da sonst die Schrauben nicht den vollen Druck auf den Zylinderkopf ausüben, obwohl sie mit dem richtigen Drehmoment angezogen wurden. Außerdem kann der Motorblock reißen.
- Zylinderkopfdichtung grundsätzlich ersetzen.

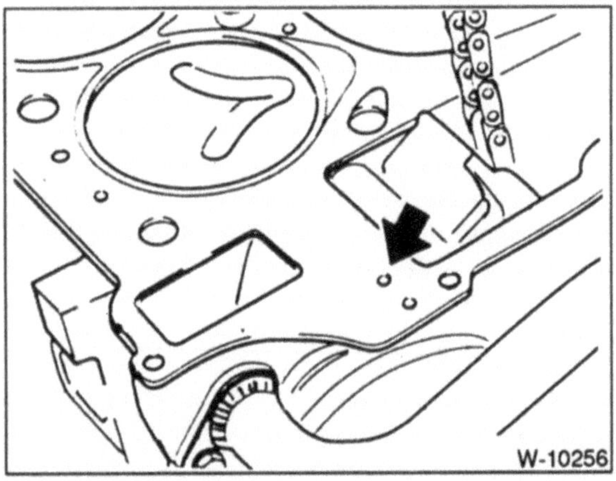
W-10256

- Neue Dichtung ohne Dichtmittel so auflegen, daß keine Bohrungen verdeckt werden. Die Dichtung ist je nach Dicke mit Löchern verschiedener Anzahl markiert. Die neue Dichtung muß die gleiche Stärke (Lochzahl) wie die ausgebaute Dichtung besitzen.

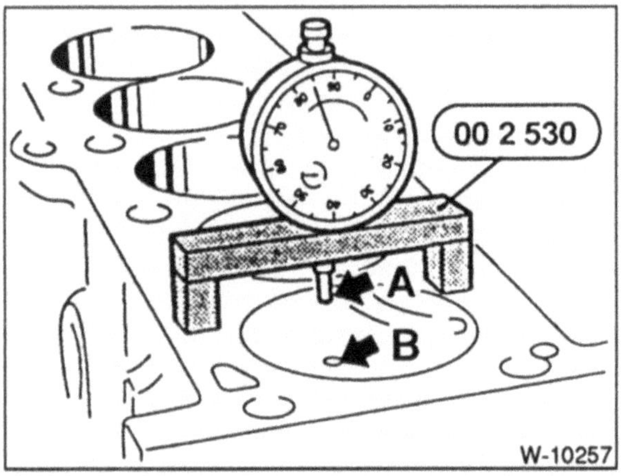

W-10257

- Ist unklar, welche Dichtung eingebaut werden muß, zum Beispiel nach Reparaturen am Motorblock, Kolbenüberstand mit einer Meßuhr messen. Die Zylinderkopfdichtung wird entsprechend dem höchsten Kolbenüberstand aller 6 Kolben ausgewählt. Zum Messen die Meßuhr am Punkt –A– aufsetzen und durch leichtes Hin- und Herdrehen der Kurbelwelle den höchsten Stand ermitteln. Anschließend die Messung am Punkt –B– wiederholen. Der Mittelwert aus Maß A+B ergibt den »Kolbenüberstand« eines Kolbens. Diese Messungen an allen 6 Kolben durchführen.
- Aus den ermittelten 6 Werten wird der Mittelwert errechnet. Also alle 6 Kolbenüberstände zusammenzählen und durch 6 teilen. Ergibt sich ein Wert **unter 0,76 mm,** so ist eine Dichtung mit **2 Löchern** zu verwenden. Ab 0,76 mm ist eine Dichtung mit 3 Löchern zu verwenden. **Achtung:** Falls jedoch einer oder mehrere Zylinder einen Kolbenüberstand von mehr als 0,81 mm haben, ist auf jeden Fall eine Dichtung mit 3-Loch-Kennzeichnung zu verwenden.

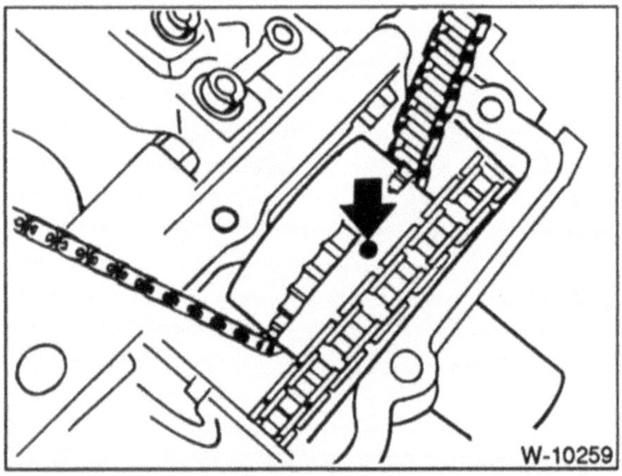
W-10259

- Zylinderkopf aufsetzen. **Achtung:** Nockenwelle und Kurbelwellen durften nach dem Ausbau nicht verdreht worden sein, sonst setzen geöffnete Ventile auf den Kolben auf. Gegebenenfalls Wellen vor dem Aufsetzen in richtige Lage bringen, siehe unter »Ausbau«. Die Abbildung zeigt das Kettenrad der Diesel-Einspritzpumpe. Die Markierung muß nach oben zeigen.

- **Neue** Zylinderkopfschrauben leicht einölen und handfest anschrauben. Es dürfen nur neue Zylinderkopfschrauben verwendet werden.

Achtung: Das Anziehen der Zylinderkopfschrauben ist mit größter Sorgfalt durchzuführen. Vor dem Anziehen der Schrauben sollte der Drehmomentschlüssel auf seine Genauigkeit überprüft werden. Außerdem wird zum Anziehen der Zylinderkopfschrauben eine Winkelscheibe, zum Beispiel HAZET 6690, benötigt. Oder man setzt den Drehmomentschlüssel längs zum Motorblock auf die Schraube auf, mißt mit einem Winkelmesser den erforderlichen Winkel und markiert ihn mit Kreide auf dem Zylinderkopf.

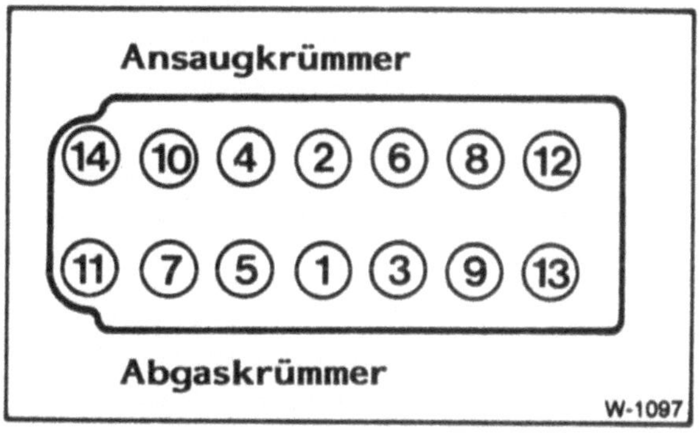

W-1097

- Die Zylinderkopfschrauben werden in 6 Stufen angezogen. In jeder Stufe Schrauben jeweils in der Reihenfolge von 1 bis 14 anziehen.

1. Stufe: mit Drehmomentschlüssel auf **80 Nm** anziehen

2. Stufe: mit starrem Schlüssel **180°** (1/2 Umdrehung) **wieder lösen**

3. Stufe: mit Drehmomentschlüssel auf **50 Nm** anziehen

4. Stufe: mit starrem Schlüssel um **90°** weiterdrehen

5. Stufe: mit starrem Schlüssel um **90°** weiterdrehen

Nach **25 Minuten Warmlauf** (nach Montage des Motors):

6. Stufe: mit starrem Schlüssel um **90°** weiterdrehen

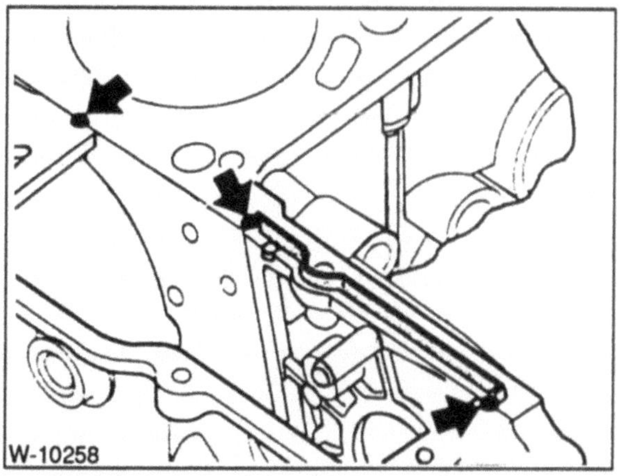
W-10258

- Dichtleiste am Lagerbock für Einspritzpumpe erneuern. An den Trennstellen zum Räderkastendeckel dauerelastische Dichtmasse, zum Beispiel »3 Bond 1209«, auftragen.

- Räderkastendeckel aufsetzen, Schrauben mit 10 Nm anziehen.
- Verschraubung neben dem Einspritzventil anziehen sowie Leckölschlauch am Einspritzventil aufschieben, siehe Abbildung W-10254 unter »Ausbau«.
- 2 Haltestifte für Spannschiene und Kettenführung mit neuen O-Ringen einschrauben.
- Kettenrad mit aufgelegter Kette an der Nockenwelle anschrauben, Schraube noch nicht festziehen. **Achtung:** Die Auflageflächen müssen fettfrei und sauber sein.
- Absteckdorn aus dem Kettenspanner entfernen, so daß die Kette gespannt wird. Blindstopfen für Absteckdorn-Öffnung in den Zylinderkopf einschrauben.

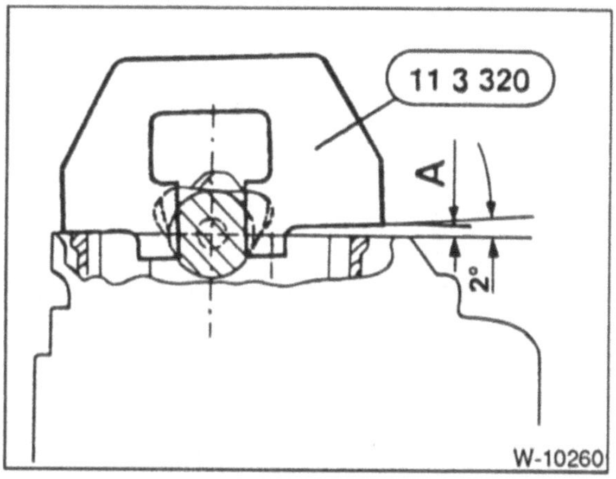

W-10260

- Nur wenn die Nockenwelle mit der BMW-Einstellehre arretiert wird: Die Lehre ist zur Einstellung von Ketten bis zu einer Laufleistung von ca. 20 000 km vorgesehen. Bei Ketten mit einer höheren Laufleistung muß auf der Einlaßseite des Zylinderkopfs eine Unterlage (Fühlerlehre) mit einer Stärke von A = 4,61 mm untergelegt werden. Wird die Lehre nicht verwendet, Nockenwelle um 2° nach links drehen und in dieser Stellung am Sechskant SW 27 gegenhalten.

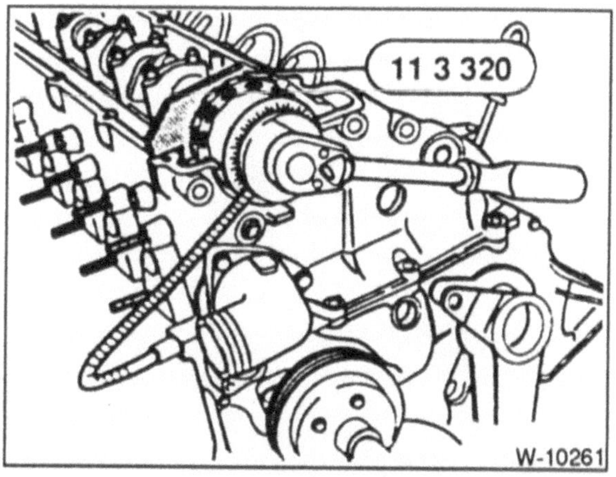

W-10261

- In dieser Stellung Nockenwellenrad in 2 Stufen festziehen:

1. Stufe: mit Drehmomentschlüssel **20 Nm;**

2. Stufe: mit starrem Schlüssel **35° weiterdrehen.**

Achtung: Dorn am Kurbelwellen-Schwungrad und Arretierwerkzeug an der Nockenwelle entfernen. Motor einige Male von Hand durchdrehen und Steuerzeiten nochmals überprüfen.

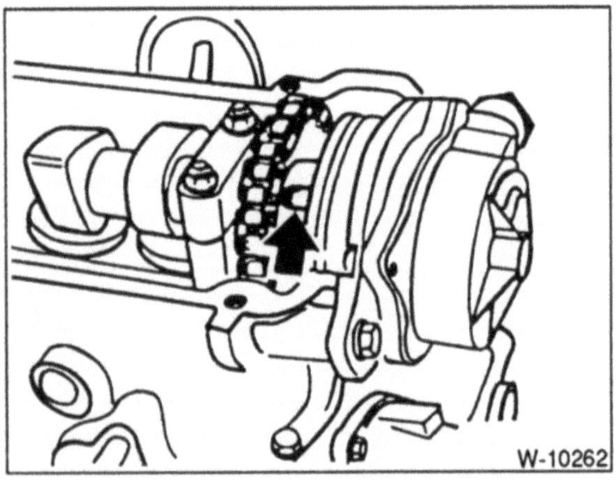

- Unterdruckpumpe mit neuer O-Ring-Dichtung einsetzen, der Mitnehmer greift in die Aussparung am Nockenwellenrad ein. **Achtung:** Die Torxschraube am Nockenwellenrad ist mit einer Ölbohrung zur Schmierung der Unterdruckpumpe versehen. Bohrung gegebenenfalls von Schmutz befreien.
- 2 Schrauben für Unterdruckpumpe mit **20 Nm** festziehen. Innere Schraube entweder erneuern, oder vor dem Einschrauben mit handelsüblicher, flüssiger Dichtmasse bestreichen, da das Gewinde abdichten muß.
- Dämpfer und Halter für Keilriemenspanner einsetzen und anschrauben.
- Keilriemen einbauen, siehe Seite 61.
- Dichtung für Zylinderkopfdeckel auf Beschädigung prüfen, gegebenenfalls ersetzen.

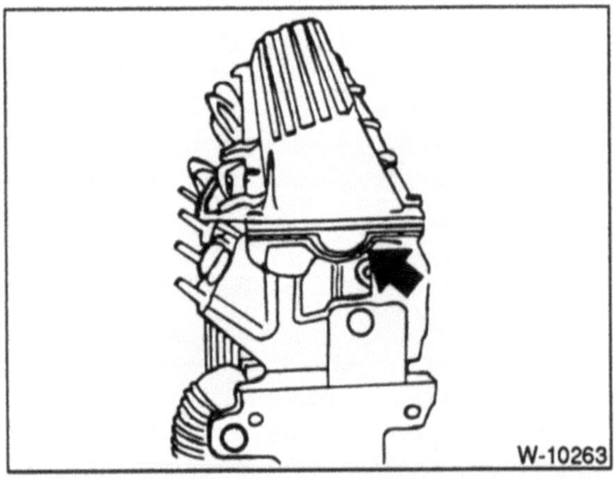

- Zylinderkopfhaube aufsetzen und über Kreuz von innen nach außen mit **15 Nm** festziehen. Dabei auf richtigen Sitz der Dichtung an der Aussparung achten, siehe Abbildung.
- Vorderes Abgasrohr mit neuer Dichtung und **neuen selbstsichernden Muttern** am Turbolader anschrauben. Schrauben vorher mit Kupferpaste (Heißtemperaturpaste) bestreichen. Alle Schrauben zuerst mit **30 Nm** anziehen, dann auf **50 Nm** festziehen. Bei Ausführung mit Druckfedern, Muttern anziehen bis die Federn auf die Länge 27 mm vorgespannt sind.
- Anschlüsse für Glühkerzen anschrauben, Anschlußstecker aufdrücken, bis sie einrasten.
- Einspritzdüsen-Leitungen einsetzen, dabei nicht verbiegen. Überwurfmuttern mit Spezialschlüssel und **20 Nm** anziehen.

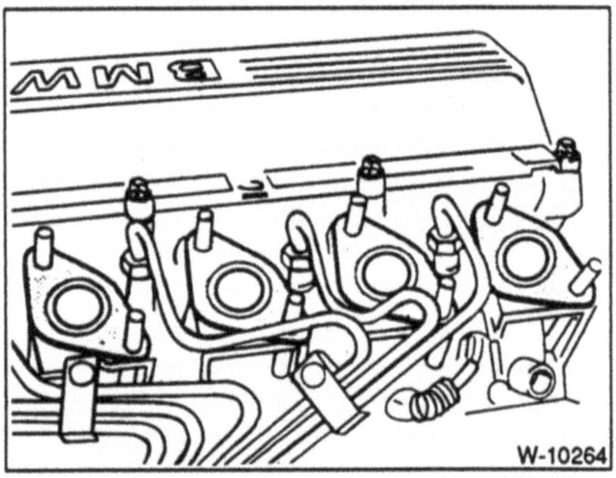

- Ansaugkrümmer-Dichtungen erneuern. Anschließend Ansaugkrümmer aufsetzen, Schrauben über Kreuz mit **25 Nm** anziehen.
- Befestigungsschrauben für Ansaugkrümmer-Abstützung anschrauben.
- Sämtliche Schläuche im Ansaugkrümmer-Halter verlegen, beziehungsweise aufschieben, siehe unter »Ausbau«.
- Elektrische Leitungen aufstecken.
- Batterie-Massekabel anklemmen.
- Kühlmittel auffüllen, siehe Seite 274.
- Ölstand im Motor prüfen, gegebenenfalls Öl nachfüllen. Wurde der Zylinderkopf aufgrund einer defekten Zylinderkopfdichtung abgebaut, empfiehlt sich ein vorgezogener Ölwechsel einschließlich eines Ölfilterwechsels, da sich im Motoröl Kühlflüssigkeit befinden kann.

Achtung: Motor 25 Minuten warmlaufen lassen, Zylinderkopfdeckel abbauen und Kopfschrauben mit starrem Schlüssel in richtiger Reihenfolge wie oben angegeben anziehen.

- Zylinderkopfdeckel einbauen und Schrauben über Kreuz von innen nach außen mit **15 Nm** festziehen.

Die Motorsteuerung
Motor M30

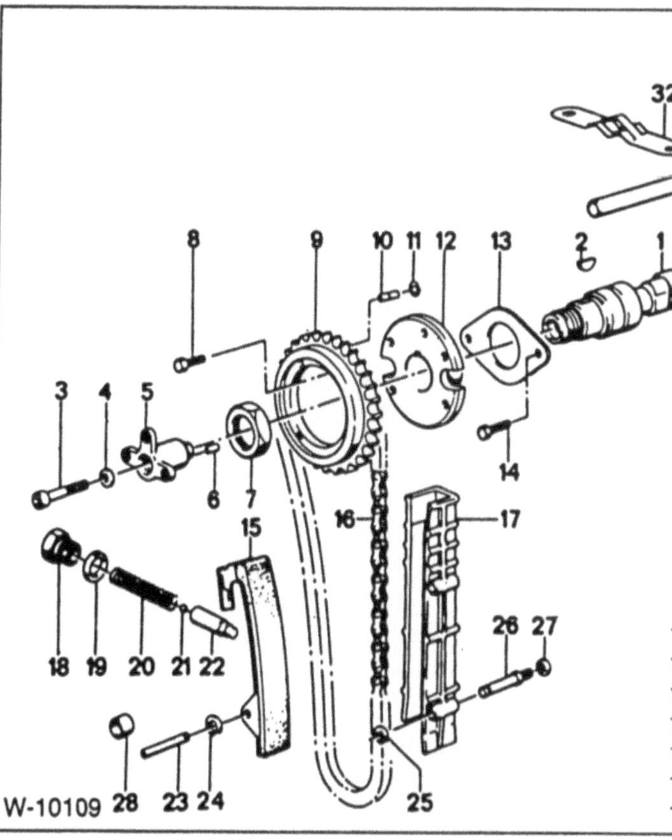

W-10109

1 – Nockenwelle
2 – Scheibenfeder
3 – Zylinderschraube
4 – Kupferdichtring
5 – Adapter
6 – Zylinderstift
7 – Sechskantmutter
8 – Sechskantschraube
9 – Kettenrad
10 – Zylinderstift
11 – Federring
12 – Flansch
13 – Führungsplatte
14 – Sechskantschraube
15 – Spannschiene
16 – Steuerkette
17 – Gleitschiene
18 – Verschlußschraube
19 – Dichtring
20 – Druckfeder
21 – Kugel
22 – Kolben
23 – Lagerbolzen
24 – Sicherungsscheibe
25 – Sicherungsscheibe
26 – Lagerbolzen
27 – Beilagscheibe
28 – Buchse
29 – Ölleitung
30 – Hohlschraube
31 – Dichtring
32 – Schelle

Nockenwelle aus- und einbauen

Ausbau

Achtung: Beschrieben wird nur der Ausbau beim Motor M20.

- Zylinderkopf ausbauen und auf 2 Holzleisten legen, siehe Seite 25.
- Kipphebelachsen ausbauen.
- Befestigungsschraube für Nockenwellenzahnrad herausdrehen. Adapter für Verteilerläufer, Abdeckung und Nokkenwellenrad abnehmen. Darauf achten, daß der Zylinderstift nicht verloren geht.
- An der Stirnseite des Zylinderkopfes Spurdeckel mit 2 Schrauben abschrauben.
- Nockenwelle vorsichtig nach vorn herausziehen.

Einbau

- Sämtliche Einbauteile sorgfältig mit Waschbenzin reinigen, Dichtflächen säubern.
- Nockenwelle leicht einölen und vorsichtig in den Zylinderkopf einführen. **Achtung:** Dabei dürfen die Lagerlaufflächen nicht beschädigt werden.
- O-Ring und Wellendichtring im Spurdeckel auf Beschädigungen prüfen, gegebenenfalls ersetzen.
- Spurdeckel vorsichtig ansetzen, damit der Wellendichtring nicht beschädigt wird. Die Fachwerkstatt verwendet zur Montage die trichterförmige Schlupfbuchse BMW-112212. Deckel anschrauben.
- Axiallaufspiel der Nockenwelle prüfen. Motor M20: max. 0,2 mm; Motor M21: 0,15 – 0,33 mm; Motor M30: 0,03 – 0,18 mm.
- Nockenwellenrad so ansetzen, daß der Zylinderstift in die Bohrung der Nockenwelle eingreift.
- Deckel und Adapter aufsetzen und Befestigungsschraube für Nockenwelle mit **70 Nm** festziehen.
- Kipphebelachsen einbauen.
- Zylinderkopf einbauen.

Kipphebel/Kipphebelachsen aus- und einbauen

Besonders laute Ventilgeräusche können durch lose Gleitsteine der Kipphebel verursacht werden.

Achtung: Werden Teile der Ventilsteuerung wieder verwendet, müssen diese an gleicher Stelle wieder eingebaut werden. Damit keine Verwechslungen vorkommen, empfiehlt es sich, ein entsprechendes Ablagebrett anzufertigen.

Ausbau

Achtung: Beschrieben wird nur der Ausbau beim Motor M20.

- Zylinderkopf ausbauen und auf 2 Holzleisten legen, siehe Seite 25.

- Ölrohr –1– abschrauben und herausnehmen.
- Zahnriemenrad abschrauben.
- Ventilspiel aller Ventile auf größtes Spiel einstellen, siehe im Kapitel »Wartung«.
- Verschlußstopfen –2– für Kipphebelachsen vorn und hinten heraushebeln.
- Fixierblech –3– für Kipphebelachsen vorn im Zylinderkopf herausziehen.

- Federklammern von den Kipphebeln abziehen.
- Kipphebelachse für Auslaßventile ausbauen. Darauf achten, daß die Nocken für Zylinder 6 von den Kipphebeln wegzeigen. Kipphebel für Zylinder 1 nach innen verschieben und Nockenwelle zur Einlaßseite hin verdrehen, bis alle Kipphebel entlastet sind. Anschließend Kipphebelachse herausziehen.
- Kipphebelachse für Einlaßventile ausbauen. Nockenwelle zur Auslaßseite drehen und Kipphebel verschieben, bis alle Kipphebel entspannt sind. Kipphebelachse herausziehen.
- Kipphebel herausnehmen.

Einbau

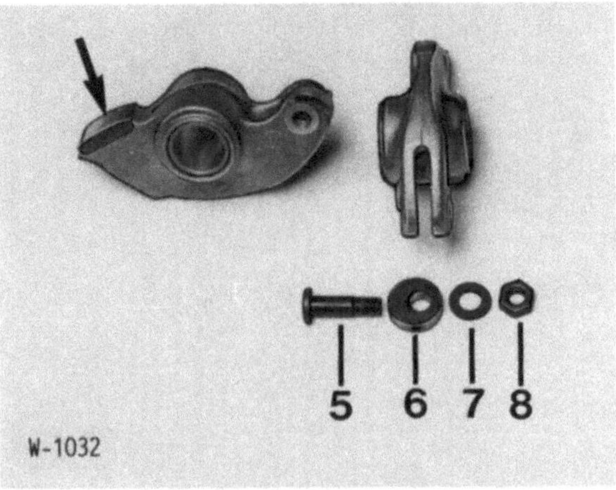

- Kipphebel prüfen: Eingelaufene Kipphebel oder Kipphebel mit losen Gleitsteinen –Pfeil– ersetzen.
- Falls der Kipphebel ersetzt wird, Paßschraube –5–, Exzenter –6–, Scheibe –7– und Mutter –8– auf neuen Kipphebel umbauen. Dabei muß die dicke Seite des Exzenters nach unten gerichtet sein und die Bohrung nach außen. Paßschraube so drehen, daß die abgeschrägte Seite zur Nase am Kipphebel zeigt. Anschließend Mutter anschrauben. **Achtung:** Die Paßschraube und die Mutter haben Feingewinde M 6×0,75.

Achtung: Kipphebelachsen prüfen, eingelaufene Achsen und Kipphebel ersetzen.

- Kipphebelachsen so einbauen, daß die großen Ölbohrungen zur Ventilführung nach unten, die kleinen Ölbohrungen und die Nuten für das Fixierblech nach innen zeigen.
- Kipphebel aufschieben.
- Federklammern so auf die Kipphebel aufdrücken, daß die gerade Fläche der Klammer in die Nut der Kipphebelachse eingreift.
- Fixierblech in die Nuten der Kipphebelachsen einsetzen.
- Verschlußstopfen eindrücken.
- Zahnriemenrad mit Abdeckung sowie Adapter und **65 Nm** anschrauben.
- Ölleitung anschrauben.
- Zylinderkopf einbauen, siehe Seite 25.
- Ventilspiel einstellen, siehe Kapitel »Wartung«.

Der Ventiltrieb

Motor M20

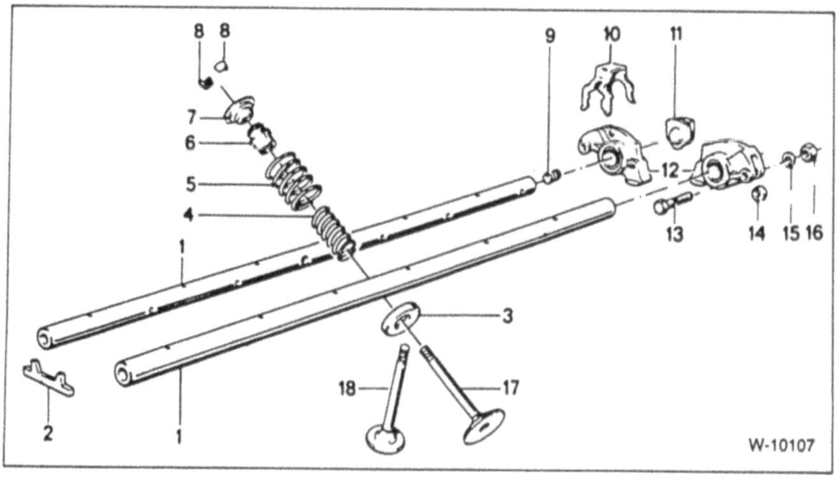

1 – Kipphebelachse
2 – Halteblech
3 – Federteller
4 – Ventilfeder
5 – Ventilfeder
6 – Ventilschaftabdichtung
7 – Federteller oben
8 – Ventilkegelstück
9 – Stopfen
10 – Klammer
11 – Verschlußstopfen
12 – Kipphebel
13 – Schraube
14 – Exzenter
15 – Beilagscheibe
16 – Sechskantmutter
17 – Einlaßventil
18 – Auslaßventil

Motor M21

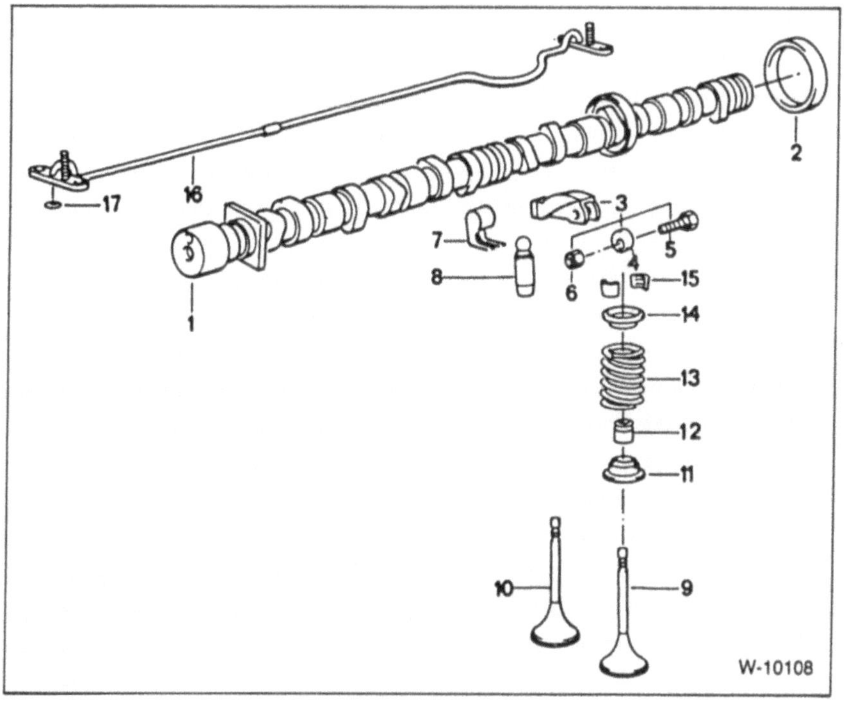

1 – Nockenwelle
2 – Gleitlager
3 – Schwinghebel
4 – Exzenter
5 – Rändelschraube
6 – Sechskantmutter
7 – Haltefeder
8 – Kugelbolzen
9 – Einlaßventil
10 – Auslaßventil
11 – Federteller
12 – Ventilfeder
13 – Ventilschaftabdichtung
14 – Federteller
15 – Ventilkegelstück
16 – Ölleitung
17 – O-Ring

Ventil aus- und einbauen

M 20/M 30-Motor

Ausbau

Achtung: Werden Teile der Ventilsteuerung wieder verwendet, müssen diese an gleicher Stelle wieder eingebaut werden. Damit keine Verwechslungen vorkommen, empfiehlt es sich, ein entsprechendes Ablagebrett anzufertigen.

- Zylinderkopf ausbauen, siehe Seite 25.
- Kipphebelachsen ausbauen, siehe Seite 46.
- Ansaugkrümmer abschrauben.

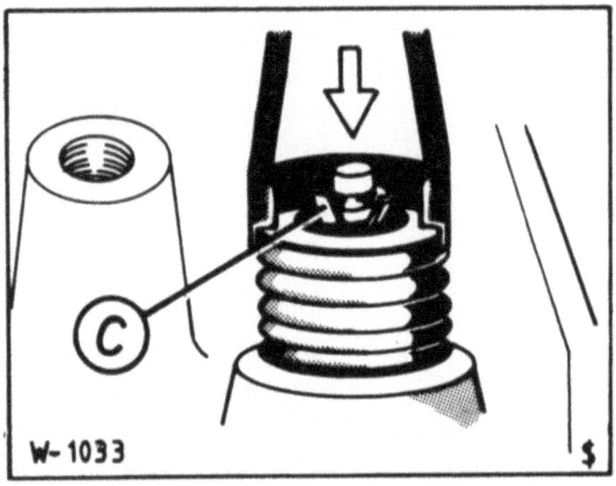

- Ventilfeder mit BMW-Werkzeug 111060 herunterdrücken und Ventilkegelstücke –C– abnehmen.

Achtung: Zum Spannen der Ventilfedern kann auch ein handelsüblicher Ventilspanner eingesetzt werden. Je nach verwendetem Werkzeug muß dann aber der Abgaskrümmer abgeschraubt werden.

- Feder entspannen und Federteller oben, Ventilfeder sowie Federteller unten abnehmen.
- Ventilschaftabdichtung mit Spezialzange abziehen. Hierzu eignen sich beispielsweise die Ventildichtringzange 791-5 oder der Schlagauszieher 791-2 von HAZET.
- Ventil zur Brennraumseite aus dem Zylinderkopf herausziehen.
- Nächstes Ventil ausbauen.

Einbau

Vor Einbau der Ventile Ventilführungen prüfen, eventuell Ventilsitze nacharbeiten, siehe Seite 49.

Achtung: Wird ein neues Ventil eingebaut, auf jeden Fall vorher Ventilsitz nacharbeiten.

- Ventilschaft an der Anlagefläche der Ventilkegelstücke entgraten.
- Ventilschaft und Ventilführung mit Motoröl leicht einölen und Ventil einsetzen.

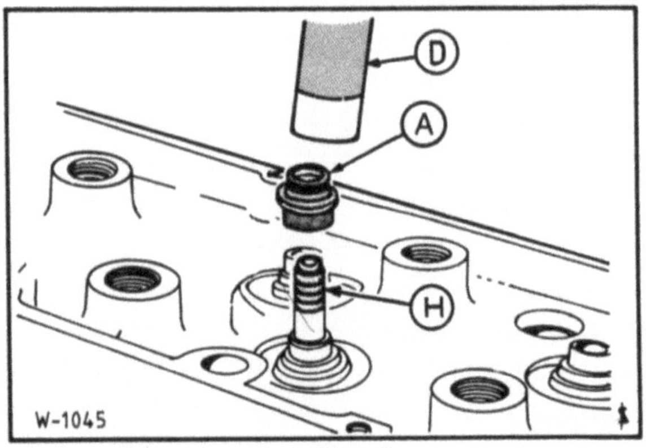

- Ventilschaft-Abdichtung –A– leicht einölen und mit geeignetem Treibdorn –D– bis zum Anschlag aufdrücken. **Achtung:** Um Beschädigungen der Ventilschaft-Abdichtung zu vermeiden, vor dem Einbau Montagehülse –H– über den Ventilschaft schieben. Steht die Montagehülse nicht zur Verfügung, Ventilschaft an den Anlageflächen der Ventilkegelstücke mit glattem Klebeband abkleben. Nach dem Einbau Klebeband entfernen.
- Ventilteller unten einsetzen.
- Ventilfeder und Ventilteller oben einsetzen. Nur Ventilfedern gleicher Farbmarkierung, Drahtdicke und Länge einbauen.
- Ventilfeder zusammendrücken und Ventilkegelstücke einsetzen. Ventilfeder langsam entspannen und dabei auf richtigen Sitz der Kegelstücke achten.
- Anschließend nächstes Ventil einbauen. Dabei Ein- und Auslaßventil nicht verwechseln.
- Kipphebelachsen einbauen, siehe Seite 46.
- Zylinderkopf einbauen, siehe Seite 25.

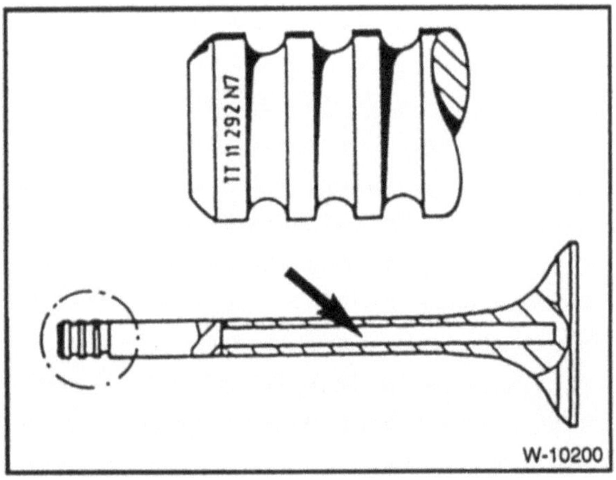

Achtung: Die Auslaßventile des 4-Zylindermotors sind zur besseren Wärmeabfuhr mit Natrium gefüllt. Diese Auslaßventile dürfen nicht ohne weiteres verschrottet werden, denn es besteht Explosionsgefahr beim Einschmelzen durch das Natrium. Ebenso ist die Verwendung dieser Ventile als »Werkzeug«, zum Beispiel als Treibdorn, nicht zulässig. Ich empfehle daher, diese Ventile der BMW-Werkstatt zur Entsorgung zu übergeben. Ist dies nicht möglich, vor der Verschrottung folgendermaßen vorgehen: Mit einer Eisensäge den Ventilschaft durchsägen und die Teile in einen großen, mit Wasser gefüllten Eimer werfen. Durch eine plötzlich eintretende chemische Reaktion verbrennt die Natriumfüllung, daher zurücktreten und Augen schützen.

Ventilführungen prüfen

Bei Instandsetzungsarbeiten an einem Zylinderkopf mit undichten Ventilen genügt es nicht, die Ventile und Ventilsitze zu bearbeiten beziehungsweise zu erneuern. Es ist außerdem dringend erforderlich, die Ventilführungen auf Verschleiß zu prüfen. Besonders wichtig ist die Prüfung an Motoren mit längerer Laufzeit. Verschlissene Ventilführungen gewährleisten keinen zentrischen Ventilsitz und führen zu hohem Ölverbrauch. Ist der Verschleiß zu groß, sind die Ventilführungen zu erneuern (Werkstattarbeit).

- Ventil ausbauen.
- Ventilführung mit einer Zylinderbürste reinigen.

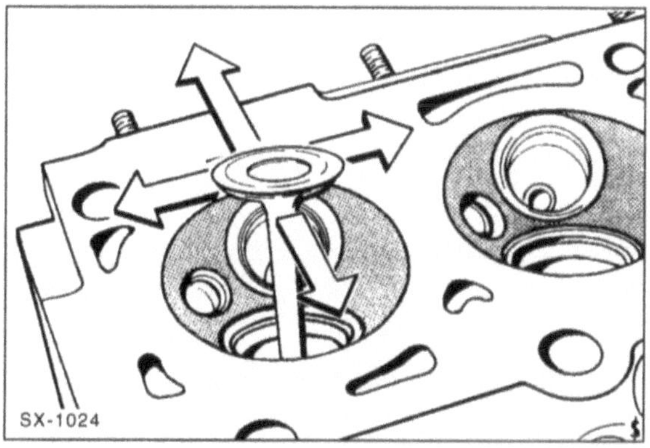

- Ventil von der Brennraumseite her in die Ventilführung einführen und Spiel durch seitliches Hin- und Herbewegen des Ventils prüfen.
- Zum Prüfen Stahllineal anlegen. Das Spiel darf bei den 2-Ventil-Motoren höchstens 0,8 mm, beim 4-Ventil-Motor M50 maximal 0,5 mm betragen.
- Gegebenenfalls Ventilführungen erneuern lassen (Werkstattarbeit).

Ventilsitz im Zylinderkopf nacharbeiten

Ventilsitze mit Verschleiß- oder Verbrennungsspuren können bei allen Motoren nachgearbeitet werden, solange die Korrekturwinkel und Sitzbreiten eingehalten werden. Andernfalls muß der Zylinderkopf ersetzt werden. Ventilsitzringe können mit den üblichen Werkstattmitteln erneuert werden. Für das Nacharbeiten wird ein Ventilsitz-Drehgerät benötigt. Diese Arbeiten sollte man von einer Fachwerkstatt durchführen lassen.

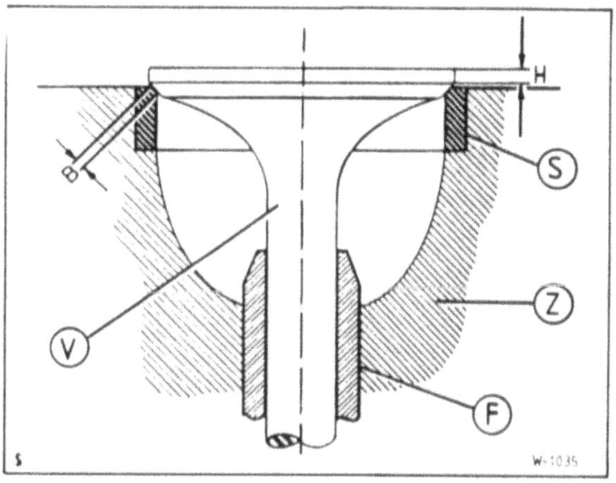

B – Ventilsitzbreite
F – Ventilführung
H – Höhe Ventilrand
S – Ventilsitzring
V – Ventil
Z – Zylinderkopf

- Ventile mit zu geringer Höhe –H– am Ventilrand müssen ersetzt werden. Mindestranddicke 520i bis 4/90 (M20), 530i/535i:
  Auslaßventil: H = 2,0 mm; Einlaßventil: H = 1,3 mm.

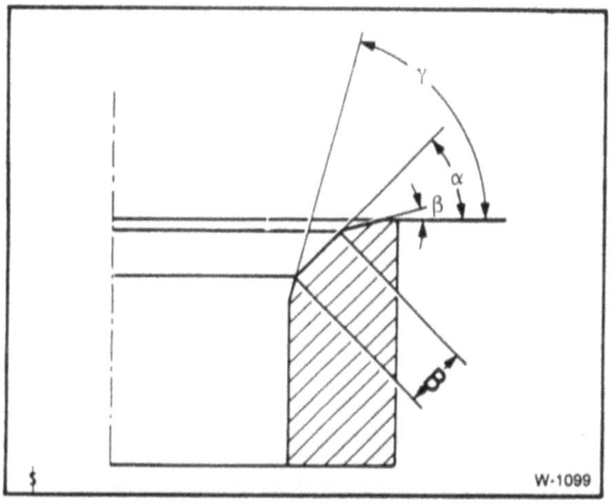

- Beim Nacharbeiten des Ventilsitzes Ventilsitzbreite durch Nacharbeiten der Korrekturwinkel herstellen.

Nacharbeitungsmaße:

Motor		M20	M21	M30
Ventilsitzbreite **B**				
Einlaßventil	mm	1,65 ± 0,35	1,75 ± 0,25	1,4 ± 0,4
Auslaßventil	mm	1,65 ± 0,35	2,75 ± 0,25	1,7 ± 0,4
Ventilsitzwinkel	α	45°	45°	45°
Korrekturwinkel	β	15°	0°	15°
	γ	75°	65°	75°

- Anschließend Ventile einschleifen.

Ventilsitz einschleifen

Bei einwandfrei bearbeiteten Ventilsitzringen und neuen Ventilen ist das Einschleifen der Ventilsitze im Zylinderkopf nicht unbedingt erforderlich.

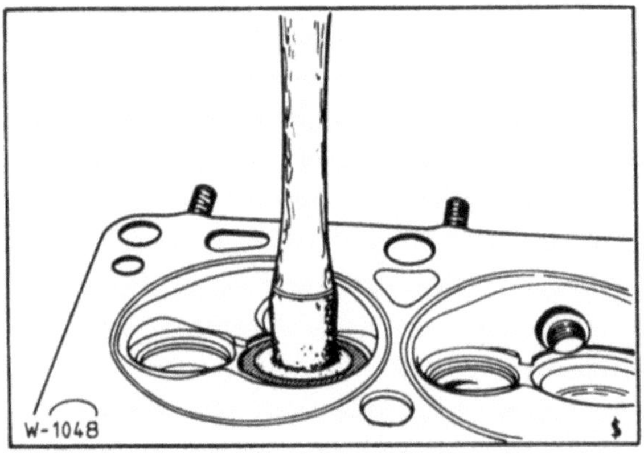

- Die Ventile dürfen nur mit feinkörniger Schleifpaste eingeschliffen werden. Für die notwendigen Drehbewegungen wird ein Gummisauger auf den Ventilteller gesetzt. Rillenbildung auf den Sitzflächen beim Einschleifen läßt sich durch häufiges Anheben und gleichmäßiges Weiterdrehen des Ventils während des Schleifvorgangs vermeiden.

Achtung: Die Schleifpaste ist nach dem Einschleifen sorgfältig zu entfernen.

- Geprüft werden kann der Schleifvorgang am Tragbild sowie mit Kraftstoff; Ventil lose einsetzen, Kraftstoff in Brennraum einfüllen, Kraftstoff darf nicht aus der Ventilführung auslaufen. Sonst Schleifvorgang wiederholen.

Der Abgasturbolader

Die Dieselmotoren im 5er BMW sind mit einem Turbolader ausgerüstet. Beim Turbolader sitzen auf einer Welle zwei Turbinenräder, die in zwei voneinander getrennten Gehäusen untergebracht sind. Für den Antrieb der Turbinenräder sorgen die ohnehin vorhandenen Abgase. Sie bringen die Laderwelle auf bis zu 120.000 Umdrehungen in der Minute. Und da Abgas- und Frischluftrotor auf gleicher Welle sitzen, wird mit gleicher Drehzahl Frischluft in die Zylinder gedrückt.

Aufgrund des guten Füllungsgrades lassen sich bei vorhandenen Motoren Leistungszuwachsraten von bis zu 100 Prozent verwirklichen. Abhängig ist der Leistungszuwachs unter anderem vom Ladedruck, der bei einem Pkw-Motor zwischen 0,4 bis 0,8 bar (Reifenfülldruck etwa 1,8 bar) liegt. Erhöht sich der Ladedruck über den vom Werk eingestellten Wert, öffnet das Wastegateventil, der Druck kann entweichen.

Neben der Motorleistung steigt bei der Verwendung eines Abgasturboladers auch das Drehmoment an, was vor allem im Hinblick auf einen elastischen Motorlauf wünschenswert ist. Voraussetzung ist allerdings, daß die Laderwelle mit ausreichender Drehzahl rotiert und somit einen ordentlichen Füllungsgrad garantiert. In der Regel muß der Motor schon mit rund 2500/min drehen, damit ein spürbarer Ladedruck einsetzt.

Gegenüber einem Ottomotor ist es beim Dieseltriebwerk nicht erforderlich, aufgrund der Aufladung die normale Verdichtung zu verringern, so daß auch im unteren Drehzahlbereich der eingespritzte Kraftstoff vollständig ausgenutzt wird.

Der Turbolader ist ein äußerst präzise hergestelltes Bauteil. Es empfiehlt sich deshalb, eine Reparatur nur von einem Fachmann ausführen zu lassen. In der Regel wird der Turbolader bei einem Defekt komplett ausgetauscht.

Der Abgasturbolader wird vom Motorölkreislauf mit Öl versorgt. Um eine ausreichende Schmierung des Laders sicherzustellen, sind folgende Punkte zu beachten:

- Nur vorgeschriebenes Motoröl verwenden.
- Motor nicht hochdrehen, bevor der Motoröldruck aufgebaut ist und die Kontrollampe erlischt.
- Motor nicht bei hoher Drehzahl abstellen, da der Lader nachläuft.
- Nach dem Ölwechsel Motor nicht sofort starten, sondern erst mit dem Anlasser einige Male durchdrehen, damit das Öl an die Schmierstellen gefördert wird. Damit der Motor nicht anspringt Kabelverbindung zum Abschaltventil trennen. Das gleiche gilt auch, wenn der Motor über einen längeren Zeitraum abgestellt war.
- Durch überaltertes Motoröl kann der Lader verkoken. Nach abnehmen der Ölleitung ist die Verkokung an der Laderwelle erkennbar. In diesem Falle müssen Motoröl und Ölfilter gewechselt werden.
- Da bereits kleinste Schmutzpartikel zur Zerstörung des Laders führen können, Motor niemals ohne Luftfilter laufen lassen.
- Ein abgezogener Schlauch am Regelventil kann bei Vollgas zur Überladung und damit zur Zerstörung des Motors führen.

Vakuumpumpe prüfen/aus- und einbauen

Die Vakuumpumpe befindet sich beim 2,4-l-Dieselmotor unter dem Zylinderkopfdeckel, beim 2,5-l-Dieselmotor seitlich am Zylinderkopf und wird von der Nockenwelle angetrieben. Die Pumpe erzeugt den nötigen Unterdruck für den Bremskraftverstärker, da beim Dieselmotor im Gegensatz zum Benzinmotor kein ausreichender Unterdruck im Saugrohr vorhanden ist.

Achtung: Der Motor darf nicht ohne Vakuumpumpe laufen.

Prüfen

- Unterdruckmanometer an die Vakuumpumpe anschließen und Motor laufen lassen.
- Die Vakuumpumpe muß einen Unterdruck von mindestens 530 mbar erzeugen.

Ausbau, Modell 524 td

- Zylinderkopfdeckel ausbauen.
- Kurbelwelle drehen und dadurch Nockenwelle so verdrehen, bis der Nocken für die Vakuumpumpe nach unten zeigt. **Achtung:** Nockenwelle nicht am Nockenwellenzahnrad verdrehen.

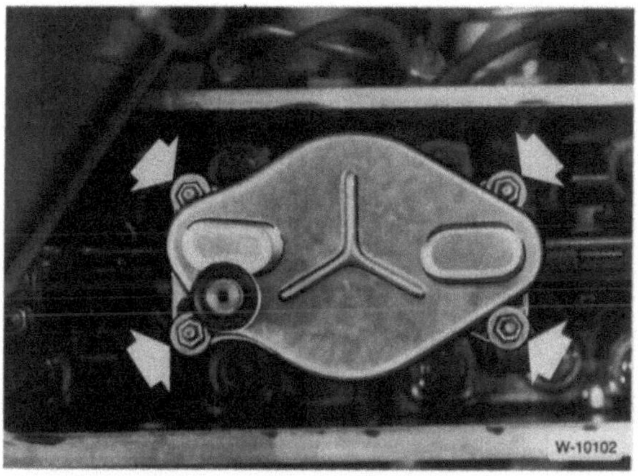

- Vakuumpumpe mit 4 Muttern abschrauben und herausnehmen.

Einbau

- Vakuumpumpe so ansetzen, daß der Rohrstutzen hinten ist und der Nocken in der Aussparung des Stößels läuft.
- Dichtring –4– einsetzen. Vorher auf Beschädigung prüfen, gegebenenfalls ersetzen, siehe auch Abbildung W-1095 auf Seite 23.
- Zylinderkopfdeckel einbauen, gegebenenfalls Deckeldichtung erneuern, siehe Seite 23.

4-Zylindermotor M40/M43 (518i)

Verschiedene Arbeiten am 4-Zylindermotor sind hier in einem gesonderten Kapitel zusammengefaßt.

Der Motor M40, der 1987 als Neukonstruktion in anderen BMW-Modellen kam, ist mit je einem Ein- und Auslaßventil pro Zylinder ausgelegt. Die über einen Zahnriemen angetriebene Nockenwelle betätigt die Ventile über Schlepphebel, die sich auf hydraulischen Ventilspielausgleichern abstützen. Die Ausgleicher sorgen für ein immer gleichgroßes Ventilspiel, so daß die Ventile nicht eingestellt werden müssen. Um die Standfestigkeit der Auslaßventile zu erhöhen, sind diese mit Natrium gefüllt. Für die Motor-Schmierung sorgt eine sogenannte Duocentric-Ölpumpe, die im Steuergehäusedeckel sitzt und von der Kurbelwelle direkt angetrieben wird.

Der M40-Motor wurde zum Motor M43 weiterentwickelt. Der neue Motor wird seit 9/94 eingebaut. Die wichtigsten Neuerungen sind der Nockenwellenantrieb über eine Steuerkette, eine verteilerlose Zündanlage und ein neues Ansaugrohr.

Motor M40 (518i bis 8/94)

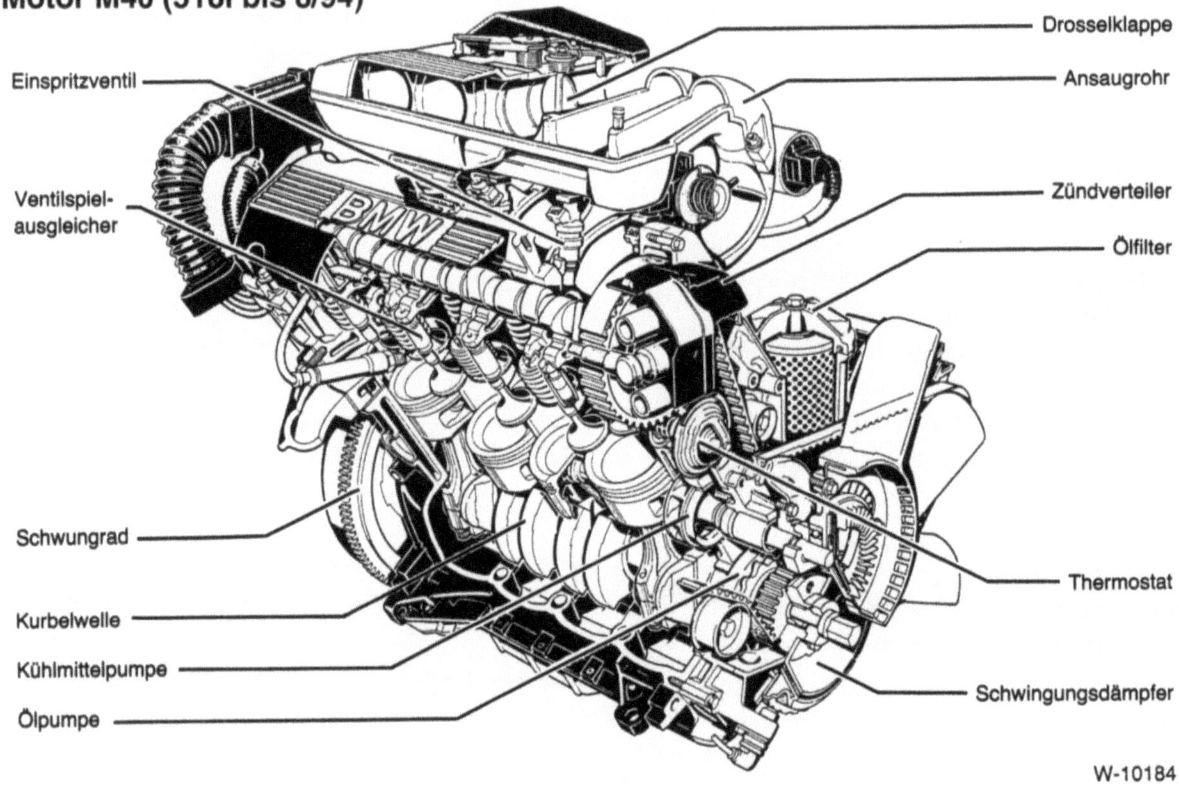

Zahnriemen aus- und einbauen

Motor M40 (Modell 518i bis 8/94)

Achtung: Ein gelaufener Zahnriemen darf **nicht** wiederverwendet werden, sondern ist, wenn er einmal entspannt wurde, grundsätzlich zu ersetzen, und zwar unabhängig von der Laufleistung. Zum Einstellen der korrekten Spannung ist ein Sonderwerkzeug von BMW erforderlich.

Ausbau

- Kühlerlüfter ausbauen, siehe Seite 81.
- Sämtliche Zündkerzenstecker abziehen. Zur Erleichterung gibt es hierfür von HAZET die Zange 1849.

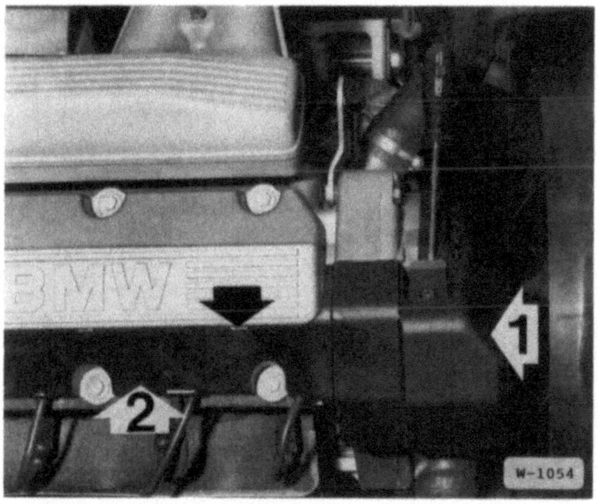

- Abdeckhaube –1– für Zündverteiler abnehmen. Dazu Laschen oben und unten mit Schraubendreher über die Rastnase anheben.
- Kabelschacht –2– nach oben abhebeln. Dazu Schraubendreher in die Aussparungen –Pfeil– einsetzen.
- Verteilerkappe abschrauben (3 Schrauben) und mit Zündkabeln abnehmen.

- Verteilerläufer –4– abschrauben und mit Abdeckring –3– herausnehmen.

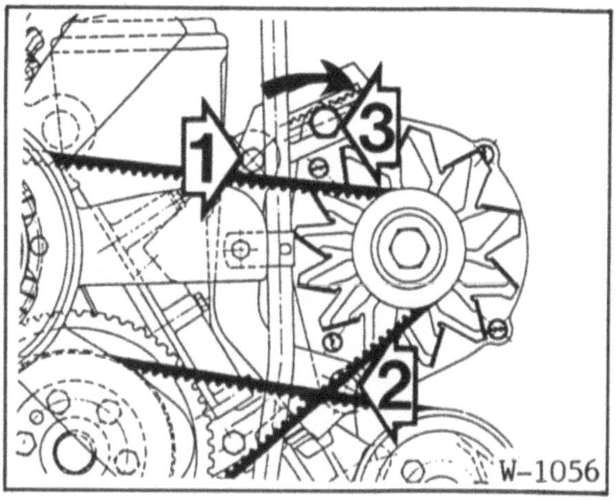

- Keilriemen vom Generator abnehmen. Dazu Schraube –1– lösen, Muttern für die Schrauben –2– und –3– lösen. Schraube –3– in Pfeilrichtung drehen und dadurch Keilriemen entspannen.
- Riemenscheibe für Kühlmittelpumpe abschrauben. Dabei Keilriemen zusammendrücken und dadurch Riemenscheibe gegenhalten.

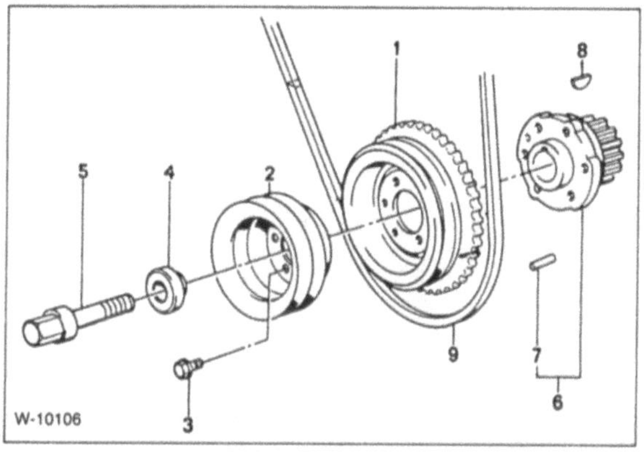

- Schwingungsdämpfer –1– von der Kurbelwelle abschrauben. Dazu 1. Gang einlegen, Handbremse anziehen und dadurch Riemenscheibe gegenhalten. Zusätzlich abgebildete Teile: 2 – Riemenscheibe, 3 – Sechskantschraube, 4 – Beilagscheibe, 5 – Zentralschraube, 6 – Zahnriemenrad, 7 – Paßstift, 8 – Scheibenfeder, 9 – Keilriemen.
- Kühlmittel ablassen, siehe Seite 274.

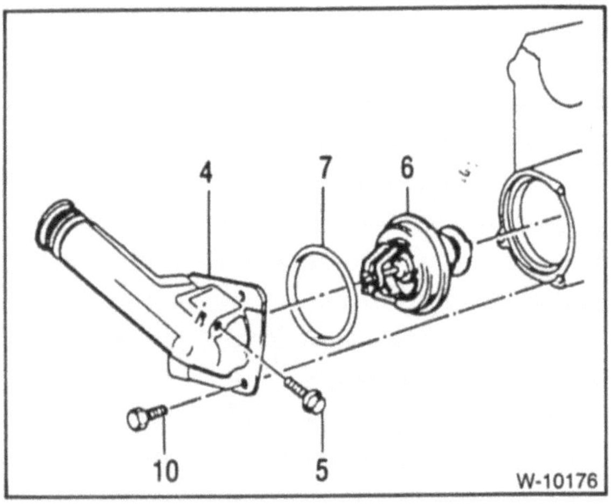

● Kühlmittel-Thermostatgehäuse unterhalb des Verteilers abschrauben (3 Schrauben –10–) und zur Seite legen. Thermostat –6– mit Dichtung –7– herausnehmen.

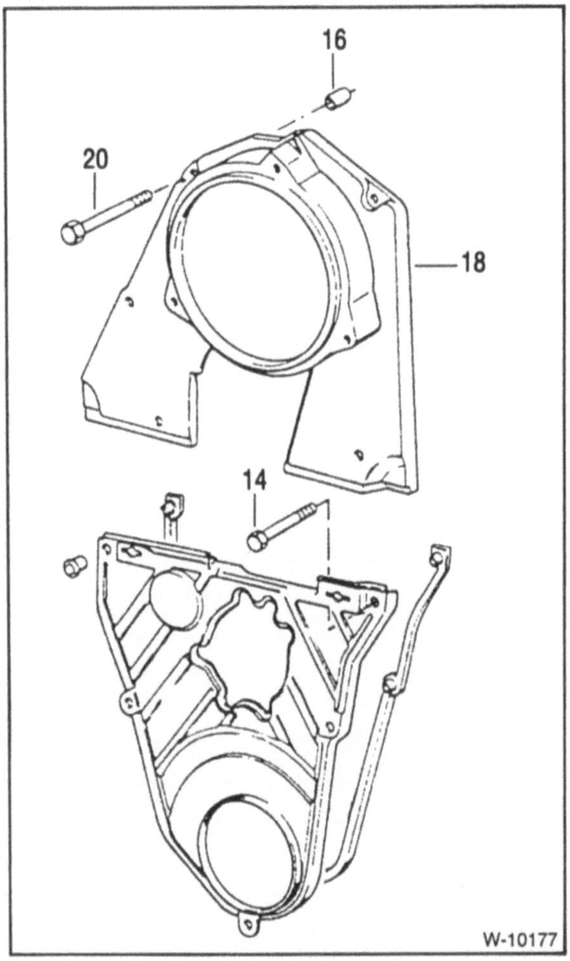

● 5 Schrauben –14– für untere Zahnriemenabdeckung herausdrehen. Abdeckung mit Dichtung abnehmen.

● Obere Zahnriemenabdeckung mit 4 Schrauben –20– abschrauben. Darauf achten, daß die Paßhülsen –16– für die oberen Schrauben nicht verloren gehen.

● Motor verdrehen, bis Zylinder 1 auf OT (oberem Totpunkt) steht. Der Zünd-Verteilerfinger am Nockenwellenrad zeigt dann nach unten. OT-Stellung an der Nockenwelle überprüfen, siehe unter »Einbau«.

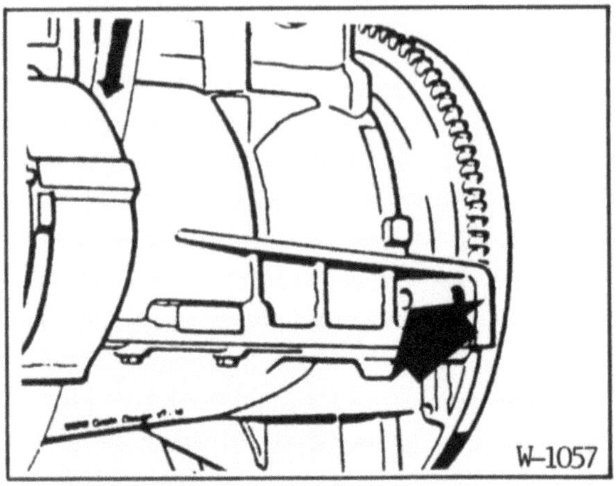

● In der OT-Stellung Kurbelwelle mit geeignetem Dorn arretieren. Dazu Dorn durch die Bohrung –Pfeil– im Motorblock in die Bohrung des Schwungrades einsetzen.

● Befestigungsschraube für Nockenwellen-Antriebsrad lösen, nicht herausdrehen. Hierzu wird eine Außentorxnuß benötigt.

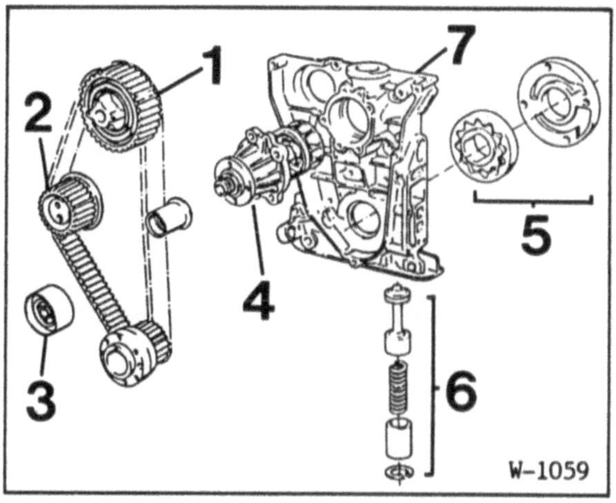

- Mutter für Spannrolle -2- lösen, Spannrolle nach innen drehen und dadurch Zahnriemen entspannen. Zusätzlich abgebildete Teile: 1 – Nockenwellen-Antriebsrad, 3 – Umlenkrolle, 4 – Kühlmittelpumpe, 5 – Ölpumpe, 6 – Öldruck-Regelventil, 7 – Steuergehäusedeckel.
- Zahnriemen abnehmen. **Achtung:** Bei ausgebautem Zahnriemen OT-Stellung des Motors möglichst nicht verändern.

Einbau

Achtung: Beim Auflegen des Zahnriemens müssen sich Kurbel- und Nockenwelle unbedingt im Oberen Totpunkt (OT) befinden. Sonst können schwerwiegende Schäden am Motor entstehen, beziehungsweise der Motor gibt nicht mehr seine volle Leistung ab.

- Zylinderkopfdeckel abschrauben, Nockenwellenabdeckung herausnehmen.
- OT-Stellung der Nockenwelle prüfen. Die Werkstatt arretiert die Nockenwelle in OT-Stellung mit dem BMW-Werkzeug 1131190. Die Nockenwelle befindet sich in OT-Stellung, wenn die Nocken für Zylinder 1 gleichmäßig nach links und rechts oben zeigen, und zwar bezogen auf die Zylinderkopfoberkante des schräg eingebauten Motors.
- Schraube für Nockenwellenrad ganz leicht mit 1 – 3 Nm anziehen. Nockenwellenrad in Drehrichtung des Motors bis zum Anschlag verdrehen, die Nase greift dann in die Nut ein.
- Mutter der Zahnriemen-Spannrolle leicht anziehen. Die Spannrolle muß sich noch verdrehen lassen.
- Zahnriemen unter Zug vom Kurbelwellenrad ausgehend über das Nockenwellenrad und weiter auf die Spannrolle auflegen. **Achtung:** Der Zahnriemen muß mittig auf allen Zahnriemenrädern sitzen.
- Meßgerät für Zahnriemenspannung auf »0« justieren.
- Meßgerät zwischen Kurbelwellen- und Nockenwellenrad so ansetzen, daß die beiden äußeren Rollen am Zahnriemenrücken anliegen und der mittlere Bolzen in einer Zahnlücke zu liegen kommt. Siehe auch Bedienungsanleitung des Meßgeräts.
- Spannrolle mit Innensechskantschlüssel nach links drehen und dadurch Zahnriemen vorspannen. Sollwert für BMW-Meßgerät 112080: 45 – 50 Skalenteile.
- Spannrolle mit **22 Nm** festziehen.
- Nockenwellenrad mit **60 ± 5 Nm** festziehen.

Achtung: Dorn für Motor-Arretierung, Werkzeug für Nockenwellenarretierung sowie Meßgerät für Zahnriemenspannung herausnehmen.

- Motor an der Zentralschraube der Kurbelwellen-Riemenscheibe mindestens 2 Umdrehungen im Uhrzeigersinn (Motordrehrichtung) durchdrehen.
- Kurbelwelle und Nockenwelle wieder in OT-Stellung fixieren, wie oben beschrieben.
- Schraube für das Nockenwellenrad wieder lockern.
- BMW-Meßgerät 112080 einsetzen.
- Spannrollenverschraubung lockern und den Zahnriemen kurzzeitig auf 45 – 50 Skalenteile spannen.
- Anschließend Spannrolle auf den endgültigen Wert **32 ± 2 Skalenteile** einstellen.
- Spannrolle mit **22 Nm** festziehen.
- Nockenwellenrad mit **60 ± 5 Nm** festziehen.

Achtung: Dorn für Motor-Arretierung, Werkzeug für Nockenwellenarretierung sowie Meßgerät für Zahnriemenspannung herausnehmen.

- Nachdem der Zahnriemen gespannt wurde, empfiehlt es sich, die Einstellung von Nockenwelle und Kurbelwelle nochmals zu kontrollieren.
- Nockenwellenabdeckung und Zylinderkopfdeckel einbauen.
- Obere Zahnriemenabdeckung anschrauben, dabei auf festen Sitz der Paßhülsen achten.
- Untere Zahnriemenabdeckung anschrauben, vorher Dichtung auf einwandfreien Zustand prüfen, gegebenenfalls ersetzen.
- Thermostat zum Thermostatgehäuse hin einsetzen, Dichtring auf Beschädigungen prüfen, gegebenenfalls ersetzen.
- Dichtflächen reinigen, Thermostatgehäuse mit neuer Dichtung anschrauben.
- Kühlflüssigkeit auffüllen, Kühlsystem entlüften, siehe Seite 274.
- Schwingungsdämpfer auf Kurbelwelle aufsetzen, dabei Paßbohrung des Dämpfers genau mit dem Paßstift ausrichten. Schwingungsdämpfer mit **23 Nm** anziehen.
- Riemenscheibe für Kühlmittelpumpe anschrauben, dabei Riemenscheibe mit Keilriemen gegenhalten.
- Keilriemen auflegen und spannen, siehe Seite 61.
- Muttern und Schrauben 1–3 in Abbildung W-1056 festziehen.
- Abdeckung für Nockenwellenrad einsetzen, dabei O-Ring für Abdeckung auf Beschädigung prüfen, gegebenenfalls ersetzen.

- Verteilerläufer und Verteilerkappe anschrauben, in umgekehrter Reihenfolge wie unter »Ausbau« beschrieben.
- Zündkabel in die Führungen am Isolierstück einlegen.
- Kabelschacht am Zylinderkopfdeckel eindrücken.
- Zündkerzenstecker in Zündreihenfolge Zylinder 1–3–4–2 aufschieben.
- Lüfterabdeckung mit den Laschen links und rechts unten in die Halter einsetzen. Oben links und rechts die Spreizclips einsetzen und durch Einschlagen der Kunststoffzapfen spreizen.
- Lüfter einbauen, siehe Seite 81.

Achtung: Steht das Einstell- und Prüfwerkzeug nicht zur Verfügung (Ausland, Panne), Zahnriemenspannung behelfsmäßig so einstellen, daß sich der Zahnriemen zwischen Nockenwellenrad und Spannrolle noch ca. 5–10 mm durchbiegen läßt. Die Zahnriemenspannung muß dann jedoch umgehend mit dem Prüfgerät überprüft werden. Bis dahin sind hohe Motor-Drehzahlen zu vermeiden.

Zylinderkopf aus- und einbauen

Modell 518i

Zylinderkopf nur bei abgekühltem Motor ausbauen. Abgas- und Ansaugkrümmer bleiben angeschlossen.

Eine defekte Zylinderkopfdichtung ist an folgenden Merkmalen erkennbar:

- Leistungsverlust.
- Kühlflüssigkeitsverlust. Weiße Abgaswolken bei warmem Motor.
- Ölverlust.
- Kühlflüssigkeit im Motoröl, Ölstand nimmt nicht ab, sondern zu. Graue Farbe des Motoröls, Schaumbläschen am Peilstab, Öl dünnflüssig.
- Motoröl in der Kühlflüssigkeit. **Achtung:** In diesem Fall muß nach erfolgter Reparatur der Kühler ausgebaut werden und mit dem Reinigungsmittel »Solvethane« durchgespült werden, um die Ölreste aus dem Kühler zu entfernen.
- Kühlflüssigkeit sprudelt stark.
- Keine Kompression auf 2 benachbarten Zylindern.

Ausbau, 518i bis 8/94 (Motor M40)

Achtung: Einige Arbeiten sind im Kapitel »Motor aus- und einbauen« näher beschrieben, deshalb empfiehlt es sich, dieses Kapitel ebenfalls durchzulesen. Abweichende Arbeiten für den Motor M43 seit 9/94, siehe Ende des Kapitels.

- Batterie-Massekabel (–) abklemmen. **Achtung:** Dadurch wird aus dem Speicher des Radios der Code für die Diebstahlsicherung gelöscht. Vor dem Abklemmen sollten auch die Hinweise im Kapitel »Radio« bzw. »Batterie aus- und einbauen« durchgelesen werden.
- Zahnriemen ausbauen, siehe Seite 54.
- Zahnriemenrad an der Nockenwelle abnehmen.

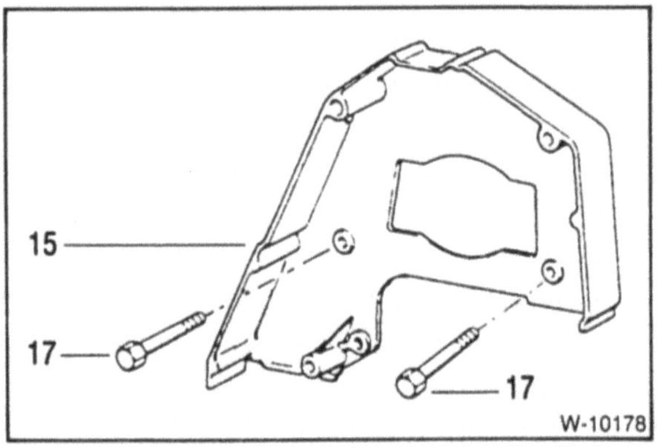

- 2 Schrauben –17– der inneren Zahnriemenabdeckung –15– am Zylinderkopf abschrauben, Abdeckung abnehmen.

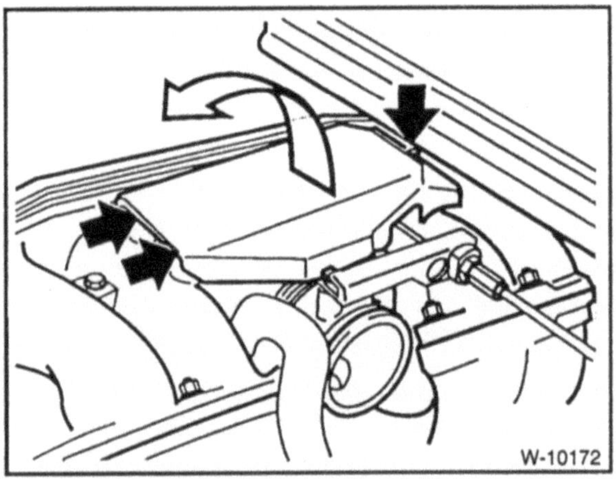

- Abdeckung für Drosselklappenhebel abbauen. Dazu Schraube lösen, Abdeckung hochklappen und die vorderen 2 Schrauben lösen.

- Gaszug –1– aushängen, dazu Halteclip in Pfeilrichtung ausclipsen.
- **Automatikgetriebe:** Seilzug –2– ausclipsen.
- Schrauben –3– herausdrehen und Seilzüge mit Halter zur Seite legen.

- Stecker –4– vom Leerlaufsteller sowie Unterdruckschläuche –5– und –6– abziehen.

- Schlauchschellen lösen und Ansaugluftschlauch abziehen.
- Stecker –1– für Luftmengenmesser nach links drehen und abziehen.
- Stecker –2– vom Tankentlüftungsventil abziehen.

- Stecker –1– für Einspritzventile und Stecker –2– für Drosselklappenschalter abziehen.
- Vorwärmschlauch –3– abziehen.
- Kraftstoffleitungen –4– abziehen und mit geeigneten Stopfen verschließen.
- Halter für Kraftstoffleitungen abschrauben.
- Befestigungsschrauben –5– für Ansaugkrümmer-Abstützung herausdrehen.
- Kühlerschlauch ausbauen.
- Fahrzeug aufbocken, siehe Seite 114.
- Vorderes Abgasrohr vom Krümmer abschrauben, siehe Seite 110.
- Kühlmittel aus dem Motor ablassen, dazu Ablaßschraube seitlich am Motorblock unter dem Abgaskrümmer herausdrehen. Nach dem Ablassen Schraube sofort wieder anschrauben und festziehen.

- Entlüftungsschlauch abziehen.
- Zylinderkopfdeckel abschrauben.

- Nockenwellenabdeckung –1– herausnehmen.

- Zylinderkopfschrauben entgegen der Reihenfolge von 10 nach 1 um ½ Umdrehung lösen und anschließend herausdrehen. Zum Herausdrehen der Zylinderkopfschrauben wird eine Stecknuß für Außentorxschrauben der Größe E12 benötigt.
- Zylinderkopf abheben.

Achtung: Zylinderkopf nach dem Ausbau nicht auf der Dichtfläche absetzen, dabei könnten voll geöffnete Ventile beschädigt werden. Deshalb Zylinderkopf auf 2 Holzleisten legen.

Einbau

- Vor dem Einbau Zylinderkopf und Zylinderblock mit geeignetem Schaber von Dichtungsresten freimachen. **Darauf achten, daß keine Dichtungsreste in die Bohrungen fallen, Bohrungen mit Lappen verschließen.**
- Zylinderkopf und Motorblock mit Stahllineal in Längs- und Querrichtung auf Planheit prüfen, gegebenenfalls nacharbeiten (Werkstattarbeit). Die maximale Planabweichung darf 0,03 mm betragen.

Motor	Zylinderkopfhöhe	
	Normalmaß	Bearbeitungsgrenze
M40	141,0 mm	140,5 mm

Achtung: Bei nachgeplantem Zylinderkopf kann, je nachdem welche Höhe der Zylinderkopf nach der Bearbeitung aufweist, eine Zylinderkopfdichtung in Originalstärke oder eine um 0,3 mm stärkere Dichtung eingebaut werden. Durch die dickere Dichtung wird eine Verkleinerung des Brennraumes vermieden. Zu beachten ist, daß auch der O-Ring –1– des Kühlmittelkanals entsprechend dicker sein muß, siehe Abbildung.

- Zylinderkopf auf Risse, Zylinderlauffläche auf Riefen überprüfen.
- Bohrungen der Zylinderkopfschrauben sorgfältig von Öl und anderen Rückständen reinigen. **Achtung:** In den Sacklöchern darf sich kein Öl befinden, da sonst die Schrauben nicht den vollen Druck auf den Zylinderkopf ausüben, obwohl sie mit dem richtigen Drehmoment angezogen wurden. Außerdem kann der Motorblock reißen.
- Zylinderkopfdichtung grundsätzlich ersetzen.
- Neue Dichtung ohne Dichtmittel so auflegen, daß keine Bohrungen verdeckt werden. Die Aufschrift »TOP« muß nach oben und »FRONT« zur Zahnriemenseite hin zeigen.
- O-Ring für Bohrung –1– im Motorblock ersetzen.
- Vor Aufsetzen des Zylinderkopfes prüfen, ob sich die Nockenwelle in OT-Stellung befindet, siehe Seite 54.
- Zylinderkopf aufsetzen.
- **Neue** Zylinderkopfschrauben leicht einölen und handfest anschrauben. Es dürfen nur neue Zylinderkopfschrauben verwendet werden.

Achtung: Das Anziehen der Zylinderkopfschrauben ist mit größter Sorgfalt durchzuführen. Vor dem Anziehen der Schrauben sollte der Drehmomentschlüssel auf seine Genauigkeit überprüft werden. Außerdem wird zum Anziehen der Zylinderkopfschrauben eine Winkelscheibe, zum Beispiel HAZET 6690, benötigt. Oder man setzt den Drehmomentschlüssel längs zum Motorblock auf die Schraube auf, mißt mit einem Winkelmesser die 90° und markiert sie mit Kreide auf dem Zylinderkopf.

- Die Zylinderkopfschrauben werden in 3 Stufen angezogen. In jeder Stufe Schrauben jeweils in der Reihenfolge von 1 bis 10 anziehen.

1. **Stufe** mit Drehmomentschlüssel und **30 Nm**
2. **Stufe** mit starrem Schlüssel **90°** weiterdrehen
3. **Stufe** mit starrem Schlüssel **90°** weiterdrehen

- Innere Zahnriemenabdeckung einsetzen und anschrauben.
- Zahnriemen einbauen, siehe Seite 54.
- Nockenwellenabdeckung einsetzen.
- Dichtung für Zylinderkopfdeckel auf Beschädigung prüfen, gegebenenfalls ersetzen.
- Zylinderkopfdeckel aufsetzen, Schrauben von außen nach innen über Kreuz festziehen. Anzugsdrehmomente: **M6: 10 Nm**; **M7: 15 Nm**.
- Entlüftungsschlauch aufschieben.
- Vorderes Abgasrohr mit neuer Dichtung und **neuen selbstsichernden Muttern** anschrauben. Schrauben vorher mit Kupferpaste (Heißtemperaturpaste) bestreichen. Alle Schrauben zuerst mit **30 Nm** anziehen, dann auf **50 Nm** festziehen.
- Befestigungsschrauben für Ansaugkrümmer-Abstützung anschrauben.
- Sämtliche Schläuche aufschieben und mit Schellen sichern, siehe unter Ausbau.
- Elektrische Leitungen aufstecken.
- Halter für Kraftstoffleitungen anschrauben.

- Halter für Seilzüge anschrauben, Züge einclipsen.
- Abdeckung für Drosselklappenhebel aufdrücken.
- Batterie-Massekabel anklemmen.
- Kühlmittel auffüllen, siehe Seite 274.
- Ölstand im Motor prüfen, gegebenenfalls Öl nachfüllen. Wurde der Zylinderkopf aufgrund einer defekten Zylinderkopfdichtung abgebaut, empfiehlt sich ein vorgezogener Ölwechsel einschließlich eines Ölfilterwechsels, da sich im Motoröl Kühlflüssigkeit befinden kann.

Achtung: Die Zylinderkopfschrauben dürfen **nicht** nachgezogen werden.

Speziell 518i seit 9/94 (Motor M43)

Der Motor M43 hat zum Nockenwellenantrieb eine Rollenkette, außerdem ist kein Zündverteiler vorhanden.

- Zylinderkopfdeckel abschrauben.
- Thermostatgehäuse abschrauben und mit Thermostat abnehmen.

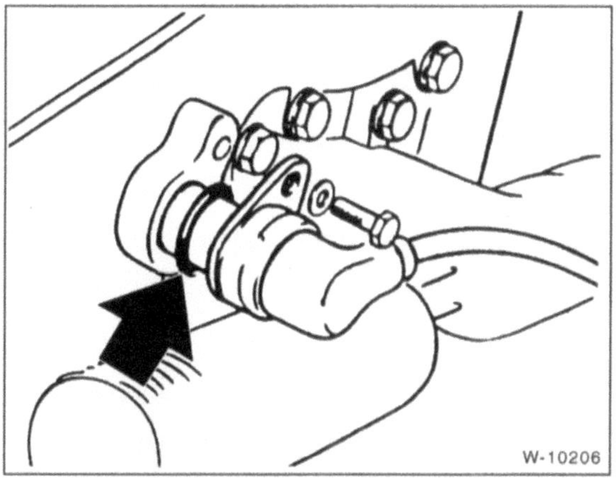
W-10206

- Nockenwellen-Positionsgeber abschrauben und mit Dichtring herausziehen.

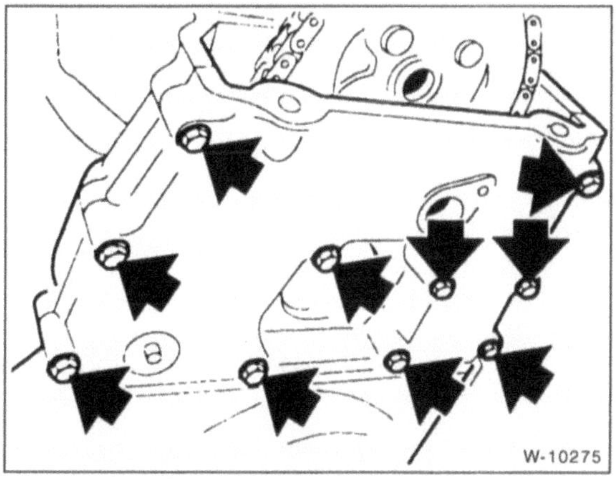
W-10275

- Oberen Räderkastendeckel abschrauben und abnehmen. Gummidichtung zum unteren Deckel abnehmen.

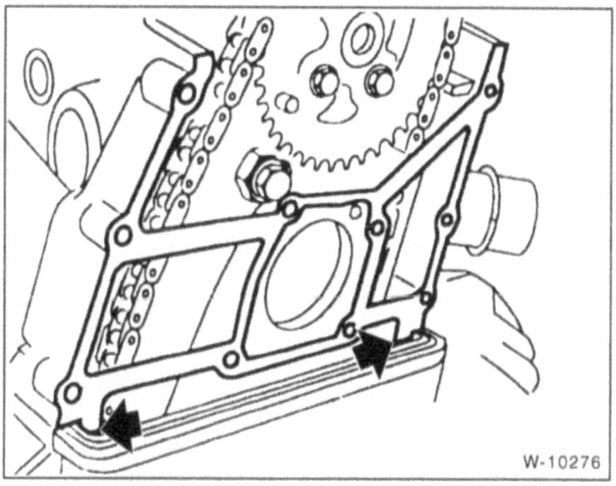
W-10276

- Dichtung zum Zylinderkopf an der Oberkante des unteren Deckels von innen nach außen durchschneiden und abziehen. Die Dichtung muß erneuert werden. Als Ersatzteil ist eine getrennte Dichtung für den oberen Räderkastendeckel erhältlich.

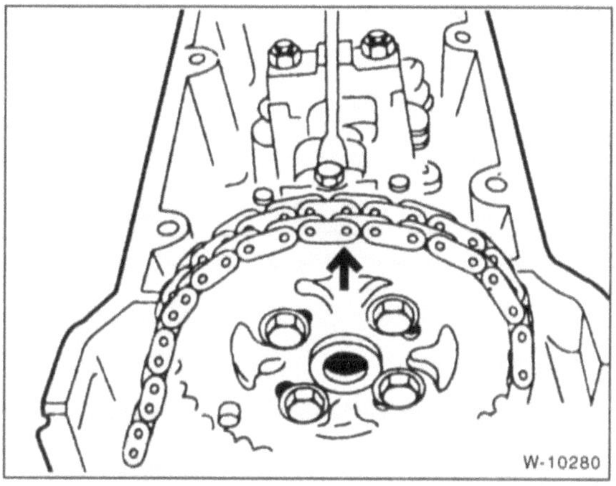
W-10280

- Motor an der Zentralschraube der Kurbelwelle rechtsherum drehen, bis Zylinder 1 im Zünd-OT steht. Der Pfeil auf dem Kettenrad zeigt nach oben.

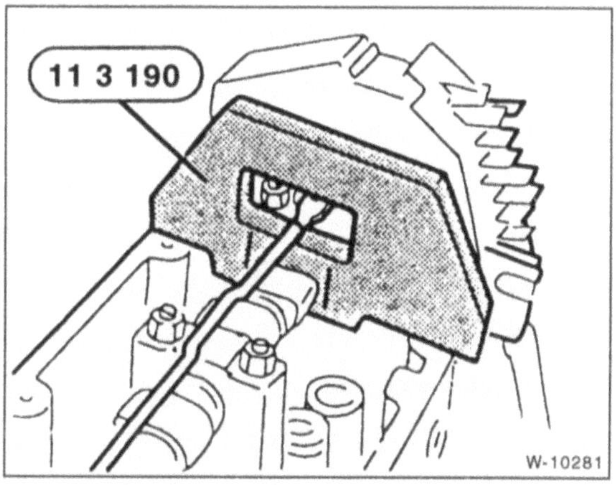

W-10281

- Nockenwellen mit dem abgebildeten BMW-Werkzeug in dieser Stellung fixieren.

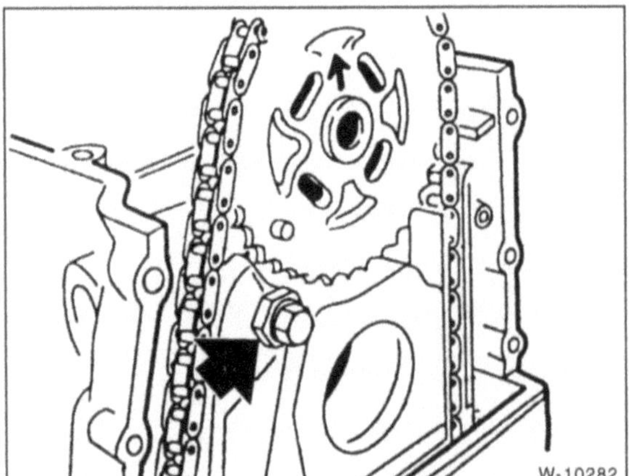

W-10282

- Kettenrad an der Nockenwelle abschrauben. Spannschiene am Sechskant zurückdrücken und Kette entspannen. Kettenrad abnehmen.

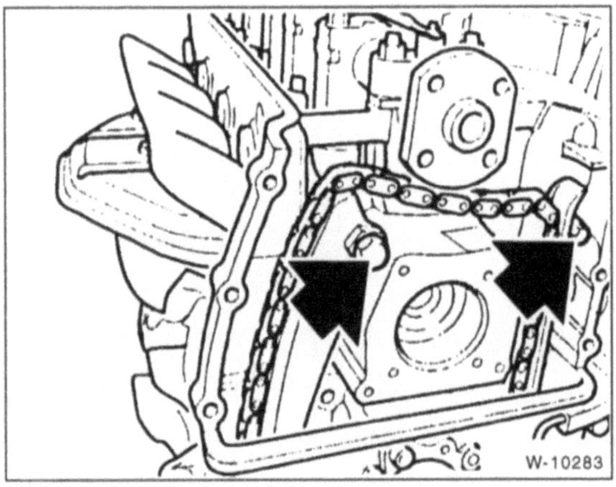

W-10283

- Gleit- und Spannschiene vom Zylinderkopf lösen.

Achtung: Kurbelwelle vor Abschrauben des Zylinderkopfs ca. 45° zurückdrehen. Dadurch wird eine Berührung der Ventile mit dem Kolben vermieden. Nach Aufsetzen des Zylinderkopfs, Kurbelwelle wieder in OT-Stellung für Zylinder 1 drehen.

- Zylinderkopfschrauben von außen nach innen in mehreren Durchgängen lösen. Zum Lösen der Schrauben wird ein Spezial-Torxschlüssel benötigt, zum Beispiel BMW 11 2 250.

Einbau

- Zylinderkopf und Motorblock mit Stahllineal in Längs- und Querrichtung auf Planheit prüfen, gegebenenfalls nacharbeiten (Werkstattarbeit). Die maximale Planabweichung darf 0,03 mm betragen.

Motor	Zylinderkopfhöhe	
	Normalmaß	Bearbeitungsgrenze
M43	141,0 mm	140,55 mm

- Bohrungen der Zylinderkopfschrauben sorgfältig von Öl und anderen Rückständen reinigen. **Achtung:** In den Sacklöchern darf sich kein Öl befinden, da sonst die Schrauben nicht den vollen Druck auf den Zylinderkopf ausüben, obwohl sie mit dem richtigen Drehmoment angezogen wurden. Außerdem kann der Motorblock reißen.

W-10284

- Zylinderkopf aufsetzen, dabei Spannschiene nach außen drücken.

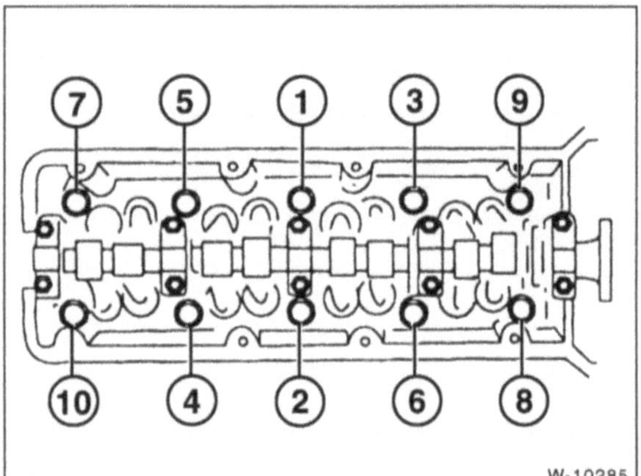

W-10285

- **Neue** Zylinderkopfschrauben mit Motoröl ölen und jeweils in der Reihenfolge von 1 bis 10 in **3 Stufen** anziehen:

1. Stufe: Schrauben 1 bis 10 mit Drehmomentschlüssel **30 Nm** anziehen.
2. Stufe: mit starrem Schlüssel **90°** weiterdrehen
3. Stufe: mit starrem Schlüssel **90°** weiterdrehen

Achtung: Das Anziehen der Zylinderkopfschrauben ist mit größter Sorgfalt durchzuführen. Vor dem Anziehen der Schrauben sollte der Drehmomentschlüssel auf seine Genauigkeit überprüft werden. Außerdem wird zum Anziehen der Zylinderkopfschrauben eine Winkelscheibe, zum Beispiel HAZET 6690, benötigt. Steht die Winkelscheibe nicht zur Verfügung, Schlüssel ansetzen, Winkelmesser-Lineal am Schlüsselarm anlegen und mit Kreide den entsprechenden Winkel anzeichnen. Anschließend Schlüsselarm in einem Zug bis zur angezeichneten Markierung drehen.

- Gleit- und Spannschiene am Zylinderkopf festziehen.

- Kurbelwelle in OT-Stellung Zylinder 1 drehen, der Absteckdorn muß sich einsetzen lassen.
- Spannschiene am Sechskant zurückdrücken und Kettenrad mit Kette aufsetzen. Der Pfeil am Kettenrad muß nach oben zeigen, Langlöcher mittig ausrichten.
- 4 Schrauben für Kettenrad mit **10 Nm** festziehen.
- **Achtung:** Fixierwerkzeuge für Kurbelwelle und Nockenwelle abnehmen.
- Dichtflächen für oberen Räderkastendeckel säubern.
- Gummidichtung zwischen oberem und unterem Räderkastendeckel auf Beschädigung prüfen, gegebenenfalls erneuern. Dichtung auflegen. Dabei muß die Erhebung an der Dichtung in die Nut am Zylinderkopf eingreifen.
- Papierdichtung für Räderkastendeckel erneuern. Stöße der Dichtung am Zylinderkopf mit Dichtmittel »3 Bond 1209« bestreichen.

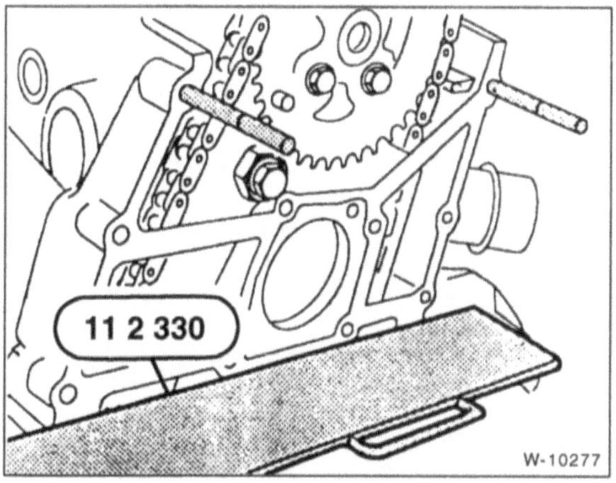

- Oberseite der Gummidichtung und BMW-Werkzeug dünn mit Fett bestreichen. Das Werkzeug wird vor Montage des Räderkastendeckels auf die Gummidichtung aufgelegt. Außerdem werden 2 Bolzen, BMW-Nr. 11 4 110, zur Führung in die oberen Gewinde eingeschraubt. Anstelle der BMW-Werkzeuge können auch ein dünnes Blech sowie 2 Gewindebolzen genommen werden.

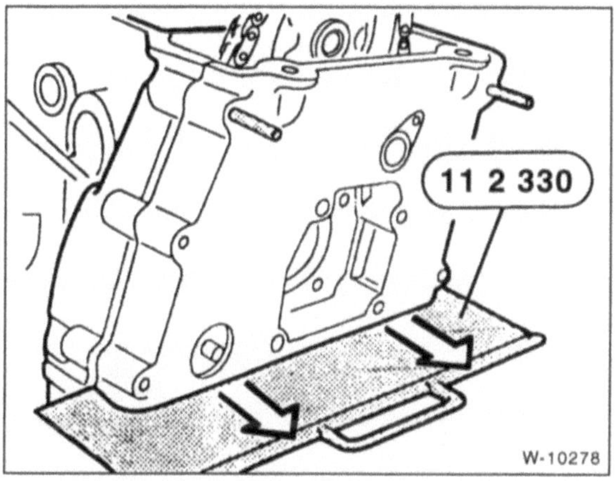

- Räderkastendeckel aufschieben, Schrauben einsetzen und einschrauben, bis der Schraubenkopf gerade anliegt. Spezialwerkzeug herausziehen.

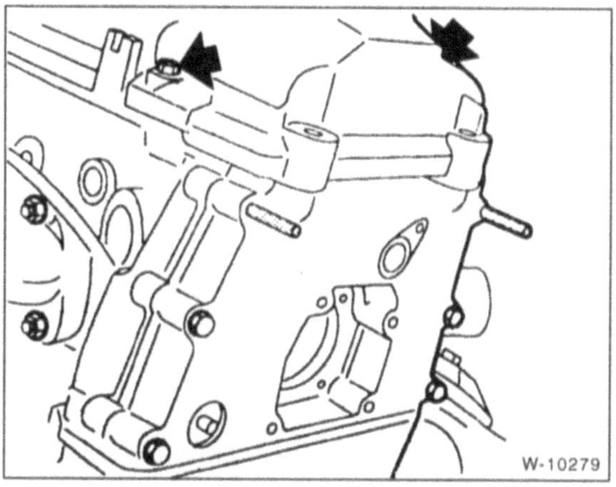

- Zylinderkopfdeckel ohne Dichtung auflegen. M6-Schrauben mit großen Beilagscheiben einschrauben –Pfeile–, dabei wird der Räderkastendeckel nach unten gedrückt, bis die Oberkanten von Räderkastendeckel und Zylinderkopf auf einer Ebene liegen. In dieser Stellung Schrauben für Räderkastendeckel mit **10 Nm** festziehen. Führungsbolzen entfernen und an diesen Stellen restliche Schrauben einschrauben, mit **10 Nm** festziehen.
- Zylinderkopfdeckel abschrauben und mit Dichtung wieder anschrauben, über Kreuz mit **10 Nm** anziehen.

Keilriemen für Generator aus- und einbauen/Keilriemen spannen

Ausbau

- Fahrzeug aufbocken.
- Falls vorhanden, Motorraum-Unterschutz abschrauben.

Keilriemen für Klimakompressor ersetzen (alle Modelle)

Der Klimakompressor wird von einem breiten Keilrippenriemen (Vielzahnriemen) angetrieben, der automatisch gespannt wird.

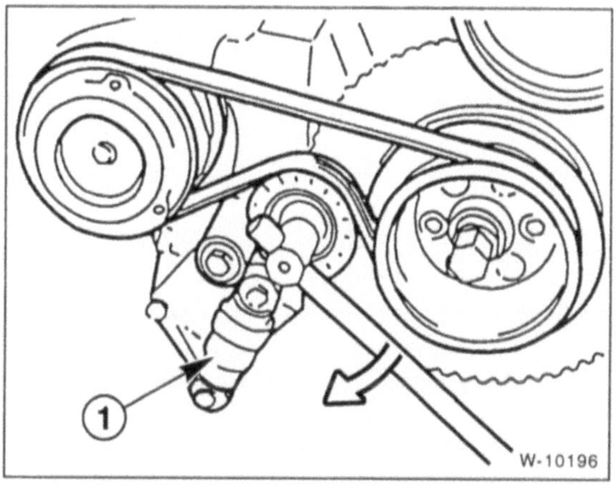

- Innensechskantschlüssel in die Schraube am Spannrad einstecken. Durch langsames Drehen im Uhrzeigersinn wird das hydraulische Spannelement –1– zusammengedrückt. Keilrippenriemen abnehmen.

- Neuen Keilrippenriemen nach abgebildetem Schema auf die Riemenräder auflegen, dabei Spannrad wie beim Ausbau ganz nach rechts drehen. Auf richtige Lage in den Rillen der Riemenräder achten.
- Spannrad durch Loslassen des Innensechskantschlüssels entlasten. Die Spannkraft wird von dem Spannelement aufgebracht, die Höhe der Spannung ist nicht einstellbar.

Keilriemen für Servopumpe ersetzen/spannen, bei Motoren M20, M21, M30, M40

Hinweis: Motorenübersicht, siehe Seite 15.

- Schrauben –Pfeile– für Lenkhilfepumpe am Halter lösen, nicht abschrauben.

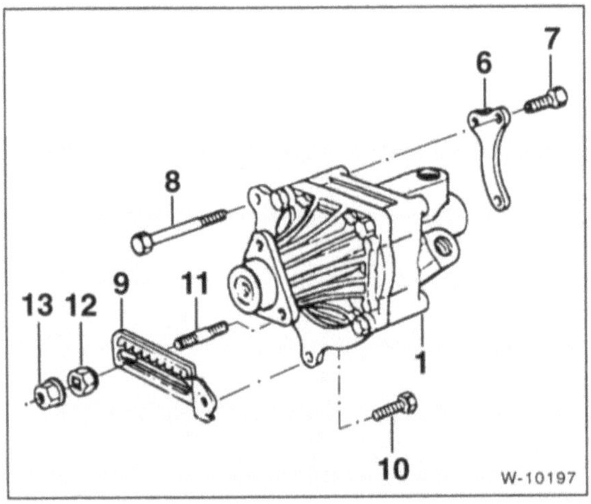

- Schraube –10– und Mutter –13– am Spannbügel lösen.
- Spannrad –12– rechtsherum drehen und dadurch Keilriemen für Servopumpe entspannen und abnehmen.
- Keilriemen auflegen und spannen. Spannung in gleicher Weise wie beim Keilriemen für den Generator kontrollieren. Sämtliche Schrauben anziehen.

Keilriemen für Generator ersetzen/spannen, bei Motoren M20, M21, M30, M40

Hinweis: Motorenübersicht, siehe Seite 15.

- Lüfter ausbauen, siehe Seite 81.

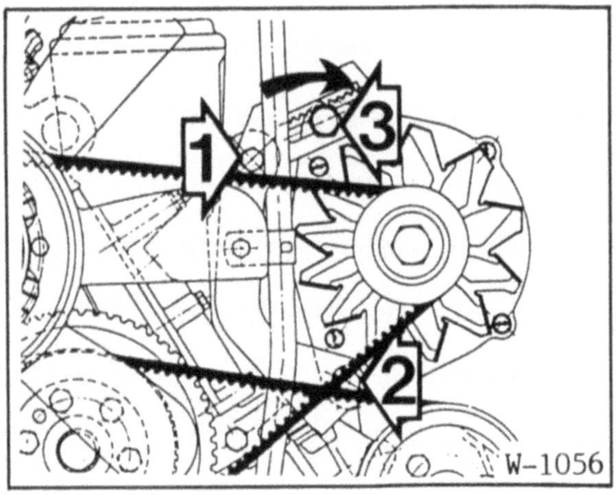

- Schraube –1– lösen, Muttern für die Schrauben –2– und –3– lösen. Schraube –3– in Pfeilrichtung drehen und dadurch Keilriemen entspannen.
- Keilriemen für Servopumpe auf dieselbe Weise entspannen und abnehmen. Anschließend Keilriemen für Generator abnehmen.

Einbau

- Vor dem Einbau Keilriemen überprüfen. Sind die Flanken ausgefranst, Risse oder Bruchstellen vorhanden, Keilriemen in jedem Fall ersetzen.
- Keilriemen auflegen und spannen.

Keilriemen spannen

- Mit Drehmomentschlüssel Spannschraube –2– entgegen der Pfeilrichtung mit 7 Nm anziehen.
- Mutter für Schraube –3– festziehen.
- In der Werkstatt wird die Spannung des Keilriemens anschließend mit einem speziellen Prüfgerät für Keilriemenspannung kontrolliert.

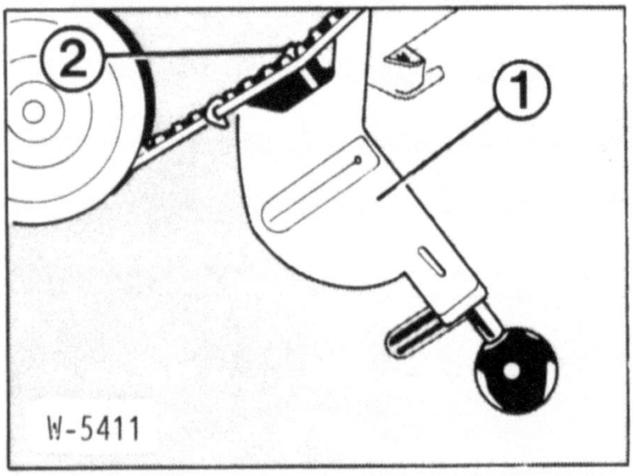

- Der Zughaken –2– des Prüfgerätes muß in der Mitte der Verzahnung aufliegen. Der Meßzeiger muß sich dann auf der Skala über dem grünen beziehungsweise dem gelben Feld für den betreffenden Motor befinden. Außerdem wird unterschieden, ob ein neuer, beziehungsweise gelaufener Keilriemen gespannt wird. Falls der Zeiger des Meßgerätes nicht über dem betreffenden Skalenwert steht, Keilriemenspannung korrigieren.

- Steht das Prüfgerät nicht zur Verfügung, Daumenprobe machen. Keilriemen mit dem Daumen zwischen den Riemenscheiben eindrücken. Dabei darf sich der Keilriemen maximal 5 mm eindrücken lassen, sonst Spannung korrigieren. Anschließend möglichst die Einstellung mit dem BMW-Einstellgerät überprüfen und die Riemenspannung gegebenenfalls korrigieren.
- Schraube –1– und Mutter –2– festziehen.
- Keilriemen für Servopumpe auflegen und spannen.
- Lüfter einbauen, siehe Seite 81.

Keilrippenriemen für Servopumpe ersetzen, bei Motoren M50, M43

Hinweis: Motorenübersicht, siehe Seite 15.

Diese Motoren besitzen einen breiten Keilrippenriemen (Vielzahnriemen), der Generator, Kühlmittelpumpe und Servopumpe antreibt.

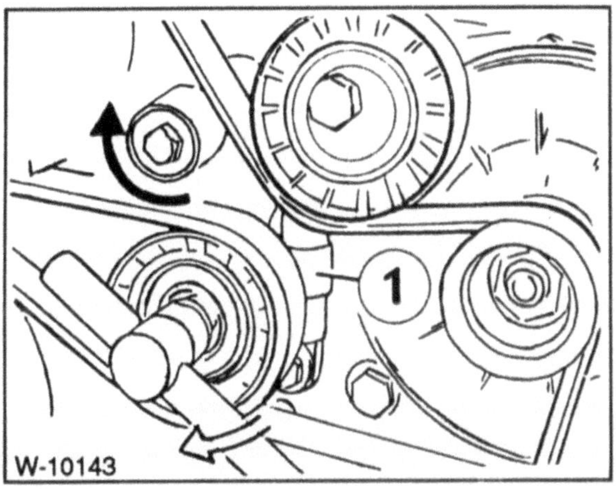

W-10143

- **6-Zylindermotor:** Innensechskantschlüssel in die Schraube am Spannrad einstecken. Falls vorhanden, vorher Abdeckkappe vom Spannrad abhebeln. Durch langsames Drehen im Uhrzeigersinn wird das hydraulische Spannelement –1– zusammengedrückt. Keilrippenriemen abnehmen.

W-10290

- **4-Zylindermotor:** Am Spannradhalter Gabelschlüssel ansetzen und nach links drücken. Riemen abnehmen.

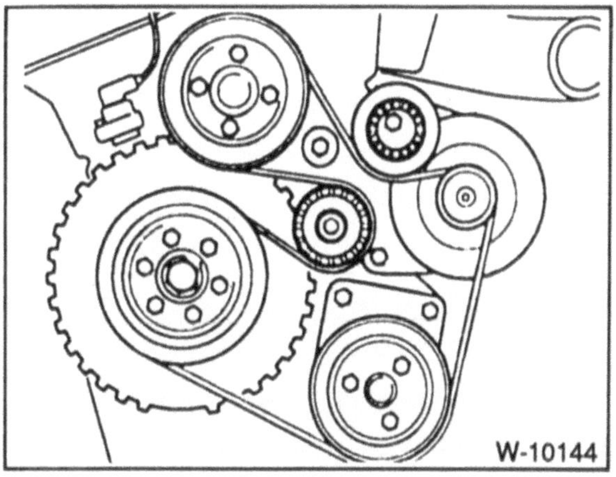
W-10144

- Neuen Keilrippenriemen nach abgebildetem Schema auf die Riemenräder auflegen, dabei Spannrad wie beim Ausbau ganz nach rechts drehen. Auf richtige Lage in den Rillen der Riemenräder achten.
- Spannrad entlasten. Die Spannkraft wird von dem Spannelement aufgebracht, die Höhe der Spannung ist nicht einstellbar.

Keilrippenriemen ersetzen, Modelle 525td/tds (Motor M51)

Der 2,5-l-Dieselmotor besitzt einen breiten Keilrippenriemen (Vielzahnriemen), der Generator, Kühlmittelpumpe und Servopumpe antreibt.

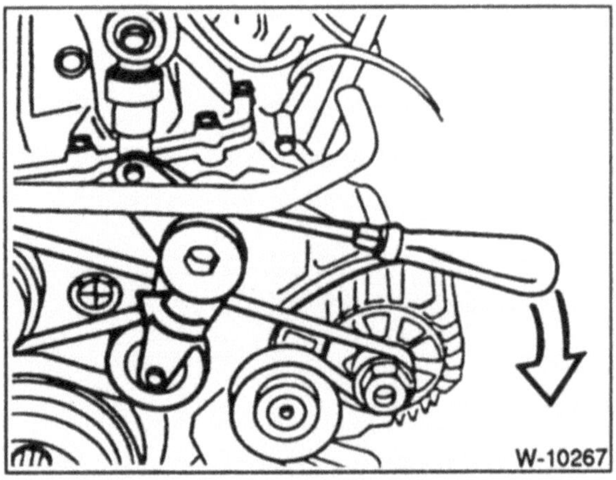

- Starken Schraubendreher oder ähnlichen Hebel am Spannelement ansetzen, siehe Abbildung. Durch Herunterdrücken den Riemenspanner zusammendrücken und Keilrippenriemen abnehmen.

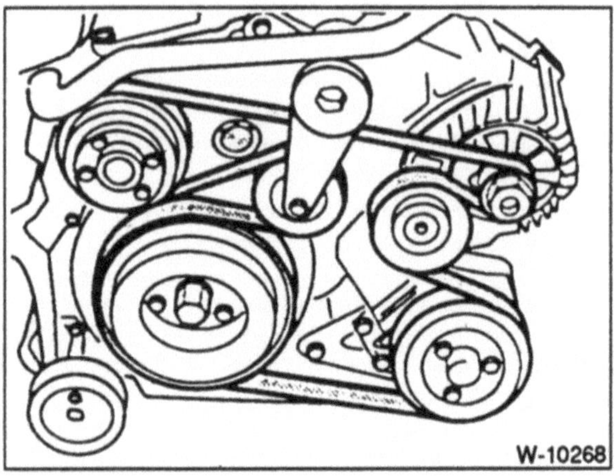

- Neuen Keilrippenriemen nach abgebildetem Schema auf die Riemenräder auflegen, dabei Riemenspanner wie beim Ausbau zusammendrücken. Auf richtige Lage in den Rillen der Riemenräder achten.
- Spannrad entlasten. Die Spannkraft wird von dem Spannelement aufgebracht, die Höhe der Spannung ist nicht einstellbar.

Störungsdiagnose Motor

Wenn der Motor nicht anspringt, Fehler systematisch einkreisen. Damit der Motor überhaupt anspringen kann, müssen beim Benzinmotor immer zwei Grundvoraussetzungen erfüllt sein: Das Kraftstoff-Luftgemisch muß bis in die Zylinder gelangen und der Zündfunke muß an den Zündkerzenelektroden überschlagen. Als erstes ist deshalb immer zu prüfen, ob überhaupt Kraftstoff gefördert wird. Wie man dabei vorgeht, steht in den Kapiteln »Kraftstoffanlage« und »Einspritzanlage«.

Störung: Der Motor springt schlecht oder gar nicht an.

Ursache		**Abhilfe**
Bedienungsfehler beim Starten.	**Benzinmotor**	■ Handbremse anziehen, Kupplung treten. Zündschlüssel drehen und starten bis der Motor anspringt. Dann erst Zündschlüssel loslassen. Kein Gas geben.
	Dieselmotor	■ **Bei kaltem Motor:** Zündung einschalten, bis die Vorglüh-Kontrollampe erlischt. Sofort danach Motor anlassen. ■ **Bei warmem Motor:** Es braucht nicht vorgeglüht zu werden, der Motor kann sofort angelassen werden.
Kraftstoffanlage defekt, verschmutzt Leitung geknickt, verstopft.		■ Kraftstoff-Fördermenge überprüfen.
Zündanlage defekt, verschmutzt.		■ Zündung nach »Störungsdiagnose Zündanlage« überprüfen.
Anlasser dreht zu langsam.		■ Batterie laden. Anlasserstromkreis überprüfen.
Kompressionsdruck zu niedrig.		■ Ventilspiel einstellen, Motor überholen.
Längung der Steuerkette.		■ Steuerzeiten überprüfen, Steuerkette ersetzen.
Zylinderkopfdichtung defekt.		■ Dichtung ersetzen.
Dieselmotor: Vorglühanlage/Einspritzanlage defekt.		■ Anlage nach »Störungsdiagnose Diesel-Einspritzanlage« prüfen.

Die Zündanlage

Die Zündanlage des Benzinmotors erzeugt den Zündfunken, der das angesaugte Kraftstoffluftgemisch in Brand setzt. Um einen kräftigen Zündfunken erzeugen zu können, wird in der Zündspule die Batteriespannung von 12 Volt auf über 30.000 Volt umgeformt.

Der Dieselmotor besitzt keine Zündanlage, da sich aufgrund der hohen Verdichtung die Luft so weit erwärmt, daß nach Einspritzen des Kraftstoffes die Zündung von selbst erfolgt.

Die Benzinmotoren sind mit einer Kennfeldzündanlage ausgestattet, deren Steuerung in das Steuergerät der Motronic integriert ist. Das Motronic-Steuergerät regelt ebenfalls die elektronische Kraftstoffeinspritzung.

Die Zündanlage besteht aus

- der Zündspule (Motoren M43 und M50 besitzen für jeden Zylinder eine Zündspule)
- den Zündkerzen
- dem Hochspannungsverteiler mit Verteilerläufer (nicht vorhanden bei Motoren M43 und M50)
- den Positionsgebern
- dem DME-Steuergerät (DME = Digitale Motorelektronik = Motronic)

Motoren mit ruhendem Zündsystem (Motoren M43 und M50)

Die Ansteuerung der einzelnen Zündkerzen erfolgt ohne bewegliche Teile nur durch das Steuergerät, der mechanische Zündverteiler entfällt. Die Zündspannung wird in 4 beziehungsweise 6 einzelnen Zündspulen induziert.

Durch die »ruhende Zündverteilung« ohne mechanischen Verteilerfinger entfallen verschleiß- und störungsanfällige Bauteile, außerdem kann der Zündzeitpunkt für jeden Zylinder noch genauer gesteuert werden. Die Radioentstörung ist verbessert, da die im herkömmlichen Verteiler auftretenden Funken entfallen.

Funktion der kennfeldgesteuerten Zündanlage

Der optimale Zündzeitpunkt des Motors hängt vor allem von der augenblicklichen Motor-Drehzahl und der Motorlast ab. Den Lastzustand des Motors erkennt das Steuergerät aus dem Verhältnis von Motordrehzahl und Drosselklappenstellung.

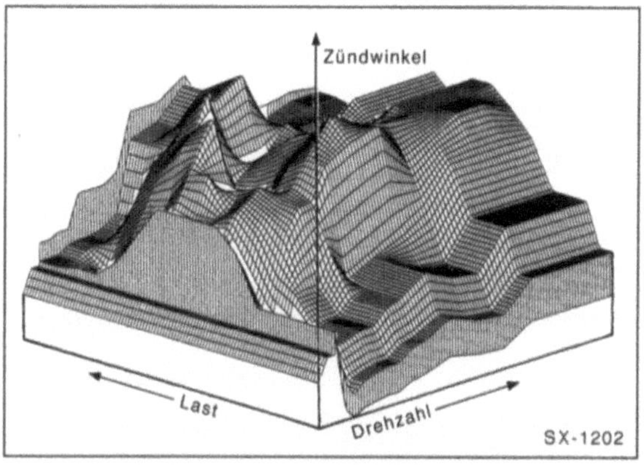

Der Zündungsrechner im Steuergerät errechnet daraus anhand eines elektronisch gespeichertes Zündkennfeldes den günstigsten Zündzeitpunkt. Über weitere Sensoren werden zusätzlich Ansaugluft- und Kühlflüssigkeitstemperatur sowie die Signale des Klopfsensors berücksichtigt.

Nachdem der richtige Zündzeitpunkt berechnet ist, löst das Steuergerät die Zündung aus. Daraufhin wird die in der Zündspule erzeugte Zündspannung über den Zündverteiler-Läufer (wo vorhanden) oder direkt über das Zündkabel zu der jeweiligen Zündkerze geleitet. An den Zündkerzen-Elektroden springt der Zündfunke über, der das Kraftstoffluftgemisch im Zylinder entzündet.

Bei Ausfall der Informationen über Motortemperatur, Lastzustand usw. können Mängel im Fahrverhalten auftreten, und zwar durch verringerte Motorleistung. Eventuell kann sich auch der Verbrauch erhöhen. Langfristige Schäden am Motor sind nicht zu befürchten, wenn der Defekt alsbald behoben wird.

Sicherheitsmaßnahmen zur elektronischen Zündanlage

Bei elektronischen Zündanlagen beträgt die Zündspannung bis zu 30 kV (Kilovolt). Unter ungünstigen Umständen, zum Beispiel Feuchtigkeit im Motorraum, können Spannungsspitzen die Isolation durchschlagen, was bei Berührung zu Elektroschocks führt.

Um Verletzungen von Personen und/oder die Zerstörung der elektronischen Zündanlage zu vermeiden, ist bei Arbeiten an Fahrzeugen mit elektronischer Zündanlage folgendes zu beachten:

- Zündkabel nicht bei laufendem Motor bzw. bei Anlaßdrehzahl mit der Hand berühren bzw. abziehen.
- Leitungen der Zündanlage nur bei ausgeschalteter Zündung abklemmen. Bei eingeschalteter Zündung kann durch Erschütterung des Verteilers ein Hochspannungsstoß ausgelöst werden.
- Das An- und Abklemmen von Meßgeräteleitungen (Drehzahlmesser/Zündungstester) nur bei ausgeschalteter Zündung vornehmen.
- An Klemme 1 (−) dürfen kein Entstörkondensator und keine Prüflampe angeschlossen werden.
- Meßgeräte und Zündblitzlampen mit Spannungsversorgung 12 Volt bei laufendem Motor nicht an Klemme 15 der Zündspule anklemmen.
- Klemme 1 und Klemme 15 der Zündspule dürfen nicht gegen Masse kurzgeschlossen werden. Klemme 1 darf nicht mit B+ verbunden werden. Beim nachträglichen Einbau einer Alarmanlage darf somit die Leitung zur Klemme 1 nicht zur Startblockierung verwendet werden.
- Bevor der Motor mit Anlaßdrehzahl betrieben (z. B. Kompressionsdruckprüfung) oder von Hand durchgedreht wird, Zündung ausschalten und DME-Hauptrelais abziehen. Auf keinen Fall darf der Motor bei abgebauter Verteilerkappe sowie abgezogenem Kabel von der Zündspule (Klemme 4) gestartet werden.
- Die Zündspule darf nicht durch eine andere Ausführung ersetzt werden. Auf keinen Fall darf eine für unterbrechergesteuerte Zündanlagen vorgesehene Zündspule eingebaut werden.
- Bei Erhitzung auf mehr als +80° C (z. B. Lackieren, Dampfstrahlen) darf der Motor nicht unmittelbar nach der Aufheizphase gestartet werden.
- Die Motorwäsche ist nur bei Motorstillstand durchzuführen.
- Bei Elektro- und Punktschweißen ist die Batterie komplett abzuklemmen.
- Personen mit einem Herzschrittmacher sollen keine Arbeiten an der elektronischen Zündanlage durchführen.

Zündzeitpunkt prüfen

Achtung: Der Zündzeitpunkt kann nur geprüft, aber nicht eingestellt werden. Falls der Zündzeitpunkt nicht mit dem Sollwert übereinstimmt, müssen die defekten Teile ausgetauscht werden.

- Motor auf Betriebstemperatur bringen. Die Betriebstemperatur ist erreicht, wenn der Kühlmittelschlauch unten am Kühler gerade warm wird. Die Motoröltemperatur muß über +60° C, die Kühlmitteltemperatur über +80° C liegen.

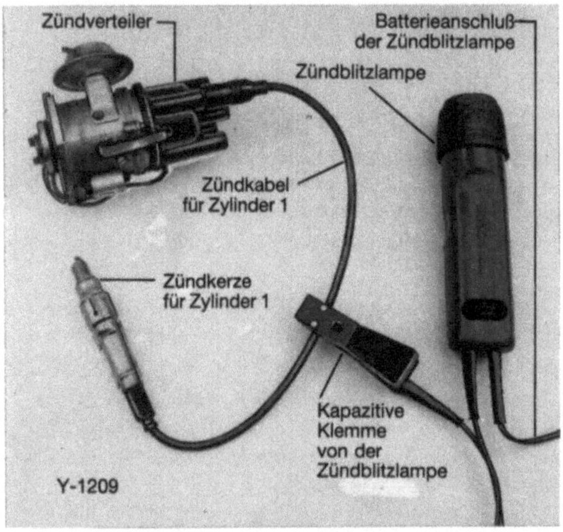

- Drehzahlmesser und Zündblitzpistole nach Bedienungsanleitung anschließen.
- Motor starten, im Leerlauf drehen lassen.

- Zeiger an der Zahnriemenabdeckung mit Zündblitzlampe anblitzen.

Achtung: Verletzungsgefahr durch drehende Riemenscheiben und Keilriemen.

- Die Zündung ist in Ordnung, wenn beim Anblitzen die OT-Marke −1− unterhalb der Bezugsmarke −2− scheinbar stillsteht. Zur Erleichterung vorher OT-Marke mit weißer Farbe kennzeichnen.

Verteilerkappe/Verteilerläufer aus- und einbauen

Zündanlage mit Verteiler (alle außer Motor M43, M50)

Ausbau

- Batterie-Massekabel (–) abklemmen. **Achtung:** Dadurch wird aus dem Speicher des Radios der Code für die Diebstahlsicherung gelöscht. Die Batterie darf nur bei ausgeschalteter Zündung abgeklemmt werden, da sonst das Steuergerät der Einspritzanlage beschädigt wird. Vor dem Abklemmen sollten auch die Hinweise im Kapitel »Radio« bzw. »Batterie aus- und einbauen« durchgelesen werden.

- Abdeckhaube für Hochspannungsverteiler abnehmen. Dazu Laschen oben und unten mit Schraubendreher über die Rastnase anheben. Haube seitlich abziehen.

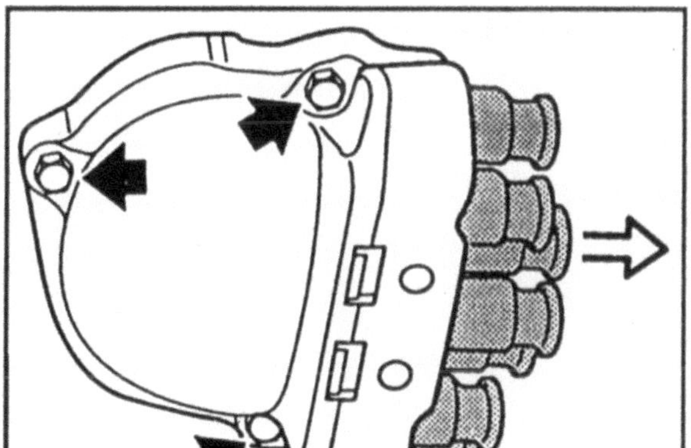

- Zündkabelstecker am Verteiler abziehen.
- Verteilerkappe abschrauben, siehe Abbildung.

- Verteilerläufer mit Innensechskant-Winkelschraubendreher SW 3 abschrauben.
- Abdeckring herausnehmen.

Prüfen

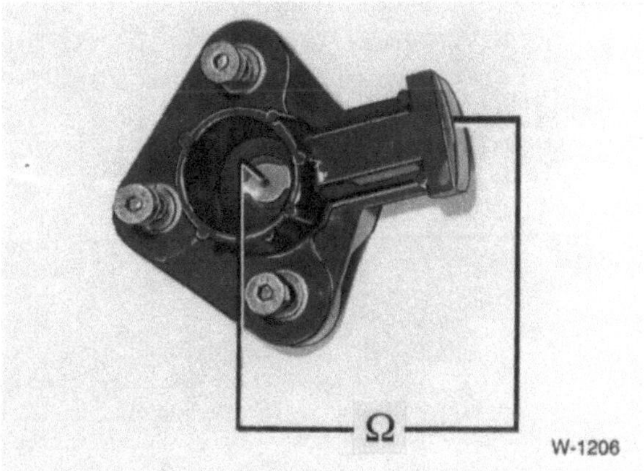

- Widerstand des Verteilerläufers prüfen. **Sollwert:** 0,7 – 1,3 kΩ.
- Vergußmasse des Verteilerläufers auf Risse und Brandspuren untersuchen, gegebenenfalls Läufer ersetzen.
- Die Kappe muß innen trocken sein.
- Anschlußkontakte auf Verschleiß und Korrosion prüfen, gegebenenfalls mit Schmirgelleinen reinigen.
- Mittleren Kohlekontakt auf Leichtgängigkeit und Verschleiß prüfen. Dazu Kontakt mit dem Finger eindrücken.
- Verteilerkappe auf Kriechströme untersuchen. Kriechströme zeigen sich durch dünne, unregelmäßige Spuren auf der Oberfläche der Verteilerkappe.
- Verteilerkappe mit sauberem, trockenem Lappen auswischen und auf Haarrisse untersuchen, gegebenenfalls Verteilerkappe auswechseln. Anschließend Kappe innen mit Kontaktspray einsprühen.

Einbau

- Verteilerläufer ansetzen und mit 3 Nm, also nur leicht, anschrauben.
- Verteilerkappe ansetzen und festschrauben. **Achtung:** Numerierung der Kabel und Anschlüsse auf der Verteilerkappe müssen übereinstimmen: ZS = Zündspule.
- Abdeckhaube so über die Verteilerkappe schieben, daß die vorderen Schlitze in die entsprechenden Nasen eingreifen. Haube oben und unten einrasten.
- Batterie-Massekabel anklemmen.

Zündspule prüfen

Zündanlage mit Verteiler (alle außer Motor M43, M50)

Zündspulen können mit einem Ohmmeter geprüft werden.

- Batterie-Massekabel (–) abklemmen. **Achtung:** Dadurch wird aus dem Speicher des Radios der Code für die Diebstahlsicherung gelöscht. Die Batterie darf nur bei ausgeschalteter Zündung abgeklemmt werden, da sonst das Steuergerät der Einspritzanlage beschädigt wird. Vor dem Abklemmen sollten auch die Hinweise im Kapitel »Radio« bzw. »Batterie aus- und einbauen« durchgelesen werden.
- Abdeckkappe für Zündspule abziehen.
- Anschlüsse an der Zündspule abklemmen.

Y-1202

- Wenn der Stopfen –Pfeil– an der Zündspule herausgedrückt ist, Zündspule ersetzen.
- Zündspule auf Haarrisse prüfen, gegebenenfalls ersetzen.
- Primärwiderstand der Zündspule prüfen, dazu Ohmmeter an die Klemmen 1 und 15 anschließen. Sollwert, siehe Seite 70.
- Sekundärwiderstand prüfen, dazu Ohmmeter an die Klemmen 15 und 4 anschließen. Sollwert, siehe Seite 70.
- Elektrische Leitungen an Zündspule anklemmen.
- Abdeckkappe aufdrücken.
- Massekabel an Batterie anklemmen.

Achtung: Wird die Zündspule ersetzt, auf keinen Fall eine Zündspule für eine herkömmliche, unterbrechergesteuerte Zündanlage einbauen. Dadurch würde das Steuergerät zerstört.

Zündkabel prüfen/ersetzen

Zündanlage mit Verteiler (alle außer Motor M43, M50)

Prüfen

- Batterie-Massekabel (–) abklemmen. **Achtung:** Dadurch wird aus dem Speicher des Radios der Code für die Diebstahlsicherung gelöscht. Die Batterie darf nur bei ausgeschalteter Zündung abgeklemmt werden, da sonst das Steuergerät der Einspritzanlage beschädigt wird. Vor dem Abklemmen sollten auch die Hinweise im Kapitel »Radio« bzw. »Batterie aus- und einbauen« durchgelesen werden.
- Modell 518i bis 8/94: Zündkabel-Abdeckung am Zylinderkopf abhebeln, siehe Abbildung W-1218.
- Zündkabelstecker am Verteiler und an den Zündkerzen abziehen. Ohmmeter anschließen und Widerstand prüfen. Sollwert ca. 6 kΩ.

Hinweis: Vorher am Zündverteiler Markierungen anbringen für die richtige Zuordnung der Zündkerzen beim späteren Einbau.

- Zündkabel zwischen Zündspule und Verteiler abziehen und Widerstand messen. Sollwert ca. 2 kΩ.

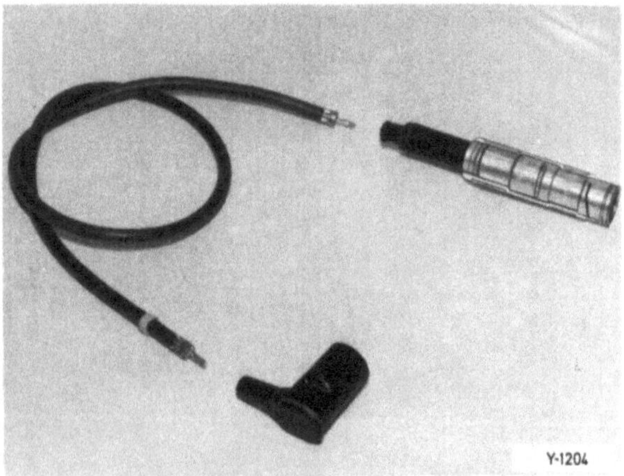

Y-1204

- Modelle außer 518i: Wird der Sollwert nicht erreicht, Stecker vom Zündkabel abschrauben und Widerstand prüfen, gegebenenfalls Stecker erneuern. Sollwerte, siehe Seite 70.
- Kabelanschlüsse reinigen und Prüfung wiederholen, gegebenenfalls Kabel erneuern.
- Zündleitungen im Bereich der Kerzenstecker in engem Radius biegen und auf Risse kontrollieren, gegebenenfalls alle Zündkabel ersetzen.

Ersetzen, Modell 518i bis 8/94 (Motor M40)

Neue Zündkabel werden je nach benötigter Länge von der Rolle abgeschnitten (Meterware) und mit den Anschlußsteckern versehen. Da dazu 2 Spezialwerkzeuge von BMW benötigt werden, empfiehlt es sich, die Zündkabel von der Fachwerkstatt anfertigen zu lassen.

- Zündkabel mit handelsüblicher Abisolierzange 6 mm weit abisolieren, der Querschnitt des inneren Metallkabels beträgt 1,5 mm^2.

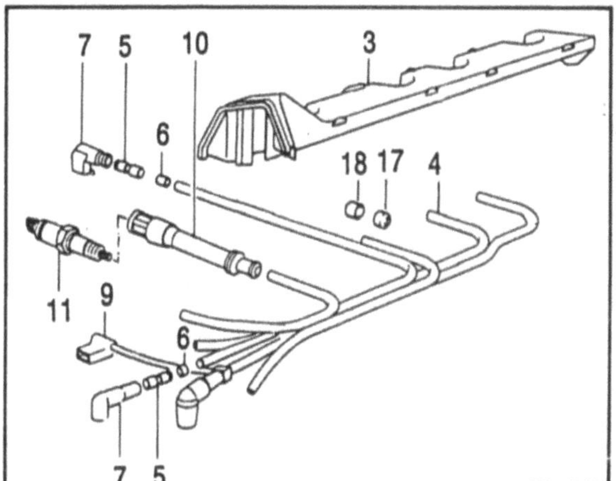

W-1218

3 – Abdeckung
4 – Zündkabel
5 – Rundstecker
6 – Kennzeichnungsring Zylinder 1–4
7 – Entstörstecker 1 kΩ
9 – Impulsgeber
10 – Zündkerzenstecker 5 kΩ
11 – Zündkerze
17 – Isolierstück
18 – Isolierhülse

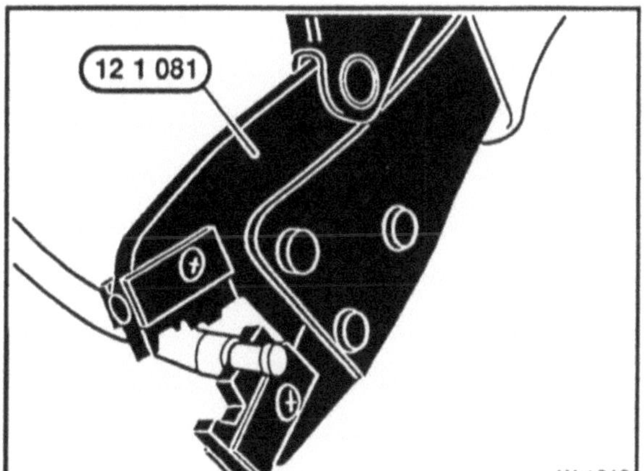

W-1219

- Anschlußstück auf die Zündleitung stecken und mit dem Spezialwerkzeug am Drahtende anschlagen. Anschlußstück bündig an die Kabelisolierung anschlagen.

Achtung: Beim Zündkabel für Zylinder 4 muß der Impulsgeber -9- der DME auf das Zündkabel aufgesteckt werden, bevor die Stecker montiert werden.

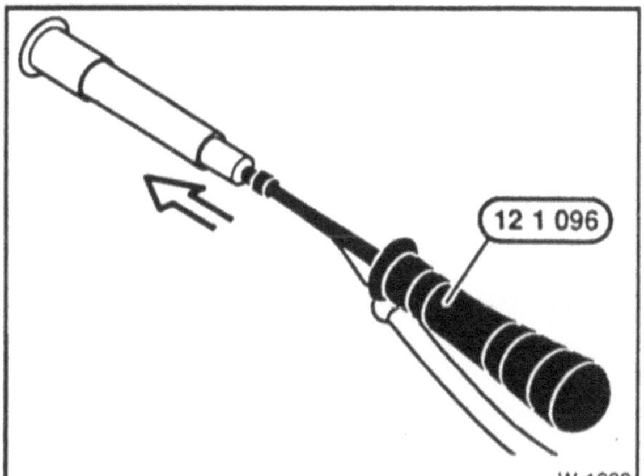

W-1220

- Zündleitung mit Gleitmittel (BMW 121098) besprühen. Anschlußstück mit Zündleitung in das Spezialwerkzeug (BMW 121096) einlegen, siehe Abbildung.
- Zündleitung in den Zündkerzenstecker, beziehungsweise Entstörstecker einfädeln. Das Anschlußstück muß hörbar in den Stecker einrasten.
- Zündkabel einbauen, Batterie-Massekabel anklemmen.

Technische Daten Zündanlage (DME)

Modell	**520i**	**525i**	**530i**	**535i**
Motortyp	M20	M20	M30	M30
Zündwinkel °KW vor OT	4 ± 5	10 ± 5	10 ± 3	10 ± 3
Leerlaufdrehzahl 1/min	760 ± 40	760 ± 40	800 ± 50	800 ± 50
Abschaltdrehzahl 1/min	6400 ± 40	6400 ± 40	6400 ± 40	6200 ± 40
Widerstandswerte gemessen bei 23° ± 5° C				
Impulsgeber für Drehzahl/Position	520 ± 30 Ω			
Impulsgeber für Zylindererkennung	0,2 – 1,0 Ω			
Temperaturfühler Motor bei einer Kühlmitteltemperatur von 20° ± 3°C bei einer Kühlmitteltemperatur von 80° ± 3°C	 2,3 – 2,7 kΩ 0,30 – 0,36 kΩ			
Temperaturfühler Ansaugluft bei einer Lufttemperatur von 20° ± 3°C bei einer Lufttemperatur von 50° ± 3°C	 2,5 – 2,7 kΩ 0,76 – 0,91 kΩ			
Zündspule Primärwicklung Sekundärwicklung	 0,5 Ω 6,0 ± 1,0 kΩ		 0,4 Ω 9,0 ± 1,0 kΩ	
Verteilerläufer	1 kΩ $^{+300\Omega}_{-100\Omega}$			
Winkelstecker	1 kΩ ± 200 Ω			
Zündkerzenstecker	5 kΩ ± 500 Ω			

Sollwerte, Modell 518i bis 8/94 (Motor M40):

Leerlaufdrehzahl: 800 ± 40/min
Abschaltdrehzahl: 6200 ± 40/min
Zündspule, Primärwicklung: 0,82 Ω
Sekundärwicklung: 8,25 kΩ
Verteilerläufer: 1 kΩ ± 300 Ω
Winkelstecker: 1 kΩ ± 200 Ω
Zündkerzenstecker: 5 kΩ ± 500 Ω

Die Zündkerzen

Die Zündkerze besteht aus der Mittel-Elektrode, dem Isolator mit Gehäuse und der Masse-Elektrode. Die Mittel-Elektrode ist gasdicht im Isolator befestigt, der Isolator ist fest mit dem Gehäuse verbunden. Zwischen Mittel- und Masse-Elektrode springt der Zündfunke über, der das Kraftstoffluftgemisch entzünden soll. Von der Zündkerze hängen Startbereitschaft, Leerlaufverhalten, Beschleunigung und Höchstgeschwindigkeit ab. Man sollte deshalb nicht ohne Grund von dem vom Werk vorgeschriebenen Zündkerzentyp abweichen, der durch die Wärmewert-Kennzahl bestimmt wird. Die Wärmewert-Kennzahl gibt den Grad der Wärmebelastbarkeit einer Zündkerze im Motor unter bestimmten Betriebsbedingungen an. Die Zündkerzen für den Motor sind so ausgewählt, daß sie möglichst unter allen Fahrbedingungen die Selbstreinigungstemperatur erreichen. Je niedriger die Wärmewert-Kennzahl einer Zündkerze ist, desto höher ist ihr Widerstand gegen Glühzündungen und desto kleiner ist ihr Widerstand gegen Verschmutzung. Je höher die Wärmewert-Kennzahl der Zündkerze ist, desto kleiner ist ihr Widerstand gegen Glühzündungen und desto höher ist ihr Widerstand gegen Verschmutzung.

Die Wärmewert-Kennzahl ist im Zündkerzencode enthalten. Der Code schlüsselt sich wie folgt auf:

Beispiel: **Bosch-Zündkerze**

W 7 L D C R

① ② ③ ④ ⑤ ⑥

① W = Gewinde M 14 x 1,25 mit Flachdichtsitz, SW 21; F = Gewinde M 14 x 1,25 mit Flachdichtsitz, SW 16; M = Gewinde M 18 x 1,5 mit Flachdichtsitz, SW 25; H = Gewinde M 14 x 1,25 mit Kegeldichtsitz, SW 16; D = Gewinde M 18 x 1,5 mit Kegeldichtsitz, SW 21; SW = Schlüsselweite.

② Wärmewert-Kennzahl. Die Wärmewertskala wird von 06 (»kalt«) bis 13 (»warm«) angegeben. Dabei entspricht die Kennzahl 7 dem alten Wärmewert 175 (frühere Bezeichnung), 6 – 200,5 – 225 usw.

③ A = Gewindelänge 12,7 mm, normale Funkenlage; B = Gewindelänge 12,7 mm, vorgezogene Funkenlage; C = Gewindelänge 19 mm, normale Funkenlage; D = Gewindelänge 19 mm, vorgezogene Funkenlage; L = Gewindelänge 19 mm, weit vorgezogene Funkenlage.

④ = Elektrodenausführung: D = 2 Masse-Elektroden

⑤ = Elektrodenwerkstoff der Mittelelektrode: Ohne Angabe = Cr-Ni-Legierung, C = Ni-Cu-Verbund-Mittelelektrode, S = Silber-Mittelelektrode, P = Platin-Mittelelektrode, CO = Standard-Zündkerze mit verstärkter Mittelelektrode.

⑥ = Ausführung: R = Abbrandwiderstand.

Die richtige Zündkerze für den 5er BMW ab 9/87 (Modell E 34)

Achtung: Es kann aufgrund neuer technischer Erkenntnisse möglich sein, daß inzwischen andere Zündkerzenwerte gelten. Daher empfiehlt es sich, vor einem Neukauf die aktuellen Zündkerzenwerte bei der Fachwerkstatt zu erfragen.

Modell	Motor	BOSCH		EA[1]	BERU		EA[1]	CHAMPION	EA[1]	NGK	EA[1]
518i	M40	F 7 LDCR	FR 78 X	0,9	14 F-8 LUR[2]	UXF 79	0,7	RC 8 DMC	0,8	BKR 6 EK	0,9
518i	M43	F 7 LDCR	FR 78 X	0,9	14 F-7 LDUR4	UXF 79	0,9	RC 8 DMC	0,8	BKR 6 EK	0,9
520i bis 4/90 525i bis 4/90 530i bis 8/90 535i bis 8/92	M20 M20 M30 M30	W 8 LCR	WR 78	0,7	14-8 LUR	– UX 79 UX 79 UX 79	0,7	N 9 YCC	0,8	ZGR 5 A	0,8
520i ab 5/90 525i / iX ab 5/90	M50 M50	F 7 LDCR	FR 78 X	0,9	14 F-7 LDUR4	– UXF 79	0,9	RC 8 DMC	0,8	BKR 6 EK	0,9
530i, 540i (8-Zyl.)	M60	F 7 LDCR	FR 78 X	0,9	14 F-7 LDUR4	UXF 79	0,9	RC 8 DMC	0,8	BKR 6 EK	0,9

1) EA: Elektrodenabstand in mm. 2) Motor M40 ab 5/91: BERU-Kerze 14 F-7 LDUR4, Elektrodenabstand = 0,9 mm.

Achtung: Zündkerzen einbauen, siehe Seite 276.

Störungsdiagnose Zündanlage

Störung: Der Motor springt schlecht oder gar nicht an

Ursache	Abhilfe
Kein Zündfunke vorhanden Verteilerkappe feucht, verschmutzt	■ Verteilerkappe reinigen und trocknen, innen mit Zündspray einsprühen
Risse in der Verteilerkappe, Brandkanäle	■ Verteilerkappe erneuern
Schleifkohle in der Zündverteilerkappe abgenutzt	■ Schleifkohle erneuern
Verteilerläufer defekt	■ Verteilerläufer erneuern
Widerstand des Verteilerläufers zu hoch	■ Verteilerläufer erneuern
Widerstand in Zündkerzenleitung/Zündkerzenstecker zu hoch	■ Zündleitung/Zündkerzenstecker erneuern
Zündkerzenstecker in falscher Reihenfolge aufgesteckt	■ Zündkerzenstecker nach Zündfolge 1-5-3-6-2-4 aufstecken[1]
Zündkerzen wegen zu vieler Startversuche naß	■ Zündkerzen ausbauen und trocknen
Zündkerzen außen feucht und verschmutzt	■ Zündkerzen reinigen, trocknen, Silikonschutzkappe auf Zündkerze und Stecker schieben
Leistung der Zündspule zu gering	■ Elektrische Leitungen an der Zündspule auf festen Sitz und guten Kontakt prüfen
Zündspule gerissen, Brandkanäle	■ Zündspule erneuern
Spannungsverlust durch Berührung elektrischer Anschlüsse bzw. Leitungen mit Schläuchen des Motors	■ Elektrische Leitungen richtig führen
Keine Stromversorgung des Steuergerätes	■ Elektrische Leitungen von Batterie über Hauptrelais zum Steuergerät nach Stromlaufplan prüfen
Masseanschluß für Steuergerät unterbrochen	■ Masseanschlüsse am Stecker des Steuergerätes mit Ohmmeter gegen Batterie-Minus oder Masse prüfen. Die Widerstände müssen $< 1\ \Omega$ sein, andernfalls Massepunkte nach Stromlaufplan prüfen
Induktiver Impulsgeber defekt	■ Widerstand prüfen, gegebenenfalls Induktivgeber oder Leitung ersetzen

[1]) 4-Zylindermotor: Zündfolge 1-3-4-2

Die Motor-Schmierung

Für die Motor-Schmierung sind **Mehrbereichsöle** vorgeschrieben, so daß ein jahreszeitbedingter (Sommer/Winter) Ölwechsel nicht erforderlich ist. Mehrbereichsöle bauen auf einem dünnflüssigen Einbereichsöl auf (z. B. 10 W) und werden durch sogenannte »Viskositätsindexverbesserer« im heißen Zustand stabilisiert. Dadurch ist sowohl für den kalten wie auch für den heißen Motor die richtige Schmierfähigkeit gegeben.

Es können auch **Leichtlauföle** verwendet werden. Dabei handelt es sich um Mehrbereichsöle, denen unter anderem Reibwertverminderer zugesetzt wurden, wodurch sich die Reibung innerhalb des Motors vermindert. Für das Leichtlauföl wird als Grundöl ein Synthetiköl verwendet. Die Angabe »Mineralisch«, »Teilsynthetisch« oder »Vollsynthetisch« ist nur ein Hinweis auf die Zusammensetzung des Basisöls. Zusammen mit den übrigen Bestandteilen können sich ganz unterschiedliche Qualitäten ergeben.

Anwendungsbereich/Viskositätsklassen

Die SAE-Bezeichnung gibt die Viskosität (Zähflüssigkeit) des Motoröls an. Beispiel: SAE 10 W 40:

10 – Viskosität des Öls in kaltem Zustand. Je kleiner die Zahl, desto dünnflüssiger ist das kalte Motoröl.

W – Das Motoröl ist wintertauglich.

40 – Viskosität des Öls in heißem Zustand. Je größer die Zahl, desto dickflüssiger ist das heiße Motoröl.

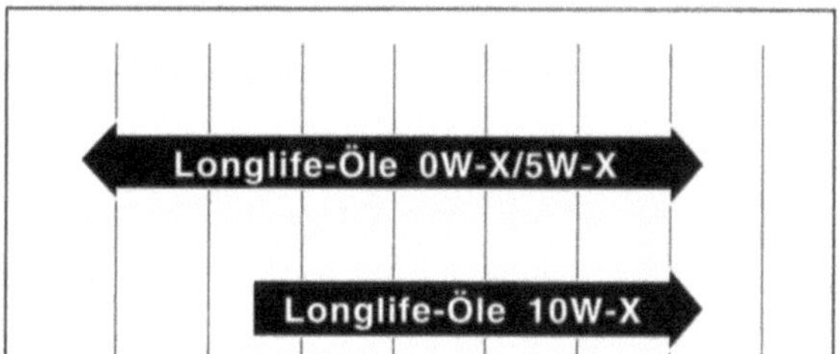

In der Abbildung wird in Abhängigkeit von der Außentemperatur die Viskosität des Longlifeöls dargestellt, das von allen Motortypen verwendet werden kann.

Diese Öle sind bei fast allen Umgebungstemperaturen einsetzbar. Da die Einsatzbereiche benachbarter SAE-Klassen sich überschneiden, können kurzfristige Temperaturschwankungen unberücksichtigt bleiben. Bei sehr tiefen Außentemperaturen können jedoch die Kaltstarteigenschaften beeinträchtigt werden.

Hinweis: Es ist zulässig, Öle verschiedener Viskositätsklassen miteinander zu mischen, wenn einmal Öl nachgefüllt werden muß und die Außentemperaturen nicht mehr der Viskositätsklasse des im Motor befindlichen Öles entsprechen.

Zusatzschmiermittel – gleich welcher Art – sollen weder dem Kraftstoff noch den Schmierölen beigemischt werden.

Spezifikation des Motoröls

Die Qualität eines Motoröls wird durch Normen der Automobil- sowie der Ölhersteller gekennzeichnet.

Die Klassifikation der Motoröle amerikanischer Ölhersteller erfolgt nach dem **API**-System (API: **A**merican **P**etroleum **I**nstitut): Die Kennzeichnung erfolgt durch jeweils zwei Buchstaben. Der erste Buchstabe gibt den Anwendungsbereich an: **S** = Service, für **Ottomotoren** geeignet; **C** = Commercial, für **Dieselmotoren** geeignet. Der zweite Buchstabe gibt die Qualität in alphabetischer Reihenfolge an. Von höchster Qualität sind Öle der API-Spezifikation **SL** für Ottomotoren und **CF** für Dieselmotoren.

Europäische Ölhersteller klassifizieren ihre Öle nach der **»ACEA«-Spezifikation** (**A**ssociation des **C**onstructeurs **E**uropéens d'**A**utomobiles), die vor allem die europäische Motorentechnologie berücksichtigt. Öle für PKW-Benzinmotoren haben die ACEA-Qualitätsklassen A1-96 bis A3-96; Dieselmotoröle von B1-96 bis B4-96. Von höchster Qualität sind Öle **»A3«** für Ottomotoren und **»B3«** für Dieselmotoren. **»B4«** ist auf Diesel-Direkteinspritzer abgestimmt, sollte aber nur verwendet werden, wenn ebenfalls die Spezifikation »B3« angegeben ist. **»96«** gibt den Beginn der Gültigkeit der ACEA-Klassifikation im Jahr 1996 an. Motoröle mit höheren Jahreszahlangaben können ebenfalls verwendet werden.

Achtung: Motoröle, die vom Hersteller ausdrücklich als Öle für Diesel-Motoren bezeichnet werden, sind für Ottomotoren nicht geeignet. Bei Motorölen für Benzin- **und** Diesel-Motoren sind beide Spezifikationen (Beispiel: ACEA A3-96/B3-96 oder API SH/CF) auf der Öldose angegeben.

Motoröle für 5er BMW-Motoren

Mehrbereichs- oder Leichtlauföl nach folgenden Spezifikationen verwenden. Die Spezifikation **muß** auf der Öldose angegeben sein. Motoröle höherer Qualitätsstufen können ebenso verwendet werden.

	Spezifikationen
Benzinmotoren	**API SJ/CD** oder höher **ACEA A2** oder höher **ACEA A2/B2-96** oder höher **Spezialöl** nach **ACEA A3/B3-96** **Longlifeöl** nach **ACEA A3/B3-96**
Dieselmotoren bis 8/90	**API SJ/CD** oder höher **ACEA A2/B2-96** oder höher **Spezialöl** nach **ACEA A3/B3-96** **Longlifeöl** nach **ACEA A3/B3-96**
Dieselmotoren 9/90 bis 8/95	**ACEA A3/B3-96** **Spezialöl** nach **ACEA A3/B3-96** **Longlifeöl** nach **ACEA A3/B3-96**
Dieselmotoren ab 9/95	**Longlifeöl** nach **ACEA A3/B3-96**

Spezialöle und Longlifeöle müssen von BMW freigegeben sein, sie erfüllen besondere Qualitätsanforderungen und sind ganzjährig einsetzbar. BMW unterscheidet zwischen zwei Longlifeöl-Spezifikationen: Longlife-98 und Longlife-01, wobei Longlife-01 den höchsten Qualitätsansprüchen genügt.

Hier einige Beispiele von freigegebenen Motorölen. Die vollständige Liste kann beim BMW-Händler eingesehen werden. **Hinweis:** Zum Nachfüllen kleinerer Mengen zwischen den Ölwechselintervallen kann auch ein anderes Öl nach der Norm ACEA A3 genommen werden.

Longlife-Öle der Viskosität

- SAE **0W-30**: BP Visco 7000 Special, Castrol Formula SLX, Esso Ultron (Fuel Economy), Havoline Synthetic DS, Labo RC, megol Motorenoel Super Leichtlauf Multisynth, Motor Gold Highline, Shell Helix Ultra, swd Primus Ultra.
- SAE **0W-40**: Aral SuperTronic, AVIASYNTH, BMW Super Power Special, BP Visco 7000, Castrol Formula RS Power and Protection, Mobil 1, Shell Helix Ultra, Westfalen Gigatron Motoröl.
- SAE **5W-30**: Agip TECSINT, Aral SuperTronic, BMW Super Power Plus, Caltex Havoline Fully Synthetic, Castrol TXT Softec LL98, Fina FE 2000, Labo Carat, Liqui Moly Profi Synthoil, Mobil 1, Motorex Evolution.
- SAE **5W-40**: Agip Extra HTS, Aral HighTronic, BMW Super Power, BP Visco 5000, DEA Viscobil S1, Elf Synthese, EmoSynt, Fina First, Shell Helix Ultra, Titan Supersyn SL.

Spezialöle der Viskosität

- SAE **5W-30**: Aral HighTronic, Shell Helix Diesel Ultra, Valvoline High Performance Synthetic Motor Oil.
- SAE **5W-40**: ad-AUGROS Synt-Oil, CARTEC SynTec, Gulf Formula G, EMKA Supersint FE, Karstadt Mach 1, Repsol Competicion, Valvoline Top Gard.
- SAE **10W-30**: Aral HighTronic, Shell Helix Plus.
- SAE **10W-40**: Agip Sint 2000, Aral BasicTronic, BMW High Power Special, BP Visco 3000, DEA Ultec Universal, Esso Ultra, Mobil Super, Shell Helix Plus, Valvoline Top Gard.

Ölverbrauch

Bei einem Verbrennungsmotor versteht man unter dem Ölverbrauch diejenige Ölmenge, die als Folge des Verbrennungsvorganges verbraucht wird. Auf keinen Fall ist Ölverbrauch mit Ölverlust gleichzusetzen, wie er durch Undichtigkeiten an Ölwanne, Zylinderkopfdeckel usw. auftritt.

Normaler Ölverbrauch entsteht durch Verbrennung jeweils kleiner Mengen im Zylinder; durch Abführen von Verbrennungsrückständen und Abrieb-Partikeln. Zudem verschleißt das Öl durch die hohen Temperaturen und die hohen Drücke, denen es im Motor fortwährend ausgesetzt ist.

Ferner haben auch äußere Betriebsverhältnisse, Fahrweise sowie Fertigungstoleranzen einen Einfluß auf den Ölverbrauch. Der Ölverbrauch darf höchstens 1,5 l/1000 km betragen. Unbedingt muß Öl nachgefüllt werden, wenn die »Nachfüll«-Markierung erreicht ist (Nachfüllmenge dann max. 1 l).

Der Ölkreislauf

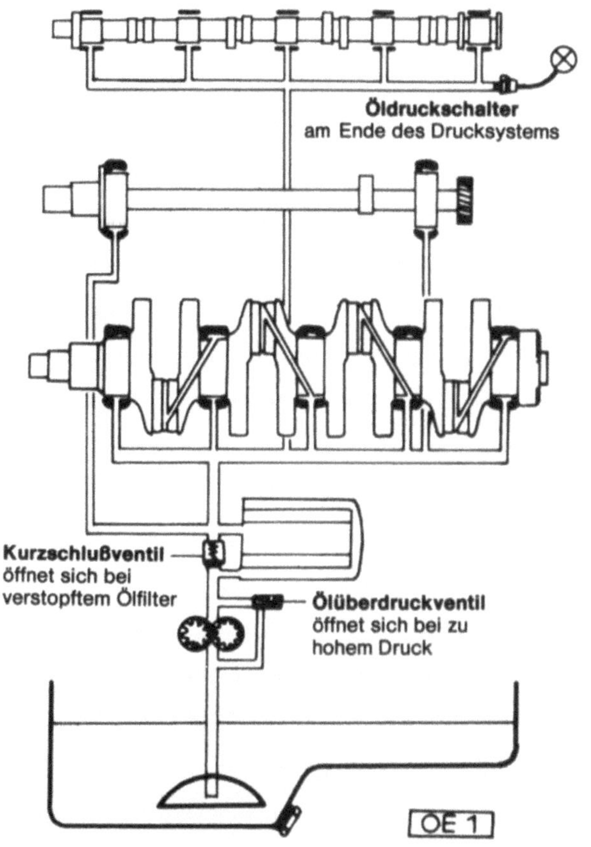

Die Ölpumpe saugt das Motoröl über den Ölsaugkorb –6– aus der Ölwanne an und drückt es in den Hauptstromölfilter. An der Druckseite der Ölpumpe befindet sich ein Überdruckventil (Öldruckregelventil). Bei zu hohem Öldruck öffnet das Ventil, und ein Teil des Öls kann in die Ölwanne zurückfließen.

Durch die Mittelachse der Filterpatrone gelangt das gefilterte Öl in den Hauptölkanal. Bei verstopftem Ölfilter leitet ein Kurzschlußventil das Öl direkt und ungefiltert in den Hauptölkanal.

Vom Hauptölkanal zweigen Kanäle ab zur Schmierung der Kurbelwellenlager. Durch schräge Bohrungen in der Kurbelwelle wird das Öl an die Pleuellager geleitet und von dort gegen Kolbenbolzen und Zylinder gespritzt.

Gleichzeitig gelangt Motoröl über Steigleitungen in den Zylinderkopf und versorgt dort Nockenwellenlager, Kipphebelachsen und Kipphebellager.

Öldruck überprüfen

- Fahrzeug warmfahren, die Öltemperatur soll ca. +80° C betragen. Ölstand kontrollieren.

- Kabel vom Öldruckschalter abziehen und Öldruckschalter herausschrauben. Der Öldruckschalter befindet sich beim Motor M20 unterhalb vom rechten Motorträger (Abbildung), vorher gegebenenfalls Motorunterverkleidung abschrauben. Beim Motor M30 (530i, 535i) sitzt er oben unterhalb des Kühlmittel-Ausgleichbehälters am Zylinderkopf, diesen zuvor abschrauben und mit angeschlossenen Leitungen zur Seite legen. Beim Motor M40 und M50 Ölfilterdeckel lösen, damit das Öl in den Motor zurückläuft, dann Schalter aus dem Filtergehäuse herausschrauben. Lage des Schalters beim Dieselmotor: oben im Ölfilterdeckel.
- Anstelle des Öldruckschalters geeignetes Manometer einschrauben.
- Motor starten und im Leerlauf belassen. Der Öldruck soll ca. 0,5 – 2 bar betragen.
- Drehzahl auf 5000/min bis 6000/min erhöhen. Der Öldruck muß nun mindestens 4 – 6 bar betragen.
- Öldruckschalter mit neuem Dichtring einsetzen und mit 35 Nm festziehen, Kabel anschließen.
- Falls der Öldruck vom Sollwert abweicht, siehe »Störungsdiagnose Ölkreislauf«.

Ölwanne aus- und einbauen

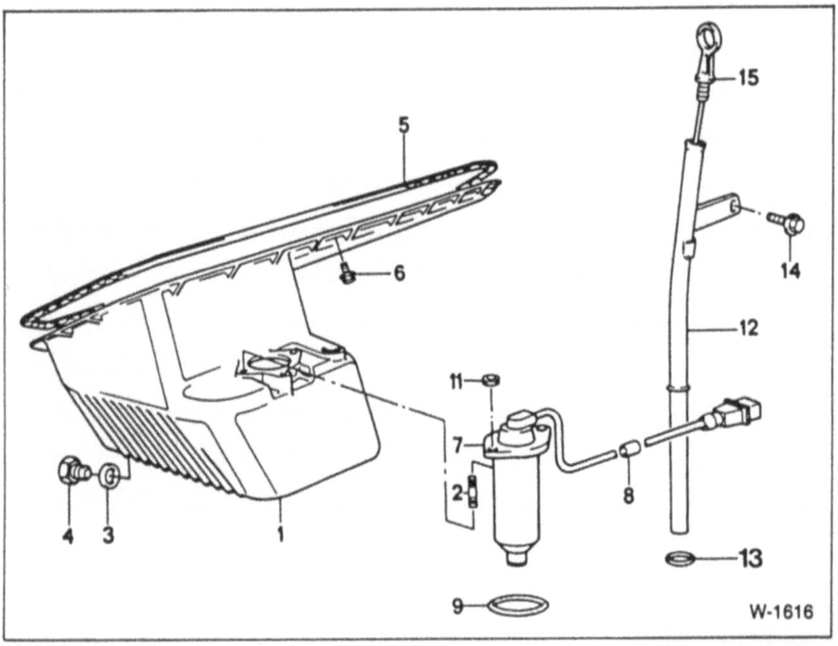

1 – Ölwanne
2 – Stiftschraube
3 – Alu-Dichtring
4 – Verschlußschraube
5 – Dichtung
6 – Sechskantschraube
7 – Verschlußdeckel
8 – Gummitülle
9 – O-Ring
11 – Sechskantmutter
12 – Führungsrohr
13 – O-Ring
14 – Sechskantschraube
15 – Ölmeßstab

Ausbau

- Batterie-Massekabel (–) abklemmen. **Achtung:** Dadurch wird aus dem Speicher des Radios der Code für die Diebstahlsicherung gelöscht. Die Batterie darf nur bei ausgeschalteter Zündung abgeklemmt werden, da sonst das Steuergerät der Einspritzanlage beschädigt wird. Vor dem Abklemmen sollten auch die Hinweise im Kapitel »Radio« bzw. »Batterie aus- und einbauen« durchgelesen werden.
- Lüfter ausbauen, siehe Seite 81.
- Fahrzeug aufbocken, siehe Seite 114.
- Aggregateunterschutz ausbauen, siehe Seite 16.
- Motoröl ablassen, siehe Seite 271.
- Steckverbindung für Ölniveau-Geber trennen.
- Abgasrohrhalter abschrauben.
- Motorlager rechts und links abschrauben.
- Motor an Motorheber anseilen und anheben. Steht die Aufhängevorrichtung nicht zur Verfügung, entsprechendes Seil durch die Laschen am Motor ziehen und kräftiges Rohr durch das Seil schieben und auf entsprechenden Böcken lagern oder in den Kotflügelsicken. **Achtung:** Rohr nicht auf den Kotflügeln lagern.

- Motor M20: Versteifungsschale abschrauben.
- Schraube am Halter für das Ölmeßstab-Führungsrohr herausdrehen. Führungsrohr nach oben aus der Ölwanne herausziehen.

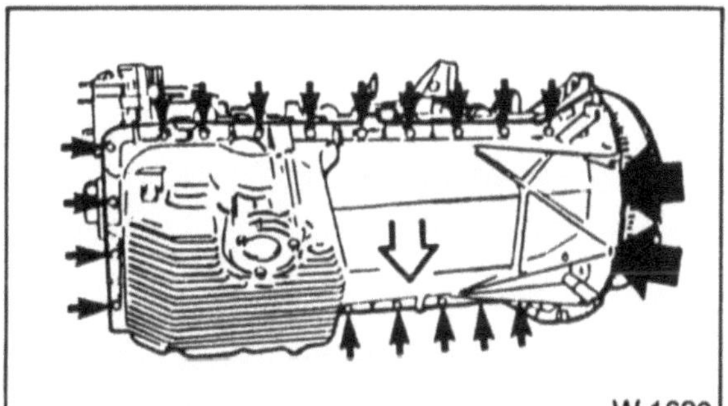
W-1620

● Ölwanne abschrauben und abnehmen. Die Abbildung zeigt den Motor M50 (4-Ventiler). Für die beiden hinteren Schrauben –Pfeile– wird eine schmale Stecknuß mit Verlängerung benötigt.

Einbau

● Dichtflächen von Ölwanne und Motorblock reinigen.
● Übergänge an Räderkastendeckel und Abschlußdeckel mit Universaldichtung, z. B. Curil, bestreichen. Für den M50-Motor schreibt BMW die dauerelastische Dichtmasse »3 Bond 1207B schwarz« vor.
● Neue Dichtung mit etwas Fett ankleben, anschließend richtigen Sitz der Dichtung prüfen.
● Ölwanne ansetzen und Schrauben handfest anziehen. Anschließend alle Schrauben mit 10 Nm festziehen.
● Versteifungsschale anschrauben.
● Ölstabführungsrohr mit **neuem** O-Ring einsetzen und anschrauben.
● Kabel für Ölniveau-Geber zusammenstecken.
● Motorlager mit 45 Nm anschrauben.
● Öl auffüllen. Am Ölpeilstab befinden sich zwei Markierungen. Die Markierungen weisen auf die Ölmenge im Motor hin. Die Mengendifferenz – min.-max. – beträgt 1 Liter.
● Aggregateunterschutz anschrauben, siehe Seite 16.
● Fahrzeug ablassen.
● Batterie-Massekabel anklemmen.
● Nach Probefahrt Ölwanne auf Dichtigkeit prüfen, eventuell alle Schrauben vorsichtig nachziehen.

Motor M30:

● Luftfilter ausbauen, siehe Seite 90.
● Ausgleichbehälter für Kühlflüssigkeit ausbauen.
● Aggregateunterschutz ausbauen.
● Spannbügel für Flügelpumpe abschrauben und zur Seite schwenken.
● Halter fürÖlleitungen abschrauben.
● Abgasrohrhalter abschrauben.
● Der Einbau erfolgt entsprechend in umgekehrter Reihenfolge.

Ölpumpe aus- und einbauen

Motoren M20, M30, M50

Ausbau

● Batterie-Massekabel (–) abklemmen. **Achtung:** Dadurch wird aus dem Speicher des Radios der Code für die Diebstahlsicherung gelöscht. Die Batterie darf nur bei ausgeschalteter Zündung abgeklemmt werden, da sonst das Steuergerät der Einspritzanlage beschädigt wird. Vor dem Abklemmen sollten auch die Hinweise im Kapitel »Radio« bzw. »Batterie aus- und einbauen« durchgelesen werden.
● Ölwanne ausbauen.

W-1621

● M 30-/M 50-Motor: Mutter lösen, Kettenrad mit Kette abziehen. Falls vorhanden, vorher Kettenspanner ausbauen. **Achtung:** Die Mutter hat beim M 50-Motor Linksgewinde, diese also zum Lösen nach rechts drehen.

W-1606

● Ölpumpe abschrauben –Pfeile–.
● Ölpumpe herausnehmen. Dabei beim M 30-Motor Lage der Distanzbleche zwischen Ölpumpe und Motorblock für Wiedereinbau beachten. Beim M 50-Motor Lage der beiden Paßhülsen beachten.

Einbau

- Ölpumpe prüfen.
- Ölpumpe einsetzen und mit 20 Nm festschrauben.
- M 20-/M30-Motor: Kettenritzel mit aufgelegter Kette anschrauben. Kettenspanner einbauen.
- Ölwanne einbauen.
- Öl auffüllen. Am Ölpeilstab befinden sich zwei Markierungen. Die Markierungen weisen auf die Ölmenge im Motor hin. Die Mengendifferenz – min.-max. – beträgt 1 Liter.
- Fahrzeug ablassen.
- Batterie-Massekabel anklemmen.
- Nach Probefahrt Ölwanne auf Dichtigkeit prüfen, eventuell alle Schrauben vorsichtig nachziehen.

Ölpumpe prüfen

- Ölpumpe ausbauen.

W-1608

- Deckel –1– am Saugkorb abschrauben. Ölsieb –2– herausnehmen und in Kraftstoff reinigen.
- Antriebswelle drehen und dadurch Leichtgängigkeit der Zahnräder prüfen.
- Ölpumpendeckel abschrauben –Pfeile– und Zahnräder herausnehmen.
- Gehäuse und Deckel auf Riefen, Zahnräder auf Abnützung prüfen.

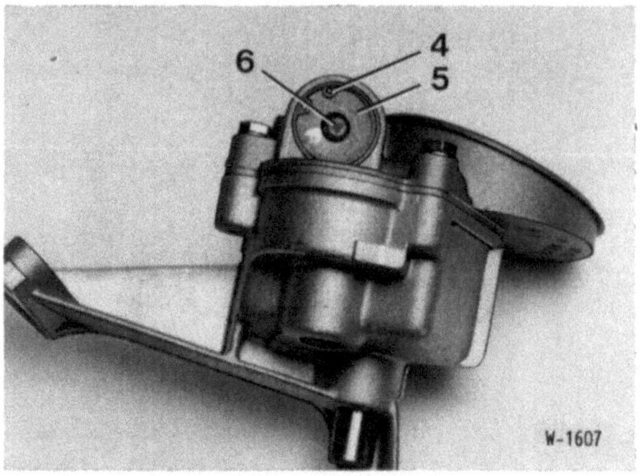

W-1607

- Überlastungsventil ausbauen, dazu Sicherungsring –4– mit geeigneter Zange spannen und herausnehmen. **Achtung:** Die Scheibe –5– steht durch die Feder des Ventils unter Druck, deshalb Scheibe mit geeignetem Dorn oder Stecknuß gegenhalten. Feder und Kolben –6– herausnehmen.
- Kolben durch Hin- und Herbewegen im Gehäuse auf Leichtgängigkeit prüfen.
- Länge der Druckfeder messen. Sollwert in entspanntem Zustand: 44±0,2 mm.
- Kolben einsetzen, Feder –3– in Abbildung W-1608 sowie Scheibe mit geeigneter Stecknuß hineindrücken und mit Schraubendreher festhalten.
- Sicherungsring mit Zange einsetzen.
- Ölpumpendeckel mit 9 Nm anschrauben.
- Deckel am Saugkorb anschrauben.
- Ölpumpe einbauen.

Störungsdiagnose Ölkreislauf

Störung	Ursache	Abhilfe
Kontrollicht leuchtet nicht nach Einschalten der Zündung	Öldruckschalter defekt	■ Zündung einschalten, Leitung vom Öldruckschalter abziehen und gegen Masse halten Wenn die Lampe aufleuchtet, Schalter ersetzen
	Strom zum Schalter unterbrochen, Kontakte korrodiert	■ Elektrische Leitung und Anschlüsse prüfen
	Kontrollampe defekt	■ Kontrollampe ersetzen
Kontrollicht verlischt nicht nach Anspringen des Motors	Öl sehr warm	■ Unbedenklich, wenn Kontrollicht beim Gasgeben verlischt
Kontrollicht verlischt nicht beim Gasgeben bzw. leuchtet während der Fahrt	Öldruck zu gering	■ Ölstand prüfen, ggf. auffüllen; Öldruck nach Vorschrift prüfen
	Elektrische Leitung zum Öldruckschalter hat Kurzschluß gegenüber Masse	■ Kabel am Schalter abziehen und isoliert ablegen (nicht gegen Masse legen), Zündung einschalten. Wenn die Kontrollampe aufleuchtet, Leitung überprüfen
	Öldruckschalter defekt	■ Schalter auswechseln
Zu niedriger Öldruck im gesamten Drehzahlbereich	Zu wenig Öl im Motor	■ Motoröl nachfüllen
	Ansaugsieb in der Saugglocke verschmutzt	■ Ölwanne ausbauen, Ansaugsieb reinigen
	Ölpumpe verschlissen	■ Ölpumpe ausbauen und prüfen, gegebenenfalls ersetzen
	Lagerschaden	■ Motor demontieren
Zu niedriger Öldruck im unteren Drehzahlbereich	Öldruckregelventil klemmt in offenem Zustand durch Verschmutzung	■ Ventil ausbauen und prüfen
Zu hoher Öldruck bei Drehzahlen über 2000/min	Öldruckregelventil öffnet nicht wegen Verschmutzung	■ Ventil ausbauen und prüfen

Die Motor-Kühlung

Der Kühlmittelkreislauf

Der Kühlmittelkreislauf des Motors wird thermostatisch geregelt. Solange der Motor kalt ist, zirkuliert das Kühlmittel nur im Zylinderkopf sowie im Motorblock und – bei geöffneter Heizung – im Wärmetauscher. Mit zunehmender Erwärmung öffnet der Kühlmittelregler den großen Kühlmittelkreislauf. Das Kühlmittel wird von der ständig im Einsatz befindlichen Kühlmittelpumpe über den Kühler geleitet. Die Kühlflüssigkeit durchströmt den Kühler von oben nach unten und wird dabei durch die an den Kühlrippen vorbeistreichende Luft gekühlt. Ein Lüfterrad hinter dem Kühler sorgt für genügend Luftdurchsatz, indem es zusätzlich zum Fahrtwind Luft durch den Kühler saugt.

Im Lüfterrad befindet sich eine Visco-Kupplung. Sobald die vom Kühler kommende Luft eine Temperatur von ca. +82° C erreicht, schaltet ein Bimetallstreifen in der Visco-Kupplung den Lüfter zu. Der Lüfter dreht sich dann mit erhöhter Drehzahl und sorgt so lange für größeren Luftdurchsatz, bis die vorbeistreichende Luft unter ca. +60° C gesunken ist. Dann schaltet die Visco-Kupplung ab und vermindert die Lüfterdrehzahl. Durch den nicht immer voll mitlaufenden Lüfter erhöht sich die nutzbare Motorleistung und der Kraftstoffverbrauch vermindert sich.

Achtung: Bei Arbeiten am Kühlsystem unbedingt darauf achten, daß **kein Kühlmittel auf den Zahnriemen** gelangt. Der Glykolanteil des Kühlmittels kann das Gewebe des Zahnriemens so schädigen, daß der Riemen nach einiger Betriebszeit reißt, wodurch schwerwiegende Motorschäden auftreten können.

Hinweis: Kühlmittel ist leicht giftig. Gemeinde- und Stadtverwaltungen informieren darüber, wie das alte Kühlmittel entsorgt werden soll.

Kühlmittelregler (Thermostat) aus- und einbauen/prüfen

Der Kühlmittelregler öffnet mit zunehmender Erwärmung des Motors den großen Kühlmittelkreislauf. Bleibt der Kühlmittelregler durch einen Defekt geschlossen, wird der Motor zu heiß. Erkennbar ist das an einer im roten Bereich stehenden Kühlmittel-Temperaturanzeige, während gleichzeitig der Kühler kalt bleibt. Ein defekter Thermostat kann aber auch nach dem Abkühlen der Kühlflüssigkeit weiterhin geöffnet bleiben. Dies erkennt man daran, daß der Motor nicht mehr seine Betriebstemperatur erreicht bzw. daß der Zeiger der Kühlmittel-Temperaturanzeige langsamer ansteigt als bisher oder im Winter die Heizleistung nachläßt.

Achtung: Wenn der Motor nach kurzer Fahrstrecke heiß wird, kann das auch daran liegen, daß sich der Kühler aufgrund von Kalkablagerungen zugesetzt hat.

Ausbau

- Batterie-Massekabel (–) abklemmen. **Achtung:** Dadurch wird aus dem Speicher des Radios der Code für die Diebstahlsicherung gelöscht. Die Batterie darf nur bei ausgeschalteter Zündung abgeklemmt werden, da sonst das Steuergerät der Einspritzanlage beschädigt wird. Vor dem Abklemmen sollten auch die Hinweise im Kapitel »Radio« bzw. »Batterie aus- und einbauen« durchgelesen werden.
- Etwas Kühlmittel ablassen und auffangen.

- Deckel vom Reglergehäuse abschrauben. **Achtung:** Beim Dieselmotor sowie M50-Motor sind die Schrauben unterschiedlich lang, daher für den leichteren Einbau Position der Schrauben notieren. Beim M50-Motor muß zudem vorher die Motor-Aufhängelasche abgeschraubt werden.
- Einbaulage des Kühlmittelreglers merken und Regler herausnehmen.

Prüfen

- Kühlmittelregler im Wasserbad erwärmen. Dabei darf der Regler nicht die Wände des Behälters berühren. Temperatur mit einem geeigneten Thermometer kontrollieren.
- Bei einer Temperatur von ca. +80° C beginnt die Bimetallfeder des Reglers sich auszudehnen. Der Öffnungsbeginn ist auch auf dem Thermostat eingeprägt. Die größte Ausdehnung ist bei ca. +95° C erreicht.
- Prüfen, ob sich der Regler ausdehnt und wieder schließt und ob der Öffnungsbeginn mit dem Wert übereinstimmt, der auf dem Regler eingeprägt ist. Gegebenenfalls Regler ersetzen.

Einbau

- Dichtflächen an Gehäuse und Deckel reinigen.

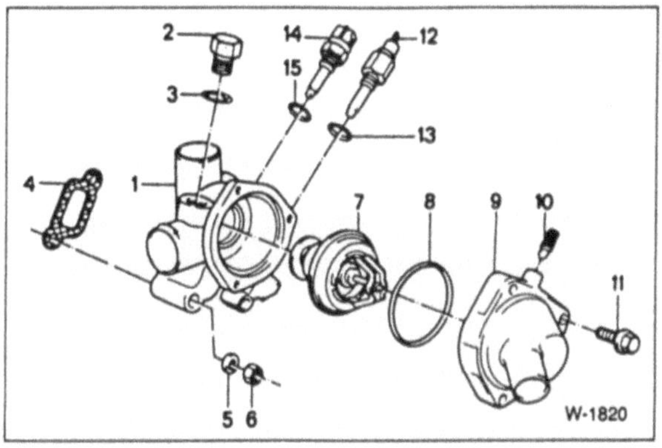

- Kühlmittelregler –7– so einsetzen, daß der Bügel nach außen zeigt. Die Abbildung zeigt den Kühlmittelregler der Motoren M20/M30.
(Zusätzlich abgebildete Teile: 1 – Thermostatgehäuse, 2 – Verschlußschraube, 3 – Kupferdichtring (die Teile 2 und 3 sind meist nicht vorhanden), 4 – Gehäusedichtung, 5 – Federscheibe, 6 – Mutter, 10 – Entlüftungsschraube, 12 – Temperaturgeber für Anzeige Kühlmitteltemperatur, 13 – Dichtring, 14 – Temperaturfühler, 15 – Dichtring.)

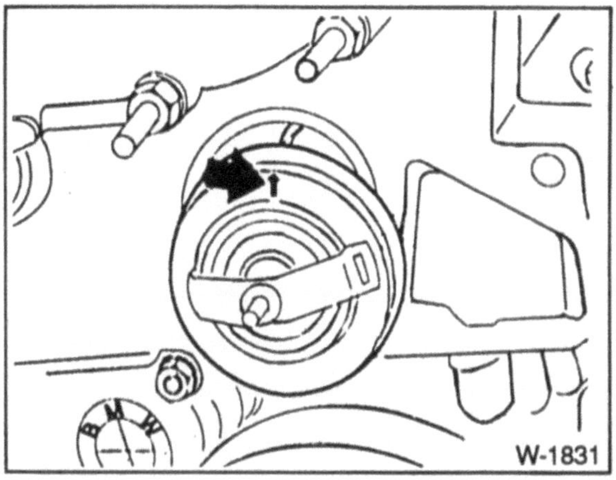

- Motor M50 (Vierventil-Motor): Thermostat so einsetzen, daß der eingeprägte Pfeil nach oben zeigt. Beim Dieselmotor M51 muß die Entlüftungsbohrung am Thermostat nach oben zeigen.
- Neuen O-Dichtring –8– für Thermostat einlegen, siehe Abbildung W-1820.
- Deckel –9– aufsetzen und gleichmäßig mit 9 Nm anschrauben –11–. Beim Dieselmotor M21 und Motor M50 Deckel mit neuer Flachdichtung (Papierdichtung) anschrauben. **Achtung:** Schrauben nicht zu fest anziehen. Beim M50-Motor Aufhängelasche nicht vergessen.
- Kühlmittel auffüllen und Kühlsystem entlüften, siehe Kapitel »Wartung«.
- Batterie-Masseband anklemmen.
- Motor warmlaufen lassen, bis die Visco-Kupplung den Lüfter zuschaltet. Prüfen, ob der Kühler unten warm wird und das Kühlmittelreglergehäuse dicht ist. Bei Undichtigkeiten Schrauben etwas nachziehen.

Lüfter/Lüfterkupplung aus- und einbauen

Die Lüfterkupplung ist zu ersetzen, wenn die Nabe gefressen hat. Der Lüfter läßt sich dann bei stehendem Motor nicht oder nur schwer drehen. Kupplung ebenfalls ersetzen bei Axialspiel beziehungsweise Radialspiel oder bei Ölverlust.

Ausbau

W-1815

- Lüfterabdeckung oben links und rechts ausclipsen. Dazu Spreizstift mit schmalem Schraubendreher heraushebeln, anschließend Spreizclip herausdrücken. Lüfterabdeckung nach oben herausheben.

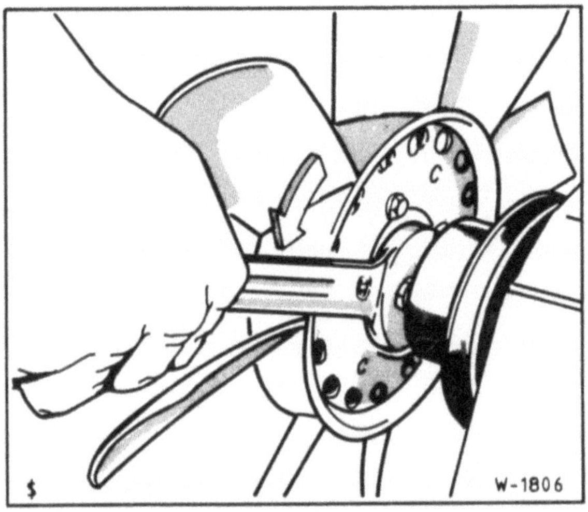
W-1806

- Lüfter mit Maulschlüssel SW 32 von der Nabe der Kühlmittelpumpe abschrauben. **Achtung: Die Mutter hat Linksgewinde,** sie muß zum Lösen also nach rechts gedreht werden.
- Beim Lösen der Mutter Keilriemen der Kühlmittelpumpe eindrücken und dadurch die Nabe festhalten, damit diese sich nicht mitdreht. Wenn die Mutter besonders fest sitzt, mit geeignetem Hammer gegen den Maulschlüssel schlagen und so die Mutter lösen. Nachdem die Mutter gelöst ist, kann sie weiter durch Drehen des Lüfterrades abgeschraubt werden. Dabei darauf achten, daß das Lüfterrad nicht herunterfällt.

W-1807

- Lüfter abnehmen.

W-1821

- Sollen Lüfterrad und Visco-Kupplung getrennt werden, 4 Befestigungsschrauben herausdrehen und Kupplung herausnehmen.

Einbau

- Visco-Kupplung in den Lüfter einsetzen und Befestigungsschrauben mit 9 Nm festziehen. **Achtung:** Um eine Beschädigung an Gewinde und Kupplung zu vermeiden, dürfen diese Schrauben keinesfalls fester angezogen werden.
- Lüfter mit Kupplung an die Nabe der Kühlmittelpumpe mit **40 Nm** anschrauben. Dabei Nabe am Keilriemen gegenhalten. **Achtung:** Mutter beim Ansetzen nicht verkanten. Die Mutter hat **Linksgewinde**, sie muß zum Festziehen also **linksherum** gedreht werden.
- Lüfterabdeckung von oben so einsetzen, daß die unteren beiden Haltelaschen in die Ösen am Kühler eingreifen.
- Spreizclips einsetzen und mit Stiften sichern. Beschädigte Clips oder Stifte ersetzen.

Kühler aus- und einbauen

Nach längerer Laufzeit des Fahrzeuges können sich die dünnen Kanäle im Kühler durch Rückstände im Kühlmittel und Kalkablagerungen zusetzen. Dadurch läßt die Kühlleistung stark nach und der Motor wird zu warm. In diesem Fall hilft nur ein Austauschen des Kühlers.

Ausbau

- Massekabel von Batterie abklemmen.
- Lüfter ausbauen, siehe Seite 61.
- Kühlmittel ablassen und umweltgerecht entsorgen, siehe Seite 274.
- Sämtliche Kühlmittelschläuche am Kühler abziehen, vorher Schellen lösen und ganz zurückschieben.
- **Motor M30/M21:** Kabel vom Temperaturschalter rechts oben am Kühler abziehen. Vorher rechte Scheinwerferabdeckung ausbauen.

- 2 Befestigungsclips für Kühler abdrücken. Dazu Schraubendreher wie in der Abbildung gezeigt einsetzen, nach unten drücken und etwas nach vorn schwenken.

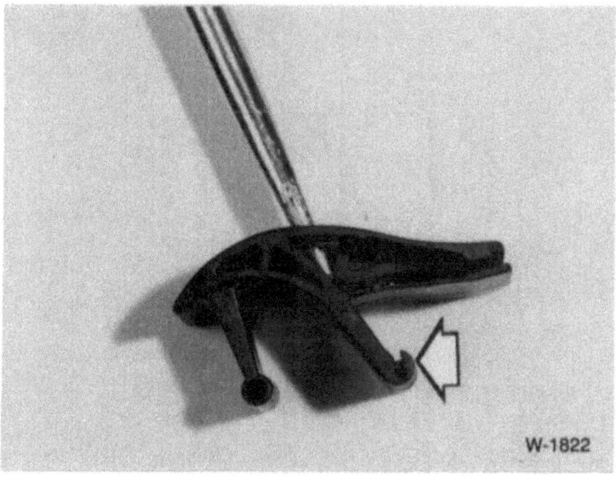

- Dadurch rastet die Kunststoffhalteklammer aus dem vorderen Abschlußblech aus.
- Kühler nach oben herausheben.

Achtung: Die Kühlerlamellen sind mitunter recht scharfkantig, es empfiehlt sich deshalb, zum Herausheben des Kühlers Arbeitshandschuhe zu verwenden.

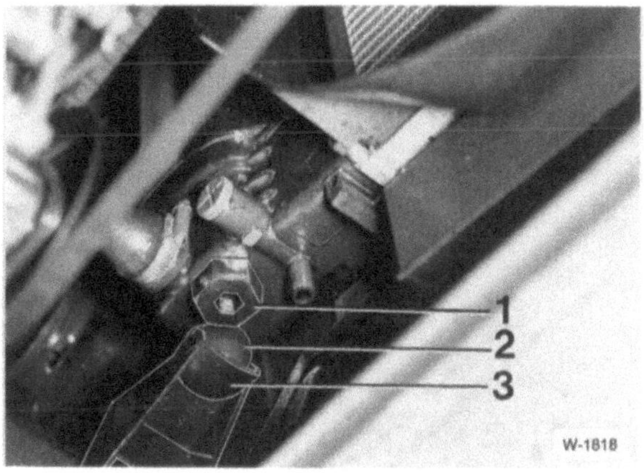

- Falls erforderlich, Kühlmittel-Niveauschalter –1– (nur 525i) herausschrauben. Zusätzlich abgebildete Teile: 2 – Gummilager, 3 – Aufnahme für Gummilager.

Einbau

- Sämtliche Kühlmittelschläuche auf Einschnitte, Risse und sonstige Beschädigungen überprüfen und, falls erforderlich, auswechseln. Gummilager des Kühlers auf einwandfreien Zustand prüfen.
- Gegebenenfalls Kühlmittel-Niveauschalter mit neuem O-Ring einschrauben.

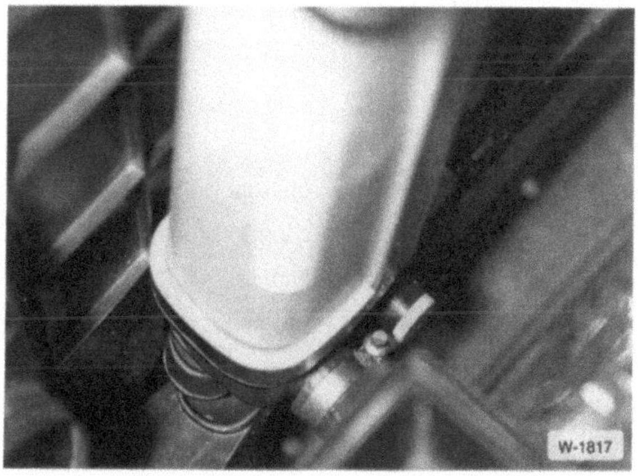

- Kühler von oben so einsetzen, daß die Gummilager genau in den Halteaufnahmen sitzen.
- Falls abgenommen, Befestigungsclipse in den Kühler einsetzen. Kühler gegen das Abschlußblech drücken und Clipse einrasten.
- Kühlmittelschläuche aufschieben und mit Schellen sichern.
- Falls ausgebaut, Kabel am Temperaturschalter aufschieben. Rechte Scheinwerferabdeckung einbauen.

- Lüfter einbauen.
- Kühlmittel auffüllen.
- Batterie-Massekabel anklemmen.
- Motor warmlaufen lassen und Schlauchanschlüsse auf Dichtheit prüfen.
- Kühlmittelstand kontrollieren, gegebenenfalls Kühlmittel nachfüllen.

Kühlmittelpumpe aus- und einbauen

Ausbau

- Batterie-Massekabel abklemmen.
- Kühlmittel ablassen und umweltgerecht entsorgen, siehe Seite 274.
- Lüfter ausbauen.
- Befestigungsschrauben für Keilriemenscheibe lösen. Dabei Keilriemen festhalten und eindrücken, damit sich die Scheibe nicht mitdreht.
- Keilriemen ausbauen, siehe Seite 61.
- 4 Befestigungsschrauben für Riemenscheibe herausdrehen und die Scheibe von der Nabe abnehmen.
- Zahnriemenabdeckung ausbauen, siehe Seite 20.
- Spannfeder für Zahnriemenspannung zusammendrücken und Spannstift mit BMW-Werkzeug 115010 festklemmen, gegebenenfalls geeignete Blechklammer selbst anfertigen.
- Schlauchschellen lösen und zurückschieben, Kühlmittelschläuche von der Pumpe abziehen.

- 3 Befestigungsschrauben (Motor M40/M50/M51: 4 Schrauben) herausdrehen und Kühlmittelpumpe abnehmen.

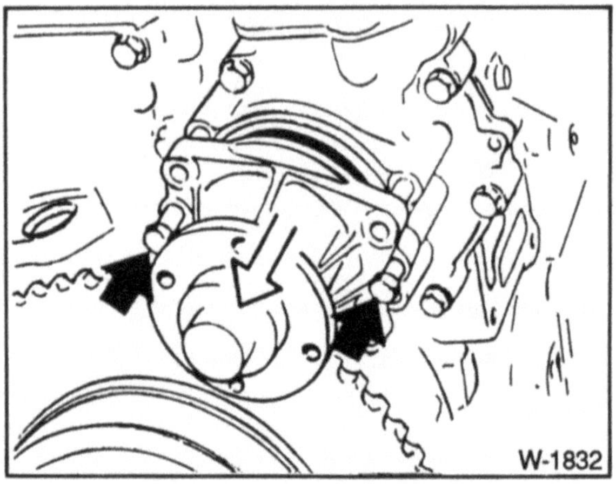

- Motor M50: 2 Schrauben mit M 6-Gewinde in die Gewinde –Pfeile– eindrehen und damit Kühlmittelpumpe gleichmäßig aus dem Motor ausdrücken. Darauf achten, daß die Pumpe nicht verkantet. Beim 4-Zylindermotor M40 in gleicher Weise verfahren, hier liegen sich jedoch die Gewindebohrungen senkrecht gegenüber.

Einbau

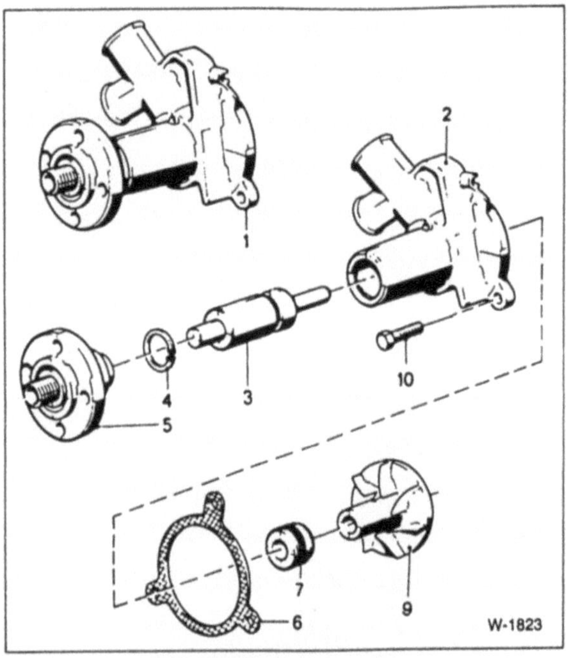

- Alle Motoren außer M50: Flachdichtungsreste mit Schaber vollständig entfernen. Zusätzlich abgebildete Teile: 1 – Kühlmittelpumpe, 2 – Gehäuse, 3 – Pumpenlager, 4 – Sicherungsring, 5 – Flansch, 6 – Flachdichtung, 7 – Gleitringdichtung, 9 – Flügelrad, 10 – Schraube.
- Motor M50: Abziehschrauben entfernen, O-Ring der Kühlmittelpumpe erneuern und mit Silikonöl bestreichen.
- Kühlmittelpumpe mit neuer Dichtung ansetzen und gleichmäßig mit **22 Nm** festschrauben.

- Spannstift für Zahnriemenspanner lösen, dabei auf Freigängigkeit zur Kühlmittelpumpe achten.
- Zahnriemen-Schutzdeckel einbauen.
- Kühlmittelschläuche aufschieben und mit Schellen sichern.
- Riemenscheibe anschrauben.
- Keilriemen einbauen und spannen, siehe Seite 61.
- Befestigungsschrauben der Riemenscheibe mit 9 Nm festziehen, dabei mit Keilriemen gegenhalten.
- Lüfter einbauen.
- Kühlmittel auffüllen, siehe Seite 274.
- Batterie-Massekabel anklemmen.
- Motor warmlaufen lassen und Schlauchanschlüsse sowie Kühlmittelpumpe auf Dichtheit überprüfen.

Kühler-Frostschutzmittel

Die Kühlanlage wird vom Werk mit einer Mischung aus Wasser und Kühlerfrost- und Korrosions-Schutzmittel aufgefüllt. Das Kühlkonzentrat verhindert Frost- und Korrosionsschäden und hebt außerdem die Siedetemperatur des Wassers an. Deshalb muß das Kühlsystem unbedingt ganzjährig mit Kühlerfrost- und Korrosionsschutzmittel gefüllt sein.

Nur von BMW freigegebene Kühlkonzentrate verwenden. **Achtung:** Im Handel sind silikathaltige Frostschutzmittel, erkennbar an der **blaugrünen** Farbe, und silikatfreie Frostschutzmittel, erkennbar an der **roten** Farbe, erhältlich. Diese unterschiedlichen Frostschutzmittel dürfen auf keinen Fall gemischt werden, sonst können Motorschäden auftreten.

Da der Korrosionsschutz-Anteil in der Kühlflüssigkeit nach einiger Zeit an Wirkung verliert, sollte die Kühlflüssigkeit alle 2 Jahre gewechselt werden.

Modell	Frostschutz bis –30° C	
	Wasser	Kühlkonzentrat
518i	2,4 l	3,6 l
520i, 525i	6,3 l	4,2 l
520i, 525i mit Klimaanlage	6,6 l	4,4 l
530i (M30), 535i, 524td	7,2 l	4,8 l
525td/tds	5,8 l	3,9 l
530i, 540i (8-Zyl.)	7,5 l	5,0 l

Der Frostschutz sollte in unseren Breiten bis ca. – 30° C reichen.

Inhalt des Kühlsystems

518i	6,0 l
520i, 525i	10,5 l
520i, 525i mit Klimaanlage	11,0 l
530i (M30), 535i, 524 td	12,0 l
525td/tds	9,75 l
530i, 540i (8-Zyl.)	12,5 l

Störungsdiagnose Motorkühlung

Störung: Die Kühlmitteltemperatur ist zu hoch, Anzeige steht im roten Bereich

Ursache	Abhilfe
Zu wenig Kühlmittel im Kreislauf	■ Kühler bzw. Ausgleichbehälter muß bis zur Markierung voll sein. Kühlsystem auf Dichtheit prüfen
Kühlmittelregler öffnet nicht	■ Prüfen, ob unterer Kühlmittelschlauch warm wird. Wenn nicht, Regler ersetzen
Kühlmittelpumpe defekt	■ Kühlmittelpumpe ausbauen und überprüfen
Geber für Kühlmitteltemperaturanzeiger defekt	■ Geber überprüfen
Kühlmitteltemperaturanzeige defekt	■ Anzeigegerät überprüfen lassen
Kühler-Verschlußdeckel defekt	■ Druckprüfung durchführen lassen (Werkstattarbeit)
Keilriemenspannung für Kühlmittelpumpe zu gering	■ Spannung prüfen und einstellen
Kühlerlamellen verschmutzt	■ Kühler von der Motorseite her mit Preßluft durchblasen
Kühler innen durch Kalkablagerungen oder Rost zugesetzt	■ Kühler erneuern
Visco-Lüfterkupplung defekt	■ Lüfterkupplung prüfen: Warmen Motor mit erhöhter Drehzahl laufenlassen. Sobald eine Kühlmitteltemperatur von 90°–95°C erreicht ist, erhöht sich die Drehzahl des Lüfters hörbar

Die Kraftstoffanlage

Zur Kraftstoffanlage gehören der Kraftstoffbehälter, die Kraftstoffleitungen, der Kraftstoff-Filter, die Kraftstoffpumpe und die Einspritzanlage mit Luftfilter.

Der Kraftstoffbehälter ist unter dem Kofferraum angeordnet. Der jeweilige Kraftstoffvorrat wird dem Fahrer durch eine Kraftstoffvorratsanzeige angezeigt. Über ein Entlüftungssystem wird der Tank belüftet.

Sicherheits- und Sauberkeitsregeln bei Arbeiten an der Kraftstoffversorgung

Bei Arbeiten an der Kraftstoffversorgung sind die folgenden Regeln zur Sicherheit und Sauberkeit sorgfältig zu beachten:

Sicherheitshinweise

- **Kein offenes Feuer, nicht rauchen, keine glühenden oder sehr heißen Teile in die Nähe des Arbeitsplatzes bringen. Unfallgefahr! Feuerlöscher bereitstellen.**
- **Unbedingt für gute Belüftung des Arbeitsplatzes sorgen. Kraftstoffdämpfe sind giftig.**
- Das Kraftstoffsystem steht unter Druck. Beim Öffnen der Anlage kann Kraftstoff herausspritzen, daher austretenden Kraftstoff mit einem Lappen auffangen. **Schutzbrille tragen.**

- Verbindungsstellen und deren Umgebung vor dem Lösen gründlich mit Kaltreiniger oder Benzin reinigen.
- Ausgebaute Teile auf einer sauberen Unterlage ablegen und abdecken. Folien oder Papier verwenden. Keine fasernden Lappen benutzen!
- Geöffnete Bauteile sorgfältig abdecken beziehungsweise verschließen, wenn die Reparatur nicht umgehend ausgeführt wird.
- Ersatzteile erst unmittelbar vor dem Einbau aus der Verpackung nehmen. Nur saubere Teile einbauen.
- Bei geöffneter Kraftstoffanlage möglichst nicht mit Druckluft arbeiten. Das Fahrzeug möglichst nicht bewegen.

Kraftstoffpumpenrelais prüfen

Das Kraftstoffpumpenrelais befindet sich im Relaiskasten rechts hinten im Motorraum. Es versorgt die elektrische Kraftstoffpumpe mit Strom. Über eine Sicherheitsschaltung unterbricht es die Stromzufuhr, wenn bei eingeschalteter Zündung keine Drehzahlimpulse mehr erfolgen (Motor abgewürgt).

Wenn zur Prüfung der Einspritzanlage die Kraftstoffpumpe laufen soll, ohne daß der Motor läuft, Relais abziehen und die Klemme 30 und Klemme 87 mit kurzer Hilfsleitung von 1,5 mm ∅ verbinden. Das Kraftstoffpumpenrelais ist beim 520i/525i/524td braun und beim 530i/535i orange.

Achtung: Zur Prüfung des Kraftstoffpumpenrelais muß die Batterie geladen sein.

- Sicherung Nr. 23 prüfen.
- Relais abziehen.
- Voltmeter an Klemme 30 (+) und 85 (–) am Relaisplatz anschließen. Sollwert: ca. 12 Volt.
- Andernfalls Voltmeter zwischen Klemme 30 und Masse schalten. Wenn das Meßgerät jetzt ca. 12 Volt anzeigt, braun/grüne Leitung nach Stromlaufplan auf Unterbrechung prüfen. Sonst rote Leitung nach Stromlaufplan prüfen, gegebenenfalls ersetzen.
- Zündung einschalten, Voltmeter an Klemme 86 (+) und Masse anschließen. Sollwert: ca. 12 Volt. Andernfalls rot/weiße Leitung auf Unterbrechung prüfen, gegebenenfalls erneuern.
- Prüfen, ob Signale vom Impulsgeber-Drehzahl/Position vorhanden sind (Werkstattarbeit).
- Die Klemmen 30 und 87 mit kurzer Prüfleitung verbinden. Wenn die Pumpe anläuft, Kraftstoffpumpenrelais ersetzen. Andernfalls grün/violette Leitung zur Kraftstoffpumpe auf Durchgang prüfen, gegebenenfalls Leitung ersetzen.
- Falls Durchgang vorhanden ist, Kraftstoffpumpe ersetzen.

Fördermenge der Kraftstoffpumpe prüfen

Benzinmotoren

Hinweis: Beim Dieselmotor wird der Kraftstoffdruck in der Leitung zwischen Filter und Einspritzpumpe gemessen, hierzu Fachwerkstatt aufsuchen.

- Prüfvoraussetzung ist eine intakte und geladene Batterie.

- Kraftstoff-Zulaufleitung –3– am Verteilerrohr (beim Dieselmotor an der Einspritzpumpe) lösen und Schlauch in ein Meßgerät mit ca. 5 l Inhalt führen.
- Kraftstoffpumpenrelais abziehen. Das Relais befindet sich im Relaiskasten rechts hinten im Motorraum. Die Relaisfarbe ist beim 520i/525i/524td braun und beim 530i/535i orange. Siehe dazu auch Seite 276.
- Am Relaissockel Klemme 30 und 87 mit Prüfleitung von 1,5 mm ∅ verbinden und Kraftstoffpumpe ca. 30 Sekunden laufen lassen.
- Die Fördermenge muß in 30 Sekunden 875 cm^3 betragen. Dabei beträgt die Stromaufnahme der Pumpe maximal 5 Ampere.
- Wird zu wenig Kraftstoff gefördert, Kraftstoffilter ersetzen und Fördermenge erneut prüfen. Ist die Fördermenge weiterhin zu klein, Kraftstoffpumpe ersetzen.

Tankgeber/Kraftstoffpumpe

Motor M20/M30

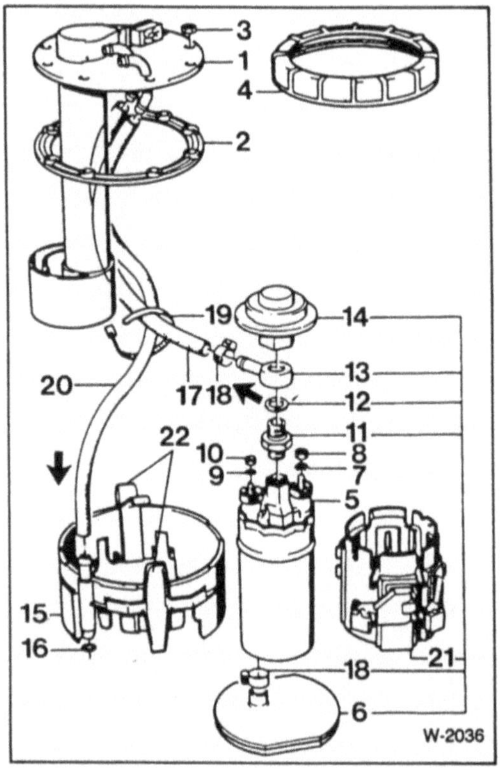

1 – Tauchrohrgeber
2 – Dichtring
3 – Sechskantmutter M6
4 – Überwurfmutter
5 – Kraftstoffpumpe
6 – Kraftstoffsieb
7 – Zahnscheibe A5.1
8 – Sechskantmutter M5
9 – Zahnscheibe A4.3
10 – Sechskantmutter M4
11 – Rückschlagventil
12 – Kupferdichtring
13 – Anschlußstück
14 – Druckdämpfer
15 – Pumpenhalterung
16 – O-Ring
17 – Vorlaufleitung
18 – Schlauchschelle
19 – Kabelband
20 – Rücklaufleitung
21 – Pumpenträger mit Dämpfungsgummi
22 – Sicherungshaken

Motor M21

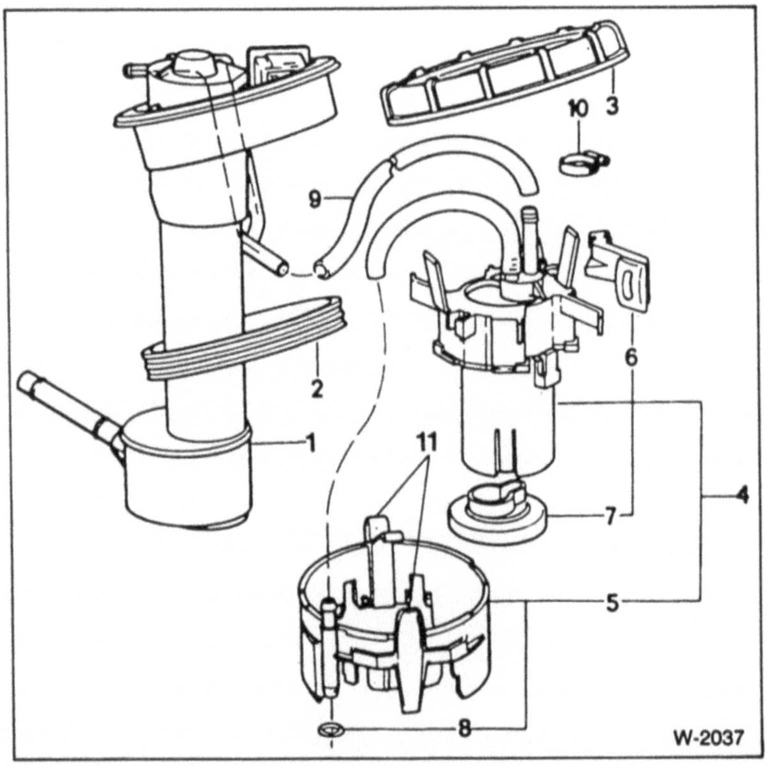

1 – Tauchrohrgeber
2 – Dichtring
3 – Überwurfmutter
4 – Vorförderpumpe
5 – Halterung
6 – Gummilager
7 – Kraftstoffsieb
8 – O-Ring
9 – Schlauch
10 – Schlauchschelle
11 – Sicherungshaken

Tankgeber aus- und einbauen/prüfen

Mit sinkendem Kraftstoffspiegel sinkt auch der Schwimmer im Tankgeber ab. Durch einen Schleifkontakt am Schwimmer erhöht sich dabei der elektrische Widerstand des Gebers. Dadurch sinkt die Spannung am Anzeigeinstrument, und der Zeiger der Kraftstoffanzeige geht in Richtung »leer« zurück.

Sinkt der Schwimmer weiter ab, wird ab einer bestimmten Stellung der Warnkontakt geschlossen und am Schalttafeleinsatz leuchtet die Reserve-Warnleuchte auf.

Ausbau

Achtung: Kein offenes Feuer, Brandgefahr! Zum Ausbau des Tankgebers darf der Kraftstofftank **nicht** gefüllt sein. Daher Tank entweder leerfahren oder Kraftstoff mit einer geeigneten Pumpe in einen entsprechend großen Behälter absaugen. Kraftstoffdämpfe sind giftig, nicht einatmen. Arbeiten möglichst im Freien durchführen oder für gute Belüftung sorgen.

- Batterie-Masseband und Pluskabel abklemmen.
- Bodenverkleidung des Kofferraumes herausnehmen.

- Schrauben herausdrehen und Deckel abnehmen.

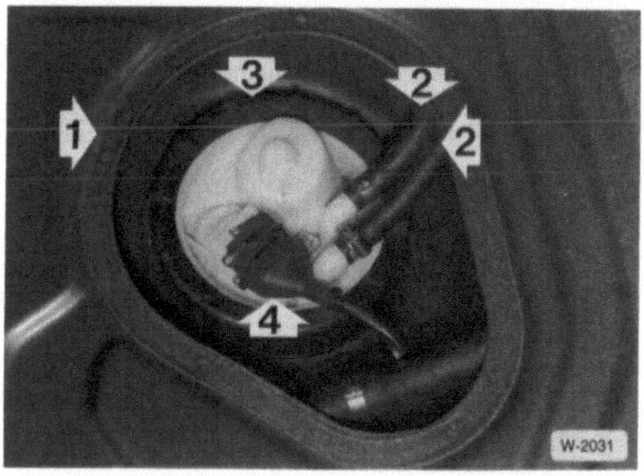

- Kraftstoffschläuche –2– mit Tesaband kennzeichnen und vom Tankgeber –1– abziehen, dazu Schraub- oder Klemmschellen lösen. **Achtung:** Die Kraftstoffanlage steht unter Druck, daher Schlauch langsam abziehen und eventuell hervorspritzenden Kraftstoff mit Lappen auffangen.
- Stecker –4– abziehen. Dazu Metallschieber zur Seite schieben und dadurch Stecker abheben.
- Überwurfmutter –3– linksherum vorsichtig losschlagen. Die Werkstatt verwendet dazu das BMW-Werkzeug 161020. Es geht auch mit einem Hartholzstab oder mit einem großen Schraubendreher.

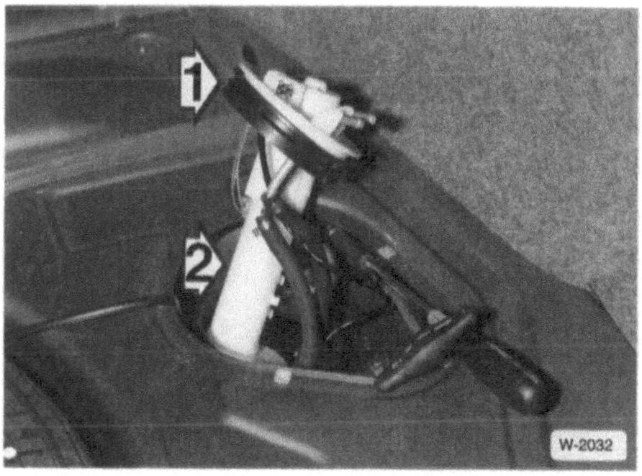

- Tankgeber –1– hochziehen, zur Seite schwenken und herausnehmen. Dabei Lappen unterlegen und eventuell austretenden Kraftstoff auffangen.
- Falls nur der Tankgeber ausgebaut wird, Krafstoffschläuche am Tankgeber mit Tesaband markieren und abziehen.

Prüfen

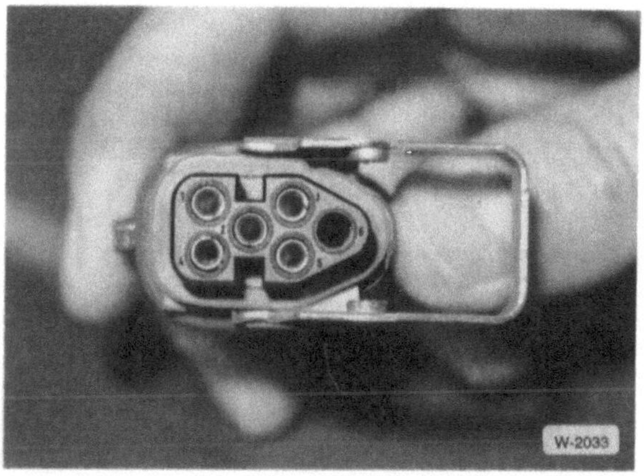

Steckerbelegung Innentankpumpe und Tankgeber: 1 – Masse Tankgeber, 2 – Warnlampe, 3 – Tankgeber, 4 – Masse Kraftstoffpumpe, 5 – Kraftstoffpumpe 1.

- Ohmmeter am Tankgeber an die Klemmen G und 31 anschließen. Die Kontakte entsprechen der Steckerbelegung –1– und –3–.
- Tankgeber in Einbaulage halten, der Schwimmer befindet sich unten, und die Anzeige im Fahrzeug würde »Reserve« anzeigen. Sollwert: 86,7 ± 2,5 Ω.

- Tankgeber um 180° drehen (auf den Kopf stellen), der Schwimmer befindet sich oben, und die Anzeige im Fahrzeug würde »voll« anzeigen. Sollwert: 3,2 ± 0,7 Ω.
- Reserve-Warnkontakt prüfen: Ohmmeter an Klemme W und 31 anschließen und Widerstand messen. Die Kontakte entsprechen der Steckerbelegung –1– und –2–. Sollwert in Einbaulage ca. 0 Ω; um 180° gedreht ∞ Ω.

Einbau

- Falls ausgebaut, Kraftstoffschläuche von der Kraftstoffpumpe an den Tankgeber anschließen.
- Tankgeber mit neuem Dichtring einsetzen. Zuerst Dichtring in die Öffnung des Tankes einsetzen, dann Tankgeber einsetzen.
- Tankgeber so ansetzen, daß die Anschlußstutzen zu den Kraftstoffschläuchen zeigen.
- Überwurfmutter ansetzen und festschrauben.
- Kraftstoffschläuche aufschieben und mit neuen Schlauchschellen sichern.
- Elektrischen Stecker aufschieben und mit Metallbügel sichern.
- Abdeckung ansetzen und festschrauben, dabei auf richtigen Sitz der Dichtung achten.
- Batterie-Masseband und Pluskabel anklemmen.
- Kraftstoffanzeige an der Armaturentafel auf Funktion prüfen.

Kraftstoffpumpe aus- und einbauen

Die Kraftstoffpumpe befindet sich im Tank neben dem Tankgeber. Die Bezeichnungen im Text beziehen sich auf die Abbildung W-2036.

Ausbau

Achtung: Kein offenes Feuer, Brandgefahr!

- Batterie-Massekabel und Pluskabel abklemmen.
- Tankgeber ausbauen. Die Kraftstoffleitungen unten am Tankgeber bleiben angeschlossen.
- Am Halter die beiden Sicherungshaken –22– zusammendrücken und die Kraftstoffpumpe –5– zusammen mit dem Tankgeber –1– herausnehmen.
- Schelle –18– lösen, Kraftstoffsieb –6– abnehmen und reinigen.

Einbau

- Falls eine neue Pumpe eingebaut wird, Pumpenhalterung –21–, Druckdämpfer –14– und Rückschlagventil –11– sowie sämtliche Schläuche und elektrische Leitungen umbauen. Dabei elektrische Leitung etwa in der Mitte des Kraftstoffschlauches mit einem Kabelbinder fixieren.
- Kraftstoffsieb anschrauben.
- Kraftstoffpumpe mit Tankgeber einsetzen und einrasten. Festen Sitz der Sicherungshaken überprüfen.
- Tankgeber einbauen.
- Batterie-Massekabel anklemmen.

Luftfiltergehäuse/Luftmengenmesser aus- und einbauen

520i, 525i

Ausbau

- Schelle –1– lösen, Luftschlauch aus Halterung –Pfeil– am Luftfiltergehäuse aushängen und herausnehmen.
- Halteschlaufen für Kühlmittelschlauch –2– an Luftfiltergehäuse durchschneiden.
- Stecker –3– für Luftmengenmesser abziehen. Bei Modellen ab 5/90 (Motor M50) Stecker zuerst nach links drehen und dann abziehen.

- Schelle –1– öffnen und Luftschlauch abziehen.
- Muttern –2– für Gummilager lockern und Luftfiltergehäuse mit Luftmengenmesser nach oben herausnehmen.

Einbau

- Luftfiltergehäuse in die Gummilager einsetzen und anschrauben.
- Luftschlauch am Gehäuse aufschieben und mit Schelle sichern.
- Kühlmittelschlauch am Luftfiltergehäuse mit Schlauchbindern befestigen.
- Stecker für Luftmengenmesser aufschieben.
- Luftschlauch für Generator einhängen und mit Schlauchschelle sichern.

524td

Ausbau

- Mutter –1– lockern.
- Schelle –2– mit Steckschlüssel SW 7 oder mit Schraubendreher lösen und zurückschieben.
- Luftschlauch –3– vom Luftfilter –4– abziehen.
- Luftfilter oben aus dem Stehbolzen aushängen und nach oben herausnehmen.

Einbau

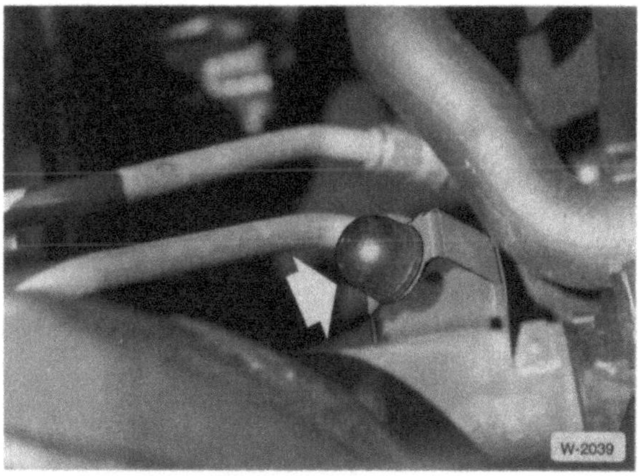

- Luftfilter unten in die 2 Gummilager einsetzen, oben einhängen und Mutter festziehen.
- Luftschlauch aufschieben und mit Schelle sichern.

Die Benzin-Einspritzanlage

Die BMW-Motoren sind mit der Bosch-Motronic ausgerüstet, dabei handelt es sich um eine kombinierte elektronische Zünd- und Einspritzanlage, die auch als Digitale Motor-Elektronik (DME) bezeichnet wird. Die Regelung des Zünd- und Einspritzsystems wird von einem gemeinsamen Steuergerät übernommen. In diesem Kapitel wird hauptsächlich auf den Einspritzteil des Systems eingegangen.

Alle Teile der Einspritzanlage sind langzeitstabil und wartungsarm, Reparaturen sind daher äußerst selten. Ein Großteil der Überprüfungsarbeiten ist nur mit teueren Prüfgeräten und entsprechenden Fachkenntnissen möglich.

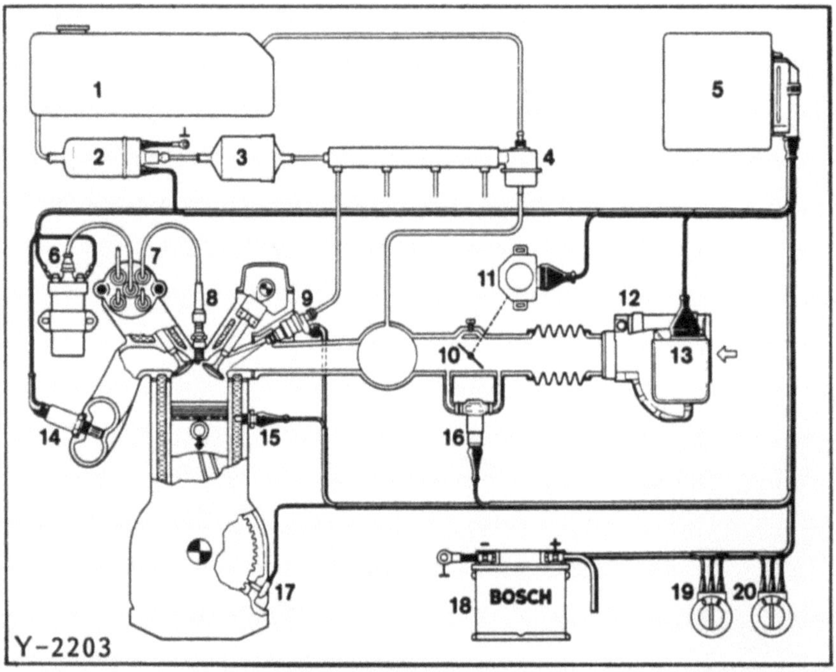

Schemazeichnung der Motronic

1 – Tank
2 – Kraftstoffpumpe
3 – Kraftstoff-Filter
4 – Kraftstoffdruckregler
5 – Elektronisches Steuergerät
6 – Zündspule
7 – Hochspannungs-Zündverteiler
8 – Zündkerze
9 – Einspritzventil
10 – Drosselklappe
11 – Drosselklappenschalter
12 – Luftmengenmesser
13 – Potentiometer und Lufttemperaturfühler
14 – Lambdasonde
15 – Temperaturfühler
16 – Leerlaufsteller
17 – Induktiver Impulsgeber
18 – Batterie
19 – Zünd-Anlaß-Schalter
20 – Klimaschalter

Arbeitsweise der Motronic DME M1.1 und M1.7

Der Kraftstoff wird aus dem Kraftstoffbehälter von der elektrischen Kraftstoffpumpe angesaugt und über den Kraftstoffilter zum Verteilerrohr und dann zu den Einspritzventilen gefördert. Ein Druckregler am Verteilerrohr sorgt dafür, daß der Druck im Kraftstoffsystem gleichbleibend 3,0 bar (520i: 2,5 bar) beträgt. Die Einspritzventile werden elektrisch angesteuert und spritzen den Kraftstoff intermittierend, also stoßweise, in das Ansaugrohr vor die Einlaßventile. Dabei werden die Einspritzventile halbsequentiell angesteuert, das heißt pro Kurbelwellenumdrehung spritzen jeweils 3 Einspritzventile gleichzeitig ein und zwar abwechselnd für die Zylinder 2-4-6 oder 1-3-5 (Motronic M 1.7 im 518i: abwechselnd für die Zylinder 1-3 oder 2-4).

Die Luftmenge wird vom Motor über Luftfilter und Sammelsaugrohr angesaugt und vom Luftmengenmesser gemessen. Im Gehäuse des Luftmengenmessers befindet sich eine Stauklappe, die von der Luftströmung in eine bestimmte Stellung ausgelenkt und gehalten wird. Die Winkelstellung der Stauklappe dient als Maß für die durchströmende Luftmenge. Über ein mit der Stauklappe verbundenes Potentiometer werden entsprechende Signale an das Steuergerät übermittelt.

Das Steuergerät regelt entsprechend der gemessenen Luftmenge und der jeweiligen Motordrehzahl die Einspritzzeit und dadurch die Einspritzmenge. Bei längerer Öffnung des Einspritzventils wird mehr Kraftstoff eingespritzt. Zusätzliche Fühler und Geber sorgen auch in extremen Fahrsituationen für die richtig bemessene Kraftstoffmenge.

- Der Drosselklappenschalter sitzt direkt an der Drosselklappenwelle. Er übermittelt dem Steuergerät die Leerlauf- und die Vollaststellung der Drosselklappe. Dadurch wird insbesondere die Schubabschaltung gesteuert, denn solange der Leerlaufkontakt des Schalters geschlossen ist und gleichzeitig die Drehzahl über einem bestimmten Wert liegt, wird vom Steuergerät die Kraftstoffzufuhr für den Motor gesperrt.
- Das Kraftstoffpumpenrelais befindet sich im Relaiskasten hinter dem rechten Federbeindom. Es versorgt die Kraftstoffpumpe mit Strom. Eine Sicherheitsschaltung unterbricht die Stromzufuhr, sobald keine Drehzahlimpulse mehr erfolgen, zum Beispiel wenn der Motor abgewürgt wurde.
- Der Drehzahl- und Bezugsmarkengeber sitzt an einem Halter auf der rechten Seite des Motorblocks. Er übermittelt die Drehzahlinformation an das Steuergerät der Einspritzanlage.
- Die Lambda-Sonde (Sauerstoffsensor) mißt bei Fahrzeugen mit geregeltem Katalysator den Sauerstoffgehalt im Abgasstrom und schickt entsprechende Spannungssignale an das Steuergerät. Daraufhin verändert das Steuergerät das angesaugte Kraftstoff-/Luftverhältnis, so daß die Abgase im Katalysator optimal nachverbrannt werden.
- Der Leerlaufsteller reguliert die Leerlaufluftmenge unter Umgehung der Drosselklappe. Dadurch wird eine gleichbleibende Leerlaufdrehzahl erreicht, unabhängig davon, ob gerade Zusatzverbraucher, wie etwa Servolenkung oder Kältekompressor, eingeschaltet sind. Angesteuert wird der Leerlaufsteller vom elektronischen Steuergerät der Einspritzanlage.
- Das elektronische Steuergerät befindet sich im Motorraum hinter dem rechten Federbeindom.

Motronic DME M3.1 in den 4-Ventil-Motoren

Die DME M3.1 im 520i, 525i seit 5.90 ist eine Weiterentwicklung der Motronic M1.1. Die Rechenleistung des Steuergerätes ist gesteigert worden. Weitere Änderungen:

- Anstelle des Luft**mengen**messers ist ein Luft**massen**messer eingebaut. Der Luftmassenmesser hat folgende Vorteile: automatischer Ausgleich von Temperatur- und Höheneinflüssen, keine bewegten Bauteile und daher noch geringerer Verschleiß. Funktionsprinzip der Luftmassenmessung: Ein elektrisch erwärmter Hitzdraht wird durch die vorbeistreichende Ansaugluft abgekühlt. Um die Temperatur des Hitzdrahtes konstant zu halten, ändert sich der Heizstrom entsprechend der Dichte/Temperatur der angesaugten Luft. Anhand der Schwankungen des Heizstromes erkennt die Motronic die Masse der angesaugten Luft und regelt dementsprechend die Einspritzmenge.
- Die Zündanlage besitzt keine beweglichen Bauteile mehr und ist daher bis auf die Zündkerzen verschleißfrei, siehe Kapitel »Zündung«. Eine Zündspannungsüberwachung schaltet zudem bei Defekten (zum Beispiel Marderschäden an Zündkabeln) die Zündanlage ab.
- Bei Modellen mit automatischem Getriebe Integrierung der Steuerung von DME und Automatik, dadurch noch bessere Abstimmung sowie weichere Schaltvorgänge.

Achtung: Bei Arbeiten an der Einspritzanlage Sauberkeits- und Sicherheitsregeln beachten, siehe nächste Kapitel.

Sauberkeitsregeln bei Arbeiten an der Einspritzanlage

- Verbindungsstellen und deren Umgebung vor dem Lösen gründlich mit Kraftstoff oder Kaltreiniger reinigen.
- Ausgebaute Teile auf einer sauberen Unterlage ablegen und abdecken. Folien oder Papier verwenden. Keine fasernden Lappen benutzen! Nur saubere Teile einbauen.
- Bei geöffneter Anlage: Möglichst nicht mit Druckluft arbeiten. Das Fahrzeug möglichst nicht bewegen.

Sicherheitshinweise zur Einspritzanlage

- Motor nicht starten ohne fest angeschlossene Batterie.
- Nie bei laufendem Motor die Batterie abklemmen.
- Beim Schnelladen Batterie abklemmen. Zum Starten des Motors **keinen** Schnellader verwenden.
- Bevor die elektronische Einspritzanlage geprüft wird, muß gewährleistet sein, daß die Zündung in Ordnung ist.
- Steuergerät nicht Temperaturen über +80° C aussetzen.
- Mehrfachstecker des Steuergerätes nicht bei eingeschalteter Zündung abziehen oder aufstecken.
- Bei einer Kompressionsdruckprüfung Stromversorgung für Kraftstoffpumpenrelais unterbrechen, dazu Hauptrelais für Einspritzanlage abziehen.
- Die Kraftstoffanlage steht unter Druck. Deshalb vor dem Auswechseln von Teilen Druck im System abbauen. Hierzu Kraftstoffförderleitung vorsichtig lösen und beim Abziehen Lappen um die Leitung legen.
  Der Überdruck baut sich von selbst ab (ohne Lösen der Leitung), wenn der Motor einige Stunden abgestellt ist.

Achtung: Sicherheits- und Sauberkeitsregeln bei Arbeiten an der Kraftstoffversorgung beachten, siehe Seite 86.

Der Fehlerspeicher

Tritt während der Fahrt ein Defekt innerhalb des Zünd- und Kraftstoff-Systems auf, dann wird dieser Fehler im Steuergerät gespeichert. Gleichzeitig schaltet das Steuergerät auf ein Notlaufprogramm um, so daß die Fahrt fortgesetzt werden kann. Bei abgestelltem Motor kann der Fehler mit dem BMW-Service-Tester aus dem Fehlerspeicher abgerufen werden.

Als Fehler angezeigt werden Kurzschlüsse, Unterbrechungen, Bereichsüberschreitungen oder nicht plausible Funktionen. Dabei kann ein Fehler im Bereich eines Bauteiles, den zugehörigen Leitungen oder im Steuergerät liegen. Außerdem können Angaben ausgelesen werden, die Auskunft über die Häufigkeit geben, mit der der Fehler aufgetreten ist.

Achtung: Durch Abklemmen der Batterie oder durch Abziehen des Mehrfachsteckers am Steuergerät werden alle gespeicherten Fehler gelöscht.

Es können bis zu 5 Fehler im Fehlerspeicher abgelegt werden. Falls mehr Fehler auftreten, wird ein bereits gespeicherter Fehler wieder gelöscht.

Fehler	Betroffene Bauteile/Fehlerart/Mögliche Ursache
01	DME-Steuergerät – Programmfehler
03	Kraftstoffpumpen-Relais – Plus-Kurzschluß der Leitung
04	Leerlaufsteller (öffnen) – Unterbrechung/Kurzschluß
05	Ventil für Tankentlüftung – Unterbrechung/Kurzschluß
06	Luftmengenmesser – Unterbrechung/Kurzschluß
10	Lambda-Regelung – stark abweichende Gemischzusammensetzung ■ Falscher Kraftstoffdruck ■ Defekte oder verkokte Einspritzventile ■ Defekter Temperaturfühler Motortemperatur ■ Falschluft im Ansaugtrakt ■ Defektes Tankentlüftungssystem
15	Fehlerlampe – (nur US-Modelle)
16	Einspritzventile 1,3,5 – Unterbrechung/Kurzschluß
17	Einspritzventile 2,4,6 – Unterbrechung/Kurzschluß
22	Leerlaufsteller (schließen) – Unterbrechung/Kurzschluß
28	Lambda-Sonde – Unterbrechung/Kurzschluß
37	Spannungsversorgung Steuergerät – Spannung > 16 Volt oder < 10 Volt ■ Übergangswiderstände an den Leitungsverbindungen ■ Keilriemenspannung mangelhaft ■ Spannungsregler oder Generator defekt
44	Ansaugluft-Temperaturfühler – Unterbrechung/Kurzschluß
45	Kühlmittel-Temperaturfühler (Motortemperatur) – Unterbrechung/Kurzschluß
51	Zündwinkel-Eingriff – nur bei Modellen mit AEGS
52	Leerlaufschalter – Masseschluß Drosselklappenschalter oder Pin 52 Steuergerät
53	Vollastschalter – Masseschluß Drosselklappenschalter oder Pin 53 Steuergerät
60	Kein Motorbetrieb möglich

Leerlaufdrehzahl/CO-Gehalt prüfen

Achtung: Bei der Motronic wird die Leerlaufdrehzahl durch einen elektronisch gesteuerten Leerlaufsteller geregelt. Sie ist ebenso wie der CO-Gehalt bei Katalysatorfahrzeugen nicht einstellbar. Eine Überprüfung im Rahmen der Wartung ist nicht erforderlich.

- Alle elektrischen Verbraucher ausschalten.
- Luftfiltereinsatz prüfen.
- Motor auf Betriebstemperatur bringen, Öltemperatur mindestens +60° C.

Achtung: Meßgeräte nur bei ausgeschalteter Zündung anschließen.

- Drehzahlmesser an Klemme 1 (–) und 15 (+) der Zündspule anschließen.

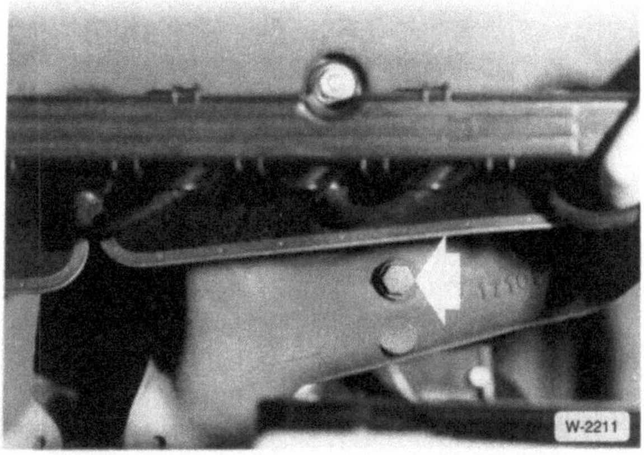

- CO-Prüfgerät am Abgaskrümmer anschließen, dazu die beiden Verschlußschrauben am linken und rechten Krümmer herausdrehen. Die Fachwerkstatt verwendet hierzu die Abgassonden BMW-130090 mit Adapter BMW-130100.

- Steckverbindung für Lambda-Sonde an der Spritzwand trennen, dazu Rändelmutter lösen.
- Motor starten und im Leerlauf drehen lassen.
- Zündzeitpunkt prüfen, siehe Seite 66.

- Leerlaufdrehzahl und CO-Gehalt prüfen, Sollwert siehe Seite 98.
- Falls die Sollwerte nicht erreicht werden, Ansaugtrakt auf Dichtheit prüfen. Dazu Motor starten und im Leerlauf belassen. Sämtliche Dichtstellen des Ansaugtraktes mit einem Pinsel und Benzin bestreichen. Wenn sich die Drehzahl erhöht, saugt der Motor an der gerade bestrichenen Stelle Nebenluft an. In diesem Fall ist die entsprechende Dichtung zu erneuern.

Achtung: Kraftstoff nicht auf glühende Teile oder Zündanlage spritzen, Feuergefahr! Kraftstoffdämpfe nicht einatmen – giftig!

- Falls der CO-Gehalt nicht mit dem Sollwert übereinstimmt, kann das folgende Ursachen haben: Einspritzdüse(n) defekt, Kraftstoffdruck falsch, Temperaturfühler Kühlmittel defekt.
- Bei zu niedrigem CO-Gehalt: Schläuche und Anschlüsse für Leerlaufregelung auf festen Sitz und Dichtheit prüfen.
- Motor abstellen.

Funktion der Lambda-Sonde prüfen

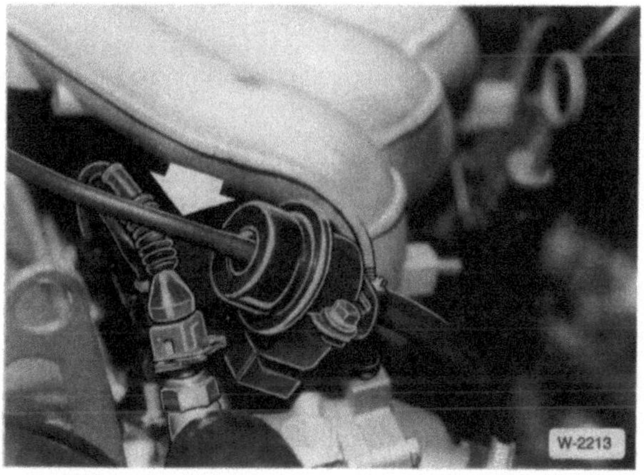

- Unterdruckschlauch vom Kraftstoffdruckregler abklemmen. **Achtung:** Vorher Motor abstellen.
- Motor starten, der CO-Gehalt steigt an.
- Steckverbindung für Lambda-Sonde verbinden. Daraufhin muß der CO-Gehalt auf den Sollwert zurückgehen.
- Motor abstellen.
- Klammer vom Unterdruckschlauch abnehmen.
- Meßgeräte abklemmen.

Gaszug einstellen

Achtung: Der Gaszug ist sehr knickempfindlich und daher beim Einbau besonders sorgfältig zu behandeln. Ein einziger leichter Knick kann zum späteren Bruch im Fahrbetrieb führen. Züge, die geknickt wurden, dürfen deswegen **nicht** eingebaut werden.

- Gaspedal ganz durchdrücken (Vollgasstellung) und in dieser Stellung festklemmen. Dazu geeignetes Brett zwischen Sitz und Pedal klemmen.
- Drosselklappenhebel in Vollgasstellung drücken und Einstellmutter so weit reindrehen, bis der Gaszug gespannt ist.
- Gaspedal lösen.

Gaszug am Drosselklappenhebel aushängen

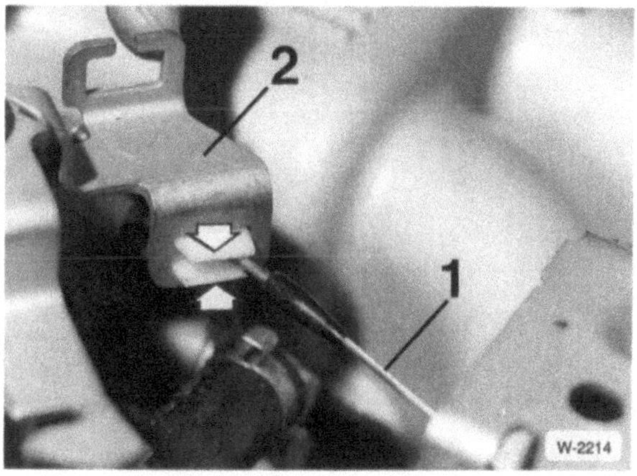

- Am Drosselklappenhebel –2– Gas geben, damit der Gaszugnippel entspannt wird.
- Nippel mit schmalem Schraubendreher aus dem Clip heraushebeln.
- Clip zusammendrücken, aus der Öffnung des Drosselklappenhebels herausziehen und vom Gaszug –1– abnehmen.
- Gaszug durch den Schlitz am Drosselklappenhebel nach unten aushängen.

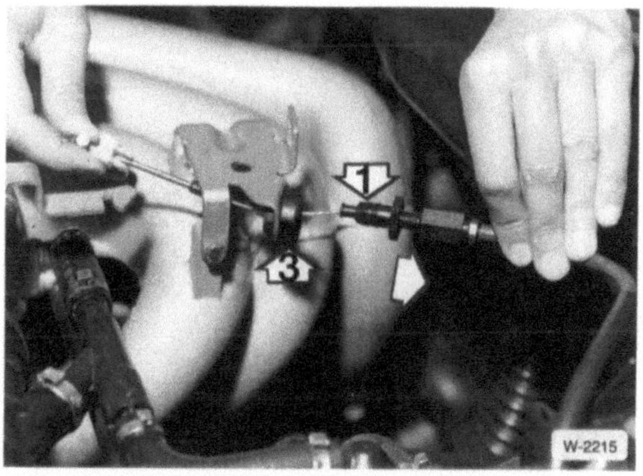

- Zughülle –1– aus der Gummitülle –3– herausziehen.
- Gaszug durch die Gummitülle durchziehen.

Einhängen

- Seilzug durch die Gummitülle des Widerlagers einführen, Seilzughülle in die Gummitülle einschieben.
- Kunststoffclip über den Seilzug schieben.
- Am Drosselklappenhebel etwas Gas geben, Seilzug durch den Schlitz einhängen, Clip einrasten und Nippel in den Clip eindrücken.
- Gaszugeinstellung kontrollieren.

Leerlaufregelventil prüfen/ aus- und einbauen

Achtung: Um zu prüfen, ob das Leerlaufregelventil arbeitet, Hand auf das Ventil legen. Bei laufendem Motor muß das Ventil aufgrund der getakteten Spannungsversorgung vibrieren.

Ausbau

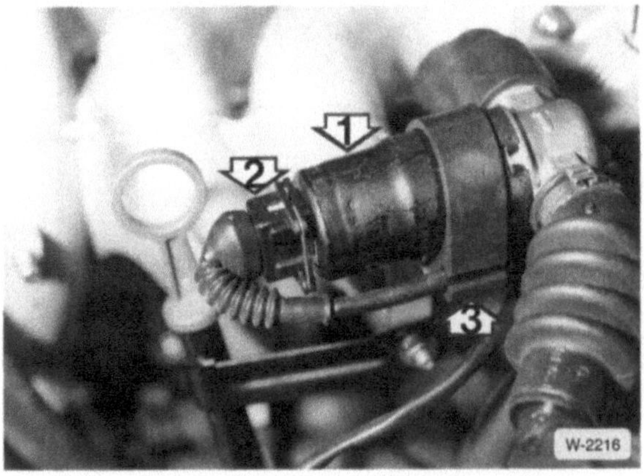

- Stecker –2– vom Leerlaufregelventil –1– abziehen. Abbildung zeigt Motor M20, beim Motor M50 liegt das Ventil unterhalb vom Ansaugkrümmer.
- Elektrische Leitung am Halteband ausclipsen –3–.
- Regelventil von den Schläuchen abziehen und herausnehmen.

Widerstandsprüfung

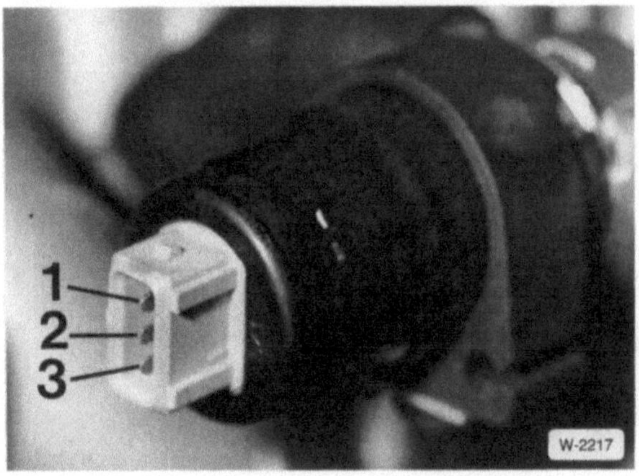

- Ohmmeter an die Steckfahnen des Regelventils anschließen und Widerstand prüfen:
  Klemme 1 und 3: ca. 40 Ω;
  Klemme 2 und 1 oder 2 und 3: ca. 20 Ω.

Dynamische Prüfung

- Versorgungsstecker anschließen.

- Drehkolben des Ventils ganz öffnen oder schließen.
- Zündung einschalten. Der Drehkolben muß nun eine Stellung von ca. 50 % Querschnittsöffnung einnehmen und beibehalten.

Einbau

- Regelventil an die Schläuche anschließen.
- Stecker aufschieben und Kabel am Halter fixieren.

Temperaturfühler prüfen/ aus- und einbauen

Der Temperaturfühler mißt die Motortemperatur und gibt sie an das Steuergerät weiter. Der Fühler beinhaltet ein NTC-Element (NTC = Negativer Temperatur-Coeffizient), das seinen Widerstand bei steigender Temperatur verringert. Bei defektem Fühler nimmt das Steuergerät als Ersatzwert eine Kühlmitteltemperatur von +80° C an. Das entspricht dem betriebswarmen Motor und führt bei niedrigen Außentemperaturen und kaltem Motor zu Startschwierigkeiten und unruhigem Motorlauf.

Temperaturfühler prüfen

- Stecker abziehen.
- Ohmmeter an die Kontakte des Fühlers anschließen.
- Widerstand messen und mit Sollwert vergleichen. Entsprechend der Temperatur sind Zwischenwerte möglich. Sollwerte, siehe Seite 98.
- Falls der Widerstand nicht dem Sollwert entspricht, Fühler ausbauen.

- Temperaturfühler mit Draht in Wasserbad hängen, ohne daß er mit der Gefäßwand in Berührung kommt. Wasser mit Eisstücken abkühlen und anschließend auf der Herdplatte erwärmen. Fühler bei den angegebenen Temperaturen herausnehmen und Widerstand zwischen den Kontaktzungen messen. Gegebenenfalls Temperaturfühler ersetzen.
- Ist der Temperaturfühler in Ordnung, Voltmeter zwischen Stecker des Temperaturfühlers und Masse anschließen.
- Zündung einschalten. Sollwert: ca. 5 Volt. Liegt keine Spannung an, Leitung auf Durchgang prüfen.
- Masseleitung, falls vorhanden, auf Durchgang prüfen.
- Wenn Leitungen und Temperaturfühler in Ordnung sind, liegt ein Defekt im Steuergerät vor.

Ausbau

Achtung: Damit beim Ausbau des Fühlers kein Kühlmittel ausläuft, Kühlmittel vorher zum Teil ablassen und auffangen, siehe Seite 274.

- Stecker abziehen.
- Temperaturfühler –2– für DME herausschrauben. 1 – Temperaturgeber für Kühlmittel-Temperaturanzeige im Schalttafeleinsatz.

Einbau

- Temperaturfühler mit neuem Dichtring einschrauben und mit 12 – 14 Nm (Dieselmotor: 18 ± 1 Nm) anziehen. **Achtung:** Der Fühler darf nicht zu fest angezogen werden.
- Stecker aufschieben. Der blaue Stecker gehört auf den Temperaturfühler, der schwarze Stecker auf den Geber für die Kühlmittel-Temperaturanzeige im Schalttafeleinsatz.

Achtung: Beim Motor M20 Einspritzdüsen-Steckerleiste –3– auf jedes Ventil andrücken beziehungsweise festen Sitz prüfen.

- Kühlmittel auffüllen, siehe Seite 274.
- Kühlsystem entlüften.
- Probefahrt durchführen und Temperaturfühler-Anschluß auf Dichtigkeit überprüfen, gegebenenfalls etwas nachziehen.

Tankentlüftungsventil prüfen/ aus- und einbauen

Motor M20/M30

Das Tankentlüftungsventil regelt die Zufuhr von Kraftstoffdämpfen aus dem Aktivkohlebehälter, die bei laufendem Motor mitverbrannt werden. Der Aktivkohlebehälter befindet sich links vorn im Motorraum. Er nimmt bei stehendem Motor die aus dem Kraftstoffsystem entweichenden Benzindämpfe auf und speichert sie. Sobald der Motor läuft, werden die Kraftstoffdämpfe aus dem Aktivkohlebehälter abgesaugt und im Motor verbrannt.

Ausbau

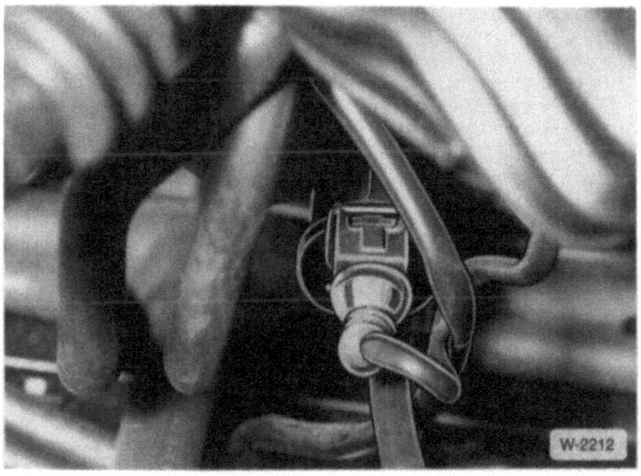

- Stecker vom Ventil abziehen, vorher Sicherungsklammer abhebeln.
- Ventil vom Halter abschrauben.
- Entlüftungsschläuche abziehen und Ventil herausnehmen.

Prüfen

- Am Ausgangsstutzen (8 mm ∅) des Ventils Unterdruckschlauch mit Vakuumpumpe anschließen.
- Mit Hilfskabel 12 Volt am Ventil anlegen, Plus (+) an rot/weißen Anschluß und Minus (–) an braunen Anschluß.
- Mit Vakuumpumpe 600 ± 100 mbar Unterdruck erzeugen.
- Innerhalb von ca. 20 Sekunden darf der Druckabfall nicht mehr als 50 mbar betragen. Andernfalls Entlüftungsventil austauschen.

Einbau

- Schlauchleitungen aufschieben. Festen Sitz und Dichtigkeit überprüfen.
- Ventil anschrauben.
- Stecker aufschieben und mit Klammer sichern.

Technische Daten Benzin-Einspritzanlage (DME)

Modell		520i	525i	530i	535i
Motortyp		M20	M20	M30	M30
Leerlaufdrehzahl	1/min	760 ± 40	760 ± 40	800 ± 50	800 ± 50
Abschaltdrehzahl	1/min	6400 ± 40	6400 ± 40	6400 ± 40	6200 ± 40
CO-Gehalt	Vol.%	0,7 ± 0,5	0,7 ± 0,5	0,7 ± 0,5	0,7 ± 0,5
Widerstandswerte gemessen bei 23° ± 5° C					
Leerlaufsteller (eine Wicklung)		20 ± 2 Ω			
Einspritzventil		15 – 17 Ω			
Einspritzventilgruppe (3 Ventile)		5,5 ± 0,5 Ω			
Impulsgeber für Drehzahl/Position		520 ± 30 Ω			
Impulsgeber für Zylindererkennung		0,2 – 1,0 Ω			
Tankentlüftungsventil		45 ± 20 Ω			
Temperaturfühler Motor bei einer Kühlmitteltemperatur von 20° ± 3°C bei einer Kühlmitteltemperatur von 80° ± 3°C bei einer Kühlmitteltemperatur von –10° ± 3°C		 2,3 – 2,7 kΩ 0,30 – 0,36 kΩ 8,20 – 10,5 kΩ			
Temperaturfühler Ansaugluft bei einer Lufttemperatur von 20° ± 3°C bei einer Lufttemperatur von 50° ± 3°C		 2,5 – 2,7 kΩ 0,76 – 0,91 kΩ			

Störungsdiagnose Benzin-Einspritzanlage

Bevor anhand der Störungsdiagnose der Fehler aufgespürt wird, müssen folgende Prüfvoraussetzungen erfüllt sein: Bedienungsfehler beim Starten ausgeschlossen. Sowohl für den kalten wie warmen Motor gilt: Gaspedal während des Startvorgangs nicht betätigen. Bei heißem Motor: Gaspedal vor dem Starten halb niedertreten und in dieser Stellung halten, bis der Motor anspringt.
Kraftstoff im Tank, Motor mechanisch in Ordnung, Ventilspiel richtig, Batterie geladen, Anlasser dreht mit ausreichender Drehzahl, Zündanlage sind in Ordnung, keine Undichtigkeiten an der Kraftstoffanlage, Verschmutzungen im Kraftstoffsystem ausgeschlossen, Kurbelgehäuse-Entlüftung in Ordnung, elektrische Masseverbindung (Motor-Getriebe-Aufbau) vorhanden. **Achtung:** Wenn Kraftstoffleitungen gelöst werden, müssen diese vorher mit Benzin gesäubert werden.

Störung	Ursache	Abhilfe
Motor springt nicht an	Elektro-Kraftstoffpumpe läuft beim Betätigen des Anlassers nicht an	■ Sicherung Nr. 23 prüfen ■ Prüfen, ob Spannung an der Pumpe anliegt. Elektrische Kontakte auf gute Leitfähigkeit überprüfen
	Kraftstoffpumpenrelais defekt	■ Kraftstoffpumpenrelais überprüfen. Das Relais befindet sich im Relaiskasten und ist beim Motor M20 braun, beim Motor M30 orange
	Einspritzventile verklebt	■ Ventile prüfen, ggf. ersetzen
	Luftmengenmesser defekt	■ Luftmengenmesser überprüfen
Der kalte Motor springt schlecht an, läuft unrund	CO-Gehalt falsch	■ CO-Gehalt und Leerlauf prüfen
	Temperaturfühler defekt	■ Temperaturfühler prüfen
	Kraftstoffdruck zu niedrig	■ Kraftstoffdruck prüfen lassen
Der warme Motor springt schlecht an, läuft unrund	Luftansaugsystem undicht	■ Dichtstellen und Anschlüsse im Ansaugsystem prüfen

Störung	Ursache	Abhilfe
Der Motor setzt aus	Elektrische Verbindungen zur Kraftstoffpumpe zeitweise unterbrochen	■ Steckverbindungen und Anschlüsse von elektrischen Leitungen an der Kraftstoffpumpe, dem Luftmengenmesser und dem Kraftstoffpumpen-Relais auf feste und widerstandslose Verbindung prüfen. Sicherung und Kontaktstellen am Kraftstoffpumpen-Relais prüfen. Kontakte reinigen bzw. erneuern.
	Schlechte Kraftstoffqualität, Dampfblasenbildung	■ Marken-Kraftstoff tanken
	Kraftstoff-Fördermenge zu gering	■ Fördermenge prüfen
	Kraftstoffilter defekt	■ Kraftstoffilter erneuern
	Kraftstoffpumpe defekt	■ Kraftstoffpumpe prüfen
	Einspritzventil defekt	■ Einspritzventile prüfen
	Drosselklappenschalter defekt	■ Drosselklappenschalter prüfen
Der Motor hat Übergangsstörungen	Luftansaugsystem undicht	■ Dichtstellen und Anschlüsse im Ansaugsystem prüfen
	Leerlaufregelung fehlerhaft	■ Drehzahlregelung, Lambda-Regelung prüfen
	Vollastschalter defekt oder falsch eingestellt	■ Drosselklappenschalter prüfen
Der heiße Motor springt nicht an	CO-Gehalt falsch	■ CO-Gehalt und Leerlauf prüfen
	Druck im Kraftstoffsystem zu hoch	■ Kraftstoffdruck prüfen lassen, ggf. Druckregler ersetzen
	Rücklaufleitung zwischen Druckregler und Tank verstopft, geknickt	■ Leitung reinigen oder ersetzen
	Motortemperaturfühler defekt	■ Temperaturfühler prüfen
	Einspritzventile undicht	■ Ventile ausbauen, Leitungen angeschlossen lassen, Hauptrelais (M20: weiß, M30: rot) abziehen, Starter kurz betätigen, innerhalb der nächsten Minute dürfen nicht mehr als 2 Tropfen Kraftstoff pro Ventil austreten
	Luftmengenmesser defekt	■ Luftmengenmesser prüfen
	Kraftstoffsystem undicht	■ Sichtprüfung an allen Verbindungsstellen im Bereich des Motors und der elektrischen Kraftstoffpumpe. Alle Anschlüsse nachziehen
	Luftansaugsystem undicht	■ Dichtstellen und Anschlüsse im Ansaugsystem prüfen

Die Diesel-Einspritzanlage

Das Diesel-Prinzip

Beim Dieselmotor wird reine Luft in die Zylinder angesaugt und dort sehr hoch verdichtet. Dadurch steigt die Temperatur in den Zylindern über die Zündtemperatur des Dieselöls an. Wenn der Kolben kurz vor dem Oberen Totpunkt (OT) steht, wird in die hochverdichtete und etwa +600° C heiße Luft Dieselöl eingespritzt. Das Dieselöl zündet von selbst, Zündkerzen sind also nicht erforderlich.

Bei sehr kaltem Motor kann es vorkommen, daß durch die Verdichtung die Zündtemperatur nicht erreicht wird. In diesem Fall muß vorgeglüht werden. Dazu befindet sich in jeder Wirbelkammer eine Glühkerze, die den Brennraum aufheizt. Damit der kalte Motor besser anspringt, wird der Spritzbeginn der Einspritzpumpe in Richtung früh verstellt. Dadurch wird der Kraftstoff früher in die heiße Luft eingespritzt. Sobald der Motor seine Betriebstemperatur erreicht hat, wird der Spritzbeginn automatisch zurückgestellt. Dabei übernimmt die Regelung des Spritzbeginns das DDE-Steuergerät (DDE = Digitale Diesel-Elektronik) ebenso wie die Steuerung der Einspritzmenge und des Ladedrucks für den Abgasturbolader.

Der Kraftstoff wird von der Kraftstoff-Förderpumpe und der Verteiler-Einspritzpumpe aus dem Kraftstoff-Vorratsbehälter angesaugt. In der Einspritzpumpe wird der für die Diesel-Einspritzung erforderliche hohe Druck von ca. 160 bar aufgebaut und der Kraftstoff entsprechend der Zündfolge auf die einzelnen Zylinder verteilt. Die eingespritzte Kraftstoffmenge wird vom DDE-Steuergerät bestimmt, entsprechend der Betätigung des Gaspedals, dessen Stellung über ein Potentiometer erfaßt wird. Über die Einspritzventile wird der Diesel-Kraftstoff jeweils zum richtigen Zeitpunkt in die Vorkammer des betreffenden Zylinders eingespritzt. Durch die Form der Vor- oder Wirbelkammer erhält die angesaugte Luft beim Verdichtungshub eine bestimmte Wirbelbewegung, so daß sich der eingespritzte Kraftstoff optimal mit Luft vermischt.

Bevor der Kraftstoff in die Einspritzpumpe gelangt, durchfließt er den Kraftstoffilter. Dort werden Verunreinigungen und Wasser zurückgehalten. Es ist deshalb äußerst wichtig, den Kraftstoffilter entsprechend der Wartungsvorschrift auszuwechseln beziehungsweise zu entwässern.

Die Einspritzpumpe ist wartungsfrei. Alle beweglichen Teile der Pumpe werden mit Dieselöl geschmiert. Angetrieben wird die Einspritzpumpe durch den Zahnriemen, der auch die Nockenwelle antreibt.

Da der Dieselmotor als Selbstzünder nicht durch Spannungsunterbrechung der Zündanlage abgeschaltet werden kann, besitzt er ein Magnetventil zur Abschaltung des Kraftstoffflußes. Durch Ausschalten der Zündung wird die Spannungsversorgung für das Magnetventil unterbrochen, und das Ventil verschließt den Kraftstoffkanal. Dadurch ist sichergestellt, daß die Kraftstoffzufuhr vor Einrasten des Lenkschlosses gesperrt ist. Das Magnetventil wird beim Starten des Motors über den Zünd-Anlaßschalter mit Spannung versorgt und öffnet daraufhin den Kraftstoffkanal.

Die Einspritzpumpe

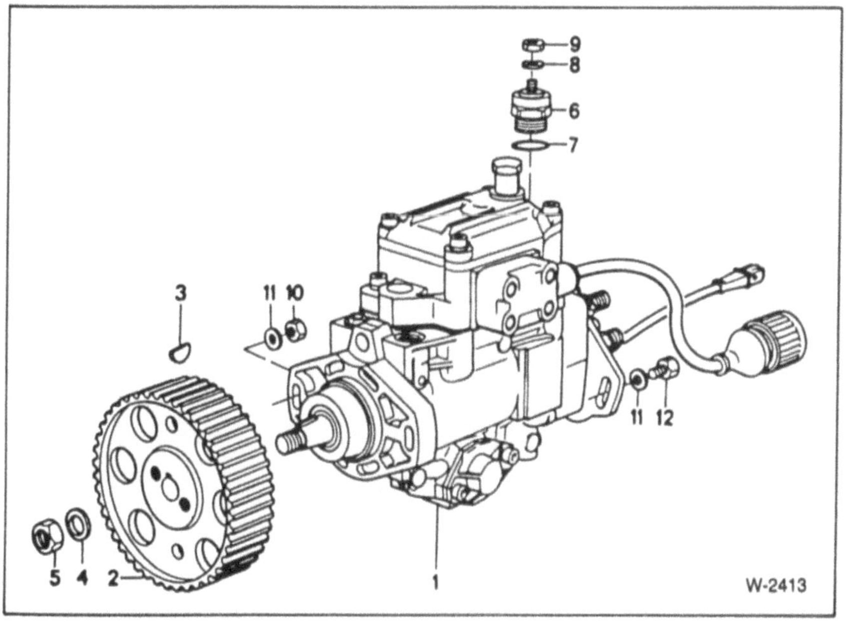

1 – **Einspritzpumpe**
2 – **Zahnriemenrad**
3 – **Scheibenfeder**
4 – **Unterlegscheibe**
5 – **Sechskantmutter M 12**
6 – **Elektromagnetischer Absteller**
7 – **O-Ring**
8 – **Federscheibe**
9 – **Sechskantmutter**
10 – **Vordere Befestigungsmutter** M 8 (2 Stück)
11 – **Unterlegscheibe**
12 – **Hintere Befestigungsschraube** M 8 (2 Stück)

Glühkerzen prüfen

Prüfvoraussetzung: Motor kalt (Umgebungstemperatur). Batterie voll geladen, Batteriespannung mindestens 11,5 Volt.

- Streifensicherung 80 Ampere im Relaiskasten prüfen.
- Anschlußkabel für Glühkerzen abschrauben.

- Spannungsprüfer an den Pluspol der Batterie anklemmen und nacheinander an jede Glühkerze anlegen.
- Leuchtdiode leuchtet auf: Glühkerze in Ordnung.
- Leuchtdiode leuchtet nicht auf: Glühkerze defekt, austauschen; Anzugsdrehmoment: **25 + 5 Nm**; Glühkerze 4": **20 + 1 Nm. Achtung:** Das Anzugsdrehmoment darf **nicht** überschritten werden, da sonst der Ringspalt zwischen Glühstab und Gewindeteil zugezogen wird und die Glühkerze vorzeitig ausfällt. Bei verbrannten Glühstiften Hinweise beachten.
- Anschlußkabel an Glühkerze ganz leicht mit 5 Nm anschrauben.

Relais für Glühkerzen prüfen

- Glühzeitrelais abziehen. Das Glühzeitrelais befindet sich im Relaiskasten rechts hinten im Motorraum unter dem Hauptrelais und dem Kraftstoff-Filterheizungsrelais.
- Spannungsprüfer an Klemme 30 (+) und Masse (–) anschließen. Leuchtdiode im Spannungsprüfer muß aufleuchten, andernfalls Spannungsführung von der Batterie prüfen.
- Spannungsprüfer an Klemme 15 und Masse anschließen. Zündung einschalten. Leuchtdiode im Spannungsprüfer muß aufleuchten, andernfalls Spannungsführung vom Zündschloß prüfen.
- Wenn die Leuchtdiode im Spannungsprüfer leuchtet, Zuleitung zu den Glühkerzen auf Unterbrechung prüfen, gegebenenfalls ersetzen. Andernfalls Glühzeitrelais ersetzen.

Glühkerzen mit verbrannten Glühstiften

Verbrannte Glühstifte von Glühkerzen sind häufig Folgeschäden von Düsenstörungen. Derartige Schäden sind nicht auf Mängel in oder an der Glühkerze zurückzuführen.

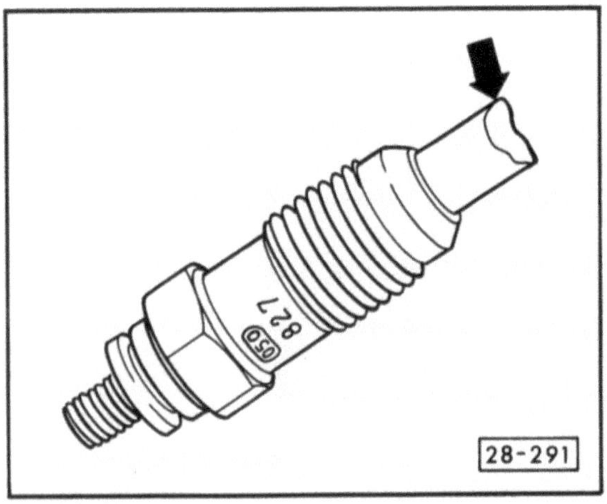

Werden im Beanstandungsfall derartige Glühkerzen gefunden –Pfeil–, genügt es nicht, diese nur zu ersetzen. Es muß eine Überprüfung der Einspritzdüsen auf Strahl, Schnarren, Druck und Dichtigkeit erfolgen (Werkstattarbeit).

Dabei ist besonders darauf zu achten, daß das Strahlbild bei kurzen, schnellen Hüben (4–6 Hübe/Sekunde) geschlossen und gut zerstäubt ist.

Fehlercodes Dieselanlage

Das DDE-Steuergerät besitzt einen Fehlerspeicher, worin Fehler des Kraftstoffsystems gespeichert werden. Die Vorglühanlage wird von der Eigendiagnose nicht erfaßt. Funktion des Fehlerspeichers, siehe Seite 94.

Fehlercodes 524td:

Fehler	Betroffene Bauteile/Fehlerart/Mögliche Ursache
01	Drehzahlgeber – Unterbrechung/Kurzschluß, Geber lose, Abstand zu groß
02	Temperaturfühler-Kraftstoff – Unterbrechung/Kurzschluß
03	Temperturfühler-Kühlmittel – Unterbrechung/Kurzschluß
04	Pedalwertgeber – Unterbrechung/Kurzschluß
05	Ladedruckfühler – Unterbrechung/Kurzschluß
06	Stellwerkpotentiometer – Unterbrechung/Kurzschluß
08	Mengensteller – Unterbrechung/Kurzschluß
10	Geschwindigkeitsregelung-Bedienteil – Unterbrechung/Kurzschluß
11	Rechnerkopplung – Unterbrechung/Kurzschluß zwischen „Einspritzbeginn"- und „Einspritzmengen"-Steuergerät
12	Temperaturfühler Luft – Unterbrechung/Kurzschluß
13	Datenleitung-Drehzahl – Unterbrechung/Kurzschluß an der Verbindungsleitung der Steuergeräte Pin 8
14	Spritzbeginngeber (in der Einspritzdüse für Zylinder 4) – Unterbrechung/Kurzschluß
16	Magnetventil-Spritzversteller – Unterbrechung/Kurzschluß

Kraftstoffanlage entlüften

Falls der Tank einmal ganz leer gefahren oder wenn Teile der Kraftstoffanlage ausgetauscht wurden, muß die Anlage in der Regel nicht entlüftet werden, da sich diese während des Anlassens automatisch entlüftet.

Um bei Startschwierigkeiten zu prüfen, ob Kraftstoff zu den Einspritzventilen gefördert wird, an zwei Einspritzventilen die Überwurfmuttern lösen und den Motor ohne vorzuglühen starten, bis Kraftstoff an den Überwurfmuttern austritt. Überwurfmuttern mit **20 Nm** festziehen und Motor vorschriftsmäßig starten.

Achtung: Wenn sich die Kraftstoffanlage nicht automatisch entlüftet, dann ist folgendermaßen vorzugehen:

- Bei Arbeiten an der Einspritzanlage Sauberkeitshinweise beachten, siehe Seite 86.
- Darauf achten, daß kein Dieselkraftstoff auf die Kühlmittelschläuche läuft. Gegebenenfalls müssen die Schläuche sofort wieder gereinigt werden. Angegriffene Schläuche sind zu ersetzen.

524td

- Einspritzpumpe mit Dieselkraftstoff anfüllen.
- Kraftstoff-Filter mit Diesel anfüllen.
- Entlüfterschraube –4– am Filterflansch lösen, siehe Abbildung W-2412 auf Seite 106.
- Motor mit Anlasser durchdrehen, bis Kraftstoff austritt. Anschließend Schraube mit 15 Nm festziehen. Bei Undichtigkeiten bis 20 Nm nachziehen.

- Alle Überwurfmuttern an den Einspritzleitungen lösen. Motor mit Anlasser durchdrehen, bis Kraftstoff austritt. Anschließend Muttern mit 20 Nm festziehen. Bei Undichtigkeiten bis 25 Nm nachziehen.

525td/tds

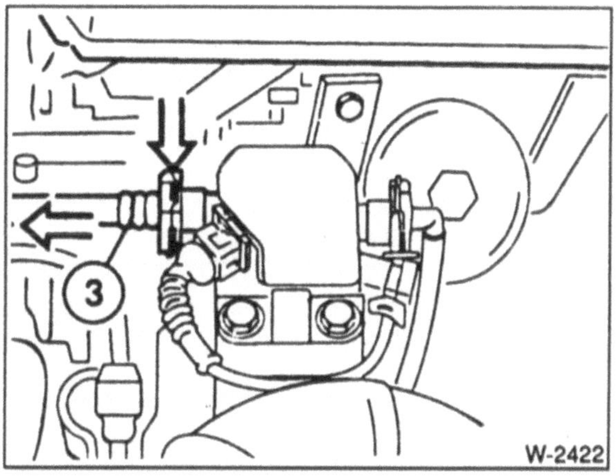

- Kraftstoffleitung –3– zur Einspritzpumpe am Kraftstoffilter abziehen, dabei Klammer drücken. Auslaufenden Kraftstoff auffangen und umweltgerecht entsorgen.
- Passenden Schlauch in das Anschlußgewinde einsetzen und in ein Gefäß führen.
- Kraftstoffpumpenrelais abziehen und Klemmen am Relaissockel überbrücken, damit die Pumpe Kraftstoff fördert, siehe Seite 86.
- Tritt Kraftstoff am Anschluß aus, Überbrückungskabel abnehmen und Relais einsetzen.
- Kraftstoffleitung wieder anbringen, vorher Dichtungen mit säurefreiem Fett bestreichen. Beschädigte Dichtungen erneuern. Klammer einrasten lassen.

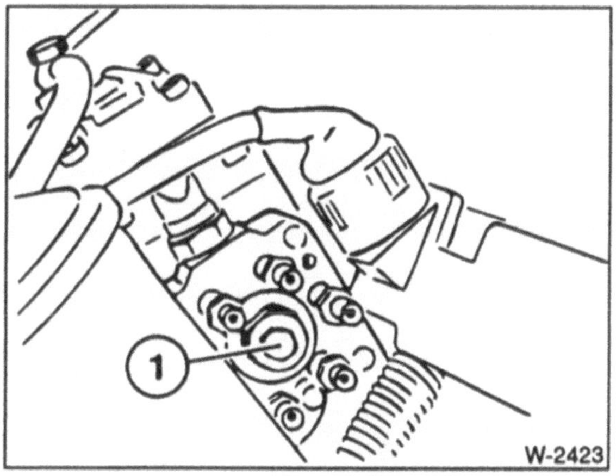

- Verschlußschraube –1– an der Einspritzpumpe zwei Umdrehungen lösen.
- Motor mit Anlasser durchdrehen, bis Kraftstoff an der Verschlußschraube austritt. Auslaufenden Kraftstoff auffangen.
- Verschlußschraube mit **25 Nm** festziehen.

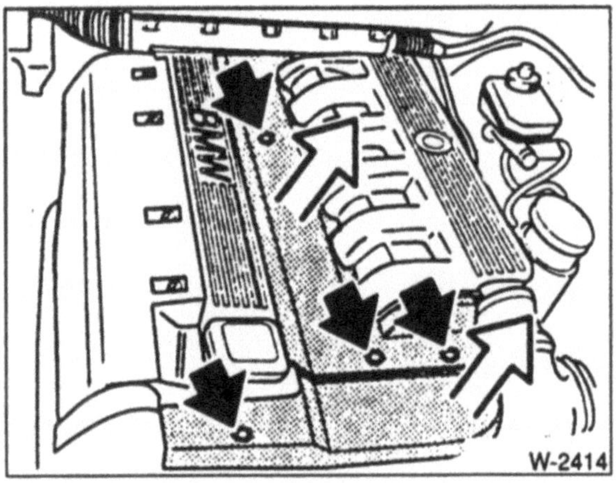

- Abdeckungen am Ansaugkrümmer entfernen, dazu Schrauben lösen.

- Alle Überwurfmuttern an den Einspritzdüsen mit Sonderwerkzeug, zum Beispiel Hazet 4550, an den Einspritzleitungen lösen. Motor mit Anlasser durchdrehen, bis Kraftstoff austritt. Anschließend Muttern mit **20 Nm** festziehen. Bei Undichtigkeiten bis **25 Nm** nachziehen. Dadurch ist eine schnelle Entlüftung sichergestellt.
- Ausgelaufenen Kraftstoff im Motorraum sorgfältig entfernen.
- Motorabdeckungen wieder anbringen.

Elektrischen Absteller prüfen/ aus- und einbauen

Der elektrische Absteller befindet sich an der Einspritzpumpe oberhalb der Kraftstoffanschlüsse. Sobald der Zündschlüssel in Stellung »Fahrt« gedreht wird, erhält der Absteller vom DDE-Steuergerät Spannung und öffnet den Kraftstoffkanal. In stromlosem Zustand ist der Kolben des Abstellers durch den Druck der eingebauten Feder ausgefahren und verschließt den Kraftstoffkanal. Der Absteller ist zu prüfen, wenn der Motor nicht anspringt.

Prüfen

- Zündung einschalten. Absteller muß klicken.

- Andernfalls elektrische Leitung abschrauben. Mit Hilfskabel Batterie-Plus an Absteller anlegen.

- **524td:** Wenn das Magnetventil jetzt anzieht, elektrische Leitungen gemäß Stromlaufplan prüfen, Spannungsversorgung des DDE-Steuergerätes und Hauptrelais –1– (rot) prüfen. Zusätzlich abgebildete Teile: 2 – Relais für Kraftstoffilterheizung (orange), 3 – Relais für Kraftstoffförderpumpe (braun).

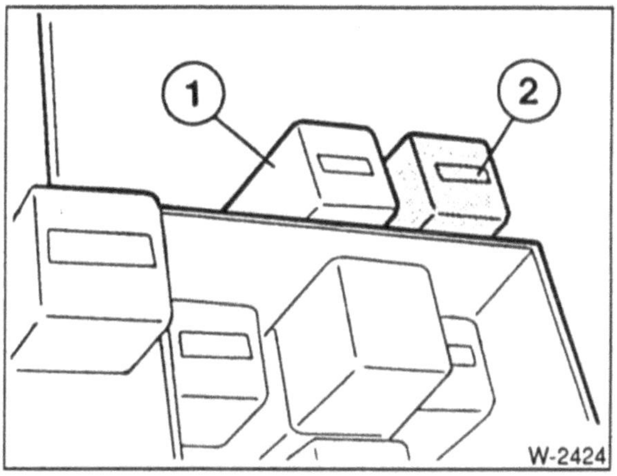

W-2424

- **525td/tds:** Wenn das Magnetventil jetzt anzieht, elektrische Leitungen gemäß Stromlaufplan prüfen, Spannungsversorgung des DDE-Hauptrelais –1– (weiß) und Kraftstoffpumpenrelais –2– (orange, am Relaiskasten) prüfen.
- Zieht das Ventil nicht an, Absteller ersetzen.

Ausbau

- Elektrische Leitung abschrauben.
- Absteller mit Maulschlüssel SW 24 herausschrauben.

Achtung: Darauf achten, daß Kolben und Feder nicht herausfallen. In stromlosem Zustand ist der Kolben durch den Druck der Feder ausgefahren.

Einbau

- Absteller mit neuem O-Ring einsetzen und mit 20 ± 5 Nm festziehen.

Einspritzdüsen aus- und einbauen

Defekte Einspritzdüsen können zu starkem Klopfen des Motors führen und Lagerschäden vermuten lassen. Bei derartigen Beanstandungen Motor im Leerlauf laufen lassen und Einspritzleitungs-Überwurfmuttern der Reihe nach lösen. Verschwindet das Klopfen nach dem Lösen einer Überwurfmutter, so zeigt dies eine defekte Düse an.

Defekte Düsen macht man auch ausfindig, indem man der Reihe nach die Einspritzleitungs-Überwurfmuttern löst, während der Motor in schnellerem Leerlauf dreht. Bleibt die Motordrehzahl nach Lösen einer Überwurfmutter konstant, zeigt dies eine defekte Düse an. Geprüft werden kann die Einspritzdüse mit Hilfe eines Manometers (Werkstattarbeit).

Die ersten Anzeichen von Düsenstörungen treten wie folgt auf:

- Fehlzündungen
- Klopfen in einem oder mehreren Zylindern
- Motor überhitzt
- Leistungsabfall des Motors
- Übermäßig starker schwarzer Auspuffqualm
- Hoher Kraftstoffverbrauch

Ausbau

- Einspritzleitungen mit Kaltreiniger reinigen.
- Einspritzleitungen komplett ausbauen, dazu Überwurfmuttern mit offenem Ringschlüssel, zum Beispiel HAZET 4550, lösen. **Achtung:** Biegeform nicht verändern.
- Einspritzdüsen mit Steckschlüsseleinsatz SW 27, zum Beispiel HAZET 4555, ausbauen.

Einbau

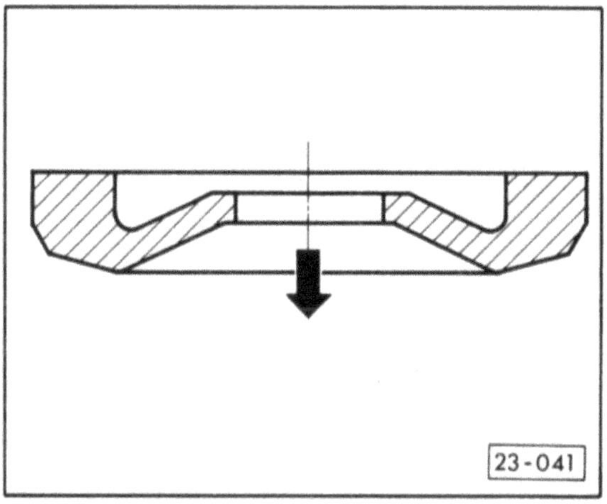

23-041

- Grundsätzlich **neue** Wärmeschutzdichtungen zwischen Zylinderkopf und Einspritzventil verwenden. Die Vertiefung muß nach oben zeigen, Pfeil zeigt zum Zylinderkopf.
- Einspritzdüsen mit **40 + 5 Nm** festziehen.
- Einspritzleitungen mit **20 + 5 Nm** festziehen.

Die Kraftstoffilter-Vorwärmanlage

Damit der Kraftstoff bei niedrigen Außentemperaturen fließfähig bleibt, wird er vorgewärmt. Das geschieht durch eine elektrische Kraftstoffilterheizung. Dadurch wird das Versulzen des Dieselkraftstoffes auch bei extremem Frost verhindert. Die Heizung schaltet sich bei tiefen Temperaturen automatisch nach dem Starten ein.

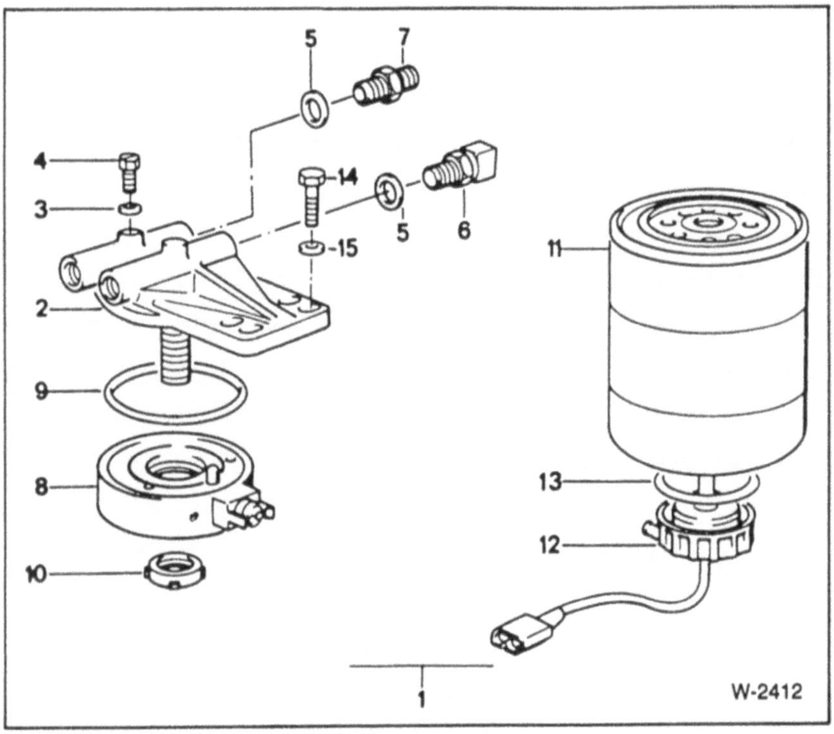

1 – **Kraftstoffilter**
2 – **Filteroberteil**
3 – **Kupferdichtring**
4 – **Entlüfterschraube**
5 – **Kupferdichtring**
6 – **Temperaturschalter 18 ± 1 Nm**
7 – **Schraubstutzen M16x1,5**
8 – **Kraftstoffheizung**
9 – **Dichtring**
10 – **Mutter**
11 – **Filterpatrone**
12 – **Verschlußschraube**
13 – **Dichtring**
14 – **Sechskantschraube**
15 – **Unterlegscheibe**

Förderbeginn der Einspritzpumpe überprüfen

Zur Prüfung wird eine Meßuhr mit entsprechendem Adapter zum Einschrauben in die Pumpe benötigt. Der Motor muß bei der Prüfung kalt sein (Raumtemperatur).

- Batterie-Massekabel (–) von der Batterie abklemmen. **Achtung:** Dadurch werden die elektronischen Speicher gelöscht, wie zum Beispiel der Motorfehlerspeicher oder Radiocode. Vor dem Abklemmen der Batterie sollten auch die Hinweise im Kapitel »Batterie aus- und einbauen« durchgelesen werden.
- Fahrzeug vorn aufbocken.

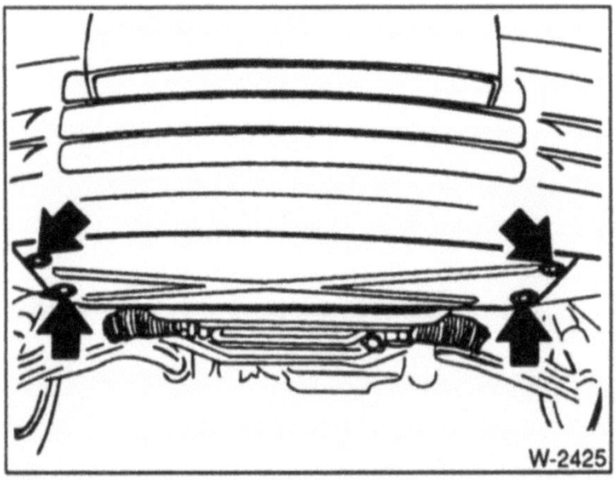

- Motor-Unterschutz und Lüfterzarge abschrauben.

- Zentrale Verschlußschraube am Einspritzpumpendeckel herausschrauben.
- Adapter (BMW-135330) und kleine Meßuhr (Meßbereich von 0–3,0 mm) mit Kupferdichtring anstelle der Verschlußschraube einschrauben und etwas vorspannen.
- Kurbelwelle im Uhrzeigersinn in Richtung OT Zylinder 1 drehen, bis der Zeiger der Meßuhr am tiefsten Punkt für einige Zeit stehen bleibt. Drehbeginn muß mindestens 60° – 90° vor OT sein. Der Kolben des 1. Zylinders steht dann im Oberen Totpunkt (OT), wenn die beiden Nocken des 1. Zylinders an der Steuerkettenseite nach oben zeigen. Zur Kontrolle Öleinfülldeckel abnehmen und Nocken beobachten.

- Zum Drehen des Motors 4. Gang einlegen, Handbremse lösen und Fahrzeug verschieben. Oder Handbremse anziehen, Getriebe in Leerlaufstellung bringen und Kurbelwellen-Riemenscheibe mit Stecknuß an der Zentralschraube drehen.
- Meßuhr am Einstellring auf »0« stellen.

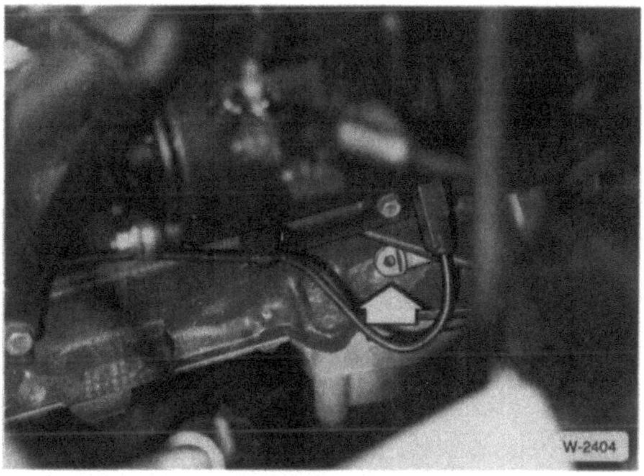

- Stopfen am Motorblock herausziehen.
- Kurbelwelle im Uhrzeigersinn drehen, bis ein geeigneter Absteckdorn (BMW-112300) durch die Öffnung im Motorblock bei OT in die Bohrung im Schwungrad einrastet.

Achtung: Nicht entgegen der Motordrehrichtung (gegen Uhrzeigersinn) drehen. Das führt zu einem falschen Meßergebnis.

- **524td:** Jetzt muß die Meßuhr **1,05 ± 0,02 mm Hub** anzeigen.
- **525td/tds:** Die Meßuhr muß **0,95 ± 0,02 mm Hub** anzeigen.
- Wird der Sollwert nicht erreicht, Einstellung der Pumpe korrigieren.

- Hintere Schrauben –3– links und rechts lösen.

- Muttern –1– und –2– lösen. **Achtung:** Muttern nicht zu stark lockern, um eine Verspannung durch den Zahnriemen zu vermeiden.
- Einspritzpumpe verdrehen, bis die Meßuhr den Sollwert anzeigt.
- Muttern und Schrauben in der Reihenfolge von 1 bis 4 mit **25 Nm** festziehen.
- Einstellung nochmals überprüfen. Dazu Kurbelwelle zunächst um ca. 90° zurückdrehen.
- Meßuhr entfernen.
- Zentrale Verschlußschraube mit **neuem** Kupferdichtring und **15 Nm** festschrauben.

Achtung: Absteckdorn am Schwungrad wieder entfernen, Stopfen einsetzen.

- Batterie anklemmen.
- Motor starten, gegebenenfalls Einspritzanlage entlüften.
- Nach Probefahrt Dichtheit der zentralen Verschlußschraube prüfen, gegebenenfalls bis maximal 20 Nm nachziehen.

Technische Daten Diesel-Vorglüh- und Kraftstoffanlage

Maximale Glühzeit bei einer Kühlmitteltemperatur unter 60°C: über 60°C:	4 s 0 s
Sicherheitsabschaltung Vorglühen:	8 (+5) s
Glühkerze Widerstand bei 20° C:	0,4 bis 0,6 Ω
Kühlmittel-Temperaturgeber für Glühzeitsteuerung Widerstand zwischen G1 und Masse bei 60°C: 90°C: G2 und Masse bei 20°C: 60°C: 90°C:	 134 ± 13,5 Ω 51,2 ± 4,3 Ω 1134 ± 125 Ω 272 ± 27 Ω 114 ± 11 Ω
Temperaturschalter Kaltstarteinrichtung Ausschaltpunkt: Einschaltpunkt:	17 ± 2 °C 11 – 14 °C
Temperaturschalter Kraftstoffvorwärmung Einschaltpunkt bei fallender Temperatur: Ausschaltpunkt bei steigender Temperatur:	 5,5 ± 2,5 °C −0,5 ± 2,5 °C
Leerlaufdrehzahl bei betriebswarmem Motor, Öltemperatur 60°C: bei eingeschalteter Klimaanlage: Höchstdrehzahl:	750 ± 50/min 860 ± 50/min 5300 ± 100/min
Absteller Einschaltspannung: Widerstand bei 20° C:	mindestens 10 Volt 7,5 ± 1 Ω
Einspritzdüse Öffnungsdruck: Einstellwert:	140 – 160 bar 150 – 158 bar
Kraftstoffleitungen Betriebsdruck:	0,4 bar

Störungsdiagnose Diesel-Einspritzanlage

Bevor anhand der Störungsdiagnose der Fehler aufgespürt wird, müssen folgende Prüfvoraussetzungen erfüllt sein: Bedienungsfehler beim Starten ausgeschlossen. Kraftstoff im Tank, Motor mechanisch in Ordnung, Batterie geladen, Anlasser dreht mit ausreichender Drehzahl. **Achtung:** Wenn Kraftstoffleitungen gelöst werden, müssen diese vorher mit Kaltreiniger gesäubert werden.

Störung	Ursache	Abhilfe
Motor springt nicht an Motor springt schlecht an	1. Motor glüht nicht vor	■ Vorglühanlage prüfen
	2. Elektromagnetischer Absteller erhält keine Spannung	■ Spannungsprüfer an Absteller anschließen, Zündung einschalten. Leuchtdiode muß leuchten, sonst Leitungsunterbrechung ermitteln und beseitigen
	3. Elektromagnetischer Absteller lose, defekt	■ Absteller auf festen Sitz und Massekontakt prüfen. Zündung abwechselnd ein- und ausschalten, dabei muß der Absteller klicken
	4. Kraftstoffversorgung defekt.	■ Prüfen, ob Kraftstoff gefördert wird
	a) Kraftstoffleitungen geknickt, verstopft, undicht, porös	■ Kraftstoffleitungen reinigen
	b) Kraftstoffilter verstopft	■ Kraftstoffilter ersetzen
	c) Tankbelüftung verschlossen. Kraftstoffsieb im Tank verschmutzt.	■ Reinigen
	5. Förderbeginn verstellt	■ Förderbeginn prüfen, einstellen
	6. Einspritzdüsen defekt	■ Einspritzdüsen prüfen, Überwurfmuttern nacheinander lösen und prüfen, ob die Zylinder arbeiten
	7. Einspritzpumpe defekt	■ Versuchsweise neue Pumpe einbauen
Motor ruckelt im Leerlauf, beim Anfahren	1. Kraftstoffschläuche an der Kraftstoffpumpe bzw. am Kraftstoffilter lose	■ Kraftstoffschläuche ersetzen, mit Schlauchschellen befestigen, Hohlschrauben festziehen
	2. Wie unter 1.4–7	■ Wie unter 1.4–7
Kraftstoffverbrauch zu hoch	1. Luftfilter verschmutzt	■ Filtereinsatz ersetzen
	2. Kraftstoffanlage undicht	■ Sichtprüfung an allen Kraftstoffleitungen (Saug- Rücklauf- und Einspritzleitungen), Kraftstoffilter und Einspritzpumpe durchführen
	3. Rücklaufleitung verstopft	■ Rücklaufleitung von Einspritzpumpe zum Kraftstoffbehälter mit Luft durchblasen. Überströmdrossel in der Hohlschraube der Rücklaufleitung ersetzen
	4. Wie unter 1.5–7	■ Wie unter 1.5-7
Gelbe und grüne Kontrolllampen leuchten nicht auf	1. Streifensicherung (80 A) defekt	■ Sicherung am Glühzeitsteuergerät prüfen, ggf. ersetzen
	2. Glühlampen im Schalttafeleinsatz defekt	■ Lampen ersetzen
Grüne Kontrollampe leuchtet nicht, kalter Motor springt schlecht an	Eine oder mehrere Glühkerzen defekt	■ Glühkerzen prüfen ggf. ersetzen
Gelbe Kontrollampe blinkt	Glühkerzen bzw. Steuergerät defekt	■ Glühkerzen prüfen ggf. ersetzen Steuergerät prüfen lassen

Die Abgasanlage

524td

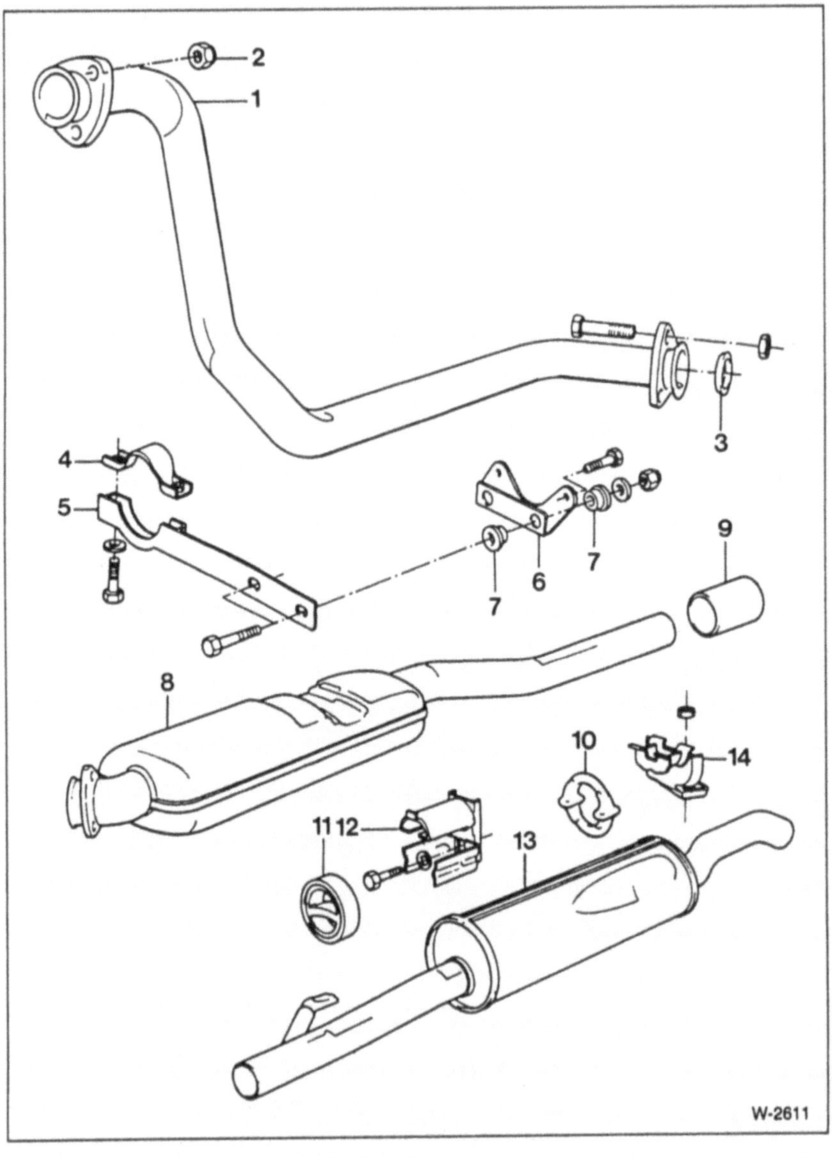

1 – **Vorderes Abgasrohr**
2 – **Selbstsichernde Mutter**
3 – **Dichtring**
4 – **Schelle**
5 – **Halter**
6 – **Halter**
7 – **Gelenkbuchse**
8 – **Vorschalldämpfer** (beziehungsweise Katalysator)
9 – **Muffe 61 mm**
10 – **Gummiring**
11 – **Haltering**
12 – **Halter**
13 – **Nachschalldämpfer**
14 – **Halter**

Die Abgasanlage besteht aus dem vorderen Abgasrohr, dem Katalysator, dem Zwischenschalldämpfer und dem Nachschalldämpfer. Anstelle des Katalysators ist bei Fahrzeugen, die fürs Ausland vorgesehen sind, der Vorschalldämpfer eingebaut. Die für die Regelung des Katalysators erforderliche Lambda-Sonde ist im vorderen Abgasrohr eingeschraubt.

Das vordere Zwillings-Abgasrohr ist mit dem Abgaskrümmer verschraubt, der am Zylinderkopf angeflanscht ist. Alle Teile sind miteinander verschraubt, beziehungsweise verschweißt, und lassen sich einzeln auswechseln. Selbstsichernde Muttern und Dichtungen sind nach dem Ausbau zu ersetzen. Halteringe und Gummipuffer auf Porosität und Beschädigung prüfen, gegebenenfalls auswechseln.

Beim Einbau einer neuen Abgasanlage empfiehlt es sich, alle Befestigungsteile ebenfalls zu erneuern.

520 i, 525 i

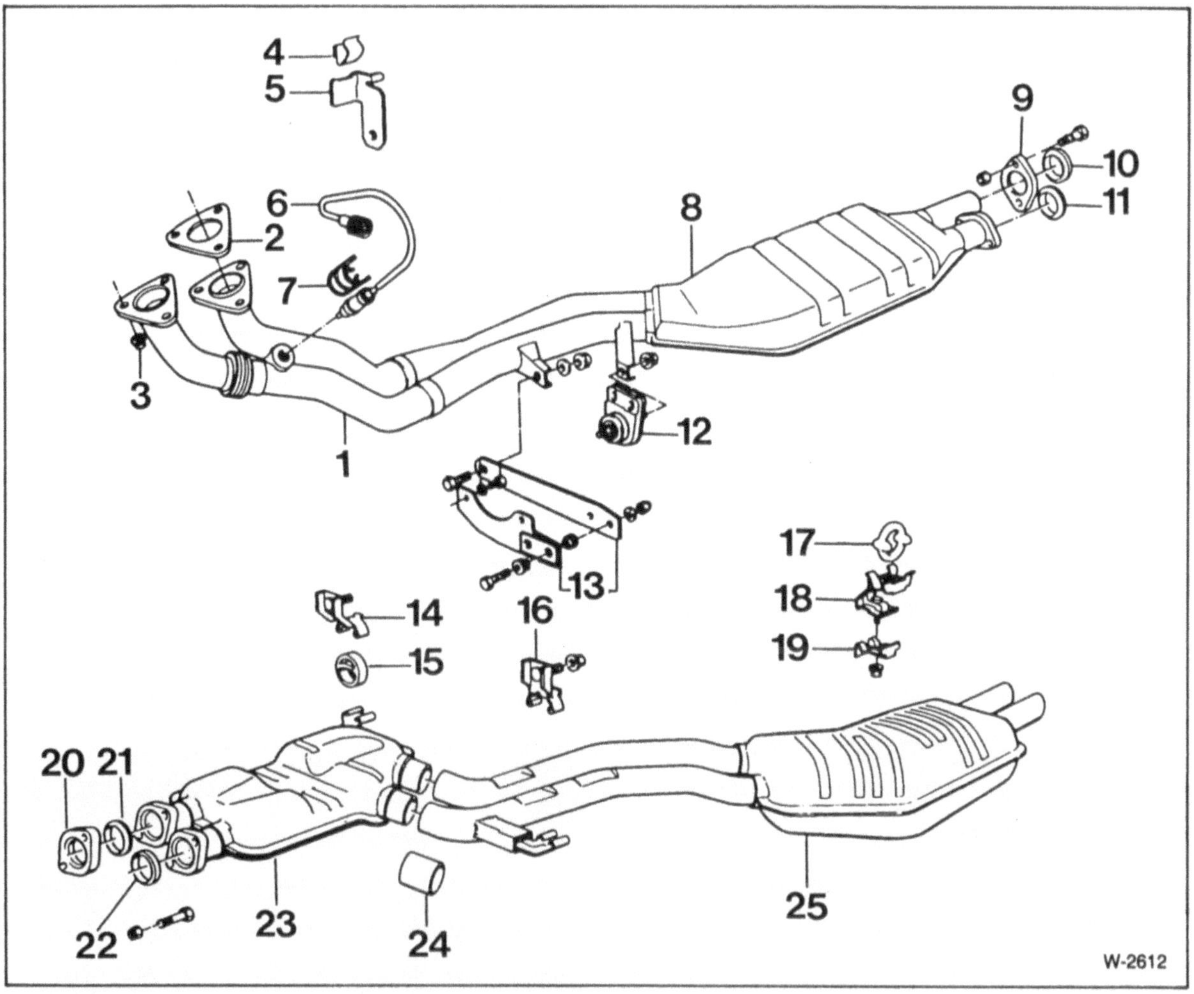

1 – **Vorderes Abgasrohr**
2 – **Dichtung**
3 – **Selbstsichernde Mutter**
4 – **Klammer**
5 – **Halter**
6 – **Lambda-Sonde**
7 – **Schutzblech**
8 – **Katalysator**
9 – **Flansch**
10 – **Dichtring 45 mm ∅**
11 – **Dichtring 42 mm ∅**
12 – **Halter**
13 – **Halter Abgasrohr**
14 – **Halter**
15 – **Haltering**
16 – **Halter**
17 – **Gummiring**
18 – **Halter**
19 – **Bügel**
Nur 525 i
20 – **Flansch**
21 – **Dichtring 45 mm ∅**
22 – **Dichtring 42 mm ∅**
23 – **Zwischenschalldämpfer**
24 – **Muffe**
Für 520 i: 56 mm; 525 i: 46 mm
25 – **Nachschalldämpfer**

Abgasanlage aus- und einbauen

Ausbau

- Fahrzeug aufbocken.
- Sämtliche Schrauben und Muttern der Abgasanlage mit rostlösendem Mittel einsprühen. Rostlöser einige Zeit einwirken lassen.
- Lambda-Sonde ausbauen.
- Vorderes Abgasrohr am Abgaskrümmer von unten abschrauben.
- Abgasanlage durch Holzunterlagen abstützen.
- Halter für Abgasanlage am Getriebe abschrauben.
- Halter –16– (Abbildung W-2612) für Aufhängung am Hinterachsträger abschrauben.
- Haltelaschen –19– abschrauben.
- Abgasanlage komplett herausnehmen.

Einbau

Vor der Montage der Abgasanlage prüfen, ob der Flansch zum Abgaskrümmer verzogen ist, gegebenenfalls Flansch ausrichten.

- Lambda-Sonde einbauen.
- Gewindebolzen am Abgaskrümmer mit Kupferpaste bestreichen.
- Vordere Abgasanlage am Krümmer mit **neuer** Dichtung ansetzen und **neue**, selbstsichernde Sechskantmuttern gleichmäßig beiziehen.
- Zwischenschalldämpfer auf Katalysator aufschieben, Flansche mit neuen Dichtungen zusammenschrauben. Schrauben leicht beiziehen. Falls erforderlich, Anschlußstücke vor dem Zusammenfügen mit Schmirgelleinen von Verbrennungsrückständen reinigen. Beim Zusammensetzen der Rohre auf richtigen Sitz des Dichtringes achten. Selbstsichernde Muttern grundsätzlich erneuern.

Achtung: Um die Muttern und Schrauben der Abgasanlage später leichter lösen zu können, empfiehlt es sich, diese mit einer Hochtemperaturpaste, zum Beispiel Liqui Moly LM-508-ASC, einzustreichen.

- Abgasanlage einsetzen und mit Haltern anschrauben, Schrauben nicht festziehen.
- Vordere Abgasrohre am Krümmer anschrauben. Beim **Motor M30** die Spannfedern mit 10 Nm anziehen bis die Federwindungen aneinander liegen. Danach die Muttern 1½ Umdrehungen wieder lösen. **Achtung:** Die Flansche müssen parallel zueinander stehen, und die Federn dürfen nicht auf Block vorgespannt sein. Wegen Verspannungsgefahr muß das längere Rohr (mit Kompensator) als letztes angezogen werden.
- Abgasanlage so ausrichten, daß überall genügend Abstand von mindestens 25 mm zur Karosserie vorhanden ist.

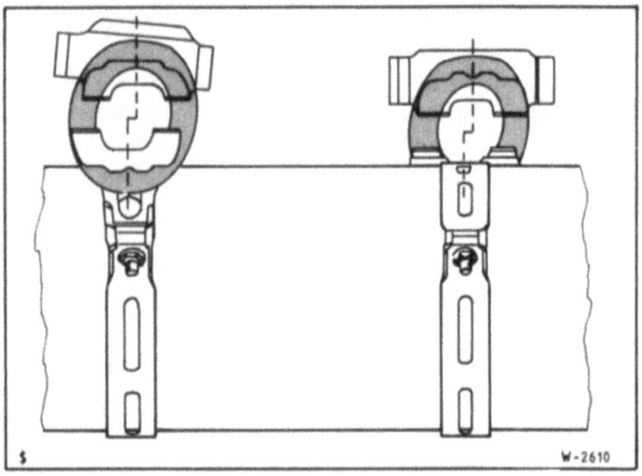

- Haltelaschen so befestigen, daß sich die Gummiaufhängungen unter Vorspannung befinden. Dazu bei gelöster Schelle Schalldämpferanlage etwas nach vorn schieben (ca. 7 mm).
- Sämtliche Schrauben und Muttern festziehen.
- Anzugsdrehmomente für Schraubverbindungen an der Abgasanlage: Abgasrohr an Abgaskrümmer: 45 Nm, Verschraubungen am Dreiecksflansch: 22 Nm, Abgasträger an Getriebe und Auspuff: 22 Nm, Haltelaschen: 22 Nm; Schelle Nachschalldämpfer: max. 14 Nm.
- Motor starten und Abgasanlage auf Dichtheit prüfen, dabei Abgasendrohr mit Lappen zuhalten.
- Fahrzeug abbocken.

Lambda-Sonde aus- und einbauen

Achtung: Beim Auftragen von Unterbodenschutz ist die Lambda-Sonde abzudecken.

Ausbau

- Steckverbindung Lambda-Sonde trennen.
- Kabelhalter lösen.
- Falls erforderlich, vordere Abgasanlage so weit absenken, bis die Lambda-Sonde zugänglich ist.

- Schutzblech abdrücken und Lambda-Sonde herausschrauben. Leitung dabei von Hand mitdrehen, um ein Ab- oder Ausreißen zu vermeiden.

Einbau

Achtung: Lambda-Sonde **nicht** reinigen und nicht mit Schmiermitteln in Berührung bringen.

- Gewinde der Lambda-Sonde mit Gleitmittel »Antiseize« einsprühen.
- Lambda-Sonde in vorderes Abgasrohr einschrauben und mit 55 Nm festziehen. Steckverbindung zusammenfügen.
- Schutzblech einsetzen.
- Kabelhalter befestigen.
- Steckverbindung für Lambda-Sonde mit Rändelmutter sichern.

Fahrzeuge mit Katalysator

Die Benzinmotoren des BMW sind grundsätzlich mit einem geregelten Katalysator ausgestattet. Der Katalysator bedingt in jedem Fall zwei Dinge: Das Fahrzeug muß mit einem regelbaren Gemischbildner ausgestattet sein; und der Motor muß grundsätzlich mit bleifreiem Benzin betrieben werden.

Unter einem regelbaren Gemischbildner verstehen die Techniker einen Vergaser oder eine Einspritzanlage, bei der das Verhältnis von Kraftstoff zu Luft in Abhängigkeit von den Fahrzuständen ständig verändert werden kann. Mit einem herkömmlichen Vergaser ist das nicht möglich, da er keine entsprechende Steuereinheit besitzt. Aus diesem Grund greifen die Techniker entweder auf einen elektronisch regelbaren Vergaser oder eine Einspritzanlage zurück.

Die Steuerungsbefehle erhält der Gemischbildner von der Lambda-Sonde, die im vorderen Abgasrohr sitzt und hier vom Abgasstrom umspült wird. Die Lambda-Sonde ist ein elektrischer Meßfühler, der den Restgehalt an Sauerstoff im Abgas durch elektrische Spannungsschwankungen anzeigt und Rückschlüsse auf die Zusammensetzung des Luft-Benzin-Gemisches ermöglicht. In Bruchteilen von Sekunden kann die Lambda-Sonde entsprechende Signale an die Steuereinheit des Gemischbildners weitergeben und dadurch das Kraftstoff-Luftverhältnis ständig verändern. Das ist einerseits erforderlich, da sich ja die Betriebsverhältnisse (Leerlauf, Vollgas) ständig ändern, zum anderen aber auch, weil nur dann eine Nachverbrennung im Katalysator erfolgt, wenn noch genügend Benzin-Anteile im Motor-Abgas vorhanden sind.

Damit es also bei einer Temperatur von +300° bis +800° C im Katalysator überhaupt zu einer Nachverbrennung kommen kann, muß das Kraftstoff-Luftgemisch mehr Kraftstoffanteile aufweisen, als für die reine Verbrennung erforderlich wäre.

Der Katalysator sitzt anstelle des Vorschalldämpfers unter dem Wagenboden. Der Katalysator besteht aus einem mit Platin oder Rhodium beschichteten wabenförmigen Keramikmonolith. Für die Lagerung des stoßempfindlichen Keramikkörpers wird ein elastisches und hitzebeständiges Drahtgewebe benutzt.

Bei dem allgemein verwendeten Katalysator handelt es sich um einen sogenannten 3-Wege-Katalysator. Das bedeutet, daß bei diesem Katalysator aufgrund der Lambda-Regelung die Oxidation von Kohlenmonoxid (CO) und Kohlenwasserstoffen (HC) sowie die Reduktion der Stickoxide (NO_X) gleichzeitig durchgeführt werden.

Katalysator beim Turbo-Dieselmotor

Der Dieselmotor mit Katalysator zeichnet sich durch geringe Rauchentwicklung und reduzierte Kohlenwasserstoff-Emission aus. Als Basismotor wird der bisherige Turbo-Dieselmotor verwendet.

Der Turbolader sorgt für einen hohen Luftüberschuß. Dadurch wird der Kraftstoff in den Zylindern besser als bei einem normalen Saugdieselmotor verbrannt, wodurch sich die Rauchentwicklung spürbar verringert.

Die geringere Rauchentwicklung macht auch die Verwendung eines Oxidations-Katalysators möglich, der im Abgasstrang anstelle des Vorschalldämpfers unter dem Wagenboden sitzt. Der Katalysator besteht wie bei den Benzinmodellen aus einem wabenförmigen Monolithen, der mit Platin oder Rhodium beschichtet ist. Beim Durchströmen des Katalysators verbrennt mehr als die Hälfte der im Abgas enthaltenen, umweltschädlichen Kohlenwasserstoff-Verbindungen. Außerdem verringert sich der dieseltypische Abgasgeruch. Eine Lambdaregelung durch Lambda-Sonde wie bei den Benzinmodellen gibt es beim Dieselmotor nicht.

Der Umgang mit Katalysator-Fahrzeugen

Um Beschädigungen an der Lambda-Sonde und am Katalysator zu vermeiden, sind nachstehende Hinweise unbedingt zu beachten:

- Grundsätzlich nur bleifreies Benzin tanken.
- Das Anlassen des Motors durch Anschieben oder Anschleppen ist nicht erlaubt. Unverbrannter Kraftstoff könnte bei einer Zündung zur Überhitzung des Katalysators und zu seiner Zerstörung führen. Starthilfekabel verwenden.
- Häufige Kaltstarts hintereinander sollten vermieden werden. Sonst sammelt sich im Katalysator unverbrannter Kraftstoff, der bei Erwärmung schlagartig verbrennt und dabei den Katalysator beschädigt.
- Bei Startschwierigkeiten nicht unnötig lange den Anlasser betätigen. Während des Anlassens wird permanent Kraftstoff eingespritzt. Fehlerursache ermitteln und beseitigen.
- Treten Zündstörungen auf, ist bis zur Fehleridentifizierung das Hauptrelais der Kraftstoffeinspritzung beziehungsweise das Kraftstoffpumpenrelais abzuziehen. Dadurch wird beim Starten des Motors ein Einspritzen von Kraftstoff verhindert.
- Keine Funkenprüfung mit abgezogenem Zündkerzenstekker durchführen.
- Es darf kein Zylindervergleich (Balancetest) durch Zündabschaltung eines Zylinders durchgeführt werden. Bei Zündabschaltung der einzelnen Zylinder – auch über Motortester – gelangt unverbrannter Kraftstoff in den Katalysator.
- Treten Zündaussetzer auf, hohe Motor-Drehzahlen vermeiden und Fehler umgehend beheben.
- Nur spezielle, für Katalysator-Fahrzeuge vorgeschriebene Zündkerzen verwenden.
- Fahrzeug nicht über trockenem Laub, Gras oder auf einem Stoppelfeld abstellen. Die Abgasanlage wird im Bereich des Katalysators sehr heiß und strahlt die Wärme auch nach dem Abstellen des Motors noch ab.

Fahrzeug aufbocken

Für viele Wartungs- und Reparaturarbeiten muß das Fahrzeug aufgebockt beziehungsweise hochgehoben werden. In der Werkstatt wird der Wagen in der Regel mit der Hebebühne angehoben, man kann ihn jedoch auch mit dem Fahrzeug- oder Werkstatt-Wagenheber anheben. Grundsätzlich darf das Fahrzeug nur an den abgebildeten Aufnahmepunkten angehoben werden.

Bei Arbeiten unter dem Fahrzeug muß dieses, falls es nicht auf einer Hebebühne steht, auf vier stabilen Unterstellböcken stehen. **Auf keinen Fall dürfen Arbeiten unter dem Fahrzeug ausgeführt werden, wenn dieses nicht ausreichend gesichert ist.**

- Hebewerkzeuge zum Anheben des Fahrzeuges dürfen nur an den nachstehend gezeigten Stellen angesetzt werden, da sonst bleibende Verformungen am Fahrzeug nicht auszuschließen sind.

- Die Räder, die beim Anheben auf dem Boden stehen bleiben, mit Keilen gegen Vor- oder Zurückrollen sichern. Nicht auf die Feststellbremse verlassen, diese muß bei einigen Reparaturarbeiten gelöst werden.
- Fahrzeug nur auf ebener, fester Fläche aufbocken.

Achtung: Muß das Fahrzeug auf weichem Untergrund hochgebockt werden, müssen breite Bretter unter den Wagenheber und die Unterstellböcke gelegt werden, damit sich das Gewicht auf eine größere Fläche verteilt.

- Durch eine geeignete Gummi- oder Holzzwischenlage werden beim Anheben Beschädigungen an der Karosserie vermieden.
- Fahrzeug mit Unterstellböcken so abstützen, daß jeweils ein Bein seitlich nach außen zeigt.
- Das Fahrzeug darf nur in unbeladenem Zustand angehoben werden.

Achtung: Keinesfalls darf der Wagen an Motor- oder Getriebeteilen angehoben oder abgestützt werden.

Anheb- und Aufbockpunkte

Hebebühne und Werkstattwagenheber

- **Vorn:** Gummiblock des Hebearms an der vorderen, senkrechten Verstärkung des Unterholms, die auch für den Bordwagenheber vorgesehen ist, ansetzen.

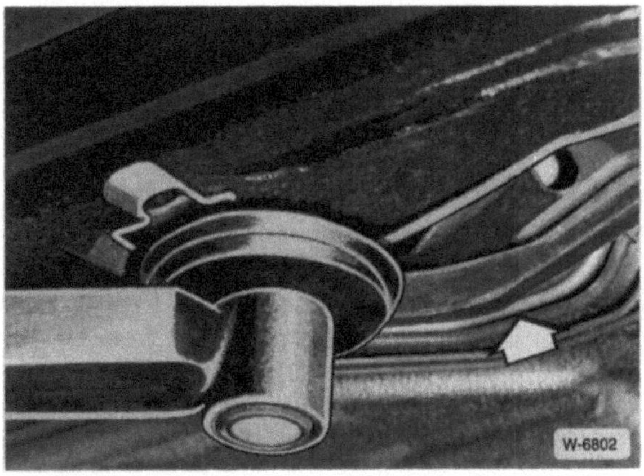

- **Hinten:** Gummiblock des Hebearms an der hinteren, senkrechten Verstärkung des Unterholms, die auch für den Bordwagenheber vorgesehen ist, ansetzen. **Achtung:** Dabei je nach Modell Tank-Unterseite beziehungsweise Kraftstoffleitungen nicht beschädigen.
- Wird das Fahrzeug mit einem Wagenheber hochgehoben, Fahrzeug immer mit Unterstellbock sichern.

Die Kupplung

Die Kupplung besteht aus der Kupplungsdruckplatte, der Kupplungsscheibe und dem hydraulischen Betätigungssystem. Druckplatte und Kupplungsscheibe sind im Schwungrad des Motors untergebracht.

In der Getriebeglocke befindet sich die Ausrückgabel. Sie trägt das wartungsfreie Ausrücklager, das beim Auskuppeln gegen die Kupplungsdruckplatte gedrückt wird. An der Ausrückgabel liegt der Kolben des Nehmerzylinders vom Hydrauliksystem an. Das Hydrauliksystem der Kupplung arbeitet mit Bremsflüssigkeit und wird über den gemeinsamen Ausgleichbehälter für Bremsflüssigkeit versorgt.

In eingekuppeltem Zustand wird durch die Kupplungsmembranfeder die Kupplungsscheibe von der Druckplatte gegen das Schwungrad gepreßt und so der Kraftschluß zwischen Kurbelwelle und Getriebeantriebswelle hergestellt.

Beim Niedertreten des Kupplungspedals wird über den Geberzylinder im Fußraum des Fahrzeuges Druck aufgebaut und über eine Hydraulikleitung auf den am Getriebe angeflanschten Kupplungs-Nehmerzylinder übertragen. Der Kolben des Nehmerzylinders drückt über die Ausrückgabel das Ausrücklager gegen die Membranfeder der Druckplatte und hebt diese etwas an. Dadurch wird die Kupplungsscheibe zwischen Schwungrad und Druckplatte frei, der Kraftschluß zwischen Motor und Getriebe ist somit aufgehoben.

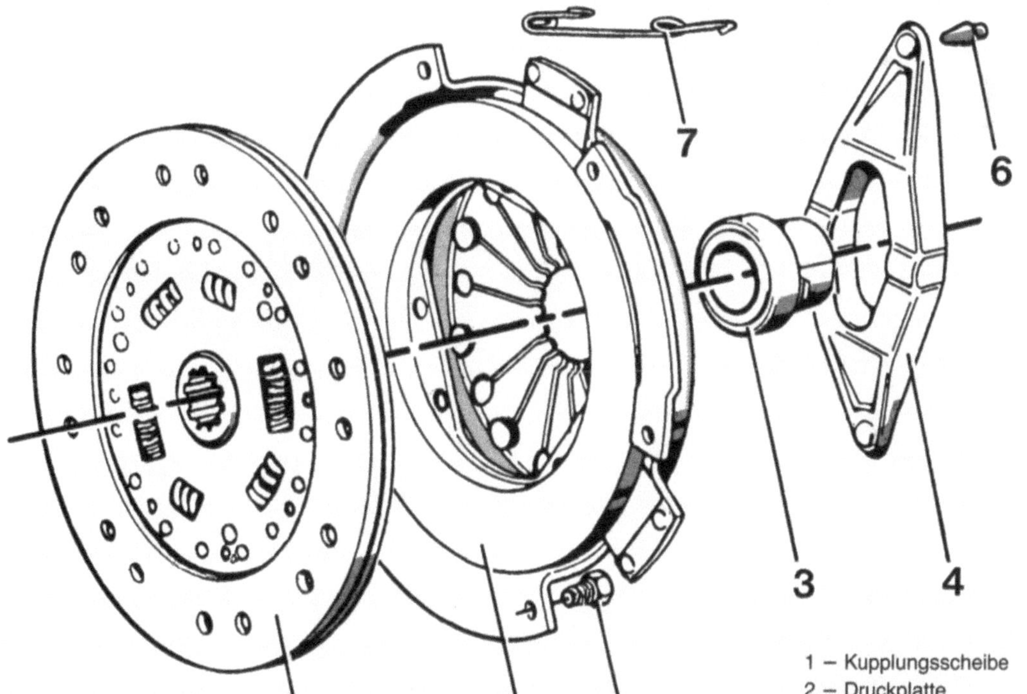

1 – Kupplungsscheibe
2 – Druckplatte
3 – Ausrücker
4 – Ausrückhebel
5 – Sechskantschraube
6 – Kugelbolzen
7 – Federbügel

W-2803

Kupplung aus- und einbauen/prüfen

Ausbau

- Getriebe ausbauen, siehe Seite 121.
- Befestigungsschrauben der Kupplungsdruckplatte nacheinander jeweils um 1 bis 1½ Umdrehungen lösen, bis die Druckplatte entspannt ist.

Achtung: Wenn die Schrauben sofort ganz gelöst werden, kann die Membranfeder beschädigt werden.

- Damit das Schwungrad beim Lösen der Schrauben nicht mitdreht, Schwungrad mit Schraubendreher und Dorn arretieren.
- Anschließend Schrauben ganz herausdrehen.
- Druckplatte und Kupplungsscheibe herausnehmen. **Achtung:** Druckplatte und Kupplungsscheibe beim Herausnehmen nicht fallen lassen, sonst können nach dem Einbau Rupf- und Trennschwierigkeiten auftreten.
- Schwungrad mit benzingetränktem Lappen auswischen.

Prüfen

- Kupplungsdruckplatte auf Brandrisse und Riefen prüfen.

W-2811

- Membranfeder auf Brüche untersuchen –Pfeil–.

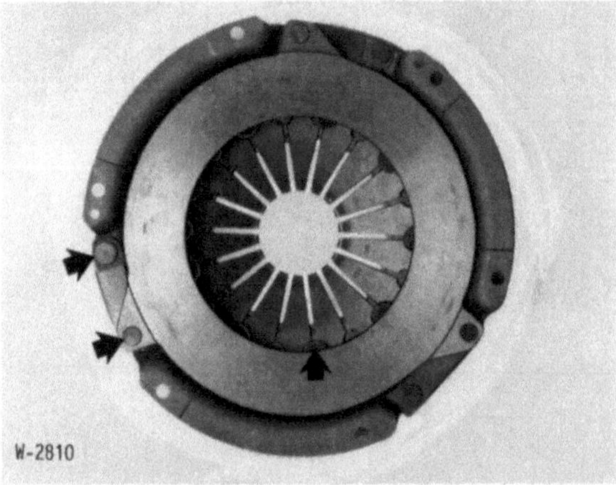
W-2810

- Federverbindungen zwischen Druckplatte und Deckel auf Risse, Nietbefestigungen auf festen Sitz prüfen. Kupplungen mit beschädigten oder losen Nietverbindungen ersetzen.

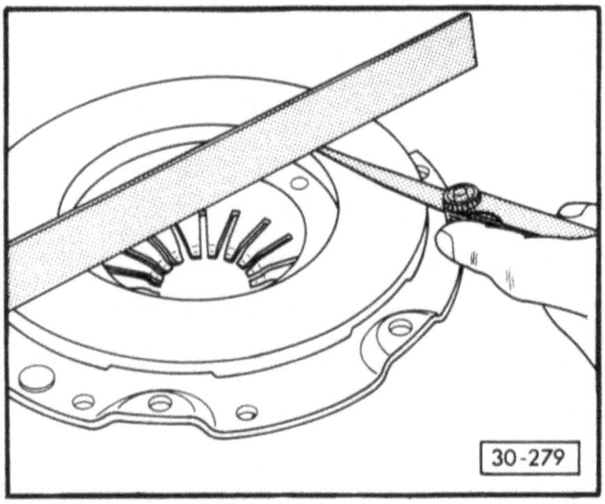
30-279

- Auflagefläche der Druckplatte auf Risse, Brandstellen und Verschleiß prüfen. Druckplatten, die bis zu 0,3 mm nach innen durchgebogen sind, dürfen noch eingebaut werden. Die Prüfung erfolgt mit Lineal und Fühlerblattlehre.
- Schwungrad auf Brandrisse und Riefen prüfen.
- Kupplungsdruckplatte und Schwungrad mit sehr feinem Schmirgelleinen abziehen.
- Verölte, verfettete oder mechanisch beschädigte Kupplungsscheiben austauschen.
- Belagstärke der Kupplungsscheibe mit Schieblehre messen. Die Mindestbelagstärke soll 7,5 mm betragen, sonst Kupplungsscheibe auswechseln. Ebenso bei Belagrissen.

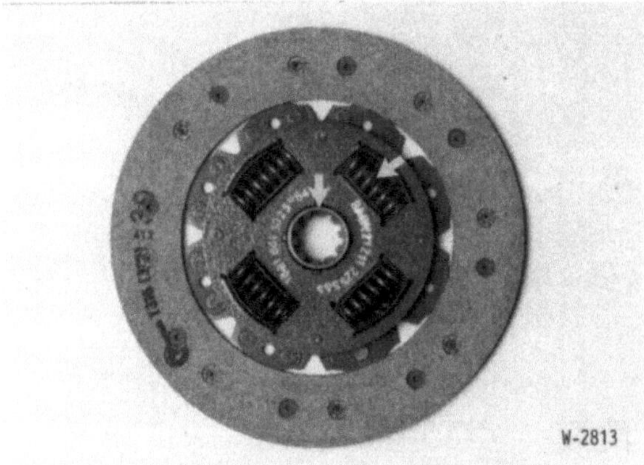
W-2813

- Federfenster, Torsionsfedern und Nabe auf Verschleiß- und Einlaufspuren prüfen. Bei Ausführung mit Zwei-Massen-Schwungrad ist die Mitnehmerscheibe starr ohne Dämpfer ausgerüstet. Die Torsionsdämpfer sind im Schwungrad integriert.
- Ausrücklager vom Lagerrohr am vorderen Getriebedeckel abnehmen und prüfen, siehe Seite 118.
- In der Werkstatt kann die Kupplungsscheibe auf Schlag geprüft werden. Der Seitenschlag darf bei der Kupplungsscheibe maximal 0,5 mm betragen. **Achtung:** Diese Prüfung ist nur notwendig, wenn die alte Kupplungsscheibe wieder eingebaut werden soll und die Kupplung vorher nicht richtig ausgekuppelt hat.

- Rillenkugellager in der Kurbelwelle auf leichten Lauf prüfen. Gegebenenfalls Lager mit Innenauszieher herausziehen und durch neues Lager ersetzen.

Einbau

- Vor dem Einbau einer neuen Kupplung, Korrosionsschutzfett von der Druckplatte restlos entfernen.

- Kupplungsscheibe und Kupplungsdruckplatte in Schwungrad einsetzen. Die Kupplungsdruckplatte in die entsprechenden Paßstifte setzen. Die Kupplungsscheibe muß mit einem passenden Dorn (zum Beispiel von HAZET) oder mit einer alten Getriebe-Antriebswelle zentriert werden.
- Beim Einsetzen der Mitnehmerscheibe auf Markierung achten. Die Markierung soll zur Getriebeseite zeigen.
- Befestigungsschrauben für Kupplungsdruckplatte nacheinander mit 1 bis 1½ Umdrehungen anziehen, bis die Druckplatte festgezogen ist. Anschließend Zentrierdorn entfernen. **Achtung:** Darauf achten, daß die Druckplatte beim Anziehen der Schrauben gleichmäßig und gratfrei in das Schwungrad eingezogen wird. Anzugsdrehmomente: Sechskantschrauben der Güteklasse 8.8 (steht auf dem Schraubenkopf) 22 – 24 Nm, Güteklasse 10.9 = 30 – 35 Nm, Zylinderschraube: 22 – 24 Nm.
- Keilnuten der Getriebeantriebswelle mit Molykote Longtherm 2 leicht einfetten. Bei Ausführung mit Zwei-Massen-Schwungrad, Keilnuten mit Microlube 261 leicht einfetten.
- Getriebe einbauen, siehe Seite 121.

Kupplungsbetätigung entlüften

Die Kupplungsbetätigung muß entlüftet werden, wenn das Kupplungspedal nicht oder nur verzögert zurückkommt, beziehungsweise wenn das Hydrauliksystem geöffnet wurde.

Da das Hydrauliksystem der Kupplung mit Bremsflüssigkeit arbeitet, sind ebenfalls die entsprechenden Kapitel im Abschnitt »Bremsanlage entlüften« durchzulesen.

Achtung: Bei diesem Entlüftungsvorgang kann etwas Luft im System bleiben. Erkennbar ist das am Kratzen und nicht richtigen Trennen der Kupplung. Deshalb Kupplungshydraulik umgehend in der Werkstatt entlüften lassen.

- Fahrzeug vorn aufbocken.
- Bremsflüssigkeitsstand im gemeinsamen Vorratsbehälter prüfen, gegebenenfalls bis zur Max.-Markierung auffüllen.
- Staubkappen vom Entlüfterventil am Nehmerzylinder und am vorderen linken Bremssattel abziehen.
- Entlüfterventile vorsichtig gangbar machen.
- Durchsichtigen Schlauch auf das Entlüfterventil am Bremssattel aufschieben.
- Schlauch mit Bremsflüssigkeit füllen. Dazu Entlüfterschraube am Bremssattel öffnen. Bremspedal langsam durchtreten (Helfer) und in dieser Stellung halten. Entlüfterventil schließen und Bremspedal loslassen. Anschließend Entlüfterventil wieder öffnen und Bremspedal erneut durchtreten. Vorgang so lange wiederholen, bis der Schlauch vollständig mit Bremsflüssigkeit gefüllt ist. Schlauch mit dem Finger zuhalten, damit keine Bremsflüssigkeit ausläuft. **Achtung:** Der Flüssigkeitsstand im Vorratsbehälter darf nicht zu weit absinken, gegebenenfalls **neue** Bremsflüssigkeit nachfüllen.
- Freies Schlauchende auf die Entlüfterschraube am Kupplungs-Nehmerzylinder stecken und beide Entlüfterschrauben öffnen.
- Bremspedal durchtreten, Entlüfterschraube am Bremssattel schließen und Bremspedal entlasten. Diesen Vorgang so oft wiederholen, bis im Ausgleichbehälter keine Luftblasen mehr herausgedrückt werden. Dabei stets neue Bremsflüssigkeit nachfüllen.
- Entlüfterschrauben am Bremssattel und am Nehmerzylinder verschließen. Schlauch abziehen und Staubkappen aufschieben.
- Fahrzeug ablassen.
- Bremsflüssigkeit bis zur Max.-Markierung auffüllen.
- Funktion von Brems- und Kupplungssystem prüfen.

Entlüften mit Entlüftergerät

In den Werkstätten wird die Kupplungshydraulik in der Regel mit einem Entlüftergerät entlüftet. Das Entlüftergerät gibt Druck auf die Bremsflüssigkeit.

- Verschraubung am Bremsflüssigkeits-Ausgleichbehälter abschrauben. Schwimmerbehälter herausnehmen.
- Entlüftergerät nach Vorschrift anschließen.
- Am Kupplungsnehmerzylinder Schlauch auf Entlüfterschraube aufschieben. Schlauchende in eine Bremsflüssigkeitsflasche stecken.
- Entlüfterschraube so lange öffnen, bis keine Luftblasen mehr entweichen. Dabei mehrmals das Kupplungspedal durchtreten.
- Sollte nach mehrmaligem Entlüften noch Luft im Hydrauliksystem vorhanden sein, muß der Nehmerzylinder vom Getriebe abgebaut werden, siehe Seite 119.
- Bei angeschlossener Hydraulikleitung Druckstange bis zum Anschlag im Nehmerzylinder drücken und langsam zurücklassen. Dadurch wird eventuell noch vorhandene Restluft in den Vorratsbehälter zurückgedrückt und der maximale Ausrückweg erzielt.

Achtung: Der Kupplungsfußhebel darf bei ausgebautem Nehmerzylinder nicht betätigt werden.

- Schwimmerbehälter einsetzen. Bremsflüssigkeit bis zur Max.-Markierung auffüllen. Deckel für Bremsflüssigkeitsbehälter aufschrauben.

Ausrücklager aus- und einbauen

Hörbare Lagergeräusche in ausgekuppeltem Zustand, also bei niedergetretenem Kupplungspedal, deuten auf ein defektes Ausrücklager hin.

Ausbau

- Getriebe ausbauen, siehe Seite 121.

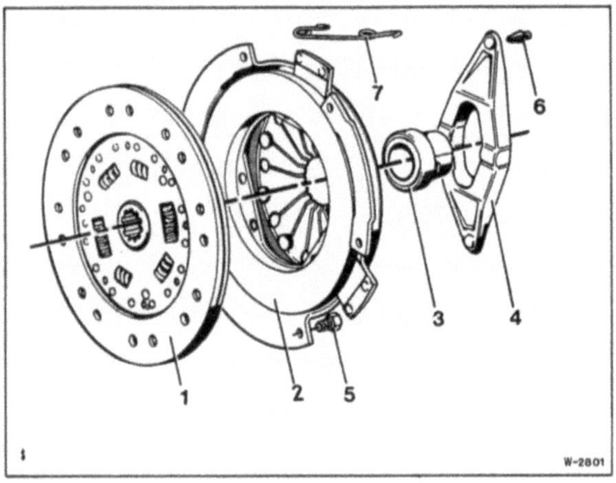

- Federbügel –7– und Ausrückhebel –4– mit Ausdrücker –3– von der Getriebeantriebswelle abnehmen.
- Ausrücklager von Hand prüfen. Dazu Kupplungsausrücklager leicht zusammenpressen und drehen. Es muß sich leicht drehen lassen, sonst austauschen.

Einbau

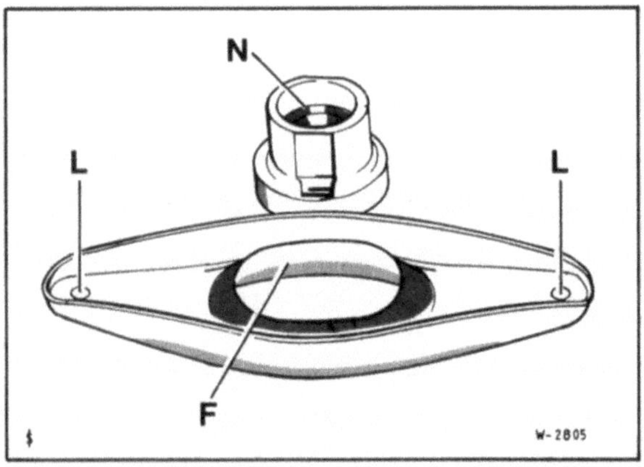

- Schmiernut –N–, Führungen –F– und Lagerflächen –L– mit Longtherm 2 leicht bestreichen, sonst kann das Lager auf der Führungshülse festfressen. **Achtung:** Bei der Ausführung mit Zwei-Massen-Schwungrad ist das Fett Microlube 261 zu verwenden.
- Ausrückhebel mit Ausrücker auf Getriebeantriebswelle aufsetzen und mit Federbügel befestigen.
- Getriebe einbauen, siehe Seite 121.

Kupplungsnehmerzylinder aus- und einbauen

Ausbau

- Bremsflüssigkeit aus Ausgleichbehälter bis zum Anschluß der Nachfülleitung mit geeignetem Saugheber absaugen. **Achtung:** Bremsflüssigkeit ist giftig. Bremsflüssigkeit nicht über einen Schlauch mit dem Mund absaugen.
- Fahrzeug aufbocken.

- Nehmerzylinder –1– vom Getriebe abschrauben.
- Leitung –2– abschrauben. **Achtung:** Soll der Kupplungsnehmerzylinder nicht ausgetauscht werden, bleibt die Hydraulikleitung angeschlossen.

Einbau

- Druckstange des Nehmerzylinders mit Molykote Longtherm 2 einstreichen.
- Hydraulikleitung an Nehmerzylinder mit 15 Nm anschrauben. Nehmerzylinder an Getriebe ansetzen und mit 25 Nm festziehen. Die Entlüfterschraube soll nach unten zeigen.
- Bremsflüssigkeit auffüllen, Kupplungshydraulik entlüften.

Störungsdiagnose Kupplung

Störung	Ursache	Abhilfe
Kupplung rupft	Motor- und Getriebelager defekt	■ Prüfen, gegebenenfalls auswechseln
	Getriebe liegt in der Aufhängung nicht fest	■ Befestigungsschrauben nachziehen
	Druckplatte trägt ungleichmäßig	■ Druckplatte auswechseln
	Mitnehmerscheibe kein Original-BMW-Teil	■ Original-BMW-Kupplungsscheibe einbauen
	Kurbelwelle fluchtet nicht zur Getriebe-Antriebswelle	■ Zentrierflächen von Motor und Getriebe überprüfen
	Ausrücker drückt einseitig	■ Ausrücker überprüfen
Kupplung rutscht	Kupplungsscheibe verschlissen	■ Dicke der Kupplungsscheibe prüfen, gegebenenfalls auswechseln
	Nehmerzylinder klemmt	■ Nehmerzylinder ersetzen
	Spannung der Membranfeder zu gering	■ Druckplatte auswechseln
	Nehmerzylinder undicht	■ Sichtprüfung durchführen
	Belag verhärtet oder verölt	■ Kupplungsscheibe austauschen
	Kupplung wurde überhitzt	■ Original-BMW-Teil einbauen
Kupplung trennt nicht richtig	Belag durch Abrieb verklebt	■ Kupplungsscheibe austauschen
	Kupplungsscheibe klemmt auf der Antriebswelle, Kerbverzahnung trocken oder verklebt	■ Kerbverzahnung reinigen, entgraten, ggf. Rost entfernen und neu schmieren; z. B. MoS_2-Puder einbürsten
	Kupplungsscheibe hat Seitenschlag	■ Kupplungsscheibe prüfen lassen, ersetzen
	Geberzylinder undicht	■ Bei durchgetretenem Kupplungspedal beobachten, ob Flüssigkeit im Bremsflüssigkeitsvorratsbehälter aufwallt, ggf. Kupplung entlüften oder Geberzylinder austauschen
	Kupplungspedal erreicht den Begrenzungsanschlag nicht	■ Prüfen, ob Begrenzungsanschlag erreicht wird, gegebenenfalls Fußmatte ausschneiden
	Ausrücker defekt	■ Ausrücker auf Verformung prüfen
	Luft im Hydrauliksystem	■ Kupplungshydraulik entlüften
	Führungslager für die Getriebe-Antriebswelle in der Kurbelwelle defekt	■ Führungslager in der Kurbelwelle ersetzen
	Mitnehmerscheibe stark verbogen, oder Belag gebrochen	■ Mitnehmerscheibe ersetzen
Geräusch bei betätigtem Kupplungspedal	Ausrücklager defekt	■ Ausrücklager prüfen, ersetzen
	Kupplungsscheibe schlägt an die Druckplatte	■ Kupplungsscheibe auswechseln
Auf- und abschwellendes Geräusch bei Zug- oder Schubzustand, oder wenn das Fahrzeug in ausgekuppeltem Zustand rollt	Torsionsdämpfer der Kupplungsscheibe schwergängig	■ Kupplungsscheibe erneuern
	Nietverbindungen der Kupplung locker	■ Kupplung ersetzen
	Unwucht der Kupplung zu groß	■ Kupplung und Mitnehmerscheibe ersetzen

Das Getriebe

Das Getriebe kann ohne Ausbau des Motors ausgebaut werden. Ein Ausbau ist dann erforderlich, wenn die Kupplung ausgewechselt werden soll oder wenn das Getriebe erneuert beziehungsweise überholt werden muß. Da es jedoch in keinem Fall anzuraten ist, Reparaturen am Getriebe mit Heimwerkermitteln in Angriff zu nehmen, beschreibe ich lediglich den Ausbau des Aggregates.

Getriebe aus- und einbauen

Ausbau

- Batterie-Massekabel (–) abklemmen.
- Fahrzeug aufbocken.
- Aggregateunterschutz ausbauen.
- Abgasanlage ausbauen, siehe Seite 110.
- Wärmeschutzblech für Abgasanlage abbauen.

- Gelenkscheibe vom Getriebe abschrauben. Bei Ausführung mit integriertem Schwingungstilger, Muttern an der Gelenkscheibe lösen.

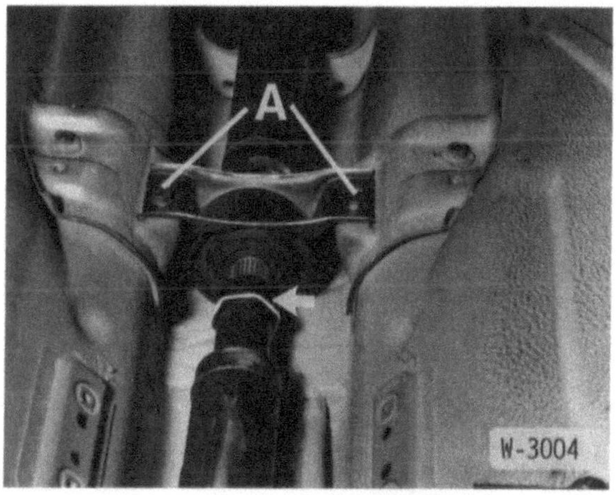

- Schraubring –Pfeil– in der Mitte der Gelenkwelle mit einer Rohrzange einige Umdrehungen lösen.
- Mittellager –A– für Gelenkwelle abschrauben.
- Gelenkwelle nach unten knicken und vom Zentrierzapfen abziehen. **Achtung:** Gelenkwelle hochbinden, nicht in die Gelenke fallen lassen.

- An der Schaltstange – bei ausgebauter Gelenkwelle – Sicherungsklammer –1– ausheben, Scheiben auf beiden Seiten der Schaltstange abnehmen und Schaltstange herausziehen.

- Kabel vom Rückwärtsgangschalter hinten am Getriebe abziehen.
- Kupplungsnehmerzylinder ausbauen. **Achtung:** Die Hydraulikleitung bleibt angeschlossen, siehe Seite 119.
- Getriebe mit geeignetem Heber abstützen.

- Querträger –1– abschrauben.
- Getriebe bis zum Vorderachsträger ablassen.

- Feder –1– mit Schraubendreher von der Nase –2– am Gehäuse ausheben und nach oben schwenken.
- Lagerbolzen herausziehen.

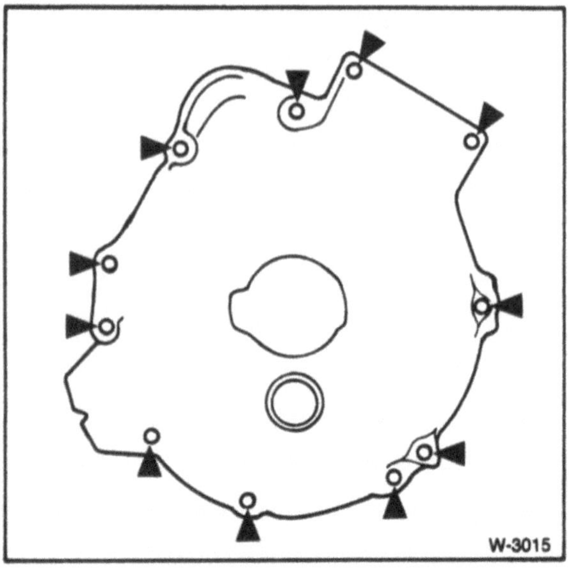

- Getriebeschrauben mit Torx-Einsatz herausdrehen.
- Getriebe vom Motor abflanschen und mit Helfer nach hinten herausheben.

Einbau

- Vor dem Einbau Kupplung prüfen, siehe Seite 116.
- Kupplungsausrücklager auf leichten Lauf prüfen. Lager einfetten, z.B. mit Liqui Moly M-320. Sind vor dem Ausbau Laufgeräusche des Ausrücklagers beim Auskuppeln aufgetreten, Lager auswechseln, siehe Seite 118.
- Keilverzahnung der Antriebswelle sowie Zentrierzapfen reinigen und leicht mit Moly-Gleitpaste oder Moly-Spray schmieren.
- Einen Gang einlegen.
- Getriebe anheben und waagerecht in die Kupplung einfahren. Falls beim Einsetzen die Getriebe-Antriebswelle nicht in die Kupplungsscheibe einrastet, Antriebswelle von hinten am Flansch für die Gelenkwelle mit der Hand entsprechend verdrehen.
- Torx-Getriebe/Motorschrauben auf jeden Fall mit Unterlegscheiben einschrauben.

Anzugsdrehmomente Sechskantschrauben:
M8 mit 25 Nm, M10 mit 50 Nm, M12 mit 80 Nm;
Torxschrauben:
M8 mit 25 Nm, M10 mit 45 Nm, M12 mit 70 Nm.

- Getriebe anheben und Querträger mit 25 Nm festschrauben.
- Kupplungsnehmerzylinder einbauen, siehe Seite 119.
- Lagerbolzen für Schaltstange mit Molykote Longtherm 2 einsetzen.
- Feder –1– mit Schraubendreher auf die Nase –2– aufdrücken, siehe Abbildung W-3010.
- Schaltstange einsetzen. Scheiben auf Bolzen aufschieben und Schaltstange mit Sicherungsscheibe sichern.

- Kabel für Rückwärtsgangschalter aufschieben.
- Gelenkwelle einbauen.
- Wärmeschutzblech anschrauben.
- Abgasanlage einbauen, siehe Seite 110.
- Ölstand im Getriebe kontrollieren, siehe Seite 281.
- Aggregateunterschutz anschrauben.
- Batterie-Massekabel (–) anklemmen.

Gelenkwelle aus- und einbauen

Ausbau

- Fahrzeug aufbocken.
- Abgasanlage komplett ausbauen.
- Wärmeschutzblech vom Unterboden abschrauben.

Gelenkwelle am Getriebe abschrauben.
Ausführung mit Schiebestück

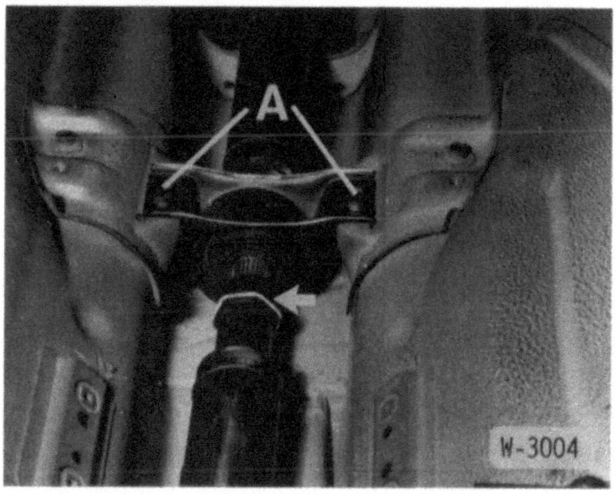

- Schraubring –Pfeil– mit BMW-Werkzeug 261040 einige Umdrehungen lösen. Steht das Werkzeug nicht zur Verfügung, Schraubbuchse mit Rohrzange lösen.

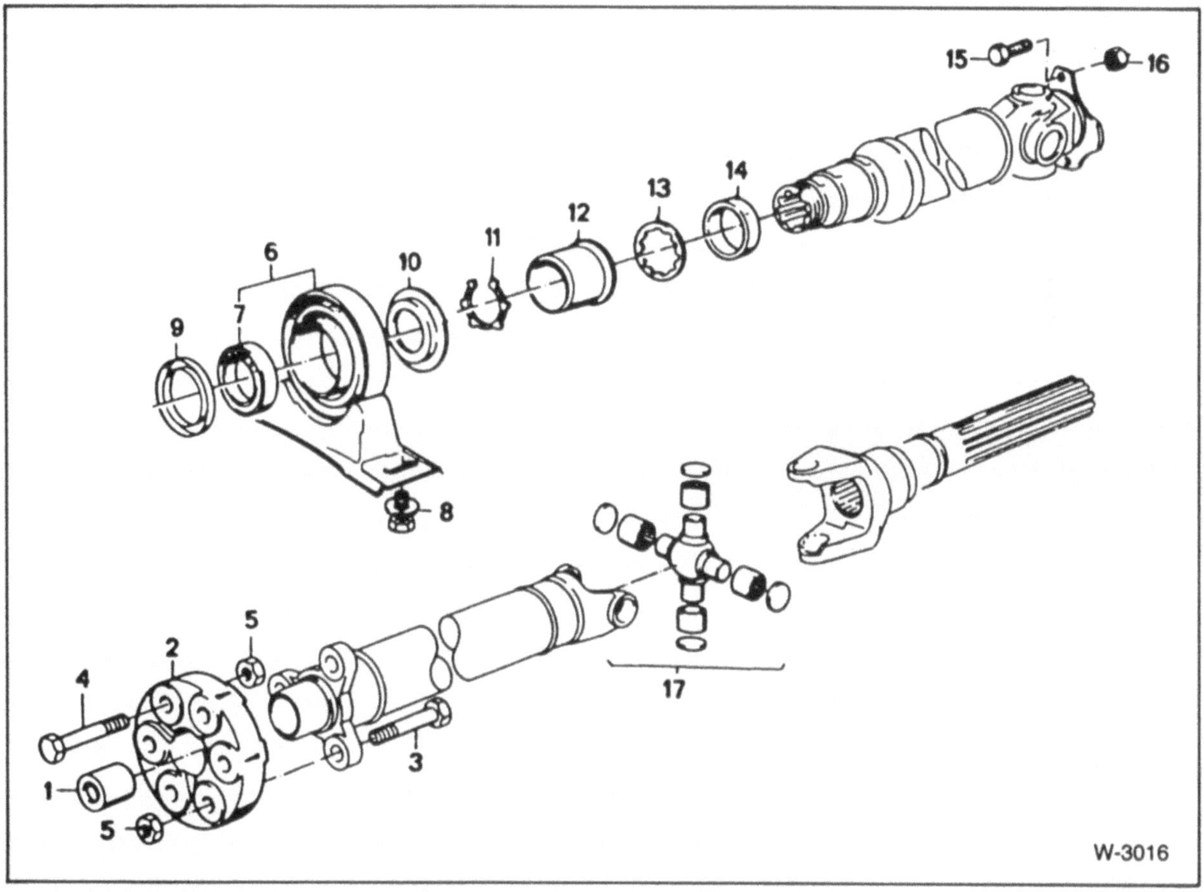

1 – Führungsbuchse
2 – Gelenkscheibe
3 – Sechskantschraube M10
4 – Sechskantschraube M10
5 – Selbstsichernde Mutter
6 – Mittellager
7 – Rillenkugellager
8 – Sechskantschraube M8
9 – Staubschutz
10 – Staubschutz
11 – Sicherungsring
12 – Schraubring
13 – Zahnscheibe
14 – Klemmring
15 – Zylinderschraube M10
16 – Selbstsichernde Mutter M10
17 – Kreuzgelenk

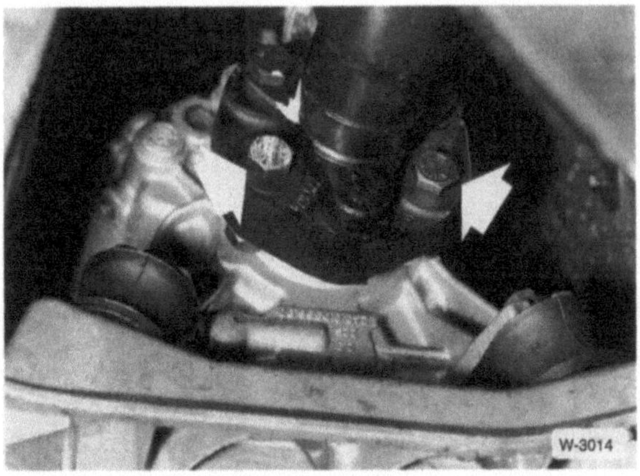

- Gelenkwelle am Getriebe abschrauben.
- Fahrzeuge mit angeschraubtem Schwingungstilger: Schwingungstilger am Getriebe abbauen. Schwingungstilger um 60° drehen und an die Gummikupplung anlegen. Der Schwingungstilger wird mit der Gelenkwelle abgenommen.

Ausführung mit Kreuzgelenk vorn:

- Getriebe mit Werkstattwagenheber und Holzzwischenlage abstützen.

- Querträger –1– und Getriebeaufhängung abschrauben.
- Muttern für Kreuzgelenk abschrauben.

- Gelenkwelle am Hinterachsgetriebe abbauen. Dabei die Welle mit einem Montiereisen arretieren.

Achtung: Bei Ausführung mit Gleichlaufgelenk das Gelenk mit einer Transportkappe gegen Verschmutzung schützen. Fettfüllmenge überprüfen.

- Mittellager –A– abbauen, siehe Abbildung W-3004.
- Gelenkwelle nach unten knicken und aus dem Zentrierzapfen am Getriebe herausziehen. Gegebenenfalls Gelenkwelle am Schiebestück ganz zusammenschieben.

Achtung: Gelenkwelle am Schiebestück nicht trennen.

Achtung: Gelenkwelle nicht in die Gelenke fallen lassen. Insbesondere am Gleichlaufgelenk wird die Gummimanschette gequetscht.

Einbau

Bei Vibrationen und Geräuschen kann die Gelenkwelle in der Werkstatt ausgewuchtet werden. Außerdem ist die Überprüfung der Beugewinkel möglich.

Achtung: Die Gelenkwelle ist im Strang gewuchtet und darf nur komplett ausgewechselt werden. Verschlissene Gelenkwellen erneuern.

- Vor dem Einbau Gelenkwellen-Zentrierung überprüfen, gegebenenfalls Zentrierung mit Molykote Longtherm 2 schmieren. Beschädigte Zentrierung ersetzen.
- Gelenkwelle mit Helfer auf den Zentrierzapfen des Getriebes schieben.

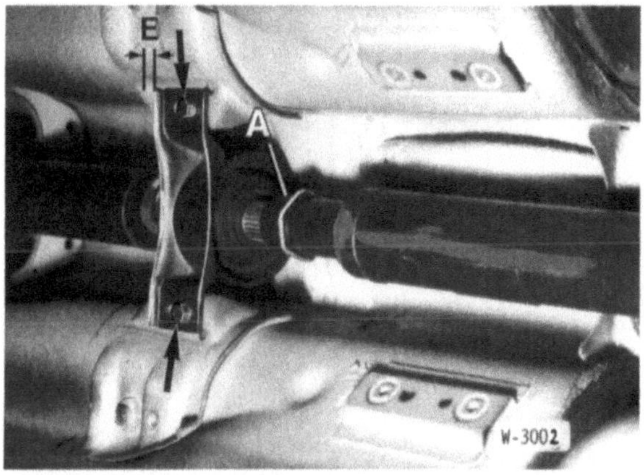

- Mittellager mit **22 Nm** anschrauben. Dabei das Mittellager bei Gelenkwellen **mit** Schiebestück um das Maß E = 4 – 6 mm in Fahrtrichtung vorspannen, Lager nach vorn schieben; Gelenkwellen **ohne** Schiebestück: E = 2 – 4 mm.
- Gelenkwelle an Hinterachsgetriebe anschrauben. Um ein Verspannen der Gelenkscheibe zu vermeiden, sollten möglichst nur die Muttern beziehungsweise Schrauben auf der Flanschseite gedreht werden. **Neue selbstsichernde Muttern** verwenden und mit **70 Nm** festziehen.
- **Ausführung mit Gleichlaufgelenk:** Dichtung prüfen, gegebenenfalls erneuern. Gelenkwelle am Hinterachsgetriebe anschrauben. Anzugsdrehmomente M 8-Schrauben: **32 Nm**, M 10-Schrauben: **70 Nm**.
- Bei Fahrzeugen mit Kreuzgelenk vorn: Neue Stoppmuttern mit **70 Nm** anschrauben. Getriebeaufhängung und Querträger anschrauben, Wagenheber entfernen.
- Bei Fahrzeugen mit Schwingungstilger: Schwingungstilger mit einer Drehung um 60° einsetzen.
- Gelenkscheibe an Gelenkwelle und Getriebe anschrauben. Anzugsdrehmomente: M10-8.8-Schrauben: **48 Nm**, M10-10.9-Schrauben: **64 Nm**, M12-8.8-Schrauben: **81 Nm**, M12-10.9-Schrauben: **90 Nm**. Um ein Verspannen der Gelenkscheibe zu vermeiden, sollten möglichst nur die Muttern beziehungsweise Schrauben auf der Flanschseite gedreht werden. Gelenkwelle gegen das Verdrehen mit Montierhebel arretieren.
- Bei Fahrzeugen mit Automatikgetriebe: Getriebeaufhängung mit anschrauben.
- Schraubring mit **17 Nm** anziehen. Steht das Spezialwerkzeug nicht zur Verfügung, Schraubring mit einer Rohrzange anziehen.
- Bei Fahrzeugen ohne Schiebestück: Gabelstück an Lagerzapfen Gelenkwellenmitte mit **97 Nm** anschrauben.
- Wärmeschutzblech für Katalysator anschrauben.
- Abgasanlage einbauen, siehe Seite 110.
- Aggregateunterschutz einbauen.
- Fahrzeug ablassen, siehe Seite 114.

Die Schaltung

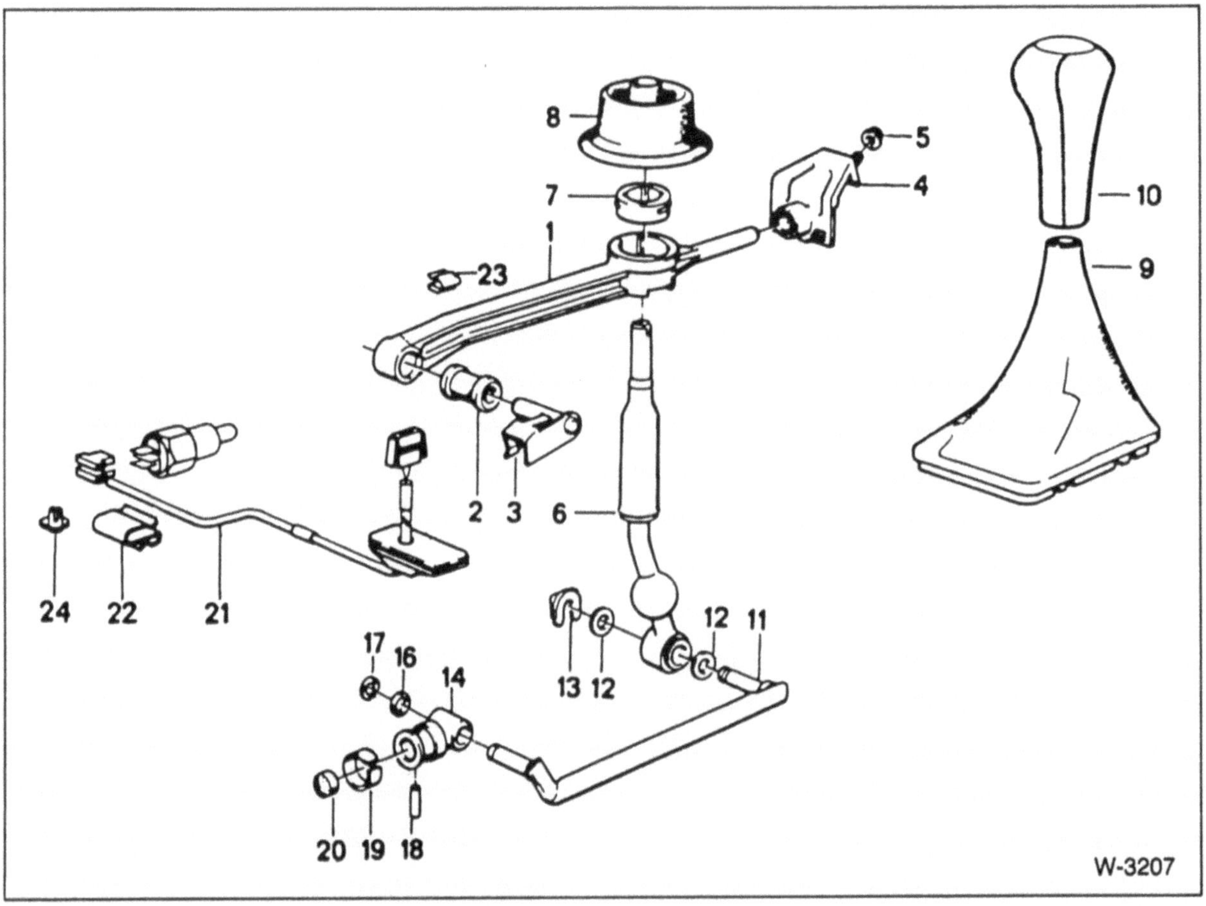

1 – Schaltarm
2 – Lagerbuchse
3 – Lagerbolzen
4 – Lagerung
5 – Selbstsichernde Mutter M8
6 – Schalthebel
7 – Lagerung
8 – Gummibalg
9 – Kunstlederbalg
10 – Schaltknopf
11 – Schaltstange
12 – Distanzscheibe
13 – Sicherungsscheibe
14 – Schaltstangengelenk
16 – Distanzscheibe
17 – Sicherungsscheibe
18 – Zylinderstift
19 – Federhülse
20 – Gummischeibe
21 – Leitung Rückfahrlichtschalter
22 – Kabelklemme Druckknopf

Schalthebel aus- und einbauen

Ausbau

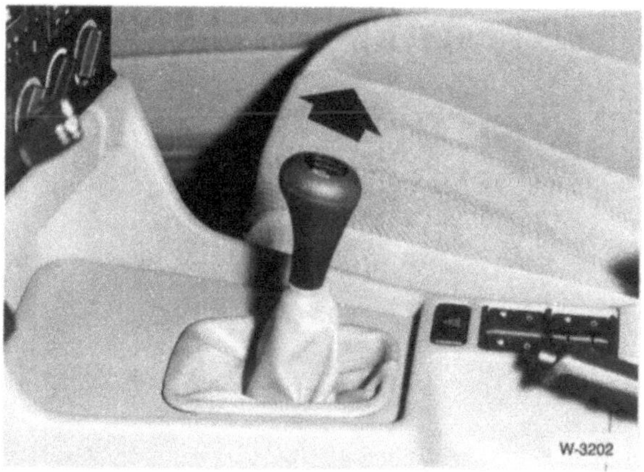

W-3202

- Schaltknopf kräftig nach oben abziehen.

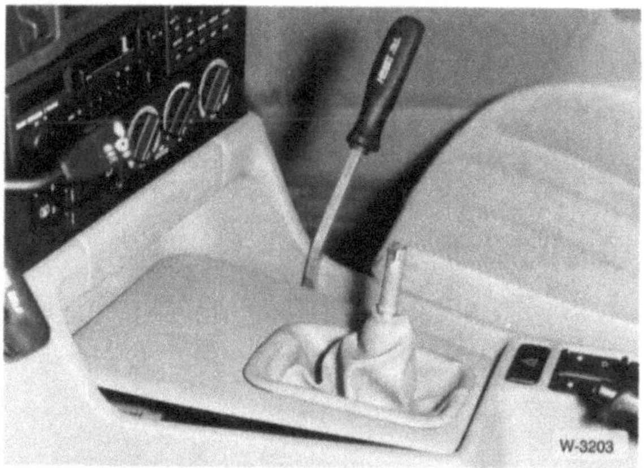

W-3203

- Abdeckung vorn aus den Haltenasen ausheben und mit Faltenbalg abnehmen.

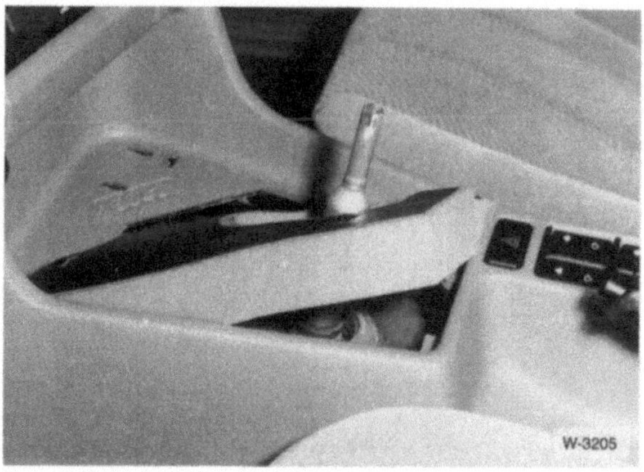

W-3205

- Dämmeinlage herausnehmen.

W-3206

- Faltenbalg von Karosserie und Schaltkonsole ausknöpfen.
- Fahrzeug aufbocken, siehe Seite 114.

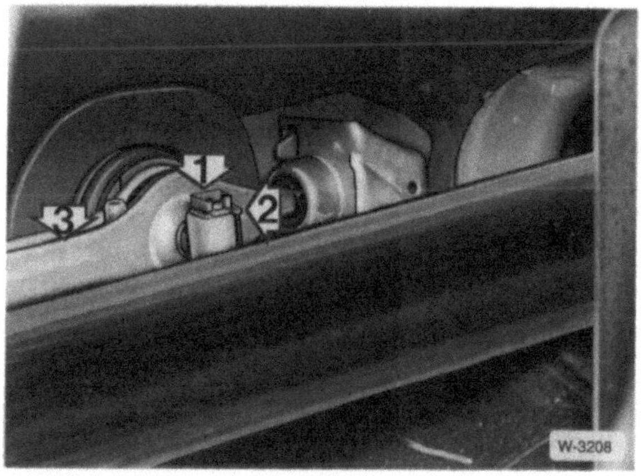

W-3208

- Sicherung –1– abhebeln, Scheibe –2– abnehmen und Schaltstange –3– herausziehen.
- Unten am Schalthebel einen Zapfenschlüssel ansetzen und um 90° entgegen dem Uhrzeigersinn drehen. Kugelschale anschließend nach oben drücken und Schalthebel von oben herausnehmen.

Einbau

- Kugelschalen des Schalthebels mit Molykote Longtherm 2 fetten.
- Kugelschale so ansetzen, daß sich die Nasen an der Kugelschale mit den Aussparungen am Schaltarm decken. Schalthebel eindrücken, bis die Haltenasen links und rechts hörbar einrasten.
- Schaltstange einsetzen. Scheibe auf Bolzen legen, Sicherung für Schaltstange auf Bolzen aufdrücken.
- Fahrzeug ablassen, siehe Seite 114.
- Faltenbalg einknöpfen. Dabei inneren Faltenbalg über den Schaltarm und äußeren in den Karosserieausschnitt einsetzen.
- Dämmeinlage einsetzen. Darauf achten, daß die Gummimatte zwischen Teppich und Mittelkonsole sitzt.

- Abdeckung mit Faltenbalg hinten einhängen und vorn einclipsen.
- Schaltknopf entsprechend der Aussparung ansetzen und kräftig aufdrücken.

Die Vollautomatik

Der BMW wird auf Wunsch mit einer Getriebevollautomatik ausgestattet. Die automatischen Getriebe haben je nach Ausführung vier beziehungsweise fünf Vorwärtsgänge, die automatisch geschaltet werden.

Um schneller beschleunigen zu können, zum Beispiel bei Überholvorgängen, hat die Automatik einen sogenannten Kickdown-Schalter, der sich beim vollen Niedertreten des Gaspedals einschaltet. Der Kickdown-Effekt sorgt dafür, daß das Getriebe entweder länger im kürzeren Gang verweilt oder von einem höheren in einen niedrigeren Gang zurückschaltet.

Für die Beurteilung der Funktion der Getriebeautomatik und für die richtige Fehlersuche ist Erfahrung mit automatischen Getrieben und die Kenntnis der Arbeitsweise unerläßlich. Da diese Materie nur durch lange Berufserfahrung erworben werden kann, beschränke ich mich deshalb auf einige leichte Überprüfungsarbeiten, siehe auch Kapitel »Wartung«.

Abschleppen von Fahrzeugen mit Automatik

- Wählhebelstellung „N".

Maximale Schleppgeschwindigkeit: 50 km/h!

Maximale Schleppentfernung: 50 Kilometer!

Achtung: Die Modelle 520i/525i seit 5/90 (in Verbindung mit dem Vierventilmotor M50) besitzen das neuere 5-Gang-Getriebe THM-R1, diese Fahrzeuge dürfen über maximal 150 km mit höchstens 70 km/h abgeschleppt werden.

- Über größere Entfernungen muß der Wagen hinten angehoben werden, oder die Gelenkwelle muß an der Hinterachse abgeflanscht werden. Grund: Bei stehendem Motor arbeitet die Getriebeölpumpe nicht, das Getriebe wird für höhere Drehzahlen und längere Laufzeiten daher nicht ausreichend geschmiert.
- Zündung einschalten, damit das Lenkrad nicht blockiert ist und die Blinkleuchten, das Signalhorn und gegebenenfalls die Scheibenwischer betätigt werden können.
- Da Bremskraftverstärker und Servolenkung nur bei laufendem Motor arbeiten, muß bei nicht laufendem Motor das Bremspedal entsprechend kräftiger getreten werden beziehungsweise für die Lenkbewegungen entsprechend mehr Kraft aufgewendet werden!

Die Vorderachse

Die Vorderachse des BMW besteht aus dem Vorderachsträger, den Federbeinen sowie den Querlenkern und Druckstreben. Ein Querstabilisator sorgt für bessere Bodenhaftung der Vorderräder.

Die Federbeine bestehen jeweils aus einer Schraubenfeder und einem integrierten Stoßdämpfer. Sie sind oben über Stützlager mit der Karosserie und unten mit dem Radlagergehäuse verschraubt.

1 – Federbein
2 – Querträger
3 – Vorderachsträger
4 – Stützlager
5 – Schraubenfeder
6 – Stoßdämpfer
7 – Lenkgetriebe
8 – Bremsscheibe
9 – Bremssattel
10 – Spurstange
11 – Druckstrebe
12 – Querlenker
13 – Stabilisator

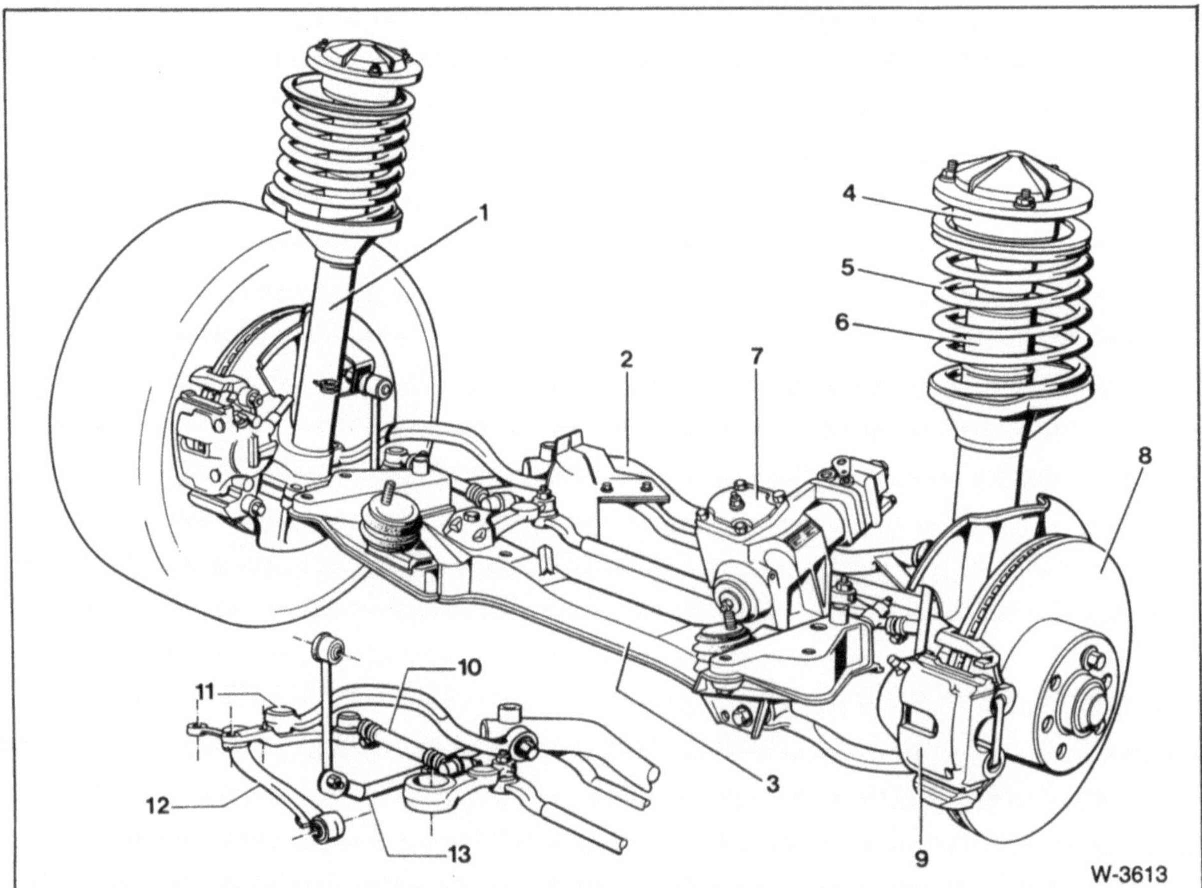

Das Federbein

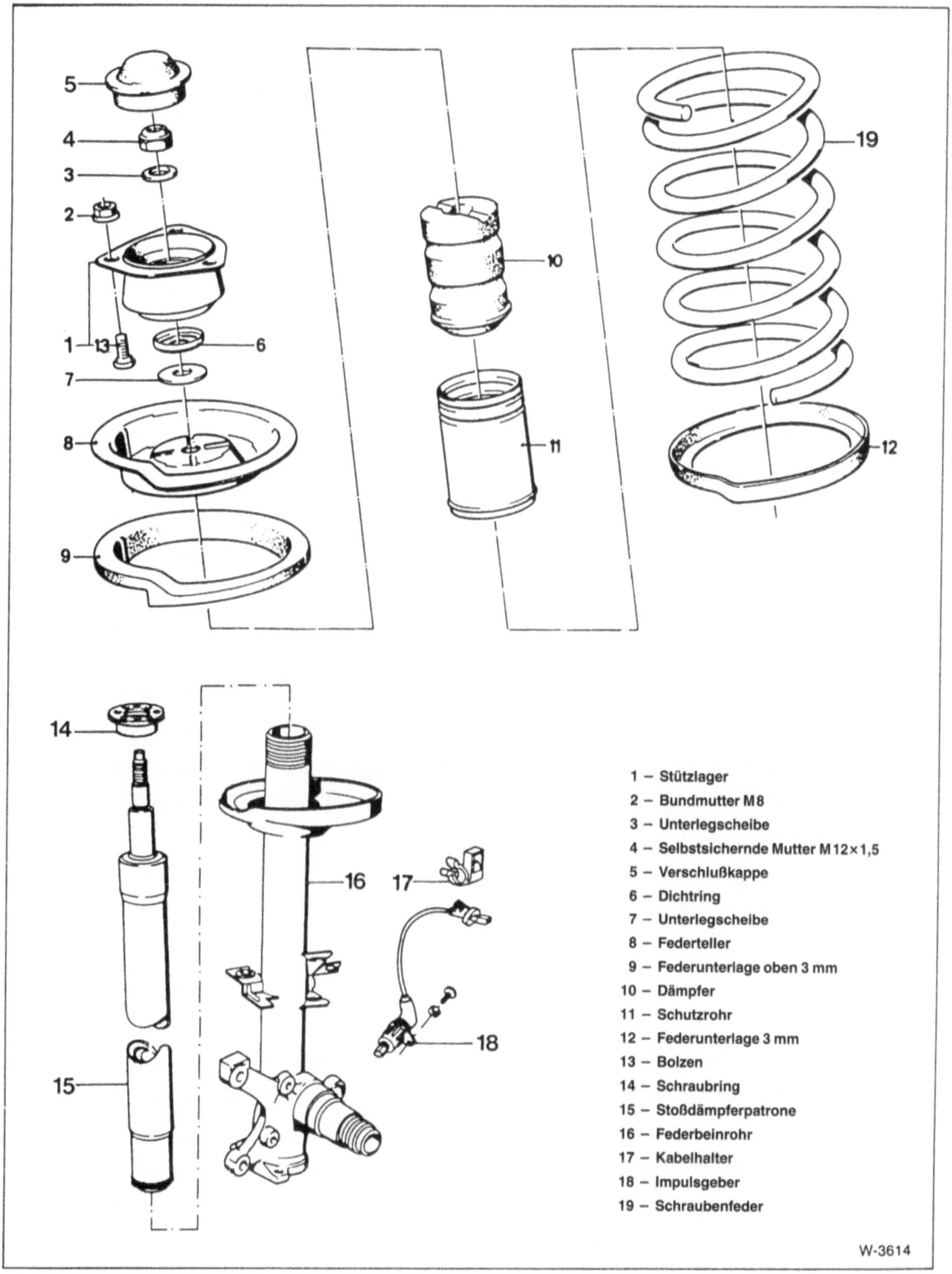

1 – Stützlager
2 – Bundmutter M8
3 – Unterlegscheibe
4 – Selbstsichernde Mutter M 12×1,5
5 – Verschlußkappe
6 – Dichtring
7 – Unterlegscheibe
8 – Federteller
9 – Federunterlage oben 3 mm
10 – Dämpfer
11 – Schutzrohr
12 – Federunterlage 3 mm
13 – Bolzen
14 – Schraubring
15 – Stoßdämpferpatrone
16 – Federbeinrohr
17 – Kabelhalter
18 – Impulsgeber
19 – Schraubenfeder

Federbein aus- und einbauen

Ausbau

- Bremssattel ausbauen und am Aufbau mit Draht aufhängen, siehe Seite 150.

Achtung: Der Bremsschlauch bleibt angeschlossen, sonst muß beim Einbau das Bremssystem entlüftet werden.

- ABS-Impulsgeber, wo vorhanden, ausbauen.

- Stabilisator-Druckstange lösen, dabei mit Maulschlüssel gegenhalten.
- Federbein unten mit Werkstattwagenheber abstützen, damit es nach Lösen der oberen Befestigung nicht herunterfallen kann.

- Schrauben für Federbein unten herausdrehen.
- Gewinde der Bohrungen und der Schrauben mit Drahtbürste reinigen.

- Abdeckkappe am Federbeindom abheben.
- 3 Befestigungsmuttern –Pfeile– am Federbeindom abschrauben und Federbein nach unten herausnehmen. **Achtung:** Befestigungsmutter –1– für Schraubenfeder **nicht** lösen.

Einbau

- Federbein von unten einsetzen und mit **neuen** selbstsichernden Muttern oben mit **22 Nm** anschrauben.

- Federbein unten ansetzen, dabei auf richtige Einbaulage –Pfeil– achten.
- Federbein unten mit **neuen** Schrauben mit **110 Nm** anschrauben. Die Schrauben sind zur Schraubensicherung beschichtet (mikroverkapselt) und müssen nach jedem Lösen erneuert werden.
- Stabilisator-Druckstange mit **neuer selbstsichernder** Mutter und **60 Nm** anschrauben. Die Schlüsselfläche am Kugelbolzen muß dabei parallel zur Stoßdämpferachse stehen.
- Gegebenenfalls ABS-Impulsgeber einbauen.
- Bremssattel einbauen, siehe Seite 150.

Federbein zerlegen/Stoßdämpfer/ Schraubenfeder aus- und einbauen

Achtung: An einer Achse Federn nur paarweise mit gleicher BMW-Nummer am Federende ersetzen.

Ausbau

- Federbein ausbauen, siehe Seite 131.
- Um den Stoßdämpfer ausbauen zu können, muß die Schraubenfeder vorgespannt werden. Die Fachwerkstatt benutzt dazu eine Spezialvorrichtung.

Achtung: Auf keinen Fall Stoßdämpfer lösen, wenn die Feder nicht gespannt ist.

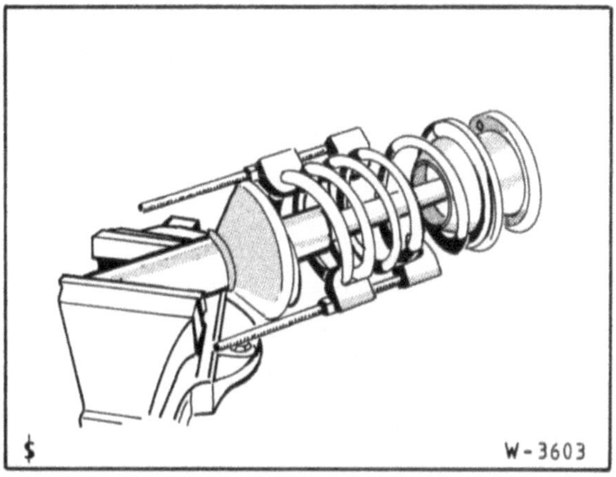

W-3603

- Federbein in einen Schraubstock einspannen und mit handelsüblichem Federspanner spannen.

Achtung: Wenn der Federspanner in die Windungen der Schraubenfeder eingesetzt wird, darauf achten, daß die Federwindungen sicher umfaßt werden und daß der Federspanner nicht abrutschen kann. Feder grundsätzlich an 3 gegenüberliegenden Seiten spannen. Die Schraubenfeder steht unter großer Vorspannung, deshalb nur stabiles Werkzeug verwenden. Keinesfalls Feder mit Draht zusammenbinden. Unfallgefahr!

Achtung: Die Befestigungsmutter darf nur dann gelöst werden, wenn die Feder sicher gespannt ist.

- Abdeckkappe abnehmen.
- Haltemutter mit tiefgekröpftem Ringschlüssel abschrauben, dabei Kolbenstange mit Schlüssel gegenhalten. **Achtung:** Die Mutter hat ein hohes Lösemoment, gegebenenfalls mit einem Hammerschlag gegen den Ringschlüssel die Mutter lockern.
- Scheibe abnehmen.
- Stützlager mit Dichtscheibe abnehmen.
- Scheibe, oberen Federteller mit Unterlage sowie Schraubenfeder abnehmen.

Achtung: Falls nur die Feder ausgewechselt werden soll, Feder langsam entspannen. Soll dagegen nur der Stoßdämpfer ersetzt werden, bleibt die Feder gespannt.

- Schutzrohr sowie Kunststoffeder beziehungsweise Gummibalg abnehmen.
- Schraubring abschrauben und Stoßdämpfer herausziehen.
- Altes Öl aus dem Federbeinrohr entfernen.

Achtung: Stoßdämpfer nur stehend lagern. Werden Dämpferpatronen mit eingefahrener Kolbenstange liegend gelagert, kann dies zu Poltergeräuschen im Betrieb führen. Gegebenenfalls Stoßdämpfer mit ausgefahrener Kolbenstange bei Raumtemperatur 24 Stunden senkrecht lagern.

Einbau

- Eine neue Schraubenfeder ist gegen Korrosion mit einem Schutzlack versehen. Vor dem Einbau Federn auf Lackschäden untersuchen und gegebenenfalls ausbessern.
- Federbeinrohr mit 20 – 25 cm^3 (520i: 42 – 47 cm^3) Motoröl SAE 30 füllen. Das Motoröl dient zur Wärmeübertragung vom Stoßdämpfer zum Federbeinrohr.

Achtung: Gasdruck-Stoßdämpferpatronen dürfen nicht mit Öl verbaut werden.

- Neuen Stoßdämpfer in Federbeinrohr einführen. Schraubring mit **130 Nm** anschrauben.
- Federbein entsprechend Abbildung W-3614 komplettieren. Darauf achten, daß die Schraubenfeder an den Ansätzen des unteren und oberen Federbeintellers anliegt.

Achtung: Falls das Stützlager ersetzt wird, auf Kennzeichnung »+«- oder »–« neben dem Gewindebolzen achten. Nur Stützlager mit gleicher Kennzeichnung einbauen, sonst verändert sich die Sturzeinstellung.

- Die Innenwölbung der Dichtscheibe zeigt zum Stützlager.
- **Neue** selbstsichernde Mutter an der Kolbenstange aufschrauben. Bei Kolbenstange mit Außensechskant mit **65 Nm**, bei Innensechskant mit **45 Nm** festziehen, dabei an der Kolbenstange gegenhalten.
- Schraubenfeder langsam entspannen.
- Abdeckkappe aufsetzen und Federbein einbauen, siehe Seite 131.

Stoßdämpfer prüfen

Folgende Fahreigenschaften weisen auf defekte Stoßdämpfer hin:

- Langes Nachschwingen der Karosserie bei Bodenunebenheiten. Aufschaukeln der Karosserie bei aufeinander folgenden Bodenunebenheiten.
- Aufbäumen des Fahrzeuges beim Beschleunigen.
- Springen der Räder bereits auf normaler Fahrbahn.
- Ausbrechen des Fahrzeuges beim Bremsen (kann auch andere Ursachen haben).
- Kurvenunsicherheit durch mangelnde Spurhaltung, Schleudern des Fahrzeuges.
- Poltergeräusche während der Fahrt.

Der Stoßdämpfer kann von Hand geprüft werden. Eine genaue Überprüfung der Stoßdämpferleistung ist jedoch nur mit einem Shock-Tester oder einer Stoßdämpfer-Prüfmaschine möglich.

- Stoßdämpfer ausbauen.
- Stoßdämpfer in Einbaulage halten, Stoßdämpfer auseinanderziehen und zusammendrücken.
- Der Stoßdämpfer muß sich über den gesamten Hub gleichmäßig schwer und ruckfrei bewegen lassen.
- Bei einwandfreier Funktion sind geringe Spuren von Stoßdämpferöl kein Grund zum Austausch.
- Bei starkem Ölverlust Stoßdämpfer austauschen.

Radlager vorn aus- und einbauen

Achtung: Treten bei Kurvenfahrt, insbesondere in engen Kurven, Geräusche aus der Richtung des kurvenäußeren Rades auf, deutet das auf defekte Radlager hin.

Ausbau

- Radschrauben lösen, Fahrzeug aufbocken und Vorderrad abnehmen.

- Nabenkappe mit Schraubendreher abhebeln, Kappe grundsätzlich ersetzen. Bei Einbau einer gebrauchten Kappe ist die Dichtigkeit nicht mehr sichergestellt. In diesem Fall kann eindringendes Wasser das Radlager innerhalb kurzer Zeit zerstören.

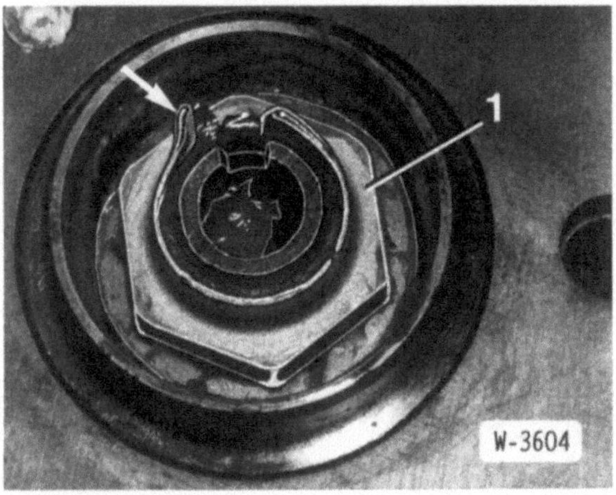

- Sicherung –Pfeil– für Halsmutter –1– mit Kreuzmeißel zurückschlagen.
- Vorderrad anschrauben und Fahrzeug ablassen.
- Halsmutter abschrauben. **Achtung:** Die Mutter ist mit hohem Drehmoment angeschraubt, deshalb muß beim Abschrauben das Fahrzeug mit den Rädern auf dem Boden stehen. Handbremse anziehen, Gang einlegen, Fußbremse treten.
- Bremssattel ausbauen und aufhängen, siehe Seite 150.
- Bremsscheibe ausbauen, siehe Seite 150.

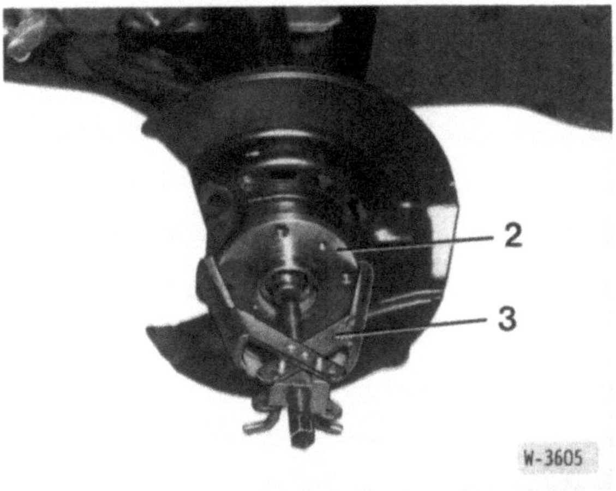

- Radnabe –2– mit handelsüblichem Abzieher –3– und den vorhandenen Radschrauben zusammen mit den Radlagern abziehen. **Achtung:** Eine abgezogene Lager-Einheit (Radnabe mit Radlagern) darf nicht wiederverwendet werden.

Achtung: Falls sich der innere Lagerinnenring nicht vom Achsstummel löst, Schutzblech und Staubschutzmanschette ausbauen und anschließend Lagerring mit Abzieher abziehen. Zum Ausbau des Schutzbleches mit Steckschlüssel 3 M6-Schrauben am inneren Durchmesser herausdrehen.

Einbau

- Falls ausgebaut, Schutzblech sowie neue Staubschutzmanschette einbauen.
- Führungshülse auf den Achsstummel aufschrauben.
- Neue Lagereinheit mit BMW-Werkzeug 312120 aufziehen.
- **Neue** Halsmutter leicht anschrauben.
- Bremsscheibe einbauen, siehe Seite 150.
- Bremssattel einbauen, siehe Seite 150.
- Vorderrad anschrauben und Fahrzeug ablassen, Gang einlegen, Handbremse anziehen, Fußbremse treten.
- Halsmutter mit **290 Nm** anschrauben und verstemmen. Dazu Bund der Mutter mit einem Dorn in die Nut des Achsstummels treiben. **Achtung:** Wenn die Mutter einmal mit dem richtigen Drehmoment angezogen wurde, darf die Lagereinheit nicht mehr wiederverwendet werden.
- **Neue** Abdeckkappe mit handelsüblichem Dichtmittel bestreichen und aufdrücken.
- Vorderrad mit **110 Nm** über Kreuz festziehen.

Die Hinterachse

Der BMW besitzt eine Schräglenker-Hinterachse mit Einzelradaufhängung. Die Abfederung erfolgt über 2 Federbeine.

In der Mitte der Hinterachse befindet sich das Hinterachsgetriebe. Es ist am Achsträger befestigt und über ein Gummilager mit dem Rahmenboden verbunden.

Die Gelenkwelle ist mit der Getriebeabtriebswelle und dem Flansch des Antriebskegelrades verbunden. Sie überträgt die Motorkraft vom Getriebe über das Ausgleichgetriebe und die Achswellen auf die Hinterräder. Geführt werden die Hinterräder durch Schräglenker, die sich über wartungsfreie Gummilager am Hinterachsträger abstützen.

1 – Gummilager
2 – Achswelle
3 – Hinterachsgetriebe
4 – Federbein
5 – Bremsscheibe
6 – Bremssattel
7 – Schräglenker
8 – Schubstrebe
9 – Stabilisator
10 – Gelenkwelle
11 – Hinterachsträger

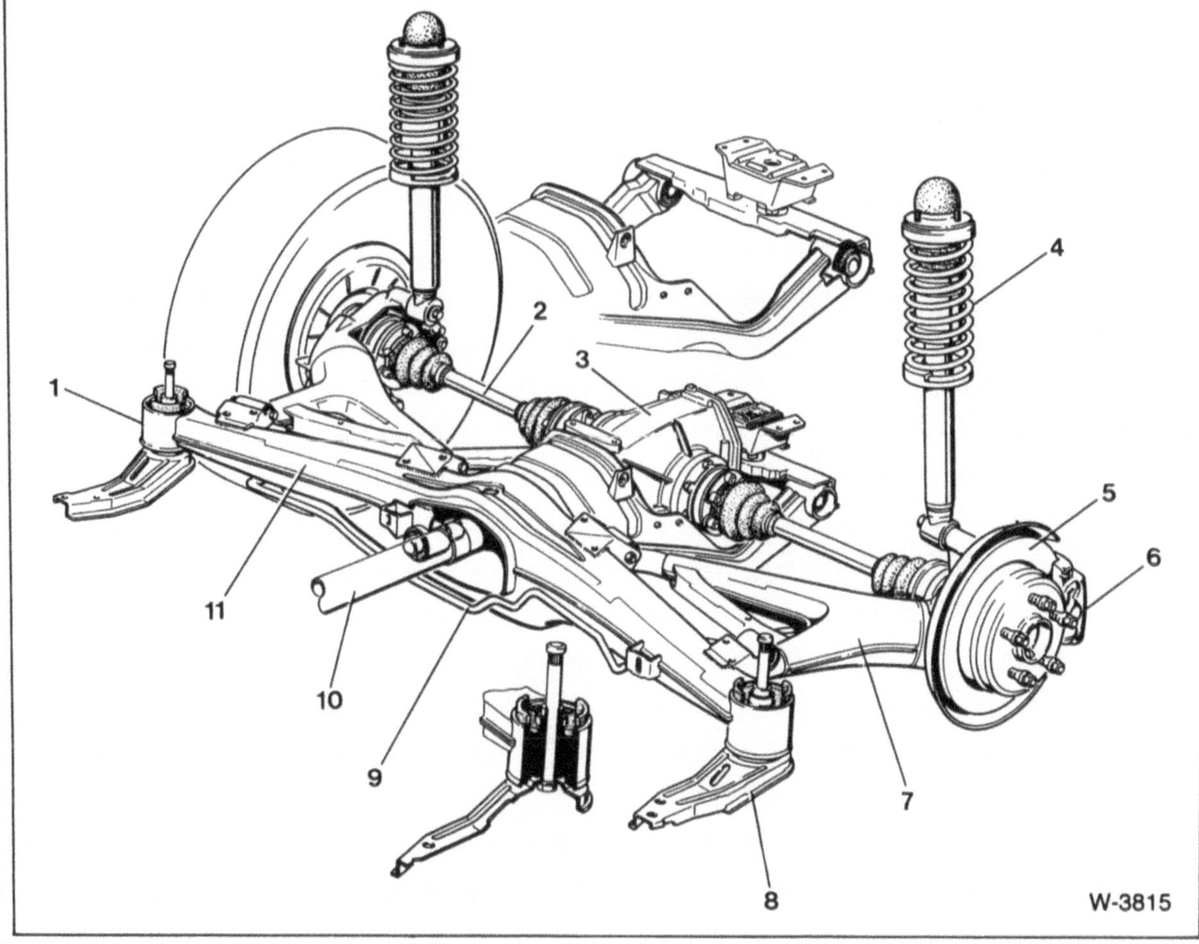

Federbein hinten aus- und einbauen

Fahrzeuge ohne Niveauregulierung

Achtung: Zerlegen des Federbeins, siehe Seite 133.

Ausbau

- Limousine: Rücksitzlehne ausbauen, siehe Seite 208.
- Touring-Modell: Hintere Radhausverkleidung ausbauen.
- Fahrzeug hinten aufbocken, siehe Seite 114.
- Schräglenker mit Werkstattwagenheber und Holzzwischenlage unterstützen, damit die Achse nach Lösen des Federbeins nicht nach unten fällt.

Achtung: Wenn das Hinterrad nach Ausbau des Federbeins zu stark abgesenkt wird, können die Gleichlaufgelenke der Achswellen beschädigt werden.

- Federbein vom Schräglenker abschrauben.

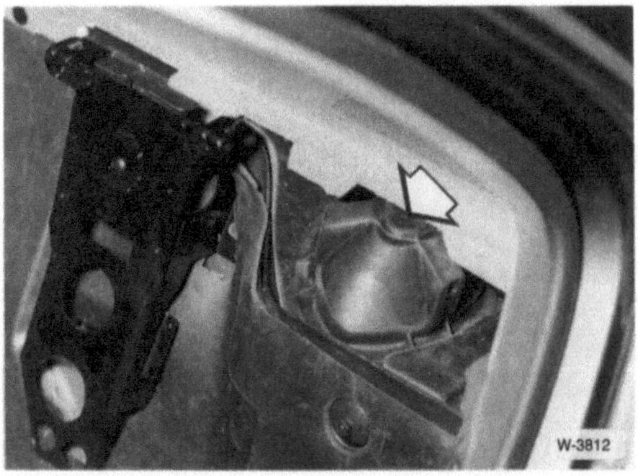

- Abdeckkappe für Federbein abnehmen.

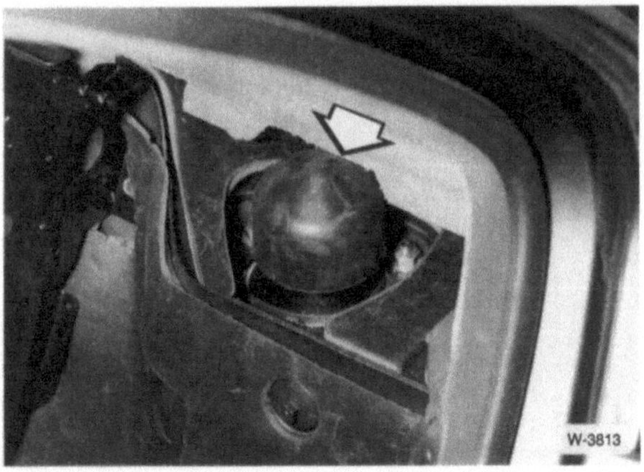

- Gummikappe abnehmen.

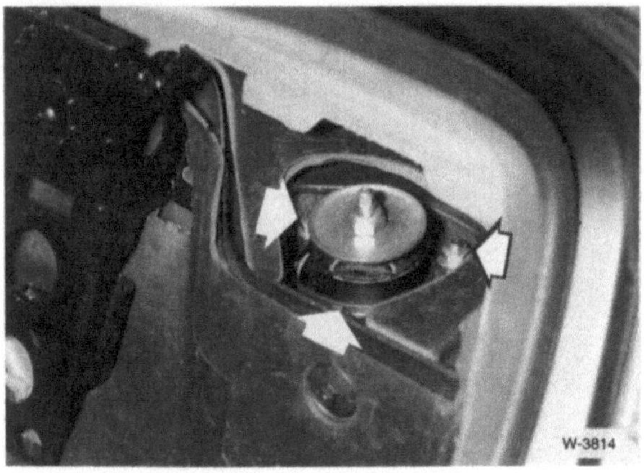

- 3 Muttern für Zentriertopf abschrauben.
- Dichtung abnehmen.
- Federbein nach unten herausnehmen.

Achtung: Stoßdämpfer nur stehend lagern. Werden Dämpferpatronen mit eingefahrener Kolbenstange liegend gelagert, kann dies zu Poltergeräuschen im Betrieb führen. Gegebenenfalls Stoßdämpfer mit ausgefahrener Kolbenstange bei Raumtemperatur 24 Stunden senkrecht lagern.

Einbau

- Stoßdämpfer prüfen, siehe Seite 133.
- Neue Dichtung am Zentriertopf des Federbeins auflegen.
- Federbein von unten einsetzen und vom Innenraum her mit **neuen** selbstsichernden Muttern und **25 Nm** anschrauben.
- Gummi- und Abdeckkappe aufsetzen.
- Federbein unten anschrauben, nicht festziehen.
- Wagenheber entfernen und Fahrzeug ablassen, siehe Seite 114.
- Untere Befestigungsschraube mit **125 Nm** festziehen.
- Rücksitzlehne, beziehungsweise Radhausverkleidung einbauen.

Die Achswelle

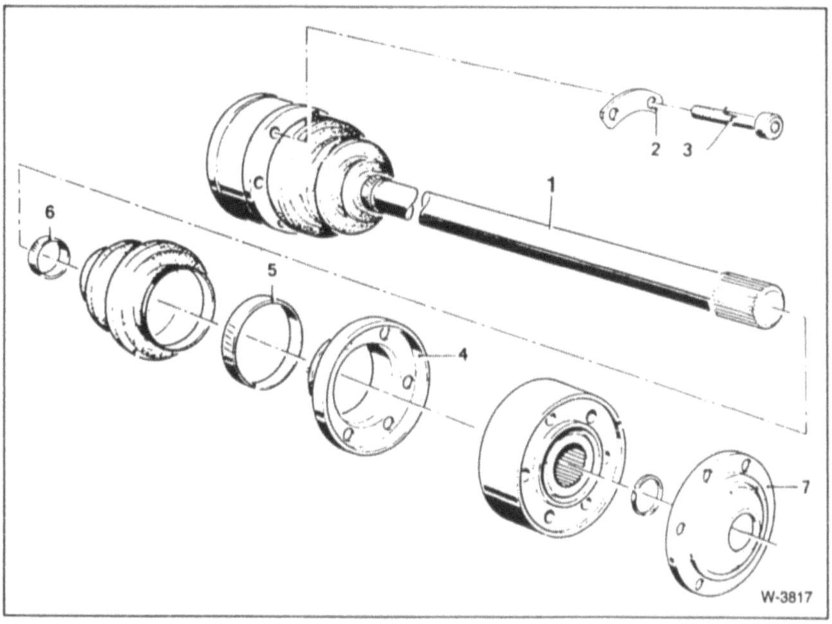

1 – **Achswelle**
2 – **Unterlegblech**
3 – **Zylinderschraube M10 x 50**
4 – **Kappe**
5 – **Schlauchschelle**
6 – **Schlauchschelle**
7 – **Verschlußdeckel**

Achswelle aus- und einbauen

Ausbau

- Radschrauben lösen.
- Fahrzeug hinten aufbocken.
- Rad abnehmen.

- Achswelle am Ausgleichgetriebe mit 8 mm Innensechskant-Steckschlüsseleinsatz, zum Beispiel HAZET 986-Lg8, abschrauben –Pfeile– und mit Draht hochbinden. **Achtung:** Achswelle nicht nach unten hängen lassen, sonst wird das äußere Gleichlaufgelenk überlastet.
- Bremsscheibe ausbauen, siehe Seite 154.
- Sicherungsblech heraushebeln und ABS-Drehzahlfühler, wo vorhanden, ausbauen.
- Äußeres Gelenk vom Mitnehmerflansch abschrauben und Achswelle abnehmen.

Einbau

- Achswelle ansetzen und mit Draht aufhängen.
- Achswelle an Ausgleichgetriebe und Mitnehmerflansch mit **80 Nm** anschrauben. Unterlegplatten nicht vergessen.
- Rad anschrauben, Fahrzeug ablassen.
- Radschrauben mit **110 Nm** festziehen.

Faltenbalg für Achswelle ersetzen

Ausbau

- Achswelle ausbauen.

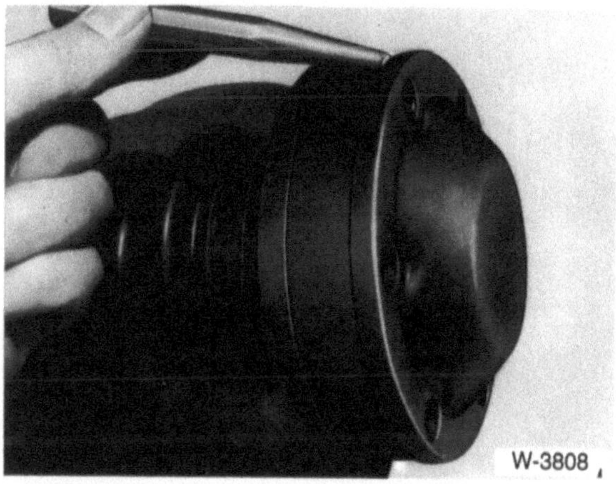

- Dichtdeckel abdrücken.

W-3809

W-3810

- Spannbänder für Faltenbalg mit Seitenschneider aufschneiden.
- Sicherungsring mit geeigneter Zange abnehmen.
- Kappe mit Faltenbalg abdrücken.
- Achswelle aus dem Gleichlaufgelenk herauspressen. Dabei muß die Kugelnabe auf der Gegendruckplatte aufliegen.
- Gelenk auf Verschmutzung oder Beschädigung prüfen, gegebenenfalls ersetzen. Gelenk möglichst nicht zerlegen.
- Verschmutztes Gelenk reinigen, dazu muß das Gelenk zerlegt werden.
- Stellung von Kugelnabe, Kugelkäfig und Gelenkstück zueinander an der Stirnseite markieren.
- Äußeren Faltenbalg (Radseite) über die Achswelle abziehen.
- Inneren Faltenbalg (Getriebeseite) über die Profilwelle abziehen.

Einbau

Für den Manschettenwechsel kompletten Reparatursatz verwenden. Bei Fahrzeugen mit höherer Laufleistung empfiehlt es sich, die zweite Gummimanschette ebenfalls auszuwechseln.

- Neue Gummimanschetten aufschieben. Dabei Gelenkwelle an den scharfkantigen Stellen mit einer geeigneten Hülse abdecken oder mit Klebeband abkleben, damit die Faltenbälge beim Aufschieben nicht beschädigt werden.
- Gelenkverzahnung fettfrei reinigen. Anschließend Verzahnung mit Sicherungsmittel Loctite 270 bestreichen. **Achtung:** Kein Sicherungsmittel in die Kugelbahnen bringen.
- Gelenk zusammensetzen und mit Kappe auf die Achswelle aufpressen.
- Sicherungsring einsetzen.
- Gelenk und Faltenbalg mit 120 g Fett füllen. **Achtung:** Das Spezialfett ist im Reparatursatz »Faltenbalg« enthalten.
- Dichtflächen für Faltenbalg fettfrei reinigen.
- Faltenbalg am großen Durchmesser mit Klebstoff »Bostik 1513 rot« oder »Epple 4841 rot« bestreichen, aufziehen und mit **neuen** Spannbändern befestigen.
- Dichtdeckel mit Dichtmittel »Curil K2« oder »Stucarit Dicht-Gel 309« bestreichen und aufdrücken.
- 2. Faltenbalg einbauen.
- Achswelle einbauen.

Die Lenkung

Die Lenkung besteht aus dem Lenkrad, der Lenkspindel, dem Lenkgetriebe und dem Lenkgestänge. Das Lenkrad ist auf der Lenkspindel aufgeschraubt, die die Lenkbewegungen auf das Lenkgetriebe überträgt.

Um eine leichtgängige Lenkung beim Einparken und eine gute Lenkungsrückmeldung bei allen Fahrzuständen zu erreichen, ist serienmäßig eine hydraulische Kugelumlauf-Servolenkung eingebaut.

Je nach Modell oder Ausstattung wird die Bedienung der Lenkung durch eine geschwindigkeitsabhängige Lenkhilfe (Servotronic) erleichtert. Dadurch wird der Kraftaufwand beim Einschlagen der Lenkung und stehendem Fahrzeug noch geringer, bei hohen Geschwindigkeiten dagegen durch abgesenkte Lenkunterstützung ein noch besserer Fahrbahnkontakt und hohe Lenkpräzision erreicht.

Die Lenkhilfe besteht aus der Ölpumpe, dem Vorratsbehälter und den Öldruckleitungen. Angetrieben wird die Ölpumpe über einen Keilriemen. Die Pumpe saugt das Hydrauliköl aus dem Vorratsbehälter an und fördert es mit hohem Druck zum Lenkgetriebe. Dort sorgt eine Regeleinheit für die erforderliche Lenkunterstützung.

Lenkrad aus- und einbauen

Achtung: Die Anweisungen gelten nur für Lenkräder **ohne** Airbag-Einrichtung. Der Ausbau der Airbag-Einrichtung sollte aus Sicherheitsgründen von einer Fachwerkstatt durchgeführt werden.

Falls das Lenkrad schräg steht, kann es an der Kerbverzahnung um maximal 2 Zähne versetzt werden. **Achtung:** Wenn diese Versetzung des Lenkrades nicht ausreicht, Spur der Vorderräder überprüfen lassen.

Ausbau

- Mit kleinem Schraubendreher BMW-Emblem ausheben.

- Sechskantmutter abschrauben und darunterliegende Scheibe abnehmen. Lenkrad beim Lösen der Mutter gegenhalten.
- Stellung des Lenkrades zur Lenkspindel mit Farbe oder Reißnadel kennzeichnen.
- Lenkrad von der Lenkspindel abziehen. **Achtung:** Das Lenkrad kann nur bei entriegeltem Lenkschloß abgezogen werden.

Einbau

- Schleifring für Hupe mit »Kontaktfix« (Fa. H. Bauer, Heidelberg) schmieren.
- Prüfen, ob sich der Blinkerhebel in Mittelstellung befindet, sonst kann beim Aufschieben des Lenkrades der Nocken beschädigt werden.
- Lenkrad so auf die Kerbverzahnung der Spindel aufschieben, daß sich die vorher angebrachten Markierungen dekken.
- Unterlegscheibe auflegen.
- **Neue selbstsichernde** Sechskantmutter mit **80 Nm** anschrauben.
- BMW-Emblem in Polsterplatte eindrücken.
- Probefahrt durchführen und bei Geradeausfahrt Stellung des Lenkrades überprüfen. Die obere Speiche des Lenkrades muß sich in waagerechter Lage befinden.
- Falls das Lenkrad schräg steht, Lenkrad versetzen.
- Hupe auf Funktion prüfen.
- Automatische Rückstellung des Blinkerschalters prüfen.

Hinweis: Ein verschmutztes oder klebrig wirkendes Lenkrad kann mit neutralem Haushaltsreiniger und lauwarmem Wasser gereinigt werden, keine Scheuermittel verwenden.

Die Spurstangen

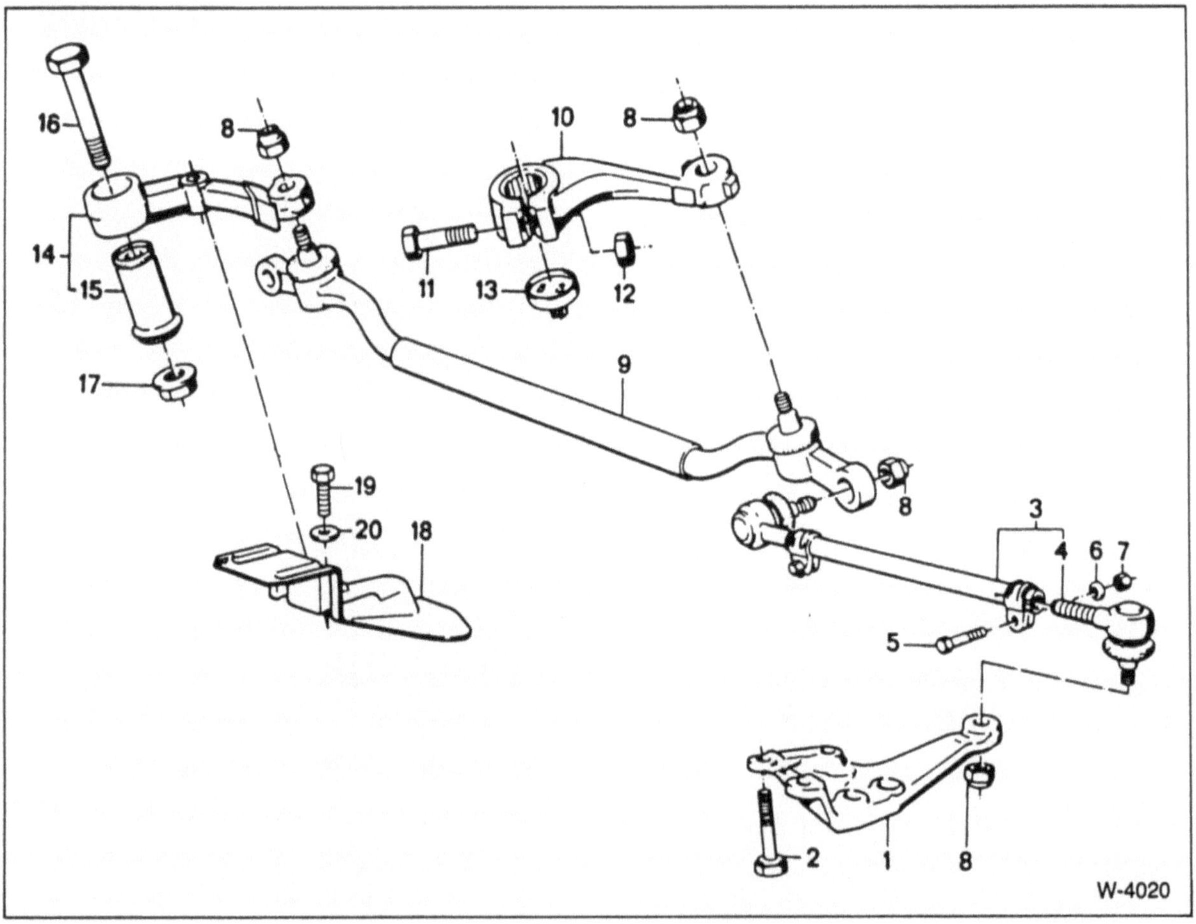

1 – Spurstangenhebel
2 – Schraube M12
3 – Spurstange
4 – Kugelgelenk
5 – Schraube M8
6 – Federring
7 – Selbstsichernde Mutter M8
8 – Selbstsichernde Mutter M10
9 – Mittlere Spurstange
10 – Lenkhebel
11 – Schraube M10
12 – Selbstsichernde Mutter M10
13 – Abstandsring
14 – Lenkführungshebel
15 – Gummilager
16 – Schraube M10
17 – Mutter M10
18 – Wärmeschutzblech
19 – Schraube M6
20 – Unterlegscheibe

Spurstangengelenk aus- und einbauen

Ausbau

- Radschrauben lösen, Fahrzeug aufbocken.
- Rad abnehmen.

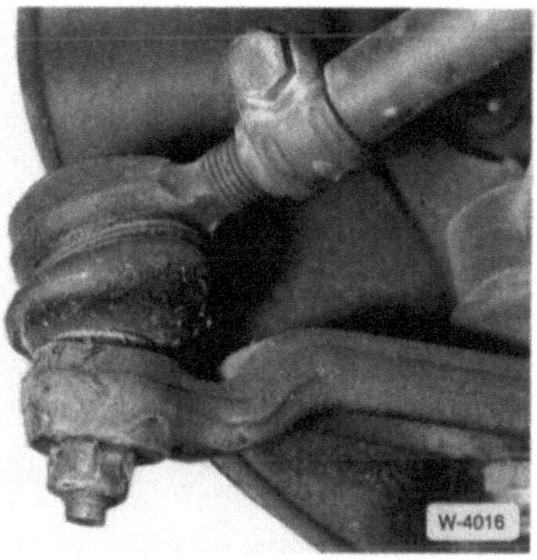

- Mutter abschrauben, Spurstangengelenk mit handelsüblichem Ausdrücker abdrücken.

- Klemmschelle –2– für Spurstangengelenk lösen.
- Spurstangengelenk –3– aus der äußeren Spurstange –1– herausschrauben. **Achtung:** Anzahl der Umdrehungen zum Lösen notieren. Links- und Rechtsgewinde auf der linken und rechten Seite beachten.

Einbau

- Spurstangengelenk mit gleicher Umdrehungszahl aufschrauben.
- Spurstangengelenk in Spurhebel einsetzen und **neue selbstsichernde Mutter** auf Spurstangengelenk aufschrauben und mit **45 Nm** festziehen.
- Rad anschrauben, Fahrzeug abbocken.
- Radschrauben mit **110 Nm** anziehen.
- Klemmschelle für Spurstangengelenk mit **15 Nm** festziehen. Dabei muß das Fahrzeug in Normallage auf dem Boden stehen, siehe auch Seite 144.
- Vorderachse optisch vermessen lassen (Werkstattarbeit).

Mittlere Spurstange ersetzen

Ausbau

- Radschrauben lösen, Fahrzeug aufbocken.
- Rad abnehmen.

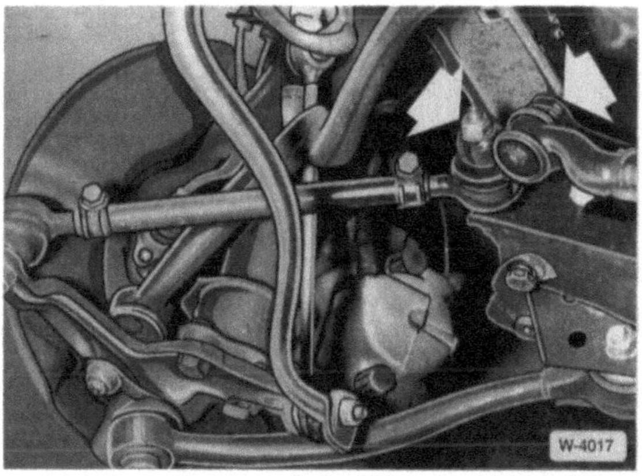

- Muttern abschrauben.
- Seitliche Spurstangen links und rechts mit handelsüblichem Ausdrücker abdrücken.
- Mittlere Spurstange abdrücken und herausnehmen.

Einbau

- Vor dem Einbau der mittleren Spurstange Kontrollmaß A zwischen den beiden Gelenkzapfen prüfen. Sollwert: A = 534 ± 1 mm.
- Mittlere Spurstange einsetzen und mit **neuen selbstsichernden Muttern** und mit **40 Nm** an den Lenkhebeln festschrauben.
- Äußere Spurstangen einsetzen und mit **neuen selbstsichernden Muttern** und mit **40 Nm** an der mittleren Spurstange festschrauben.
- Rad anschrauben, Fahrzeug abbocken.
- Radschrauben mit 110 Nm anziehen.
- Vorderachse optisch vermessen lassen (Werkstattarbeit).

Vorspur und Spurdifferenzwinkel einstellen

- Lenkung in Geradeausstellung bringen. Auf der Lenkspindel und am Lenkgehäuse ist je eine Markierung angebracht. Lenkung so verstellen, daß die Markierungen übereinstimmen.

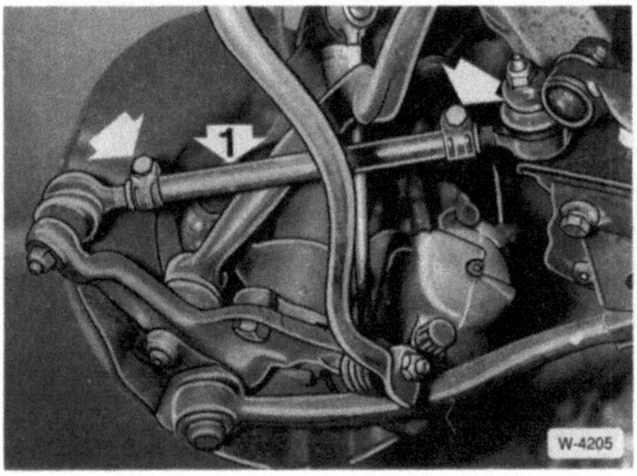

- Beide Klemmschrauben an den Spurstangen lockern. Vorspur am linken und am rechten Rad auf Sollwert durch Verdrehen der Spurstangen –1– einstellen. Dabei linke und rechte Spurstange jeweils um das gleiche Maß verdrehen. Darauf achten, daß die Kugelgelenke und Faltenbälge beim Einstellen nicht verdreht werden. Sollwert, siehe Seite 144.
- Nach der Sturzeinstellung Klemmschrauben an den Spurstangen mit **15 Nm** festziehen. Dabei muß das Fahrzeug in Normallage auf dem Boden stehen, siehe auch Seite 144.

Sturzkorrektur

Der Sturz ist konstruktiv vorgegeben. Eine Sturzkorrektur, hervorgerufen durch ungünstiges Zusammentreffen von Toleranzen, kann mit dem Einbau von exzentrischen Stützlagern um ± 30′ korrigiert werden (Werkstattarbeit). **Achtung:** Unfallbedingte Veränderungen der Achsgeometrie (Achse, Karosserie) dürfen keinesfalls durch diese Maßnahmen beseitigt werden.

Lenkradzittern / Vorderwagenunruhe beseitigen

Das Lenkradflattern bei bestimmten Geschwindigkeiten ist in der Regel auf eine Unwucht der Räder zurückzuführen.

Prüfen

- Reifenfülldruck prüfen, gegebenenfalls korrigieren.
- Probefahrt durchführen. Störung möglichst genau eingrenzen, Geschwindigkeitsbereich, Fahrbahnbeschaffenheit, Kurven- oder Geradeausfahrt.
- Fahrzeug aufbocken, siehe Seite 114.
- Mittenzentrierung der Felgen prüfen. Dabei muß die Radnabe über den Kragen des Scheibenrades hinausragen oder zumindest bündig damit abschließen. Andernfalls Felge austauschen.
- Radaufhängung prüfen. Dazu Gummi-Metallager, Gelenke, Stoßdämpfer und Felgen auf einwandfreien Zustand prüfen.
- Räder ausbauen und reinigen. Dabei beispielsweise auch Steine aus dem Profil entfernen.
- **520i, 524td ohne ABS:** Reifen auf Bremsplatten untersuchen. Das sind Stellen geringerer Profiltiefe, die bei Vollbremsungen mit blockierenden Rädern entstehen können.
- Profiltiefe der einzelnen Reifen prüfen und miteinander vergleichen. Bei abnormalem Reifenverschleiß vorn und/oder hinten muß das Fahrzeug vorn und hinten vermessen und gegebenenfalls eingestellt werden. Dabei ist die Einstellung der Vorspur an die obere Toleranzgrenze zu legen. **Achtung:** Für die Vermessung ist eine entsprechende Meßanlage erforderlich, die in der Regel nur in einer Fachwerkstatt vorhanden ist.
- Probefahrt durchführen und prüfen, ob die Störungen noch vorhanden sind.

Höhen- und Seitenschlag der Räder prüfen.

- Bei aufgebocktem Fahrzeug geeignete Meßuhr an der Lauffläche und danach an der Reifenflanke ansetzen. Rad von Hand langsam drehen, Zeigerausschlag der Meßuhr ablesen und Stelle des maximalen Höhenschlags am Reifen mit Kreide kennzeichnen.

Sollwerte: Maximaler Höhenschlag = 2,0 mm (Leichtmetallfelge: 1,6 mm); maximaler Seitenschlag = 2,0 mm (Leichtmetallfelge: 1,6 mm).

- Falls diese Werte nicht eingehalten werden, Räder auf stationärer Auswuchtmaschine auswuchten. Dabei müssen die Räder in gleicher Weise wie am Fahrzeug mittenzentriert werden. Konische Spannvorrichtungen, die das Rad in der Mittenbohrung zentrieren, sind nicht zulässig. Die zulässige Restunwucht in beiden Wuchtebenen beträgt 5 Gramm.

Höhenschlag beseitigen (matchen):

- Luft aus dem Reifen lassen und Reifenwülste in das Felgenbett drücken.
- Reifen auf der Felge um 120° verdrehen.
- Reifen aufpumpen und Höhenschlag erneut prüfen.
- Falls der Maximalwert überschritten wird, Reifen auf der Felge um weitere 120° verdrehen und Höhenschlag prüfen.
- Falls der Maximalwert eingehalten wird, Räder auswuchten.

Höhen- und Seitenschlag der Felge prüfen

- Felge ohne Reifen mittenzentriert auf die Auswuchtmaschine oder am Fahrzeug montieren. Meßuhr anbringen.

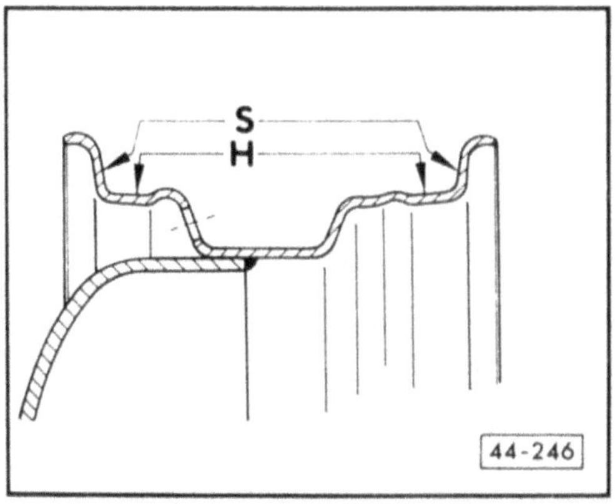

- Höhenschlag –H– und Seitenschlag –S– an den angegebenen Stellen prüfen. Dabei sind punktuelle Ausschläge der Meßuhr, die durch Materialerhöhungen oder -vertiefungen entstehen, nicht zu berücksichtigen.

Sollwerte Stahlfelge: H = 1,0 mm; S = 1,0 mm; Leichtmetallfelge: H = 0,6 mm; S = 0,6 mm.

- Falls die Sollwerte überschritten werden, Felge ersetzen.

Montage der Räder am Fahrzeug

- Bei aufgebocktem Fahrzeug Räder so ansetzen, daß sich die Stelle des maximalen Höhenschlages oben befindet. Radschrauben in diesem Zustand über Kreuz mit einem Drehmomentschlüssel und **110 Nm** festziehen.

Achtung: Wenn die Verschleißunterschiede der einzelnen Reifen klein sind, Räder mit dem geringsten Höhenschlag und den kleinsten Auswuchtgewichten an der Vorderachse montieren.

- Probefahrt durchführen. Falls immer noch Vorderwagenunruhe oder Lenkradschütteln festgestellt wird, kann es sich um Restunwuchten handeln, die durch Nachwuchten am Fahrzeug beseitigt werden.

Räder am Fahrzeug nach- oder auswuchten

- Beim Auswuchten der Antriebsräder unbedingt beide Reifen einer Achse auf Rollen (Geberböcke) setzen.
- Der Antrieb der Räder muß durch den Fahrzeugmotor erfolgen, damit die Räder synchron laufen.
- Probefahrt durchführen.

Falls immer noch Störungen auftreten, so sind die Radial- oder Taumelbewegungen eines oder mehrerer Reifen zu hoch. Mit Werkstattmitteln kann das nicht gemessen werden. In diesem Fall bleibt nur der Austausch der vorderen und/oder hinteren Reifen. Dabei sollten die Reifen grundsätzlich paarweise ersetzt werden.

Die Fahrwerkvermessung

Optimale Fahreigenschaften und geringster Reifenverschleiß sind nur dann zu erzielen, wenn die Stellung der Räder einwandfrei ist. Bei unnormaler Reifenabnutzung sowie mangelhafter Straßenlage – bei schlechter Richtungsstabilität in Geradeausfahrt sowie schlechten Lenkeigenschaften in Kurvenfahrt – sollte die Werkstatt aufgesucht werden, um den Wagen optisch vermessen zu lassen.
Die Fahrzeugvermessung kann ohne eine entsprechende Meßanlage nicht durchgeführt werden. Ich beschränke mich deshalb hier auf die Beschreibung der für die Vermessung erforderlichen Grundbegriffe.

Spur/Sturz/Spreizung/Nachlauf

Als **Spur** bezeichnet man den seitlichen Abstand der Räder voneinander. Vorspur bedeutet, daß die Räder – in Höhe des Radmittelpunktes gemessen – vorn etwas enger zusammenstehen als hinten. Nachspur bedeutet, daß die Vorderräder vorn etwas weiter auseinanderstehen als hinten.
Der BMW wird auf Vorspur 0°18′ ± 5′ ≙ 2,2 ± 0,6 mm eingestellt.

Sturz und Spreizung vermindern die Übertragung von Fahrbahnstößen auf die Lenkung und halten bei Kurvenfahrt die Reibung möglichst gering.
Sturz ist der Winkel, um den die Radebene von der Senkrechten abweicht. Die Vorderräder stehen also schräg, bei negativem Sturz beispielsweise im Radaufstandspunkt mehr auseinander als oben. Der BMW besitzt einen negativen Sturz.

Spreizung ist der Winkel zwischen der Schwenkachse des Achsschenkels und der Senkrechten im Reifenaufstandspunkt, in Längsrichtung des Wagens gesehen.
Durch den Sturz- und Spreizwinkel werden die Berührungspunkte der Räder auf der Fahrbahn näher an die Schwenkachse des Achsschenkels herangebracht. Damit wird der sogenannte Lenkrollhalbmesser klein gehalten. Je kleiner der Lenkrollhalbmesser ist, desto leichtgängiger ist die Lenkung. Auch die Fahrbahnstöße wirken sich wesentlich schwächer auf das Lenkgestänge aus.
Nachlauf ist der Winkel zwischen der Schwenkachse des Achsschenkels und der Senkrechten im Reifenaufstandspunkt in Querrichtung des Fahrzeuges gesehen.
Der Nachlauf beeinflußt maßgeblich die Geradeausführung der Vorderräder. Zu geringer Nachlauf begünstigt ein Abweichen aus der Fahrtrichtung auf schlechten Straßen oder bei Seitenwind und läßt zudem nach der Kurvenfahrt die Lenkung nicht weit genug zur Mittelstellung zurücklaufen.

Prüfvoraussetzung

- Vorschriftsmäßiger Reifenfülldruck
- Fahrzeug in Normallage: 2×68 kg vorn, 1×68 kg hinten mitte, 1×21 kg Kofferraum mitte, vollgetankt
- Fahrzeug vorher kräftig durchgefedert
- Lenkung richtig eingestellt
- Kein unzulässiges Spiel im Lenkgestänge
- Kein unzulässiges Spiel in der Radaufhängung

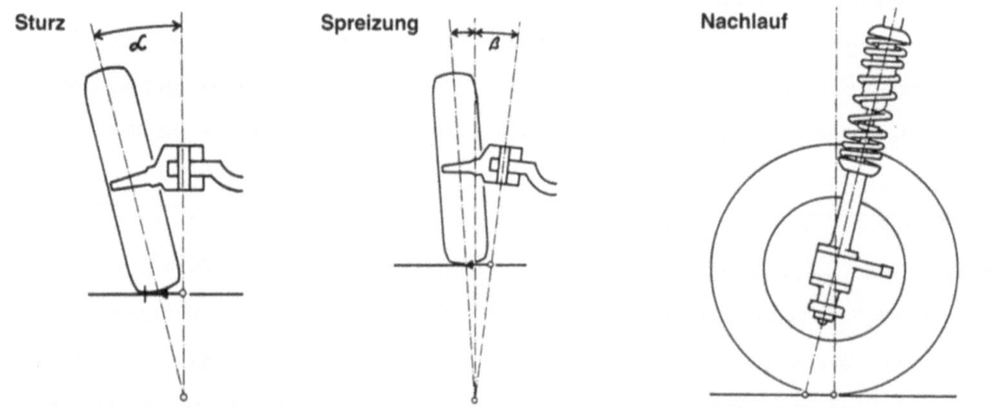

Y-4201

Die Bremsanlage

Das hydraulische Fußbremssystem besteht aus dem Hauptbremszylinder, dem Bremskraftverstärker und den Scheibenbremsen für die Vorder- und Hinterräder. Das Bremssystem ist in zwei Kreise aufgeteilt, die diagonal wirken. Ein Bremskreis arbeitet vorn rechts/hinten links, der zweite vorn links/hinten rechts. Bei Ausfall eines Bremskreises, zum Beispiel durch Undichtigkeit, kann das Fahrzeug über den anderen Bremskreis zum Stehen gebracht werden. Der Druck für beide Bremskreise wird im Tandem-Hauptbremszylinder über das Bremspedal aufgebaut. Bei Fahrzeugen mit ABS wird der Bremsdruck für jedes einzelne Rad gegebenenfalls nachreguliert, siehe Seite 166.

Der Bremsflüssigkeitsbehälter befindet sich im Motorraum über dem Hauptbremszylinder und versorgt das ganze Bremssystem mit Bremsflüssigkeit.

Der Bremskraftverstärker speichert einen Teil des vom Motor erzeugten Ansaug-Unterdruckes (der Dieselmotor besitzt hierzu eine spezielle Unterdruckpumpe). Über entsprechende Ventile wird dann bei Bedarf die Pedalkraft durch den Unterdruck verstärkt.

Alle Scheibenbremsen sind mit sogenannten Faustbremssätteln ausgestattet. Das heißt, in jedem Bremssattel werden beim Bremsen die Bremsbeläge nur durch einen Kolben gegen die Bremsscheibe gedrückt.

Die Feststellbremse wird über Seilzüge betätigt und wirkt auf die Hinterräder. Da sich die Scheibenbremse als Feststellbremse nicht gut eignet, befinden sich an den Hinterrädern zusätzlich 2 Trommelbremsen, die in den Bremsscheiben integriert sind. Die Trommelbremsen werden ausschließlich über den Handbremshebel der Feststellbremse betätigt.

Beim Reinigen der Bremsanlage fällt Bremsstaub an. Dieser Staub kann zu gesundheitlichen Schäden führen. Deshalb beim Reinigen der Bremsanlage darauf achten, daß der Bremsstaub nicht eingeatmet wird.

Die Bremsbeläge sind Bestandteil der Allgemeinen Betriebserlaubnis (ABE), außerdem sind sie vom Werk auf das jeweilige Fahrzeugmodell abgestimmt. Es empfiehlt sich deshalb, nur von BMW beziehungsweise vom Kraftfahrtbundesamt freigegebene Bremsbeläge zu verwenden. Diese Bremsbeläge haben eine KBA-Freigabenummer.

Es empfiehlt sich, beim Kauf der Bremsbeläge gleich die Verschleißfühler mitzukaufen, da die bisher eingebauten beim Wechsel der Bremsbeläge beschädigt werden beziehungsweise so abgenützt sind, daß sie ausgetauscht werden müssen.

Das Arbeiten an der Bremsanlage erfordert peinliche Sauberkeit und exakte Arbeitsweise. Falls die nötige Arbeitserfahrung fehlt, sollten die Arbeiten an der Bremse von einer Fachwerkstatt durchgeführt werden.

Verbrauchte, alte Bremsflüssigkeit auf einer Sammelstelle für Sonderabfall abgeben, nicht einfach wegschütten oder dem Hausmüll mitgeben. Gemeinde- und Stadtverwaltungen informieren darüber, wo sich die nächste Sammelstelle befindet.

Hinweis: Auf stark regennassen Fahrbahnen sollte während des Fahrens die Bremse von Zeit zu Zeit betätigt werden, um die Bremsscheiben von Rückständen zu befreien. Durch die Zentrifugalkraft wird während der Fahrt zwar das Wasser von den Bremsscheiben geschleudert, doch bleibt teilweise ein dünner Film von Silikonen, Gummiabrieb, Fett und Verschmutzungen zurück, der das Ansprechen der Bremse vermindert.

Wird das Fahrzeug nach einer Regenfahrt abgestellt, insbesondere im Winter bei Streusalzeinwirkung, ist es zweckmäßig, die Bremse vorher mit leichter Pedalkraft bis zum Stillstand zu betätigen. Dadurch trocknen die Bremsscheiben und können nicht so leicht korrodieren.

Nach dem Einbau von neuen Bremsbelägen müssen diese eingebremst werden. Während einer Fahrstrecke von rund 200 km sollten unnötige Vollbremsungen unterbleiben. Andererseits sollten die Scheibenbremsen nicht zu gering belastet werden, weil sonst Bremsscheiben-Korrosion und Verschmutzung der Bremsbeläge begünstigt werden. Starkes Abbremsen aus höheren Geschwindigkeiten begünstigt die Selbstreinigung der Scheibenbremse.

Korrodierte Scheibenbremsen erzeugen beim Abbremsen einen Rubbeleffekt, der sich auch durch längeres Abbremsen nicht beseitigen läßt. In diesem Fall müssen die Bremsscheiben erneuert werden.

Eingebrannter Schmutz auf den Bremsbelägen und zugesetzte Regennuten in den Bremsbelägen können zur Riefenbildung auf den Bremsscheiben, verminderter Bremswirkung sowie Bremsenquietschen führen.

Der Scheibenbremssattel

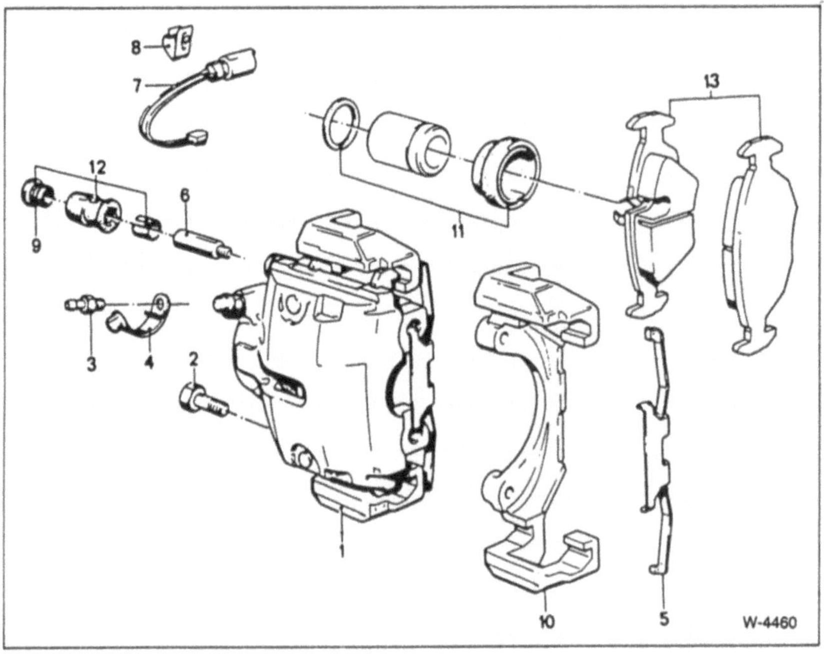

1 – Bremssattel
2 – Sechskantschraube, 115 Nm
3 – Entlüfterventil
4 – Staubkappe
5 – Haltefeder
6 – Führungsschraube
7 – Verschleißfühler
8 – Halter
9 – Schutzstopfen
10 – Bremsträger
11 – Dichtungssatz Bremssattel
12 – Reparatursatz Führungshülse
13 – Bremsbeläge (asbestfrei)

Bremsbeläge vorn aus- und einbauen

Ausbau

- Radkappe abhebeln, Radschrauben bei auf dem Boden stehendem Fahrzeug lösen.

- Scheibenrad zur Radnabe mit Farbe kennzeichnen. Dadurch kann das ausgewuchtete Rad wieder an gleicher Stelle montiert werden.
- Fahrzeug vorn aufbocken, siehe Seite 114.
- Vorderrad abnehmen.

Achtung: Ein Wechsel der Beläge von der Außen- zur Innenseite und umgekehrt oder auch vom rechten zum linken Rad ist nicht zulässig. Der Wechsel kann zu ungleichmäßiger Bremswirkung führen. Grundsätzlich alle Scheibenbremsbeläge einer Achse gleichzeitig erneuern. Sollen die Scheibenbremsbeläge wieder montiert werden, müssen sie beim Ausbau gekennzeichnet werden.

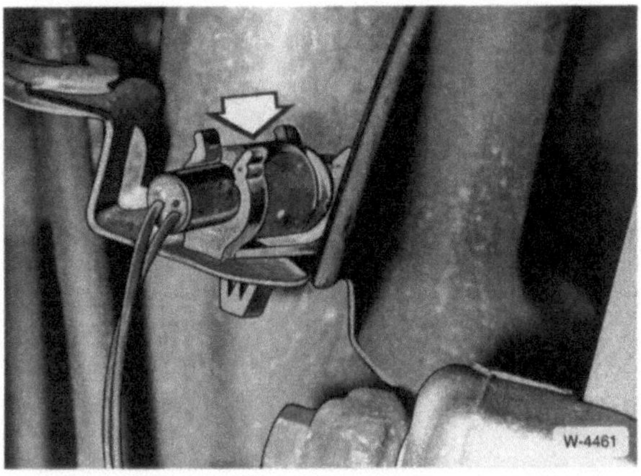

- Am linken Bremssattel Stecker –Pfeil– für Verschleißwarnanzeige aus Halterung herausnehmen und trennen, dabei nicht am Kabel ziehen.

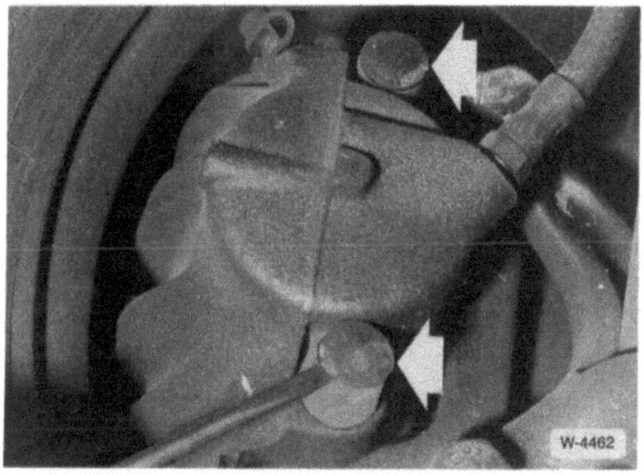

- Plastikkappen für Befestigungsschrauben –Pfeile– mit Schraubendreher abdrücken.

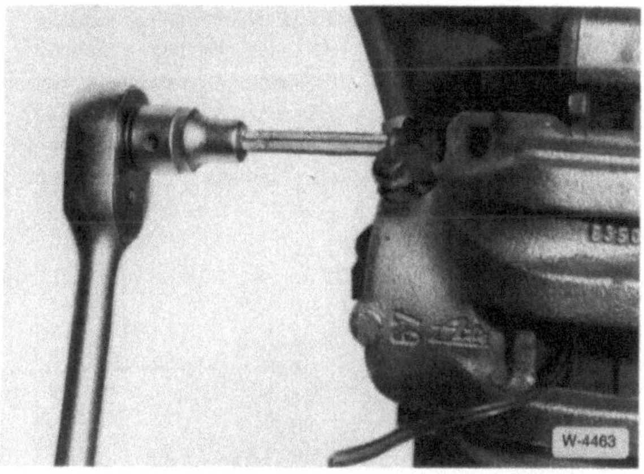

- Beide unter den Plastikkappen liegende Schrauben mit 7 mm Außensechskantschlüssel herausdrehen.

- Klammer mit Schraubendreher abdrücken.

- Schwimmsattel nach vorn abziehen.
- Äußeren Bremsbelag abnehmen.

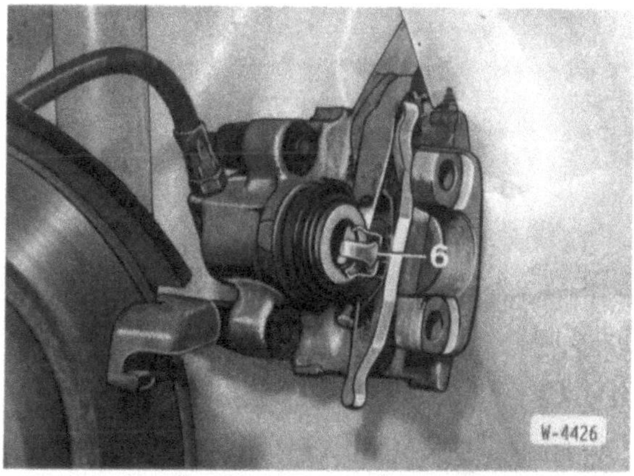

- Der innere Bremsbelag ist mit einer Feder –6– im Bremskolben befestigt. Bremsbelag herausnehmen.

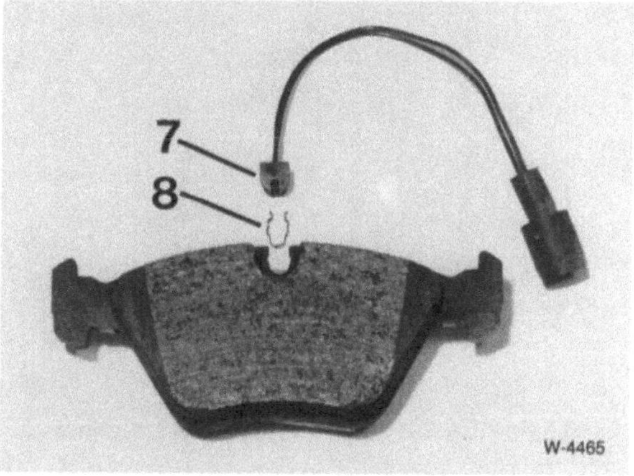

- Auf der linken Seite am inneren Bremsbelag Verschleißfühler –7– ausclipsen.
- Falls die Isolation der Kontaktplatte durchgerieben, die Kabelisolation beschädigt oder das Plastikteil angeschliffen ist, Verschleißfühler ersetzen.

Einbau

Achtung: Bei ausgebauten Bremsbelägen nicht auf das Bremspedal treten, sonst wird der Kolben aus dem Gehäuse herausgedrückt.

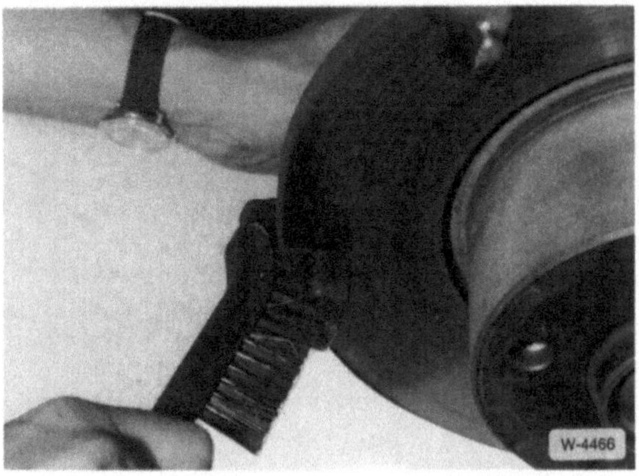

- Führungsfläche bzw. Sitz der Beläge im Gehäuseschacht mit geeigneter Weichmetallbürste reinigen oder mit einem Lappen und Spiritus auswischen. Keine mineralölhaltigen Lösungsmittel oder scharfkantigen Werkzeuge verwenden.
- Vor Einbau der Beläge ist die Bremsscheibe durch Abtasten mit den Fingern auf Riefen zu untersuchen. Riefige Bremsscheiben sind zu erneuern. Bremsscheiben mit grauer oder blauer Verfärbung vor dem Einbau neuer Beläge reinigen.
- Bremsscheibendicke messen, siehe Seite 155.
- Staubkappe am Bremskolben –2– (Abbildung W–4467) auf Anrisse prüfen. Eine beschädigte Staubkappe umgehend ersetzen lassen, da eingedrungener Schmutz schnell zu Undichtigkeiten des Bremssattels führt. Der Bremssattel muß hierzu ausgebaut und zerlegt werden (Werkstattarbeit).

- Bremskolben –2– mit Rücksetzvorrichtung zurückdrükken. Es geht auch mit einem Hartholzstab (Hammerstiel). Dabei jedoch besonders darauf achten, daß der Kolben nicht verkantet wird und Kolbenfläche sowie Staubkappe nicht beschädigt werden.

Achtung: Beim Zurückdrücken der Kolben wird Bremsflüssigkeit aus den Bremszylindern in den Ausgleichbehälter gedrückt. Flüssigkeit im Behälter beobachten, eventuell Bremsflüssigkeit mit einem Saugheber absaugen.

Zum Absaugen eine Entlüfterflasche oder Plastikflasche verwenden, die nur mit Bremsflüssigkeit in Berührung kommt. **Keine Trinkflaschen verwenden! Bremsflüssigkeit ist giftig und darf auf gar keinen Fall mit dem Mund über einen Schlauch abgesaugt werden.** Saugheber verwenden. Auch nach dem Belagwechsel darf die »Max«-Marke am Bremsflüssigkeitsbehälter nicht überschritten werden, da sich die Flüssigkeit bei Erwärmung ausdehnt. Ausgelaufene Bremsflüssigkeit läuft am Hauptbremszylinder runter, zerstört den Lack und führt zur Korrosion.

Achtung: Bei hohem Bremsbelagverschleiß Leichtgängigkeit des Kolbens prüfen. Bei schwergängigem Kolben Bremssattel instandsetzen (Werkstattarbeit).

- Um ein Quietschen der Scheibenbremsen zu verhindern, Rückseite der Bremsbeläge sowie Seitenteile der Rückenplatte mit Schmiermittel (z. B. Plastilube, Tunap VC 582/S, Chevron SRJ/2, Liqui Moly LM-36 oder LM-508-ASC) **dünn** einstreichen. Dabei nur die Rückenplatte bestreichen. **Die Paste darf keinesfalls auf den eigentlichen Bremsbelag oder auf die Bremsscheibe kommen.** Gegebenenfalls Paste sofort abwischen und mit Spiritus reinigen.

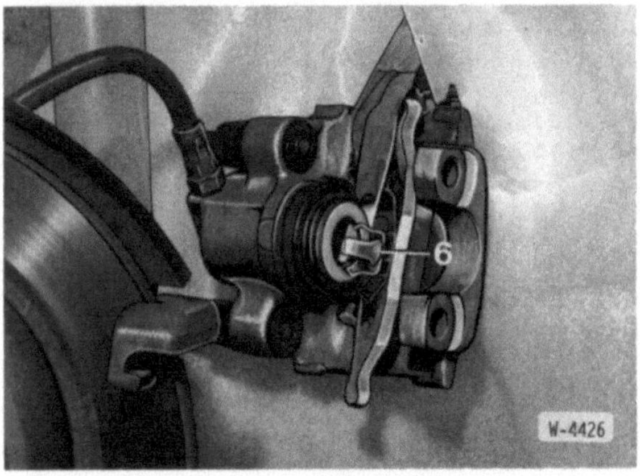

- Scheibenbremsbelag mit Feder –6– in Bremskolben einsetzen.

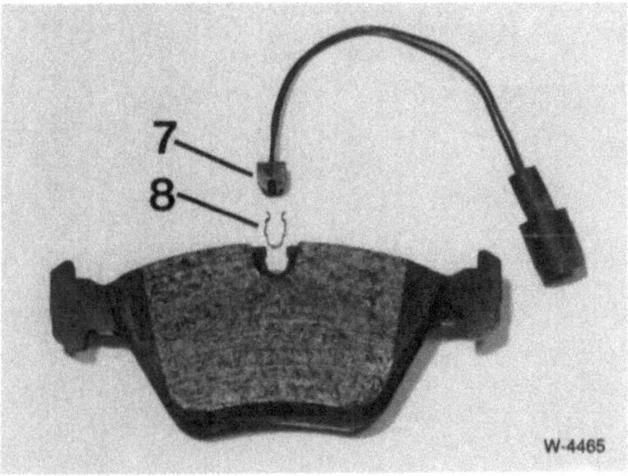

- Verschleißfühler –7– am inneren linken Bremsbelag einsetzen. Auf richtige Lage der Sicherungsfeder –8– achten.

- Äußeren Bremsbelag –9– in Bremssattel einsetzen und Bremssattel auf die Bremsscheibe setzen. Darauf achten, daß die Bremsbeläge sauber in der Führung sitzen.

- 2 Schrauben für Bremssattelbefestigung sichtprüfen, gegebenenfalls Gewinde von Verunreinigungen befreien. Gegebenenfalls Gewinde im Bremsträger mit Gewindebohrer reinigen. Schrauben mit schlechtem Gewinde oder Rostansatz erneuern. Schrauben mit 7 mm Außensechskantschlüssel **30 Nm** festziehen. **Achtung:** Schrauben nicht fester anziehen.
- Schutzkappen für Schrauben aufdrücken.

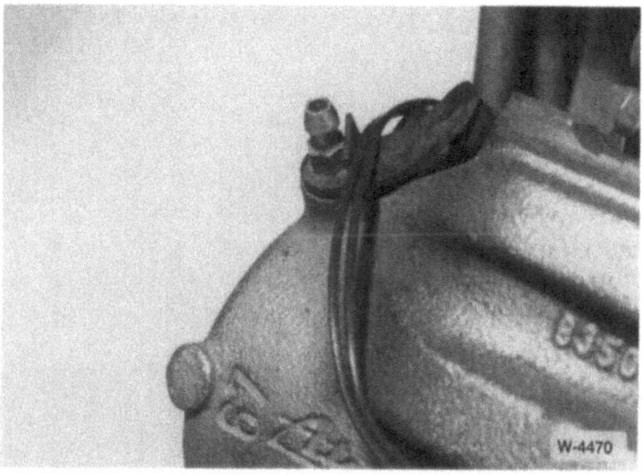

- Auf der linken Fahrzeugseite Stecker für Verschleißanzeige zusammenfügen und in Halter einsetzen. Die Zuleitung muß in der Schlaufe der Entlüftungsventil-Kappe verlaufen, siehe Abbildung.

- Klammer auf Bremssattel aufdrücken.
- Rad anschrauben, dabei auf Markierung zur Radnabe achten. Fahrzeug ablassen und Radschrauben mit **110 Nm** über Kreuz festziehen.
- Nabenabdeckung aufdrücken.

Achtung: Bremspedal im Stand mehrmals kräftig niedertreten, bis fester Widerstand spürbar ist.

- Bremsflüssigkeit im Ausgleichbehälter prüfen, gegebenenfalls bis zur »Max«-Marke auffüllen.
- Neue Bremsbeläge vorsichtig einbremsen, dazu Fahrzeug mehrmals von ca. 80 km/h auf 40 km/h mit geringem Pedaldruck abbremsen. Dazwischen Bremse etwas abkühlen lassen.

Achtung: Bis zu einer Fahrstrecke von ca. 200 km sollten keine Vollbremsungen vorgenommen werden.

Bremsscheibe/Bremssattel vorn aus- und einbauen

Ausbau

- Radschrauben lösen.
- Radkappe abziehen. Scheibenrad zur Radnabe mit Farbe kennzeichnen. Dadurch ist sichergestellt, daß das ausgewuchtete Rad an gleicher Stelle montiert werden kann.
- Fahrzeug vorn aufbocken, Rad abnehmen.

- Befestigungsschrauben –1– für Bremssattel herausdrehen und Bremssattel von der Bremsscheibe abnehmen.
- Bremssattel mit selbstangefertigtem Drahthaken so am Aufbau aufhängen, daß der Bremsschlauch sowie das Kabel für die Bremsbelagverschleißanzeige nicht verdreht oder auf Zug beansprucht werden.

Achtung: Bremsschlauch nicht lösen, sonst muß das Bremssystem entlüftet werden.

- Soll der Bremssattel ganz abgenommen werden, muß vorher der Bremsschlauch an der Bremsschlauchkupplung abgeschraubt werden. Der Bremsschlauch kann sonst nicht am Bremssattel abgeschraubt werden. **Achtung:** Bremsflüssigkeit läuft aus. Bremsflüssigkeit in einer Flasche sammeln, die ausschließlich für Bremsflüssigkeit vorgesehen ist. Man kann auch die Bremsflüssigkeit mit einem Saugheber aus dem Vorratsbehälter absaugen.

- Befestigungsschraube –4– mit 5 mm Außensechskantschlüssel herausdrehen.
- Bremsscheibe abnehmen.

Einbau

Um ein gleichmäßiges Bremsen beidseitig zu gewährleisten, müssen beide Bremsscheiben die gleiche Oberfläche bezüglich Schliffbild und Rauhtiefe aufweisen. Deshalb grundsätzlich beide Bremsscheiben ersetzen, beziehungsweise abdrehen lassen.

Die Werkstatt kann die Bremsscheibe auf Schlag prüfen. Maximaler Scheibenschlag (eingebaut, an der Bremsfläche gemessen) 0,2 mm.

- Bremsscheibendicke messen, siehe Seite 155.
- Falls vorhanden, Rost am Flansch der Bremsscheibe und der Vorderradnabe entfernen.
- Neue Bremsscheiben mit Nitro-Verdünnung vom Schutzlack reinigen.
- Bremsscheibe auf Vorderradnabe aufsetzen und mit Inbusschraube befestigen. Bremsscheibe vorher entsprechend verdrehen, damit die Bohrungen für die Schraube übereinanderstehen.
- Bremssattelschrauben an Gewinde und Kopfauflage mit Motoröl leicht einölen.
- Bremssattel mit den eingesetzten Bremsbelägen ansetzen. Dabei darf der Bremsschlauch nicht verdreht oder gedehnt werden. Freigängigkeit des Bremsschlauches bei vollem Lenkradeinschlag prüfen.
- Bremssattel mit **110 Nm** anschrauben.

Achtung: War der Bremsschlauch demontiert, Bremsschlauch anschrauben und Bremsanlage entlüften, siehe Seite 156.

- Rad montieren, dabei auf Farbmarkierung achten, Fahrzeug ablassen und Radschrauben über Kreuz mit **110 Nm** festziehen.

Achtung: Bremspedal im Stand mehrmals kräftig niedertreten, bis fester Widerstand spürbar ist.

- Bremsflüssigkeitsstand im Ausgleichbehälter prüfen, siehe Kapitel »Wartung«.

Scheibenbremsbeläge hinten aus- und einbauen

Ausbau

- Radkappe abhebeln, Radschrauben bei auf dem Boden stehendem Fahrzeug lösen.
- Scheibenrad zur Radnabe mit Farbe kennzeichnen. Dadurch kann das ausgewuchtete Rad wieder an gleicher Stelle montiert werden.
- Fahrzeug hinten aufbocken, siehe Seite 114.
- Hinterrad abnehmen.

Achtung: Ein Wechsel der Beläge von der Außen- zur Innenseite und umgekehrt oder auch vom rechten zum linken Rad ist nicht zulässig. Der Wechsel kann zu ungleichmäßiger Bremswirkung führen. Grundsätzlich alle Scheibenbremsbeläge einer Achse gleichzeitig erneuern. Sollen die Scheibenbremsbeläge wieder montiert werden, müssen sie vor dem Ausbau gekennzeichnet werden.

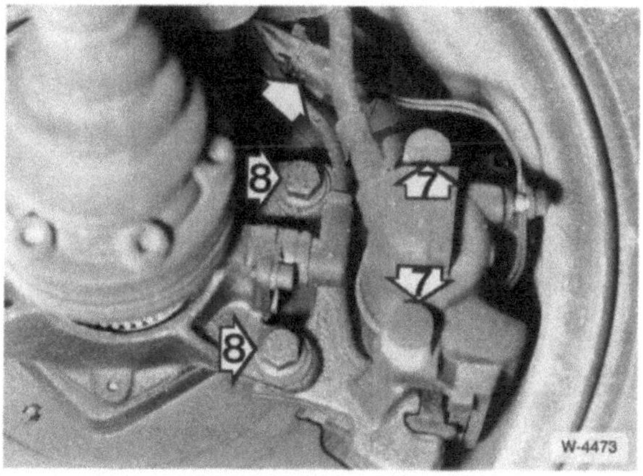

- Am rechten Bremssattel Stecker –Pfeil– für Verschleißwarnanzeige aus Halterung herausnehmen und trennen, dabei nicht am Kabel ziehen.
- Plastikkappen für Befestigungsschrauben –7– abdrücken und Schrauben mit 7 mm Außensechskantschlüssel herausdrehen.

- Klammer mit Schraubendreher abdrücken.

- Schwimmsattel nach hinten abziehen.
- Äußeren Bremsbelag abnehmen.

- Der innere Bremsbelag ist mit einer Feder –6– im Bremskolben befestigt. Bremsbelag herausnehmen.

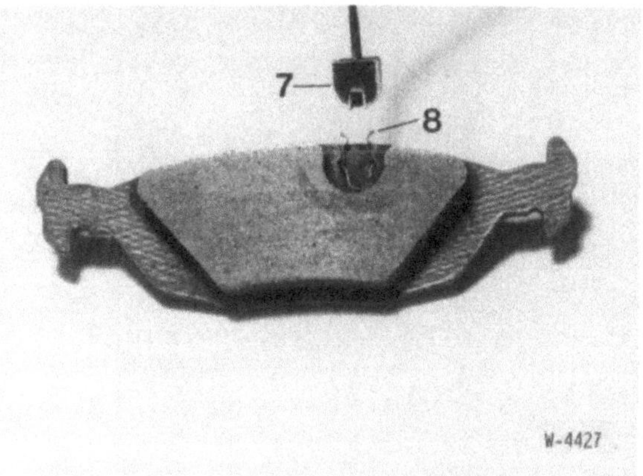

- Auf der rechten Seite am inneren Bremsbelag Verschleißfühler –7– ausclipsen.
- Falls die Isolation der Kontaktplatte durchgerieben, die Kabelisolation beschädigt oder das Plastikteil angeschliffen ist, Verschleißfühler ersetzen.

Einbau

Achtung: Bei ausgebauten Bremsbelägen nicht auf das Bremspedal treten, sonst wird der Kolben aus dem Gehäuse herausgedrückt.

- Führungsfläche bzw. Sitz der Beläge im Gehäuseschacht mit geeigneter Weichmetallbürste reinigen oder mit einem Lappen und Spiritus auswischen. Keine mineralölhaltigen Lösungsmittel oder scharfkantigen Werkzeuge verwenden.
- Vor Einbau der Beläge ist die Bremsscheibe durch Abtasten mit den Fingern auf Riefen zu untersuchen. Riefige Bremsscheiben sind zu erneuern. Bremsscheiben mit grauer oder blauer Verfärbung vor dem Einbau neuer Beläge reinigen.
- Bremsscheibendicke messen, siehe Seite 155.
- Staubkappe am Bremskolben –2– (Abbildung W–4467) auf Anrisse prüfen. Eine beschädigte Staubkappe umgehend ersetzen lassen, da eingedrungener Schmutz schnell zu Undichtigkeiten des Bremssattels führt. Der Bremssattel muß hierzu ausgebaut und zerlegt werden (Werkstattarbeit).

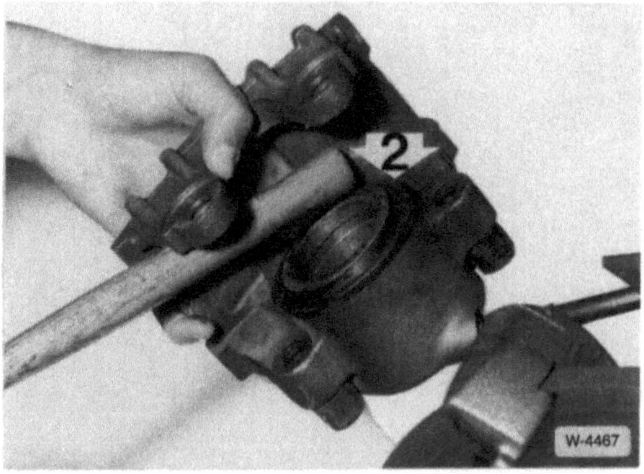

- Bremskolben –2– mit Rücksetzvorrichtung zurückdrükken. Es geht auch mit einem Hartholzstab (Hammerstiel). Dabei jedoch besonders darauf achten, daß der Kolben nicht verkantet wird und Kolbenfläche sowie Staubkappe nicht beschädigt werden.

Achtung: Beim Zurückdrücken der Kolben wird Bremsflüssigkeit aus den Bremszylindern in den Ausgleichbehälter gedrückt. Flüssigkeit im Behälter beobachten, eventuell Bremsflüssigkeit mit einem Saugheber absaugen.

Zum Absaugen eine Entlüfterflasche oder Plastikflasche verwenden, die nur mit Bremsflüssigkeit in Berührung kommt. **Keine Trinkflaschen verwenden! Bremsflüssigkeit ist giftig und darf auf gar keinen Fall mit dem Mund über einen Schlauch abgesaugt werden.** Saugheber verwenden. Auch nach dem Belagwechsel darf die Max.-Marke am Bremsflüssigkeitsbehälter nicht überschritten werden, da sich die Flüssigkeit bei Erwärmung ausdehnt. Ausgelaufene Bremsflüssigkeit läuft am Hauptbremszylinder runter, zerstört den Lack und führt zur Korrosion.

Achtung: Bei hohem Bremsbelagverschleiß Leichtgängigkeit des Kolbens prüfen. Bei schwergängigem Kolben Bremssattel instandsetzen (Werkstattarbeit).

- Um ein Quietschen der Scheibenbremsen zu verhindern, Rückseite der Bremsbeläge sowie Seitenteile der Rückenplatte mit Schmiermittel (z. B. Plastilube, Tunap VC 582/S, Chevron SRJ/2, Liqui Moly LM-36 oder LM-508-ASC) **dünn** einstreichen. Dabei nur die Rückenplatte bestreichen. **Die Paste darf keinesfalls auf den eigentlichen Bremsbelag oder auf die Bremsscheibe kommen.** Gegebenenfalls Paste sofort abwischen und mit Spiritus reinigen.

- Scheibenbremsbelag mit Feder –6– in Bremskolben einsetzen.

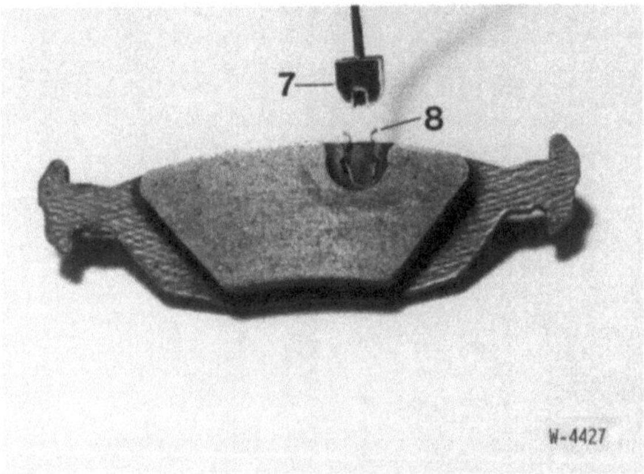

- Verschleißfühler –7– am inneren rechten Bremsbelag einsetzen. Auf richtige Lage der Sicherungsfeder –8– achten.

- Äußeren Bremsbelag –9– in Bremssattel mit der Bremsfläche zur Bremsscheibe hin einsetzen und Bremssattel auf die Bremsscheibe setzen. Darauf achten, daß die Bremsbeläge sauber in der Führung sitzen.

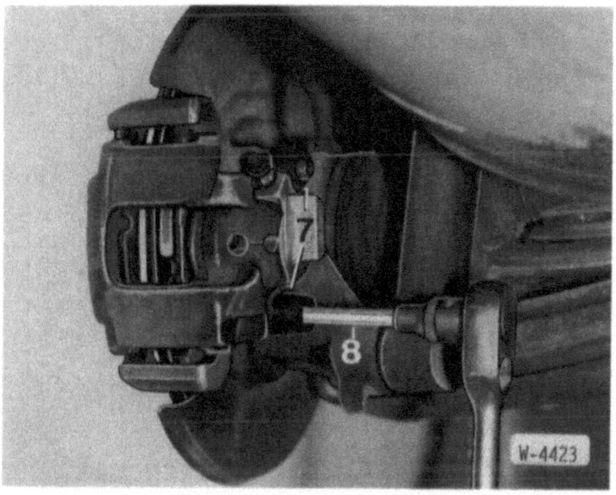

- Schrauben –7– für Bremssattelbefestigung von Sicherungsresten befreien. Gegebenenfalls Gewinde im Bremsträger mit Gewindebohrer reinigen. Schrauben mit schlechtem Gewinde oder Rostansatz erneuern. Schrauben mit 7 mm Außensechskantschlüssel –8– **30 Nm** festziehen. **Achtung:** Schrauben nicht fester anziehen.
- Schutzkappen für Schrauben aufdrücken.
- Auf der rechten Fahrzeugseite Stecker für Verschleißanzeige zusammenfügen und in Halter einsetzen.

- Klammer auf Bremssattel aufdrücken.
- Rad anschrauben, dabei auf Markierung zur Radnabe achten. Fahrzeug ablassen und Radschrauben mit **110 Nm** über Kreuz festziehen.
- Nabenabdeckung aufdrücken.

Achtung: Bremspedal im Stand mehrmals kräftig niedertreten, bis fester Widerstand spürbar ist.

- Bremsflüssigkeit im Ausgleichbehälter prüfen, gegebenenfalls bis zur »Max«-Marke auffüllen.
- Neue Bremsbeläge vorsichtig einbremsen, dazu Fahrzeug mehrmals von ca. 80 km/h auf 40 km/h mit geringem Pedaldruck abbremsen. Dazwischen Bremse etwas abkühlen lassen.

Achtung: Bis zu einer Fahrstrecke von ca. 200 km sollten keine Vollbremsungen vorgenommen werden.

Bremssattel hinten aus- und einbauen

Ausbau

- Radkappe abhebeln, Radschrauben bei auf dem Boden stehendem Fahrzeug lösen.
- Scheibenrad zur Radnabe mit Farbe kennzeichnen. Dadurch kann das ausgewuchtete Rad wieder an gleicher Stelle montiert werden.
- Fahrzeug hinten aufbocken, siehe Seite 114.
- Hinterrad abnehmen.

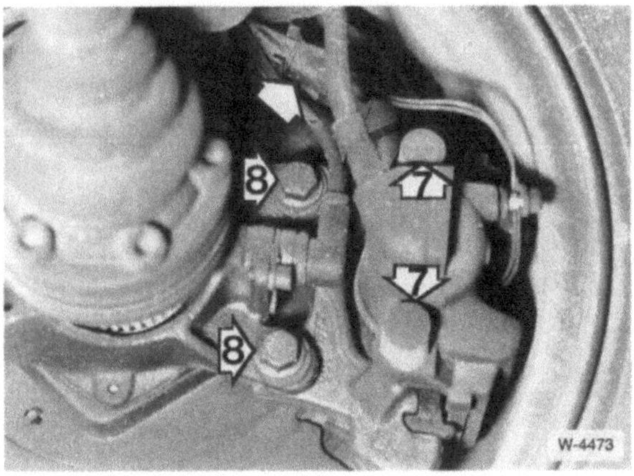

- Am rechten Bremssattel Stecker –Pfeil– für Verschleißwarnanzeige aus Halterung herausnehmen und trennen, dabei nicht am Kabel ziehen.
- Bremssattelschrauben –8– mit 17er Ringschlüssel abschrauben und mit eingebauten Bremsbelägen von der Bremsscheibe abziehen.

- Bremssattel mit selbst angefertigtem Drahthaken am Aufbau aufhängen. Darauf achten, daß der Bremsschlauch nicht überdehnt wird.

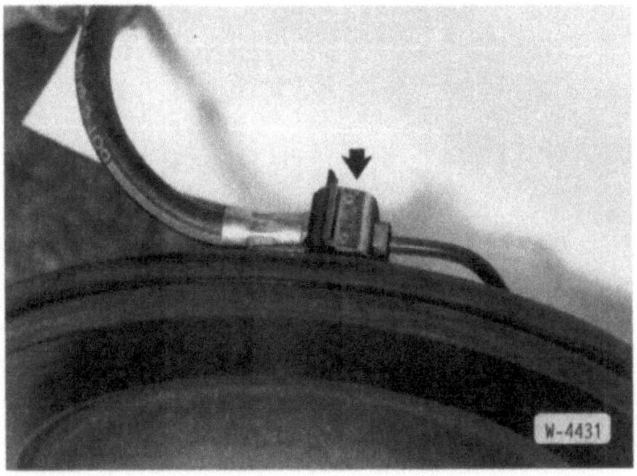

- Soll der Bremssattel oder der Bremsschlauch am Bremssattel ganz ausgebaut werden, Bremsschlauch an Trennkupplung –Pfeil– abschrauben, dabei am Sechskant des Schlauches mit Maulschlüssel gegenhalten. **Achtung:** Bremsflüssigkeit läuft aus. Entweder Bremsflüssigkeit auffangen oder vorher mit Saugheber Bremsflüssigkeit aus dem Vorratsbehälter absaugen.

Einbau

- Bremssattel mit den eingesetzten Bremsbelägen über der Bremsscheibe ansetzen.
- Befestigungsschrauben für Bremssattel mit 17er Ringschlüssel und **85 Nm** festziehen.
- Falls abgeschraubt, Bremsschlauch an Bremsschlauchkupplung anschrauben. Bremsanlage entlüften, siehe Seite 156.
- Auf rechter Fahrzeugseite Stecker für Bremsbelagverschleißanzeige zusammenstecken und in Halterung einsetzen.
- Rad anschrauben, auf Farbmarkierung achten. Fahrzeug abbocken und Radschrauben mit **110 Nm** anziehen.

Achtung: Bremspedal im Stand mehrmals kräftig durchtreten, bis fester Widerstand spürbar ist.

Bremsscheibe hinten aus- und einbauen

Ausbau

- Bremssattel hinten ausbauen.

- Befestigungsschraube –Pfeil– mit 5 mm Inbusschlüssel herausdrehen.
- Feststellbremse ganz lösen.
- Bremsscheibe abnehmen. Sollte sich die Bremsscheibe nicht abziehen lassen, Bremsbacken für Feststellbremse zurückstellen, siehe Seite 159.

Einbau

Um ein gleichmäßiges Bremsen beidseitig zu gewährleisten, müssen beide Bremsscheiben die gleiche Oberfläche bezüglich Schliffbild und Rauhtiefe aufweisen. Deshalb **grundsätzlich beide Bremsscheiben einer Achse** ersetzen, beziehungsweise abdrehen lassen.

Die Werkstatt kann die Bremsscheibe auf Schlag prüfen. Maximaler Scheibenschlag (eingebaut) 0,2 mm.

- Bremsscheibendicke messen, siehe unten.
- Neue Bremsscheiben mit Nitro-Verdünnung vom Schutzlack reinigen.
- Bremsscheibe auf Hinterradnabe aufsetzen und mit Inbusschraube befestigen. Bremsscheibe vorher entsprechend verdrehen, damit die Bohrungen für die Schraube übereinanderstehen.
- Bremssattel mit den eingesetzten Bremsbelägen ansetzen. Dabei darf der Bremsschlauch nicht verdreht oder gedehnt werden. Bremssattel anschrauben, siehe Seite 153.

Achtung: War der Bremsschlauch demontiert, Bremsschlauch anschrauben und Bremsanlage entlüften, siehe Seite 156.

- Rad montieren, dabei auf Farbmarkierung achten, Fahrzeug ablassen und Radschrauben über Kreuz mit **110 Nm** festziehen.

Achtung: Bremspedal im Stand mehrmals kräftig niedertreten, bis fester Widerstand spürbar ist.

- Bremsflüssigkeitsstand im Ausgleichbehälter prüfen, siehe Kapitel »Wartung«.
- Handbremse einstellen, siehe Seite 161.
- Neue Bremsscheiben vorsichtig in 3 Phasen einbremsen. **Phase 1:** 5 Bremsungen aus 50 km/h mit kräftiger Abbremsung auf leerer Straße. **Phase 2:** Bremsen abkühlen lassen. **Phase 3:** 5 weitere Abbremsungen aus 50 km/h.

Bremsscheibendicke prüfen

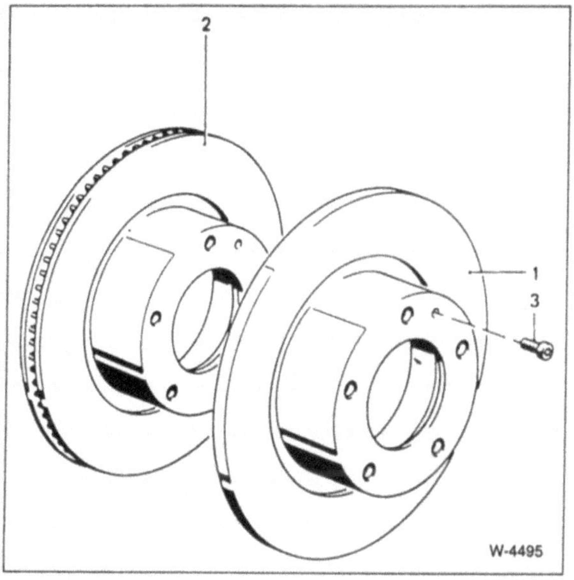

Hinweis: Fahrzeuge mit Dieselmotor und der 520i besitzen massive Bremsscheiben –1–. Alle leistungsstärkeren Modelle haben die dickeren, innenbelüfteten Bremsscheiben –2–, die eine bessere Wärmeabfuhr bieten.

- Radkappe abhebeln, Radschrauben bei auf dem Boden stehendem Fahrzeug lösen.
- Scheibenrad zur Radnabe mit Farbe kennzeichnen. Dadurch kann das ausgewuchtete Rad wieder an gleicher Stelle montiert werden.
- Fahrzeug aufbocken.
- Rad abnehmen.

- Bremsscheibendicke messen. Die Werkstätten benutzen dazu eine spezielle Lehre oder ein Mikrometer, da sich durch Abnutzung der Bremsscheibe ein Rand bildet. Man kann die Bremsscheibendicke auch mit einer normalen Schieblehre messen, allerdings muß dann auf jeder Seite der Bremsscheibe eine entsprechend starke Unterlage zwischengelegt werden (beispielsweise 2 Zehn-Pfennig-Stücke). Um die exakte Bremsscheibendicke zu haben, müssen von dem gemessenen Maß die 3,3 mm für die Zehn-Pfennig-Stücke beziehungsweise die Unterlage abgezogen werden. **Achtung:** Messung an mindestens 8 Punkten der Bremsscheibe vornehmen.

Vordere Bremsscheiben

Ausführung der Bremsscheibe	**Bremsscheibendicke**	
	Neu	Verschleißgrenze
Massiv-vorn	12,0 mm	10,4 mm
Innenbelüftet-vorn	22,0 mm	20,4 mm
Innenbelüftet-vorn (nur M5, 540i, 525iX)	28,0 mm	26,4 mm
Massiv-hinten	10,0 mm	8,4 mm

- Wird die Verschleißgrenze erreicht, Bremsscheibe erneuern. Die Mindestdicke nach dem Nacharbeiten von Bremsscheiben liegt 0,4 mm über der Verschleißgrenze. Maximaler Axialschlag der Bremsfläche bei ausgebauter Bremsscheibe: 0,05 mm.
- Bei größeren Rissen oder bei Riefen, die tiefer als 0,5 mm sind, Bremsscheibe erneuern.

Quietschgeräusche der Scheibenbremse beseitigen

- Bremsbeläge ausbauen.
- Beläge und Bremssattel mit Preßluft oder einem Lappen und Spiritus reinigen.

Achtung: Bremsstaub nicht einatmen!

- Folgende Stellen mit Plastilube oder Hochtemperaturpaste, z. B. Liqui Moly LM-508-ASC, bestreichen:
  - Alle zugänglichen Stellen der Bremsbelag-Rückenplatte.
  - Kolbenstirnseite.
  - Anlagefläche des Bremsträgers.
  - Gleitführungen des Bremssattels.

Achtung: Plastilube oder Hochtemperaturpaste darf **nicht** auf die Reibflächen der Bremsscheibe oder der Bremsbeläge kommen. Eventuell auf die Reibflächen gelangte Reste der Paste mit einem Lappen abwischen, gegebenenfalls mit Spiritus reinigen.

- Bremsbeläge einbauen.

Die Bremsflüssigkeit

Beim Umgang mit Bremsflüssigkeit ist zu beachten:

- Bremsflüssigkeit ist giftig. Keinesfalls Bremsflüssigkeit mit dem Mund über einen Schlauch absaugen. Bremsflüssigkeit nur in Behälter füllen, bei denen ein versehentlicher Genuß ausgeschlossen ist.
- Bremsflüssigkeit ist ätzend und darf deshalb nicht mit dem Autolack in Berührung kommen, gegebenenfalls sofort abwischen und mit viel Wasser abwaschen.
- Bremsflüssigkeit ist hygroskopisch, das heißt, sie nimmt aus der Luft Feuchtigkeit auf. Bremsflüssigkeit deshalb nur in geschlossenen Behältern aufbewahren.
- **Bremsflüssigkeit, die schon einmal im Bremssystem verwendet wurde, darf nicht wieder verwendet werden. Auch beim Entlüften der Bremsanlage nur neue Bremsflüssigkeit verwenden.**
- Bremsflüssigkeits-Spezifikation: **DOT 4.**
- Bremsflüssigkeit darf nicht mit Mineralöl in Berührung kommen. Schon geringe Spuren Mineralöl machen die Bremsflüssigkeit unbrauchbar, beziehungsweise führen zum Ausfall des Bremssystems.
- Bremsflüssigkeit einmal im Jahr wechseln, möglichst nach der kalten Jahreszeit.
- Alte Bremsflüssigkeit bei der örtlichen Deponie für Sondermüll abgeben, nicht in die Kanalisation schütten.

Bremsanlage entlüften

Nach jeder Reparatur an der Bremse, bei der die Anlage geöffnet wurde, kann Luft in die Druckleitungen eingedrungen sein. Dann ist das Bremssystem zu entlüften. Luft ist auch dann in den Leitungen, wenn sich beim Tritt auf das Bremspedal der Bremsdruck schwammig anfühlt. In diesem Fall muß die Undichtigkeit beseitigt und die Bremsanlage entlüftet werden.

Die Bremsanlage wird durch Pumpen mit dem Bremspedal entlüftet, dazu ist eine zweite Person notwendig.

Achtung: Der Arbeitsvorgang ist für Fahrzeuge mit und ohne ABS (Antiblockiersystem) identisch. Die Werkstätten verwenden zum Entlüften ein Entlüftergerät, das am Ausgleichbehälter angeschlossen wird. Wird dieses Gerät bei Fahrzeugen mit ABS verwendet, muß dennoch das Bremssystem, wie nachfolgend beschrieben, durch Betätigen des Bremspedals entlüftet werden.

Muß die ganze Anlage entlüftet werden, jeden Radbremszylinder einzeln entlüften. Das ist immer dann der Fall, wenn Luft in jeden einzelnen Bremszylinder gedrungen ist. Falls nur ein Bremssattel erneuert bzw. überholt wurde, genügt in der Regel das Entlüften des betreffenden Zylinders.

Die Reihenfolge der Entlüftung: 1. Bremssattel hinten rechts, 2. Bremssattel hinten links, 3. Bremssattel vorn rechts, 4. Bremssattel vorn links.

W-4470

- Staubkappe von der Entlüfterschraube des Bremszylinders abnehmen. Entlüfterschraube reinigen, sauberen Schlauch aufstecken, anderes Schlauchende in eine mit Bremsflüssigkeit halbvoll gefüllte Flasche stecken.

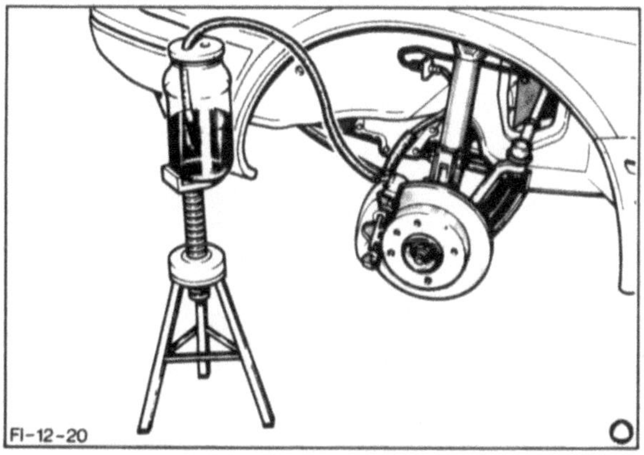

- Die Auffangflasche soll mindestens 30 cm höher stehen als die Entlüfterschraube. Dadurch wird verhindert, daß Luft über das Gewinde der Entlüfterschraube in das Bremssystem gelangt.
- Von einer Hilfsperson Bremspedal so oft niedertreten lassen, »pumpen«, bis sich im Bremssystem Druck aufgebaut hat. Zu spüren am wachsenden Widerstand beim Betätigen des Pedals.
- Ist genügend Druck vorhanden, Bremspedal ganz durchtreten, Fuß auf dem Bremspedal halten.
- Entlüfterschraube am Bremssattel etwa eine halbe Umdrehung mit Ringschlüssel öffnen. Ausfließende Bremsflüssigkeit in der Flasche sammeln. Darauf achten, daß sich das Schlauchende in der Flasche ständig unterhalb des Flüssigkeitsspiegels befindet.
- Bremspedal lösen und ca. 12 mal bis zum Anschlag betätigen (pumpen). Das Bremspedal läßt sich dabei leicht durchdrücken. Bremsflüssigkeit fließt durch die Entlüfterschraube in die Flasche.
- Bremspedal in durchgetretener Stellung halten, dabei vom Helfer Entlüfterschraube schließen lassen.
- Entlüftungsvorgang an einem Bremszylinder so lange wiederholen, bis sich in der Bremsflüssigkeit, die in die Entlüfterflasche strömt, keine Luftblasen mehr zeigen.
- Nach dem Entlüften Schlauch von Entlüfterschraube abziehen, Staubkappe auf Ventil stecken.
- Die anderen Bremszylinder auf gleiche Weise entlüften.

Achtung: Während des Entlüftens ab und zu den Ausgleichbehälter beobachten. Der Flüssigkeitsspiegel darf nicht zu weit sinken, sonst wird über den Ausgleichbehälter Luft angesaugt. **Immer nur neue Bremsflüssigkeit nachgießen!**

- Nach dem Entlüften ist der Ausgleichbehälter bis zur »Max«-Markierung aufzufüllen. Deckel aufschrauben.

Bremsleitung/Bremsschlauch ersetzen

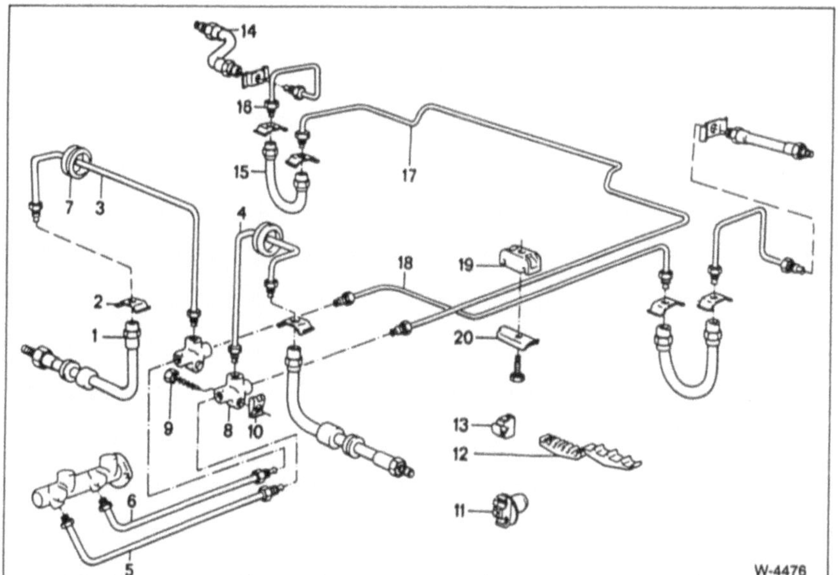

1 – Bremsschlauch
2 – Haltefeder
3 – Rohrleitungen (– 6)
7 – Gummitülle
8 – Zwischenstück
9 – Blechschraube
10 – Blechmutter
11 – Halter Bremsleitung (– 13)
14, 15 – Bremsschlauch
16 – Rohrleitung (– 18)
19 – Schelle
20 – Halter

Für das Bremsleitungssystem, das zusammen mit den druckfesten Bremsschläuchen für die Räder die Verbindung vom Hauptbremszylinder zu den vier Radbremsen herstellt, werden Rohre verwendet.

Die Bremsschläuche stellen die flexiblen Verbindungen zwischen den starren und beweglichen Fahrzeugteilen her.

- Fahrzeug aufbocken.
- Bremsleitung an den Überwurfmuttern lösen und abnehmen.
- Leitungsanschluß in Richtung Hauptbremszylinder mit geeignetem Stopfen verschließen, oder vorher Bremsflüssigkeit mit Saugheber aus dem Vorratsbehälter absaugen.

- Neue Bremsleitung möglichst an gleicher Stelle verlegen.
- Soll der Bremsschlauch am Bremssattel erneuert werden, muß vorher der Bremssattel ausgebaut werden.
- Neuen Bremsschlauch so einbauen, daß er ohne Drall durchhängt und mit **15 Nm** festziehen.
- Nur vom Werk freigegebene Bremsschläuche und Bremsleitungen einbauen. Die Bremsleitungen werden nur in gerader Ausführung und richtiger Länge mit Anschlußnippel versehen verkauft. Als Biegevorlage dient die ausgebaute Bremsleitung. Oberfläche der Leitung nicht beschädigen, Leitung nicht knicken und nicht zurückbiegen.
- Nach dem Einbau bei entlastetem Rad prüfen (Wagen angehoben), ob der Bremsschlauch allen Radbewegungen folgt, ohne irgendwo anzuscheuern.

Achtung: Bremsschläuche nicht mit Öl oder Petroleum in Berührung bringen, nicht lackieren oder mit Unterbodenschutz besprühen.

- Bremsanlage entlüften.
- Fahrzeug ablassen.

Bremskraftverstärker prüfen

Der Bremskraftverstärker ist auf Funktion zu überprüfen, wenn zur Erzielung ausreichender Bremswirkung die Pedalkraft außergewöhnlich hoch ist.

- Bremspedal bei stehendem Motor mindestens 10mal kräftig durchtreten, dann bei belastetem Bremspedal Motor starten. Das Bremspedal muß jetzt unter dem Fuß spürbar nachgeben. In diesem Fall ist der Bremskraftverstärker in Ordnung.
- Andernfalls Unterdruckschlauch am Bremskraftverstärker abschrauben, Motor starten. Durch Fingerauflegen am Ende des Unterdruckschlauches prüfen, ob Unterdruck erzeugt wird.
- Ist kein Unterdruck vorhanden: Unterdruckschlauch auf Undichtigkeiten und Beschädigungen prüfen, gegebenenfalls ersetzen. Sämtliche Schellen fest anziehen.
- Ist Unterdruck vorhanden: Unterdruck messen, ggf. Bremsservo ersetzen (Werkstattarbeit).

Die Feststellbremse

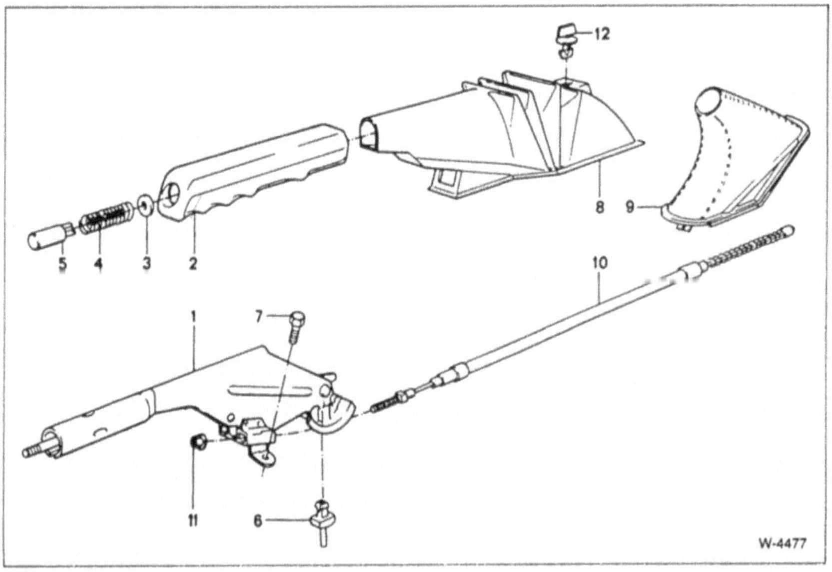

1 – **Handbremshebel**
2 – **Griff**
3 – **Gummischeibe**
4 – **Druckfeder**
5 – **Druckknopf**
6 – **Führung**
7 – **Schraube**
8 – **Schutzkappe**
9 – **Abdeckung**
10 – **Bowdenzug**
11 – **Mutter**
12 – **Drehknopf**

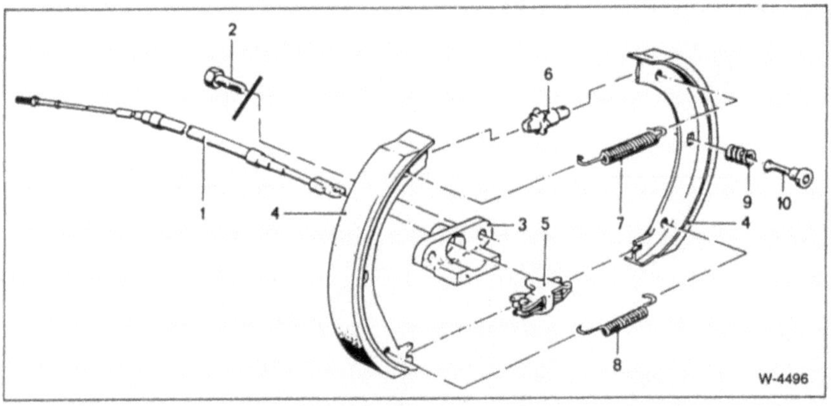

1 – **Bowdenzug**
2 – **Schraube**
3 – **Stütze**
4 – **Bremsbacken**
5 – **Spreizschloß**
6 – **Einstellschraube**
7 – **untere Zugfeder**
8 – **obere Zugfeder**
9 – **Druckfeder**
10 – **Spannstift**

Bremsbacken für Feststellbremse aus- und einbauen

Ausbau

- Bremsscheibe hinten ausbauen.

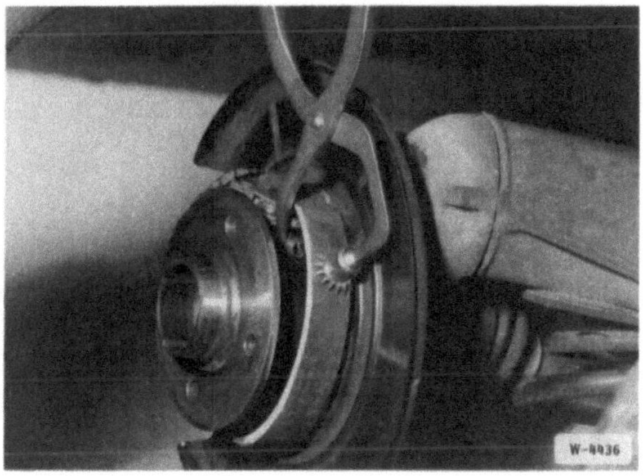

- Vordere Rückzugfeder mit Bremsfederzange aushängen. Rückzugfeder überprüfen, korrodierte oder ausgeleierte Feder erneuern.

- Andrückfeder mit Inbusschlüssel –5 mm– etwas zusammendrücken, um ca. 90° (¼ Umdrehung) drehen und Haltefeder von der Bremsbacke abnehmen.
- Andrückfeder von der anderen Bremsbacke auf dieselbe Weise ausbauen.

- Beide Bremsbacken oben auseinanderziehen und nach unten abnehmen.

- Spreizschloß auf Leichtgängigkeit prüfen, gegebenenfalls ausbauen. Dazu Teil –1– nach hinten ziehen, Bolzen –2– herausdrücken und Teil –3– vom Seilzug abziehen.

Einbau

Grundsätzlich Bremsbacken auf beiden Seiten erneuern.

- Gleitflächen und Bolzen des Spreizschlosses mit »Molykote-Paste G« ganz dünn bestreichen.

- Spreizschloß mit Bolzen –2– oben in das Handbremsseil lagerichtig einhängen.

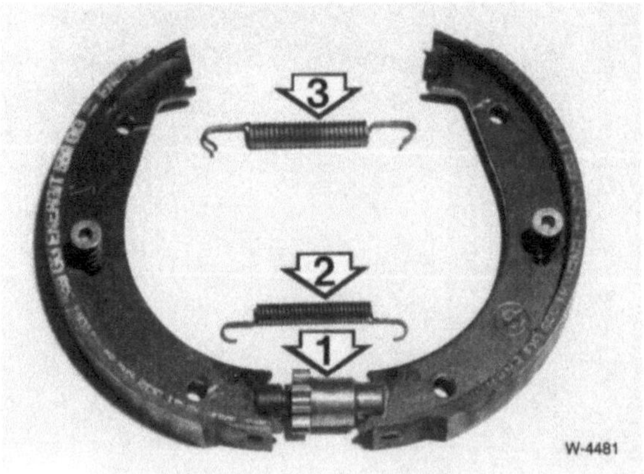

- Bremsbacken-Einstellvorrichtung –1– gangbar machen, Gewinde leicht mit Molykotefett einstreichen, Gewindestück zurückdrehen.
- Bremsbacken-Einstellvorrichtung lagerichtig unten zwischen die Bremsbacken setzen. Rückzugfeder –2– (dünnere Feder) unten in die Bremsbacken einhängen.

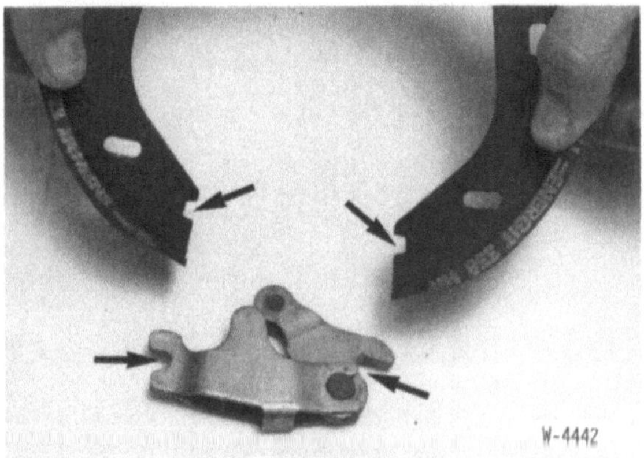

- Bremsbacken einsetzen. Oben müssen die Bremsbacken in die Aussparungen –Pfeile– des Spreizschlosses eingreifen. Rückzugfeder –3– einsetzen, siehe Abbildung W-4481.

- Das Ritzel der Bremsbacken-Einstellvorrichtung muß nach unten zeigen, damit es später von außen eingestellt werden kann.

- 2 Andrückfedern für Bremsbacken mit 5 mm Inbusschlüssel aufdrücken und gleichzeitig um ca. 90° drehen. In geschlossener Stellung steht die Markierung auf dem Schraubenkopf, wie in der Abbildung gezeigt.
- Mit Bremsfederzange obere Rückzugfeder einhängen.

- Die Bremsbacken –Pfeile– müssen am Widerlager des Bremsträgers anliegen.
- Bremsscheibe und Hinterrad montieren.
- Feststellbremse einstellen, siehe Seite 161.

Hinweis: Wurden die Bremsbacken der Feststellbremse erneuert, müssen die Beläge auf leerer Straße wie folgt eingebremst werden: Mit ca. 40 km/h fahren und Handbremse **vorsichtig** anziehen, bis eine leichte Bremswirkung festgestellt wird. Unter Beibehaltung der Geschwindigkeit Handbremse 1 Raste weiter anziehen und ca. 400 m weiter fahren. Handbremse lösen und abkühlen lassen. Es empfiehlt sich, diesen Einbremsvorgang unabhängig vom Bremsbelagwechsel ca. vierteljährlich zu wiederholen, da auf diese Weise auch eventuell entstandene Korrosion und Abrieb von den Bremsflächen entfernt werden.

Handbremse einstellen

Die Feststellbremse ist von der Betriebsbremse völlig getrennt. Dadurch unterliegt die Feststellbremse nur geringem Verschleiß. Durch Korrosion der Bremstrommel oder Verschmutzung der Bremsbacken sinkt das Reibmoment. Werden die alten Beläge nachgestellt, sollte daher die Handbremse vorher eingebremst werden. Um eine optimale Wirkung der Handbremse zu erzielen, genügt es in der Regel, vor dem Einstellen der Handbremse, das Fahrzeug etwa 400 m mit leicht angezogener Handbremse (anziehen bis Widerstand spürbar und eine Raste weiterziehen) und ca. 40 km/h zu fahren.

Die Handbremse wird im Rahmen der Wartung nachgestellt, wenn sich der Handbremshebel mehr als 8 Zähne anziehen läßt.

- An beiden Hinterrädern je eine Radschraube lösen.
- Fahrzeug hinten aufbocken, siehe Seite 114.

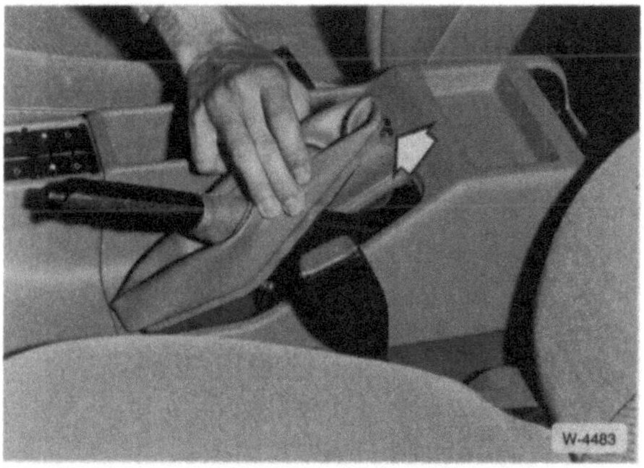

- Abdeckung für Handbremshebel hinten hochziehen und herausziehen.

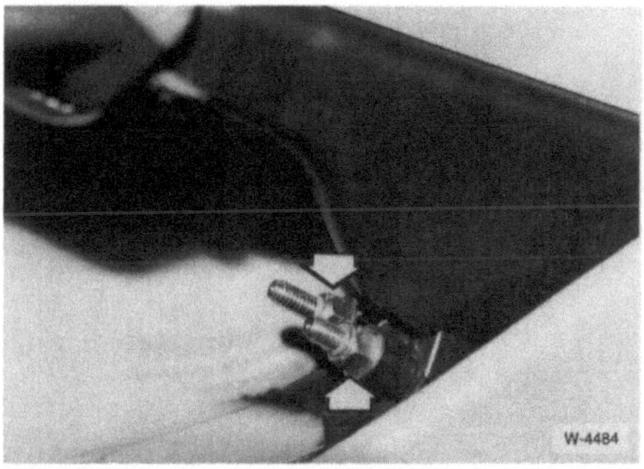

- 2 Einstellschrauben –Pfeile– für Handbremsseile lösen.

- Eine Radschraube an jedem Rad ganz herausdrehen. Die Gewindebohrung muß ca. 45° hinter der Senkrechten unten stehen. Das Rad muß nicht, wie in der Abbildung, abgebaut werden. Mit Taschenlampe in das Schraubenloch strahlen, die Nachstellmutter muß sichtbar sein.

- Durch Drehen der Nachstellmutter –1– mit Schraubendreher –2– die Handbremsbacken anlegen, bis sich das Rad nicht mehr von Hand drehen läßt. Anschließend Nachstellmutter 4 bis 6 Zähne zurückdrehen. Wird die Nachstellmutter auf der linken Fahrzeugseite in Pfeilrichtung (siehe Abbildung) gedreht, legen sich die Bremsbacken gegen die Trommel. Auf der rechten Seite Schraubendreher in Gegenrichtung bewegen, damit der Drehsinn beibehalten wird.
- Nach dem Einstellen prüfen, ob sich die Räder frei drehen, gegebenenfalls Nachstellmutter noch etwas zurückdrehen. Die Räder müssen in jedem Fall frei drehen.

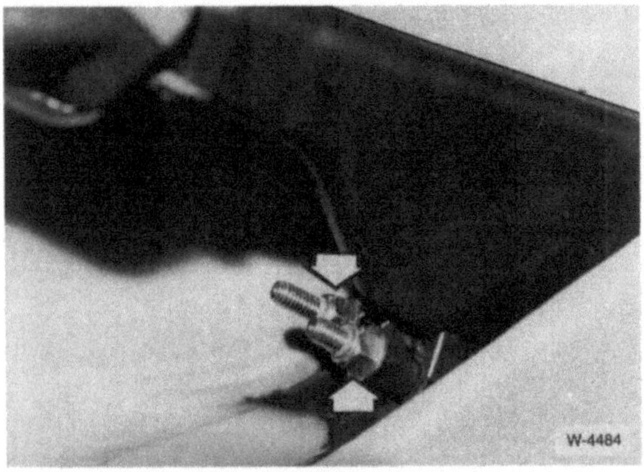

- Bremsseile einstellen. Dazu Handbremshebel 4 Zähne anziehen und Nachstellmuttern –Pfeile– so weit auf die Bremsseile aufschrauben, bis sich die Hinterräder links und rechts **gleichmäßig** gerade noch von Hand drehen lassen. Handbremshebel lösen und kontrollieren, ob sich die Räder frei drehen lassen, gegebenenfalls Einstellung wiederholen.
- Handbremsabdeckung einclipsen.
- Fahrzeug ablassen.
- Die 2 Radschrauben an den hinteren Scheibenbremsen reindrehen und mit **110 Nm** anziehen. Radkappen aufdrükken.

Handbremshebel / Abdeckung aus- und einbauen

Ausbau

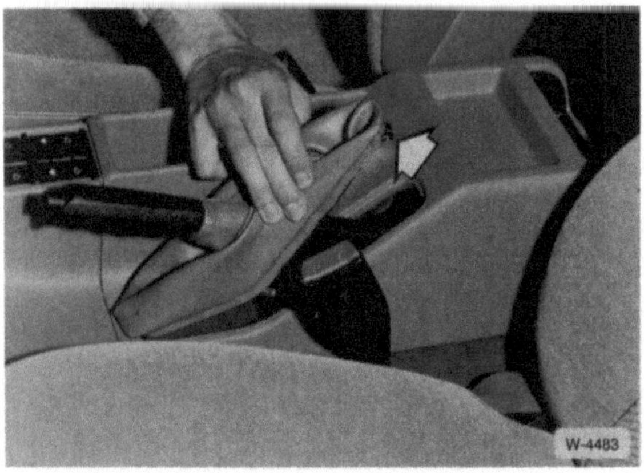

- Abdeckung für Handbremshebel hinten hochziehen und nach vorn ausheben.

- Hintere Abdeckung für Konsole oben abhebeln und herausziehen. Gegebenenfalls Kabel für hinteren Zigarettenanzünder an der Abdeckung abziehen.

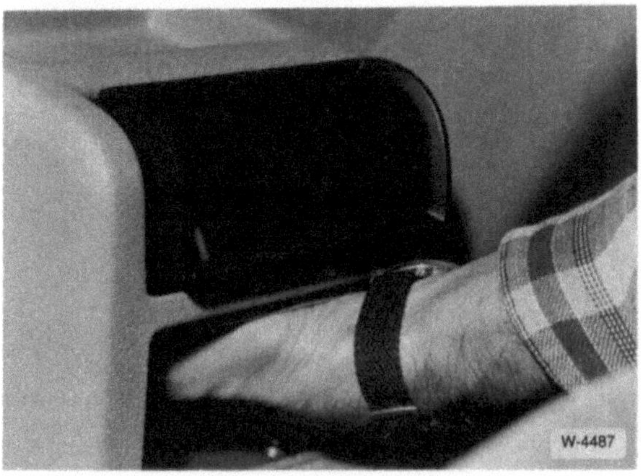

- Ablagefach, beziehungsweise bei Mehrausstattung Luftaustrittblende von unten herausdrücken.

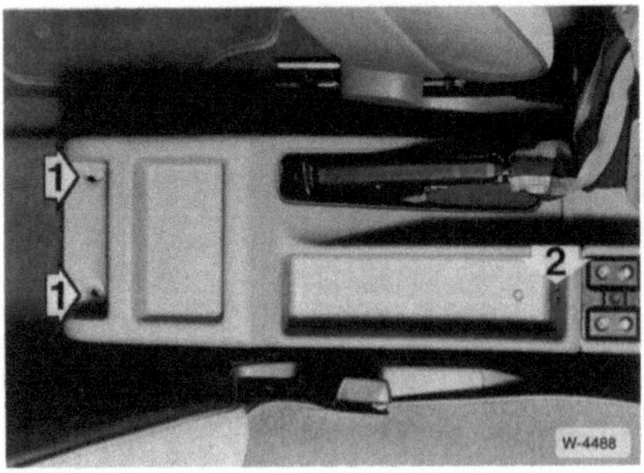

- Muttern –1– herausdrehen. Abdeckung von Kreuzschlitzschraube –2– mit schmalem Schraubendreher abhebeln, Schraube herausdrehen. Bei Mehrausstattung Kassettenbox aus der Ablage heraushebeln, damit die Kreuzschlitzschraube erreicht werden kann.
- Konsole nach oben abnehmen.

- Befestigung –Pfeil– um 90° drehen und Gummimanschette nach oben stülpen.

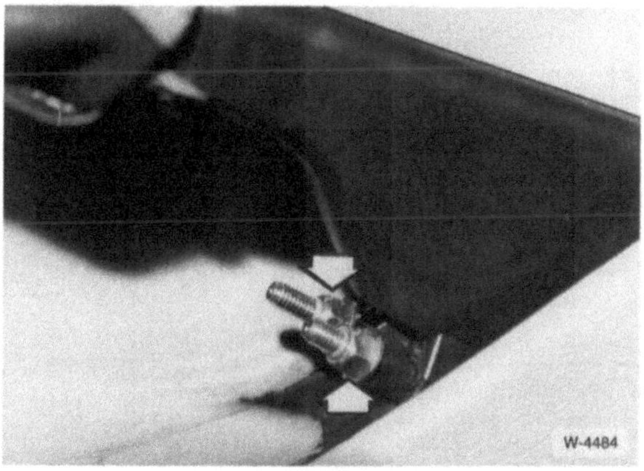

- 2 Muttern –Pfeile– für Handbremsseile abschrauben.

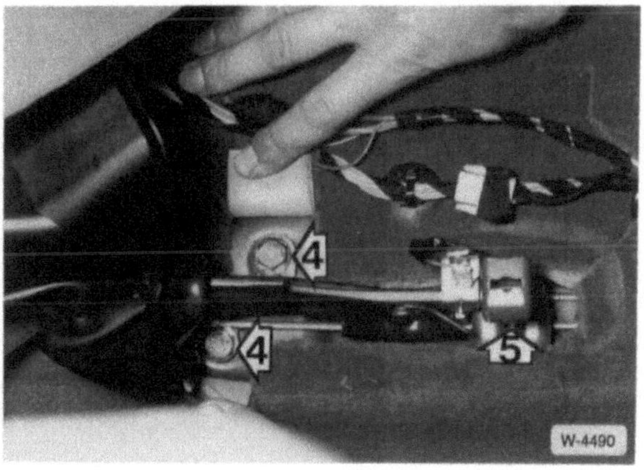

- 2 Schrauben –4– und Schraube –5– abschrauben, Handbremshebel herausnehmen.

Einbau

- Handbremsseile in den Handbremshebel einführen, Handbremshebel einsetzen und Schrauben –4– und –5– hineindrehen.
- Muttern für Handbremsseile handfest aufschrauben.
- Handbremse einstellen, siehe Seite 161.

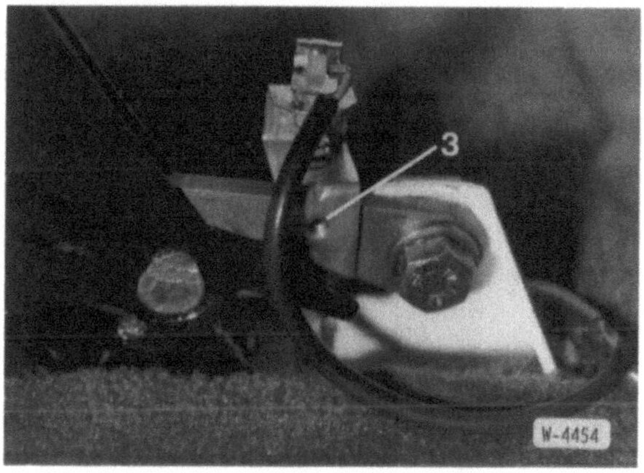

- Zündung einschalten. Die Kontrolleuchte für Feststellbremse muß bei gelöster Handbremse ausgehen. Falls nicht, Schalter –3– entsprechend einstellen.
- Gummischutzkappe für Handbremshebel aufsetzen und mit Befestigungsclip befestigen. Dazu Clip einsetzen und um 90° drehen.
- Konsole von oben einsetzen und mit 3 Muttern befestigen, siehe unter »Ausbau«. Vordere Kreuzschlitzschraube anschrauben, neue Plastikabdeckung für Schraubenkopf aufsetzen.
- Ablagefach und hintere Abdeckung in Konsole einsetzen.
- Abdeckung für Handbremse in die Konsole einclipsen.

Handbremsseil aus- und einbauen

Ausbau

- Handbremshebel ausbauen.
- Handbremsbacken ausbauen.

- Spreizschloß für Handbremsbacken ausbauen, dazu Bolzen –1– herausdrücken.
- Abstützung für Handbremsbowdenzug abschrauben, dazu Schrauben –2– abschrauben.
- Handbremsseil am Längslenker der Hinterachse aushängen und aus dem Schutzrohr herausziehen.

Einbau

- Handbremsseil zum Handbremshebel und zur Hinterradbremse verlegen. **Achtung:** Beim Einsetzen in das Schutzrohr darauf achten, daß das Bowdenzuggegenlager am Schutzrohr anliegt.
- Handbremsbowdenzug am Längslenker der Hinterachse in den Kunststoffclip einhängen.

- Abstützung für Bremsseil in das Handbremsseil einsetzen und am Bremsträgerblech mit 2 Schrauben –2– befestigen.
- Handbremse hinten komplettieren.
- Handbremshebel einbauen.
- Handbremse einstellen.

Das Bremspedal

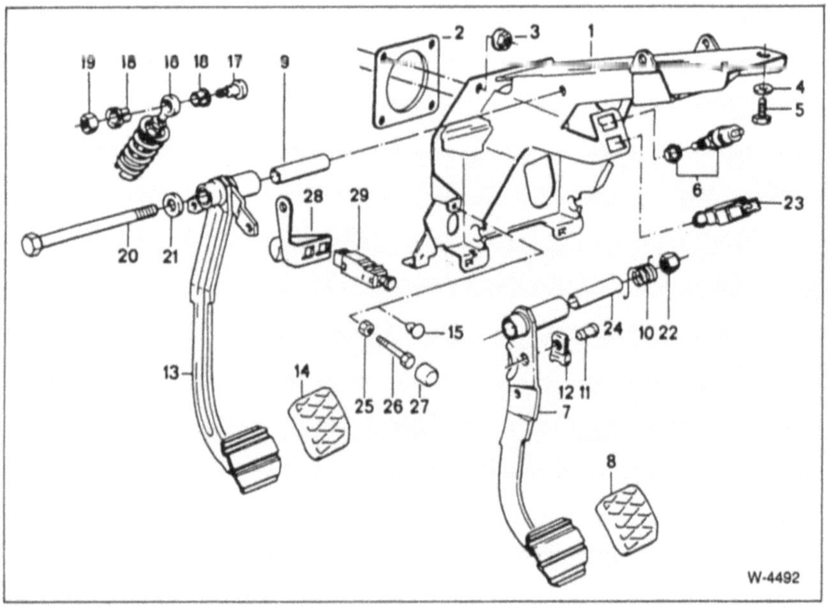

1 – Lagerbock
2 – Dichtung
3 – Bundmutter M 8
4 – Beilagscheibe
5 – Sechskantschraube
6 – Geber für Check-System
7 – Bremshebel
8 – Pedalüberzug
9 – Distanzhülse
10 – Drehfeder
11 – Bolzen
12 – Klammer
13 – Kupplungshebel
14 – Pedalüberzug
15 – Anschlag
16 – Druckfeder
17 – Paßschraube
18 – Lagerbuchse
19 – Mutter M 8 (selbstsichernd)
20 – Schraube
21 – Beilagscheibe
22 – Selbstsichernde Mutter
23 – Bremslichtschalter
24 – Distanzhülse
25 – Mutter
26 – Schraube
27 – Anschlag
28 – Halter
29 – Kupplungsschalter

Bremslichtschalter prüfen/ersetzen

Der Bremslichtschalter sitzt im Fußraum am Pedalbock für das Bremspedal.

Prüfen

- Wenn das Bremslicht nicht aufleuchtet, zuerst Sicherung überprüfen. Anschließend Glühlampen überprüfen. Wenn die betreffenden Glühlampen nicht defekt sind, Bremslichtschalter überprüfen.
- Hierzu linke untere Abdeckung (oberhalb der Pedale) ausbauen, siehe Seite 204.
- Stecker vom Bremslichtschalter abziehen, dabei Rastnasen zusammendrücken.
- Zündung einschalten.
- Beide Kontakte im Kabelstecker des Bremslichtschalters mit einer kurzen Hilfsleitung verbinden. Wenn das Bremslicht jetzt nicht aufleuchtet, Bremslichtschalter auswechseln.

Ausbau

- Kabelstecker vom Schalter abziehen, dabei Rastnasen zusammendrücken.

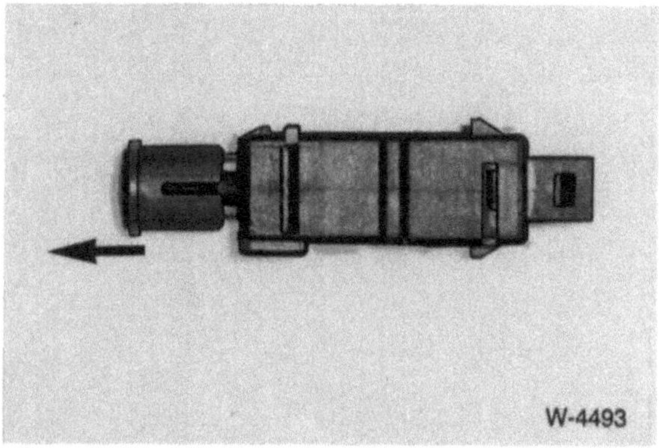

- Bremspedal etwas herunterdrücken und zwischen Pedal und Druckpilz des Schalters greifen. Mit den Fingernägeln Druckpilz und rote Sicherungshülse in Pfeilrichtung, also in Richtung Bremspedal ziehen. Die Hülse muß ganz aus dem Schalter gezogen werden, sonst kann der Schalter nicht vom Pedalbock abgezogen werden. Dazu ist einige Kraft notwendig.
- Schalter nach hinten aus der Halterung ziehen.

Einbau

- Schalter mit ganz herausgezogener Hülse in den Pedalbock einsetzen und einrasten lassen.
- Rote Sicherungshülse in den Schalter schieben, bis der Bund der Hülse am Pedalbock anliegt.
- Stecker aufschieben und einrasten lassen.
- Kontrollieren, ob das Bremslicht bei eingeschalteter Zündung aufleuchtet.
- Untere Abdeckung einbauen.

Die ABS-Anlage

Je nach Modell und Ausstattung besitzt der BMW ein Anti-Blokkier-System (ABS). Ein nachträglicher Einbau des ABS ist nicht möglich.

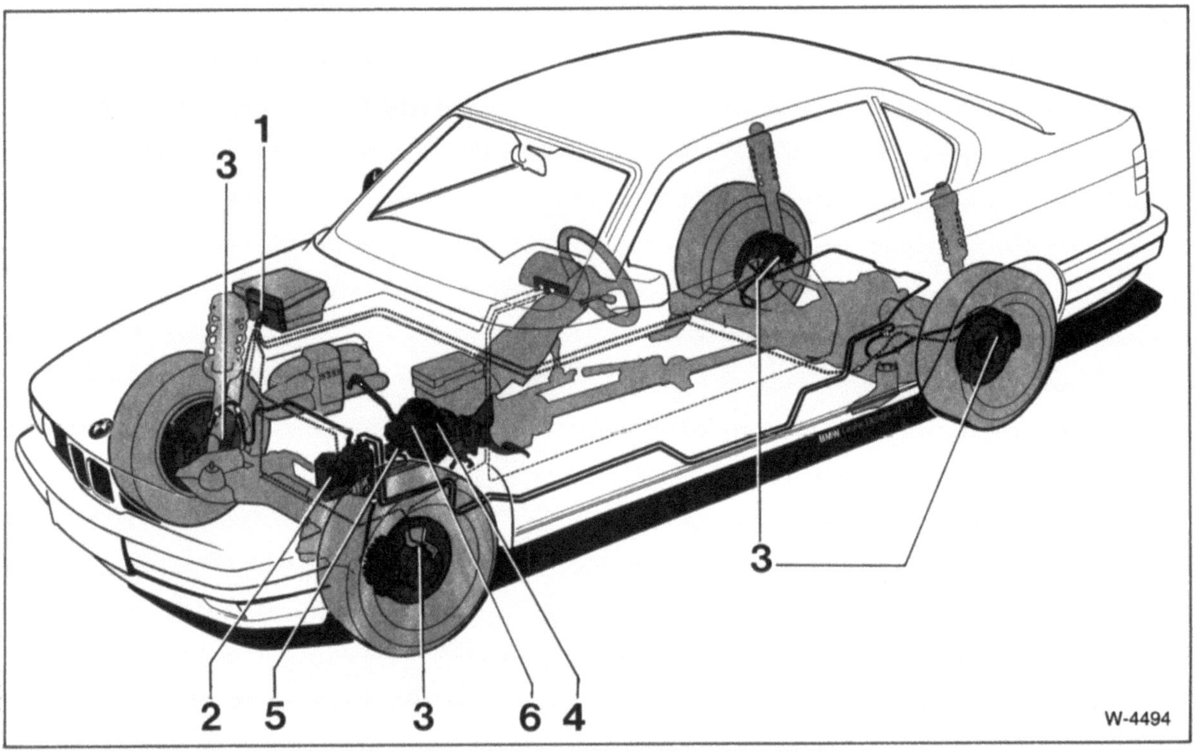

1 – Elektronisches Steuergerät
2 – Hydraulikeinheit
3 – Drehzahlfühler
4 – Bremskraftverstärker
5 – Hauptbremszylinder
6 – Bremsflüssigkeitsbehälter

Das Antiblockiersystem (ABS) verhindert, daß bei scharfem Abbremsen die Räder blockieren. Dadurch bleibt vor allem das Fahrzeug bei einer Vollbremsung lenkbar.

Das ABS ist funktionsbereit, sobald die Zündung eingeschaltet ist und die Geschwindigkeit 5–7 km/h erreicht. Es regelt alle Bremsvorgänge im Blockierbereich, sobald die Geschwindigkeit von 12 km/h einmal überschritten wurde.

Durch Drehzahlfühler, je zwei für die Vorder- und die Hinterräder, wird die Radgeschwindigkeit gemessen. Aus den Signalen der einzelnen Drehzahlfühler errechnet das elektronische Steuergerät eine Durchschnittsgeschwindigkeit, die in etwa der Fahrzeuggeschwindigkeit entspricht. Durch Vergleich der Radgeschwindigkeit für ein einzelnes Rad und der Durchschnittsgeschwindigkeit aller Räder erkennt das Steuergerät den Schlupfzustand des einzelnen Rades und kann dadurch feststellen, wenn sich ein Rad kurz vor dem Blockieren befindet.

Sobald ein Rad zum Blockieren neigt, der Bremsflüssigkeitsdruck im Bremssattel ist dann zu hoch im Verhältnis zur Haftfähigkeit der Reifen auf der Straße, hält das Hydrauliksystem aufgrund von Signalen des Steuergerätes den Flüssigkeitsdruck konstant. Das heißt, der Druck im Bremssattel erhöht sich nicht, auch wenn stärker auf das Bremspedal getreten wird. Besteht weiterhin Blockierneigung, wird der Flüssigkeitsdruck durch Öffnen eines Auslaßventils abgesenkt. Jedoch nur so weit, bis das Rad wieder geringfügig beschleunigt, dann wird der Druck wieder konstant gehalten.

Beschleunigt das Rad über einen bestimmten Wert hinaus, wird der Druck durch das Hydrauliksystem wieder erhöht, jedoch nicht über das Maß des allgemeinen Bremsdrucks hinaus.

Dieser Vorgang wiederholt sich bei scharfem Bremsen für jedes einzelne Rad so lange, bis das Bremspedal zurückgenommen wird, beziehungsweise bis kurz vor Stillstand (5–7 km/h) des Fahrzeuges.

Eine Sicherheitsschaltung im elektronischen Steuergerät sorgt dafür, daß sich das ABS bei einem Defekt (z. B. Kabelbruch) oder bei zu niedriger Betriebsspannung (Batteriespannung unter 10,5 Volt) selbst abschaltet. In diesem Fall leuchtet die ABS-Kontrolleuchte am Armaturenbrett während der Fahrt auf. Die herkömmliche Bremsanlage bleibt dabei in Betrieb. Das Fahrzeug verhält sich beim Bremsen dann so, als ob kein ABS eingebaut wäre.

Die Hydraulikeinheit besteht aus der Rückförderpumpe sowie aus Magnetventilen für die Vorderrad- und die Hinterradbremse.

Druckaufbau: Das Einlaßventil im Magnetventil ist geöffnet. Der Flüssigkeitsdruck im Bremssattel kann bis zu dem Wert ansteigen, der durch den Hauptbremszylinder hervorgerufen wird.

Druck konstant halten: Auslaß- und Einlaßventil im Magnetventil sind geschlossen. Der Flüssigkeitsdruck im Bremssattel verändert sich nicht, auch wenn sich der Druck zwischen Hauptbremszylinder und Magnetventil erhöht.

Druckabbau: Das Auslaßventil im Magnetventil ist geöffnet. Bremsflüssigkeit strömt über einen Speicher in die Rückförderpumpe, die die Flüssigkeit gegen den vorhandenen Druck in den Hauptbremszylinder zurückpumpt.

Das ist erforderlich, damit nicht die ganze Bremsflüssigkeit aus dem Hauptbremszylinder herausgedrückt werden kann. Die Pumpentätigkeit ist am deutlichen Pulsieren des Bremspedals spürbar. Die Pumpengeräusche werden durch je einen Dämpfer pro Bremskreis gedämpft.

Leuchtet während der Fahrt die ABS-Kontrollampe auf, dann weist dies darauf hin, daß sich das ABS abgeschaltet hat.

- Fahrzeug kurz anhalten, Motor abstellen und wieder starten.
- Batteriespannung prüfen. Wenn die Spannung unter 10,5 Volt liegt, Batterie laden.

Achtung: Wenn die ABS-Kontrolleuchte am Anfang einer Fahrt aufleuchtet und nach einiger Zeit wieder erlöscht, deutet das darauf hin, daß die Batteriespannung zunächst zu gering war, bis sie sich während der Fahrt durch Ladung über den Generator wieder erhöht hat.

- Fahrzeug aufbocken, Vorderräder abnehmen, elektrische Leitungen auf äußere Beschädigungen (durchgescheuert) prüfen.
- Weitere Prüfungen des ABS sollten der Werkstatt vorbehalten bleiben.

Achtung: Vor Schweißarbeiten mit einem elektrischen Schweißgerät muß der Stecker vom elektronischen Steuergerät abgezogen werden. Stecker nur bei ausgeschalteter Zündung abziehen. Bei Lackierarbeiten darf das Steuergerät kurzzeitig mit maximal +95° C und langfristig (ca. 2 Stunden) mit maximal +85° C belastet werden.

Störungsdiagnose Bremse

Störung	Ursache	Abhilfe
Leerweg des Bremspedals zu groß	Bremsbeläge teilweise oder völlig abgenutzt	■ Bremsbeläge erneuern
	Ein Bremskreis ausgefallen	■ Bremskreise auf Flüssigkeitsverlust prüfen
	Beschädigte Manschette im Haupt- oder Radbremszylinder	■ Bremse instand setzen lassen
Bremspedal läßt sich weit und federnd durchtreten	Luft im Bremssystem	■ Bremse entlüften
	Zu wenig Bremsflüssigkeit im Ausgleichbehälter	■ Neue Bremsflüssigkeit nachfüllen Bremse entlüften
	Dampfblasenbildung. Tritt meist nach starker Beanspruchung auf, z. B. Paßabfahrt	■ Bremsflüssigkeit wechseln. Bremse entlüften
Bremswirkung läßt nach, und Bremspedal läßt sich durchtreten	Undichte Leitung	■ Leitungsanschlüsse nachziehen oder Leitung erneuern
	Beschädigte Manschette im Haupt- oder Radbremszylinder	■ Manschette erneuern. Beim Hauptbremszylinder Innenteile ersetzen, ggf. Bremszylinder ersetzen lassen
Schlechte Bremswirkung trotz hohen Fußdrucks	Bremsbeläge verölt	■ Bremsbeläge erneuern
	Ungeeigneter oder verhärteter Bremsbelag	■ Beläge erneuern Original BMW-Beläge verwenden
	Bremskraftverstärker defekt	■ Bremsservo prüfen
	Bremsbeläge abgenutzt	■ Bremsbeläge erneuern
Bremse zieht einseitig	Unvorschriftsmäßiger Reifendruck	■ Reifendruck prüfen und berichtigen
	Bereifung ungleichmäßig abgefahren	■ Abgefahrene Reifen ersetzen
	Bremsbeläge verölt	■ Bremsbeläge erneuern
	Verschiedene Bremsbelagsorten auf einer Achse	■ Beläge erneuern. Original BMW-Beläge verwenden
	Schlechtes Tragbild der Bremsbeläge	■ Bremsbeläge austauschen
	Verschmutzte Bremssattelschächte	■ Sitz- und Führungsflächen der Bremsbeläge im Bremssattel reinigen
	Korrosion in den Bremssattelzylindern	■ Bremssattel erneuern
	Bremsbelag ungleichmäßig verschlissen	■ Bremsbeläge erneuern (beide Räder)

Störung	Ursache	Abhilfe
Bremse zieht von selbst an	Ausgleichsbohrung im Hauptbremszylinder verstopft Spiel zwischen Betätigungsstange und Hauptbremszylinderkolben zu gering	■ Hauptbremszylinder reinigen und Innenteile erneuern lassen ■ Spiel prüfen
Bremsen erhitzen sich während der Fahrt	Ausgleichsbohrung im Hauptbremszylinder verstopft Spiel zwischen Betätigungsstange und Hauptbremszylinder zu gering Drosselbohrung im Spezial-Bodenventil verstopft **Speziell bei Handbremse:** Bremsbacken-Rückzugfedern erlahmt Handbremse nicht gelöst	■ Hauptbremszylinder reinigen und Innenteile erneuern lassen ■ Spiel prüfen ■ Hauptbremszylinder reinigen, Innenteile ersetzen und Bremsflüssigkeit erneuern ■ Rückzugfedern erneuern ■ Handbremse einstellen, ggf. Seil erneuern
Bremsen rattern	Ungeeigneter Bremsbelag Bremsscheibe stellenweise korrodiert Bremsscheibe hat Seitenschlag	■ Beläge erneuern Original BMW-Beläge verwenden ■ Scheibe mit Schleifklötzen sorgfältig glätten ■ Scheibe nacharbeiten oder ersetzen
Bremsbeläge lösen sich nicht von der Bremsscheibe, Räder lassen sich schwer von Hand drehen	Korrosion in den Bremssattelzylindern	■ Bremssattel überholen, eventuell austauschen
Ungleichmäßiger Belag-Verschleiß	Ungeeigneter Bremsbelag Bremssattel verschmutzt Kolben nicht leichtgängig Bremssystem undicht	■ Bremsbeläge erneuern Original BMW-Beläge verwenden ■ Bremssattelschächte reinigen ■ Kolbenstellung prüfen ■ Bremssystem auf Dichtigkeit prüfen
Keilförmiger Bremsbelag-Verschleiß	Bremsscheibe läuft nicht parallel zum Bremssattel Korrosion in den Bremssätteln Kolben arbeitet nicht richtig	■ Anlagefläche des Bremssattels prüfen ■ Verschmutzung beseitigen ■ Kolbenstellung prüfen

Störung	Ursache	Abhilfe
Bremse quietscht	Oft auf atmosphärische Einflüsse (Luftfeuchtigkeit) zurückzuführen	■ Keine Abhilfe erforderlich, und zwar dann, wenn Quietschen nach längerem Stillstand des Wagens bei hoher Luftfeuchtigkeit auftrat, aber nach den ersten Bremsungen sich nicht wiederholt
	Ungeeigneter Bremsbelag	■ Beläge erneuern. Original BMW-Beläge verwenden Rückenplatte mit Anti-Quietsch-Paste bestreichen
	Bremsscheibe läuft nicht parallel zum Bremssattel	■ Anlagefläche des Bremssattels prüfen
	Verschmutzte Schächte im Bremssattel	■ Bremssattelschächte reinigen
	Haltefedern ausgeleiert	■ Haltefedern erneuern
	Radlagerspiel zu groß	■ Radlager erneuern
Bremse pulsiert	**ABS** in Funktion	■ Normal, keine Abhilfe
	Seitenschlag oder Dickentoleranz der Bremsscheibe zu groß	■ Schlag und Toleranz prüfen. Scheibe nacharbeiten oder ersetzen
	Bremsscheibe läuft nicht parallel zum Bremssattel	■ Anlagefläche des Bremssattels prüfen
Wirkung der Handbremse nicht ausreichend	Leerweg der Bremsbacken oder der Bremsseile zu groß	■ Handbremse einstellen
	Bremsbacken verölt	■ Bremsbeläge erneuern, Ursache der Verschmutzung feststellen und beheben
	Spreizschloß oder Bowdenzüge korrodiert	■ Neuteile einbauen

Räder und Reifen

Räder- und Reifenmaße

Gürtelreifen (schlauchlos	**Stahlscheibenrad** (Felge)	**Leichtmetall-scheibenrad**	**ET**[1] mm
518i, 520i, 525i, 525td/tds			
195/65 R 15 91 V[2]	6J x 15 H2[3] 6½J x 15 H2	–	20
205/65 R 15 94 V 225/60 R 15 95 V	6½J x 15 H2 od. 7J x 15 H2	7J x 15 H2	20
225/55 R 16 95 V	–	7J x 16 H2	20
TD 230/55 ZR 390	–	390 x 180 TD	19
Vorn: 235/45 ZR 17 Hinten: 255/40 ZR 17	– –	8J x 17 H2 9J x 17 H2	20 22
518i, 520i, 525i, 525td/tds touring			
205/65 R 15 94 V[4]	7J x 15 H2	7J x 15 H2[5]	20
225/60 R 15 95 V	7J x 15 H2	7J x 15 H2[5]	20
225/55 R 16 95 V	–	7J x 16 H2	20
TD 230/55 ZR 390	–	390 x 180 TD	19
Vorn: 235/45 ZR 17 Hinten: 255/40 ZR 17	– –	8J x 17 H2 9J x 17 H2	20 22
525iX/touring			
225/55 R 16 95 V	7½J x 16 H2	7½J x 16 H2	54
530i (6-Zyl.), 535i			
205/65 R 15 94 V	6½J x 15 H2	7J x 15 H2	20
225/60 R 15 95 V	6½J x 15 H2	7J x 15 H2[5]	20
TD 230/55 ZR 390		390 x 180 TD	19
240/45 R 415 94 V		195 TR 415	19
530i (8-Zyl.), 540i[6]/ touring			
225/60 ZR 15	–	7J x 15 H2[5]	20
225/55 ZR 16	–	7J x 16 H2[5]	–
TD 230/55 ZR 390	–	390 x 180 TD	19
Vorn: 235/45 ZR 17 Hinten: 255/40 ZR 17	– –	8J x 17 H2 9J x 17 H2	20 22

[1]) = Einpreßtiefe der Felge.

[2]) Sommerreifengröße nicht für 525i und 525tds.

[3]) Radgröße nicht für 525i.

[4]) Sommerreifengröße nicht für 525i touring. Außerdem nicht für 525td/tds mit Niveauregulierung.

[5]) Bei nachträglicher Umrüstung unbedingt BMW-Kundendienst nach der richtigen Scheibenradausführung befragen, sonst besteht bei sportlicher Fahrweise die Gefahr der Bremsenüberhitzung.

[6]) Für den 540i sind ausschließlich Leichtmetallräder freigegeben.

Achtung: Die Tabelle zeigt die werksseitig freigegebenen Räder und Reifen für die 5er BMW-Limousine, Stand '91. Die aktuelle Freigabe der Räder ist in der Fahrzeug-Betriebsanleitung zu finden. Reifen-/Scheibenrad-Angaben in den Fahrzeugpapieren beachten. Bei Verwendung von dort abweichenden Dimensionen ist eine Eintragung in die Fahrzeugpapiere erforderlich.

Scheibenrad-Bezeichnungen

Beispiel 6½ J x 15 H2:

6½ = Maulweite der Felge in Zoll
J = Kennbuchstabe für Höhe und Kontur des Felgenhorns
x = Kennzeichen für einteilige Tiefbettfelge
15 = Felgen-Durchmesser in Zoll
H2 = Felgenprofil an Außen- und Innenseite mit Hump-Schulter

ET20 = Einpreßtiefe 20 mm. Die Einpreßtiefe ist das Maß von der Felgenmitte bis zur Anlagefläche der Radschüssel an die Bremsscheibe.

Reifenfülldrucktabelle

Reifengröße (Gürtelreifen schlauchlos)	Reifenfülldruck in bar			
	bis 4 Personen		volle Zuladung	
	vorn	hinten	vorn	hinten
518i, 520i, 525td, 525tds				
205/65 R 15 94 V 225/60 R 15 96 V 225/55 R 16 95 V TD 230/55 ZR 390	2,0	2,1	2,2	2,7
235/45 ZR 17 255/40 ZR 17	2,0 –	2,1 2,1	2,2 –	2,7 2,7
525i				
205/65 R 15 94 V 225/60 R 15 96 V 225/55 R 16 95 V TD 230/55 ZR 390	2,0	2,3	2,4	2,9
235/45 ZR 17 255/40 ZR 17	2,0 –	2,3 2,3	2,4 –	2,9 2,9
525iX				
225/55 R 16 95 V	2,0	2,3	2,4	2,9
530i 6-Zyl.				
205/65 R 15 94 V 225/60 R 15 95 V 240/45 R 415 94 V TD 230/55 R 390 94 V	2,0	2,2	2,4	3,0
535i				
225/60 ZR 15 225/55 ZR 16 TD 230/55 ZR 390	2,0	2,4	2,7	3,2
530i, (540i) 8-Zyl.				
225/60 ZR 15 225/55 ZR 16 TD 230/55 ZR 390	2,0 (2,2)	2,4 (2,5)	2,5	3,1
235/45 ZR 17 255/40 ZR 17	2,2 (2,4 – (–)	2,6 (2,8(2,6 (2,8)	2,7 (2,9) – (–)	3,2 (3,4) 3,2 (3,4)
518i touring				
205/65 R 15 94 H 225/60 R 15 96 H/V 225/55 R 16 95 V TD 230/55 ZR 390	2,0	2,2	2,3	2,8
235/45 ZR 17 255/40 ZR 17	2,0 –	2,2 2,2	2,3 –	2,8 2,8
520i, 525i, 525td, 525tds touring				
205/65 R 15 94 V 225/60 R 15 96 V 225/55 R 16 95 V TD 230/55 ZR 390	2,1	2,4	2,5	3,0
235/45 ZR 17 [1] 255/40 ZR 17 [1]	2,1 –	2,4 2,4	2,5 –	3,0 3,0
525iX touring				
225/55 R 16 95 V	2,1	2,4	2,5	3,0
530i, (540 i) touring 8-Zyl.				
225/60 R 15 96 V 225/55 R 16 95 V TD 230/55 ZR 390	2,1(2,3)	2,6(2,8)	2,5(2,8)	3,2(3,3)
235/45 ZR 17 255/40 ZR 17	2,3 (2,5) – (–)	2,8 (3,0) 2,8 (3,0)	2,8 (2,9) – (–)	3,3 (3,4) 3,3 (3,4)

[1]) Reifengröße nicht für 525i touring. Außerdem nicht für 520i touring und 525td/tds touring mit Niveauregulierung.
[2]) 520i touring und 525tds touring mit Niveauregulierung sowie 525i touring: Reifenfülldruck jeweils +0,2 bar.

Hinweis: Maßgebend ist das Reifenfülldruckschild an der Fahrertürsäule. Dort sind auch für Sonderfahrzeuge beziehungsweise neue Reifengrößen und eventuell abweichende Werte ersichtlich.

Reifenbezeichnungen

Beispiel:

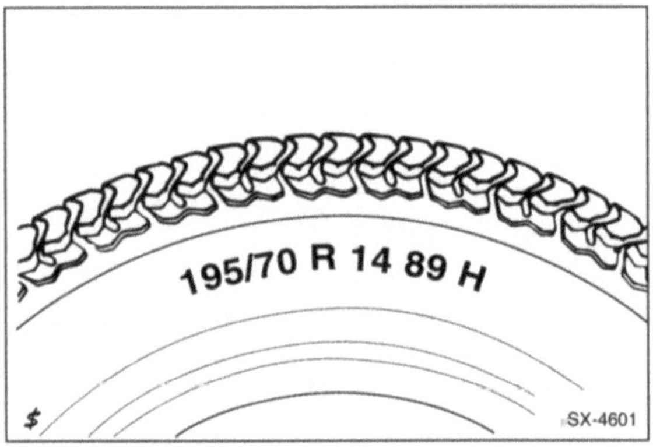

195 = Reifenbreite in mm

/70 = Verhältnis Höhe zu Breite (die Höhe des Reifenquerschnitts beträgt 70 % von der Breite)

Fehlt eine besondere Angabe des Querschnittverhältnisses (z. B. 155 R 13), so handelt es sich um das »normale« Höhen-Breiten-Verhältnis. Es beträgt bei Gürtelreifen 82 %.

H = Geschwindigkeitsklasse, H: bis 210 km/h (wird bei neueren Reifen nicht immer angegeben).

R = Radial-Bauart (= Gürtelreifen).

14 = Felgendurchmesser in Zoll.

89 = Tragfähigkeits-Kennzahl.

Achtung: Steht zwischen den Angaben 14 und 89 die Bezeichnung M+S, dann handelt es sich um einen Reifen mit Winterprofil.

H = Kennbuchstabe für zulässige Höchstgeschwindigkeit.

Der Geschwindigkeitsbuchstabe steht hinter der Reifengröße. Die Geschwindigkeitssymbole gelten sowohl für Sommer- als auch für Winterreifen.

Geschwindigkeits-Kennbuchstabe

Kennbuchstabe	Zulässige Höchstgeschwindigkeit
Q	160 km/h
R	170 km/h
S	180 km/h
T	190 km/h
H	210 km/h
V	240 km/h
ZR	über 240 km/h
W	270 km/h
Y	300 km/h

Reifen-Herstellungsdatum

Das Herstellungsdatum steht auf dem Reifen im Hersteller-Code.

Beispiel: DOT CUL2 UM8 1502 TUBELESS

DOT = Department of Transportation (US-Verkehrsministerium)
CU = Kürzel für Reifenhersteller
L2 = Reifengröße
UM8 = Reifenausführung
1502 = Herstellungsdatum = 15. Produktionswoche 2002
Hinweis: Falls anstelle der 4-stelligen Ziffer eine 3-stellige Ziffer gefolgt von einem ◁-Symbol aufgeführt ist, dann wurde der Reifen im vergangenen Jahrzehnt produziert. Die Bezeichnung 509◁ bedeutet beispielsweise: 50. Produktionswoche 1999.
TUBELESS = schlauchlos (TUBETYPE = Schlauchreifen)

Achtung: Neureifen müssen seit 10/98 zusätzlich mit einer ECE-Prüfnummer an der Reifenflanke versehen sein. Diese Prüfnummer weist nach, dass der Reifen dem ECE-Standard entspricht. Werden Reifen seit 10/98 **ohne** ECE-Prüfnummer montiert, erlischt die Allgemeine Betriebserlaubnis (ABE) des Fahrzeuges.

Regeln zur Reifenpflege

Generell gilt, daß Reifen sozusagen ein »Gedächtnis« haben und unsachgemäße Behandlung – dazu zählt beispielsweise auch schnelles oder häufiges Überfahren von Bordstein- oder Schienenkanten – oft erst viel später zu Reifenpannen führt.

Reifen reinigen

- Reifen möglichst nicht mit einem Dampfstrahlgerät reinigen. Wird die Düse des Dampfstrahlers zu nahe an den Reifen gehalten, dann wird dessen Gummischicht innerhalb weniger Sekunden irreparabel zerstört, selbst bei Verwendung von kaltem Wasser. Ein auf diese Weise gereinigter Reifen sollte sicherheitshalber ersetzt werden.
- Ersetzt werden sollte auch ein Reifen, der über längere Zeit mit Öl oder Fett in Berührung kam. Der Reifen quillt an den betreffenden Stellen zunächst auf, nimmt jedoch später wieder seine normale Form an und sieht äußerlich unbeschädigt aus. Die Belastungsfähigkeit des Reifens nimmt aber ab.

Reifen lagern

- Reifen sollten kühl, dunkel, trocken und möglichst auch zugfrei untergebracht werden, auch dürfen sie nicht mit Fett und Öl in Berührung kommen.
- Räder liegend oder an den Felgen aufgehängt in der Garage oder im Keller lagern.
- Bevor die Räder abmontiert werden, Reifenfülldruck etwas erhöhen (ca. 0,3–0,5 bar).
- Für Winterreifen eigene Felgen verwenden, denn das Ummontieren der Reifen auf dieselben Felgen lohnt sich aus Kostengründen nicht.

Reifen einfahren

Neue Reifen haben vom Produktionsprozeß her eine besonders glatte Oberfläche. Deshalb müssen neue Reifen – das gilt auch für das neue Ersatzrad – eingefahren werden. Bei diesem Einfahren rauht sich durch die beginnende Abnutzung die glatte Oberfläche auf.

Während der ersten 300 km sollte man mit neuen Reifen speziell auf Nässe besonders vorsichtig fahren.

Auswuchten der Räder

Die serienmäßigen Räder werden im Werk ausgewuchtet. Das Auswuchten ist notwendig, um unterschiedliche Gewichtsverteilung und Materialungenauigkeiten auszugleichen.

Im Fahrbetrieb macht sich die Unwucht durch Trampel- und Flattererscheinungen bemerkbar. Das Lenkrad beginnt dann bei höherem Tempo zu zittern.

In der Regel tritt dieses Zittern nur in einem bestimmten Geschwindigkeitsbereich auf und verschwindet wieder bei niedrigerer und höherer Geschwindigkeit.

Solche Unwuchterscheinungen können mit der Zeit zu Schäden an Achsgelenken, Lenkgetriebe und Stoßdämpfern führen.

Räder grundsätzlich alle 20000 km und nach jeder Reifenreparatur auswuchten lassen, da sich durch Abnutzung und Reparatur die Gewichts- und Materialverteilung am Reifen ändert.

Schneeketten

Die Verwendung von Schneeketten ist nur an der Antriebsachse (Hinterachse) erlaubt. Bei der Reifen/Rad-Kombination 240/45 R/VR/ZR 415 auf 195 TR 415 ist eine Montage von Schneeketten **nicht** möglich.

Mit Schneeketten darf nicht schneller als 50 km/h gefahren werden. Auf schnee- und eisfreien Straßen sind sie abzunehmen.

Es sollten nur von BMW freigegebene Schneeketten verwendet werden.

Notlaufrad

Niederquerschnittreifen 230/55 R 390 mit Notlaufeigenschaften (TD-Konzept) können auch nach einem Reifendefekt ohne Schwierigkeiten aus der Gefahrenzone gelenkt werden.

Bei einem drucklosen Reifen können in diesem Zustand etwa 5 Kilometer, bei sehr vorsichtiger Fahrweise bis ca. 10 Kilometer, in Abhängigkeit von der Beladung und dem Straßenzustand, bei einer Höchstgeschwindigkeit von 60 km/h gefahren werden.

Achtung: TD-Reifen dürfen nur auf TD-Scheibenräder montiert werden.

Austauschen der Räder

Es ist nicht zweckmäßig, bei einem Austausch der Räder die Drehrichtung der Reifen zu ändern, da sich die Reifen nur unter vorübergehend stärkerem Verschleiß der veränderten Drehrichtung anpassen. Auch der Wechsel der Räder von der Vorder- auf die Hinterachse wird nicht empfohlen.

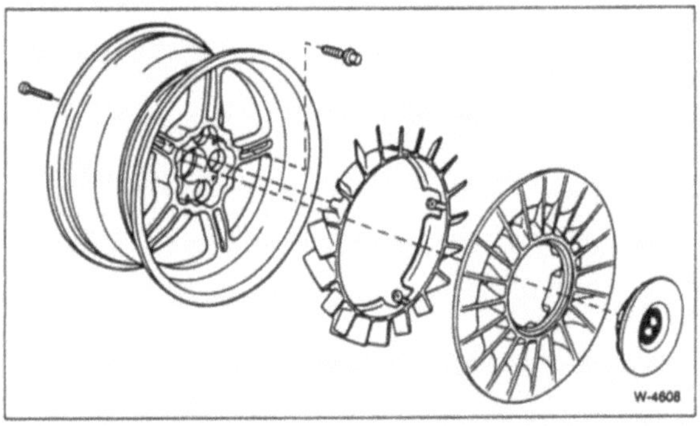

Die Abbildung zeigt das Scheibenrad (Felge) des Modells **BMW M 5**. Zur besseren Bremsenkühlung hat das Rad zwei Einsätze, die beim Drehen des Rades wie Turbinenräder wirken und die Luft von außen durch das Rad nach innen leiten. **Diese Felgen nur an der vorgesehenen Fahrzeugseite montieren**, da ein Wechseln der Drehrichtung die Wirkung der Schaufelräder zunichte macht.

Zum Festziehen der Radschrauben sollte immer ein Drehmomentschlüssel verwendet werden. Dadurch wird sichergestellt, daß die Radschrauben gleichmäßig fest angezogen sind.

Achtung: Beim Erneuern und Demontieren schlauchloser Reifen ist unbedingt das Gummiventil aus Sicherheitsgründen mit auszutauschen.

- Radnabenabdeckung mit Schraubendreher abdrücken und abziehen. Bei Leichtmetallrädern mit Radnabenabdeckung in Form einer großen Sechskantmutter: Abdeckung mit Sechskantschlüssel (beim Bordwerkzeug) nach links drehen und abnehmen.
- Bei abschließbaren Radschrauben Verschlußkappe mit Schraubendreher abhebeln. Schlüssel bis zum Anschlag ins Schloß stecken, dabei steht der Schlitz parallel zur ovalen Aussparung. Schlüssel um 90° drehen und mit Verschlußteil abziehen. Das Einsetzen erfolgt in umgekehrter Reihenfolge. **Beim Abziehen des Schlüssels muß die Hülse gegen die Radschraube gedrückt werden**. Schutzkappe aufsetzen.
- Zum Schutz gegen Festrosten ist der Zentriersitz jedes Scheibenrades an der Radnabe bei jeder Demontage mit Wälzlagerfett leicht einzufetten. Vorher Schmutz und alte Fettrückstände abwischen.

- Vor dem Abnehmen Scheibenrad mit Filzstift zur Radnabe markieren, damit das ausgewuchtete Rad wieder in gleicher Stellung montiert werden kann.

Achtung: In Abhängigkeit vom Scheibenrad sind unterschiedliche Radschrauben im Einsatz. Grundsätzlich nur die von BMW vorgeschriebenen Radschrauben verwenden.

- Bei der Montage von nicht Original BMW-Leichtmetallscheibenrädern müssen gegebenenfalls auch die dazugehörigen Radschrauben statt der Original-BMW-Radschrauben verwendet werden. Es empfiehlt sich, für das bisherige BMW-Ersatzrad die entsprechenden Schrauben zum Bordwerkzeug zu legen.
- Leichtmetallfelgen sind durch einen Klarlacküberzug gegen Korrosion geschützt. Beim Radwechsel darauf achten, daß die Schutzschicht nicht beschädigt wird, andernfalls mit Klarlack ausbessern.
- Verschmutzte Schrauben reinigen. Schrauben erneuern, wenn das Gewinde beschädigt oder korrodiert ist. Radschraubengewinde leicht mit Mehrzweckfett bestreichen. **Achtung:** Der Konus der Radschrauben muß jedoch bei der Montage fettfrei sein.

- Vor dem Aufschieben des Scheibenrades Montagebolzen in ein oberes Gewindeloch einstecken. Der Montagebolzen liegt dem Werkzeugkasten bei. Nach Eindrehen mehrerer Radschrauben Montagebolzen entfernen.

- Radschrauben über Kreuz in mehreren Durchgängen festziehen.

Achtung: Durch einseitiges oder unterschiedlich starkes Anziehen der Radschrauben können das Rad und/oder die Radnabe verspannt werden. **Das Anzugsdrehmoment beträgt für alle Radschrauben 110 Nm.** Bei neuen Scheibenrädern Radschrauben nach einer Fahrstrecke von 1000 km mit vorgeschriebenem Anzugsdrehmoment nachziehen.

- Radnabenabdeckung aufdrücken, beziehungsweise festschrauben.

Fehlerhafte Reifenabnutzung

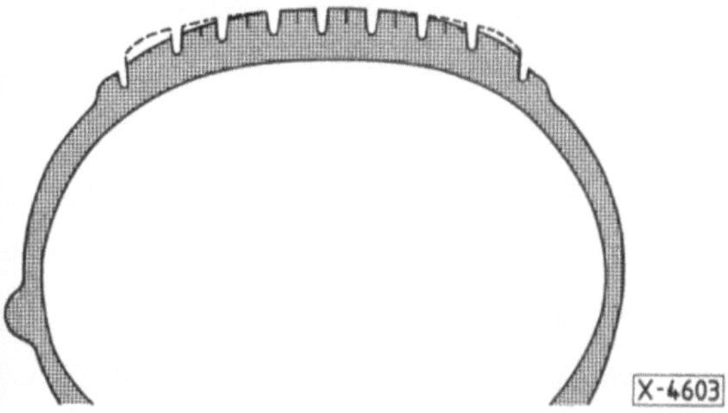

- An den Vorderrädern ist eine etwas größere Abnutzung der Reifenschultern gegenüber der Laufflächenmitte normal, wobei aufgrund der Straßenneigung die Abnutzung der zur Straßenmitte zeigenden Reifenschulter (linkes Rad: außen, rechtes Rad: innen) deutlicher ausgeprägt sein kann.
- Ungleichmäßiger Reifenverschleiß ist zumeist die Folge zu geringen oder zu hohen Reifenfülldrucks und kann auf Fehler in der Radeinstellung oder Radauswuchtung sowie auf mangelhafte Stoßdämpfer oder Felgen zurückzuführen sein.

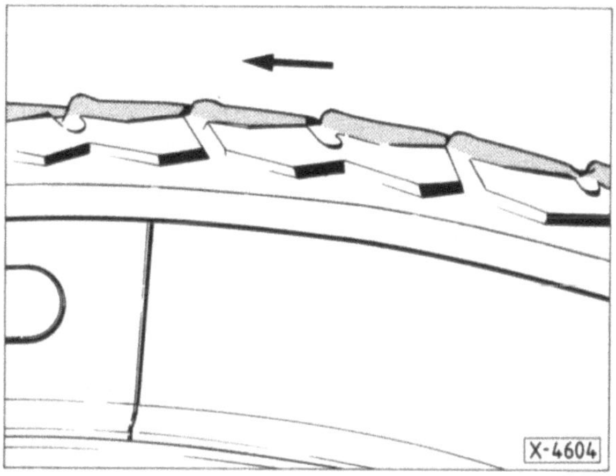

- Sägezahnförmige Abnutzung des Profils ist in der Regel auf eine Überbelastung des Fahrzeuges zurückzuführen.
- In erster Linie ist auf vorschriftsmäßigen Reifenfülldruck zu achten, wobei spätestens alle vier Wochen eine Prüfung vorgenommen werden sollte.
- Reifenfülldruck nur bei kühlen Reifen prüfen. Der Reifenfülldruck steigt nämlich mit zunehmender Erhitzung bei schneller Fahrt an. Dennoch ist es völlig falsch, aus erhitzten Reifen Luft abzulassen.
- Bei zu hohem Reifenfülldruck wird die Laufflächenmitte mehr abgenutzt, da der Reifen an der Lauffläche durch den hohen Innendruck mehr gewölbt ist.
- Bei zu niedrigem Reifenfülldruck liegt die Lauffläche an den Reifenschultern stärker auf, und die Laufflächenmitte wölbt sich nach innen durch. Dadurch ergibt sich ein stärkerer Reifenverschleiß der Reifenschultern.
- Falsche Radeinstellung und Unwucht ergeben jeweils typische Reifenverschleißbilder, auf die in der Störungsdiagnose hingewiesen wird.

Störungsdiagnose Reifen

Abnutzung	Ursache
Stärkerer Reifenverschleiß auf beiden Seiten der Lauffläche	■ Zu niedriger Reifenfülldruck
Stärkerer Reifenverschleiß in der Mitte der Lauffläche, über den gesamten Umfang	■ Zu hoher Reifenfülldruck
Auswaschungen der Profilseite	■ Statische und dynamische Unwucht des Rades. Eventuell zu großer Seitenschlag der Felge, zu großes Spiel in den Traggelenken
Auswaschungen in der Mitte des Reifenprofils	■ Statische Unwucht des Rades. Eventuell Folge von zu großem Höhenschlag
Starke Abnutzung an einzelnen Stellen in der Mitte der Lauffläche	■ Blockierspuren von Vollbremsungen
Schuppenförmige oder sägezahnähnliche Abnutzung des Profils. In krassen Fällen mit Gewebebrüchen verbunden, die nach einiger Zeit außen sichtbar werden	■ Überbelastung des Wagens. Innenseite der Reifen auf Gewebebrüche untersuchen!
Gummizungen an den seitlichen Profilkanten	■ Fehlerhafte Radeinstellung. Reifen radiert. Bei Hinterrädern auch Zustand der Stoßdämpfer prüfen!
Gratbildung an einer Profilseite des Vorderrades	■ Falsche Spureinstellung. Reifen radiert. Häufiges Fahren auf stark gewölbter Fahrbahn. Schnelle Kurvenfahrt
Stärkerer Reifenverschleiß an den Innen- oder an den Außenschultern der Reifen	■ Zu geringe beziehungsweise zu große Vorspur
Stoßbrüche im Reifenunterbau. Anfangs nur im Inneren des Reifens sichtbar	■ Überfahren von kantigen Steinen, Schienenstößen und ähnlichem bei hohen Geschwindigkeiten
Einseitig abgefahrene Laufflächen	■ Sturzeinstellung überprüfen

Die Karosserie

Die Karosserie des 5er BMW ist selbsttragend. Bodengruppe, Seitenteile, Dach und die hinteren Kotflügel sind miteinander verschweißt. Front- und Heckscheibe sind eingeklebt. Die Reparatur größerer Karosserieschäden sowie das Auswechseln der genannten Scheiben sollten der Fachwerkstatt vorbehalten bleiben.

Motorhaube, Kofferraumdeckel, Türen und die vorderen Kotflügel sind angeschraubt und lassen sich leicht auswechseln. Beim Einbau ist dann unbedingt das richtige Luftspaltmaß (= Breite der Fugen zwischen jeweiliger Klappe und umliegender Karosserie) einzuhalten, sonst klappert beispielsweise die Tür, oder es können erhöhte Windgeräusche während der Fahrt auftreten. Alle Luftspaltmaße müssen **zwischen 4,5 und 6,0 mm** liegen. Der Luftspalt muß auf jeden Fall parallel verlaufen, das heißt, der Abstand zwischen den Karosserieteilen muß auf der gesamten Länge des Spaltes gleich groß sein. Abweichungen bis zu 1 mm sind zulässig.

Neben den Karosserie-Anbauteilen wird in diesem Kapitel auch die Innenausstattung, wie Sitze und Verkleidungen, behandelt. Da viele dieser Teile mit sogenannten Torxschrauben befestigt sind, ist zur Montage der Besitz eines Torxschraubendrehersatzes notwendig.

Sicherheitshinweise bei Karosseriearbeiten

- Soweit Schweißarbeiten oder andere funkenerzeugende Arbeiten in Batterienähe durchgeführt werden, muß grundsätzlich die Batterie ausgebaut werden.
- An Teilen der gefüllten Klimaanlage darf weder geschweißt, noch hart- oder weichgelötet werden. Das gilt auch für Schweiß- und Lötarbeiten am Fahrzeug, wenn die Gefahr besteht, daß sich Teile der Klimaanlage erwärmen. **Achtung:** Der Kältemittelkreislauf der Klimaanlage darf nicht geöffnet werden.
- An besonders korrosionsgefährdeten Karosserieteilen sind verzinkte Bleche eingebaut. Zinkschicht vor dem Schweißen nicht abschleifen (nur bei Hartlötung abschleifen). Schweißstrom um ca. 10 % erhöhen. **Achtung:** Beim Schweißen von verzinkten Stahlblechen entsteht giftiges Zinkoxid, daher für eine gute Arbeitsplatzbelüftung sorgen.
- PVC-Unterbodenschutz an der Reparaturstelle mit rotierender Drahtbürste entfernen, oder mit Heißluftgeläse auf maximal +180° C erwärmen und mit Spachtel ablösen. Durch Abbrennen bzw. Erwärmen von PVC-Material über +180° C entsteht stark korrosionsfördernde Salzsäure, außerdem werden gesundheitsschädliche Dämpfe frei.
- Im Rahmen einer Reparatur-Lackierung darf im Trockenofen oder in seiner Vorwärmzone das Fahrzeug bis maximal **+80° C** aufgeheizt werden. Sonst besteht die Gefahr der Beschädigung elektronischer Steuergeräte im Fahrzeug.

W-4866

Stoßfänger vorn

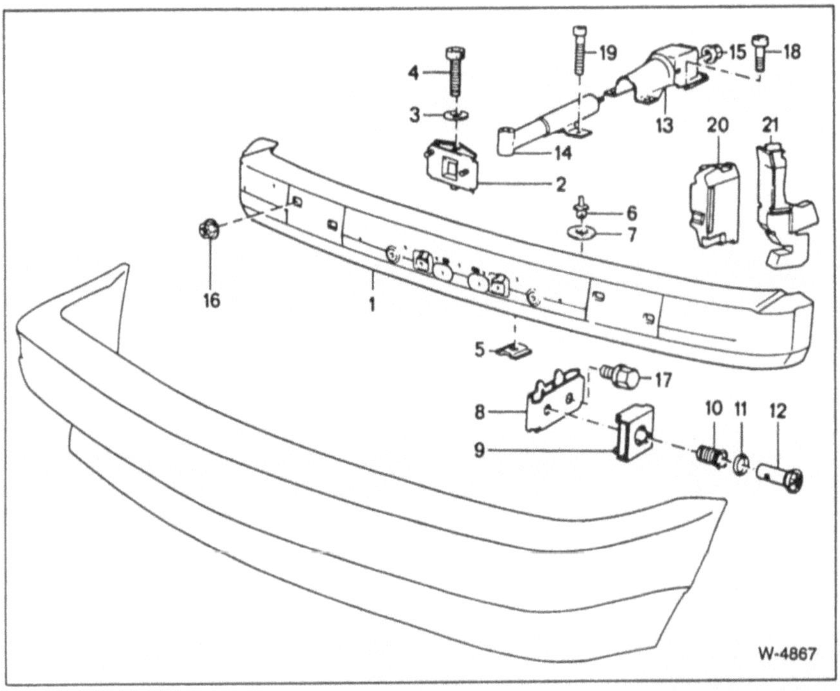

1 – Träger
2 – Halter
3 – Beilagscheibe
4 – Schraube, 75 Nm
5 – Distanzstück
6 – Stopfen
7 – Distanzscheibe
8 – Halter
9 – Gleitstück
10 – Buchse
11 – O-Ring
12 – Kappe
13 – Prallbox
14 – Pralldämpfer vorne
15 – Sechskantmutter, 9 Nm
16 – Sechskantmutter, 42 Nm
17 – Schraube
18 – Schraube, 9 Nm
19 – Schraube, 50 Nm

Nur bei Klimaanlage:

20,21 – Abdeckungen

Stoßfänger vorn aus- und einbauen

Der Stoßfänger ist so ausgelegt, daß er Aufprallgeschwindigkeiten bis 4 km/h ohne Beschädigung übersteht. Dabei wird die Aufprallenergie vorn über einen innenliegenden Aluminiumträger und zwei hydraulische Pralldämpfer übernommen. Die Pralldämpfer sind an zwei leicht austauschbaren Deformationselementen, sogenannten Prallboxen, befestigt. Bei Aufprallgeschwindigkeiten bis 15 km/h erfolgt die Energieaufnahme durch Verformung der hydraulischen Dämpfer und Prallboxen, so daß eine Beschädigung der Motorträger verhindert wird.

Ausbau

- Stoßleisten rechts und links neben dem Nummernschild abhebeln und nach außen abziehen.

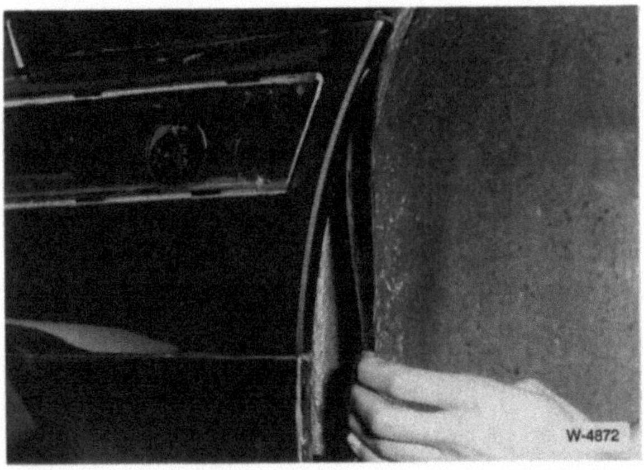

- Innenkotflügel beidseitig hinter den Stoßfänger ziehen.

● 4 Muttern –Pfeile– abschrauben und Stoßstange nach vorne herausziehen.

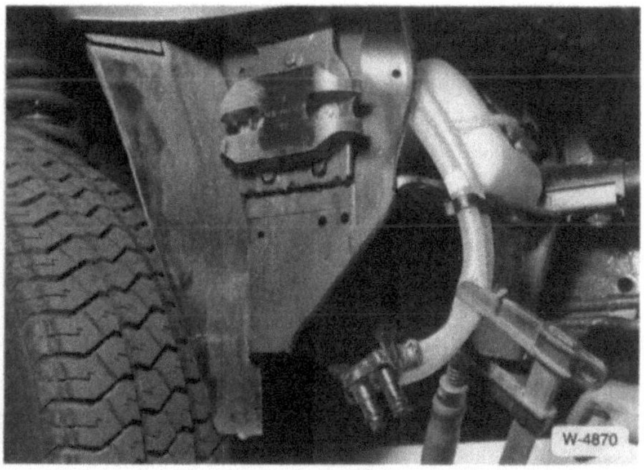

● Falls vorhanden, Steckverbindung für Nebelscheinwerfer auseinanderschrauben und Schläuche für Scheinwerferreinigungsanlage trennen. Schläuche mit geeigneter Klemme abklemmen, damit keine Flüssigkeit ausläuft.

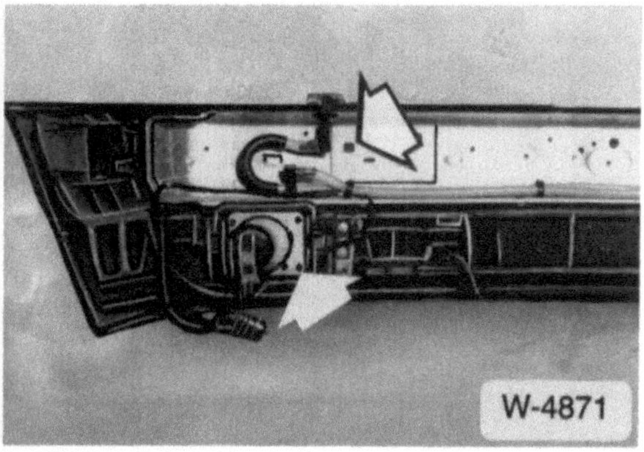

● Nebelscheinwerfer und Scheinwerferreinigungsanlage vom alten Stoßfänger abbauen.

● Befestigungsstopfen ausheben, Verkleidung vom Aluminiumträger abnehmen.

Einbau

● Stoßfänger komplettieren.

● Stoßfänger ansetzen, Leitungen für Scheinwerferreinigungsanlage zusammenstecken, Stecker für Nebelscheinwerfer zusammenschrauben.

● Stoßfänger in die seitlichen Führungen einsetzen und nach hinten drücken.

● Abstand –A– zwischen Stoßfänger und Karosserie muß 5 bis 6 mm betragen, die Dichtleiste anliegen, gegebenenfalls ausrichten. In dieser Stellung 4 Schrauben –Pfeile– mit **45 Nm** festziehen.

● Falls nötig, Stoßfänger an den seitlichen Haltern bündig zur Karosserie einstellen. Dazu Gewindebuchse (schmaler äußerer Ring) mit Schraubendreher verdrehen, dabei inneren Deckel mit zweitem Schraubendreher gegenhalten. Die Fachwerkstatt benutzt hierzu das BMW-Werkzeug 51 1040.

● Stoßleisten zuerst seitlich einhaken, dann vorn einclipsen.

Prallbox und Pralldämpfer vorn aus- und einbauen/prüfen

Ausbau

- Vordere Stoßstange ausbauen.

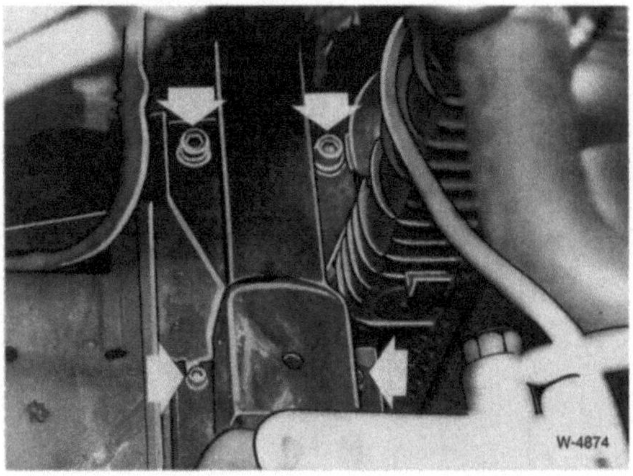

- Schrauben lösen, Prallbox mit Dämpfer ausbauen.

Prüfen

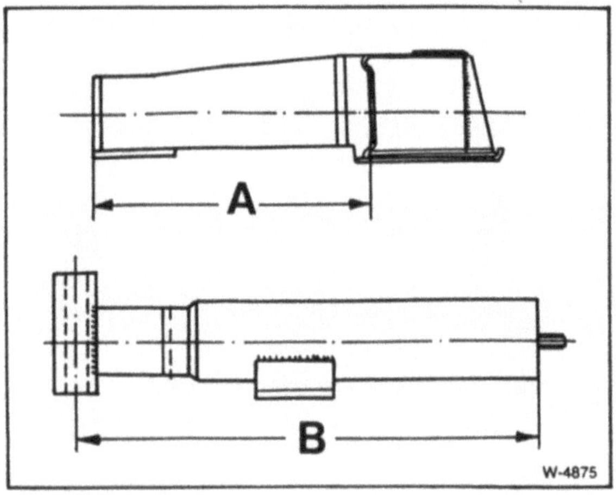

Achtung: Wird nach einem Unfallschaden die vordere Stoßstange erneuert, darf das Kontrollmaß »A« = 166 ± 2 mm an der Prallbox nicht unterschritten werden.
Maß »B« für Pralldämpfer = 296 ± 2 mm

Einbau

- Gegebenenfalls defektes Teil ersetzen.
- Prallbox mit 4 Schrauben und **50 Nm** an der Karosserie anschrauben.
- Stoßfänger einbauen.

Hinterer Stoßfänger

Außenschale

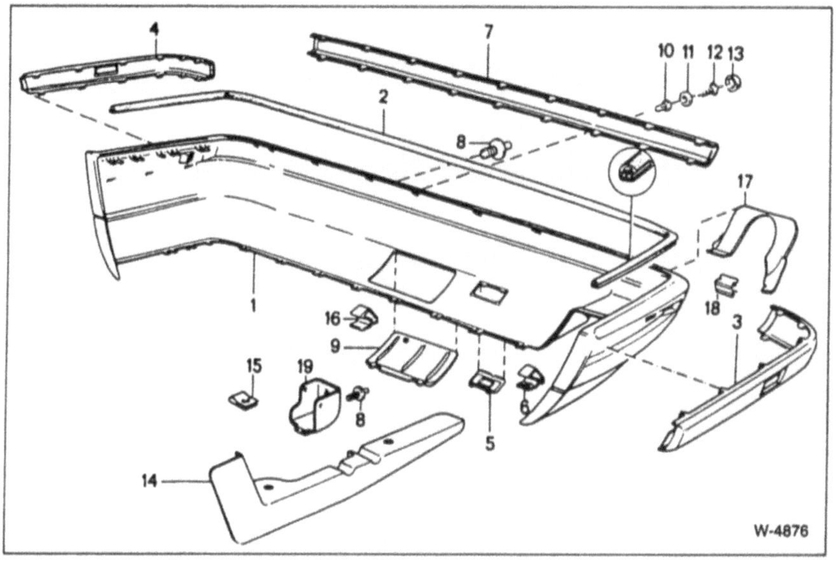

1 – Verkleidung
2 – Dichtung
3 – Stoßleiste links
4 – Stoßleiste rechts
5 – Abdeckung Abschlepphaken
6 – Halteklammer
7 – Stoßleiste Mitte
8 – Befestigungsstopfen
9 – Abdeckung Anhängerkupplung
10 – Einsteckmutter
11 – Beilagscheibe
12 – Blechschraube
13 – Schutzkappe
14 – Wärmeschutzblech
15 – Blechmutter
16 – Befestigungsclip
17 – Blende
18 – Klammer
19 – Führung

Innere Teile und Befestigung

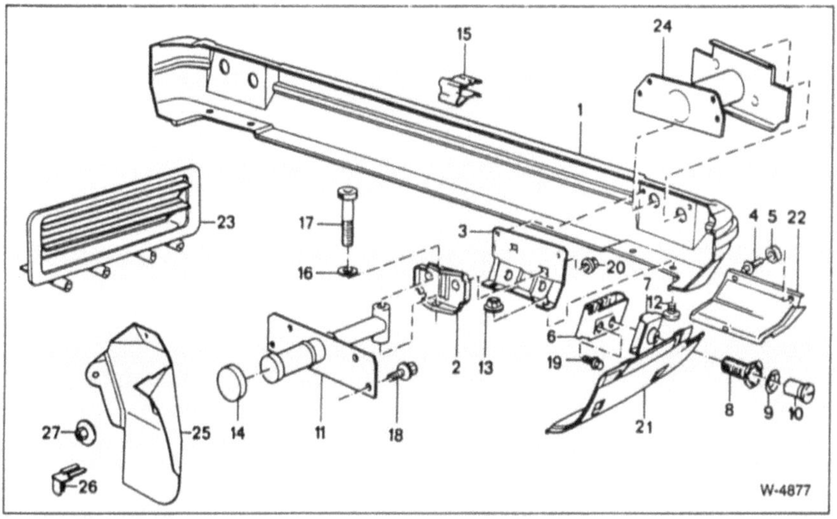

1 – Träger
2 – Halter
3 – Verstärkung
4 – Befestigungsstopfen
5 – Distanzscheibe
6 – Halter
7 – Gleitstück
8 – Gewindebuchse
9 – O-Ring
10 – Sicherungskappe
11 – Pralldämpfer hinten
12 – Paßschraube
13 – Sechskantmutter, 25 Nm
14 – Kappe
15 – Befestigungsklammer
16 – Beilagscheibe
17 – Schraube, 75 Nm
18 – Sechskantschraube, 10 Nm
19 – Sechskantschraube
20 – Sechskantmutter, 45 Nm
21, 22 – Wärmeisolierung
23 – Entlüfter

Nur bei Anhängervorrichtung:

24 – Halter
25 – Abdeckung
26 – Klammer
27 – Sechskantmutter

Stoßfänger hinten aus- und einbauen

Der Stoßfänger ist so ausgelegt, daß er Aufprallgeschwindigkeiten bis 4 km/h ohne Beschädigung übersteht. Die Aufprallenergie wird über einen innenliegenden GFK-Träger und zwei Gummipralldämpfer aufgenommen.

Ausbau

- Mittlere Stoßleiste vorsichtig ausheben.

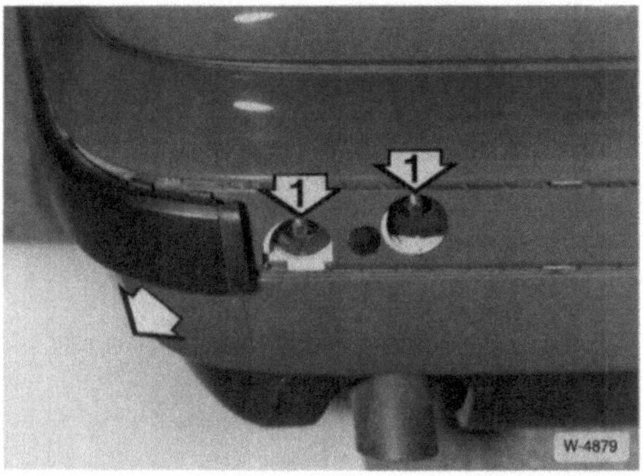

- Gegebenenfalls Stoßleisten rechts und links abheben, nach hinten ziehen und abnehmen.
- 4 Muttern –1– auf beiden Seiten abschrauben und Stoßstange nach hinten herausziehen.

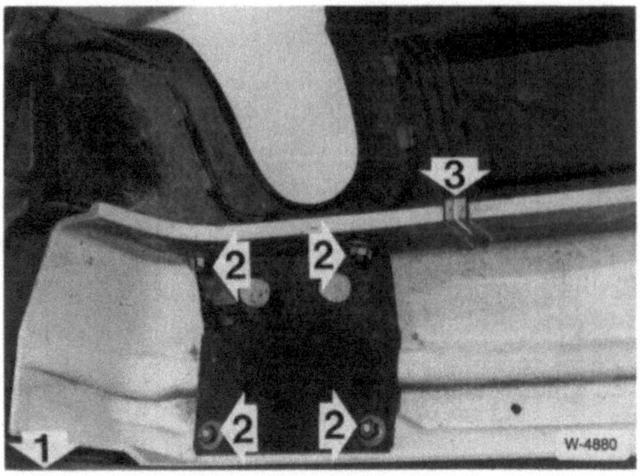

- Dichtgummi –1– abziehen, Verstärkung –2– abschrauben, Klammern –3– ausheben.
- Befestigungsstopfen ausheben, Wärmeschutzbleche ausbauen.

Einbau

- Stoßfänger komplettieren.
- Stoßfänger in die seitlichen Führungen einsetzen und nach hinten drücken.

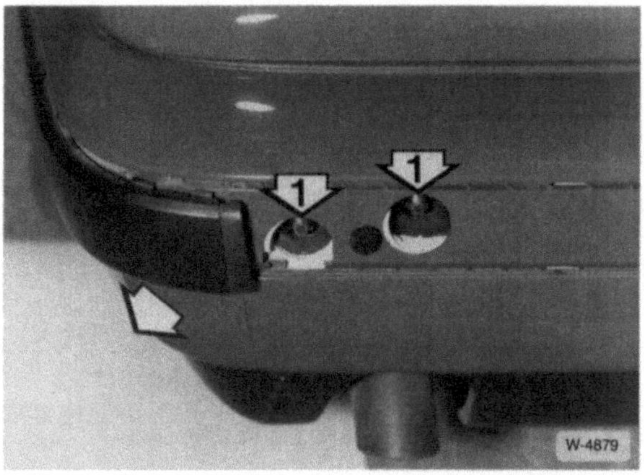

- Der Abstand zwischen Stoßfänger und Karosserie muß 5 – 6 mm betragen. Die Dichtleiste muß dabei anliegen, gegebenenfalls ausrichten. In dieser Stellung 4 Muttern –1– links und rechts mit **45 Nm** festziehen.

- Falls nötig, Stoßfänger an den seitlichen Haltern bündig zur Karosserie einstellen. Dazu Gewindebuchse (schmaler äußerer Ring) mit Schraubendreher verdrehen, dabei inneren Deckel mit zweitem Schraubendreher gegenhalten. Die Fachwerkstatt benutzt hierzu das BMW-Werkzeug 511040.
- Mittlere Stoßleiste aufdrücken. Seitliche Stoßleisten zuerst seitlich einhaken, dann hinten einclipsen.

Pralldämpfer hinten aus- und einbauen/prüfen

Ausbau

- Hintere Stoßstange ausbauen.

- Schrauben –Pfeile– lösen, Pralldämpfer ausbauen.

Prüfen

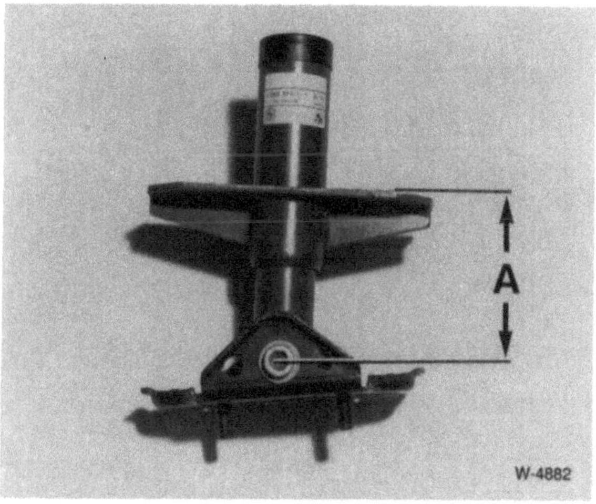

Achtung: Wird nach einem Unfallschaden die hintere Stoßstange erneuert, muß das Kontrollmaß »A« = 98 ± 0,5 mm überprüft werden, gegebenenfalls Pralldämpfer ersetzen.

Einbau

- Prallbox mit 4 Schrauben und **10 Nm**, also nicht zu fest, an der Karosserie anschrauben.
- Stoßfänger einbauen.

Frontziergitter aus- und einbauen

Das Frontziergitter besteht aus den beiden seitlichen Teilen und dem mittleren Teil mit »BMW-Niere«.

Ausbau mittleres Ziergitter

- Motorhaube öffnen.

- Schrauben –Pfeile– lösen, Scheinwerferabdeckung ausheben. Andere Scheinwerferabdeckung in gleicher Weise ausbauen, siehe auch Seite 246.

- Schraube –1– bei geöffneter Motorhaube abschrauben. Anschließend 2 Clips neben der Schraube ausheben.
- Sicherungen –2– links und rechts vom Motorraum aus mit Schraubendreher nach unten drücken. Gleichzeitig Ziergitter etwas nach vorn drücken, damit die Sicherungen ausrasten.
- Mit Schraubendreher von vorn durch das Ziergitter Clips –3– nach unten drücken, dabei Ziergitter ausheben.

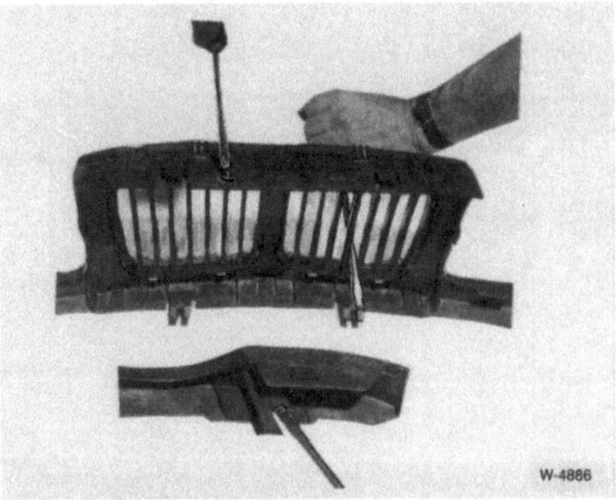

- Das Foto W-4886 zeigt die Lage und Betätigung der Clips am ausgebauten Ziergitter.

Einbau mittleres Ziergitter

- Ziergitter ansetzen und im Bereich der Clipse andrücken, bis sie einrasten.
- Schraube für Ziergitter von oben einschrauben.
- Scheinwerferabdeckungen einbauen.

Ausbau seitliche Ziergitter

- Zuerst mittleres Ziergitter ausbauen.

- 5 Schrauben –Pfeile– herausschrauben und Gitter ausheben.
- Der Einbau erfolgt in umgekehrter Reihenfolge.

Kotflügel vorn aus- und einbauen

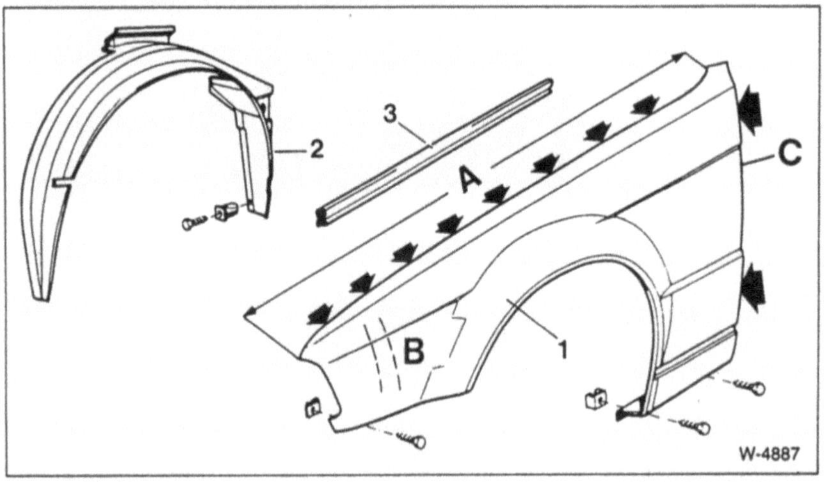

1 – Kotflügel
2 – Innenkotflügel
3 – Abdichtgummi
A,B,C – Klebestellen durch Unterbodenschutz

Achtung: Hinweise für Karosseriearbeiten beachten, siehe Seite 177.

Ausbau

- Zierleiste mit breitem Kunststoffspachtel abdrücken.
- Stoßstange mit Halter vorn ausbauen.
- Nur beim Ausbau des linken Kotflügels: Beide Scheibenwischerarme ausbauen, siehe Seite 260.
- Gitter für Lufteintritt Heizung am Kotflügel lösen, siehe Seite 261.
- Abdichtgummi –3– oben vom Kotflügel abziehen.
- Radkappe abhebeln, Radschrauben bei auf dem Boden stehendem Fahrzeug lösen.
- Scheibenrad zur Radnabe mit Farbe kennzeichnen. Dadurch kann das ausgewuchtete Rad wieder an gleicher Stelle montiert werden.
- Fahrzeug aufbocken und Rad abnehmen, siehe Seite 114.

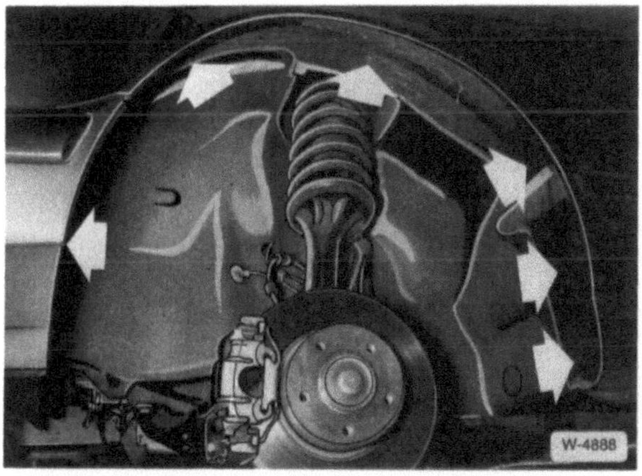

- Innenkotflügel abschrauben –Pfeile– und abnehmen.
- Am Kotflügel 3 untere Schrauben herausdrehen.
- 7 obere Schrauben und 2 hintere Schrauben –Pfeile– abschrauben, siehe Abbildung W-4887. **Achtung:** Bei eingebauter Tür, Lack gegen Beschädigung schützen. Damit die hinteren Schrauben erreicht werden können, Tür öffnen.
- Durch den Unterbodenschutz sitzt der Kotflügel sehr fest. Zum Lösen des Kotflügels ist deshalb ein Fön erforderlich, der mindestens eine Temperatur von +400° C erreicht.
- Fön mit Flachdüse in dem Kotflügelbereich –A– ansetzen und Unterbodenschutz aufweichen. Anschließend von unten im Anlagebereich des Kotflügels –B– Unterbodenschutz lösen. An der Stelle –B– ist das besonders wichtig, weil sonst der Kotflügel beim Abnehmen einbeult.
- Kotflügel abnehmen.

Einbau

- Anlageflächen des Kotflügels reinigen, gegebenenfalls ausrichten.
- Auf den Anlageflächen handelsübliches Kotflügelabdichtband auflegen.
- Kotflügel ansetzen, ausrichten und anschrauben, siehe Abbildung W–4887. Auf gleichmäßige und maßhaltige Luftspalte zu Tür und Motorhaube achten, siehe Seite 177.
- Kotflügel an der Stelle –C– abdichten.
- Kotflügel gegebenenfalls lackieren.
- Auf der Innenseite des Kotflügels Unterbodenschutz auftragen.
- Abdeckung –3– innen auf Kotflügelfalz aufsetzen.
- Innenkotflügel –2– anschrauben, siehe Abbildung W–4811.
- Zierleiste mit Klammern auf Kotflügel aufdrücken.
- Stoßfänger einbauen, siehe Seite 178.
- Rad anschrauben, auf Farbmarkierung achten, Fahrzeug abbocken, Radschrauben über Kreuz mit **110 Nm** festziehen.
- Luftgitter für Heizung und Scheibenwischer einbauen, siehe Seite 261.

Motorhaube aus- und einbauen

Ausbau

- Motorhaube öffnen.

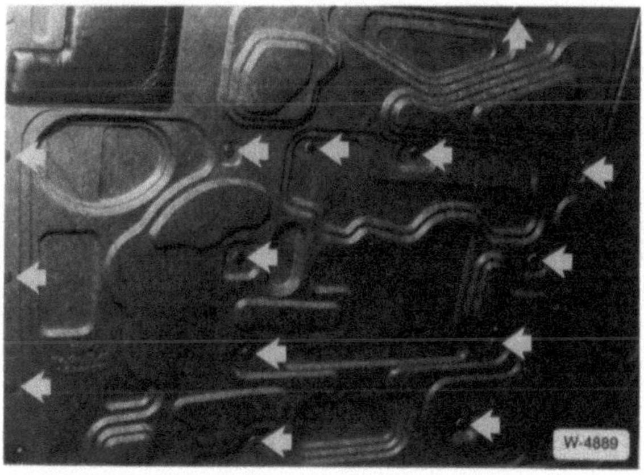

- Innenverkleidung der Motorhaube ausbauen, dazu Spreizclipse herausziehen.

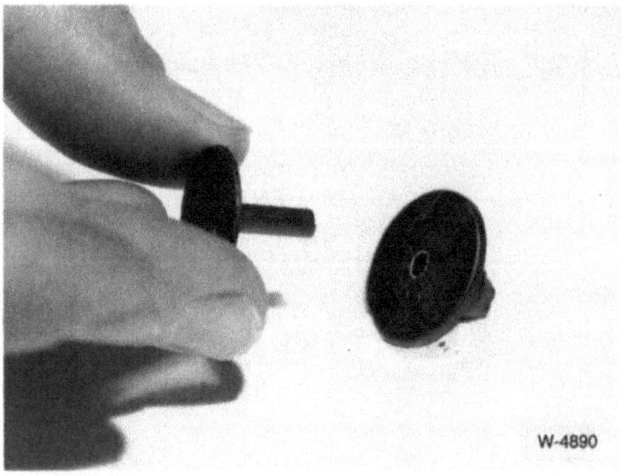
W-4890

- Um die Spreizclipse der Innenverkleidung herausziehen zu können, Oberteil (Kern) mit schmalem Schraubenzieher vom Unterteil abhebeln. Anschließend Clip ganz heraushebeln.

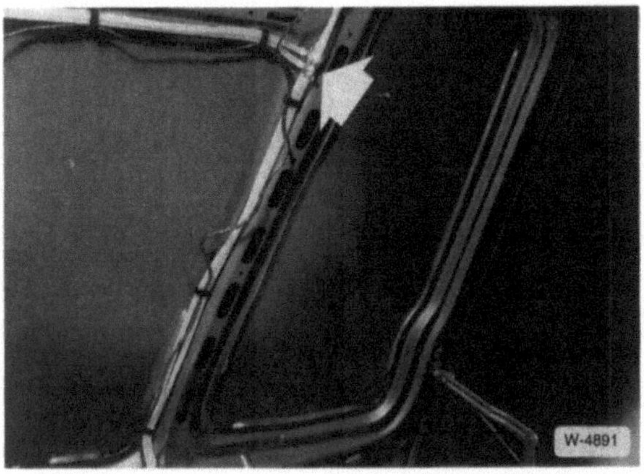
W-4891

- Schläuche für Scheibenwascherdüsen oben am Verteiler abziehen und mit geeignetem Stopfen verschließen.
- Elektrische Zuleitung für Düsenheizung an den Düsen abziehen, Schläuche und Kabel an der Motorhaube abbauen.

W-4892

- Metallclip an den Haltern links und rechts mit Schraubendreher abdrücken, Bolzen herausziehen. Dabei Haube von Helfer halten lassen.

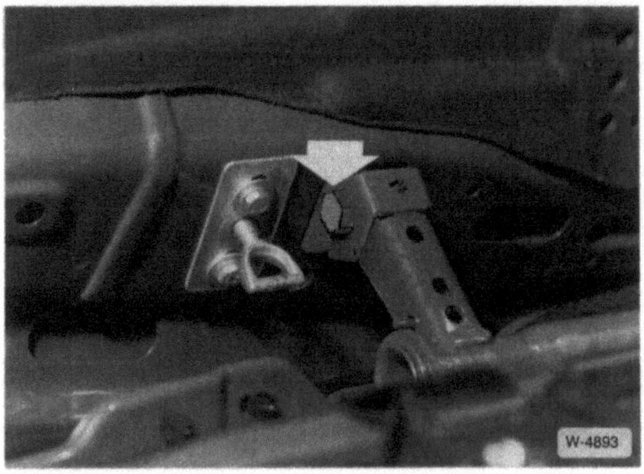
W-4893

- 2 Bolzen am vorderen Halter herausdrehen, Haube mit Helfer abnehmen.

Einbau

- Haube mit Helfer ansetzen, 2 Bolzen für Haube reindrehen.
- Haubenhalter links und rechts einsetzen und mit Clip sichern.
- Schlauch sowie elektrische Zuleitung für Scheibenwaschdüsen zu den Düsen hin verlegen und aufschieben.
- Motorhaube schließen und Stellung der Klappe zu den Kotflügeln kontrollieren. Gegebenenfalls Motorhaube neu einpassen.
- Innenverkleidung einsetzen und Clips eindrücken. Beschädigte und verlorengegangene Clips ersetzen.

Motorhaube einpassen

Vorn und seitlich ausrichten

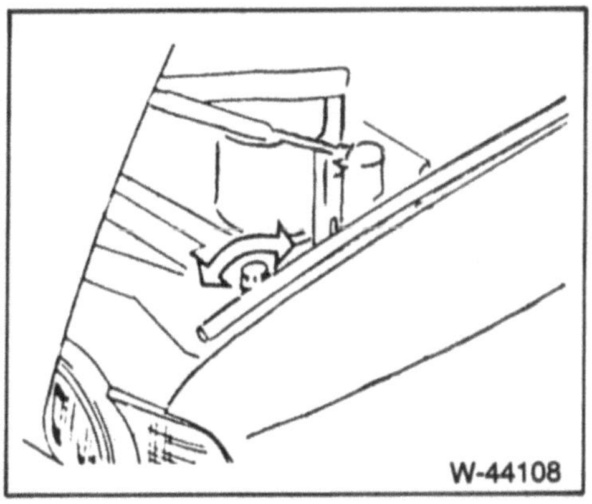

- Anschlagpuffer links und rechts ganz eindrehen.

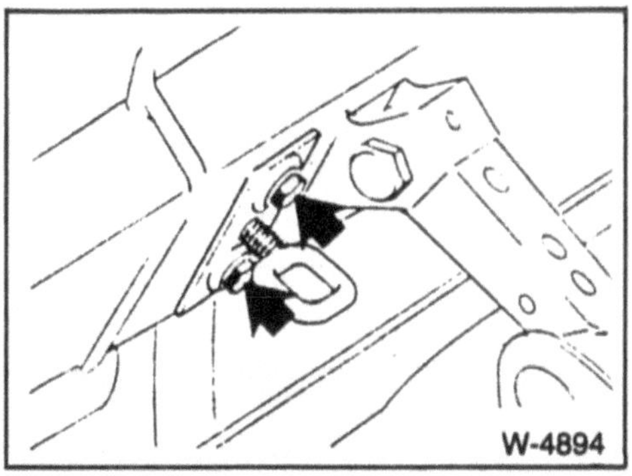

- Schrauben –Pfeile– vom Schließbügel lockern.
- Linkes und rechtes Frontziergitter ausbauen, siehe Seite 261.

- Schrauben von Haubenscharnier links und rechts lockern.
- Motorhaube zu den Kotflügeln vorn und seitlich ausrichten.

Höhenverstellung Motorhaube vorn vornehmen

- Dazu Schließbügel leicht an der Motorhaube anschrauben und Haube schließen, dadurch wird er in die richtige Stellung geschoben. Haube wieder öffnen und Schrauben am Schließbügel festziehen.

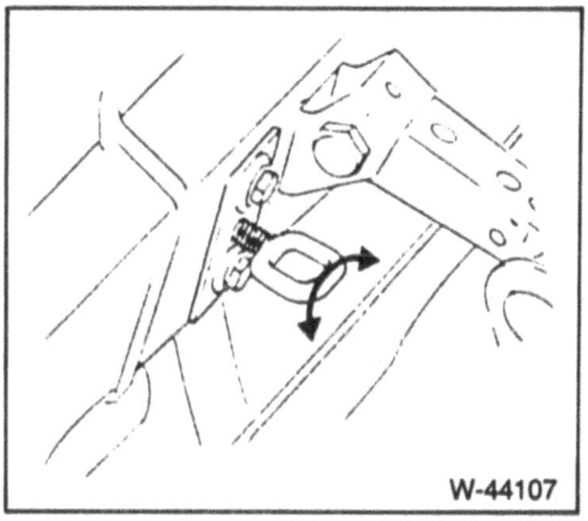

- Durch Heraus- bzw. Eindrehen des Schließbügels die Motorhaube so in der Höhe einstellen, daß die Motorhaube ca. 1 mm tiefer wie die Seitenwand (Kotflügel) liegt.
- Anschlagpuffer jetzt so weit herausdrehen, bis die Motorhaube leicht vorgespannt ist und vorn mit den Seitenwänden in einer Ebene liegt.

Einstellen der Führungsrolle hinten

- Schrauben an den Führungsrollen lockern.
- Halter mit Rollen seitlich so verschieben, bis die Führungsrolle einwandfrei in die Raste eingreift. Spalt zwischen Seitenwand und Motorhaube links und rechts beachten.

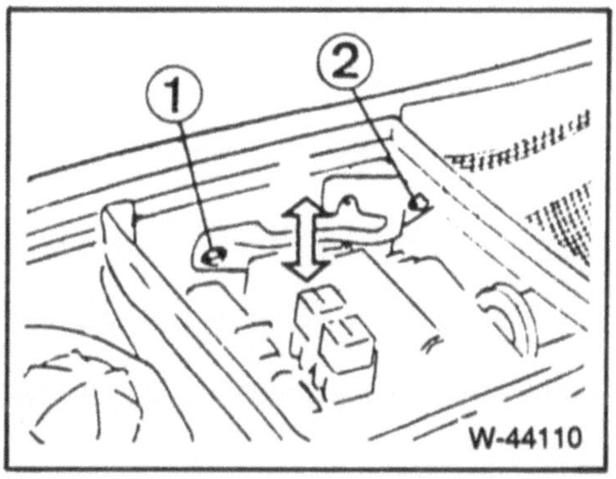

- Schrauben –1– und –2– lockern. Raste an der Schraube –2– so verschieben, daß die Motorhaube im geschlossenen Zustand eben mit der Seitenwand ist.

Seilzug für Motorhaube aus- und einbauen

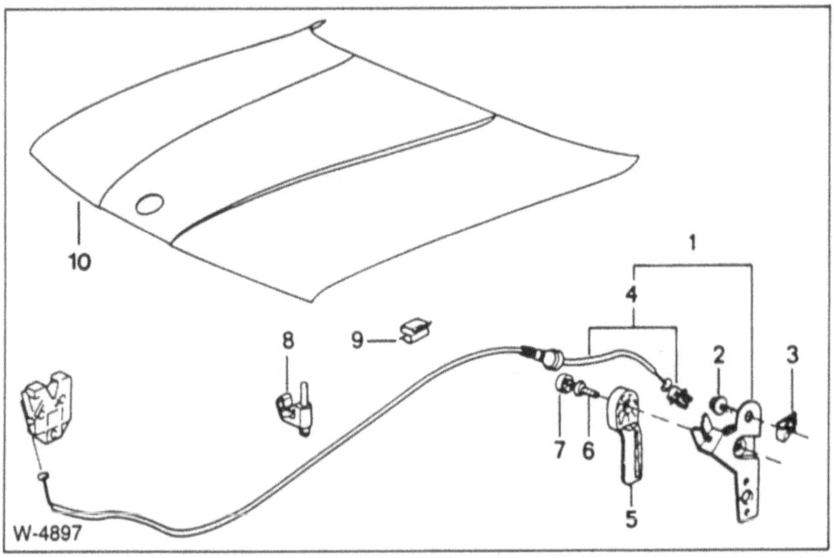

1 – Betätigung
2 – Blechschraube
3 – Blechmutter
4 – Bowdenzug
5 – Hebel
6 – Schraube
7 – Schutzkappe
8 – Klammer
9 – Klemme
10 – Motorhaube

Ausbau

- Motorhaube öffnen.
- Betätigungshebel abschrauben und Seilzug aushängen.
- Seilzugnippel am Haubenschloß aushängen.
- Seilzugführung ausclipsen und Seilzug am Betätigungshebel in den Fahrgastraum reinziehen. Verlegung des alten Seilzugs beachten.

Einbau

- Neuen Seilzug vom Fahrgastraum her verlegen. Seilzug in das Haubenschloß einhängen.

Heckklappe aus- und einbauen/ einpassen

Limousine

Ausbau

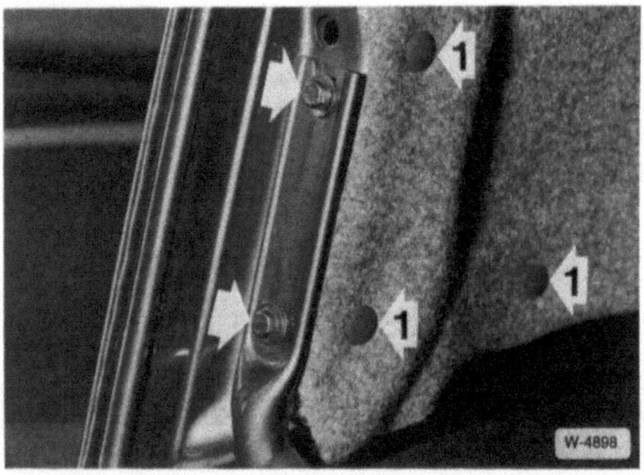

- Soll die Heckklappe wieder eingebaut werden, Schraubenköpfe –Pfeile– vor dem Lösen mit Filzstift umkreisen, damit die Klappe später leichter ausgerichtet werden kann.
- In der elektrischen Zuleitung zur Heckklappe ist keine Steckverbindung vorhanden. Kabelstrang aus der Heckklappe ausbauen, vorher Clipse –1– abhebeln und Verkleidung abnehmen. Zum Ausdrücken der Clipse gibt es ein Sonderwerkzeug, siehe Seite 266.

Einbau

- Heckklappe anschrauben.
- Elektrische Zuleitungen für Rücklicht und Zentralverriegelung in der Heckklappe verlegen und aufstecken.
- Verkleidung einclipsen, beschädigte Clipse ersetzen.
- Heckklappe einpassen.

Einpassen

- Schließbügel lockern, gegebenenfalls abschrauben. Falls vorhanden, vorher Klappe am Schließbügel ausclipsen.

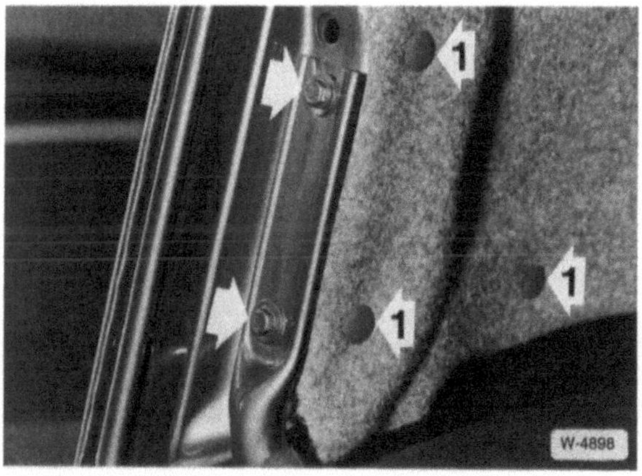

- Schrauben an den Scharnieren lockern.
- Heckklappe schließen und zur Karosserie ausrichten.
- Schrauben festziehen.

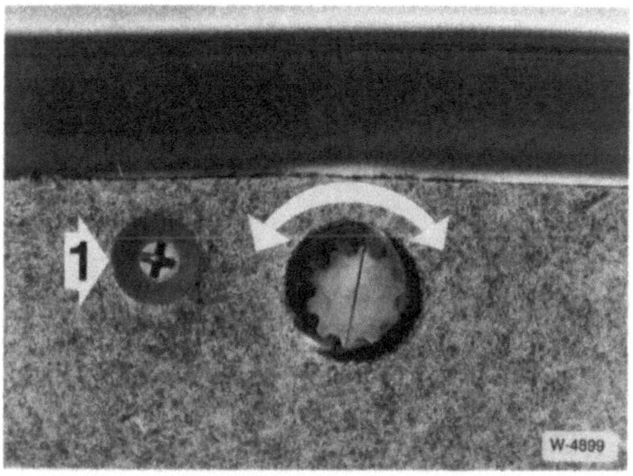

- Zur Höhenverstellung der Heckklappe rechts und links Anschlagpuffer ganz hineindrehen.
- Schließbügelschrauben leicht anziehen, der Schließbügel muß sich noch verschieben lassen.
- Heckklappe schließen. Schließbügel so verschieben, bis die Klappe im geschlossenen Zustand ca. 1 mm tiefer wie die Seitenwand liegt. Schrauben festziehen.
- Beide Anschlagpuffer so weit herausdrehen, bis die Heckklappe leicht vorgespannt ist und in einer Ebene mit den Seitenwänden liegt.

Heckklappenschloß/Schließzylinder hinten aus- und einbauen

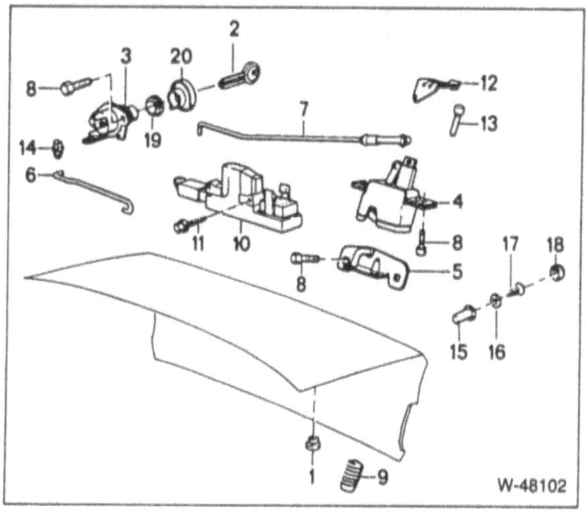

1 – Gummistopfen
2 – Schlüssel
3 – Schließzylinder
4 – Schloß
5 – Schließbügel
6, 7 – Verbindungsstange
8 – Schraube
9 – Anschlagpuffer
10 – Stellmotor Zentralverriegelung
11 – Schraube
12 – Halter
13 – Stange
14 – Gestängesicherung
15 – Einsteckmutter
16 – Beilagscheibe
17 – Blechschraube
18 – Schutzkappe
19 – Dichtung
20 – Drucktaste

Ausbau

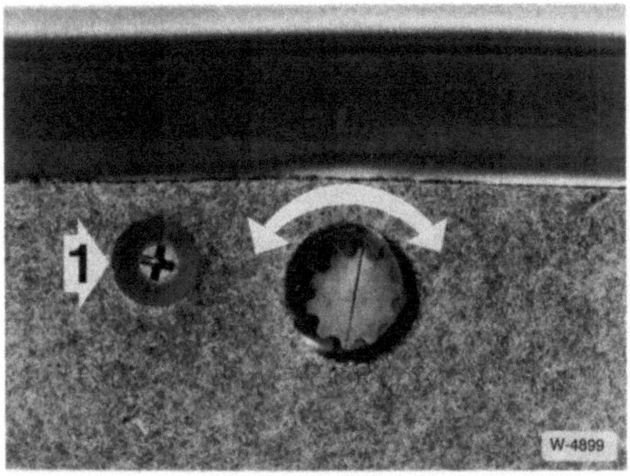

- Schrauben –1– an der Unterkante der Heckklappenverkleidung herausdrehen.
- Verkleidung unten etwas herausziehen.

- 2 Schrauben für Schloß herausschrauben und Schloß nach innen schieben.
- Stecker abziehen. Verbindungsstange am Schloß ausklinken.
- Schloß seitlich herausnehmen.

Schließzylinder ausbauen

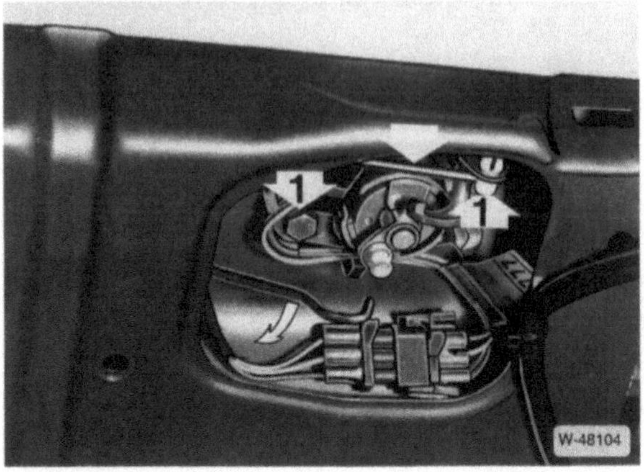

- Elektrische Steckverbindung trennen, dabei Rastnasen zusammendrücken.
- Beide Verbindungsstangen am Schließzylinder ausclipsen, dazu in Pfeilrichtung drücken.
- Schrauben –1– lösen, Schließzylinder nach innen abnehmen.
- Gegebenenfalls 2 Schrauben für Stellmotor Zentralverriegelung abschrauben und Stellmotor herausnehmen.

Einbau

- Schließzylinder einsetzen und mit 2 Schrauben anschrauben. Elektrischen Anschluß zusammenstecken.
- Schloß mit 2 Schrauben befestigen.
- Bei Fahrzeugen mit Zentralverriegelung: Schloß-Verbindungsstange in Stellmotor einklinken und dann in den Schließzylinder eindrücken. Dazu Kunststoffclip so verdrehen, daß die Aussparung nach unten zeigt. Dann die Verbindungsstange eindrücken.
- Funktion von Schloß und Zentralverriegelung überprüfen. **Hinweis:** Das Gestängespiel kann durch Verdrehen der Kugelpfanne am Gestänge –7–, beziehungsweise durch Verschieben des Stellmotors in den Befestigungslöchern ausgeglichen werden, siehe Abbildung W-48102.
- Kofferraumverkleidung einbauen.
- Gegebenenfalls Heckklappenschloß neu einpassen, siehe Seite 189.

Stoßleiste/Zierleiste und Modellschriftzug auswechseln

Stoßleiste ersetzen

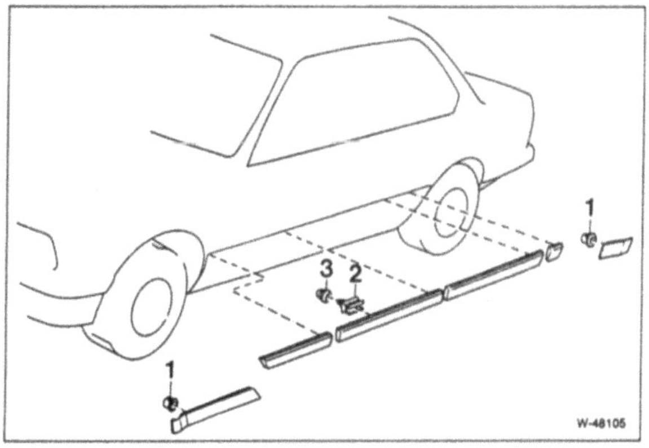

Die Stoßleisten sind mit Kunststoff-Spreizklammern –2– an den Karosserieteilen befestigt.

- Stoßleisten von Hand abziehen oder mit breitem Kunststoffkeil abhebeln. **Achtung:** Je nach Einbauort sind ein oder beide Enden von innen angeschraubt, siehe Muttern –1– in der Abbildung. Muttern abschrauben.
- In der Regel werden beim Abdrücken der Stoßleiste die Kunststofftüllen –3– zusammen mit den Klammern mit abgezogen. Deshalb zuerst Hülsen von den Stiften abhebeln und in die Bohrungen des jeweiligen Karosserieteils stekken.
- Verbogene Stoßleisten vor dem Einbau geraderichten.
- Anschließend Stoßleiste mit den Klammern entsprechend den Bohrungen ausrichten und einclipsen. Gegebenenfalls Spreizstifte mit dem Handballen einschlagen.
- Falls ausgebaut, Halteschraube reindrehen.

Zierleiste an Regenrinne ersetzen

- Zierleiste mit Holzkeil direkt an den Klammern abdrücken.

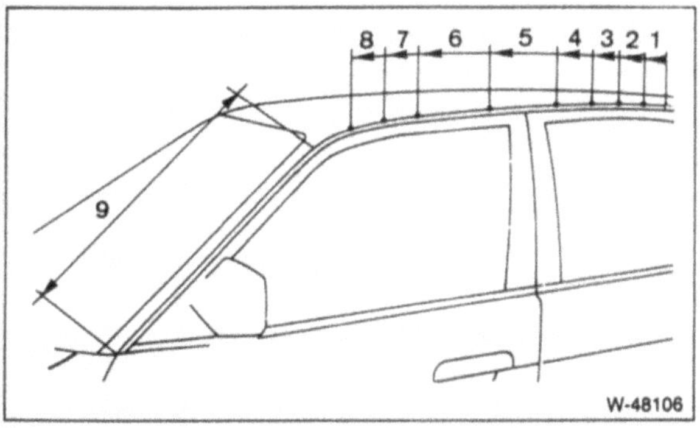

Maße für Klammerposition:
1 = 42 mm
2, 3 = 60 mm
4, 5, 6 = 195 mm
7, 8 = 60 mm
9 = 4 Klammern gleichmäßig verteilt einsetzen.

- Klammern grundsätzlich ersetzen. Abstand der Klammern beachten, siehe Abbildung. Die Zierleiste muß bündig an der Karosserie und der hinteren Zierleiste anliegen (Spaltmaß max. 0,2 mm).

Modellschriftzug an der Heckklappe ersetzen

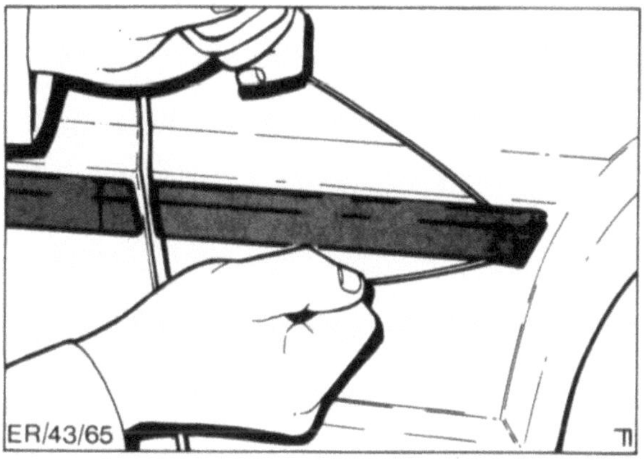

- Klebeverbindung zwischen Schriftzug und Karosserie mit dünner Nylonschnur lösen und abnehmen. Zur Erleichterung Nylonschnur mit Geschirrspülmittel bestreichen und an beiden Enden um Holzstücke wickeln. Schriftzug mit einem Fön leicht anwärmen.
- Reste der Klebeverbindung mit Spiritus abwaschen.
- Neuen Schriftzug mit Fön auf ca. +50° C aufwärmen, Schutzpapier abziehen, ausrichten und ca. 10 Sekunden fest anpressen.

BMW-Plakette ersetzen

- BMW-Plakette vorsichtig mit Schraubendreher abhebeln, Tuch zum Lackschutz zwischenlegen.
- Zur besseren Haftung dauerelastische Karosserie-Abdichtmasse vor der Montage unter das Emblem kleben.

Tür aus- und einbauen/einpassen

Vorder- und Hintertüren werden in gleicher Weise aus- und eingebaut.

Ausbau

- Sechskantschraube –1– von jedem Scharnier mit 10er Stecknuß und Gelenkknarre herausschrauben.
- Sicherung –2– mit Schraubendreher von Bolzen –3– seitlich abdrücken.
- Bolzen –3– mit Durchschlag nach oben austreiben, gegebenenfalls mit Hammer an Türbremse gegenhalten.
- Tür aus den Scharnieren herausheben und auf geeigneter Unterlage absetzen.

- Halterahmen für Stecker abschrauben –Pfeile–. Anschließend Stecker herausziehen.

- Bügel –oberer Pfeil– hochziehen. Dadurch wird die Steckverbindung getrennt.

Einbau

- Stecker für elektrische Verbraucher zusammenfügen und Sicherungsbügel eindrücken. Stecker in Türsäule eindrükken, Halterahmen festschrauben.

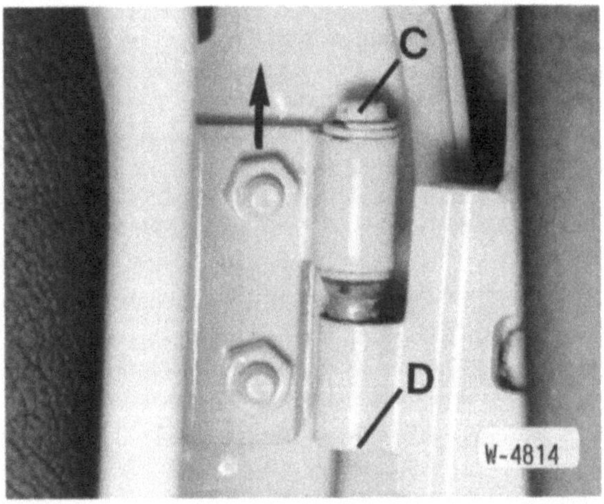

- Tür in die Scharniere oben und unten einsetzen, dabei ist ein Helfer erforderlich. Geführt wird die Tür von den Bolzen –C–. Durch das Verstellen der Scharniere in den Langlöchern der Tür beziehungsweise durch Hinterlegen von Unterlegscheiben an den Scharnieren kann die Tür gegebenenfalls neu einjustiert werden. Bei Einbau der gleichen Tür ist ein Justieren in der Regel nicht erforderlich.
- In jedes Scharnier je eine Sechskantschraube einschrauben.
- Bolzen für Türbremse mit Hammer eintreiben und mit Sicherungsclip sichern.
- Tür schließen und kontrollieren, ob der Spalt zwischen Tür und Karosserie gleichmäßig verläuft, gegebenenfalls Sechskantschrauben an den Türscharnieren lösen und Tür mit den Schrauben –C– in der Höhe einjustieren.

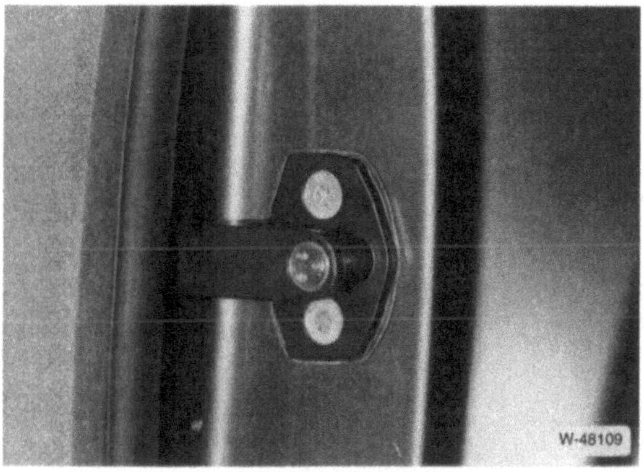

- Schließbolzen an der B-Säule mit Torxschraubendreher lösen und so verschieben, daß die Tür mit der Karosserie fluchtet, 1 mm Unterschied ist erlaubt. Verschlissene Schließkeile vorher erneuern. Schrauben mit **25 Nm** festziehen.

Hinweis: Bei verschlissenen Scharnieren (Tür hat zuviel Spiel in den Scharnieren) können von der Fachwerkstatt neue Lagerbüchsen in die Scharniere eingepreßt werden. Das mit der Lagerbüchse versehene Scharnierteil befindet sich beim oberen Scharnier an der Türe, beim unteren an der Karosserie.

Türverkleidung aus- und einbauen

Beschrieben wird der Ausbau an den Vordertüren. Bei hinteren Türen Arbeitsgänge entsprechend in gleicher Weise durchführen.

Ausbau

- Bei Fahrzeugen mit elektrisch verstellbaren Außenspiegeln, Verstellknopf abziehen. Mit kleinem Schraubendreher in die Aussparung des Schalters eingreifen und Schalter herausziehen.

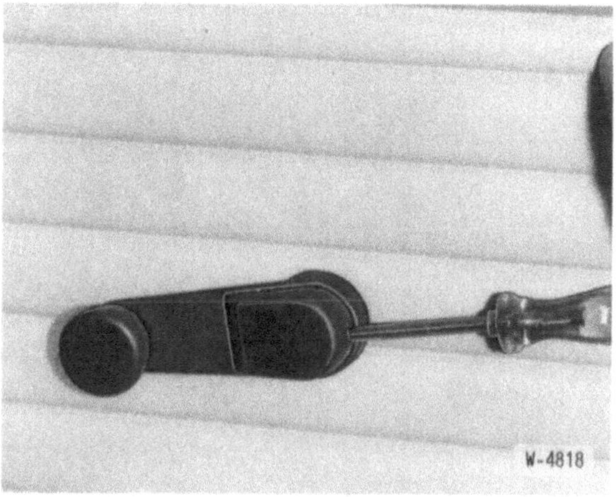

- Bei Fahrzeugen mit Fensterkurbel Abdeckkappe von Kurbel abdrücken und dahinterliegende Schraube (Torxschraube) herausdrehen. Kurbel abziehen.

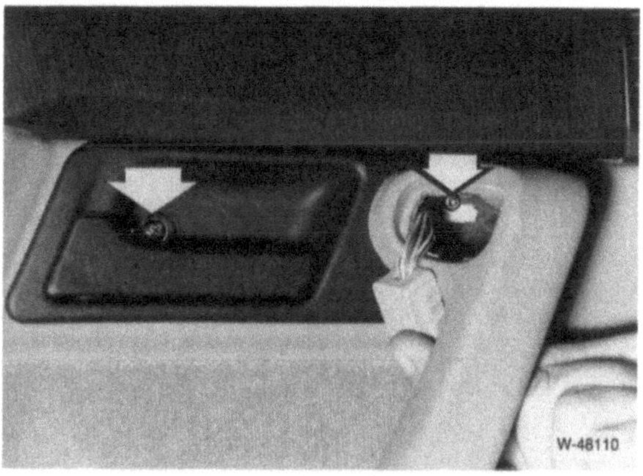

- 2 Kreuzschlitzschrauben –Pfeile– herausdrehen, vorher Plastikabdeckung von linker Schraube mit schmalem Schraubendreher abhebeln.

- Verriegelungsknopf abschrauben.

- Innenabdeckung, beziehungsweise Lautsprecher am Rückspiegel abschrauben. Dazu Schraube –1– lösen, Lautsprechergitter oben ausclipsen –2–, dann Schraube –3– herausdrehen.

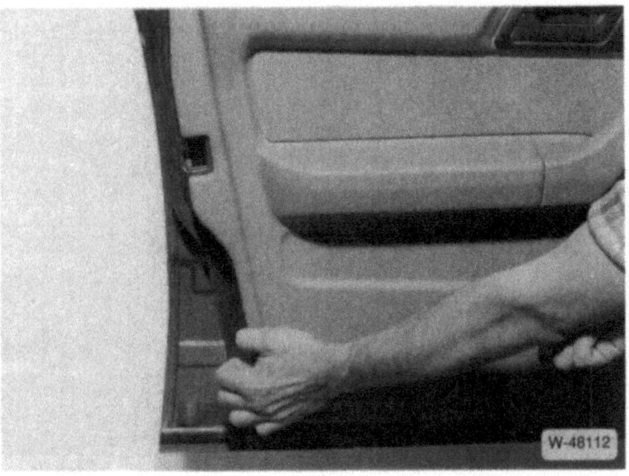

- Türinnenverkleidung im Bereich der Klammern von der Tür abziehen. Lage der Clips, siehe unter »Einbau«.
- Türverkleidung nach oben herausnehmen. Die an der Türverkleidung angebrachte Fensterschachtabdichtung wird dabei aus den Klammern herausgezogen.
- Bowdenzug für Schloßbetätigung am Tür-Innenhebel aushängen.
- Falls erforderlich, Schaumstoffverkleidung vom Türausschnitt vorsichtig abziehen. **Hinweis:** Die Klebeabdichtung bleibt besser an der Schaumstoffverkleidung haften, wenn sie bei niedriger Temperatur ruckweise abgezogen wird.

Einbau

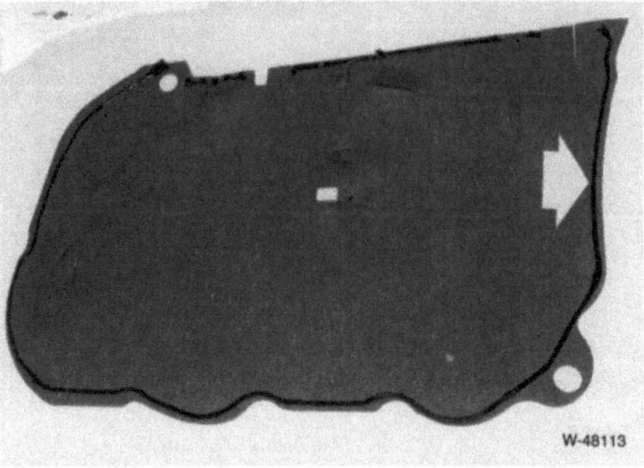

- Schaumstoffverkleidung sorgfältig auf Türausschnitt aufkleben.

Achtung: Die Verkleidung darf nicht beschädigt sein, sonst zieht es im Fahrzeug. Die Klebemasse muß umlaufend aufgetragen sein, gegebenenfalls Butylschnur bei BMW kaufen und Klebedichtung ausbessern.

- Klammer –1– von der Türverkleidung abziehen und an der entsprechenden Stelle der Tür aufsetzen.
- Kontrollieren, ob alle Klammern für die Türinnenverkleidung vorhanden sind, defekte Klammern erneuern.

- Klammern für Türschachtabdichtung müssen vollständig vorhanden sein, defekte Klammern ersetzen.
- Zug für Fernbedienung hinten an der Türverkleidung einhängen.
- Türinnenverkleidung von oben in Tür einsetzen, zuerst vorn auf den Türschacht aufdrücken, dann hinten und gleichzeitig die Türinnenverkleidung etwas von der Tür abhalten.
- Türverkleidung im Bereich der Clips auf Tür aufdrücken.
- Verriegelungsknopf aufschrauben.
- Kreuzschlitzschrauben oben in Armstütze und Griffschale einschrauben und Abdeckkappe aufdrücken.
- Bei Fahrzeugen mit elektrisch verstellbaren Außenspiegeln Stecker auf Schalter aufdrücken. Schalter in Armstütze eindrücken. Knopf für Spiegelverstellung aufdrücken. Der Knopf kann nur in einer Stellung aufgedrückt werden.
- Bei Fahrzeugen mit mechanischem Fensterheber Kurbel mit Scheibe so aufdrücken, daß die Kurbel bei geschlossenem Fenster schräg nach oben in Richtung Windschutzscheibe zeigt.
- Kurbel mit Schraube befestigen. Abdeckkappe für Kurbel aufdrücken.
- Spiegel-Innenabdeckung montieren.

Türaußengriff/Schließzylinder

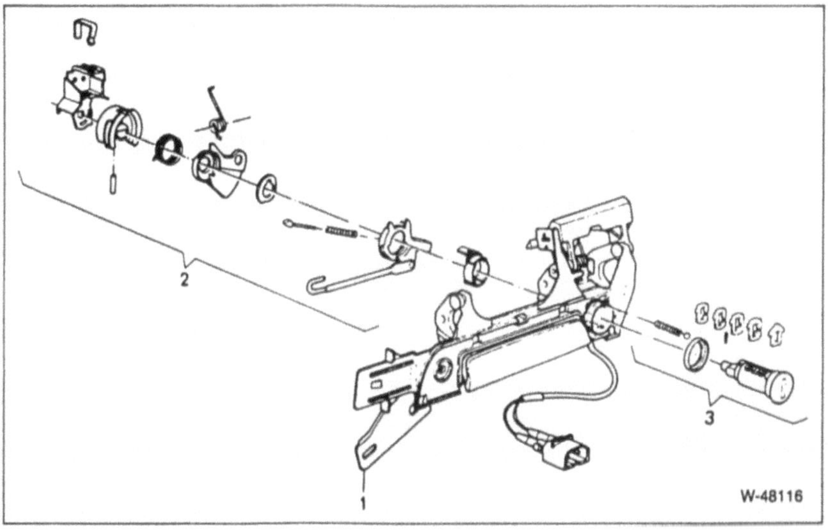

1 – **Türgriff**
2 – **Schließzylinder-Anbau**
3 – **Schließzylinder**

Türaußengriff/Schließzylinder aus- und einbauen

Türaußengriff und Schließzylinder der Vordertür sind zusammen von innen angebaut und können nicht getrennt ausgebaut werden.

Ausbau

- Türinnenverkleidung ausbauen.
- Schaumstoffabdichtung im oberen Türbereich abziehen.
- Fensterscheibe muß geschlossen sein.

- Mit den Fingern Verbindungsstange am Türschloß aushängen. Dazu Plastiksicherung am Schloß zur Seite schwenken –Pfeil–. Anschließend Stangenhaken aus dem Hebel herausziehen.

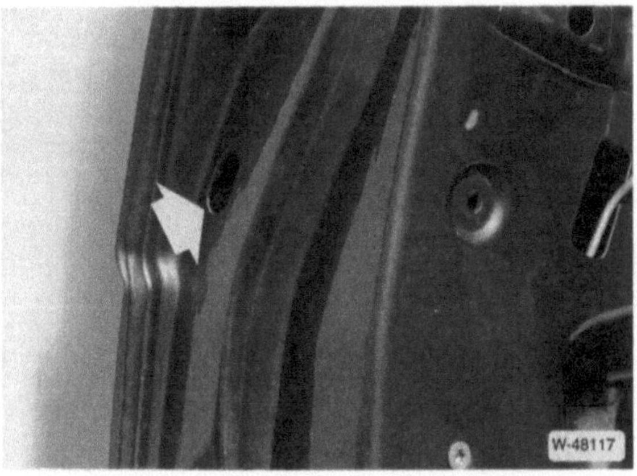

- Abdeckung –Pfeil– mit schmalem Schraubendreher ausheben.

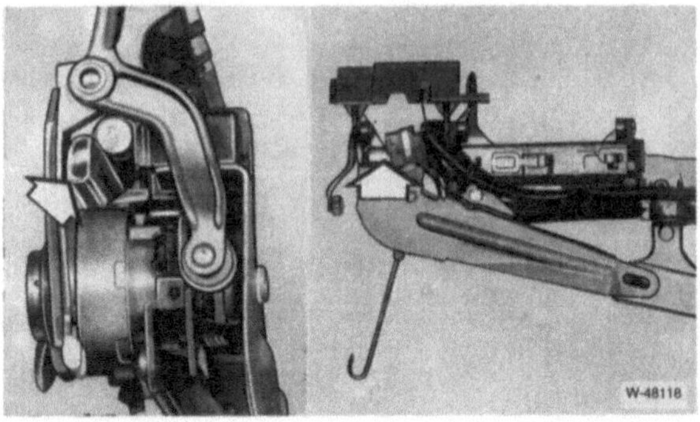

- Mit Schraubendreher durch das freigelegte Türloch den Riegel –Pfeil– nach innen drücken. Dadurch wird die Verkleidung am Türgriff entriegelt und kann abgenommen werden. Die Abbildung zeigt den Riegel bei ausgebautem Türgriff.

Achtung: Beim Einbau wird ein geeigneter Haken zum Herausziehen benötigt.

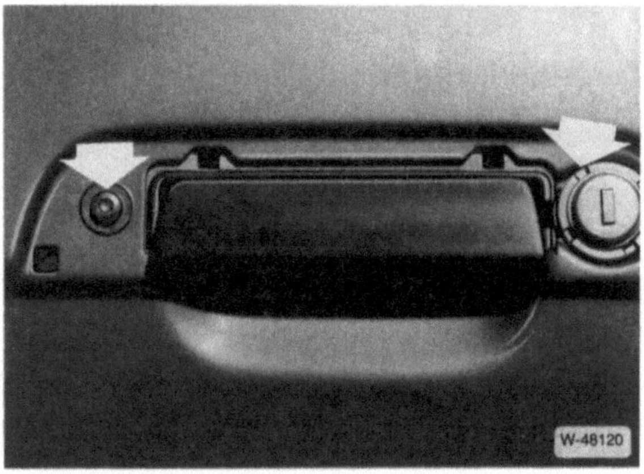

- Linke Schraube (Torxschraube) und rechte Nutmutter (mit BMW-Werkzeug 51 2070) lösen. Die Nutmutter kann auch vorsichtig mit einem Hammer mit Durchschlag oder Meißel gelöst werden. **Achtung:** Umliegenden Lack nicht verkratzen, mit Klebeband abkleben. Mutter bei Beschädigung ersetzen.
- Sämtliche Kabelstecker für Türschloß trennen. **Hinweis:** Die Kabelstecker können beim Einbau nicht vertauscht werden, da nur die zusammengehörigen Stecker zusammenpassen.

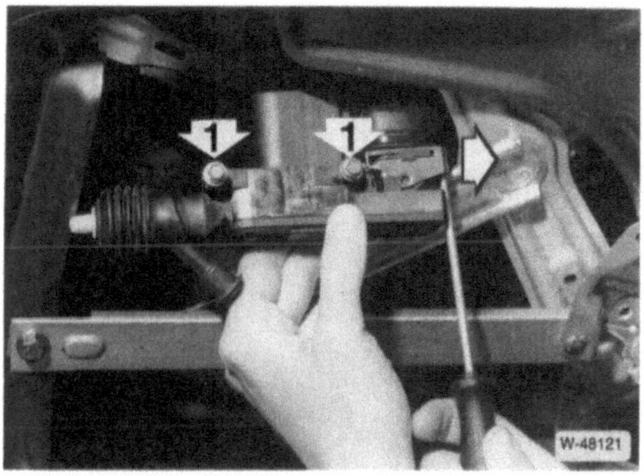
W-48121

- Türgriff nach innen in den Türausschnitt ziehen und Stecker für Zentralverriegelung trennen. Dazu mit Schraubendreher Metallbügel am Stecker in Pfeilrichtung drücken.

Schließzylinder ausbauen

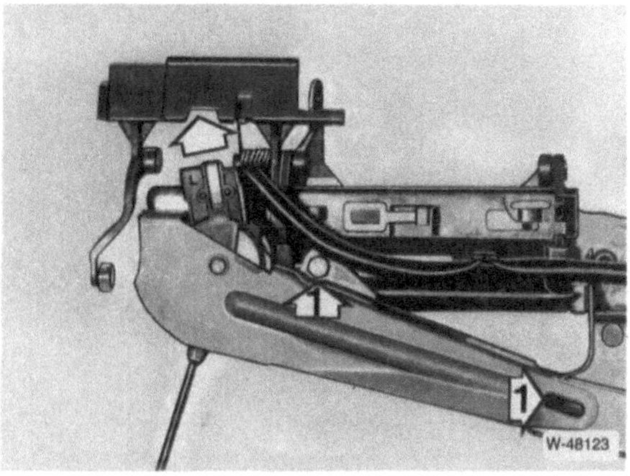
W-48123

- Schrauben an den Stellen –1– lösen und Abdeckung sowie Zentralverriegelungsantrieb abnehmen.
- Microschalter für Zentralverriegelung in Pfeilrichtung mit Klammer abziehen. **Hinweis:** Der Microschalter ist nach Fahrzeugseite gekennzeichnet: L = links, R = rechts.

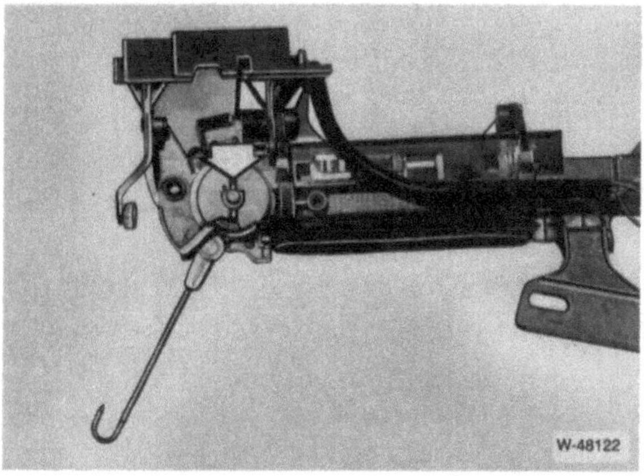
W-48122

- Schlüssel in Schließzylinder einschieben und Kerbstift –Pfeil– nach unten vorsichtig heraustreiben. **Achtung:** Falls die nötige Erfahrung fehlt, Fachwerkstatt aufsuchen.
- Schließzylinder zusammendrücken und Nockenhülse sowie Feder ausheben. Beim Einbau alle Teile an gleicher Stelle wieder zusammenfügen.
- Verriegelungsgestänge komplett ausheben, Schließzylinder vorsichtig nach außen herausziehen.

Achtung: Bei schwergängigen Schließplättchen Fachwerkstatt aufsuchen. Anhand der alten Schließplättchen kann die Werkstatt mit einem Schließzylinder-Reparatursatz den zum Fahrzeug passenden Schließzylinder zusammenbauen. Im Reparatursatz befindet sich auch das passende Fett zum Schmieren der einzelnen Schließplättchen.

Einbau

- Türgriff und Schließzylinder komplettieren. Zentralverriegelung einbauen, siehe Seite 199.
- Türgriff-Zusammenbau einsetzen und sämtliche Kabelstecker einrasten.

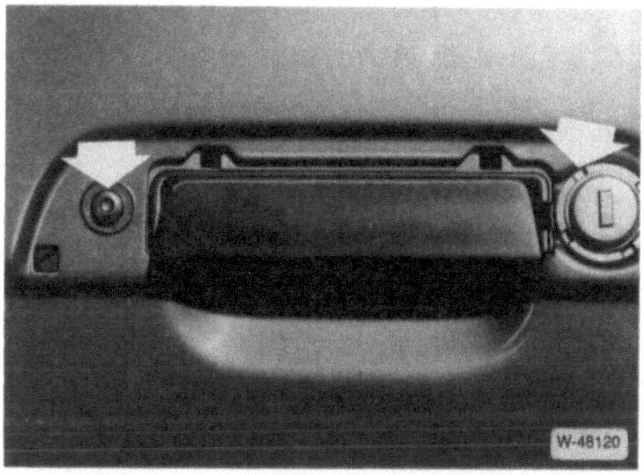
W-48120

- Türgriff mit 1 Torxschraube und 1 Nutmutter an der Tür anschrauben.
- Verbindungsstange am Schloß einhängen und sichern. Damit die Stange eingehängt werden kann, Drehfalle am Türschloß in Stellung »zu« drücken und Schlüssel am Schließzylinder in Stellung »zu« drehen.
- Sämtliche Schließfunktionen kontrollieren, gegebenenfalls Fehler beseitigen.

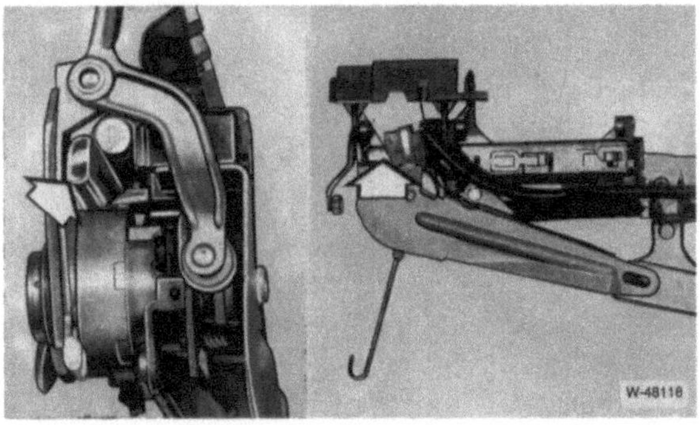

- Türgriffverkleidung von außen ansetzen und mit geeignetem Haken (zum Beispiel BMW-Werkzeug 513140, oder HAZET 2184-2) durch das Türloch oberhalb vom Schloß den Riegel –Pfeil– herausziehen. Dadurch wird die Verkleidung am Türgriff verriegelt. Die Abbildung zeigt den Riegel bei ausgebautem Türgriff.
- Abdeckung aufdrücken.
- Türdichtung und Türverkleidung einbauen, siehe Seite 193.

Türschloß aus- und einbauen

Ausbau

- Türinnenverkleidung ausbauen.
- Fensterscheibe muß geschlossen sein.

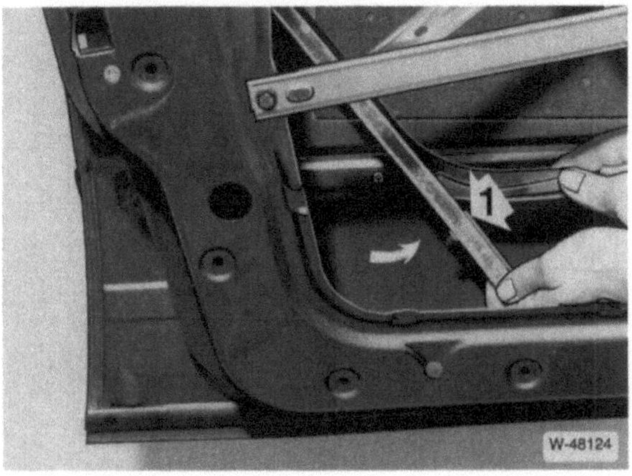

- Schraube –1– herausdrehen, Fensterführungsschiene nach vorn schwenken und oben aushängen.

- Verbindungsstange zum Schließzylinder aushängen. Dazu Sicherung zur Seite schwenken und Stange am Schloßhebel herausziehen.

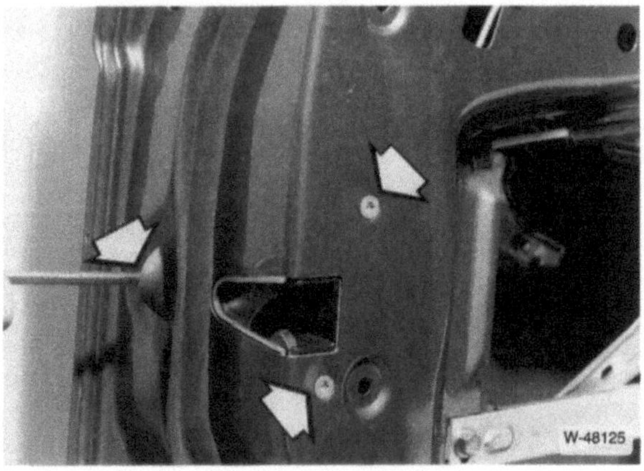

- 3 Torxschrauben an der Tür herausschrauben. Die hintere Schraube liegt unter der Gummidichtung.
- Türschloß aus der Tür herausnehmen.

Einbau

- Das Gestänge am Schloß muß folgendermaßen eingehängt sein: 1– zum Verriegelungsknopf, 2– zum Türgriff (Schließzylinder), 3– zur Türfernbedienung.
- Schloß in Tür einsetzen und das Gestänge entsprechend einhängen. Das Gestänge ist zum Teil gekröpft. Gestänge so einsetzen, daß es in der Tür nirgends gegenschlägt. Auf Freigängigkeit des Gestänges achten.
- Schloß mit 3 Schrauben an Tür befestigen.
- Funktion von Türschloß, Fernbedienung und Zentralverriegelung prüfen.
- Fensterführung von unten in den oberen Haken schieben, dann unten in der Tür anschrauben. Dichtgummi in die Führung eindrücken.
- Türinnenverkleidung einbauen.

Stellmotor für Zentralverriegelung aus- und einbauen

Ausbau

- Türverkleidung ausbauen.

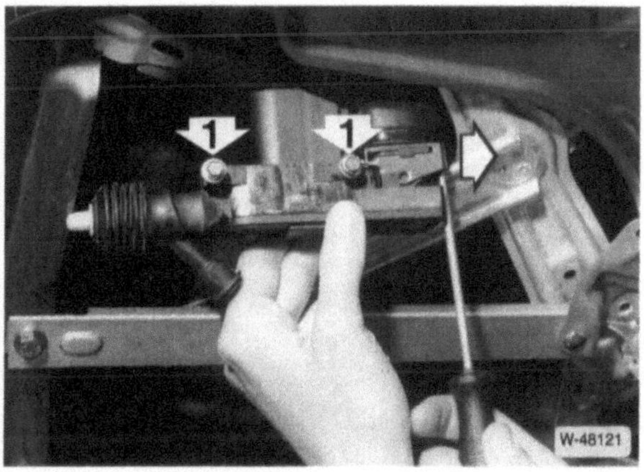

- Schrauben –1– für Stellmotor herausschrauben. Vor dem Ausbau Stellung der Schrauben markieren, damit der Stellmotor in gleicher Lage eingebaut wird.
- Elektrische Verbindung zum Stellmotor trennen. Dazu Schraubendreher zwischen Metallbügel und Stecker einsetzen und Bügel nach rechts drücken, siehe Abbildung.
- Gestänge für Schloß am Stellmotor aushängen, Stellmotor aus der Tür herausnehmen.

Einbau

- Gestänge in Stellmotor einhängen.
- Stecker für Stellmotor aufsetzen und Bügel seitlich eindrükken. Der Stecker zieht sich dann selbsttätig auf.
- Stellmotor in Tür einsetzen, Schrauben noch nicht anschrauben, Motor muß sich verschieben lassen.
- Stellmotor ausrichten, dazu folgendermaßen vorgehen:
  1. Drehfalle am Türschloß in Stellung »zu« drücken, oder Tür schließen.
  2. Türschlüssel in Stellung »zu« drehen, der Stellmotor zieht das Gestänge an.
  3. Stellmotor in den Befestigungslöchern leicht nach hinten schieben, damit ist das Gestängespiel ausgeglichen.
- In dieser Stellung 2 Schrauben vom Stellmotor mit 2 Nm, also leicht, festziehen.
- Funktion von Zentralverriegelung und Schloß überprüfen, gegebenenfalls Motor erneut ausrichten.
- Türverkleidung einbauen.

Fensterheber aus- und einbauen/ Fenster einstellen

Beschrieben wird der Ausbau der elektrischen Fensterheber. Beim manuellen Fensterheber Arbeitsgänge entsprechend anpassen.

Ausbau

- Türinnenverkleidung ausbauen.
- Türabdichtung vorsichtig vom Türausschnitt abziehen.

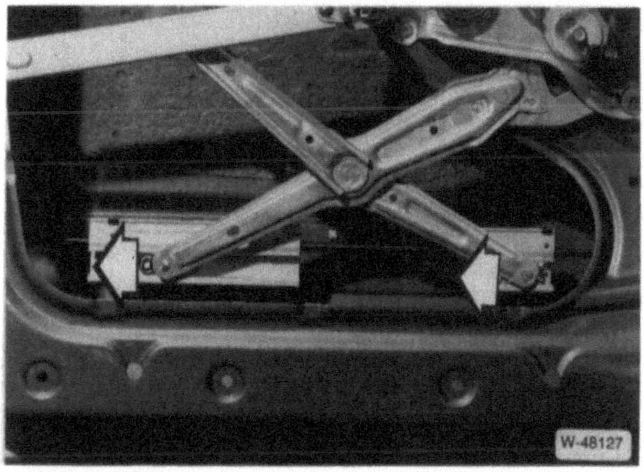

- Fenster nach unten fahren lassen. Sicherungen –Pfeile– seitlich abhebeln.
- Scheibe aus Kugelköpfen am Halter herausdrücken und von Hand in der Führung nach oben schieben. Scheibe mit geeignetem Haken gegen Herunterrutschen sichern.

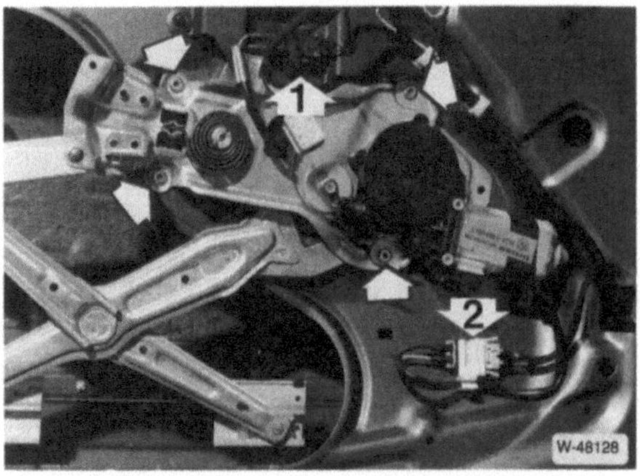

- Mikroschalter ausheben und Steckverbindung –1– und –2– lösen.
- 4 Nieten –Pfeile– für Fensterheber mit 6 mm-Bohrer ausbohren.

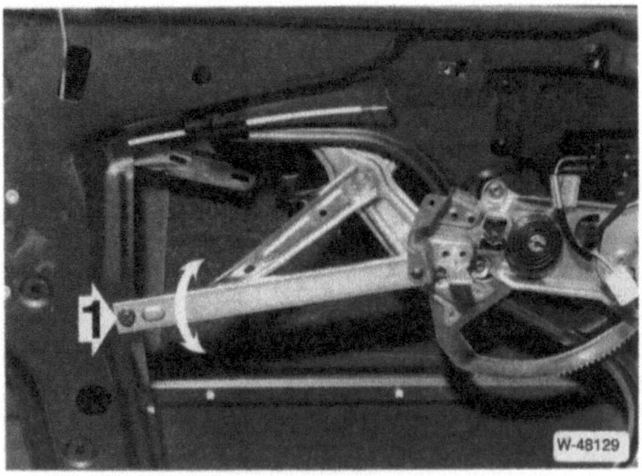

- Schraube –1– abschrauben.
- Hebeapparat komplett abnehmen.
- Gegebenenfalls Getriebemotor vom Hebeapparat abschrauben (3 Schrauben).

Einbau

- Hebeapparat einsetzen, ausrichten und anschrauben. Die aufgebohrten Nieten beim Einbau durch Sechskantschrauben M 6 x 10 mm (Länge) ersetzen. Sechskantmuttern mit Unterlegscheiben von hinten gegenschrauben und festziehen.
- Scheibe ablassen, in Führung einklinken und mit 2 Sicherungen befestigen.

Türfensterscheibe einstellen

- Zwischen Fensterrahmen und Fensterscheibe muß ein gleichmäßiger Spalt entstehen.

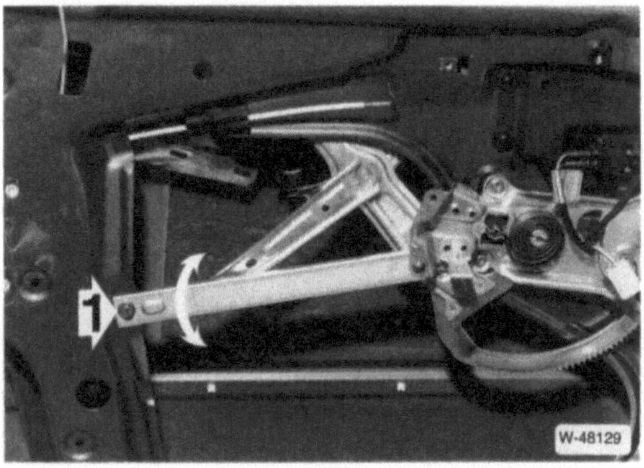

- Gegebenenfalls Scheibe durch Verschieben der Schiene im Langloch –1– auf Parallelität zum Fensterrahmen ausrichten.
- Scheibe bis zum Anschlag nach oben laufen lassen. Die Scheibe muß dicht schließen, jedoch ohne daß die Scheibe gegen die obere Dichtung aufläuft (Hebermotor schaltet nicht ab).

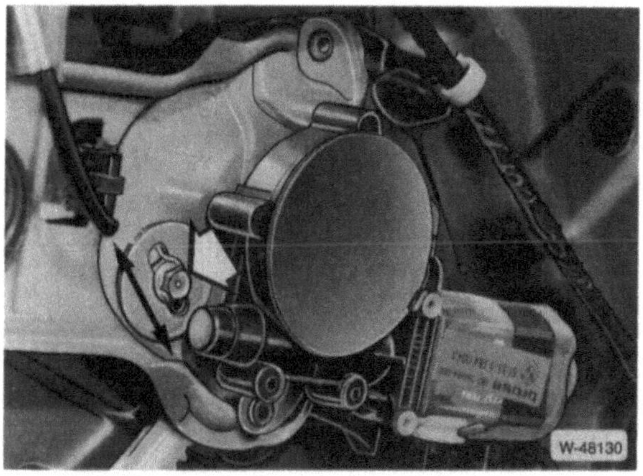

- Gegebenenfalls Schraube lösen und Anschlag entsprechend verschieben. Schraube festziehen und Prüfung wiederholen.
- Scheibe mehrmals rauf- und runterlaufenlassen und kontrollieren, ob das Fenster einwandfrei in der Führung läuft, gegebenenfalls Fenster neu ausrichten.
- Stecker zusammenstecken und mit Kabelbinder befestigen.
- Türabdichtung sauber auf Türausschnitt kleben, Türinnenverkleidung einbauen, siehe Seite 193.

Türfenster/Fensterschacht-abdichtung aus- und einbauen

Bei der Montage des Fensters müssen sichtbare Dichtungen und Zierleisten ausgebaut werden. Bei mangelnder Erfahrung ist es daher ratsam, die Montage der Fachwerkstatt zu überlassen, da sonst unter Umständen Passungsschwierigkeiten und Verarbeitungsmängel auftreten können.

Ausbau

- Türinnenverkleidung ausbauen.
- Schaumstoffabdichtung von Türausschnitt abziehen.
- Fensterscheibe ganz nach unten fahren.

- Sicherungen mit Schraubendreher in Pfeilrichtung aushebeln und Scheibe aus den Kugelköpfen ausdrücken.

- Kunststoff-Zierrahmen mit den Fingern am Fensterausschnitt abziehen.

- Außenspiegel abschrauben, elektrischen Anschluß trennen.

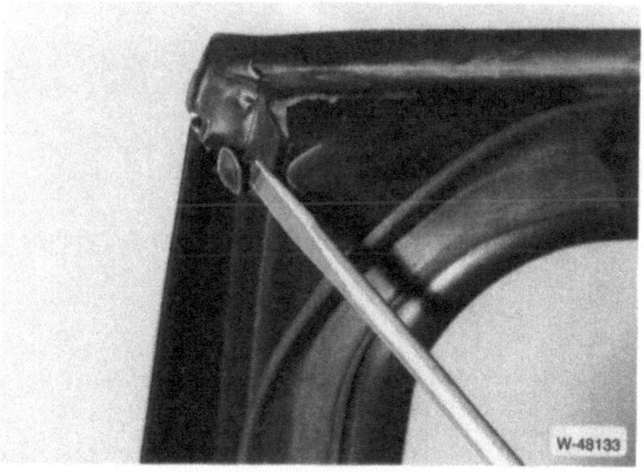

- Stopfen für Dichtgummi aushebeln und Gummi im Bereich der C-Säule nach oben abziehen.

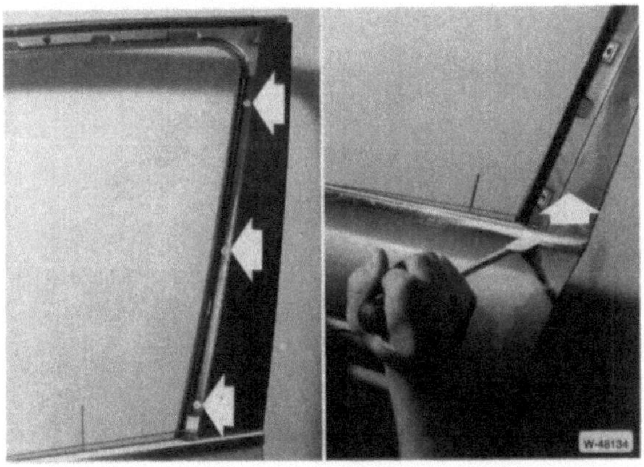

- Schrauben herausdrehen und Blende abnehmen. Äußere Fensterschachtabdichtung nach oben abhebeln (rechte Abbildung). **Achtung:** Dabei Holzkeil verwenden, oder Tuch zwischenlegen, damit der Lack nicht zerkratzt wird.
- Führungsgummi aus den Fensterführungsschienen herausziehen.
- Türfensterscheibe nach oben herausnehmen.

Einbau

- Fensterscheibe von oben in Schacht einsetzen und in die Kugelköpfe einhängen. Sicherungen aufschieben.
- Führungsgummi für Fenster einsetzen und andrücken.
- Dichtgummi anlegen, mit Stopfen befestigen.
- Äußere Fensterschachtabdichtung auf die Klammern setzen und andrücken. Vorher verbogene Klammern ersetzen.
- Kunststoff-Zierrahmen einhängen und unter die Türabdichtung schieben.
- Außenblende mit 3 Kreuzschlitzschrauben anschrauben.
- Außenspiegel einbauen, siehe Seite 202.
- Fensterscheibe einstellen, siehe Seite 199.
- Fensterschachtabdichtung mit Klammern an der Türaußenseite anbringen. Eventuell verbogene Leiste ersetzen.
- Türinnenverkleidung mit innerer Türschachtabdichtung montieren.

Außenspiegel aus- und einbauen

Ausbau

- Kunststoffabdeckung für Spiegel nach hinten abziehen, Dämmfilz herausnehmen.

- Bei Fahrzeugen mit HiFi-Anlage, Hochtöner (Lautsprecher) ausbauen. Dazu Schraube –1– herausschrauben, Clips –2– aushängen, Schraube –3– herausdrehen.

- 1 Innensechskantschraube für Spiegelbefestigung abschrauben, Spiegel abnehmen.

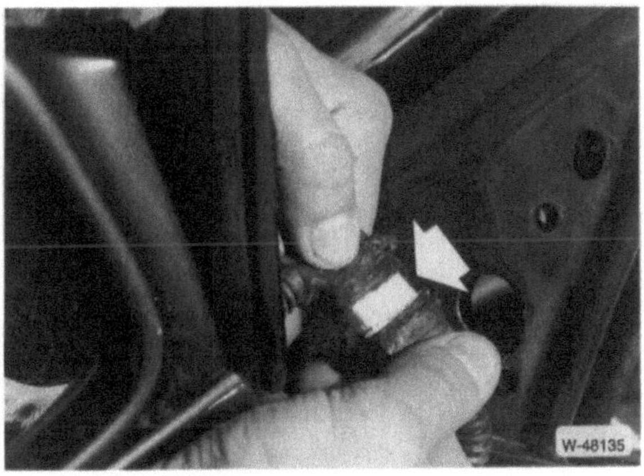

- Stecker für Spiegel trennen, Spiegel abnehmen.

Einbau

- Stecker für Spiegel zusammenfügen, Karosserieabdichtmasse mit den Fingern über die Steckerfuge streichen, damit keine Feuchtigkeit eindringt.
- Spiegel einsetzen und mit Schraube befestigen.
- Kunststoffabdeckung in die Führungen eindrücken.
- Gegebenenfalls Lautsprecher montieren.
- Funktionen der Spiegelverstellung, falls eingebaut auch Spiegelheizung, überprüfen.

Spiegelglas aus- und einbauen

Ausbau

- Schmalen Schraubendreher unten in die Bohrung des Spiegels einführen.
- Schraubendreher in die Verzahnung einsetzen und Griff des Schraubendrehers zum Fahrzeug drücken (auf der Beifahrerseite vom Fahrzeug wegdrücken). Dadurch wird der Befestigungsring im Uhrzeigersinn gedreht und somit die Arretierung aufgehoben, das Spiegelglas läßt sich herausnehmen.
- Falls vorhanden, Flachstecker für Spiegelheizung hinten am Spiegelglas abnehmen.

Einbau

- Stecker am neuen Spiegelglas aufstecken.
- Arretierungsring so drehen, daß die Aussparungen des Ringes über den Noppen hinten am Spiegelglas stehen.
- Spiegelglas einsetzen, andrücken und mit Schraubendreher durch Drehen des Arretierungsringes verriegeln.

Hinweis: Der **Rückspiegel innen** wird durch Verdrehen des Spiegels um 90° (senkrecht) entriegelt und kann dann abgenommen werden.

Die Mittelkonsole

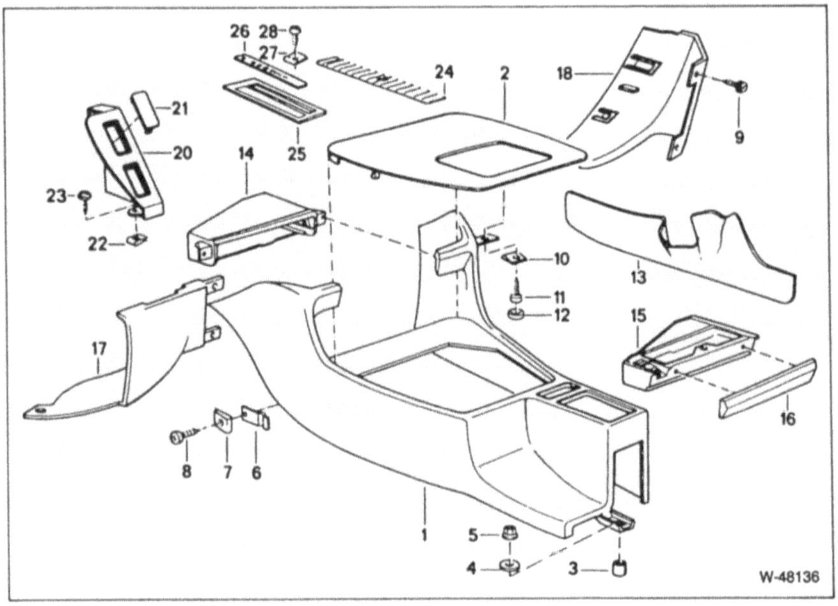

1 – Konsole
2 – Abdeckung
3 – Distanzstück
4 – Dichtung
5 – Mutter
6 – Halter (links und rechts)
7 – Blechmutter
8 – Blechschraube
9 – Schraube
10 – Blechmutter
11 – Blechschraube
12 – Kappe
13 – Seitenteil (links und rechts)
14 – Rahmen für Ascher
15 – Ascher
16 – Blende für Ascher
17 – Verkleidung unten links
18 – Verkleidung unten rechts
20 – Blende (links und rechts)
21 – Abdeckung
22 – Blechmutter
23 – Blechschraube

Nur bei Automatikgetriebe:

24 – Unterlage
25 – Blende Vorwählhebel
26 – Blende Ganganzeige
27 – Blechmutter
28 – Blechschraube

Mittelkonsole/Ablage unter Armaturentafel aus- und einbauen

Ausbau

- Batterie-Massekabel (–) abklemmen.
- Handbremsabdeckung und hinteres Ablagefach vom Handbremshebel abbauen, siehe Seite 162.
- Radio ausbauen, siehe Seite 254.
- Heizungs-Bedienungseinheit ausbauen, siehe Seite 218.

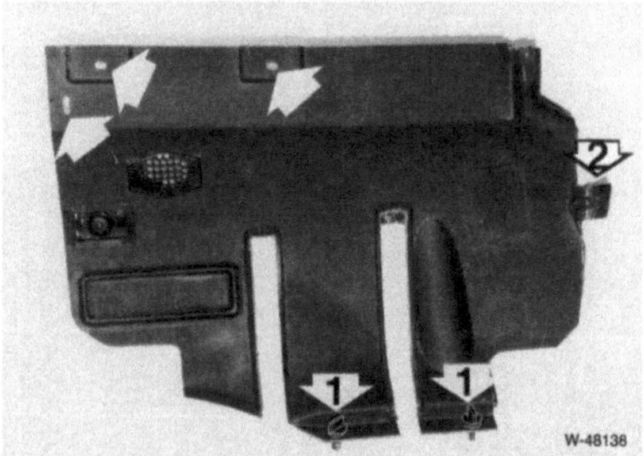

- Linke untere Abdeckung ausbauen, dazu Schrauben –Pfeile– herausdrehen. Anschließend Verschlüsse –1– um 90° drehen und damit lösen. Haken –2– an der Mittelkonsole aushängen.

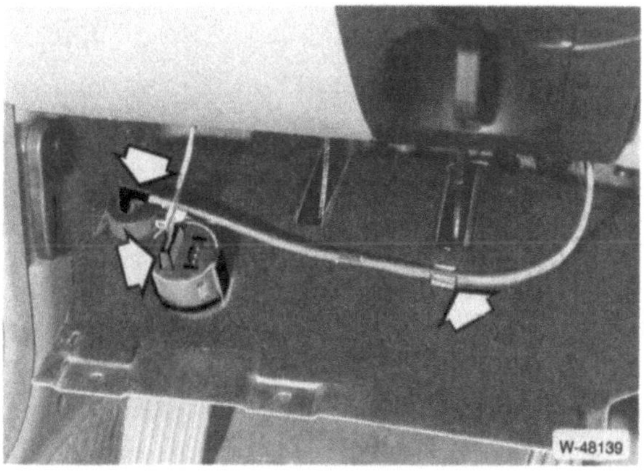

- Linke untere Abdeckung nach unten schwenken und Kabel an der Rückseite abziehen. Abdeckung abnehmen.
- Bei Schaltgetriebe: Schaltknopf abziehen.
- Bei Automatik-Getriebe: Schraube an der Vorderseite vom Schalthebel lösen, Schalthebel abziehen.

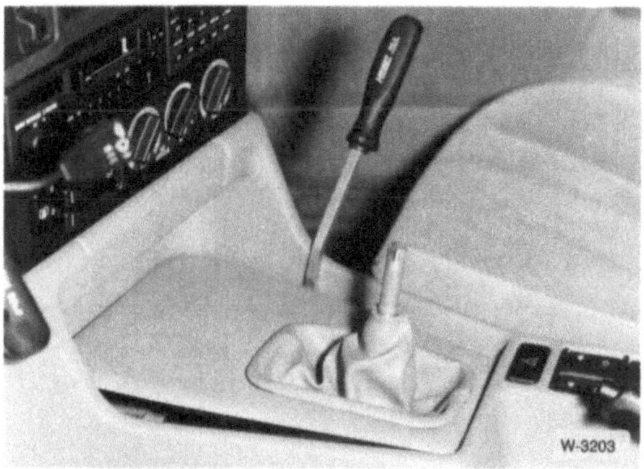

- Faltenbalg ausheben, Abdeckung für Schalthebel nach oben herausziehen.
- Aschenbecher herausziehen.
- Von hinten unter die Konsole greifen und Schalter für Fensterheber und Warnblinklicht herausdrücken.
- Schalter herausziehen und Stecker an der Rückseite abziehen.

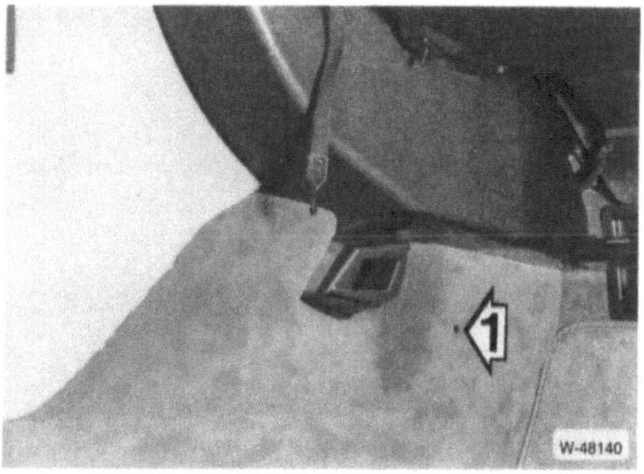

- Schraube –1– rechts und links herausdrehen und Abdekkungen abnehmen.
- Befestigungsmutter –5– Konsole/Bodenblech hinten an der Konsole herausdrehen, siehe Abbildung W-48136.

- 2 Schrauben –Pfeile– lösen, Rahmen –1– nach vorn herausziehen.
- Mittelkonsole ausheben.

Einbau

- Der Einbau erfolgt in umgekehrter Reihenfolge wie der Ausbau.
- Kunstlederbalg für Schalthebel aufsetzen, Platte in Konsole eindrücken.
- Schalthebelknopf kräftig aufdrücken, er muß in die Verdrehsicherung einrasten.
- Bei Fahrzeugen mit Automatikgetriebe: Verkleidung für Schalthebel einsetzen und Schalthebelknopf mit Schraube festschrauben.
- Schalter für elektrische Fensterheber und Warnblinklicht einsetzen, vorher Kabelstecker aufschieben.
- Heizungsbetätigung einbauen, siehe Seite 218.
- Radio einbauen, siehe Seite 254.

- Abdeckung des Handbremshebels einbauen, siehe Seite 162.
- Batterie-Massekabel anklemmen.
- Sämtliche Funktionen der elektrischen Schalter, Heizungsschalter sowie Freigängigkeit des Ganghebels in der Mittelkonsole prüfen.

Handschuhkasten aus- und einbauen

Ausbau

- Handschuhkasten öffnen.

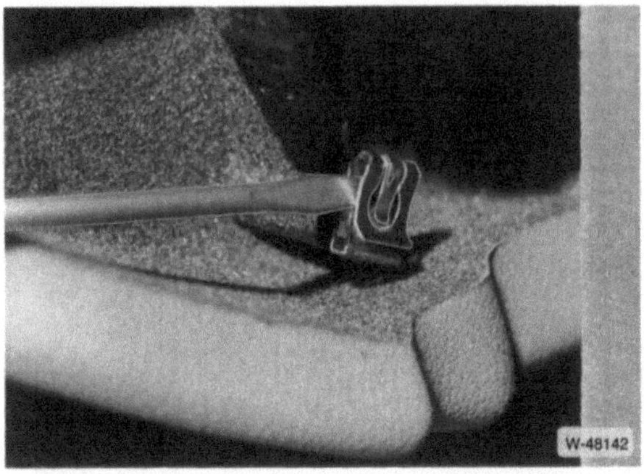

- Sicherungen der Haltebänder mit schmalem Schraubendreher nach oben abhebeln, Haltebänder links und rechts abziehen.

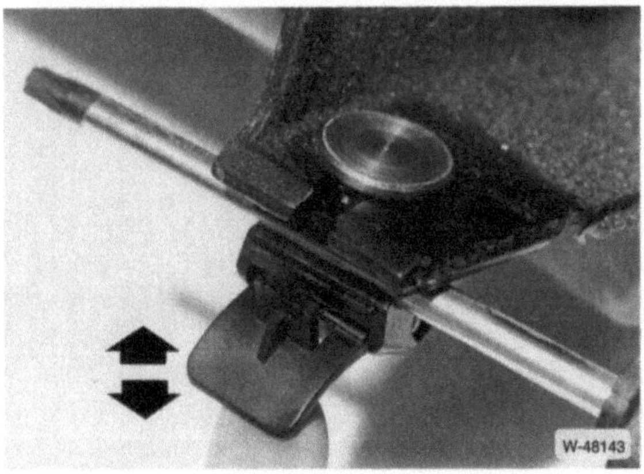

- Verschluß links und rechts an der Drehachse des Handschuhfachs nach unten ziehen und somit entriegeln (der Verschluß ist ausgebaut fotografiert).
- Handschuhfach abnehmen.

- Soll die Mittelkonsole oder Teile der Heizungsanlage ausgebaut werden, muß auch die Handschuhkasten-Innenverkleidung ausgebaut werden. Dazu Schraube an Stelle –1– abschrauben und Verkleidung nach oben aus den Haken aushängen.

Einbau

- Falls ausgebaut, Innenverkleidung einbauen.
- Handschuhfach mit eingesetzten Verschlüssen an der Drehachse ansetzen, Verschlüsse noch nicht verriegeln.
- Handschuhfach schließen und durch Verschieben ausrichten, die Spalte oben und beidseitig müssen gleichmäßig und parallel verlaufen.
- Erst jetzt Verschlüsse verriegeln.
- Handschuhfach öffnen und schließen. Bei Schwergängigkeit Einstellung wiederholen.
- Haltebänder aufschieben und Sicherungsclips aufdrücken.

Motor für Schiebedach aus- und einbauen

Ausbau

- Innenleuchte samt Lampenträger mit schmalem Schraubendreher heraushebeln.

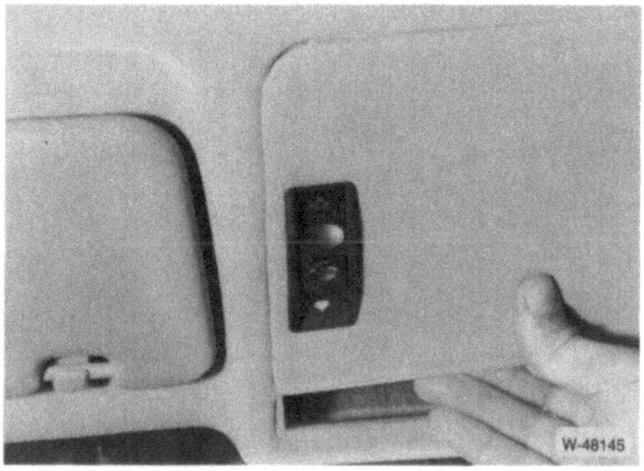

● Abdeckung abnehmen.

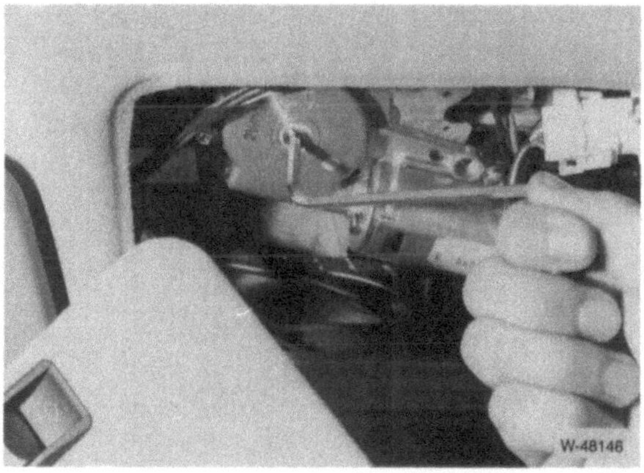

● Falls geöffnet, Schiebedach mit Innensechskantschlüssel von Hand schließen. Ein entsprechender Schlüssel liegt dem Bordwerkzeug bei.

● 3 Torxschrauben herausdrehen und Motor-Getriebeeinheit herausziehen.

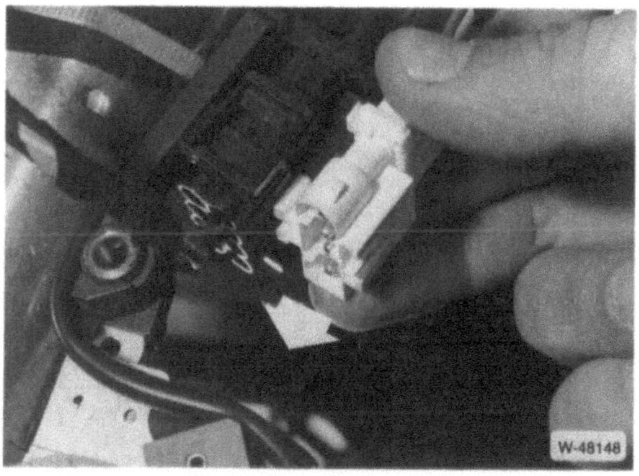

● Steckverbindung an der Rückseite trennen, dabei Rastnasen zusammendrücken. Anschließend Stecker aus der Schiene fahren, Motor-Getriebeeinheit abnehmen.

Einbau

● Schiebedach muß geschlossen sein.

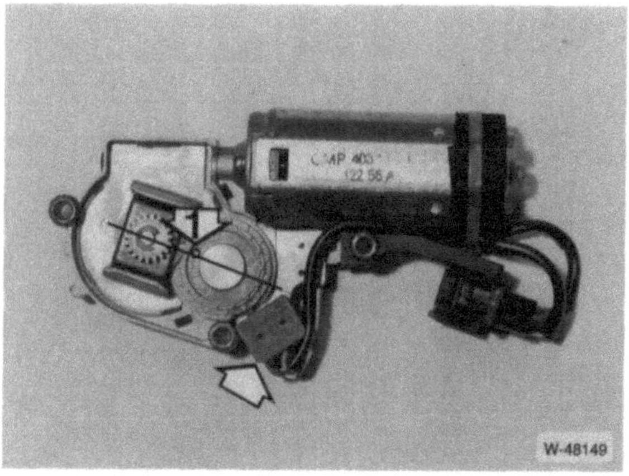

● Vor dem Einsetzen sicherstellen, daß die Bohrung –1– in einer Linie mit den beiden Achsen der Motor-Getriebeeinheit steht. Gegebenenfalls Motor mit Innensechskantschlüssel entsprechend verdrehen.

● Falls Schalterdefekte auftraten, Mikroschalter –Pfeil– für Schiebedach in der Fachwerkstatt ersetzen lassen.

● Motor-Getriebeeinheit einsetzen, anschließen und mit den 3 Schrauben befestigen. Die lange Schraube gehört in das am nächsten liegende Gewinde, siehe Abbildung W-48147.

● Abdeckung und Innenleuchte einclipsen.

Vordersitz aus- und einbauen

Ausbau

- Sitz durch Sitzhöhenverstellung ganz nach oben stellen.

- Mechanische Sitzverstellung: Gurtschloß-Strammer entschärfen. Dazu Knebel –4– um 90° nach links drehen (senkrecht zur Sitzfläche stellen) und Bowdenzug –5– nach oben aus Widerlager und Betätigungshebel aushängen.

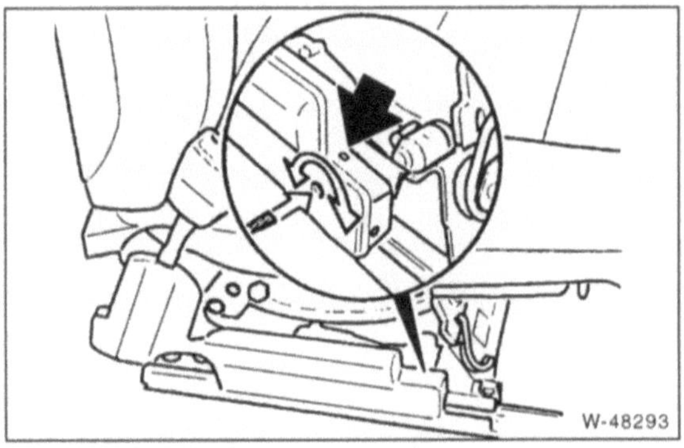

- Elektrische Sitzverstellung: Gurtschloß-Strammer entschärfen. Dazu Schlitzschraube verdrehen, bis im Sichtfenster die grüne Markierung auf rot wechselt.
- Sitz nach vorn schieben beziehungsweise bei elektrischer Sitzverstellung nach vorn fahren lassen, bis die hinteren Befestigungsschrauben zugänglich sind.

Achtung: Bei Defekt der elektrischen Sitzverstellung muß der Sitz manuell verstellt werden. Dazu 4 mm breiten Schraubendreher in die Bohrung vom Stellmotor (vorn unter dem Sitz in der Nähe der rechten Führungsschiene) stecken und drehen, bis die hinteren Schrauben zugänglich sind.

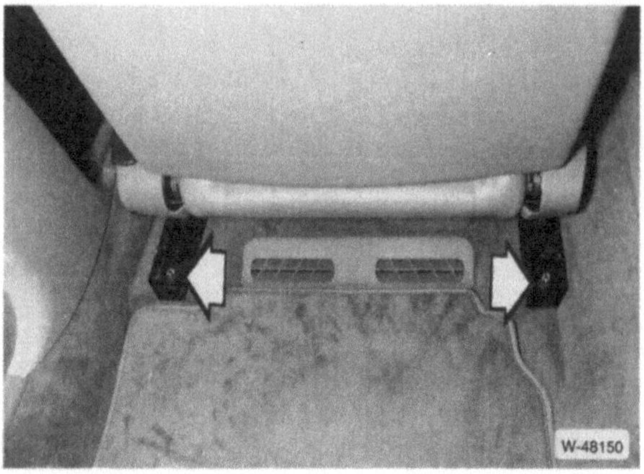

- 2 Schrauben –Pfeile– für Sitzschienen abschrauben. Dazu wird eine Torxschraubenstecknuß E 14 benötigt.

- Seilzug für Sitzhöhenverstellung an der Sitzunterseite aushängen. Die Abbildung zeigt die Befestigung mit Umlenkrolle bei ausgebautem Sitz. Zum Aushängen Sicherung in Pfeilrichtung nach unten schwenken und seitlich abziehen.
- Sitz hinten anheben und nach vorn aus den vorderen Haltewinkeln schieben.
- Gegebenenfalls elektrische Steckverbindungen am Sitz trennen.
- Sitz herausnehmen.

Achtung: Das Zerlegen der Vordersitze sollte aus Sicherheitsgründen der Fachwerkstatt vorbehalten bleiben.

Einbau

- Sitz einsetzen, Steckverbindungen zusammenfügen.
- Sitz nach hinten unter die vorderen Haltewinkel schieben.
- Hinten 2 Torxschrauben für Führungsschienen mit **60 Nm** anschrauben.
- Bowdenzug für Sitzhöhenverstellung am Sitz befestigen. Sicherungsbügel gegen Pfeilrichtung drücken und einrasten, siehe unter »Ausbau«.
- Gurthöhenverstellung, Verschiebbarkeit sowie elektrische Funktionen des Sitzes prüfen.

Rücksitz aus- und einbauen

Ausbau

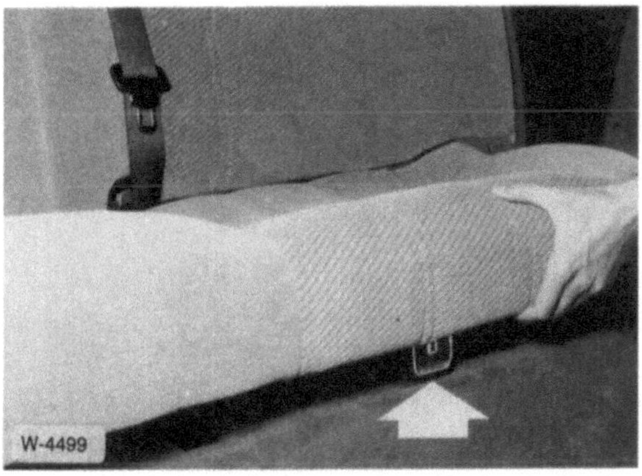

- Sitzbank auf beiden Seiten kräftig nach oben aus den Klammern –Pfeil– ziehen, und nach vorne herausnehmen.
- Hintere Kopfstützen mit einem Ruck nach oben aus den Führungen ziehen und abnehmen. Es ist dazu eine kräftige Person erforderlich.

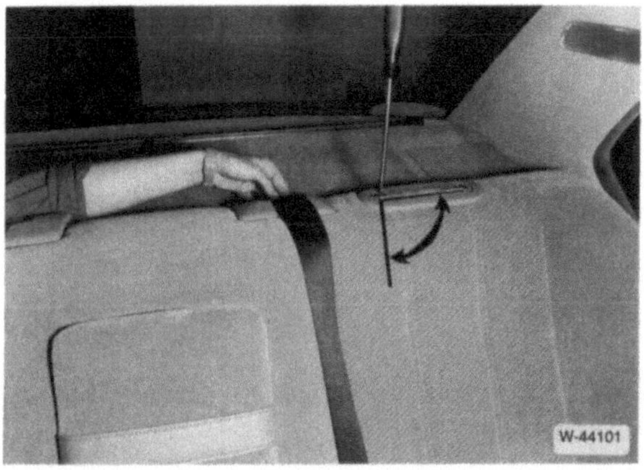

- Verschlüsse der Kopfstützenblenden um 90° drehen und abnehmen. Blenden der Sicherheitgurte von hinten ausheben, siehe Abbildung.
- Mittelarmlehne nach unten klappen.

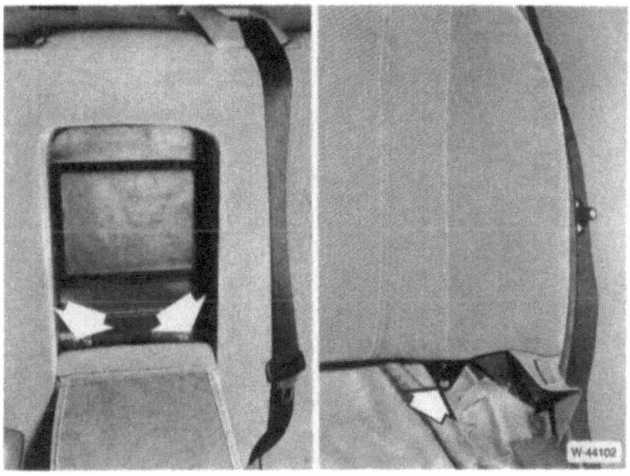

- Stoffabdeckung hinter der Mittelarmlehne abziehen (Klettverschluß) und 4 Kunststoffmuttern –Pfeile– auf beiden Seiten der Rückenlehne herausschrauben.
- Rückenlehne herausnehmen.

Einbau

- Rückenlehne mit 4 Muttern befestigen. Dabei auf richtige Verlegung der Sicherheitsgurte achten. Gurtschlösser in die Aussparungen verlegen.
- Blenden für Sicherheitsgurte einclipsen und Kopfstützenblenden mit Verschlüssen befestigen.
- Stoffabdeckung hinter Mittelarmlehne ankletten.
- Sitzbank einsetzen und fest nach hinten drücken, bis die Klammern über den Aussparungen der Karosserie sitzen. Klammern einrasten.
- Kopfstützen von oben einsetzen und nach unten drücken, bis sie einrasten.

Ausbau, touring-Modell

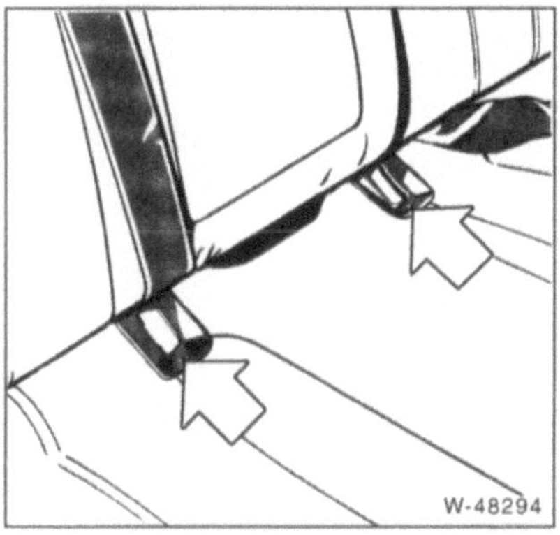

- Rücksitzbank ausbauen. Dazu Stöpsel an den beiden Gurtschloßblenden –Pfeile– mit Schraubendreher abheben.
- Dorn oder dünnen Schraubendreher in die entstandene Öffnung ca. 35 mm tief einführen und drücken, dabei wird die Blende entriegelt. Blenden nach oben herausziehen.
- Sitzbank an der Vorderkante ruckartig anheben und herausnehmen.

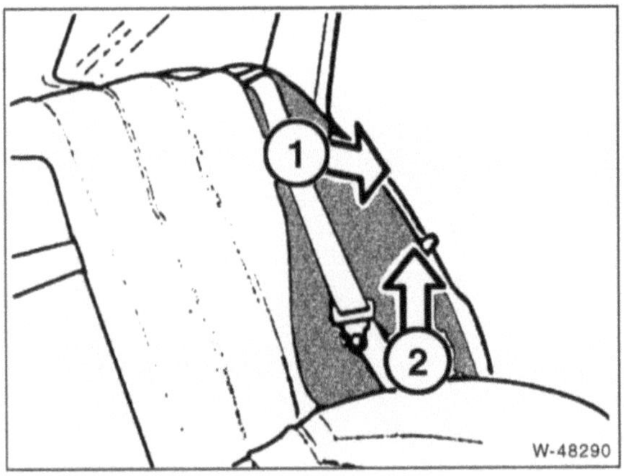

- Rückenlehne-Seitenteile links und rechts zuerst oben ausclipsen, Pfeil –1–, dann nach oben ausheben, Pfeil –2–.

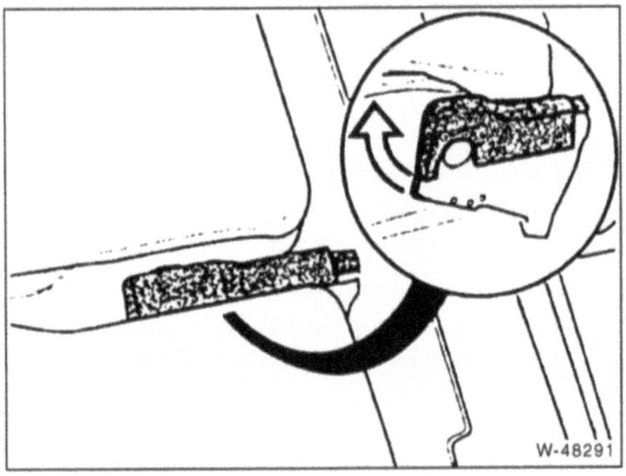

- Beide Rückenlehnen umklappen. Blende zwischen den Lehnen nach oben herausnehmen.

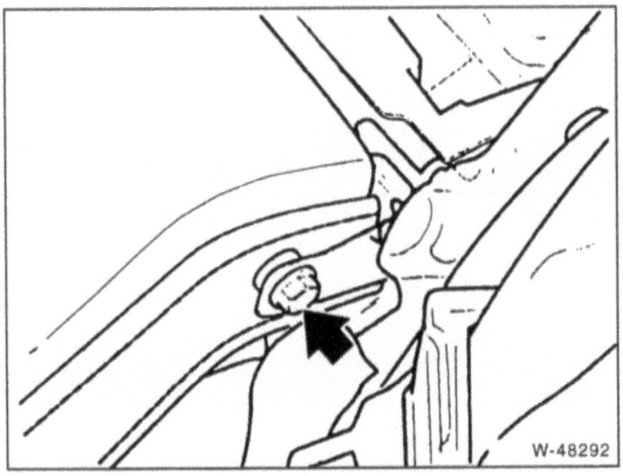

- An beiden Rückenlehnen die äußere Scharnierschraube lösen.

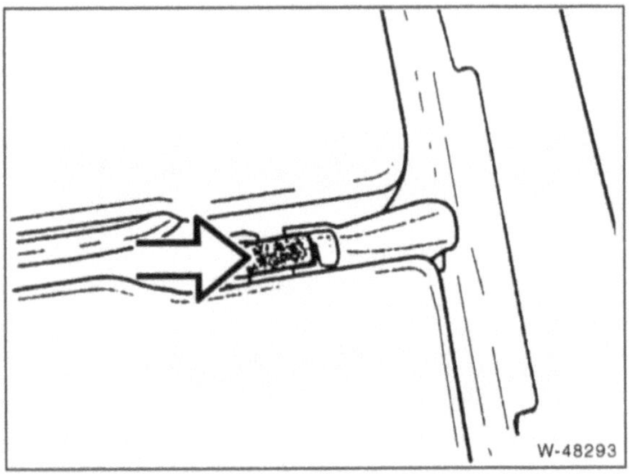

- Sperre zurückdrücken und Rückenlehne nach oben herausnehmen.

Einbau

- Rückenlehnen einsetzen und einrasten. Äußere Scharnierschrauben am Gewinde mit handelsüblichem Schraubensicherungsmittel einstreichen und einschrauben.
- Blende zwischen den Lehnen einsetzen.
- Rückenlehne-Seitenteile zuerst unten einhängen, dann oben einclipsen.
- Sitzbank einsetzen und einrasten. Die Gurtschloßblenden aufdrücken, bis sie einrasten, und Stöpsel einsetzen.

Die Lackierung

Ausbeul- und Lackierarbeiten an der Autokarosserie setzen Erfahrung über den Werkstoff und dessen Bearbeitung voraus. Derartige Fertigkeiten werden in der Regel erst durch eine langjährige Praxis vervollkommnet. Aus diesem Grund wird hier nur das Ausbessern von kleineren Karosserie- und Lackschäden erläutert.

Zum Nachlackieren wird unbedingt dieselbe Lackfarbe benötigt, denn selbst kleinste Farbunterschiede fallen nach Abschluß der Arbeiten sofort ins Auge. Der jeweilige Fahrzeug-Farbton wird vom Hersteller auf einem Hinweisschild vermerkt, das entweder im Motorraum am rechten Kotflügel oder in der Nähe des Reserverades aufgeklebt ist.

Treten dennoch Differenzen zwischen dem Originallack und dem Reparaturlack auf, dann liegt das daran, daß Fahrzeug-

Lackierungen sich durch Alterung, ultraviolette Sonnenbestrahlung, extreme Temperaturdifferenzen, Witterungsbedingungen und chemische Einflüsse wie beispielsweise Industrieabgase mit der Zeit verändern. Außerdem können Oberflächenschäden, Farbveränderungen und Ausbleichen des Lackes eintreten, wenn Reinigung und Lackpflege mit ungeeigneten Mitteln durchgeführt wurden.

Die Metallic-Lackierung besteht aus 2 Schichten, dem Metallic-Grundlack und der farblosen Decklackierung. Beim Lackieren wird der Klarlack über den feuchten Grundlack gespritzt. Die Gefahr von Farbdifferenzen bei der nachträglichen Metallic-Lackierung ist besonders groß, da hier schon unterschiedliche Viskosität des Reparaturlackes gegenüber dem Originallack zu Farbverschiebungen führt.

Steinschlagschäden ausbessern

Es lohnt sich, regelmäßig auch kleinste Lackschäden zu beseitigen, da auf diese Weise Rostschäden und größere Reparaturen vermieden werden.

Für kleine Kratzer und Steinschläge, die lediglich den Decklack abgesplittert haben, also nicht bis aufs blanke Blech vorgedrungen sind, genügt meistens ein Lackstift. Dies ist eine Tupflackdose mit kleinem Pinsel, die im Zubehörhandel erhältlich ist.

- Tiefere Steinschlagschäden, die schon kleine Rostpickel gebildet haben, mit einem »Rostradierer« beziehungsweise einem Messer oder einem kleinen Schraubendreher auskratzen, bis das blanke Blech erscheint. Wichtig ist, daß keine auch noch so kleine Roststelle mehr sichtbar ist. Bei »Rostradierern« handelt es sich um kleine Kunststoffhülsen, die zum Auskratzen des Rostes kurze Drahtborsten besitzen.
- Die blanken Stellen müssen einwandfrei trocken und fettfrei sein. Dazu Reparaturstelle sowie umgebenden Lack mit Silikonentferner reinigen.
- Auf die blanke Metallfläche mit einem dünnen Pinsel etwas Lackgrundierung (»Primer«) auftragen. Da das Grundiermittel meist in Sprühdosen erhältlich ist, etwas Grundiermittel in den Deckel der Dose sprühen und Pinsel dort eintauchen.
- Nachdem die Grundierung trocken ist, Stelle mit Tupflack ausbessern. Bei den Tupflackdosen ist der Pinsel bereits im Deckel integriert. Falls nur eine Spraydose mit der entsprechenden Farbe zur Verfügung steht, etwas Farbe in den Deckel der Dose sprühen und anschließend Lack mit einem dünnen Wasserfarbenpinsel auftragen. Dabei in einem Arbeitsgang immer nur eine dünne Lackschicht anbringen, damit der Lack nicht herunterlaufen kann. Anschließend Farbe gut trocknen lassen. Vorgang so oft wiederholen, bis der Krater ausgefüllt ist und die ausgebesserte Stelle gegenüber der umgebenden Lackfläche keine Vertiefung mehr bildet.

Karosserie ausbeulen

Kleine Dellen können mit einem Ausbeulhammer sowie einem passenden Handamboß ausgebeult werden. Bei Rostlöchern in der Karosserie empfiehlt es sich, das Teil je nach Schadensumfang komplett auszutauschen oder ein Blechstück einschweißen zu lassen.

Ausbeulen

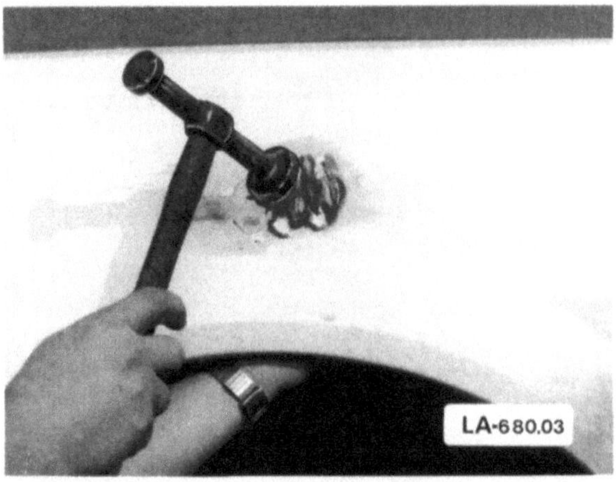

- Kleinere Dellen mit einem Ausbeulhammer zurückschlagen. Dabei auf der anderen Seite mit einem Handamboß gegenhalten. Nicht zu stark hämmern, sonst dehnt sich das Blech zu stark und man bekommt es nicht mehr glatt. Vom Rand ausgehend gleichmäßig zur Mitte hin arbeiten.
- Die ausgebeulte Fläche immer wieder mit der Hand prüfen, bis man die gewünschte Form gefunden hat. Kleinere Unebenheiten werden später ausgespachtelt.
- Roststellen und alte Lackreste sind nach dem Ausbeulen sorgsam von der Reparaturstelle zu entfernen. Entweder mit Sandpapier grober Körnung (120), das über einen Schleifblock gespannt wird, oder mit passenden Schleifblättern auf der Schwabbelscheibe. Naheliegende Zierleisten oder Kunststoffteile mit Abdeckband abkleben, damit sie bei einem Ausrutscher nicht versehentlich verkratzt werden.

Lackierung vorbereiten

- Vor jeder Lackreparatur das Auto waschen, damit Schleifkratzer und Schmutzeinschlüsse vermieden werden.
- Nur bei Temperaturen über +12° C, aber nicht in praller Sonne und nicht bei starkem Wind arbeiten.

Entrosten

- Reparaturstelle großzügig mit Abdeckband (Tesakrepp) abkleben, damit der umliegende Lack nicht versehentlich beschädigt wird.
- Jeden sichtbaren sowie unter Rostblasen versteckten Rost mit Dreikantschaber oder Schraubendreher sowie Schleifpapier der Körnung 120 entfernen.
- Die Kante rings um die Schadenstelle anschließend mit Schleifpapier Körnung 320 zum gesunden Lack hin etwa 1 bis 2 Zentimeter breit anschleifen.
- An verzinkten Karosserieteilen sollte möglichst nur bis auf die Grundierung, nicht bis auf das Zink durchgeschliffen werden.

Rostschutzgrundierung (»Primer«) aufsprühen

- Die Reparaturstelle mit Nitroverdünnung und einem sauberen Lappen fett- und staubfrei wischen und trocknen lassen.
- Damit keine Verträglichkeitsprobleme auftreten, sollte der »Primer« und der später aufzutragende Decklack vom gleichen Hersteller sein. Sonst kann der Lack später Blasen werfen oder schrumpfen.
- Der »Primer« wird auf das entrostete Blech aus einem Abstand von etwa 25 cm extrem dünn, aber deckend aufgesprüht. Um Spritznebel auf den umgebenden Teilen zu vermeiden, Umfeld zunächst einige Zentimeter neben der Reparaturstelle mit Abdeckband und Papier (Zeitungspapier) abdecken.
- Nach 10 bis 15 Minuten Ablüftzeit kann weiter überspritzt werden. Muß die Stelle gespachtelt werden, »Primer« vorher ganz trocknen lassen.

Spachteln

Man unterscheidet 2 Spachtelarten: Zweikomponentenspachtel und Feinspachtel. Zweikomponentenspachtel wird kurz vor der Verarbeitung mit Härter vermischt. Er härtet schnell aus und muß rasch verarbeitet werden. Man benutzt ihn, um größere Unebenheiten im Blech auszugleichen. Feinspachtel ist ein Ziehspachtel, mit dem feinere Unebenheiten geglättet werden. Man kann ihn in mehreren Lagen auftragen. Beide Spachtelarten gibt es in Tuben und Dosen, Füllspachtel gibt es auch aus der Spraydose. **Achtung:** Obwohl auf der Dose oft noch direkter Spachtelauftrag auf das blanke Blech empfohlen wird, ist auf jeden Fall die Vorbehandlung mit dem »Primer« ratsam (Rostschutz).

- Auf die ausgebeulte oder mit Glasfasermatten ausgebesserte Stelle Zweikomponentenspachtel auftragen und aushärten lassen. Gebrauchsanleitung des Herstellers beachten.
- Nach dem Trocknen Unebenheiten von Hand oder mit Schwingschleifer abschleifen. Dabei sollte ein Schleifpapier mit der Körnung »180« verwendet werden. Es kann bereits Wasserschleifpapier verwendet werden. In diesem Fall die Reparaturstelle (mit Schwamm) und das Schleifpapier während des Schleifens von Zeit zu Zeit mit reichlich Wasser abspülen.
- Anschließend Reparaturstelle sauber abwischen und trocknen lassen.

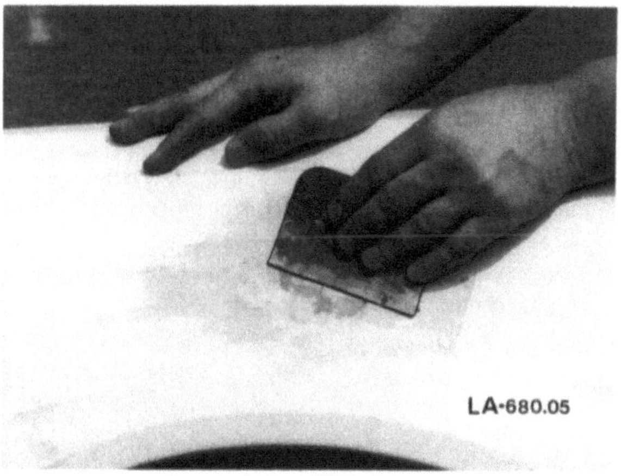

LA-680.05

- Mit breitem, elastischem Kunststoffspachtel die Reparaturstelle mit Feinspachtel überziehen und mindestens 2 Stunden lang aushärten lassen. Auf starken Rundungen und Konturen empfiehlt sich ein Feinspachtel aus der Spraydose.
- Je nach Schichtdicke muß Feinspachtel gut 2 bis 3 Stunden durchtrocknen.

Schleifen

Schleifpapier ist in verschiedenen Körnungen erhältlich. Je kleiner die Zahl, um so grober der Schliff. Zum Schleifen von Zweikomponentenspachtel empfiehlt sich Körnung 180 bis 240; Füllspachtel und alter Lack werden mit Körnung 360 naß geschliffen. Für den letzten Naßschliff vor der Lackierung empfiehlt sich 600er Schleifpapier.

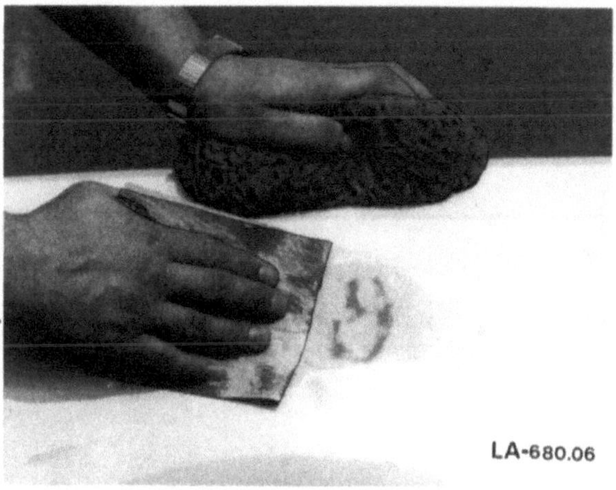

LA-680.06

- Fertige Spachtelstelle mit 360er Papier naß überschleifen, dabei ständig einen Schwamm über der Reparaturstelle ausdrücken. Schwamm von Zeit zu Zeit in sauberes Wasser tauchen und wieder vollsaugen lassen.
- Für den folgenden nassen Feinschliff eignet sich am besten spezielles Naßschleifpapier mit 600er Körnung, dabei wird auch der angrenzende und zu überspritzende Lack mit angeschliffen. Dabei nur in Fahrzeuglängsrichtung schleifen; dann sind verbleibende kleine Schleifriefen hinterher im Decklack kaum sichtbar.

Reinigen

Vor dem Spritzen muß die geschliffene Lackoberfläche sowie ein bis zwei Handbreiten des umliegenden Lacks von Fett- und Silikonresten befreit werden. Am besten eignet sich dazu Silikonentferner.

- Nach dem Schleifen Reparaturstelle sorgfältig reinigen und alle angrenzenden Fahrzeugflächen mit Zeitungspapier und Klebeband ganz exakt abkleben. Bei Lackierungen an den Kotflügeln ebenfalls die Reifen und die Stoßdämpfer sorgfältig abkleben.

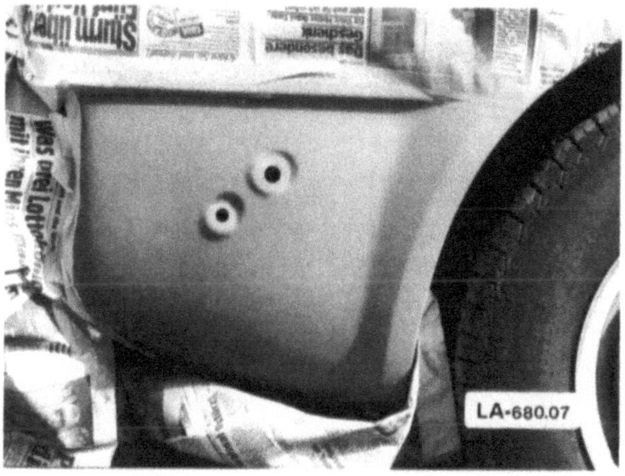

LA-680.07

- Reparaturstelle möglichst immer so abkleben, daß die gespritzte Fläche bis zur nächsten Zierleiste oder Karosseriekante reicht, da am Rand der Abklebung ein Farbgrat entsteht. Falls ein annähernd fließender Übergang zum Originallack unumgänglich ist, etwa zwei Handbreit um die Reparaturstelle abkleben.
- Fußboden zur Staubbindung mit Wasser anfeuchten.

Lackieren

Damit beim Lackieren keine Probleme auftreten, sollte der zuvor aufgetragene »Primer« vom gleichen Hersteller stammen wie der Spraydosenlack. Der Lack wirft dann keine Blasen und schrumpft nicht.

Achtung: Es empfiehlt sich, den Lackiervorgang zunächst an einem geeigneten Blech, zum Beispiel einem alten Kotflügel, zu üben.

- Zum Lackieren muß das zu lackierende Teil trocken und staubfrei sein. Wenn möglich, mit Preßluft abblasen.
- Fußboden zur Staubbindung mit Wasser anfeuchten.
- Reparaturstelle über die zu lackierende Fläche hinaus mit Silikonentferner abreiben. Noch optimaleren Haftgrund für den Decklack erhält man durch Abreiben der gereinigten Fläche mit **silikonfreier** Polierpaste.
- Spraydose vor Gebrauch wenigstens 3 bis 5 Minuten lang intensiv schütteln, sonst bilden sich auf dem Blech Lacknasen.
- Bei **Metalliclack** anschließend etwas Farbe auf einen Karton sprühen, damit eventuell im Steigrohr abgesetzte Metallpartikel beseitigt werden.

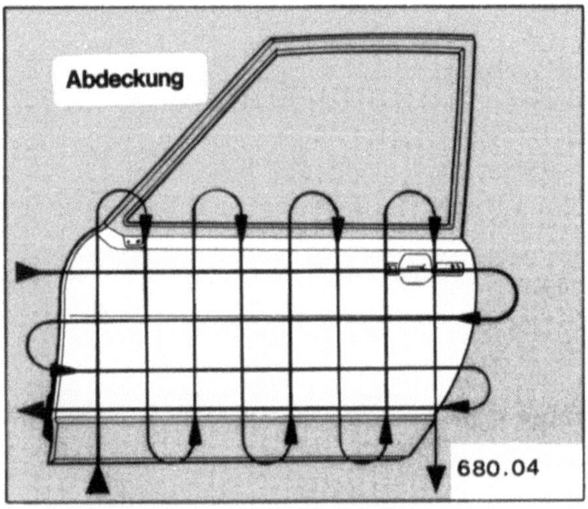

- Große Flächen, ob senkrecht oder waagerecht, werden im »Kreuzgang« gespritzt: Man beginnt außerhalb der Fläche und schwenkt den Spritzstrahl außerhalb in die andere Richtung.
- Kleine Stellen spiralförmig von außen nach innen besprühen, damit ein unnötig großes Sprühnebelfeld vermieden wird.
- Spraydose mit gleichbleibender Geschwindigkeit und gleichmäßigem Abstand über die Oberfläche führen. Der richtige Abstand liegt bei etwa 25 cm.
- Soll der Lacküberzug möglichst übergangslos zum heilen Lack aufgetragen werden: Das gelingt am besten, wenn man ihn in mindestens vier sich überlappenden Spritzgängen aufträgt. Jeder einzelne Auftrag sollte den vorhergehenden Lackauftrag um zwei bis drei Zentimeter vergrößern.

Achtung: Wird aus nächster Nähe gesprüht oder ist die Sprühbewegung zu langsam beziehungsweise von wechselnder Geschwindigkeit, treten sogenannte Lacknasen auf. Das heißt, der Lack läuft an einigen Stellen herunter, weil dort zuviel Farbe auf einmal aufgespritzt wurde. Ebenso verhält es sich, wenn die Richtungsänderungen beim Sprühvorgang nicht über der abgedeckten Fläche durchgeführt werden.

Der Spritzvorgang ist mit ca. 5minütigen Pausen, zum Abdunsten des Lösungsmittels, so oft zu wiederholen, bis der Lack eine ausreichende Deckung erreicht hat. Besonders Metallic-Lack auch zwischen den einzelnen Spritzgängen aufschütteln, da sich die Metallic-Partikel schnell absetzen.

Achtung: Bei **Metallic-Lack** ist eine Farbübereinstimmung mit dem Original-Lack nur schwer möglich. Die Pigmentierung (Verteilung der Aluminium-Partikel) wird gleichmäßiger, wenn der letzte Spritzgang aus etwa 30 cm statt 25 cm erfolgt. Mit dieser Technik ist auch eine gewisse Farbtonangleichung möglich: Langsame Handbewegung und damit satter Auftrag macht dunkler, nach schnellerem Überspritzen scheint Metalliclack dagegen heller.

Klarlack bei Metallic-Lackierungen

- Diesen Lacküberzug bekommt nur der Basislack einer Metallic-Lackierung, erst danach bekommt er seinen Glanz. Gespritzt wird wieder mindestens drei– bis viermal dünn, wobei jedesmal dazwischen eine Ablüftpause von einigen Minuten eingehalten werden muß. Vor dem ersten Auftragen soll der Basislack mindestens 30 Minuten abgelüftet sein. Der Klarlack hat den neuen Basislack um etwa eine Handbreit zu überlappen, das Abdeckpapier ist vorher entsprechend zu erweitern.
- Düsen der Spraydosen freisprühen. Dazu Dose auf den Kopf stellen und so lange sprühen, bis keine Farbe mehr kommt.
- Sofort nach Abschluß der Lackierarbeiten alle Abdeckungen abziehen. Dadurch kann, falls bis zur Abdeckung gespritzt wurde, der nasse Lack am Übergang verlaufen.
- Gespritzte Fläche trocknen lassen. Der Trocknungsvorgang läßt sich mit einer Heizsonne oder einer starken Fotolampe beschleunigen. **Achtung:** Kein Gebläse-Heizgerät verwenden, dadurch würden aufgewirbelte Staubpartikel gegen den frischen Lack geblasen.
- Nach dem Aushärten der Farbe, nach mindestens 48 Stunden, Sprühnebel auf den angrenzenden Flächen mit einem milden Poliermittel und einem Wattebausch vorsichtig abtragen. Dabei nur in Fahrzeug-Längsrichtung polieren.

Die Heizung

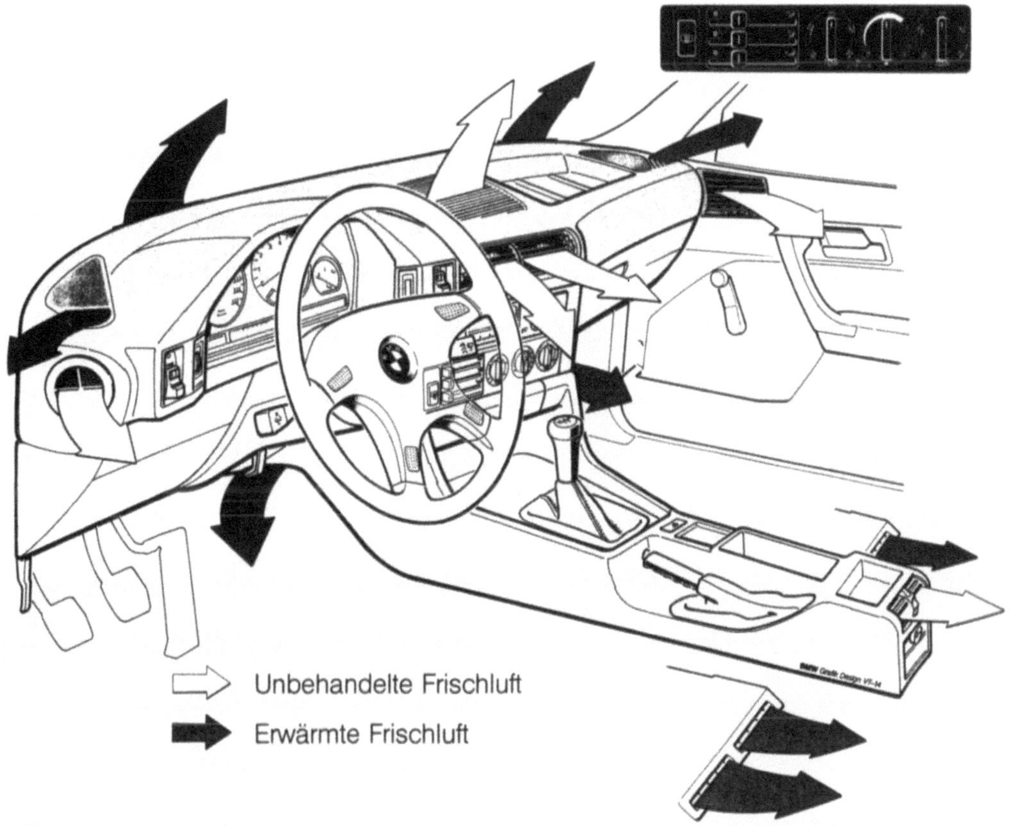

Die Frischluft für die Heizung wird über die Lufteinlaßgitter unterhalb der Windschutzscheibe angesaugt und gelangt über das Gebläse in den Fahrzeuginnenraum. Dabei durchströmt die Luft den Heizungskasten und wird durch verschiedene, durch Bowdenzüge gesteuerte Klappen auf die einzelnen Lufteintrittsdüsen verteilt. Wird die Heizung auf »warm« gestellt, wird die kühle Luft über den Wärmetauscher geleitet. Der Wärmetauscher befindet sich im Heizungskasten und wird durch das heiße Kühlmittel aufgeheizt. Die vorbeistreichende Frischluft erwärmt sich an den heißen Lamellen des Wärmetauschers und gelangt dann in den Fahrzeuginnenraum. Die Heizung wird wasserseitig gesteuert, das heißt, die Temperatur wird durch den Wasserdurchsatz durch den Wärmetauscher über zwei elektromagnetische Kühlmittelventile im Kühlmittelzulauf gesteuert.

Die Innenraumtemperatur kann mit je einem Drehregler für die linke und rechte Wagenhälfte vorgewählt werden. Ein elektronisches Steuergerät im Bedienteil der Heizungsanlage regelt dementsprechend die Öffnungszeiten der Heizungsventile in Abhängigkeit von der Innentemperatur. Die Fühler für die Innentemperatur sitzen hinten am Heizungskasten. Durch die elektronische Regelung wird die Temperatur, unabhängig von Fahrzeuggeschwindigkeit oder Außentemperatur, nahezu konstant gehalten.

Zur Verstärkung der Heizleistung dient ein vierstufiges Heizgebläse. Damit das Gebläse in den einzelnen Stufen mit unterschiedlicher Geschwindigkeit läuft, werden Widerstände vorgeschaltet. Bei Ausfall eines Widerstandes läuft der Motor in der entsprechenden Geschwindigkeitsstufe nicht.

Achtung: Modelle mit **Klimaanlage** werden nachfolgend nicht berücksichtigt. Bis auf die Wartung (Keilriemen für Kältekompressor spannen) sollten alle Arbeiten an der Klimaanlage von einer Fachwerkstatt durchgeführt werden.

Heizgebläse aus- und einbauen

Ausbau

- Batterie-Massekabel (–) abklemmen.

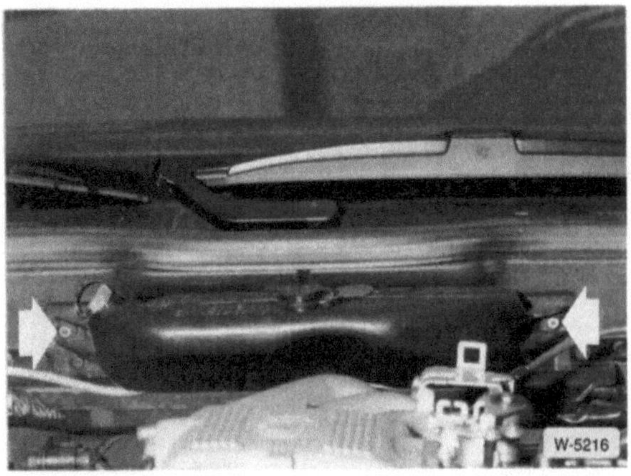
W-5216

- Flüssigkeitsbehälter an der hinteren Motorraumwand abschrauben. Vorher Stecker und Überlaufschlauch abziehen.

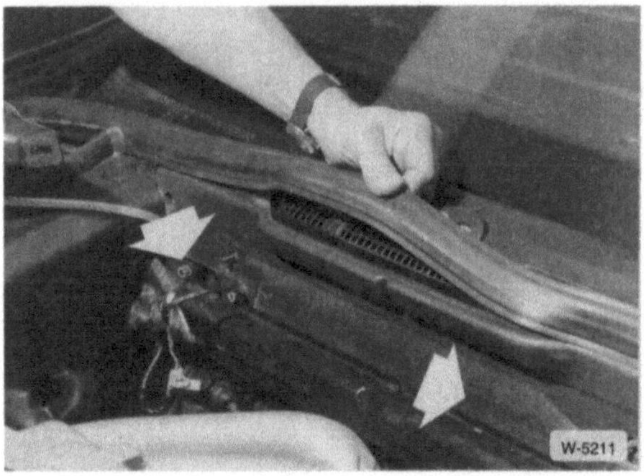
W-5211

- Profilgummi-Abdeckleiste vom Karosserieblech abziehen.
- Schrauben –Pfeile– abschrauben und Kabelstrang mit Halter nach vorn ziehen.

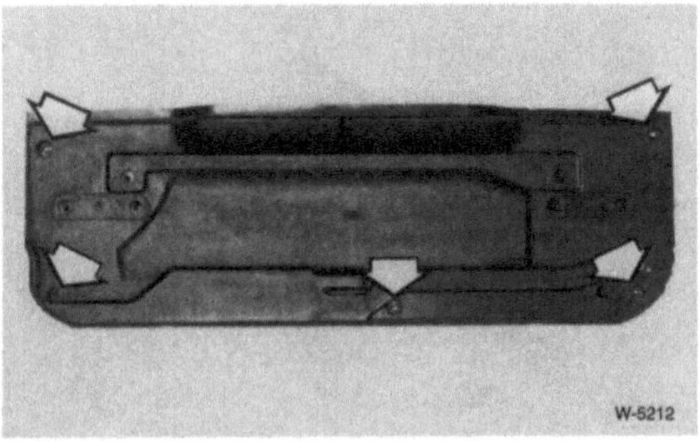
W-5212

- 5 Schrauben –Pfeile– abschrauben. Die Abbildung zeigt die Abdeckung in ausgebautem Zustand.
- Abdeckung herausnehmen.

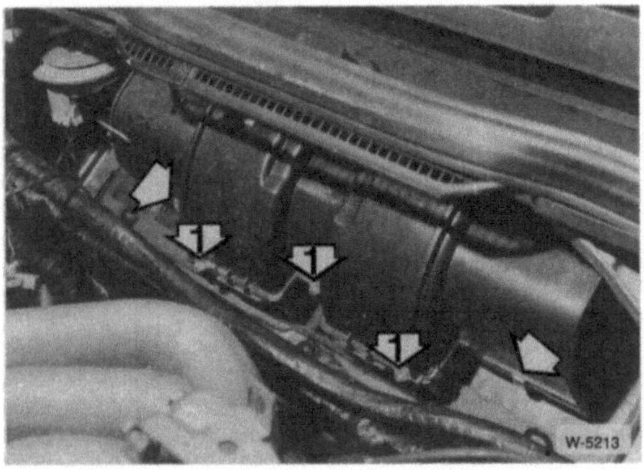

W-5213

- 3 Schrauben –1– abschrauben und Abdeckschale für Heizgebläse aus unterer Abdeckschale ausklinken und herausnehmen.

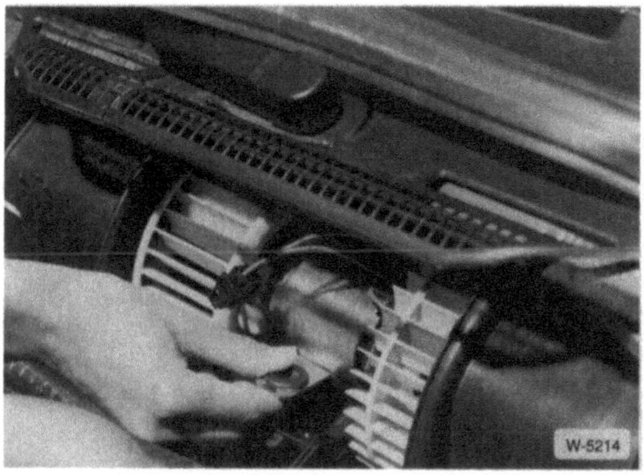

- Schraube für Heizgebläse herausdrehen und Heizgebläse herausnehmen.
- Elektrische Leitung vom Heizgebläse abziehen.

Einbau

Achtung: Lüfterräder nicht vom Motor abbauen und nicht auf der Achse verdrehen. Die Lüfterräder sind auf der Welle ausgewuchtet.

- Elektrische Leitungen für Heizgebläse auf Stecker aufdrücken.
- Heizgebläse in die Gummilagerung einsetzen und mit Schraube befestigen.
- Obere Abdeckschale einsetzen und in untere Abdeckschale einklinken, 3 Schrauben eindrehen.
- Batterie-Massekabel anklemmen und prüfen, ob das Heizgebläse in allen Stufen läuft, gegebenenfalls Fehler beheben.
- Abdeckung in die Spritzwand einsetzen und mit 5 Schrauben befestigen.
- Kabel mit Kabelhalter an der Abdeckung anschrauben.
- Flüssigkeitsbehälter anschrauben, Überlaufschlauch und Stecker aufschieben.
- Profilgummi auf Karosserieblech aufdrücken.

Widerstand für Heizgebläsemotor aus- und einbauen/prüfen

Ausbau

- Batterie-Massekabel (–) abklemmen.
- Handschuhfach ausbauen, siehe Seite 206.

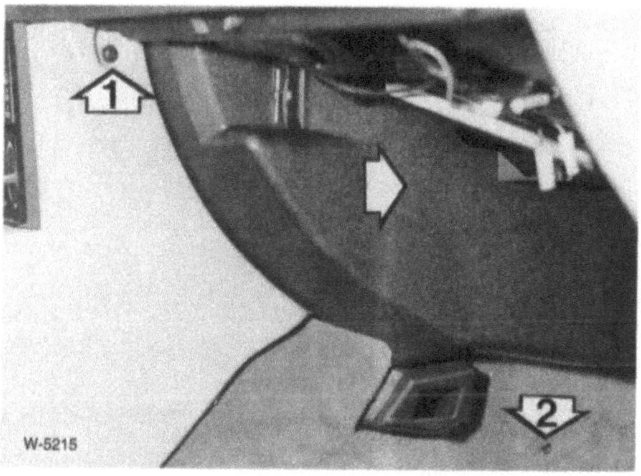

- Seitliche Abdeckungen ausbauen. Dazu Schrauben –1– und –2– herausdrehen. Untere Abdeckung abnehmen, dann obere Abdeckung in Pfeilrichtung nach vorn schieben und aushängen.

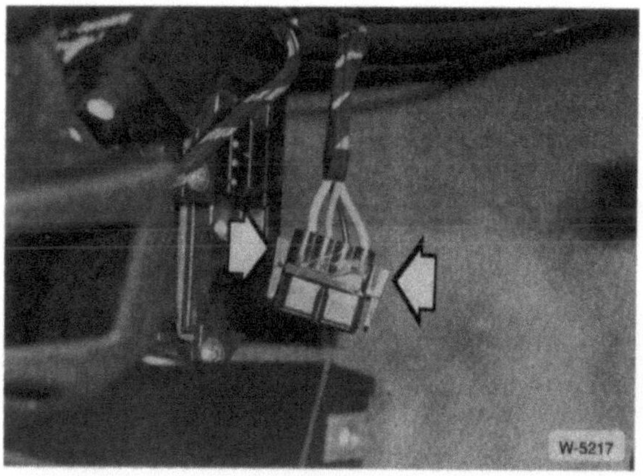

- Stecker vom Widerstand für Heizgebläse abziehen, dabei Rastnasen –Pfeile– drücken.

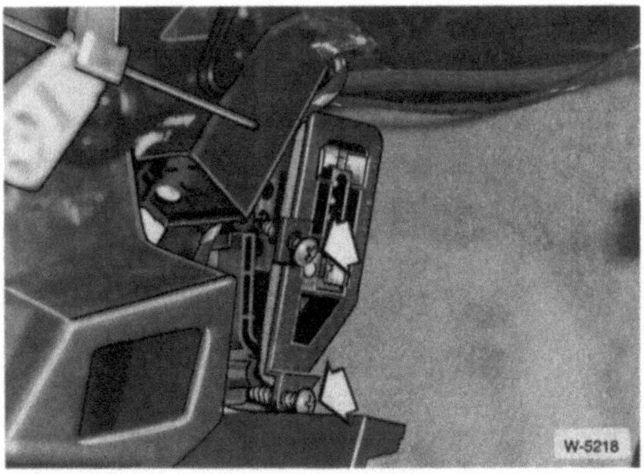

- Schrauben herausdrehen und Widerstand herausheben.
- Vorwiderstände mit Ohmmeter gemäß Schaltplan prüfen, siehe auch Seite 221.

Einbau

- Widerstand einsetzen und anschrauben.
- Batterie-Massekabel anklemmen.
- Stecker aufschieben und Funktion aller Gebläsestufen prüfen.
- Abdeckungen einsetzen.
- Handschuhfach einbauen.

Bedieneinheit für Heizung aus- und einbauen

Ausbau

- Batterie-Massekabel (–) abklemmen.
- Radio ausbauen, siehe Seite 254.

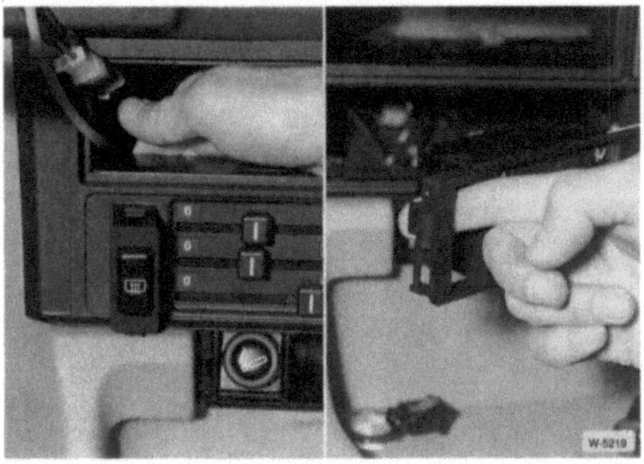

- Durch die Radioöffnung Schalter für Heckscheibenheizung von hinten herausdrücken. Anschließend Klammer links zusammendrücken und Bedienteil links ausheben.

- An der Rückseite Stecker abziehen. Dazu am rechten Stekker Hebel nach oben schwenken, am linken Stecker Bügel mit Schraubendreher nach links drücken, siehe Abbildung.

- Halteklammer –1– zusammmendrücken und Bowdenzug am Hebel –2– aushängen. Mit den anderen Bowdenzügen in gleicher Weise verfahren.
- Gegebenenfalls Schrauben für Gebläseschalter oder Regelgerät am Bediengerät herausdrehen und entsprechendes Teil ersetzen.

Einbau

- Bowdenzüge einhängen und am Gegenlager einclipsen. Farbmarkierungen beachten, damit die Bowdenzüge nicht vertauscht werden.
- Stecker aufschieben und sichern.
- Bedienteil einclipsen.
- Batterie-Massekabel anklemmen und Funktionen prüfen.
- Heckscheibenschalter einclipsen, Radio einbauen, siehe Seite 254.

Bowdenzug für Heizung aus- und einbauen

Ausbau

- Batterie-Massekabel (–) abklemmen.
- Handschuhfach ausbauen, siehe Seite 206.

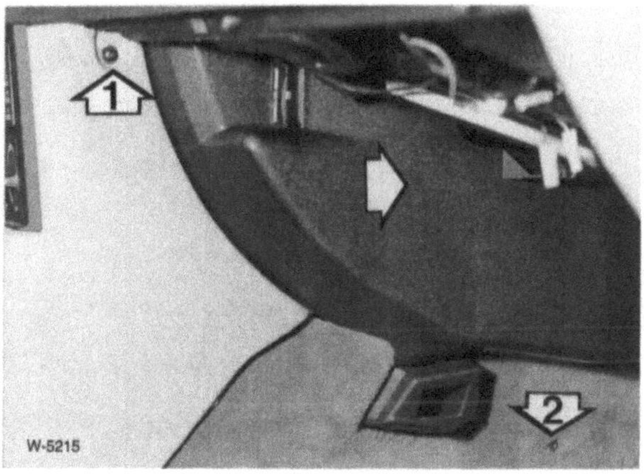

- Seitliche Abdeckungen ausbauen. Dazu Schrauben –1– und –2– herausdrehen. Untere Abdeckung abnehmen, dann obere Abdeckung in Pfeilrichtung nach vorn schieben und aushängen.

- Bowdenzug an der entsprechenden Luftklappe mit schmalem Schraubendreher aus dem Clip herausdrücken. Anschließend Klammer am Widerlager zusammendrücken –Pfeile– und Bowdenzug herausziehen.
- Heizungs-Bedieneinheit ausbauen. Die Stecker müssen nicht abgezogen werden.
- Entsprechenden Bowdenzug aushängen und abnehmen.

Einbau

- Neuen Bowdenzug an Bedieneinheit einhängen und am Luftklappenhebel mit schmalem Schraubendreher eindrükken, bis er einrastet. Widerlager jeweils einclipsen. **Hinweis:** Bowdenzüge und Hebel sind farblich gekennzeichnet und müssen entsprechend zugeordnet werden.
- Heizungs-Bedieneinheit einbauen, siehe Seite 218.

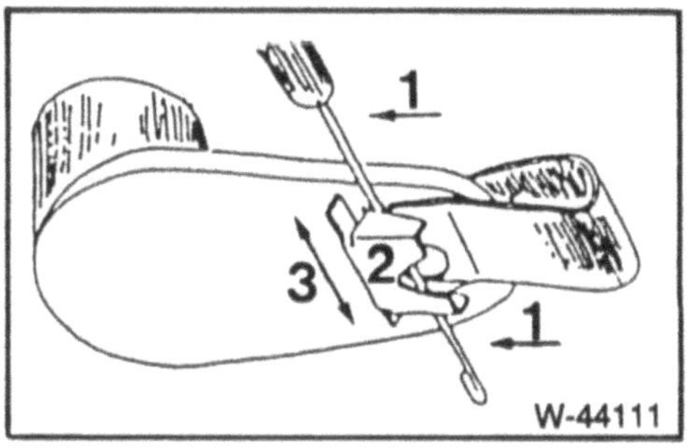

1 – Montagerichtung des Innenzuges, 2 – Spezialclip, 3 – Verschieberichtung des Innenzuges

- Die Bowdenzüge stellen sich mit einem Spezialclip selbst ein. Dazu alle Betätigungshebel zuerst ganz nach rechts, dann ganz nach links schieben.
- Abdeckungen einsetzen.
- Handschuhfach einbauen.
- Batterie-Massekabel anklemmen.

Störungsdiagnose Heizung

Störung	Ursache	Abhilfe
Heizgebläse läuft nicht	Sicherung für Gebläsemotor defekt	■ Sicherung für Gebläse prüfen, gegebenenfalls ersetzen
	Gebläseschalter defekt	■ Prüfen, ob an den Vorwiderständen Spannung anliegt. Wenn nicht, Gebläseschalter ausbauen und prüfen
	Elektromotor defekt	■ Prüfen, ob bei eingeschalteter Zündung und betätigtem Gebläseschalter am Kontakt des Gebläsemotors Spannung anliegt. Wenn ja, Motor auswechseln
Heizgebläse läuft nur in einer Geschwindigkeitsstellung nicht	Vorwiderstand defekt	■ Vorwiderstände prüfen
Heizleistung zu gering	Kühlmittelstand zu niedrig	■ Kühlmittelstand prüfen, gegebenenfalls Kühlmittel auffüllen
	Kühlmittelregler defekt	■ Kühlmittelregler prüfen, gegebenenfalls ersetzen
	Heizventil öffnet nicht	■ Elektromagnetisches Heizventil im Wasserzulauf prüfen, gangbar machen
Geräusche im Bereich des Heizgebläses	Eingedrungener Schmutz, Laub	■ Gebläse ausbauen, reinigen, Luftkanal säubern
	Lüfterrad hat Unwucht, Lager defekt	■ Gebläsemotor ausbauen, auf leichten Lauf und Lagerspiel prüfen

Die elektrische Anlage

Bei der Überprüfung der elektrischen Anlage stößt der Heimwerker in den technischen Unterlagen immer wieder auf die Begriffe Spannung, Stromstärke und Widerstand.

Die Spannung wird in Volt (V) gemessen, die Stromstärke in Ampère (A) und der Widerstand in Ohm (Ω). Mit dem Begriff Spannung ist beim Auto in der Regel die Batteriespannung gemeint. Es handelt sich dabei um eine Gleichspannung von ca. 12 Volt. Die Höhe der Batteriespannung hängt vom Ladezustand der Batterie und von der Außentemperatur ab. Sie kann etwa 10 bis 13 Volt betragen. Demgegenüber wird die Bordspannung vom Generator (Lichtmaschine) erzeugt, die bei mittleren Drehzahlen ca. 14 Volt beträgt.

Der Begriff Stromstärke taucht im Bereich der Automobil-Elektrik relativ selten auf. Die Stromstärke ist beispielsweise auf der Rückseite von Sicherungen angegeben und weist auf den maximalen Strom hin, der fließen kann, ohne daß die Sicherung durchbrennt und damit den Stromkreis unterbricht.

Überall wo ein Strom fließt, muß er einen Widerstand überbrücken. Der Widerstand ist unter anderem von folgenden Faktoren abhängig: Leitungsquerschnitt, Leitungsmaterial, Stromaufnahme usw. Ist der Widerstand mitunter zu groß, können Funktionsstörungen auftreten. Beispielsweise darf der Widerstand in Zündleitungen und Zündverteiler nicht zu hoch sein, sonst fehlt ein ausreichend starker Zündfunke an den Zündkerzen, der das Kraftstoff-Luftgemisch entzündet und damit den Motor zum Laufen bringt.

Meßgeräte

Zum Messen der Bord-Elektrik gibt es im Handel sogenannte Mehrfach-Meßgeräte. Sie vereinen in einem Gerät das Voltmeter, um Spannungen zu messen, das Ampèremeter, um die Stromstärke zu messen und das Ohmmeter, um den Widerstand zu messen. Mit einem Dreh- oder Tastschalter wird an dem Meßgerät der gewünschte Meßbereich (V,A,Ω) eingeschaltet. Die im Handel befindlichen Meßgeräte unterscheiden sich hauptsächlich im Meßbereich und in der Meßgenauigkeit. Durch den Meßbereich wird festgelegt, in welchem Bereich Spannungen oder Widerstände liegen müssen, damit sie überhaupt vom Gerät erfaßt werden können. Die Meßgenauigkeit wird in erster Linie vom Herstellungsaufwand bestimmt, der sich natürlich in den Kosten niederschlägt. Je größer die Genauigkeit, desto höher der Kaufpreis.

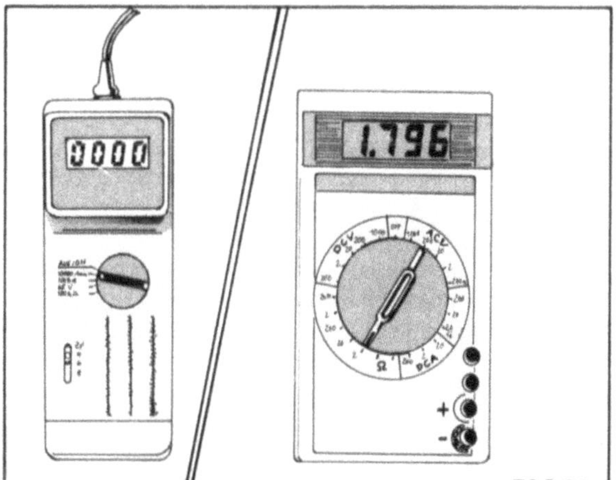

700.01

Für den Heimwerker gibt es Vielfach-Meßgeräte, die speziell für Prüfarbeiten am Auto abgestimmt sind. Mit solch einem Gerät kann man die Motordrehzahl und den Zünd-Schließwinkel messen und außerdem Spannungen bis zu 20 Volt. Bei Widerstandsmessungen beschränkt sich das Gerät in der Regel auf den Kilo-Ohm-Bereich, also etwa 1–1000 kΩ. Falls es eine Stromstärken-Messung zuläßt, dann nur im Bereich der Anlasserstromstärke.

Darüber hinaus werden Meßgeräte zur Überprüfung von elektrischen und elektronischen Bauteilen angeboten. Bei diesen Geräten fehlt naturgemäß die Meßmöglichkeit von Motordrehzahl und Zünd-Schließwinkel. Große Vorteile bietet ein solches Gerät jedoch auf dem Gebiet des Meßbereiches; denn dieser erlaubt eine umfassende Messung von kleinen Widerständen in Ohm (Ω) bis zu großen Widerständen im Mega-Ohm-Bereich (MΩ). Spannungen können bis auf drei Stellen hinter dem Komma genau gemessen werden, was vor allem bei elektronischen Bauteilen erforderlich ist.

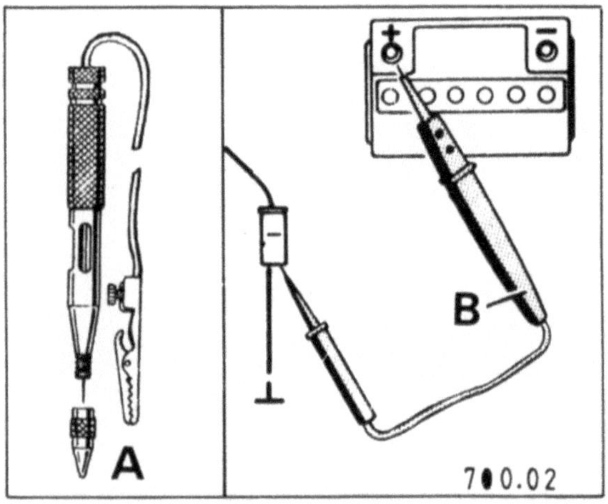

7●0.02

Wenn nur geprüft werden soll, ob überhaupt Spannung anliegt, eignet sich hierzu eine einfache Prüflampe –A–. Dies gilt allerdings nur für Stromkreise, in denen sich keine elektronischen Bauteile befinden. Denn elektronische Steuergeräte reagieren äußerst empfindlich auf zu hohe Ströme. Unter Umständen können elektronische Bauteile bereits durch das Anschließen einer Prüflampe zerstört werden. Für Fahrzeuge mit elektronischen Bauteilen, wie zum Beispiel die Transistorzündung oder die elektronisch gesteuerte Einspritzanlage, ist deshalb ein hochohmiger Spannungsprüfer –B– erforderlich. Er hat praktisch dieselben Funktionen wie die Prüflampe, ohne daß die elektronischen Bauteile geschädigt werden.

Meßtechnik

Spannung messen

Spannung kann schon mit einer einfachen Prüflampe oder einem Spannungsprüfer nachgewiesen werden. Allerdings erkennt man dann nur, ob überhaupt Spannung anliegt. Um die Höhe der anliegenden Spannung zu prüfen, muß ein Voltmeter (Spannungs-Meßgerät) angeschlossen werden. Das Voltmeter ist immer in einem Vielfachmeßgerät integriert.

Zunächst ist beim Voltmeter der Meßbereich einzustellen, in dem sich die zu messende Spannung voraussichtlich befindet. Spannungen am Fahrzeug sind in der Regel nicht höher als ca. 14 Volt. Eine Ausnahme bildet die Zündanlage; hier kann die Zündspannung bis zu 30000 Volt betragen, was sich nur mit einem speziellen Meßgerät oder einem Oszilloskop messen läßt.

Während man bei Meßgeräten, die speziell auf das Auto abgestimmt sind, am Wählschalter nur das Voltmeter einschalten muß, sind bei einem allgemeinen Vielfachmeßgerät erst eine Reihe von Entscheidungen zu fällen. Zunächst wird mit dem Wählschalter der Bereich Gleichspannung (DCV im Gegensatz zu ACV=Wechselspannung) eingestellt. Dann wird der Meßbereich gewählt. Da beim Auto außer an der Zündanlage (bis 30000 Volt) keine höheren Spannungen als ca. 14 Volt auftreten, sollte die Obergrenze des einzustellenden Meßbereiches etwas höher liegen (ca. 15 bis 20 Volt). Falls sicher ist, daß die gemessene Spannung wesentlich niedriger ist, zum Beispiel im Bereich von 2 Volt, kann der Meßbereich heruntergeschaltet werden, um eine größere Anzeigegenauigkeit zu erreichen. Liegen höhere Spannungen an, als sie vom Meßbereich des Gerätes erfaßt werden, kann das Meßgerät zerstört werden.

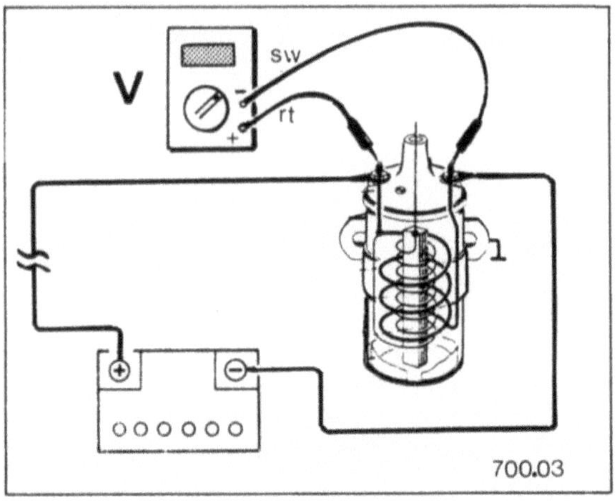

700.03

Die Kabel des Meßgerätes entsprechend der Zeichnung parallel zum Verbraucher anschließen. Dabei wird das rote Kabel an die vom Batterie-Pluspol kommende Leitung angelegt, das schwarze Kabel an die Masse-Leitung oder an Fahrzeugmasse, wie zum Beispiel den Motorblock.

Prüfbeispiel: Wenn der Motor nicht richtig anspringt, weil der Anlasser zu langsam dreht, ist es zweckmäßig, die Batteriespannung zu prüfen, während der Anlasser betätigt wird. Dazu das Voltmeter mit dem roten Kabel (+) an den Batterie-Pluspol und mit dem schwarzen Kabel an Fahrzeugmasse (–) anklemmen. Anschließend durch einen Helfer den Anlasser betätigen lassen und den Spannungswert ablesen. Liegt die Spannung unter ca. 7 Volt, muß die Batterie überprüft und eventuell vor den nächsten Startversuchen geladen werden.

Stromstärke messen

Am Auto ist es relativ selten erforderlich, die Stromstärke zu messen. Benötigt wird hierzu ein Ampèremeter, welches ebenfalls in einem Vielfachmeßgerät integriert ist.

Ebenso wie beim Voltmeter wird vor der Strommessung das Meßgerät auf den Meßbereich eingestellt, in dem sich die zu messende Stromstärke voraussichtlich befindet. Falls das nicht bekannt ist, höchsten Meßbereich einstellen und, falls keine Anzeige erfolgt, nacheinander in die nächstniedrigeren Meßbereiche schalten.

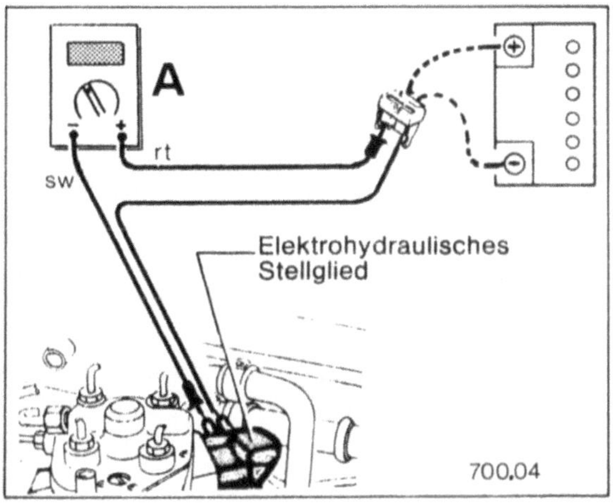

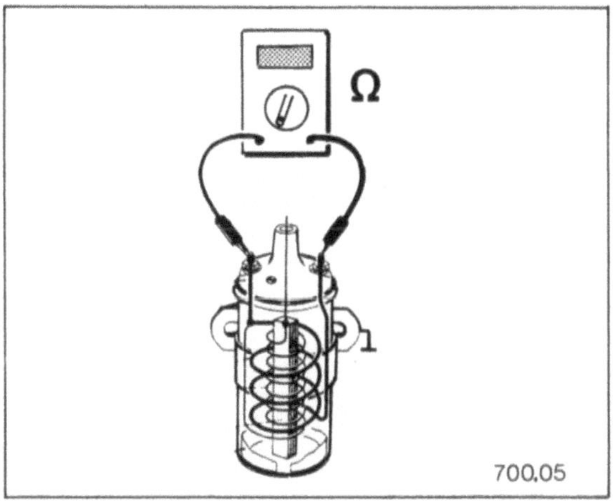

Für die Messung der Stromstärke muß der Stromkreis, wie in der Zeichnung gezeigt, aufgetrennt werden und das Meßgerät (Ampèremeter) wird dazwischengeschaltet. Dazu wird beispielsweise der Stecker abgezogen und das rote Kabel (+) des Ampèremeters an die stromführende Leitung angeschlossen. Das schwarze Kabel (–) wird an den Kontakt angelegt, an dem normalerweise die unterbrochene Leitung angeschlossen ist. Die Massekontakte zwischen Verbraucher und Stecker müssen dann mit einem Hilfskabel verbunden werden.

Beispiel: „Batterie entlädt sich selbständig", siehe Seite 228.

Achtung: Keinesfalls sollte mit einem normalen Ampèremeter die Stromstärke in der Leitung zum Anlasser (ca. 150 A) oder zu den Glühkerzen beim Dieselmotor (bis 60 A) gemessen werden. Durch die hierbei auftretenden hohen Ströme kann das Meßgerät zerstört werden. Die Werkstatt benutzt für diese Messungen ein Ampèremeter mit Gleichstromzange. Dabei wird eine Stromzange über das isolierte Stromkabel geklemmt und der Stromwert durch Induktion gemessen.

Widerstand messen

Vor der Prüfung des Widerstandes ist grundsätzlich sicherzustellen, daß an den Kontakten, an die das Ohmmeter angeschlossen wird, keine Spannung anliegt. Also immer vorher Stecker abziehen, Zündung ausschalten, Leitung beziehungsweise Aggregat ausbauen oder Batterie abklemmen. Andernfalls kann das Meßgerät beschädigt werden.

Das Ohmmeter wird an die 2 Anschlüsse eines Verbrauchers oder an die 2 Enden einer elektrischen Leitung angeschlossen. Dabei spielt es keine Rolle, welches Kabel (+/–) des Meßgerätes an welchen Kontakt angeklemmt wird.

Die Widerstandsmessung am Auto erstreckt sich weitgehend auf 2 Bereiche:

1. Kontrolle eines in den Stromkreis integrierten Widerstandes mit festem oder variablem Wert. **Beispiel:** Widerstand des Kühlmittel-Temperaturfühlers (für Einspritzanlage) prüfen. Dazu Stecker am Temperaturfühler abziehen und Ohmmeter zwischen den Kontakt am Fühler und Masse (Motorblock) anschließen. Ohmmeter in den Meßbereich schalten, in dem sich der Meßwert voraussichtlich befindet, und angezeigten Meßwert mit dem in der Tabelle angegebenen Sollwert vergleichen.

2. „Durchgangs"-Prüfung einer elektrischen Leitung, eines Schalters oder einer Heizwendel. Dabei wird geprüft, ob eine elektrische Leitung im Fahrzeug unterbrochen ist und deshalb das angeschlossene elektrische Gerät nicht funktionieren kann. Zur Messung wird das Ohmmeter an die beiden Enden der betreffenden elektrischen Leitung angeschlossen. Beträgt der Widerstand 0 Ω, dann ist „Durchgang" vorhanden, das heißt die elektrische Leitung ist in Ordnung. Bei unterbrochener Leitung zeigt das Meßgerät ∞ (unendlich) Ω an.

Elektrisches Zubehör nachträglich einbauen

Beim Bohren oder Schälen von Löchern in die Karosserie müssen die Lochränder anschließend entgratet, grundiert und lakkiert werden. Die beim Bohren zwangsläufig anfallenden Späne sind restlos aus der Karosserie zu entfernen.

Bei allen Einbauarbeiten, die das elektrische Leitungssystem berühren, ist, um der Gefahr von Kurzschlüssen im elektrischen Leitungssystem vorzubeugen, grundsätzlich das Massekabel von der Fahrzeugbatterie abzuklemmen und zur Seite zu hängen.

Kabel, die beim Einbau von Zubehör zusätzlich zu dem serienmäßig eingebauten Kabelsatz im Fahrzeug verlegt werden müssen, sind nach Möglichkeit immer entlang der einzelnen Kabelstränge unter Verwendung der vorhandenen Kabelschellen und Gummitüllen zu verlegen.

Falls erforderlich, sind die neu verlegten Kabel, um entstehenden Geräuschen während der Fahrt vorzubeugen und das Scheuern von Kabeln zu vermeiden, mit Isolierband, plastischer Masse, Kabelbändern und dergleichen zusätzlich festzulegen. Hierbei ist besonders darauf zu achten, daß zwischen den Bremsleitungen und den festverlegten Kabeln ein Mindestabstand von 10 mm sowie zwischen den Bremsleitungen und den Kabeln, die mit dem Motor oder anderen Teilen des Fahrzeuges schwingen, ein Mindestabstand von 25 mm vorliegt.

Sofern zusätzliche elektrische Verbraucher eingebaut werden, ist in jedem Fall zu überprüfen, ob die erhöhte Belastung noch von dem vorhandenen Drehstromgenerator mit übernommen werden kann. Falls erforderlich, sollte ein Generator mit größerer Leistung vorgesehen werden.

Zur Befestigung und Dämpfung nachträglich eingebauter Kabelsätze oder Einzelkabel bieten sich folgende Zubehörteile an:

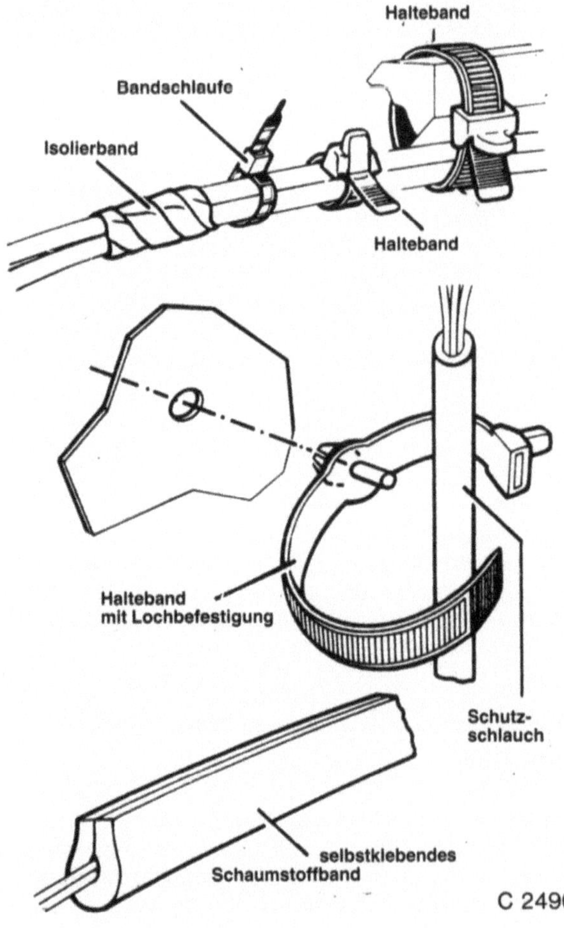

C 2490

Steuergeräte und Kabelbaum im 5er BMW

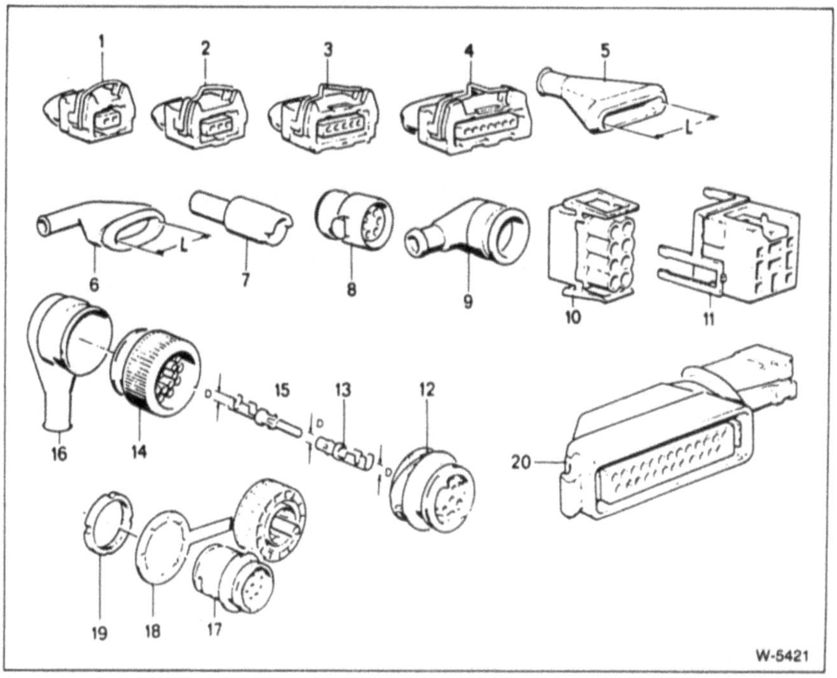

Achtung: Beim Abklemmen der Batterie werden Fehlerspeicher in den Steuergeräten gelöscht, siehe »Batterieausbau«.

Die elektronischen Steuergeräte sind in zentralen Einheiten zusammengefaßt.

- 2 Elektronikboxen befinden sich links und rechts im Motorraum zwischen Federbeinen und Stirnwand der Fahrgastzelle.
- 1 Elektronikträger sitzt links unter der Rücksitzbank.
- Die Karosserieelektronik (Innenlicht, Zentralverriegelung, Wisch-/Waschautomatik, Schiebedach- und Fensterschließung durch Türschloß, Diagnose etc.) ist in modularer Bauweise zusammmengefaßt.

Kabelstecker

Beim 5er BMW wird ein neuartiges 2,5 mm Rundsteckersystem verwendet, das maximale Betriebssicherheit garantiert. Die Stecker sind mit einfach zu bedienenden Schiebe- und Drehsicherungen ausgestattet, zum Teil sind sie wassergeschützt.

- Vor dem Lösen des Kabelsteckertyps –1– bis –4– muß der Metall-Sicherungsbügel nach unten gedrückt werden, siehe Abbildung W-5421. Dadurch wird der Stecker entriegelt. Beim Zusammenfügen muß der Bügel wieder einrasten.
- Gegebenenfalls Gummischutzkappe (–5– und –6–) aufschieben.
- Die meisten Steckverbindungen im Fahrzeuginnern sind vom Typ –10–. Beim Abziehen beide Bügel am Stecker zusammendrücken.
- Die Positionen –12– bis –19– zeigen einen Rundstecker, wie er zum Beispiel für die Lambda-Sonde und den Anschluß des vorderen Stoßfängers verwendet wird. Zum Lösen Rändelschraube –14– aufschrauben.

Batterie aus- und einbauen

Die Batterie ist je nach Modell im Motorraum oder unter der Rücksitzbank untergebracht.

Achtung: Durch das Abklemmen der Batterie können im Fahrzeug elektronische Speicher gelöscht werden:

- Einige serienmäßig eingebaute Radios besitzen eine Anti-Diebstahlcodierung. Diese verhindert die Inbetriebnahme des Radios, wenn die Stromversorgung unterbrochen wurde. Daher vor Abklemmen der Batterie den Diebstahlcode feststellen, siehe auch Seite 256.
- Der Fehlerspeicher im Motor-Steuergerät sowie in anderen elektronischen Steuergeräten werden gelöscht.
- Die Einstellung der Borduhr und Werte des Bordcomputers werden aufgehoben.

Ausbau, Batterie im Motorraum

- Zündung ausschalten und Motorhaube öffnen.

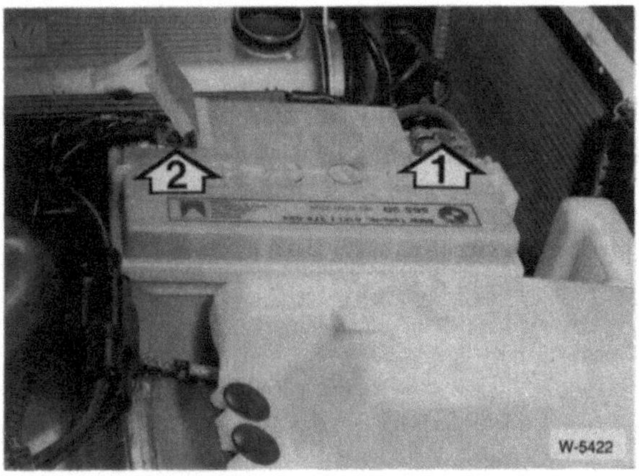

- Batteriekabel abklemmen, zuerst Massekabel –1– (–), dann Pluskabel –2– (+), vorher Abdeckkappe nach oben klappen.

- Halteplatte am Batteriefuß abschrauben und herausnehmen.
- Batterie herausheben.

Ausbau, Batterie unter der Rücksitzbank

- Hintere Sitzbank nach oben klappen, siehe Seite 208.

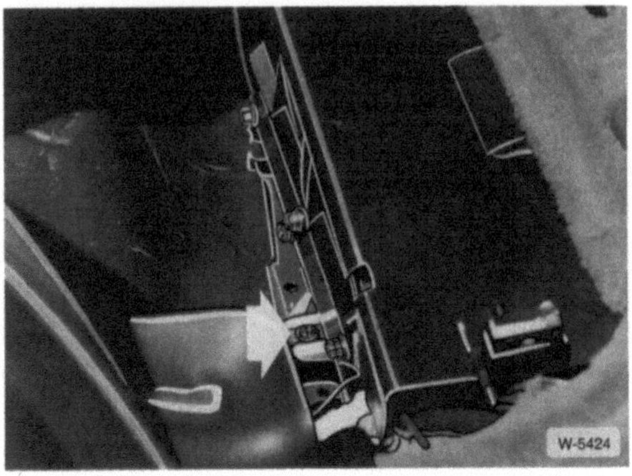

- Schraube –Pfeil– herausschrauben, Halterung mit Abdeckung an der Batterie abnehmen.
- Zuerst Minuskabel (–), dann Plusleitung (+) abklemmen.
- Seitlichen Entlüftungsschlauch abziehen, Batterie herausnehmen.

Achtung: Batterien enthalten giftige Substanzen, die nicht in den Hausmüll gelangen dürfen.

> **Hinweis:**
> Wenn Sie eine neue Autobatterie kaufen, nehmen Sie die Altbatterie zum Händler mit. Sonst müssen Sie Pfand für die neue Batterie bezahlen.

Einbau

- Batterie einsetzen.
- Pluskabel am Pluspol (+), dann Massekabel am Minuspol (–) anklemmen. Am Pluspol Abdeckkappe aufsetzen. **Achtung:** Durch eine falsch angeschlossene Batterie können erhebliche Schäden am Generator und an der elektrischen Anlage entstehen.
- Halteplatte ansetzen und festschrauben.
- Bei Einbau unter Rücksitzbank: Zusätzlich Entlüftungsleitung für Batterie aufschieben. Rücksitzbank einhängen.

Hinweise zur wartungsarmen Batterie

Der 5er BMW ist serienmäßig mit einer wartungsarmen Batterie ausgestattet. Bei dieser Batterie muß nicht mehr im Rahmen der Wartung destilliertes Wasser nachgefüllt werden, dennoch sind einige Wartungspunkte zu beachten.

- Damit keine Batteriesäure austreten kann, darf die Batterie nicht mehr als 45° geneigt werden.
- Zum Laden können handelsübliche Ladegeräte verwendet werden. Der Ladestrom darf 5 Ampere nicht überschreiten; die Ladespannung soll zwischen 14 und 15 Volt liegen. Die Batterie darf **nicht** mit einem Schnellladegerät geladen werden.

- Bei zu niedrigem Säurestand, zum Beispiel durch längeren Aufenthalt in heißen Regionen, destilliertes Wasser nachfüllen, siehe Kapitel »Wartung«.
- Wird das Fahrzeug länger als 6 Wochen stillgelegt, Batterie ausgebaut und geladen lagern. Die günstigste Lagertemperatur liegt zwischen 0° C und +27° C. Bei diesen Temperaturen hat die Batterie die günstigste Selbstentladungsrate. **Spätestens nach 3 Monaten Batterie erneut aufladen, da sie sonst unbrauchbar wird.**

Batterie laden

Sicherheitshinweise:

- Batterie **nicht** bei laufendem Motor abklemmen.
- Batterie **niemals kurzschließen,** das heißt Plus- (+) und Minuspol (–) dürfen nicht verbunden werden. Bei Kurzschluß erhitzt sich die Batterie und kann platzen.
- Nicht mit offener Flamme in Batterie leuchten. Batteriesäure ist ätzend und darf nicht in die Augen, auf die Haut oder die Kleidung gelangen, gegebenenfalls mit viel Wasser abspülen.
- Die Batteriestopfen (kreuzförmige Schlitze) bleiben bei einer modernen Batterie mit Zentralentgasung beim Laden fest eingeschraubt.
- Gefrorene Batterie vor dem Laden auftauen. Eine geladene Batterie gefriert bei ca. –65° C, eine halbentladene bei ca. –30° C und eine entladene bei ca. –12° C. Aufgetaute Batterie vor dem Laden auf Gehäuserisse prüfen, gegebenenfalls ersetzen.

Laden

- Batterie möglichst ausbauen. Zumindest aber Massekabel (–) sowie Pluskabel (+) abklemmen. Batterie nur in gut belüftetem Raum oder im Freien laden. Beim Laden der eingebauten Batterie die Motorhaube beziehungsweise Rücksitzbank geöffnet lassen.

W-5425

Achtung: Bei Fahrzeugen mit Batterie unter der Rücksitzbank ist ein Plus-Abgriff im Motorraum (oberhalb vom Bremskraftverstärker) vorhanden. Nachladen über diesen Abgriff ist erlaubt, die Batterie muß in diesem Fall nicht abgeklemmt werden.

- Wenn keine wartungsfreie Batterie eingebaut ist: Säurestand prüfen, gegebenenfalls destilliertes Wasser nachfüllen, siehe entsprechendes Kapitel.
- Falls am Ladegerät der Ladestrom eingestellt werden kann, Ladestrom für Normalladung auf ca. 10 % der Kapazität einstellen. Bei einer 50-Ah-Batterie also etwa 5,0 A. Als Richtwert für die Ladezeit können dann 10 Stunden genommen werden.
- **Bei ausgeschaltetem Ladegerät** Pluskabel (+) des Ladegerätes an den Pluspol (+) der Batterie anschließen. Minuskabel (–) des Ladegerätes mit dem Minuspol (–) der Batterie verbinden.
- Netzstecker des Ladegerätes in die Steckdose stecken. Falls erforderlich, Ladegerät einschalten.
- Wird die Batterie mit einem konstanten Ladestrom geladen, Temperatur der Batterie durch Auflegen der Hand prüfen. Die Säuretemperatur darf während des Ladens ca. +55° C nicht überschreiten, gegebenenfalls Ladung unterbrechen oder Ladestrom herabsetzen.
- So lange laden, bis alle Zellen lebhaft gasen und bei drei im Abstand von je einer Stunde aufeinanderfolgenden Messungen die Spannung nicht mehr angestiegen ist.
- Nach dem Laden der Batterie Ladegerät ausschalten, Netzstecker des Ladegerätes ziehen. Batterie ca. 20 min ausgasen lassen.
- Anschlußkabel des Ladegerätes von der Batterie abklemmen.
- Geladene Batterie prüfen, siehe entsprechendes Kapitel.
- Batterie einbauen, siehe entsprechendes Kapitel.

Batterie prüfen

Nachfolgend zwei verschiedene Möglichkeiten, die Batterie zu prüfen. Je nach Prüfung werden verschiedene Testgeräte benötigt.

Batterie unter Belastung prüfen

- Voltmeter an den Polen der Batterie anschließen.
- Motor starten und Spannung ablesen.
- Während des Startvorganges darf bei einer vollen Batterie die Spannung nicht unter 10 Volt (bei einer Säuretemperatur von ca. +20° C) abfallen.
- Bricht die Spannung sofort zusammen und wurde in den Zellen eine unterschiedliche Säuredichte festgestellt, so ist auf eine defekte Batterie zu schließen.
- Die Gesamtspannung kann auch mit einem Batterie-Testgerät gemessen werden. Bedienungsanweisung des Herstellers beachten.

Prüfwerte			
Typ Ah	Belastungs-strom Ampére	Mindestspannung nach 15 Sek. Volt bei °C	
		ab −10° C	+21° C u. höher
55	190		
75	210	8,8	9,6
85	230		

Achtung: Bei wartungsarmer Batterie, die kurz vorher geladen wurde, muß mit dem Batterie-Testgerät vor der Prüfung die Oberflächenladung beseitigt werden. Hierzu ist die Batterie 15 Sekunden lang mit einem Strom von 300 Ampére zu belasten. Vor einer zweiten Prüfung Batterie 15 Sekunden lang erholen lassen.

Sinkt bei dieser Messung (Dauer 15 Sekunden) die Gesamtspannung unter den angegebenen Wert, so ist die Batterie entweder entladen oder defekt.

Säuredichte prüfen

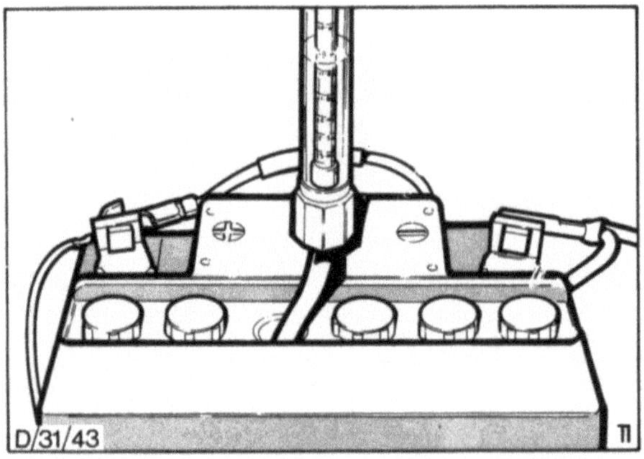

D/31/43

- Die Säuredichte ergibt in Verbindung mit der Spannungsmessung genauen Aufschluß über den Ladezustand der Batterie. Zur Prüfung dient ein Säureheber, der recht preiswert in Fachgeschäften angeboten wird. Je größer das spezifische Gewicht (Säuredichte) der angesaugten Batteriesäure ist, desto mehr taucht der Schwimmer auf. An der Skala kann man die Säuredichte in spezifischem Gewicht (g/ml) oder Baumégrad (+°Bé) ablesen. Folgende Werte müssen erreicht werden:

Ladezustand	norm. Klimazonen		Tropen	
	+°Bé	g/ml	+ °Bé	g/ml
entladen	16	1,12	11	1,08
halb entladen	24	1,20	18	1,16
gut geladen	32	1,28	27	1,23

Batterie entlädt sich selbständig

Je nach Fahrzeugausstattung addiert sich zur natürlichen Selbstentladung der Batterie auch die Stromaufnahme der verschiedenen Steuergeräte im Ruhezustand. Daher sollte ein stehendes Fahrzeug spätestens alle 6 Wochen nachgeladen werden. Wenn der Verdacht auf Kriechströme besteht, Bordnetz nach folgender Anleitung prüfen:

- Zur Prüfung geladene Batterie verwenden.

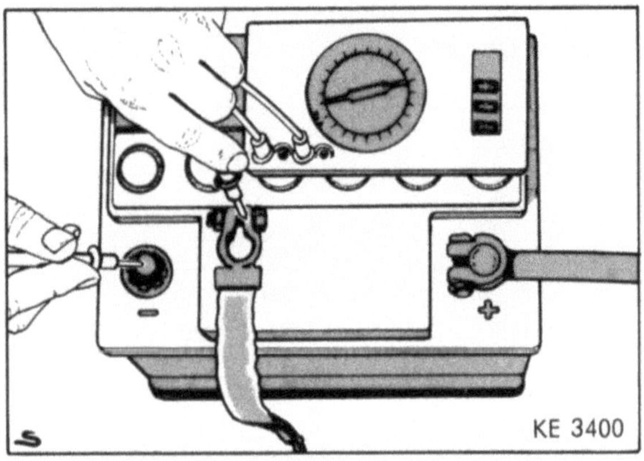

KE 3400

- Am Ampèremeter (Meßbereich von 0−5 mA bis 5 A) den höchsten Meßbereich einstellen. Massekabel von der Batterie abklemmen. Ampèremeter zwischen Batterie-Minuspol und Massekabel schalten. Ampèremeter-Plus-Anschluß an Massekabel und Ampèremeter-Minus-Anschluß an Batterie-Minuspol.

Achtung: Die Prüfung kann auch mit einer Prüflampe durchgeführt werden. Leuchtet die Lampe zwischen Masseband und Minuspol der Batterie jedoch nicht auf, ist auf jeden Fall ein Ampèremeter zu verwenden.

- Alle Verbraucher ausschalten, vorhandene Zeituhr (und andere Dauerverbraucher) abklemmen, Türen schließen.
- Vom Ampèrebereich solange auf den Milliampèrebereich zurückschalten, bis eine ablesbare Anzeige erfolgt (1−3 mA sind zulässig).
- Durch Herausnehmen der Sicherungen nacheinander die verschiedenen Stromkreise unterbrechen. Wenn bei einem der unterbrochenen Stromkreise die Anzeige auf Null zurückgeht, ist hier die Fehlerquelle zu suchen. Fehler können sein: korrodierte und verschmutzte Kontakte, durchgescheuerte Leitungen, interner Schluß in Aggregaten.
- Wird in den abgesicherten Stromkreisen kein Fehler gefunden, so sind die Leitungen an den nicht abgesicherten Aggregaten abzuziehen. Dieses sind: Generator, Anlasser, Zündanlage.
- Geht beim Abklemmen von einem der ungesicherten Aggregate die Anzeige auf Null zurück, betreffendes Bauteil überholen oder austauschen. Bei Stromverlust in Anlasser oder Zündanlage immer auch den Zündschalter nach Stromlaufplan prüfen.
- Masseband an Batterie anklemmen.

Störungsdiagnose Batterie

Störung	Ursache	Abhilfe
Säurestand zu niedrig	Überladung, Verdunstung (besonders im Sommer)	■ Destilliertes Wasser bis zur vorgeschriebenen Höhe nachfüllen (bei geladener Batterie)
Säure tritt aus den Verschlußstopfen aus	Ladespannung zu hoch	■ Spannungsregler prüfen, ggf. austauschen
	Säurestand zu hoch	■ Überschüssige Säure mit Säureheber absaugen*
Säuredichte zu niedrig	Säuredichte in einer Zelle deutlich niedriger als in den übrigen Zellen	■ Kurzschluß in einer Zelle. Batterie erneuern
	Säuredichte in zwei benachbarten Zellen deutlich niedriger als in den übrigen Zellen	■ Trennwand undicht, dadurch enteht eine leitende Verbindung zwischen den Zellen, wodurch die Zellen entladen werden. Batterie erneuern
	Batterie entladen	■ Batterie laden
	Generator nicht in Ordnung	■ Generator prüfen, ggf. reparieren oder austauschen
	Kurzschluß im Leitungsnetz	■ Elektrische Anlage überprüfen
	Säure infolge Wartungsfehler verwässert	■ Säureausgleich durchführen
Säuredichte zu hoch	Säure wurde nachgefüllt	■ Säureausgleich durchführen*
Abgebende Leistung ist zu gering, Spannung fällt stark ab	Batterie entladen	■ Batterie nachladen
	Ladespannung zu niedrig	■ Spannungsregler prüfen, ggf. austauschen
	Anschlußklemmen lose oder oxydiert	■ Anschlußklemmen reinigen und besonders Unterseite mit Säureschutzfett leicht einfetten, Befestigungsschrauben anziehen
	Masseverbindung Batterie-Motor-Karosserie ist schlecht	■ Masseverbindung überprüfen, ggf. metallische Verbindungen herstellen oder Schraubverbindungen festziehen
	Zu große Selbstentladung der Batterie durch Verunreinigung der Batteriesäure	■ Batterie austauschen
	Evtl. Batterie sulfatiert (grauweißer Belag auf den Plus- und Minusplatten)	■ Batterie mit kleinem Strom laden, damit sich der Belag langsam zurückbildet. Falls nach wiederholter Ladung und Entladung die abgegebene Leistung immer noch zu gering ist, Batterie austauschen
	Batterie verbraucht, aktive Masse der Platten ausgefallen	■ Batterie austauschen
Nicht ausreichende Ladung der Batterie	Fehler an Generator, Spannungsregler oder Leitungsanschlüssen	■ Generator und Spannungsregler überprüfen, instand setzen bzw. austauschen; Leitungen einwandfrei befestigen
	Keilriemen locker	■ Keilriemen spannen oder austauschen
	Zu viele Verbraucher angeschlossen	■ Größere Batterie einbauen; evtl. auch größeren Generator verwenden
Dauernde Überladung	Fehler am Spannungsregler, evtl. auch am Generator	■ Spannungsregler austauschen bzw. Generator überprüfen

*) Die mit * gekennzeichneten Hinweise gelten nicht für die serienmäßige, wartungsarme Batterie.

Sicherungen auswechseln

Um Kurzschluß- und Überlastungsschäden an den Leitungen und Verbrauchern der elektrischen Anlage zu verhindern, sind die einzelnen Stromkreise durch Schmelzsicherungen geschützt.

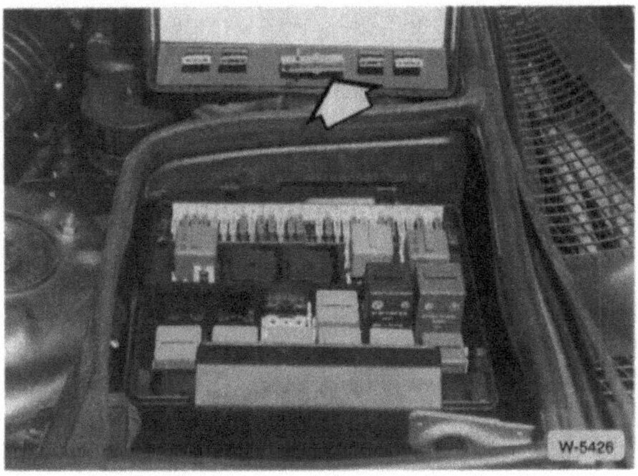

Die Sicherungen sind in einem Sicherungskasten untergebracht, der sich links hinten im Motorraum befindet.

- Vor dem Auswechseln einer Sicherung immer zuerst den betroffenen Verbraucher ausschalten.
- Deckel des Sicherungskastens abnehmen, dazu die Klammer abdrücken.
- Eine durchgebrannte Sicherung erkennt man am durchgeschmolzenen Metallstreifen.
- Defekte Sicherung mit der im Sicherungskasten befindlichen Kunststoff-Pinzette –Pfeil– herausziehen.
- Neue Sicherung **gleicher Sicherungsstärke** einsetzen.
- Brennt eine neu eingesetzte Sicherung nach kurzer Zeit wieder durch, muß der entsprechende Stromkreis überprüft werden.
- Auf keinen Fall Sicherung durch Draht oder ähnliche Hilfsmittel ersetzen, weil dadurch ernste Schäden an der elektrischen Anlage auftreten können.
- Es ist empfehlenswert, stets einige Ersatz-Sicherungen im Wagen mitzuführen. Zur Aufbewahrung befinden sich im Sicherungskastendeckel entsprechende Freiplätze.

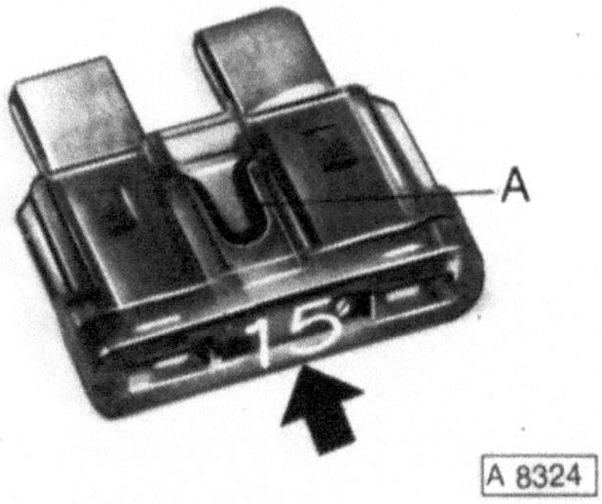

- Die Nennstromstärke der Sicherung ist auf der Rückseite des Griffes aufgedruckt. Außerdem hat der Griff eine Kennfarbe, an der ebenfalls die Nennstromstärke zu erkennen ist. A = Schmelzfaden.

Nennstromstärke Ampère	Kennfarbe
7,5	farblos
10	rot
15	blau
20	gelb
30	grün

- Deckel für Sicherungskasten in die Haltenasen einsetzen, Halteklammer einrasten lassen.

Sicherungs- und Relaisbelegung

Der Relais- und Sicherungskasten befindet sich links im Motorraum. Weitere Relais sind links unter der Rücksitzbank untergebracht. Die Sicherungsbelegung hängt von der Fahrzeugausstattung und vom Baujahr des Fahrzeugs ab. Die aktuelle Belegung der Sicherungen befindet sich im Deckel des Sicherungskastens.

Sicherungsbelegung 520i, 524td (»low-version«)

Nr.	Amp.	Verbraucher
1	15	Bremslichtschalter, Bremskontrolle, Tempomat-Steuergerät, Tempomatschalter
2	7,5	Lichtmodul (Relais Abblend-, Rel. Fernlicht)
3	7,5	Lichtmodul (Relais Nebelscheinwerfer, Relais Nebelschlußleuchte), Blinkerschalter, Lichthupe
4	7,5	Lichtmodul (Stand- und Parklicht links)
5	10	Lichtmodul (Stand- und Parklicht rechts, Kennzeichenleuchte), Beleuchtung Zigarettenanzünder, Radio, Motorraumleuchte, Warnblinkschalter
6	7,5	Warnblinkleuchten
7	15	Nebelscheinwerfer
8	7,5	Nebelschlußleuchten links und rechts
9	15	Fanfaren, Steuergerät Klimakompressor, Zusatzwasserpumpe
10	7,5	Abblendlicht links
11	7,5	Abblendlicht rechts
12	15	Heizbare Spritzdüsen, Rückfahr-Schalter, Spiegelverstellung (Wählhebelschalter)
13	7,5	Fernlicht links
14	7,5	Fernlicht rechts
15	7,5	Wischerrelais, Lichtmodul RA 15
16	30	Sitzheizung vorn, Lordosenstütze
17	7,5	Kombiinstrument (Ladekontrolleuchte, Kontrollampen, Grundmodul), Bordcomputer, Wählhebelschalter
18	15	Infrarotbedienung-Logikteil, Sitzversteller, Gurtauswerfer, Zentralverriegelung, Radio, Telefon
19	30	Heizungsgebläse
20	7,5	Kombiinstrument, Bordcomputer, Digitaluhr, Gong
21	30	Leuchten für: Innenraum, Heckklappe, Handschuhfach; Ladesteckdose
22	30	Wischermotor Stufe I und II, Anpressdruckverstellung Scheibenwischer (nur Modelle mit Hochdruck-Scheibenreinigungsanlage)
23	7,5	Kraftstoffpumpe
24	15	Wascherpumpe, Wisch-/Wasch-Modul, Relais Wischermotor
25	30	Zusatzlüfter Stufe I und II
26	30	Zigarettenanzünder
27	30	Heizungsventil, HiFi-Steuergerät und Endstufe
28	15	Servotronic
29	7,5	Relais heizbare Heckscheibe, Steuergerät Klimakompressor, Relais Zusatzlüfter, ABS-Steuerung

Sicherungsbelegung 525i – M 5 (»high-version«)

Nr.	Amp.	Verbraucher
1	15	Bremslichtschalter, Bremskontrolle, ABS, Tachometersignal, Lichtmodul, Tempomat
2	7,5	Lichtschalter Kl. 56, Lichtmodul Fernlicht
3	7,5	Lichtschalter Nebelscheinwerfer, Lichtmodul (Relais Nebelscheinwerfer), Blinkerschalter, Lichthupe
4	7,5	Lichtmodul (Stand- und Parklicht links)
5	10	Lichtmodul (Stand- und Parklicht rechts, Kennzeichenleuchte), Innenspiegelabblendung, Beleuchtung Zigarettenanzünder, Cassettenbox, Make-Up-Spiegel, Beleuchtung Schalter Sitzheizung und Schalter Lordosenstützen
6	7,5	Blinkleuchten und Warnblinkleuchten
7	15	Nebelscheinwerfer
8	7,5	Nebelschlußleuchten links und rechts
9	15	Fanfaren-Relais, Steuergerät Klimakompressor, Zusatzwasserpumpe Klimaanlage
10	7,5	Abblendlicht links
11	7,5	Abblendlicht rechts
12	15	Heizbare Spritzdüsen, Rückfahrscheinwerfer-Schalter, Spiegelverstellung (Wählhebelschalter)
13	7,5	Fernlicht links
14	7,5	Fernlicht rechts
15	7,5	Wischerrelais, Bordcomputer, Standheizung
16	30	Sitzheizung vorn, Lordosenstütze
17	7,5	Kombiinstrument (Ladekontrolleuchte, Kontrollampen, Grundmodul), Bordcomputer, Wählhebelschalter
18	15	Radio (Antennenverstärker), Gurtauswerfer, Infrarot-Logikteil, Telefon
19	30	Heizungsgebläse
20	7,5	Kombiinstrument, Bordcomputer, Gong, Standheizung, Heizung
21	30	Leuchten für: Innenraum, Heckklappe, Handschuhfach; Ladesteckdose
22	30	Anpressdruckverstellung Scheibenwischer, Scheibenreinigungsanlage
23	7,5	Kraftstoffpumpe
24	15	Klima-Heizungsregelung
25	30	Zusatzlüfter Stufe I und II
26	30	Zigarettenanzünder
27	30	Heizungsventil, HiFi-Steuergerät und Endstufe
28	15	Servotronik
29	7,5	Steuergerät Klimakompressor, Relais Zusatzlüfter, ABS-Steuerung

Relais im Sicherungskasten »low-version«

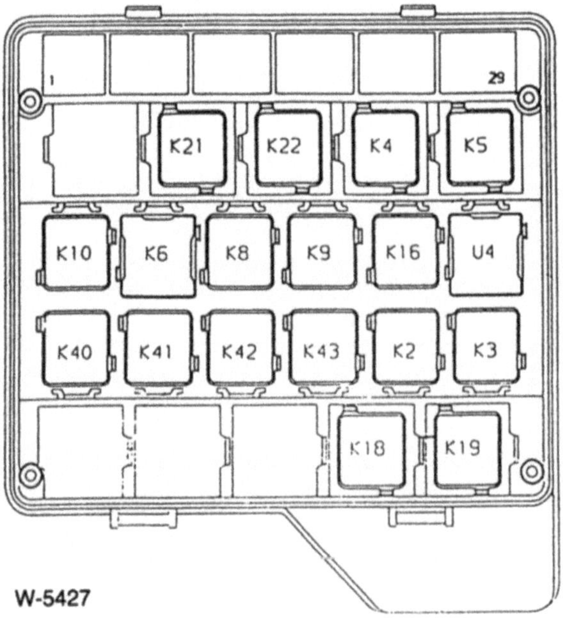

W-5427

Relais-Nr.	Bezeichnung
K2	Fanfare
K3	Entlastung Klemme R
K4	Heizgebläse/Standheizung
K5	Intensivreinigung/Wascherpumpe
K6	SRA Modul
K8	Zusatzwasserpumpe
K9	Entlastung Klemme 15
K10	ABS/ASC Überspannschutz
K16	Warnblinkgeber 30/30
K18	Entkoppelung Klimasignal-Motronic
K19	Klima-Kompressor
K21	Relais Zusatzlüfter Stufe 1
K22	Relais Zusatzlüfter Stufe 2
K40	Relais Abblendlicht
K41	Relais Fernlicht
K42	Relais Nebelscheinwerfer
K43	Relais Nebelschlußlicht
U4	Crash-Alarm-Geber 30/30

Relais im Sicherungskasten »high-version«

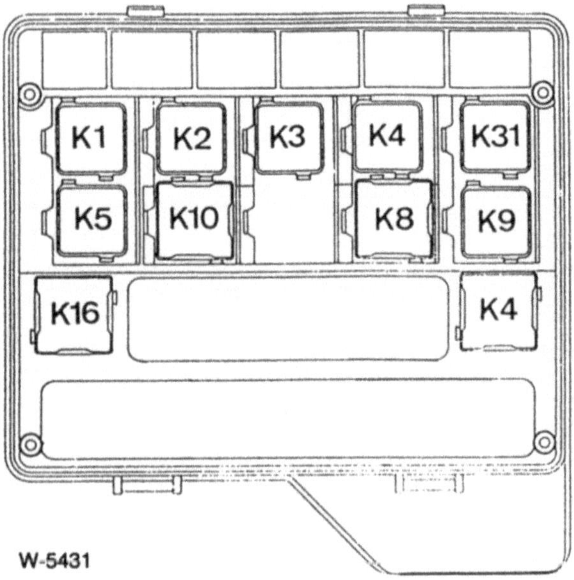

W-5431

Relais-Nr.	Bezeichnung
A3	ZB Lampenkontroll-Modul
A4	ZB Check-Control-Modul
K1	Brücke Kl. 30/87 (bei Schaltgetriebe)
K1	Anlaß-Sperr-Relais
K2	Fanfaren
K3	Entlastung Klemme R
K4	Heizgebläse/Standheizung
K5	Intensivreinigung/Wascherpumpe
K8	Zusatzwasserpumpe
K9	Entlastung Klemme 15
K10	ABS/ASC Überspannschutz
K16	Warnblinkgeber
K31	Relais für Zigarrenanzünder oder Brücke Klemme 30/87
U4	Crash-Alarm-Geber

Sicherungen und Relais im Geräteträger (Sitzkasten)

»Low-version«

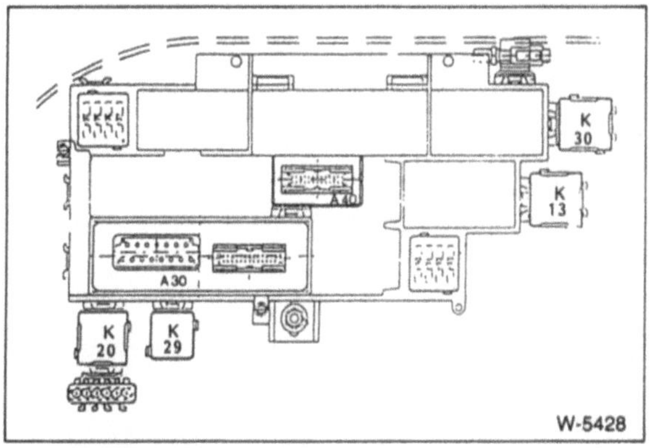

K30 – Relais Innenlicht
K29 – Relais TSH
K13 – Relais HHS
A40 – Wisch-Wasch-Steuergerät
A30 – Zentralverriegelung-Steuergerät

Nr.	Amp.	Verbraucher
30	7,5	Modul Zentralverriegelung, abblendbarer Innenspiegel
31	7,5	DWA Kl.30, LED, Heckklappe
32	30	Modul Gurtauswerfer
41	30	Radio-Verstärker
42	30	Verstellung Fahrersitz
43	30	Verstellung Beifahrersitz
44	30	Wischer (Relaismodul), Wascherpumpe (Grundmodul)
46	30	Heizbare Heckscheibe
47	30	Sicherheitsrelais Grundmodul

»High-version«

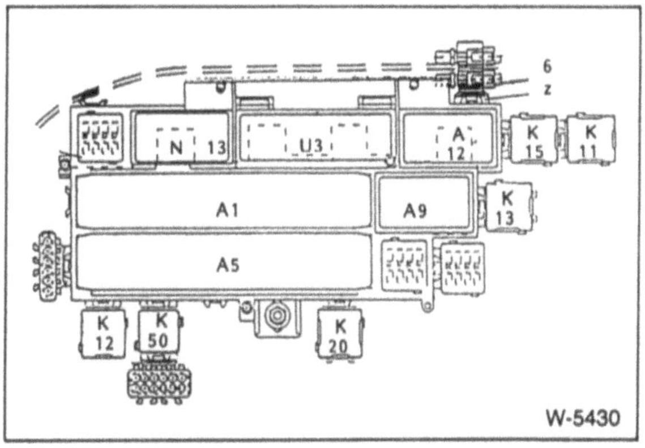

K50 – DWA-Relais
K15 – GM Sicherheitsrelais
K13 – Relais HHS
K12 – Anpreßdruckmodul
K11 – Wischerrelais
U3 – Ultraschall-Einparkhilfe
N13 – Infrarot-Logik
A13 – Steuergerät el. Kopfstützen hinten
A9 – Steuergerät el. Gurtauswerfer
A5 – Relaismodul
A1 – Grundmodul

Nr.	Amp.	Verbraucher
30	7,5	Modul Zentralverr., ZV-Abfrage FT
31	7,5	ZV-Abfrage BFT, HKL
34	30	Sicherheitsrelais Zentralverriegelung, Relais Innenlichtsteuerung
35	30	Heizbare Heckscheibe
36	15	Radioverstärker
41	30	Radio
42	30	Fahrersitz (Verstellung und Heizung)
43	30	Beifahrersitz (Verstellung und Heizung)
44	30	Wischer (Relaismodul), Wascherpumpe (Grundmodul)
45	30	Sonderausstattung Fondklimaanlage
46	30	Heizbare Heckscheibe
47	30	Zentralverriegelung (über Sicherheitsrelais und Grundmodul)

Relais prüfen

Am einfachsten läßt sich die Funktionsfähigkeit eines Relais prüfen, wenn man es gegen ein intaktes auswechselt. So wird es in der Regel in der Werkstatt gemacht. Da dem Heimwerker jedoch in den seltensten Fällen ein neues Relais sofort zur Verfügung steht, empfiehlt sich folgender Arbeitsschritt bei den sogenannten Arbeitsrelais, wie sie unter anderem zum Schalten von Nebel- und Hauptscheinwerfern verwendet werden.

- Relais aus der Halterung herausziehen.
- Zuerst mit Spannungsprüfer feststellen, ob an Klemme 30 im Relaishalter Spannung anliegt. Dazu Spannungsprüfer an Masse anschließen und die andere Kontaktspitze vorsichtig in Klemme 30 einführen. Wenn die Leuchtdiode des Spannungsprüfers aufleuchtet, ist Spannung vorhanden. Zeigt der Spannungsprüfer keine Spannung an, Unterbrechung vom Batterie-Pluspol (+) zu Klemme 30 anhand des Schaltplanes aufspüren.
- Leitungsbrücke aus einem Stück isoliertem Draht herstellen, die Enden müssen blank sein.
- Mit dieser Brücke im Relaishalter die Klemme 30 (Batterie +, führt immer Spannung) mit dem Ausgang des Relais-Schließers Klemme 87 verbinden. Wo sich die Klemmen im Relaishalter befinden, ist auf dem Relais beziehungsweise am Steckkontakt aufgeführt.
- Wenn bei eingesetzter Brücke zum Beispiel das Fernlicht aufleuchtet, kann man davon ausgehen, daß das Relais defekt ist.
- Wenn das Fernlicht nicht aufleuchtet, Unterbrechung in der Leitungsführung von Klemme 87 zum Hauptscheinwerfer anhand des Schaltplanes aufspüren und beheben.
- Falls erforderlich, neues Relais einsetzen.

Der Generator

Der BMW ist mit einem Drehstromgenerator ausgerüstet. Je nach Modell und Ausstattung kann ein Generator mit einer Leistung von 80 A bis 115 A eingebaut sein.

Der Generator wird von der Kurbelwelle über den Keilriemen angetrieben. Dabei dreht sich der Läufer mit der Erregerwicklung innerhalb der feststehenden Ständerwicklung mit ca. doppelter Motordrehzahl.

Über Kohlebürsten und Schleifringe fließt der Erregerstrom durch die Erregerwicklung. Dabei bildet sich ein Magnetfeld.

Die Lage des magnetischen Feldes zur Ständerwicklung ändert sich ständig, entsprechend der Umdrehung des Läufers. Dadurch wird in der Ständerwicklung ein Drehstrom erzeugt.

Da die Batterie aber nur mit Gleichstrom geladen werden kann, wird der Drehstrom durch Gleichrichter in der Diodenplatte in Gleichstrom umgewandelt. Der Spannungsregler verändert den Ladestrom durch Ein- und Ausschalten des Erregerstromes, entsprechend dem Ladezustand der Batterie. Gleichzeitig hält der Regler die Betriebsspannung konstant bei ca. 14 Volt, unabhängig von der Drehzahl.

Sicherheitshinweise für den Drehstromgenerator

- Bei Arbeiten an der elektrischen Anlage im Motorraum grundsätzlich das Batterie-Massekabel abklemmen.
- Kabel an Spannungsregler und Generator **nicht** vertauschen. Kabel vor dem Abklemmen mit Tesaband kennzeichnen.
- Batterie oder Spannungsregler **nicht** bei laufendem Motor abklemmen.
- Generator **nicht** bei angeschlossener Batterie ausbauen.
- Beim Elektroschweißen Batterie grundsätzlich abklemmen.

1 – **Riemenscheibe**
2 – **Lüfterrad**
3 – **Gehäuse vorn**
4 – **Antriebslager**
5 – **Abdeckplatte**
6 – **Scheibenfeder**
7 – **Läufer**
8 – **Rillenkugellager hinten**
9 – **Ringfeder**
10 – **Ständer**
11 – **Diodenplatte**
12 – **Gehäuse hinten**
13 – **Spannungsregler**
14 – **Satz Kohlebürsten**

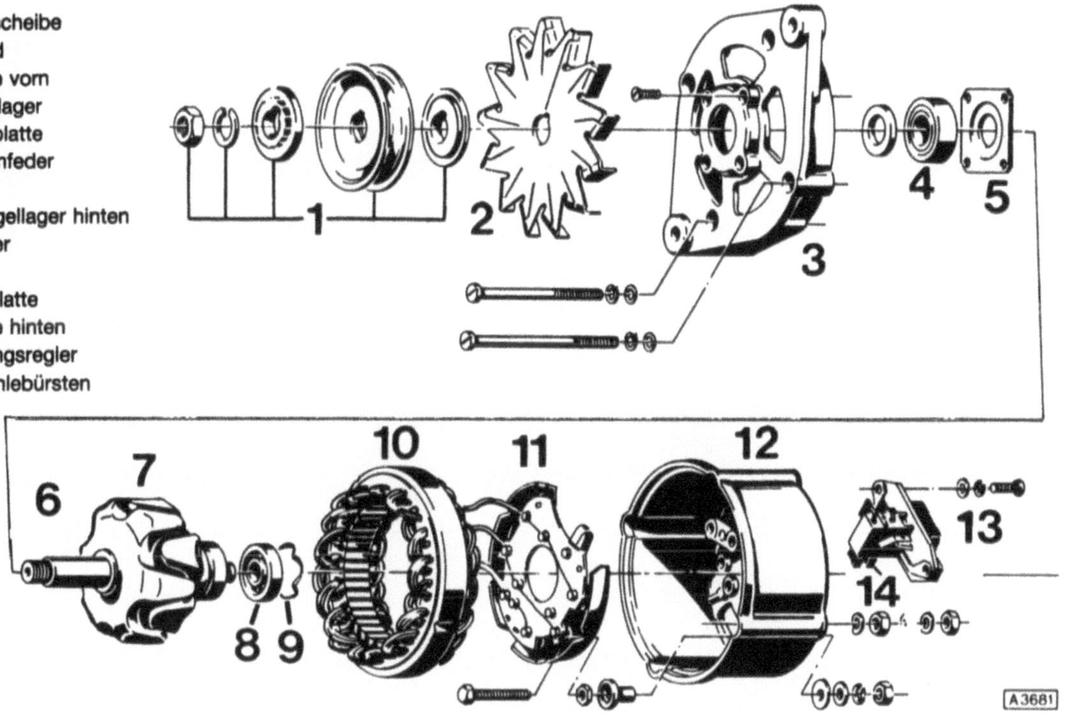

Generator aus- und einbauen

Achtung: Für die Modelle 520i/525i seit 5/90 zusätzliche Hinweise am Kapitelende beachten.

Ausbau

- Bei Modellen 518i, 520i, 525i: Batterie-Massekabel (–) abklemmen.

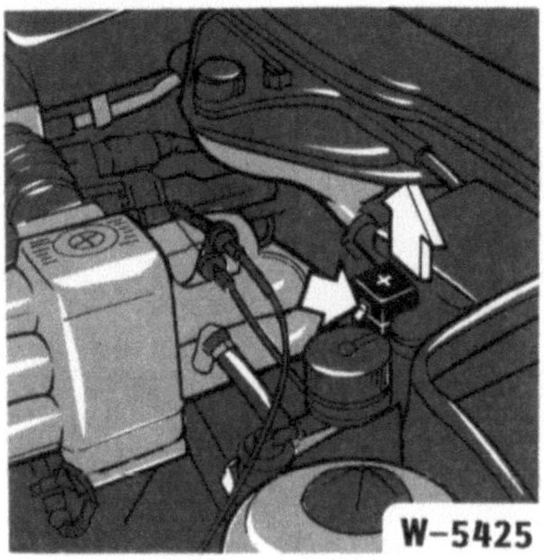

- Bei Modellen 530i, 535i, 524td, 525td/tds: Batterieklemme am Plus-Verbinder an der Spritzwand lösen.

Achtung: Dadurch wird aus dem Speicher des Radios der Code für die Diebstahlsicherung gelöscht. Die Batterie darf nur bei ausgeschalteter Zündung abgeklemmt werden, da sonst das Steuergerät der Einspritzanlage beschädigt wird. Vor dem Abklemmen sollten auch die Hinweise im Kapitel »Radio« bzw. »Batterie aus- und einbauen« durchgelesen werden.

- Keilriemen entspannen und abnehmen, siehe Seite 61.

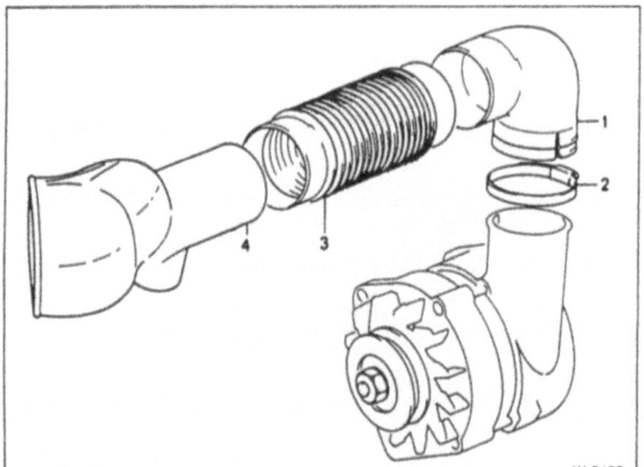

- Schlauchschelle –2– lösen und Luftschlauch am Generator abziehen. Der Schlauch führt vom Generator zur linken Scheinwerferabdeckung.
- Beim 520i, 525i Luftfilter mit Luftmengenmesser ausbauen, siehe Seite 90.
- Schutzkappe für Stromanschluß am Generator abnehmen.

- Bosch-Generator: Leitungen von Anschluß B + (Klemme 30) und D + (Klemme 61) abnehmen. Masseleitung (Klemme 31) abschrauben.

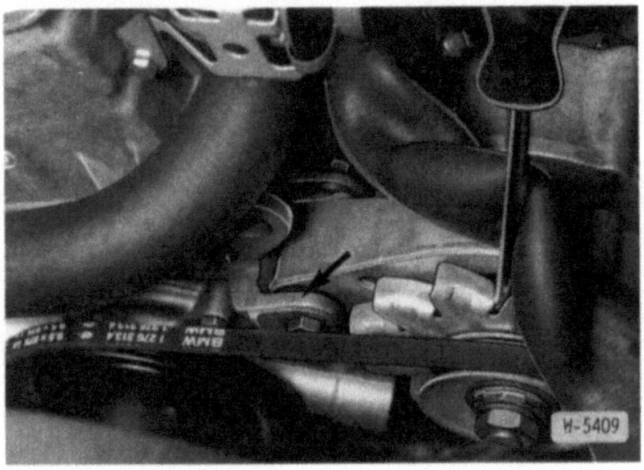

- Befestigungsschraube für Generator abschrauben, Generator herausnehmen.

Einbau

- Buchsen für Generatoraufhängung prüfen, gegebenenfalls erneuern.
- Generator einsetzen und mit Schrauben befestigen, siehe unter »Ausbau«.
- Spannrad einsetzen und mit Schraube befestigen.
- Elektrische Leitungen am Generator anschließen: B + (Klemme 30), D + (Klemme 61), Masseleitung (Klemme 31).
- Keilriemen auflegen und spannen, siehe Seite 61.
- Massekabel an Batterie beziehungsweise am Verbinder anschließen.

Motor M50

Modelle 520i/525i seit 5/90 (Vierventilmotor mit Keilrippenriemen)

Ausbau

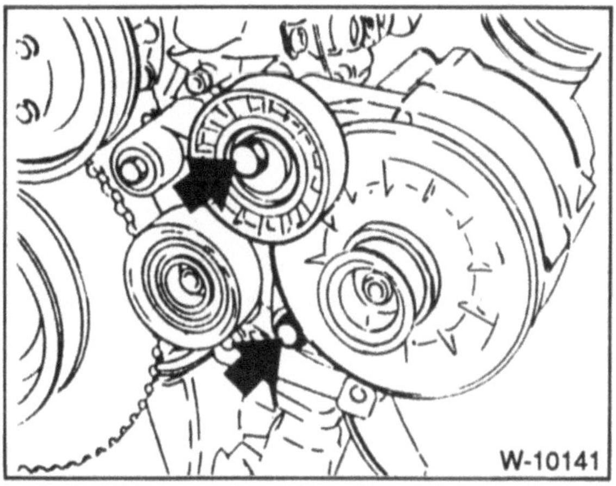

- Schrauben lösen und Drehstromgenerator mit Umlenkrolle abnehmen.

Einbau

- Beim Einsetzen der Umlenkrolle beachten, daß die Haltenase in die Aussparung am Lager eingreifen muß.
- Schrauben festziehen und Keilrippenriemen auflegen, siehe Seite 61.

Schleifkohlen für Generator/ Spannungsregler ersetzen/prüfen

BOSCH-Generator

Ausbau

- Generator ausbauen und hintere Abdeckung abbauen.
- Batterie-Massekabel (–) abklemmen.

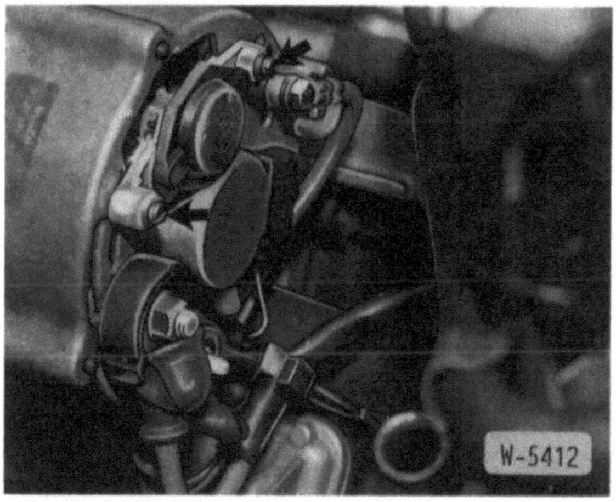

- Spannungsregler an der Rückseite des Generators abschrauben und vorsichtig herausziehen.

- Schleifkohlen ersetzen, wenn die Länge 5 mm oder weniger beträgt. Dazu Anschlußlitze auslöten.
- Schleifringe auf Verschleiß prüfen, gegebenenfalls feinstüberdrehen und polieren.
- Kontaktfläche reinigen und Vorspannung der Kontaktfeder prüfen, gegebenenfalls erneuern.

Einbau

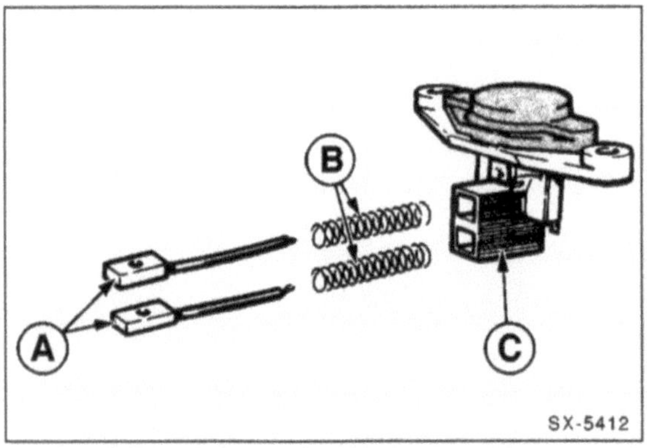

- Kohlebürsten –A– und Federn –B– in den Bürstenhalter –C– einsetzen und Anschlüsse verlöten.
- Damit beim Anlöten der neuen Bürsten kein Lötzinn in der Litze hochsteigen kann, Anschlußlitze der Bürsten mit einer Flachzange fassen. **Achtung:** Durch hochsteigendes Lötzinn würde die Litze steif und die Kohlebürste unbrauchbar werden.
- Der Isolierschlauch über der Litze muß neben der Lötstelle mit der vorhandenen Öse festgeklemmt werden.
- Nach dem Einbau neue Kohlebürsten auf leichten Lauf in den Bürstenhaltern prüfen.
- Spannungsregler erst mit einer Schraube von Hand befestigen, dann vorsichtig in endgültige Einbaulage drücken und festschrauben.
- Schutzkappe hinten am Generator anschrauben.
- Generator einbauen, siehe entsprechendes Kapitel.

Generatorspannung prüfen

- Voltmeter zwischen Plus- und Minuspol der Batterie anschließen.
- Motor starten. Die Spannung darf beim Startvorgang bis 9,5 Volt (bei +20° C Außentemperatur) absinken.
- Motordrehzahl auf 3.000/min erhöhen. Die Spannung soll dann 13,5 bis 14,5 Volt betragen. Dies ist ein Beweis, daß Generator und Regler arbeiten. Die Generatorspannung (Bordspannung) muß höher als die Batteriespannung sein, damit die Batterie im Fahrbetrieb wieder aufgeladen wird.
- Regelstabilität prüfen. Dazu Fernlicht einschalten und Messung bei 3.000/min wiederholen. Die gemessene Spannung darf nicht mehr als 0,4 Volt über dem vorher gemessenen Wert liegen.
- Liegen die gemessenen Werte außerhalb der Sollwerte, Generator von Fachwerkstatt überprüfen lassen.

Störungsdiagnose Generator

Störung	Ursache	Abhilfe
Ladekontrollampe leuchtet nicht bei eingeschalteter Zündung.	Batterie leer.	■ Batterie laden.
	Kabel an Generator locker oder korrodiert.	■ Kabel auf einwandfreien Kontakt prüfen, Schraube festziehen.
	Ladekontrollampe durchgebrannt.	■ Prüfen, gegebenenfalls erneuern.
	Unterbrechung in der Leitungsführung Generator/Zündschloß/Kontrollampe.	■ Mit Ohmmeter nach Stromlaufplan untersuchen.
	Steckverbindungen zwischen Gleichrichterplatte und Spannungsregler nicht gesteckt.	■ Generator demontieren, gegebenenfalls Stecker ersetzen.
	Kohlebürsten liegen nicht auf dem Schleifring auf.	■ Freigängigkeit der Kohlebürsten und Mindestlänge (5 mm) prüfen.
	Erregerwicklung im Generator durchgebrannt.	■ Läufer austauschen.
Ladekontrollampe erlischt nicht bei Drehzahlsteigerung.	Keilriemen locker.	■ Keilriemen spannen.
	Kohlebürsten abgenutzt.	■ Kohlebürsten sichtprüfen, gegebenenfalls austauschen.
	Spannungsregler defekt.	■ Prüfen, gegebenenfalls erneuern.
	Leitung zwischen Drehstromgenerator und Regler defekt.	■ Leitung und Kontakte prüfen, ggf. Leitungsstrang ersetzen.
Ladekontrollampe brennt bei ausgeschalteter Zündung.	Plusdiode hat Kurzschluß	■ Dioden prüfen, gegebenenfalls Diodenplatte austauschen.

Der Anlasser

Zum Starten des Verbrennungsmotors ist ein kleiner elektrischer Motor, der Anlasser, erforderlich. Der Anlasser muß den Verbrennungsmotor auf eine Drehzahl von mindestens 300 Umdrehungen in der Minute beschleunigen. Das funktioniert aber nur, wenn der Anlasser einwandfrei arbeitet und die Batterie hinreichend geladen ist.

Der Anlasser besteht aus einem Antriebs-, Pol- und Kollektorgehäuse. In dem Pol- und Kollektorgehäuse sind der Anker und der Kollektor gelagert sowie der Bürstenhalter. Im Bürstenhalter befinden sich Kohlebürsten, die ein Verschleißteil darstellen und sich zwar langsam, aber stetig abnutzen. Bei starker Abnutzung der Kohlebürsten kann der Anlasser nicht mehr einwandfrei arbeiten.

In dem vorderen Antriebsgehäuse ist der Ritzelantrieb untergebracht. Wenn über den Zündanlaßschalter der Anlasser Spannung erhält, wird über den Magnetschalter, der auf dem Anlassergehäuse sitzt, das Ritzel auf einem Steilgewinde gegen den Zahnkranz des Schwungrades geschoben. Sobald das Ritzel bis zum Anschlag auf der Spindel vorgelaufen ist, ist es formschlüssig mit dem Schwungrad verbunden. Nun kann der Anlasser den Motor auf die erforderliche Anlaßdrehzahl bringen. Wenn der Verbrennungsmotor angelaufen ist, wird das Ritzel vom Motor her beschleunigt, es läuft also kurzzeitig schneller als der Motor und spurt aus, wodurch die Verbindung zum Verbrennungsmotor aufgehoben ist.

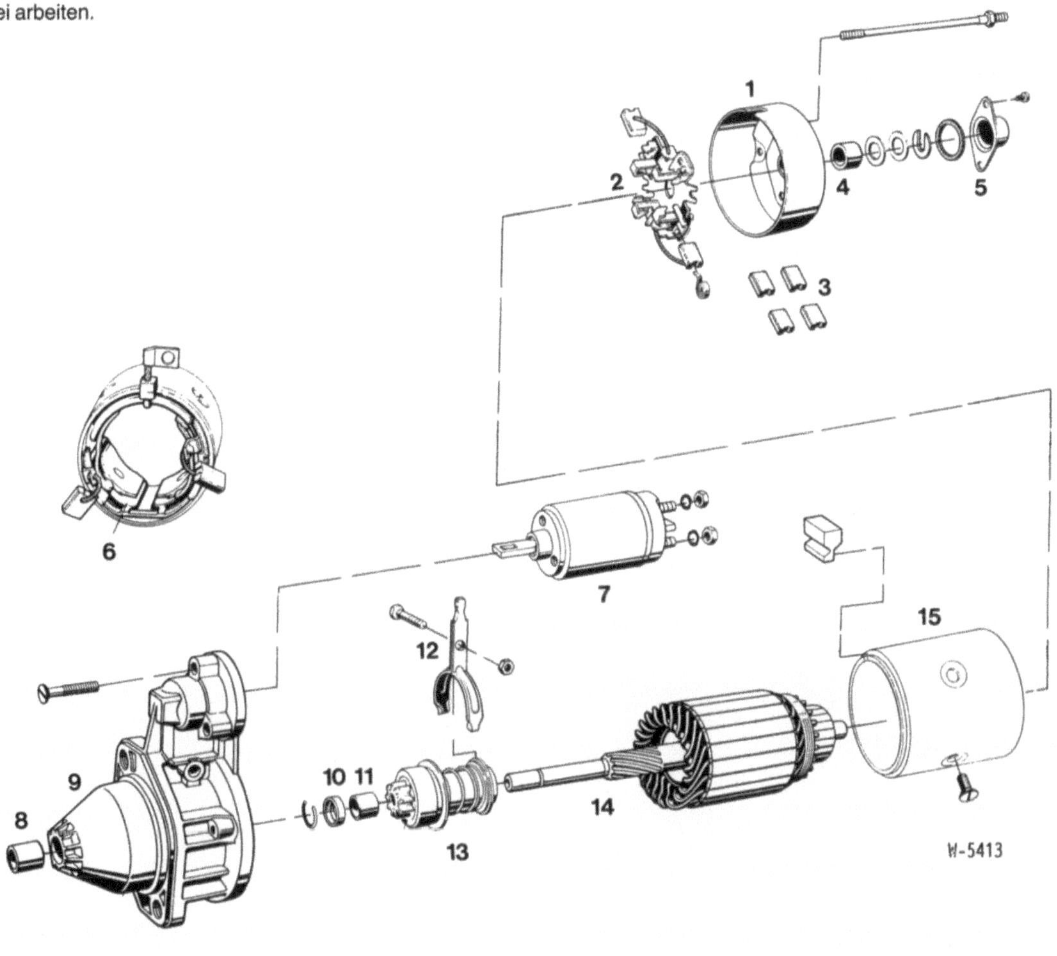

1 – Kollektorgehäuse
2 – Bürstenhalter
3 – Satz Kohlebürsten
4 – Sinterbuchse
5 – Kapsel
6 – Erregerwicklung
7 – Magnetschalter
8 – Sinterbuchse
9 – Antriebsgehäuse
10 – Anschlagring
11 – Sinterbuchse
12 – Gabelhebel
13 – Ritzel
14 – Anker
15 – Polgehäuse

Anlasser aus- und einbauen

Der Anlasser sitzt seitlich an der Trennstelle Motorblock/Getriebe und wird nach oben ausgebaut.

Ausbau

Achtung: Batterie abklemmen, sonst Kurzschlußgefahr.

- Bei Modellen 518i, 520i, 525i: Batterie-Massekabel (–) abklemmen.

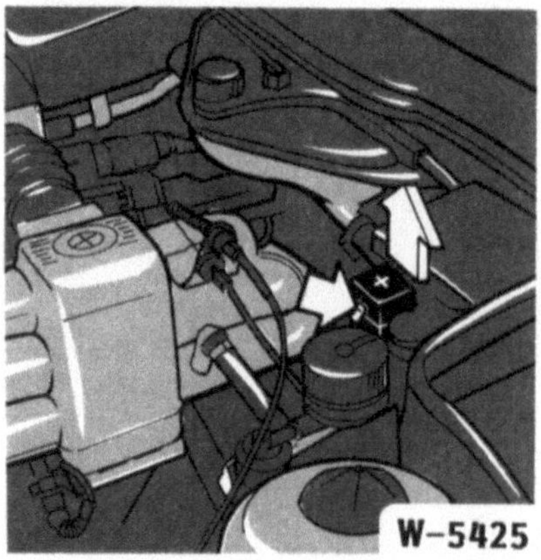

- Bei Modellen 530i, 535i, 524td, 525td/tds: Batterieklemme am Plus-Verbinder an der Spritzwand lösen.

Achtung: Dadurch wird aus dem Speicher des Radios der Code für die Diebstahlsicherung gelöscht. Die Batterie darf nur bei ausgeschalteter Zündung abgeklemmt werden, da sonst das Steuergerät der Einspritzanlage beschädigt wird. Vor dem Abklemmen sollten auch die Hinweise im Kapitel »Radio« bzw. »Batterie aus- und einbauen« durchgelesen werden.

- Klemme 30 (dickes Kabel, direkt vom Batterie-Pluspol) und Klemme 50 (dünnes Kabel, vom Zündanlaßschalter) am Anlasser abschrauben, beziehungsweise abziehen.

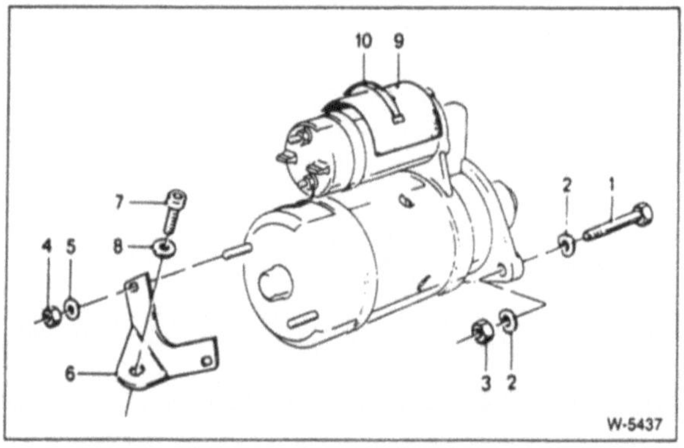

- 2 Anlassermuttern –3– abschrauben. Zum Gegenhalten der Schrauben wird eine Torxstecknuß E 14 benötigt. Falls die Muttern schlecht erreichbar sind, Ausgleichbehälter lösen und Kühlmittelschläuche im Bereich vom Anlasser zur Seite drücken. Es gibt zudem einen gebogenen Spezialschlüssel zum Ausbau des Anlassers von HAZET.
- Schraube –7– an der hinteren Anlasserstütze herausdrehen und Anlasser erst nach vorn ziehen, dann nach oben herausnehmen.

Einbau

- Der Einbau des Anlassers geschieht in umgekehrter Reihenfolge. Beim Einbau Unterlegscheiben der Befestigungsschrauben nicht vergessen.
- Kühlmittelschläuche mit neuen Schellen befestigen.
- Falls abgelassen, Kühlmittel auffüllen siehe Seite 274.
- Massekabel an Batterie beziehungsweise am Verbinder anschließen.

Magnetschalter prüfen/ aus- und einbauen

Bei einem Defekt des Magnetschalters wird das Ritzel im Anlasser nicht gegen den Zahnkranz des Schwungrades gezogen. Dadurch kann der Anlasser den Motor nicht durchdrehen. Dieser Defekt tritt häufiger auf als daß der Anlassermotor selbst schadhaft ist.

Prüfen in eingebautem Zustand

- Gang herausnehmen, Schalthebel in Leerlaufstellung.

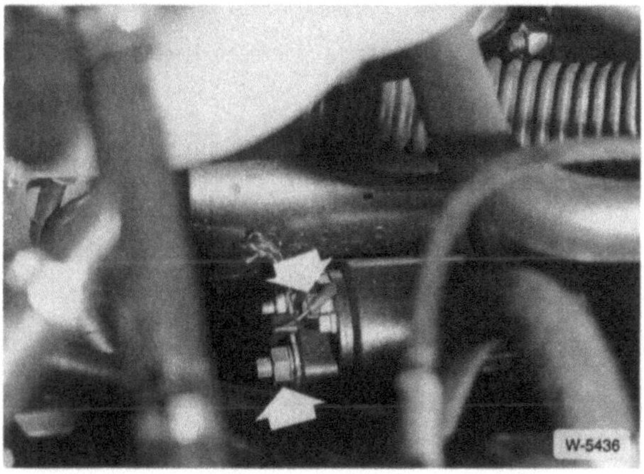

- Mit Hilfskabel Klemme 30 (=dickes Pluskabel) und 50 (dünnes Kabel, zum Zündschloß) am Anlasser kurz überbrücken, das Anlasserritzel muß nach vorne schnellen (klicken) und der Anlasser anlaufen. Wenn nicht, Anlasser abschrauben und im ausgebauten Zustand überprüfen.

Ausbau

- Anlasser ausbauen und Prüfung bei ausgebautem Anlasser mit einer Autobatterie wiederholen. Als Zuleitung zu Klemme 50 des Anlassers eignet sich ein Starthilfekabel. Schnellt das Ritzel nach vorne, ohne daß der Anlasser anläuft, Anlassermotor von einer Werkstatt überholen lassen.
- Schnellt das Ritzel nicht nach vorn, Magnetschalter abschrauben und ersetzen.

Einbau

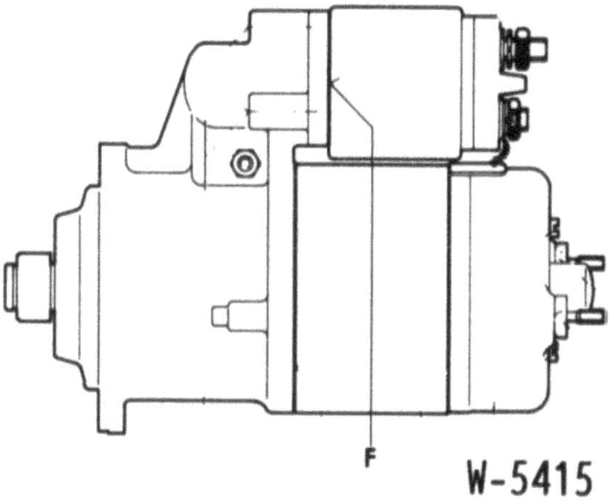

- Trennfuge –F– zum Anlasser mit geeignetem Dichtmittel abdichten.
- Magnetschalter an Gabelhebel im Anlasser einhängen, dann anschrauben.
- Leitung für Magnetschalter anschrauben.
- Anlasser erneut prüfen, wie oben beschrieben.
- Anlasser einbauen.

Störungsdiagnose Anlasser

Wenn ein Anlasser nicht durchdreht, ist zunächst zu prüfen, ob an der Klemme 50 des Magnetschalters die zum Einziehen benötigte Spannung von mindestens 8 Volt vorhanden ist. Liegt die Spannung unter dem genannten Wert, dann müssen die Leitungen, die zum Anlasserstromkreis gehören, nach dem Stromlaufplan überprüft werden. Ob der Anlasser bei voller Batteriespannung einzieht, kann folgendermaßen geprüft werden.

- Keinen Gang einlegen, Zündung eingeschaltet.
- Mit einer Leitung (Querschnitt mindestens 4 mm^2) die Klemmen 30 und 50 am Anlasser überbrücken, siehe auch Stromlaufplan.

Spurt der Anlasser dabei einwandfrei ein, so liegt der Fehler in der Leitungsführung zum Anlasser. Wenn der Anlasser nicht einspurt, muß er im ausgebauten Zustand überprüft werden.

Prüfvoraussetzung: Leitungsanschlüsse müssen festsitzen und dürfen nicht oxydiert sein.

Störung	Ursache	Abhilfe
Anlasser dreht sich nicht beim Betätigen des Zündanlaßschalters	Batterie entladen	■ Batterie laden
	Klemmen 30 und 50 am Anlasser überbrücken: Anlasser läuft an. Leitung 50 zum Zündanlaßschalter unterbrochen, Anlaßschalter defekt	■ Unterbrechung beseitigen, defekte Teile ersetzen
	Kabel oder Masseanschluß ist unterbrochen. Batterie entladen	■ Batteriekabel und Anschlüsse prüfen. Spannung der Batterie messen, nötigenfalls laden
	Ungenügender Stromdurchgang infolge lockerer oder oxydierter Anschlüsse	■ Batteriepole und -klemmen reinigen. Stromsichere Verbindungen zwischen Batterie, Anlasser und Masse herstellen
	Keine Spannung an Klemme 50 (Magnetschalter)	■ Leitung unterbrochen Zündanlaßschalter defekt
Anlasser dreht sich zu langsam und zieht den Motor nicht durch	Batterie entladen	■ Batterie laden
	Ungenügender Stromdurchgang infolge lockerer oder oxydierter Anschlüsse	■ Batteriepole und -klemmen und Anschlüsse am Anlasser reinigen, Anschlüsse festziehen
	Kohlebürsten liegen nicht auf dem Kollektor auf, klemmen in ihren Führungen, sind abgenutzt, gebrochen, verölt oder verschmutzt	■ Kohlebürsten überprüfen, reinigen bzw. auswechseln. Führungen prüfen
	Ungenügender Abstand zwischen Kohlebürsten und Kollektor	■ Kohlebürsten ersetzen und Führungen für Kohlebürsten reinigen
	Kollektor riefig oder verbrannt und verschmutzt	■ Kollektor abdrehen oder Anker ersetzen
	Spannung an Klemme 50 fehlt (mind. 8 Volt)	■ Zündanlaßschalter oder Magnetschalter überprüfen
	Lager ausgeschlagen	■ Lager prüfen, ggf. auswechseln
	Magnetschalter defekt	■ Schalter auswechseln
Anlasser spurt ein und zieht an, Motor dreht nicht oder nur ruckweise	Ritzelgetriebe defekt	■ Ritzelgetriebe ersetzen
	Ritzel verschmutzt	■ Ritzel reinigen
	Zahnkranz am Schwungrad defekt	■ Zahnkranz nacharbeiten, falls erforderlich, Schwungrad erneuern
Ritzelgetriebe spurt nicht aus	Ritzelgetriebe oder Steilgewinde verschmutzt bzw. beschädigt	■ Ritzelgetriebe reinigen, ggf. ersetzen
	Magnetschalter defekt	■ Magnetschalter ersetzen
	Rückzugfeder schwach oder gebrochen	■ Rückzugfeder erneuern
Anlasser läuft weiter, nachdem der Zündschlüssel losgelassen wurde	Magnetschalter hängt, schaltet nicht ab	■ Zündung sofort ausschalten, Magnetschalter ersetzen
	Zündschloß schaltet nicht ab	■ Sofort Batterie abklemmen, Zündschloß ersetzen

Die Beleuchtungsanlage

Zur Beleuchtungsanlage zählen: Hauptscheinwerfer (Abblendlicht und Standlicht), Fernlicht, Heckleuchten, Bremsleuchten, Rückfahrscheinwerfer, Blinkleuchten, Nebelscheinwerfer und Nebelschlußleuchten, Kennzeichenleuchten und Innenleuchten (auch Motorraum- und Gepäckraumleuchten). Die Instrumentenbeleuchtung wird im Kapitel »Armaturen« behandelt.

Normale Glühlampen (nicht Halogenlampen) unterliegen dem Verschleiß. Etwa alle 2 Jahre sollten sie ausgewechselt werden, auch wenn sie noch intakt sind. Eine Glühlampe mit verminderter Leuchtkraft erkennt man auch an schwarzen Ablagerungen auf dem Glaskolben.

Vor dem Auswechseln einer Glühlampe Schalter des betreffenden Verbrauchers ausschalten. **Achtung: Glaskolben nicht mit bloßen Fingern anfassen.** Der Fingerabdruck würde verdunsten und sich – aufgrund der Wärme – auf dem Reflektor niederschlagen und diesen erblinden lassen. Grundsätzlich Glühlampe nur durch eine gleiche Ausführung ersetzen. Versehentlich entstandene Berührungsflecken mit sauberem, nicht faserndem Tuch und Alkohol oder Spiritus entfernen.

Glühlampen auswechseln

Scheinwerfer

- Motorhaube öffnen.

Abblend- und Stand- beziehungsweise Parklicht befinden sich in den beiden äußeren Scheinwerfern. Das Fernlicht befindet sich in den beiden inneren Scheinwerfern. Die Beschreibung gilt für alle Lampen.

- Schalter der betreffenden Lampe ausschalten, beziehungsweise Massekabel von Batterie abklemmen.

- Kunststoffverkleidung von der Scheinwerferrückseite abnehmen. Dazu 2 Drehverschlüsse –1– mit Kreuzschlitzschraubendreher um 90° nach links drehen. **Achtung:** Beim linken Scheinwerfer zuvor Luftführung –2– zum Generator aus der Abdeckung herausziehen.

- Jeweilige Kunststoffkappe nach links drehen und mit Stekker abziehen.

- Klemmbügel –1– aushängen und defekte Lampe herausnehmen.
- Die Stand- beziehungsweise Parkleuchte –2– wechseln: Lampenhalter unter leichtem Druck nach links drehen und aus dem Reflektor herausziehen.
- Glühlampe so einsetzen, daß die Nasen in die entsprechenden Aussparungen am Gehäuse passen. Klemmbügel einrasten.
- Standlichtlampe in den Reflektor eindrücken und durch Rechtsdrehen einrasten.
- Überwurfdeckel ansetzen und durch Rechtsdrehen befestigen. **Achtung:** Um Wassereintritt durch lose Überwurfdeckel zu vermeiden, darauf achten, daß alle 3 Rasten des Bajonettverschlusses eingerastet sind.
- Gegebenenfalls Stecker aufdrücken und einrasten lassen.
- Kunststoffverkleidung ansetzen und mit 2 Verschlüssen befestigen. Luftanschlüsse auf der rechten Abdeckung einclipsen.

Nebelscheinwerfer

- Von Fahrzeugunterseite aus Abdeckkappe nach links drehen und von Scheinwerferrückseite abnehmen.
- Soll die Lampe von vorn gewechselt werden, auf der Innenseite neben der Leuchte die Abdeckung am Stoßfänger abhebeln und die darunterliegende Kreuzschlitzschraube herausdrehen, siehe »Nebelscheinwerfer ausbauen«. Lampe mit Gehäuse herausnehmen.

- Federdrahtbügel aushängen, Halogenlampe ersetzen.
- Drahtbügel einhängen, Abdeckkappe aufdrehen.
- Gegebenenfalls Lampe einsetzen und festschrauben.

Vordere Blinkleuchte

- Scheinwerferabdeckung ausbauen, siehe Fern-/Abblendlichtwechsel.

- Die Lampe kann bei eingebauter Blinkleuchte ausgewechselt werden, nur aus fototechnischen Gründen ausgebaut dargestellt.
- Fahnen an der Lampenfassung zusammendrücken und Lampenhalter herausziehen.
- Glühlampe etwas eindrücken, nach links drehen und herausnehmen.
- Glühlampe in die Fassung eindrücken, nach rechts drehen und einrasten.
- Lampenfassung einsetzen und einrasten lassen.
- Bei seitlicher Blinkleuchte, siehe unter »Blinkleuchtenausbau«.

Heckleuchten

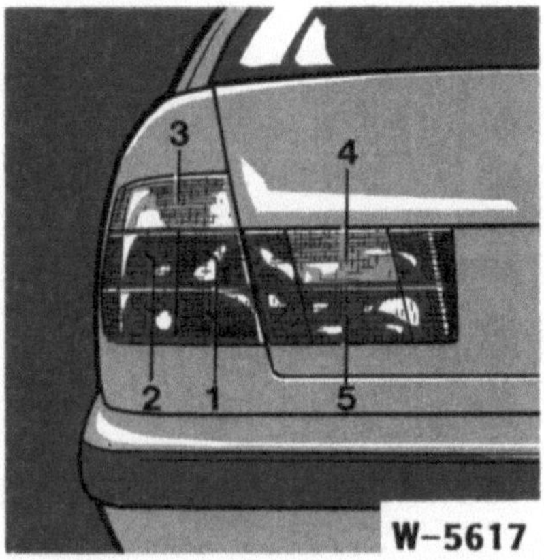

1 – Schlußleuchte, 2 – Bremsleuchte, 3 – Blinker, 4 – Rückfahrleuchte, 5 – Nebelschlußleuchte

- Kofferraumklappe öffnen.

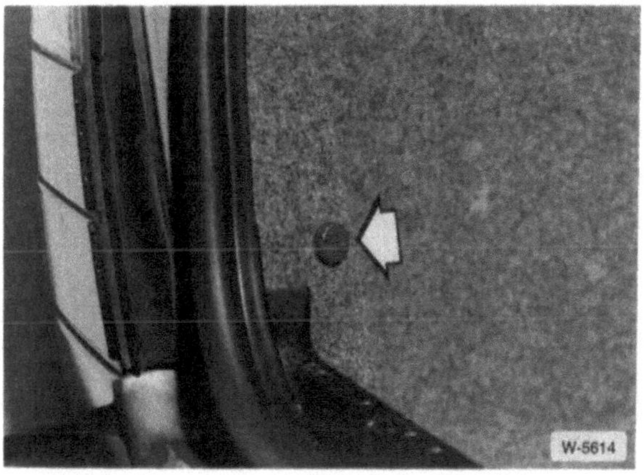

- Kofferraum-Bodenmatte anheben, Verschluß –Pfeil– um 90° drehen und seitliche Verkleidung etwas abziehen.

- Entsprechenden Lampenhalter unter leichtem Druck nach links drehen und herausnehmen.

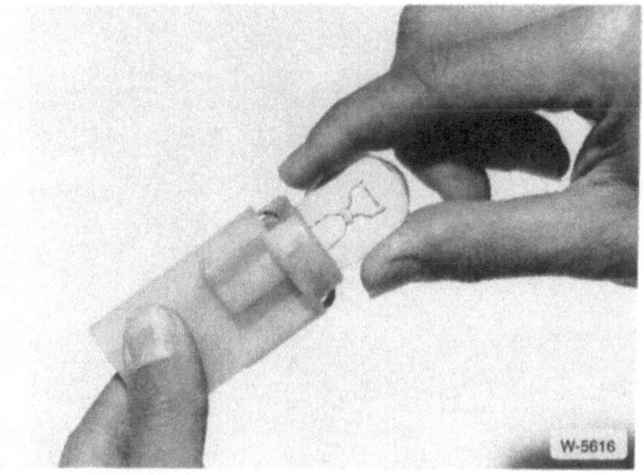

- Defekte Glühlampe leicht eindrücken, nach links drehen und herausnehmen.
- Glühlampe in Fassung eindrücken, nach rechts drehen und einrasten.
- Fassung einsetzen und durch Rechtsdrehen arretieren.
- Bei den Leuchten in der Heckklappe in entsprechender Weise verfahren.

Kennzeichenleuchte

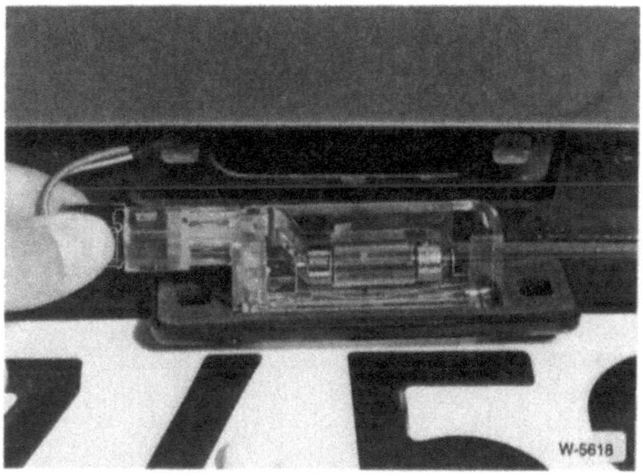

- 2 Kreuzschlitzschrauben abschrauben, Lampenglas mit Dichtung abnehmen.
- Defekte Soffittenlampe herausnehmen.
- Spannung der Kontaktzungen kontrollieren, die Soffittenlampe muß stramm zwischen den Kontaktzungen sitzen. Gegebenenfalls Kontaktzungen nachbiegen.
- Dichtung auf Porosität oder Beschädigung prüfen, gegebenenfalls ersetzen.
- Lampenglas einsetzen und mit 2 Schrauben befestigen, dabei auf richtigen Sitz der Dichtung achten.

Innenleuchten, Kofferraumleuchten, Motorraumleuchte

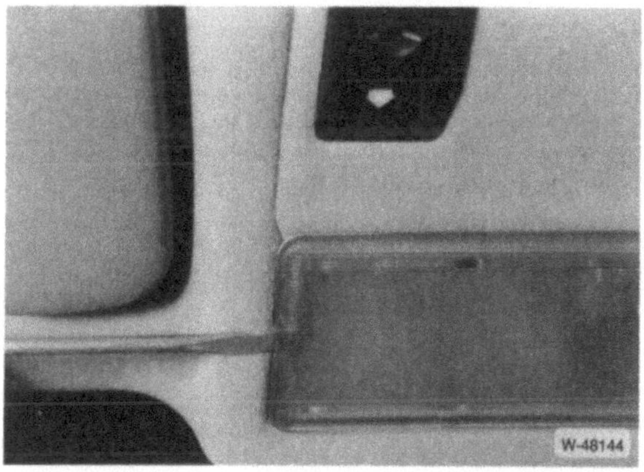

- Lampenglas von betreffender Innenleuchte mit Schraubendreher am Eingriff abdrücken, Soffittenlampe auswechseln. Gegebenenfalls Kontaktzungen für Soffittenlampe nachbiegen.
- Nur bei Leseleuchte nach Abhebeln des Lampenglases: Lampe unter leichtem Druck nach links drehen und wechseln.
- Lampenglas aufdrücken und einrasten.
- Falls abgenommen, Batterie-Masseband anschließen, Lampe einschalten und Funktion überprüfen.

Lampentabelle

Um jederzeit eine Lampe auswechseln zu können, sollte stets ein Kasten mit Ersatzlampen im Wagen mitgeführt werden. Der BMW Kundendienst führt solche Ersatzlampenboxen. Eine Zusammenstellung der im 5er BMW verwendeten Lampen enthält die Tabelle.

12-V-Glühlampe für	DIN-Bezeichnung	
Fernlicht	H 1	55 W
Abblendlicht	H 1	55 W
Stand- und Parklicht	HL	5 W
Blinkleuchten vorn und hinten, Rückfahrleuchte, Nebelschlußleuchte, Bremsleuchte	P 25-1	21 W
Seitliche Blinker		5 W
Schlußleuchte	P 25-1	5 W
Kennzeichenleuchte	Soffitte	5 W
Innenleuchten	Soffitte	10 W
Leseleuchte		15 W
Instrumentenleuchten		3 W; 1,2 W

Fernlicht-/Abblendscheinwerfer aus- und einbauen

Für das Abblendlicht und Nebelscheinwerferlicht werden sogenannte Ellipsoidscheinwerfer verwendet. Beim Ellipsoidscheinwerfer sitzt vor der Glühlampe eine Sammellinse, die das Licht bündelt. Die Vorteile der Ellipsoidtechnik sind: Kleiner Scheinwerferdurchmesser bei gleichzeitig großer Lichtstärke; gleichmäßige Fahrbahnausleuchtung, insbesondere im Bereich um 50 Meter Entfernung; reduziertes Streulicht, dadurch weniger Eigenblendung bei Schlechtwetter-Bedingungen und weniger Blendwirkung für den Gegenverkehr.

Ausbau

- Motorhaube öffnen.
- Batterie-Massekabel (–) abklemmen.

- Kunststoffverkleidung von der Scheinwerferrückseite abnehmen. Dazu 2 Drehverschlüsse –1– mit Kreuzschlitzschraubendreher um 90° nach links drehen. **Achtung:** Beim linken Scheinwerfer zuvor Luftführung –2– zum Generator aus der Abdeckung herausziehen.

- Scheinwerferabdeckungen linksherum drehen und abziehen.

- Frontziergitter für Scheinwerfer abschrauben –Pfeile– und abnehmen.

- 3 Kreuzschlitzschrauben herausdrehen, Scheinwerfer mit Halter herausnehmen.

Scheinwerfereinsatz ausbauen

- Glühlampen ausbauen.

- 3 Kunststoffbuchsen –Pfeile– am Scheinwerferumfang mit Heißluftfön erwärmen und Reflektor ausheben. Die Abbildung zeigt die Buchsen am linken Fernlicht.
- Scheinwerfer von Scheinwerferträger abnehmen.

Einbau

- Kunststoffbuchsen auf die Kugelbolzen am Scheinwerfer stecken. Danach Scheinwerfereinsatz auf die Buchsen drücken und dadurch einrasten.
- Scheinwerferträger mit 3 Kreuzschlitzschrauben an Karosserie befestigen.
- Scheinwerferlampen und Scheinwerferabdeckung einbauen.
- Batterie-Massekabel anklemmen.
- Scheinwerfer einstellen.
- Ziergitter montieren.

Scheinwerfer einstellen

Für die Verkehrssicherheit ist die richtige Einstellung der Scheinwerfer von großer Bedeutung. Die exakte Einstellung der Scheinwerfer ist nur mit einem Spezialeinstellgerät möglich. Es wird deshalb nur gezeigt, wo der Scheinwerfer eingestellt werden kann und welche Bedingungen zum richtigen Einstellen der Scheinwerfer erfüllt sein müssen.

- Reifen müssen den vorgeschriebenen Reifenfülldruck haben.
- Das unbeladene Fahrzeug muß mit 75 kg (eine Person) auf dem Fahrersitz belastet sein.
- Kraftstofftank füllen.
- Fahrzeug auf ebene Fläche stellen.
- Vorderwagen mehrmals kräftig nach unten drücken, damit die Federung der Vorderradaufhängung sich setzt.
- Falls vorhanden, Leuchtweitenregulierung an der Schalttafel auf »0« drehen.
- Die Scheinwerfer dürfen nur bei Abblendlicht eingestellt werden. Das Neigungsmaß beträgt für Normalscheinwerfer X = 12 cm auf 10 m Entfernung. Nebelscheinwerfer X = 5 cm auf 5 m Entfernung.
- Zum Erreichen der Einstellschrauben muß vorher das Ziergitter für Scheinwerfer ausgebaut werden, siehe Seite 183.

- 1 – Schrauben für Höhenverstellung, 2 – Schrauben für Seitenverstellung.
- Nach der Einstellung Frontziergitter montieren.

Blinkleuchte vorn aus- und einbauen

Ausbau vordere Blinkleuchte

- Scheinwerferabdeckung ausbauen, siehe »Glühlampen wechseln«.

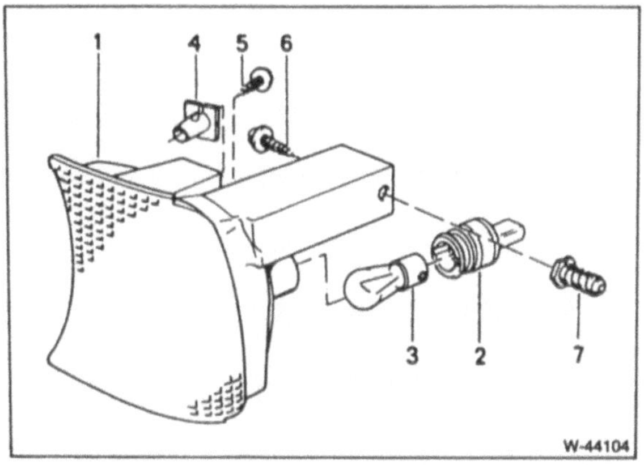

- Schraube –6– vom Motorraum her am Kotflügel herausschrauben.
- Blinkleuchte nach vorne herausnehmen.

Einbau

- Lampenfassung einclipsen.
- Blinkleuchte von vorn in den Karosserieausschnitt einsetzen.
- Blinkleuchte ausrichten und festschrauben. **Achtung:** Wurde ein neuer Kotflügel eingebaut, kann die Blinkleuchte durch Verdrehen der Kunststoffschraube –7– ausgerichtet werden.

Ausbau seitliche Blinkleuchte

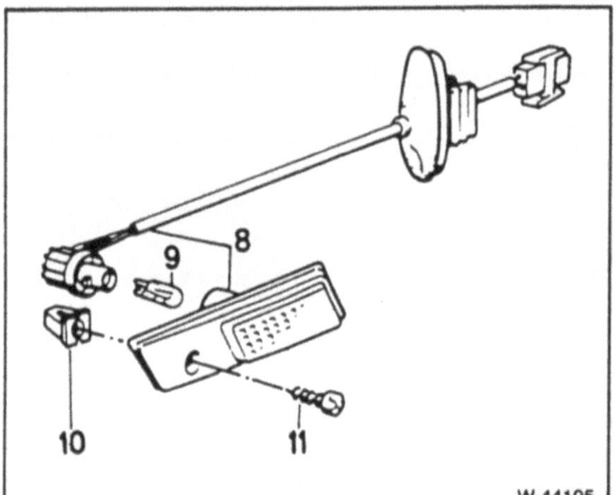

W-44105

- Kreuzschlitzschraube –11– lösen, Gehäuse nach vorn aus dem Kotflügel schieben. Lampe unter leichtem Druck nach links drehen und herausnehmen.
- Einbau erfolgt in umgekehrter Reihenfolge.

Nebelscheinwerfer aus- und einbauen

Der Nebelscheinwerfer ist wie das Abblendlicht in Ellipsoidtechnik aufgebaut, siehe Kapitel »Abblend-/Fernscheinwerferausbau«.

Ausbau

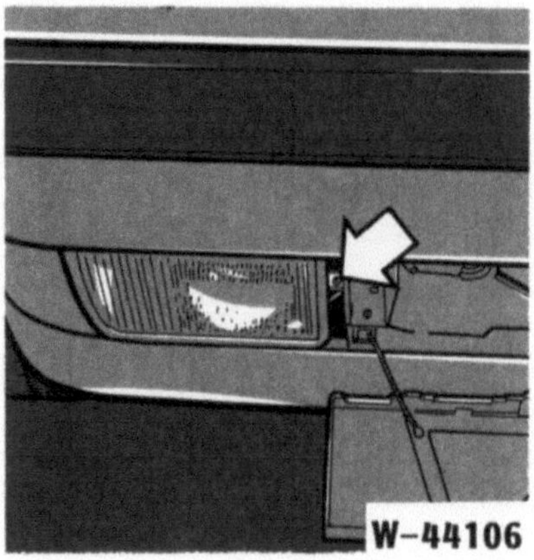
W-44106

- Abdeckung neben dem Scheinwerfer abziehen, Kreuzschlitzschraube –Pfeil– lösen und Scheinwerfer herausschwenken.
- Abdeckkappe der Lampe nach links drehen und ausheben.

Einbau

- Lampe einsetzen und durch Rechtsdrehen einrasten.
- Nebelscheinwerfer an der Außenseite einhängen und innen festschrauben.
- Abdeckung am Stoßfänger aufdrücken.

Heckleuchten aus- und einbauen

Ausbau

- Je nachdem, welche Leuchte ausgebaut werden soll, Abdeckung innen an Heckklappe oder Seitenteil lösen, siehe »Lampenwechsel«.
- Kabelstecker hinten an der betreffenden Leuchte abziehen.

- Schrauben –Pfeile– von innen an der Heckleuchte abschrauben, Heckleuchte abnehmen.

Einbau

- Der Einbau erfolgt in umgekehrter Reihenfolge wie der Ausbau.

Die Armaturen

Schalttafeleinsatz aus- und einbauen

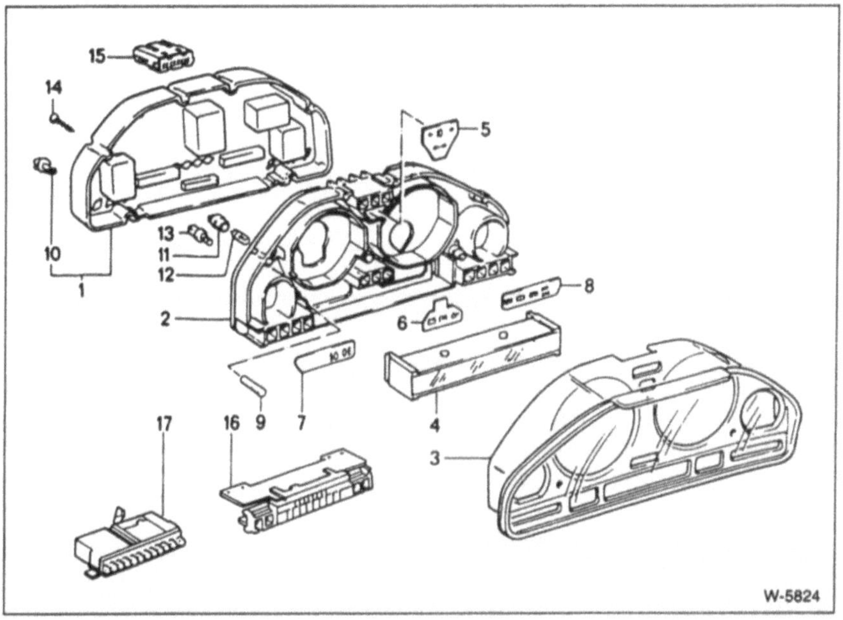

1 – Leiterplatte, Abdeckung
2 – Instrumententräger
3 – Abdeckscheibe
4 – LCD-Modul
5–8 – Kontroll-Symbole
9 – Knopf
10 – Drehverschluß
11 – Lampenfassung
12 – Glühlampe 12V 3W
13 – Glühlampe 12V 1,2W
14 – Blechschraube
15 – Codierstecker
16 – Diodenplatte
17 – Ganganzeige

Beim 5er BMW sind die Armaturen in einem Schalttafeleinsatz zusammengefaßt. Nach Ausbau des Schalttafeleinsatzes können die Armaturen beziehungsweise Glühlampen ausgebaut werden.

Ausbau

- Batterie-Massekabel (–) abklemmen.
- Lenkrad ausbauen, siehe Seite 139.

- Befestigungsschrauben –Pfeile– für Schalttafeleinsatz oben abschrauben und etwas aushebeln.

W-5826

- Schalttafeleinsatz aus Instrumententafel seitlich hervorziehen, dann nach vorn kippen und ausheben.

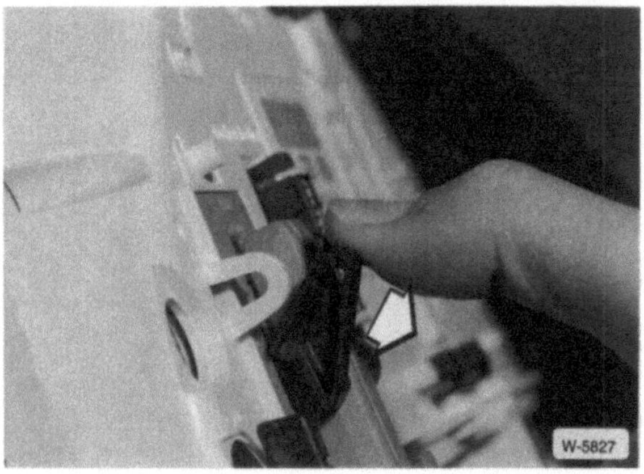

W-5827

- Die Hebel neben den Steckern an der Rückseite nach oben drücken, dann die Stecker abziehen.

Einbau

- Alle Stecker auf Schalttafeleinsatz aufschieben. Beim Aufsetzen müssen die Sicherungshebel nach oben stehen. Hebel umlegen.
- Schalttafeleinsatz in Schalttafel einsetzen und mit 2 Schrauben befestigen.
- Batterie-Massekabel anklemmen.
- Alle elektrische Funktionen für Schalttafeleinsatz überprüfen.

Glühlampen für Instrumententräger aus- und einbauen

Ausbau

- Schalttafeleinsatz ausbauen.

Lampenbelegung auf der Rückseite

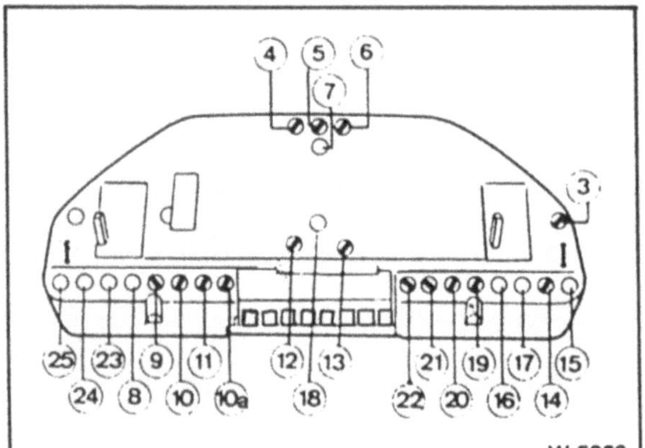

W-5828

3 – Kraftstoffreserve, 4 – Blinker rechts, 5 – Fernlicht, 6 – Blinker links, 7 – Blinker (bei Anhängebetrieb), 8 – Airbag, 9 – ABS, 10 – Bremsflüssigkeitsstand/Bremsbelagverschleiß, 11 – Handbremse, 12 – Motoröldruck, 13 – Ladekontrolle, 14 – Nebelschlußleuchte, 15 – Nebelscheinwerfer, 16,17,20 – nicht belegt, 18 – ASC, 19 – Kraftstoffilter (Dieselmotor), 21 – Vorglühen (Dieselmotor), 22 – Start frei (Dieselmotor), 23 – Gurtwarnung, 24 – Niveauregulierung, 25 – Elektrische Dämpfkraftverstellung

Achtung: Zum Wechsel der Lampen für die Instrumentenbeleuchtung sowie die Beleuchtung für das LCD-Modul müssen die Anzeigeinstrumente ausgebaut werden.

- Defekte Glühlampe leicht runterdrücken und durch Linksdrehen herausheben.

Einbau

- Glühlampe einsetzen.
- Schalttafeleinsatz einbauen.
- Funktion der Glühlampe überprüfen.

Anzeigeinstrumente/Geschwindigkeitsmesser aus- und einbauen

Ausbau

- Schalttafeleinsatz ausbauen.
- Vorn am Schalttafeleinsatz Knöpfe für Tageskilometerrückstellung und gegebenenfalls Checkkontrolltaste abziehen.

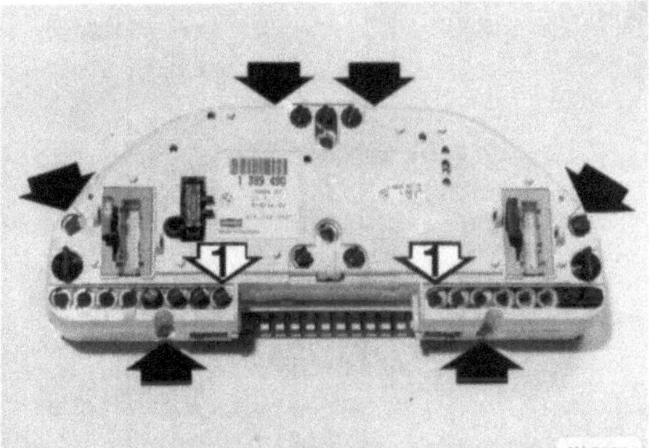

W-5829

- Schrauben –Pfeile– lösen und Gehäusehälfte mit Elektronik-Leiterplatte nach oben klappen. **Achtung:** Bei der Instrumentierung der Mehrausstattung sitzen Knebelschrauben an den Stellen –1–. Knebelschrauben zum Lösen um 90° nach links drehen, beim Auseinanderziehen der Gehäusehälften darauf achten, daß das LCD-Modul nicht herausfällt. Distanzringe an den unteren Schrauben beachten.

W-5830

- Zum Ersetzen entsprechendes Anzeigeinstrument vorsichtig nach oben ziehen. Falls vorhanden, beim Tachometer vorher 2 Schrauben –Pfeile– herausdrehen, Geschwindigkeitsmesser herausnehmen.

Einbau

- Geschwindigkeitsmesser in Gehäuse einsetzen und anschrauben.
- Trägerplatte an Gehäuse anschrauben.
- Knöpfe für Tageskilometerrückstellung und Checkkontrolle aufschieben.
- Schalttafeleinsatz einbauen.
- Funktion der Instrumente überprüfen.

Blinker-/Wischerschalter aus- und einbauen

Blink-/Fernlichtschalter und Wischerschalter sind sogenannte Lenkstockschalter und werden in gleicher Weise ausgebaut. Hinweise zur Scheibenwischeranlage Kapitel »Scheibenwischeranlage« beachten.

Ausbau

- Batterie-Massekabel (–) abklemmen.
- Lenkrad ausbauen, siehe Seite 139.

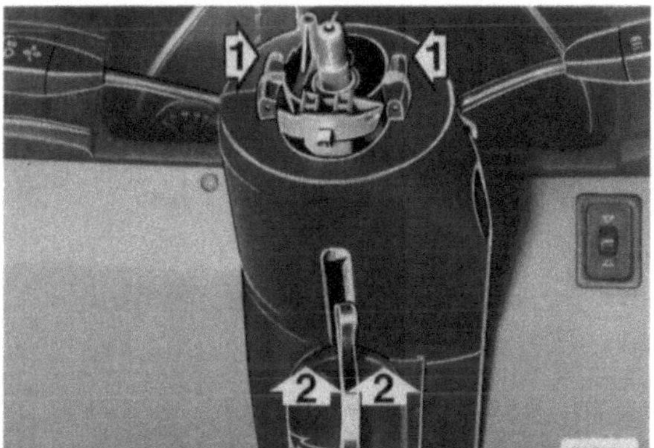

W-5831

- 2 Schrauben –1– für Mantelrohrverkleidung von oben herausdrehen.
- 2 Schrauben –2– für Mantelrohrverkleidung im Ausschnitt unten herausdrehen.
- Hebel für Lenkradverstellung nach unten stellen, Verkleidung abnehmen. **Achtung:** Bei Fahrzeugen mit Airbag Unterteil der Verkleidung abnehmen und zusätzliche Bolzen an Stellen –1– von unten nach oben heraustreiben. Oberteil abnehmen.

- Verschlußhaken auf beiden Seiten zusammendrücken und Schalter herausziehen.
- Zuleitung aus den Kabelbindern aushängen und an der Steckverbindung trennen.

Einbau

- Betreffenden Schalter einsetzen und einrasten lassen.
- Steckverbindung zusammenfügen. Leitungen in den Kabelbindern verlegen.
- Mantelrohrverkleidung anschrauben.
- Lenkrad einbauen, siehe Seite 139.
- Batterie-Massekabel anklemmen.
- Funktion des jeweiligen Schalters überprüfen.

Lichtschalter/Instrumentendimmer aus- und einbauen

Ausbau

- Batterie-Massekabel (–) abklemmen.

- Lichtschalter mit den Fingern aus der Schalttafel herausziehen.

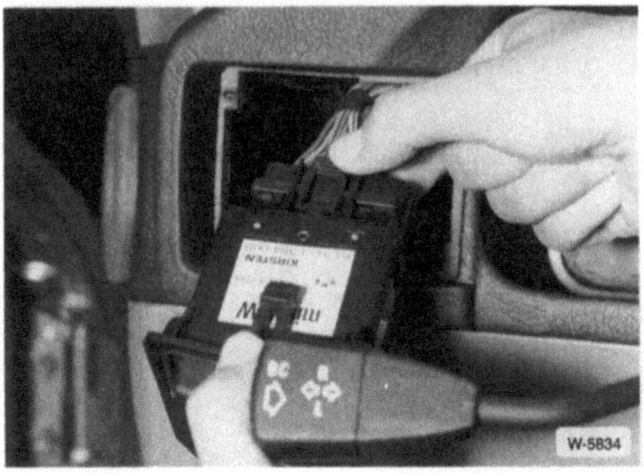

- Rasten am Stecker zusammendrücken und Stecker abziehen.

Einbau

- Stecker auf Schalter drücken und einrasten lassen.
- Lichtschalter in Armaturentafel eindrücken, bis er einrastet.
- Batterie-Massekabel anklemmen.
- Lichtschalter auf Funktion überprüfen.

Hupe aus- und einbauen

Zwei Fanfaren sitzen neben den Scheinwerfern links und rechts hinter dem Frontziergitter. Der Hupenknopf schaltet über einen Schleifkontakt am Lenkrad ein Relais, das die Hupe betätigt.

Ausbau

- Frontziergitter ausbauen, siehe Seite 183.

- Kabel vom Signalhorn abschrauben.
- Horn vom Halter abschauben.

Einbau

- Horn anschrauben, Kabel aufschrauben.
- Frontziergitter einbauen.

Schließzylinder/Schalter für Lenk-Zündschloß aus- und einbauen

Ausbau

- Batterie-Massekabel (–) abklemmen.
- Lenkrad ausbauen, siehe Seite 139.

- Lenksäulenverkleidung ausbauen, dazu 4 Schrauben –1– und –2– herausdrehen.

Ausbau Schließzylinder

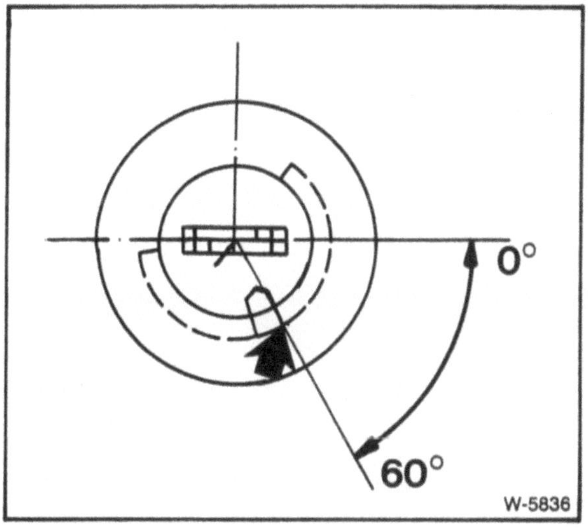

- Mit Zündschlüssel Schließzylinder in Stellung »R« = 60° bringen.

- Draht mit Durchmesser 1,2 mm in die seitliche Bohrung am Schließzylinder drücken und Arretierungsfeder niederdrükken. Gleichzeitig Schließzylinder herausziehen. **Achtung:** Die Bohrung für die Arretierungsfeder kann auch um 180° versetzt auf der gegenüberliegenden Seite liegen.

Einbau Schließzylinder

- Schlüssel im Schließzylinder in Stellung 60° bringen, siehe unter Ausbau.
- Schließzylinder in Lenkschloß einführen und bis zum Einrasten der Arretierungsfeder niederdrücken.

Ausbau Zündschalter

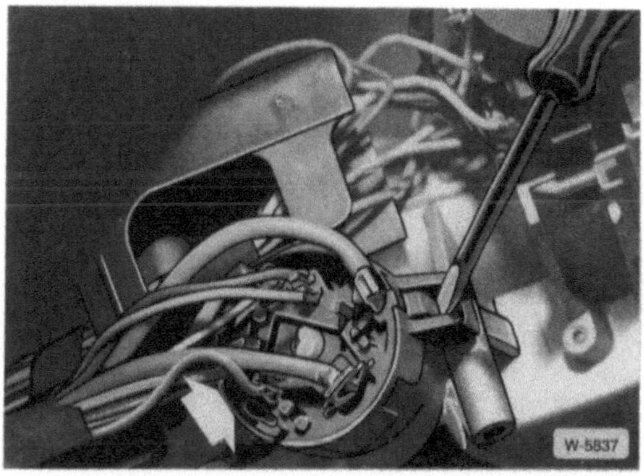

- Verschlußhaken auf beiden Seiten mit schmalem Schraubendreher nach innen drücken und Zündanlaßschalter abziehen.

Einbau Zündschalter

- Stellung des Schließzylinders in die gleiche Lage bringen wie beim ausgebauten Zündanlaßschalter.
- Zündanlaßschalter aufsetzen und einrasten lassen.

- Lenksäulenverkleidung einbauen.
- Lenkrad einbauen, siehe Seite 139.
- Batterie-Massekabel anklemmen.
- Funktion von Schließzylinder und Zündschloß überprüfen.

Radio aus- und einbauen

Die vom Werk eingebauten Radiogeräte sind mit unterschiedlichen Halterungen befestigt.
Sofern das Gerät mit einer Einschubhalterung ausgestattet ist, erlaubt diese den schnellen Ein- und Ausbau des Radios. Allerdings gelingt das nur mit einem Spezialwerkzeug, welches beim Kauf des Radios beigelegt oder im Fachhandel erhältlich ist. Ob ein Radio mit Einschubhalterung eingebaut ist, erkennt man in der Regel an den 2 beziehungsweise 4 Bohrungen in der Frontplatte. Je nach eingebautem Klangsystem kann sich hinter der linken Kofferraumverkleidung ein zusätzlicher Verstärker befinden.

Ausbau

- Batterie-Massekabel (–) abklemmen.

Radio Bavaria/S

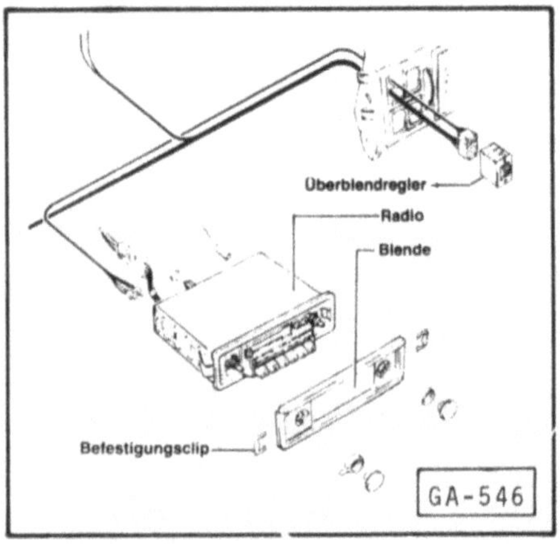

- Beide Bedienungsknöpfe abziehen, die dahinterliegenden Zierscheiben abnehmen.
- Mit schmalem Schraubendreher Rastenfedern für die Blende an den Radio-Einstellachsen nach oben drücken.
- Blende abnehmen. Anschließend Rastennasen wieder auf der Rückseite der Blende in die Aussparungen einsetzen. Dabei müssen die abgewinkelten Nasen der Rastenfeder oben sitzen und zur Blendenvorderseite zeigen.
- Neben den Einstellachsen auf jeder Seite Schraube entfernen und Haltebleche abnehmen.
- Radio herausnehmen.
- An der Rückseite des Gerätes Steckverbindung für Masse und Batterie + sowie für die Lautsprecher und die Automatikantenne (sofern vorhanden) und die Antenne selbst herausziehen.

Einbau

- Sämtliche Kabel und die Antenne an der Rückseite in die vorgeschriebenen Buchsen einschieben.
- Radio in die Armaturentafel einschieben. Das Radio wird an der Rückseite von einem Stützlager arretiert.
- Haltebleche neben den Einstellachsen ansetzen und mit Schrauben befestigen. Schrauben nicht zu stramm anziehen.
- Blende mit Rastenfedern ansetzen. Rastenfedern mit schmalem Schraubendreher an den Nasen nach unten drücken, damit die Blende festsitzt.
- Zierscheiben auf die beiden Einstellachsen setzen.
- Einstellknöpfe aufschieben. **Achtung**: Durch das Aufstekken des linken Einstellknopfes wird eventuell die Stummschaltung aktiviert. Gegebenenfalls Knopf nochmals drükken.
- Batterie-Massekabel anklemmen.
- Radio einschalten und Funktion überprüfen.

Achtung: Wurde das Radio nachträglich eingebaut, Radio auf Antenne abstimmen. Dazu schwachen Mittelwellensender einstellen und an der Antennenabgleichschraube (vorn rechts in der Blende des Radios) mit kleinem Schraubendreher auf besten Empfang einregulieren.

Ausbau mit Einschubhalterung/
Radio Bavaria Cassette III, Europa digital

- Beide Auszieher –A– links und rechts in die Öffnungen der Frontplatte einführen. Sind keine Öffnungen vorhanden, Bedienungsknöpfe und Blende abziehen. Auszieher einführen.
- Auszieher nach außen drücken, dadurch Haltelaschen ausrasten und Radio gleichmäßig herausziehen. Radio beim Herausziehen nicht verkanten.
- Steckverbindungen für Lautsprecher mit Tesaband kennzeichnen (links/rechts) und abziehen. Antenne herausziehen. Steckverbindung für B+ und Masse abziehen. Bei Digitalgeräten Steckverbindung für Spannungsversorgung (Klemme 30) abziehen. Falls vorhanden, Steckverbindung für Automatikantenne abziehen.

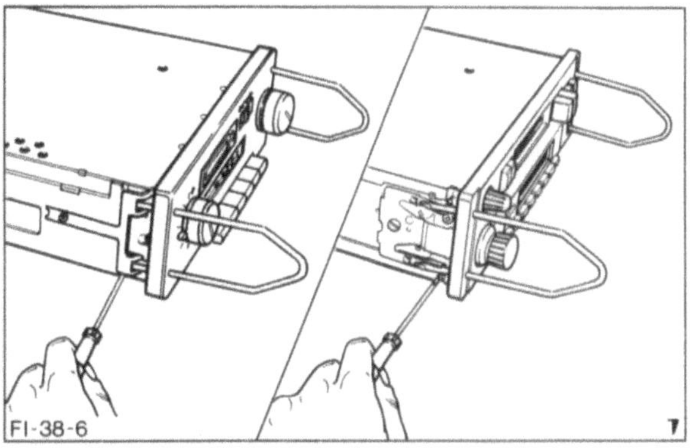

- Auszieher abnehmen. Dazu Halteclipse mit kleinem Schraubendreher zusammendrücken.

Einbau

- Elektrische Anschlüsse und Antenne an der Rückseite des Radiogerätes anbringen, siehe unter »Ausbau«.
- Radio in Armaturentafel eindrücken, bis die Haltefedern einrasten.
- Falls ausgebaut, Blende aufsetzen und Bedienungsknöpfe aufschieben.
- Batterie-Massekabel anklemmen.
- Radio einschalten und Funktion überprüfen.

Radio Bavaria Elektronic

Ausbau

- Batterie-Massekabel abklemmen.

- Radioblende mit schmalem Schraubendreher vorsichtig abhebeln.
- Drehknopf abziehen.

- Beim Radiokauf werden Entriegelungshaken mitgeliefert. Entriegelungshaken in die Klemmstücke links und rechts –Pfeil– einsetzen.

- Beide Entriegelungshaken zur Radiomitte hinschwenken.
- Radio herausziehen.

- Antenne –1– und sämtliche Steckverbindungen an der Radio-Rückseite abziehen.

Einbau

- An der Radio-Rückseite Antenne einschieben und folgende Steckverbindungen herstellen: Steckverbindung für B+ und Masse, Steckverbindung für Spannungsversorgung der Elektronik und Beleuchtung, Steckverbindung für Lautsprecher, Steckverbindung für Automatikantenne (falls vorhanden), Steckverbindungen für Adapter.
- Radio einschieben, die Klemmstücke rasten automatisch ein.
- Blende für Radio aufdrücken, Drehknopf aufdrücken.
- Batterie-Massekabel anklemmen.
- Radio-Funktion überprüfen.

Radio-Codierung eingeben

Gilt nur für BMW-Radio mit Codierung

Die Anti-Diebstahl-Codierung verhindert die unbefugte Inbetriebnahme des Gerätes, wenn die Stromversorgung unterbrochen wurde. Die Stromversorgung ist beispielsweise unterbrochen beim Abklemmen der Batterie, beim Ausbau des Radios oder wenn die Radiosicherung durchgebrannt ist.

Falls das Radio codiert ist, Radiocode vor Abklemmen der Batterie oder Ausbau des Radios feststellen. Ist der Code nicht bekannt, kann nur die BMW-Werkstatt das Autoradio wieder in Betrieb nehmen.

Die individuelle Code-Nummer ist auf dem mitgelieferten Autoradio-Paß angegeben. Sie sollte nicht im Fahrzeug aufbewahrt werden.

Elektronische Sperre aufheben

- Stromversorgung herstellen, Radio einschalten. Es erscheint am Radio die Anzeige »CODE« und 4 Felder, wobei das linke Feld blinkt.
- Mit Hilfe der Stationstasten 1 bis 0 die geheime Code-Nummer eingeben. Die eingegebene Nummer wird dabei im Display nicht angezeigt.
- Nach Eingabe der ersten Code-Ziffer blinkt das zweite Feld, bei weiterer Eingabe entsprechend das dritte beziehungsweise vierte Feld.
- Bei richtiger Code-Nr.-Eingabe ist das Gerät mit der Eingabe der vierten Code-Ziffer funktionsfähig und schaltet automatisch in den normalen Betriebszustand.

Achtung: Nach 2 Falscheingaben blinkt der Schriftzug »CODE«; nach der dritten Falscheingabe kann für 15 Minuten keine neue Eingabe erfolgen: Im Display erscheint der Schriftzug »CODE PAUSE«. Während dieser Wartezeit muß das Gerät eingeschaltet bleiben, danach kann die CODE-Nr.-Eingabe wiederholt werden.

Wird die Stromversorgung während einer Wartezeit unterbrochen, beginnt die Wartezeit ab Wiederherstellung der Stromversorgung erneut.

Lautsprecher aus- und einbauen

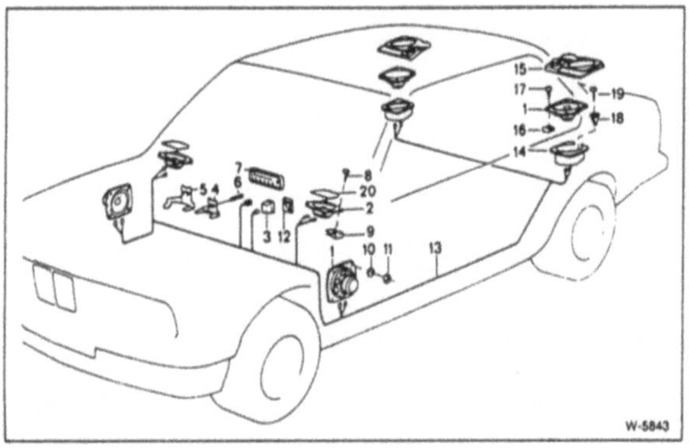

Ausbau

- Batterie-Massekabel (–) abklemmen.

- **Fußraumlautsprecher:** Verschlüsse –1– um 90° drehen, Verkleidung abziehen und vorderen Haken –2– aushängen.
- Auf der Fahrerseite vorher zusätzlich Schrauben für Motorhaubengriff abschrauben, Hebel abnehmen.

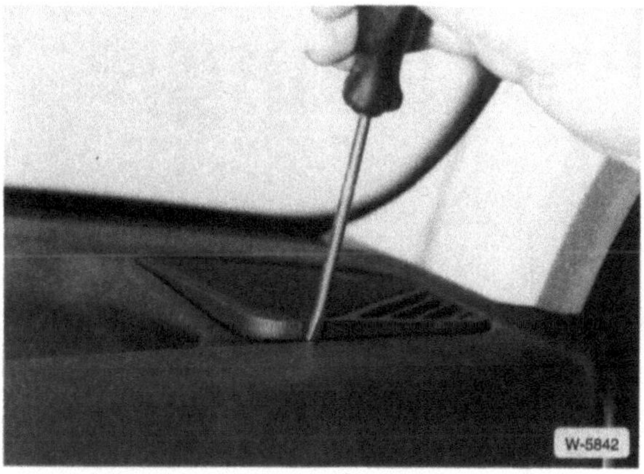
W-5842

- **Lautsprecher in vorderer und hinterer Ablage:** Lautsprechergitter vorsichtig heraushebeln.
- **Lautsprecher (Hochtöner) in Spiegelabdeckung:** Siehe Kapitel »Spiegelausbau«, Seite 202.
- Schrauben für Lautsprecher herausdrehen, Lautsprecher herausnehmen. Stecker für Lautsprecher abziehen.

Einbau

- Stecker für Lautsprecher aufschieben, Lautsprecher anschrauben.
- Verkleidung ansetzen und mit Verschlüssen befestigen, gegebenenfalls Haubengriff anschrauben.
- Lautsprechergitter aufsetzen.
- Batterie-Massekabel anklemmen.

Die Antenne im 5er BMW

Der 5er BMW ist mit einer Heckscheibenantenne ausgestattet. Dabei werden die Heizdrähte der Heckscheibe gleichzeitig für den Radioempfang genutzt. Für den nachträglichen Radioeinbau gibt es von BMW vorgefertigte Kabelsätze sowie Antennenverstärker für die im Kapitel »Radioeinbau« erwähnten Radiomodelle. Der Antennenstecker wird auf der linken Fahrzeugseite in der Nähe der Hutablage am Heckscheibenstecker aufgesteckt.

Die Scheibenwischanlage

Der Scheibenwischerantrieb befindet sich im Wasserkasten unterhalb der Windschutzscheibe. Vor der Demontage muß zuerst das Heizgebläse mit Gehäuse ausgebaut werden. Die Scheibenwischeranlage sowie die Wisch-Wasch-Anlage werden von elektronischen Modulen in Abhängigkeit von der Fahrzeuggeschwindigkeit gesteuert.

- Bei Fahrzeugstillstand wird die Wischgeschwindigkeit zurückgenommen.
- Mit steigender Fahrzeuggeschwindigkeit werden die Intervalle der Stufe »Intervallwischen« verkürzt.
- Je nach Modell ist eine geschwindigkeitsabhängige Anpreßdruckverstellung (ADV) des fahrerseitigen Wischarmes eingebaut. Mit steigender Geschwindigkeit wird die Anpreßkraft in vier Stufen erhöht, wodurch vermieden wird, daß der Scheibenwischer bei höheren Geschwindigkeiten abhebt und das Wischbild schlechter wird. Die Schwellenwerte sind: 5 km/h, 100 km/h, 140 km/h und 180 km/h.
- Als Sonderausstattung gibt es eine Hochdruck-Waschanlage für alle Frontscheinwerfer. Bei betätigter Wisch-Wasch-Anlage und gleichzeitig eingeschaltetem Licht wird jeder Scheinwerfer über eine entsprechende Spritzdüse gereinigt. Zur besseren Reinigung wird dem Spritzwasser für die Frontscheibe ein Reinigungskonzentrat aus einem separaten Vorratsbehälter beigemischt.

Achtung: Bei Störungen am Wischermotor/Wischerschalter wird das Intervallwischen und die Wischerstufe 1 durch einen **Blockierschutz** automatisch abgeschaltet. Auch bei Fehlern in der Anpreßdruck-Regelung (ADV-Motor) wird diese durch einen Blockierschutz abgeschaltet. Der Blockierschutz bleibt auch nach der Störungsbehebung wirksam. Zum **Löschen des Blockierschutzes** für den Wischermotor/Wischerschalter nach der Fehlerbehebung ist die Zündung (Klemme 15 und R) für mindestens 3 Minuten auszuschalten. Der Blockierschutz des ADV-Motors wird automatisch im normalen Fahrbetrieb gelöscht. Man kann auch die Batterie für mindestens 30 Sekunden abklemmen.

Scheibenwischergummi ersetzen

Ausbau

- Motorhaube entriegeln.
- Wischerblatt hochklappen und einrasten.

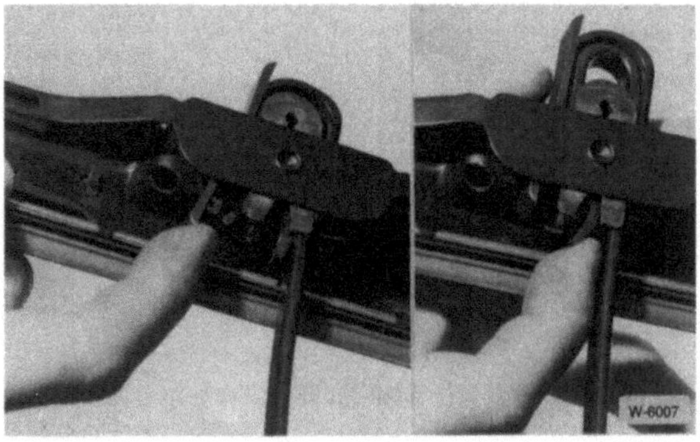

- Am linken Scheibenwischerarm zuerst Spoiler aushängen, linke Abbildung. Federklammer niederdrücken und Wischerblatt nach unten aus dem Haken am Wischerarm schieben, siehe rechte Abbildung.
- Wischerblatt nach oben schieben und vom Haken des Wischerarmes abnehmen.

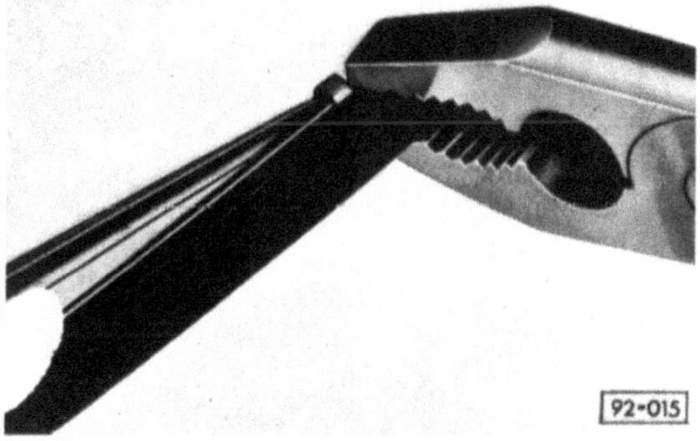

- An der geschlossenen Seite des Wischgummis beide Stahlschienen mit Kombizange zusammendrücken, seitlich aus der oberen Klammer herausnehmen und Gummi komplett mit Schienen aus den restlichen Klammern des Wischerblattes herausziehen.

Einbau

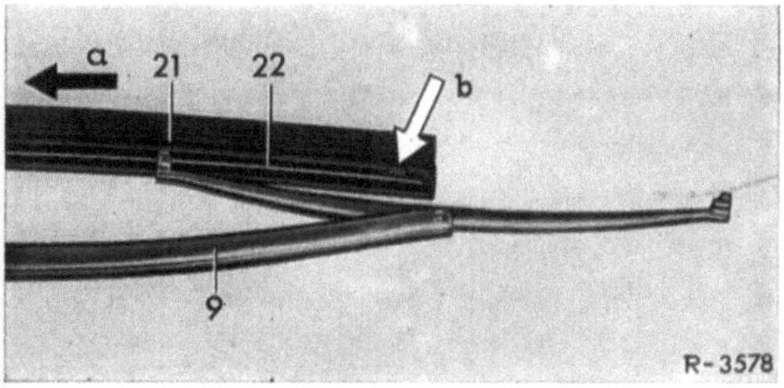

- Neues Wischgummi –21– ohne Halteschienen in die eine Klammer des Wischerblattes lose einlegen.
- Beide Schienen –22– so in das Wischgummi einführen, daß die Aussparungen der Schienen zum Gummi zeigen und in die Gumminasen der Rille einrasten.
- Beide Stahlschienen und das Gummi mit Kombizange zusammendrücken und so in die andere Klammer einsetzen, daß die Klammernasen beidseitig in die Haltenuten des Wischgummis einrasten –Pfeil b–.
- Wischerblatt über den Wischerarm schieben und Federklammer in den Haken des Wischerarms einclipsen.
- Auf der linken Seite Andruckspoiler einclipsen.
- Wischerarm zurückklappen. Darauf achten, daß das Wischgummi überall an der Scheibe anliegt.
- Motorhaube schließen.

Scheibenwaschdüse einstellen/ aus- und einbauen

Einstellen

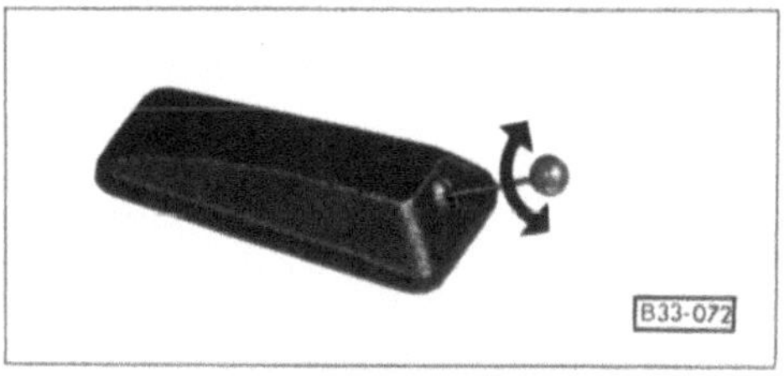

- Die Spritzrichtungen der Düsen können gegebenenfalls mit einer Nadel korrigiert werden. Das gilt auch für die Scheinwerferreinigungsdüsen. Zum Verstellen benutzt die BMW-Werkstatt das Sonderwerkzeug 009200, dadurch werden Beschädigungen der Düsen vermieden.

Einstellwerte der Spritzrichtung an der Frontscheibe in mm:

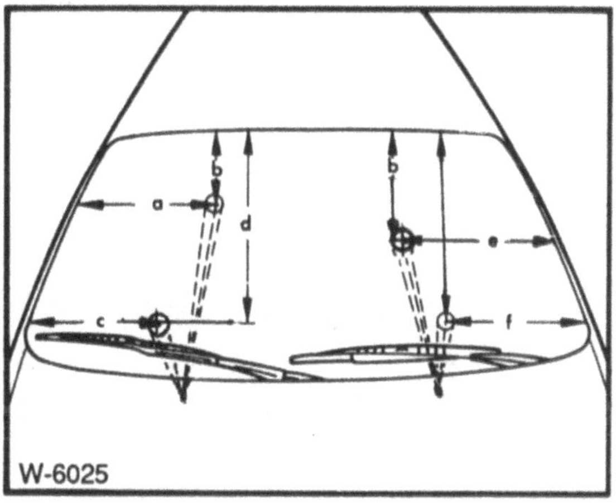

a = 442, b (Beifahrerseite) = 245, b (Fahrerseite) = 286, c = 215, d (Beifahrerseite) = 540, d (Fahrerseite) = 550, e = 465, f = 220.

- Auftreffpunkte mit Klebeband kennzeichnen und Düsen darauf einstellen.
- Zum Ausbau Motorhaubenverkleidung ausbauen und Düsen nach oben ausclipsen. Zulaufschläuche abziehen, siehe Seite 185.

Scheibenwaschpumpe prüfen/ersetzen

Prüfen

- Zündung einschalten und Scheibenwaschhebel betätigen. Wenn kein Waschwasser gegen die Frontscheibe gespritzt wird, Stecker abziehen.
- Spannungsprüfer an die beiden Kontakte des Steckers anschließen.
- Zündung einschalten und Scheibenwaschhebel betätigen. Der Spannungprüfer muß ca. Batteriespannung (12 V) anzeigen, andernfalls elektrische Sicherung überprüfen. Sicherungsbelegung, siehe Seite 230.
- Bei intakter Sicherung, Zuleitung nach Stromlaufplan prüfen, Fehler beheben.
- Stecker aufschieben und erneut Scheibenwaschhebel betätigen. Läuft die Pumpe nicht an, obwohl Spannung anliegt, Pumpe austauschen.

Ersetzen

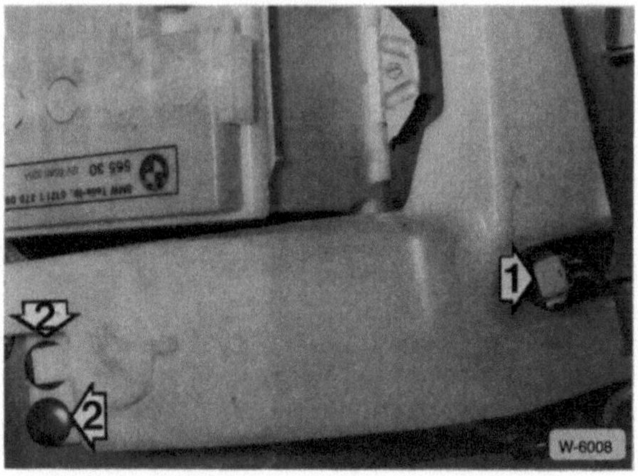

- Stecker –1– abziehen.
- Scheibenwaschbehälter ausbauen, dazu Schläuche zur Scheibenwaschanlage abziehen und mit geeignetem Stopfen verschließen. Kunststoffmuttern –2– abschrauben und Behälter aus dem Halter herausziehen.

Achtung: Falls die Pumpe erneuert werden soll, neue Pumpe bereitlegen.

- Pumpe aus dem Vorratsbehälter herausziehen und Öffnung im Waschwasserbehälter mit dem Daumen zuhalten.
- Neue Pumpe einsetzen, dabei läuft etwas Flüssigkeit aus.
- Vorratsbehälter einsetzen und mit Mutter festschrauben.
- Schläuche aufschieben.
- Stecker aufschieben.
- Funktion der Scheibenwaschpumpe prüfen.

Der Scheibenwischerantrieb

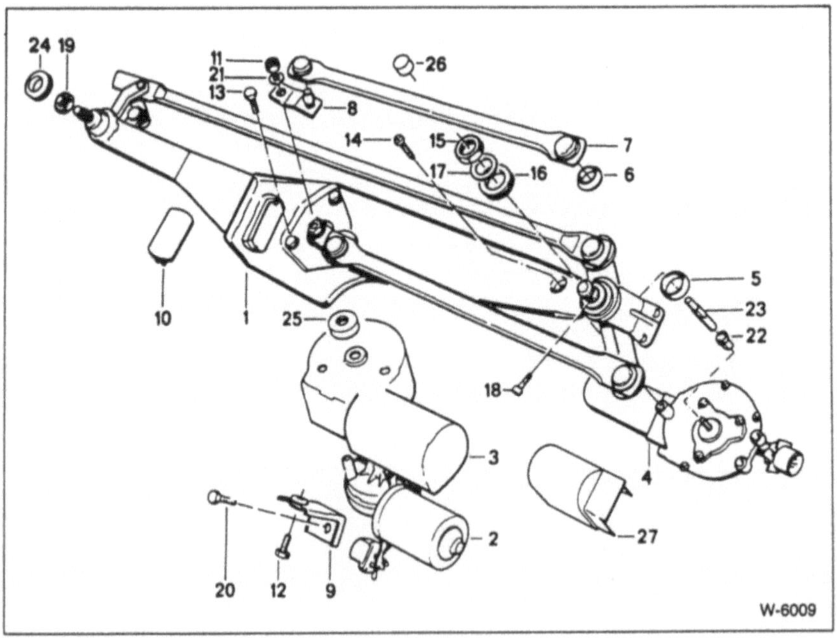

1 – Träger
2 – Wischermotor
3 – Abdeckung
4 – Anpressdruckversteller (Mehrausstattung)
5,6 – Faltenbalg
7 – Gestänge
8 – Kurbel
9 – Halterung
10 – Abdeckung
11 – Mutter M 8
12,13 – Schraube M 6
14 – Torx-Schraube
15 – Mutter
16 – Dämpfungsring
17 – Beilagscheibe
18 – Schraube M 6
19 – Mutter M 8
20 – Schraube M 6
21 – Federscheibe
22 – Buchse
23 – Stößel
24 – Dämpfungsring
25 – Abdeckkappe
26 – Kappe
27 – Verkleidung

Scheibenwischerantrieb aus- und einbauen

Der Wischermotor wird komplett mit dem Gestänge ausgebaut. Vor dem Ausbau Lage der Wischerblätter auf der Scheibe mit Klebeband markieren.

Ausbau

- Batterie-Massekabel (–) abklemmen.

- Beide Wischerarme abbauen. Wischerarm von der Windschutzscheibe wegschwenken und dadurch Arretierung für Kunststoffabdeckung lösen. Abdeckung etwas hochheben, Wischerarm wieder zurückschwenken und Abdeckung ganz hochklappen.
- Befestigungsmutter –1– abschrauben und Wischerarm von der Lagerachse abziehen. **Achtung:** Bei Fahrzeugen mit Anpreßdruckverstellung (ADV) zum Ausbau an der Fahrerseite an der mit Pfeil gekennzeichneten Stelle Schraube herausdrehen.
- Wischerarm abnehmen.

- Spritzwandabdeckung und Heizgebläse ausbauen, siehe Seite 216.
- Bei Fahrzeugen mit Klimaanlage am Gebläsegehäuse elektrische Temperaturfühler mit Zuleitung ausclipsen.
- Klammern –Pfeile– mit Schraubendreher abhebeln. Bei einigen Modellen sind auch Schrauben an dieser Stelle zu lösen. Innen im Gehäuse weitere Klammern mit den Fingern aushängen und Gehäuse-Seitenteile mit Lüftungsklappen nach oben abnehmen. **Achtung:** Bei **Fahrzeugen mit Klimaanlage** muß ein Bowdenzug bei geschlossener Lüftungsklappe am Oberteil ausgehängt werden. Damit die Luftklappe schließt, im Innenraum Luftmengenwählrad auf Null stellen, Batterie anklemmen und Zündung kurz einschalten, damit die Klappe elektrisch geschlossen wird. Batterie wieder abklemmen.

- Linkes Kunststoffgitter unterhalb der Windschutzscheibe ausbauen. Dazu mit Schraubendreher Clipsoberteile nach oben heraushebeln, dann Clips ganz herausziehen.

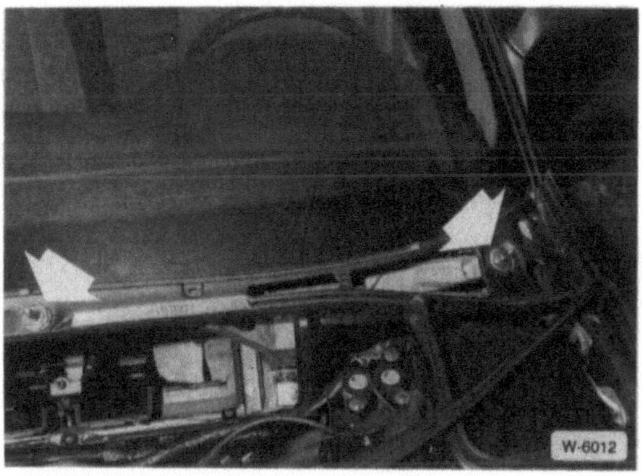

- An beiden Achslagern Mutter abschrauben und darunterliegende Scheibe abnehmen.
- Stecker für Wischermotor trennen.
- Wischergestänge nach unten drücken und seitlich herausnehmen.

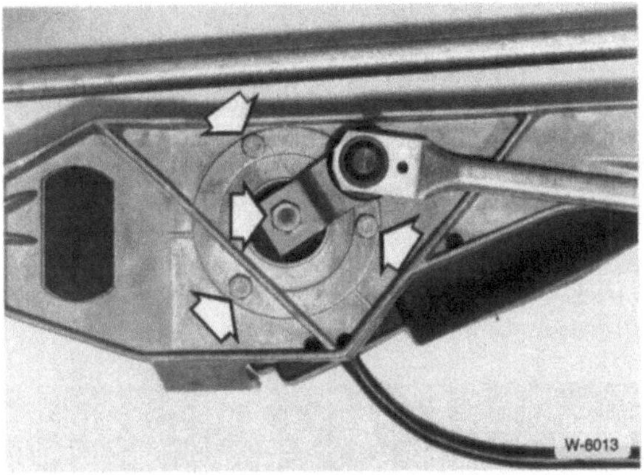

- Gegebenenfalls Schrauben für Motor herausschrauben. Der Anpreßdruck-Motor (ADV-Motor) ist bei Fahrzeugen mit Mehrausstattung mit 3 Kreuzschlitzschrauben am linken Wischerlager angeschraubt. Bei Defekten sollte immer der komplette Motor ersetzt werden, da keine genaue Einstellung möglich ist.

Einbau

- Motor in Gestänge für Scheibenwischer einsetzen.

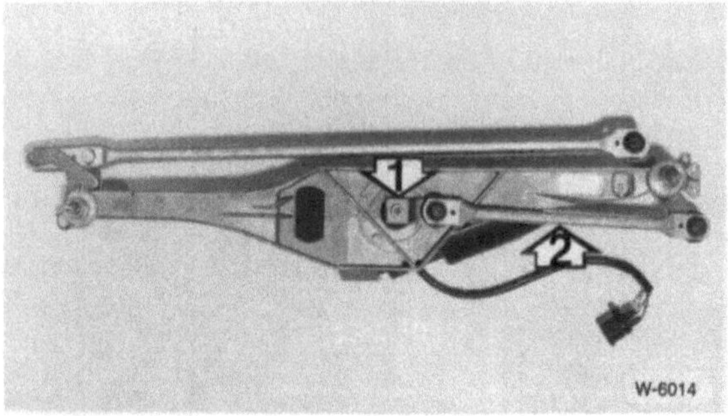

- War der Motor ausgebaut, Motor vor dem Einbau an den Kabelstecker anschließen.
- Batterie-Massekabel anklemmen.
- Wischermotor kurz laufen lassen und mit Wischerbetätigungshebel abstellen, damit der Motor in die Endstellung läuft.
- Die Teile –1– und –2– des Wischergestänges so ausrichten, daß sie eine Gerade bilden, dann Motor anschrauben.
- Wischergestänge einsetzen und an beiden Wischerachsen mit Unterlegscheiben anschrauben.
- Kabelstecker zusammenfügen und in den Lagerbock einsetzen.

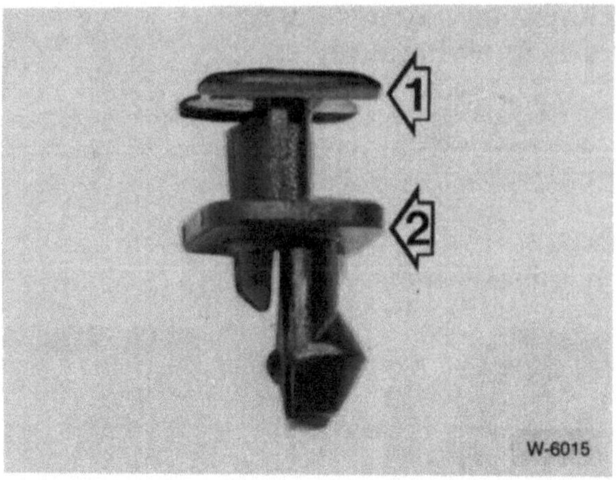

- Kunststoffgitter unterhalb der Windschutzscheibe aufdrükken und mit Clips befestigen. Dabei wird das Oberteil –1– in das Unterteil –2– gedrückt. Beim Ausbau beschädigte Clips ersetzen.
- Wischerarme entsprechend den vor dem Ausbau angebrachten Markierungen auf die Wischerlager schieben und mit Mutter festschrauben. Für die Neueinstellung mit Meßstab Abstand des Wischerblattes zur unteren Scheibenabdeckung messen. An der Spitze der Wischerblätter soll der Abstand zur unteren Scheibenabdeckung 1,5 cm betragen.

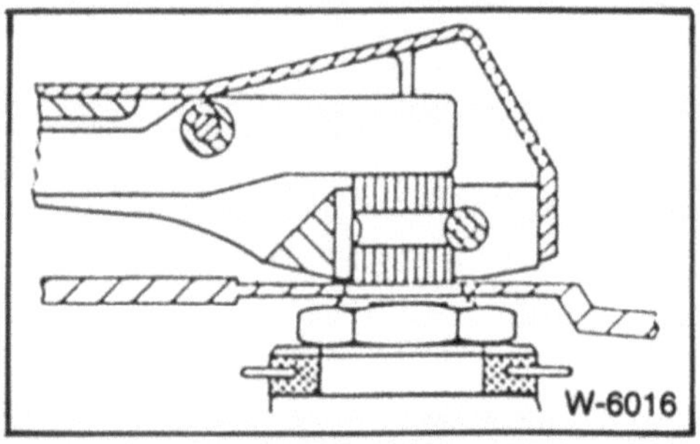

Achtung: Wischerarm ganz aufdrücken, da sonst die Anpressdruckverstellung (ADV) nicht richtig arbeitet.

- Windschutzscheibe befeuchten und kontrollieren, ob die Wischerblätter die richtige Endstellung einnehmen. Gegebenenfalls Wischerarm umsetzen.

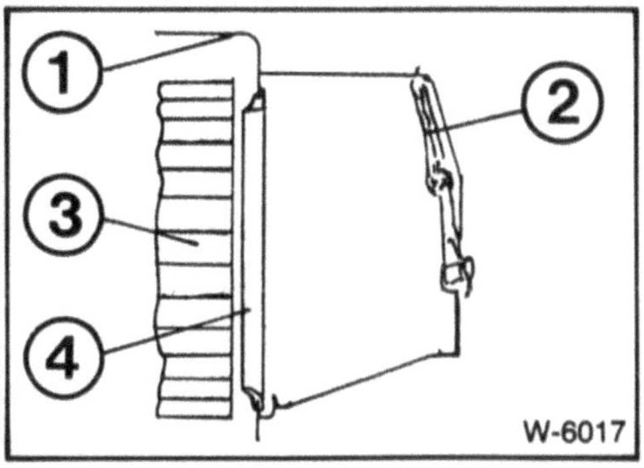

1 = Gehäuse, 2 = Frischluftklappe, 3 = Gebläserad, 4 = Einlaufzarge.

- Heizungsgebläse-Oberteil mit Frischluftklappen aufsetzen und anklammern, beziehungsweise aufschrauben. Bei Fahrzeugen mit Klimaanlage Montagerichtung der Einlaufzargen beachten.
- Heizgebläsemotor einbauen, siehe Seite 216.

Störungsdiagnose Scheibenwischergummi

Wischbild	Ursache	Abhilfe
Schlieren	Wischgummi verschmutzt	■ Wischgummi mit harter Nylonbürste und einer Waschmittellösung oder Spiritus reinigen
	Ausgefranste Wischlippe, Gummi ausgerissen oder abgenutzt	■ Wischgummi erneuern
	Wischgummi gealtert, rissige Oberfläche	■ Wischgummi erneuern
Im Wischfeld verbleibende Wasserreste ziehen sich sofort zu Perlen zusammen	Windschutzscheibe durch Lackpolitur oder Öl verschmutzt	■ Windschutzscheibe mit sauberem Putzlappen und einem Fett-Öl-Silikonentferner reinigen
Wischerblatt wischt einseitig gut - einseitig schlecht, rattert	Wischgummi einseitig verformt, „kippt nicht mehr“	■ Neues Wischgummi einbauen
	Wischerarm verdreht, Blatt steht schief auf der Scheibe	■ Wischerarm vorsichtig verdrehen, bis richtige, senkrechte Stellung erreicht ist
Nicht gewischte Flächen	Wischgummi aus der Fassung herausgerissen	■ Wischgummi vorsichtig in die Fassung einsetzen
	Wischerblatt liegt nicht mehr gleichmäßig an der Scheibe an, da Federschienen oder Bleche verbogen	■ Wischerblatt ersetzen. Dieser Fehler tritt vor allem bei unsachgemäßem Montieren eines Ersatzblattes auf
	Anpreßdruck durch Wischerarm zu gering	■ Wischerarmgelenke und Feder leicht einölen oder neuen Arm einbauen

Die Wagenpflege

Fahrzeug waschen

Aus Umweltschutzgründen ist es in den meisten Gemeinden verboten, Fahrzeuge auf öffentlichen Plätzen zu waschen. Wird das Auto sehr oft in einer automatischen Waschanlage gewaschen, hinterlassen die rotierenden Waschbürsten Schleifspuren auf dem Lack. Diese lassen sich verhindern, wenn man den Wagen von Hand in einer entsprechenden Waschanlage wäscht.

- Vogelkot, tote Insekten, Baumharze, Teerflecken, Streusalze und andere aggressive Ablagerungen sofort abwaschen, da sie ätzende Bestandteile enthalten, die Lackschäden verursachen.
- Beim Waschen reichlich Wasser verwenden. Lackierung nicht scharf abspritzen. Mit einem weichen Schwamm oder Waschhandschuh beziehungsweise einer weichen Bürste auf dem Dach beginnend von oben nach unten mit geringem Druck reinigen; Schwamm oft ausspülen.
- Waschmittel nur bei hartnäckiger Verschmutzung verwenden. Mit klarem Wasser gründlich nachspülen, um die Reste des Waschmittels zu entfernen. Bei regelmäßiger Benutzung von Waschmitteln muß öfter konserviert werden. Dem Waschwasser kann ein Konservierungsmittel beigegeben werden.
- In die Eintrittsöffnungen der Belüftungsanlage nur mit einem schwachen Strahl sprühen.
- Zum Abtrocknen sauberes Leder verwenden. Verschiedene Leder für Lack- und Fensterflächen verwenden, da Konservierungsmittelrückstände auf den Scheiben zu Sichtbehinderungen führen.
- Durch Streusalze besonders gefährdet sind alle innenliegenden Falze, Flansche und Fugen an Türen und Hauben. Diese Stellen müssen deshalb bei jedem Wagenwaschen – auch nach der Wäsche in automatischen Waschstraßen – mit einem Schwamm gründlich gereinigt und anschließend abgespült und abgeledert werden.
- Wagen niemals in der Sonne waschen oder trocknen. Wasserflecken sind sonst unvermeidlich.

Achtung: Nach der Wagenwäsche Bremsscheiben kurz trockenbremsen, da sich durch Nässe eine verringerte Bremswirkung ergibt.

Lackierung pflegen

Konservieren: So oft wie nötig soll die sauber gewaschene und getrocknete Lackierung mit einem Konservierungsmittel behandelt werden, um die Oberfläche durch eine porenschließende und wasserabweisende Wachsschicht gegen Witterungseinflüsse zu schützen. Auch wenn regelmäßig Waschkonservierer verwendet wird, empfiehlt es sich, den Lack mindestens zweimal im Jahr mit Hartwachs zu schützen.

Übergelaufenen Kraftstoff, übergelaufenes Öl oder Fett, beziehungsweise übergelaufene Bremsflüssigkeit **sofort entfernen,** sonst kommt es zu Lackverfärbungen.

Spätestens, wenn Wasser nicht mehr deutlich vom Lack abperlt, muß konserviert werden. Der Lack trocknet sonst aus.

Eine weitere Möglichkeit, den Lack zu konservieren, bieten Waschkonservierer. Waschkonservierer schützen die Lackierung jedoch nur ausreichend, wenn sie bei **jeder** Wagenwäsche verwendet werden und der zeitliche Abstand zwischen 2 Wäschen nicht mehr als 2 bis 3 Wochen beträgt. Nur Lackkonservierer verwenden, die Carnauba- oder synthetische Wachse enthalten.

Polieren: Polieren ist nur dann erforderlich, wenn der Lack infolge mangelhafter Pflege beziehungsweise unter der Einwirkung von Umwelteinflüssen unansehnlich geworden ist und sich durch eine Behandlung mit Konservierungsmitteln kein Glanz mehr erzielen läßt. Zu warnen ist vor stark schleifenden oder chemisch stark angreifenden Poliermitteln, auch wenn der erste Versuch damit noch so sehr zu überzeugen scheint.

Vor jedem Polieren muß der Wagen sauber gewaschen und sorgfältig abgetrocknet werden. Im übrigen ist nach der Gebrauchsanweisung für das Poliermittel zu verfahren.

Die Bearbeitung soll in nicht zu großen Flächen erfolgen, um ein vorzeitiges Eintrocknen der Politur zu vermeiden. Bei manchen Poliermitteln muß anschließend noch konserviert werden. Nicht in der prallen Sonne polieren!

Kunststoffteile und matt lackierte Teile dürfen nicht mit Konservierungs- oder Poliermitteln behandelt werden, da sich sonst Flecken bilden.

Teerflecke entfernen: Frische Teerflecke können mit einem in Waschbenzin getränkten weichen Lappen entfernt werden. Notfalls kann auch Tankstellenbenzin, Petroleum oder Terpentinöl verwendet werden. Sehr gut gegen Teerflecke eignet sich auch ein Lackkonservierer. Bei Verwendung dieses Mittels kann auf ein Nachwaschen verzichtet werden.

Insekten entfernen: Insekten enthalten aggressive Stoffe, die den Lackfilm beschädigen können. Deshalb sofort mit lauwarmer Seifen- oder Waschmittellösung abwaschen. Es gibt auch spezielle Insekten-Entferner.

Baumaterial-Spritzer entfernen: Spritzer jeglichen Baumaterials mit lauwarmem, neutralem Waschmittel abwaschen. Nur leicht reiben, da sonst die Lackierung zerkratzt werden kann. Nach dem Waschen mit klarem Wasser nachspülen.

Kunststoffteile pflegen: Kunststoffteile, Kunstledersitze, Himmel, Leuchtengläser sowie mattschwarz gespritzte Teile mit Wasser und eventuell einem Shampoo-Zusatz säubern, Himmel nicht durchfeuchten. Kunststoffteile gegebenenfalls mit Kunststoffreiniger behandeln.

Scheiben reinigen: Schnee und Eis von Scheiben und Spiegeln nur mit einem Kunststoffschaber entfernen. Um Kratzer durch Schmutz zu vermeiden, sollte der Schaber nicht vor- und zurückbewegt, sondern nur geschoben werden. Fensterscheiben innen und außen mit sauberem, weichem Lappen abreiben. Bei starker Verschmutzung helfen Spiritus oder Salmiakgeist und lauwarmes Wasser oder auch ein spezieller Scheibenreiniger. Beim Reinigen der Windschutzscheibe Scheibenwischerarm nach vorn klappen.

Bei der Reinigung der Windschutzscheibe sind auch die Wischerblätter zu säubern.

Achtung: Bei Verwendung silikonhaltiger Mittel dürfen die zur Reinigung der Lackierung verwendeten Waschbürsten, Schwämme, Lederlappen und Tücher nicht für die Scheiben verwendet werden. Beim Einsprühen der Lackierung mit silikonhaltigen Pflegemitteln sollten die Scheiben mit Pappe oder anderem Material abgedeckt werden.

Gummidichtungen pflegen: Gummidichtungen durch Einpudern der Dicht- und Gleitflächen mit Talkum oder Besprühen mit Silikonspray geschmeidig halten. So werden auch quietschende oder knarrende Geräusche beim Türenschließen vermieden. Auch das Einreiben der betreffenden Flächen mit Schmierseife beseitigt die Geräusche.

Reifen reinigen: Reifen nicht mit einem Dampfstrahlgerät reinigen. Wird die Düse des Dampfstrahlers zu nahe an den Reifen gehalten, wird dessen Gummischicht innerhalb weniger Sekunden irreparabel zerstört, selbst bei Verwendung von kaltem Wasser. Ein auf diese Weise gereinigter Reifen sollte sicherheitshalber ersetzt werden.

Leichtmetall-Scheibenräder mit Felgenreiniger besonders während der kalten Jahreszeit pflegen, jedoch keine aggressiven, säurehaltigen, stark alkalischen und rauhen Reinigungsmittel oder Dampfstrahler über +60° C verwenden.

Sicherheitsgurte nur mit milder Seifenlauge in eingebautem Zustand säubern, nicht chemisch reinigen, da dadurch das Gewebe zerstört werden kann. Automatikgurte nur in trockenem Zustand aufrollen.

Unterbodenschutz/ Hohlraumkonservierung

Die Fahrzeugunterseite einschließlich der Radkästen ist mit Unterbodenschutz beschichtet. Die besonders stark gefährdeten Bereiche in den Radläufen sind mit Kunststoffschalen gegen Steinschlag geschützt. Darüber hinaus wurden korrosionsgefährdete Karosserieteile aus verzinktem Blech hergestellt. Vor der kalten Jahreszeit und nach einer Unterbodenwäsche sollte der Unterbodenschutz kontrolliert und gegebenenfalls ausgebessert werden.

Im Schleuderbereich des Unterbaues können sich Staub, Lehm und Sand ablagern. Den angesammelten Schmutz entfernen, zumal er während der Winterzeit auch noch mit Streusalz angereichert sein kann.

Motorwäsche/Motorraum konservieren: Vor und nach der Streusalzperiode sollte der Motorraum gereinigt und anschließend konserviert werden. Motorwäsche nur bei ausgeschalteter Zündung durchführen. Vor der Motorwäsche, die zum Beispiel mit Kaltreiniger und einem Dampfstrahlgerät durchgeführt werden kann, Generator, Sicherungskasten und Bremsflüssigkeitsbehälter mit Plastikhüllen abdecken.

Zur Verhinderung von Korrosion am Vorderwagen (zum Beispiel Seitenteile, Längsträger oder Abschlußblech) und des Antriebaggregates muß der Motorraum einschließlich der im Motorraum befindlichen Teile der Bremsanlage, Achselemente mit Lenkung sowie Karosserieteile und Hohlräume mit einem hochwertigen Konservierungswachs eingesprüht werden. Dabei den Keil- und Zahnriementrieb vor Wachs schützen.

Polsterbezüge pflegen/reinigen

Textilbezüge: Polsterbezüge mit Staubsauger und Bürste reinigen. Bei starker Verschmutzung Textilbezüge mit Trockenschaum reinigen.

Fett- und Ölflecke mit Reinigungsbenzin oder Fleckenwasser behandeln. Das Reinigungsmittel darf aber nicht unmittelbar auf den Stoff gegossen werden, da sich sonst unweigerlich Ränder bilden. Fleck durch kreisförmiges Reiben von außen nach innen bearbeiten. Andere Verschmutzungen lassen sich meistens mit lauwarmem Seifenwasser entfernen.

Lederbezüge: Bei starker Sonneneinstrahlung und längerer Standzeit Sitze abdecken, damit sie nicht ausbleichen.

Trikot- oder Wollappen mit Wasser leicht anfeuchten und Lederflächen säubern, ohne das Leder oder die Nahtstellen zu durchfeuchten. Anschließend das getrocknete Leder mit einem sauberen und weichen Tuch nachreiben.

Stärker verschmutzte Lederflächen mit einem milden Feinwaschmittel ohne Aufheller (2 Eßlöffel auf 1 Liter Wasser) reinigen. Fett- und Ölflecke vorsichtig ohne Reiben mit Reinigungsbenzin abtupfen.

Lackierte Lederpolster sollten nach dem Reinigen mit einem handelsüblichen Pflegemittel für Lederflächen behandelt werden. Solche Mittel sind bei den Fachwerkstätten und im Autofachhandel erhältlich. Das Mittel vor Gebrauch gut schütteln und mit einem weichen Lappen dünn auftragen. Nach dem Eintrocknen mit einem sauberen und weichen Tuch nachreiben. Diese Behandlung empfiehlt sich bei normaler Beanspruchung alle 6 Monate.

Das Werkzeug

Das Spezialwerkzeug

Der Aufwand an Werkzeug richtet sich ganz nach dem Umfang der Arbeiten, die am BMW ausgeführt werden sollen. Neben einer Grundausstattung ist in jedem Fall ein Drehmomentschlüssel empfehlenswert.

Gutes und stabiles Werkzeug wird von der Firma HAZET (42804 Remscheid, Postfach 100461) angeboten. In den Tabellen sind die Spezialwerkzeuge mit der HAZET-Bestellnummer aufgeführt. Vertrieben wird das Werkzeug über den Fachhandel.

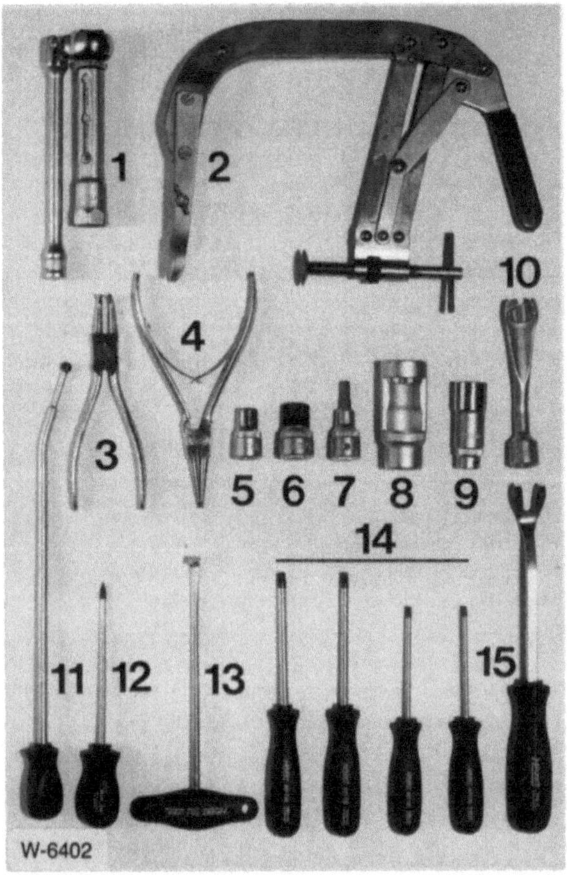

Abb.	Werkzeug	Hazet-Nr.
1	Zündkerzenschlüssel, passende Umschaltknarre	2505-2, 8816 G
2	Ventilfeder-Spanner	792-1
3,4	Zangen für Sicherungsringe	1846c-2, 1846d-2
5	Torx-Stecknuß für Anlasser-, Vordersitzschrauben	900-E 14
6	19er Innensechskantnuß für Getriebeölschrauben	985-19
7	7er Innensechskantnuß für Bremssattelgehäuse	986-7
8	27er Stecknuß für Einspritzdüsen Dieselmotor	4555-1
9	12er Stecknuß für Glühkerzen Dieselmotor	880 TZ
10	Offener Ringschlüssel für Einspritzleitungen Diesel	4550
11	Einschlagdorn für Sicherungskappen Leerlaufeinstellung	4519
12	Auszieher für Sicherungskappen Leerlaufeinstellung	4518
13	Hakenschlüssel für Haltegummis Abgasanlage	2184-1
14	Torxschraubendreher T20, T25, T30, T40	837-T20,-T25 -T30,-T40
15	Ausdrücker für Türverkleidung	799-3

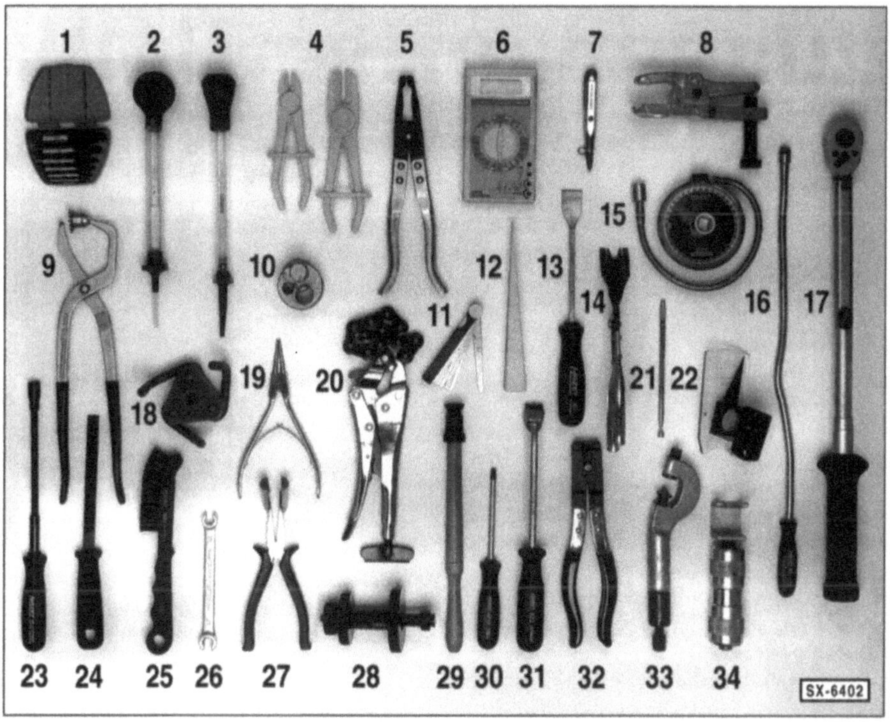

Abb.	Werkzeug	Hazet-Nr.
1	Schraubenausdrehersatz	840/5
2	Batteriesäureprüfer	4650-1
3	Kühlmittel-Frostschutzprüfer	–
4	Schlauchklemmen	4590/2
5	Zange für Ventilschaftabdichtungen	791-5
6	Multimeter	–
7	Spannungsprüflampe mit Spitze	2153
8	Ausdrücker für Spurstangenköpfe	1779-1
9	Bremsfedernzange	797
10	Stehbolzenausdreher	845
11	Fühlerblattlehre 0,05–1,0 mm	2147
12	Montagekeil	1965/20
13	Flachschaber zur Beseitigung von Dichtungsrückständen an Zylinderkopf sowie Motorblock	824
14	Abdrückzange für Verkleidungen	799/4
15	Winkelscheibe für drehwinkelgesteuerten Schraubenanzug	6690
16	Magnet-Sucher	1976
17	Drehmomentschlüssel 40 – 200 Nm	6122–1CT
18	Ölfilterschlüssel	2172
19	Spitzzange für Sicherungsringe	1846C/2
20	Ketten-Abgasrohrschneider	4682
21	Spritzdüseneinsteller für Scheibenwaschanlage	4850-1
22	Winkeleinsteller für Scheibenwischerarme	4851-1
23	Steckschlüssel flexibel, 8 und 10 mm	426-8, -10
24	Bremssattelfeile	4968-1
25	Bremssatteldrahtbürste	4968-2
26	Offene Doppelringschlüssel für Überwurfmuttern der Bremsleitungen	612-8x10, 612-10x11
27	Zündkerzensteckerzange	1849-1
28	Kupplungs-Zentrierwerkzeug	2174
29	Ventileinschleifer	795
30	Torxschraubendreher (verschiedene Größen)	837-T20, bis -T45
31	Ziehklinge zum Entfernen von Unterbodenschutz etc.	822
32	Klemmzange für Haltebänder der Gelenkwellenmanschetten	1847-1
33	Hydraulischer Mutternsprenger	846-22
34	Schlag-Ausziehgerät für Bremsbeläge, Scheibenwischerarme etc.	1966
ohne Abbildung:		
	Offener Steckschlüssel für Einspritzleitungen (Diesel)	4550
	Spannbandschlüssel für Kraftstofffilter (Diesel)	2170
	Gelenkschlüssel für Glühkerzenausbau	2530
	Steckschlüssel für Lambdasondenausbau	4680-3
	Klemmzange für Edelstahlhaltebänder der Gelenkwellenmanschetten	1847

W Wartungsplan 5er BMW

Die Wartungsintervalle sind beim BMW entsprechend den Einsatzbedingungen in einem Mikroprozessor festgelegt und werden dem Fahrer optisch in der Service-Intervallanzeige angezeigt. Die Service-Intervallanzeige umfaßt fünf grüne, eine gelbe und eine rote LED. Zusätzlich können die Schriftzüge »Oilservice«, »Inspektion«, sowie ein Uhrensymbol (für die Jahreskontrolle) aufleuchten. Je weniger grüne LED nach Einschalten der Zündung aufleuchten, desto näher rückt die nächste Wartung. Leuchtet die **gelbe** LED in Verbindung mit einem der beiden Schriftzüge, sollte die entsprechend fällige Wartung durchgeführt werden. Dabei ist zu unterscheiden zwischen dem Ölservice, der Inspektion I beziehungsweise II (=jede zweite Inspektion I) sowie der Jahresinspektion (=»Inspektion« und Uhrensymbol leuchten zusammen auf). Bei Überschreitung des Wartungstermins leuchtet die **rote** LED auf.

Als Maßstab bei der Berechnung der Wartungszyklen nimmt der Mikroprozessor neben den zurückgelegten Kilometern auch die Einsatzbedingungen, wie zum Beispiel Kurzstrecken- oder Langstreckenverkehr oder die Fahrweise des Fahrers. Der Arbeitsumfang der angezeigten Inspektion ist unterschiedlich und im Serviceheft festgehalten.

In der Werkstatt wird nach erfolgtem Ölwechsel beziehungsweise nach erfolgter Inspektion die entsprechende Anzeige gelöscht. Zum Löschen der Anzeige ist ein teurer Spezialschlüssel erforderlich, der über die BMW-Werkstätten verkauft wird. Die autorisierten BMW-Werkstätten haben sich jedoch verpflichtet, auf Verlangen die Intervallanzeige kostenlos zurückzustellen, auch wenn die Wartung in Eigenregie durchgeführt wurde.

Wer sich **nicht** nach der BMW-Inspektionsanzeige richten will, kann den Pflegedienst beziehungsweise die Wartung nach den hier aufgeführten Intervallen durchführen. Dabei entspricht der hier aufgeführte **Pflegedienst** dem BMW-Motorölservice mit Jahreskontrolle und die hier aufgeführte **Wartung** der BMW-Inspektion I. Am Ende des Wartungsplanes werden die seltener fälligen Wartungspunkte der BMW-Inspektion II aufgeführt.

Pflegedienst mit Motorölwechsel

Der Pflegedienst mit Motorölwechsel ist für Fahrzeuge mit Benzinmotor alle 10000 km, beziehungsweise **mindestens einmal im Jahr** (möglichst im Frühjahr) durchzuführen. Beim **Dieselmotor** ist der **Motorölwechsel alle 7500 km, bei geringerer Jahresfahrleistung mindestens einmal jährlich** erforderlich. Bei erschwerten Betriebsbedingungen, wie überwiegend Stadt- und Kurzstreckenverkehr, häufigen Gebirgsfahrten, Anhängerbetrieb und staubigen Straßenverhältnissen, Pflegedienstintervall auf die Hälfte verkürzen.

- Motor: Öl- und Filterwechsel.
- Dieselmotor: Kraftstoffilter entwässern.
- Ansaugluftfilter: Luftfiltereinsatz erneuern.
- Keilriemen: Bei allen Riemen Spannung prüfen.
- Bremsen: Belagstärke der vorderen und hinteren Bremsbeläge prüfen. Handbremsspiel prüfen.
- Gaszug und Drosselklappenhebel: Gelenke schmieren, auf Leichtgängigkeit und Verschleiß prüfen.
- Fahrgestell- und tragende Karosserieteile: Auf Beschädigung und Korrosion prüfen.
- Servolenkung: Flüssigkeitsstand prüfen, gegebenenfalls Hydrauliköl auffüllen.
- Funktion aller elektrischen Verbraucher überprüfen.
- Kühl- und Heizsystem: Flüssigkeitsstand prüfen, gegebenenfalls auffüllen. Konzentration des Frostschutzmittels prüfen.

Wartung

Die Wartung entspricht der BMW-Inspektion I. Sie ist beim Aufleuchten des Schriftzugs »Inspektion« in Verbindung mit der gelben Leuchtdiode durchzuführen. Wer sich nicht nach der Intervallanzeige richtet, sollte die Wartung mindestens alle 20.000 km oder einmal in 2 Jahren durchführen. Wartungsarbeiten, die in größeren Abständen durchzuführen sind (entspricht BMW-Inspektion II), stehen am Ende des Wartungsplanes.

Motor und Abgasanlage

- Ventile: Spiel prüfen, einstellen. Entfällt bei folgenden Modellen: 518i, 525td/tds, 520i/525i seit 5/90 (Vierventil-Motor M50).
- Zündkerzen beim Benzinmotor: Erneuern. Bei Modellen 518i und 520i/525i seit 5/90 (Vierventil-Motor M50) Zündkerzen nur noch alle 40.000 km erneuern.
- Keilriemen: Spannung und Zustand von allen Riemen prüfen.
- Kühl- und Heizsystem: Kühlmittel erneuern (alle 3 Jahre). Konzentration des Frostschutzmittels prüfen. Sichtprüfung auf Undichtigkeiten und äußere Verschmutzung des Kühlers.
- Abgasanlage: Auf Beschädigungen prüfen.
- Motor: Sichtprüfung auf Ölundichtigkeiten.
- Kraftstoffleitungen und -Behälter: Schläuche und Leitungen auf Verlegung, Zustand und Dichtheit prüfen.
- Dieselmotoren: Kraftstoffilter entwässern.
- Abgastest durchführen (Leerlaufdrehzahl, Abgasreinigung prüfen, Fehlerspeicher abfragen) – Werkstattarbeit.

Kupplung, Getriebe, Achsantrieb

- Kupplung: Schläuche, Leitungen und Anschlüsse auf Undichtigkeiten prüfen, Bremsflüssigkeitsstand prüfen.
- Schalt- und Hinterachsgetriebe: Sichtprüfung auf Undichtigkeiten, Ölstand prüfen.
- Automatisches Getriebe: Flüssigkeitsstand prüfen, gegebenenfalls ATF auffüllen.
- Achswellen: Gelenkschutzhüllen auf Undichtigkeiten und Beschädigungen prüfen.
- Kardanwelle: Gelenkscheiben auf Verschleiß prüfen.

Vorderachse und Lenkung

- Spurstangenköpfe: Spiel und Befestigung prüfen, Staubkappen prüfen.
- Achsgelenke: Staubkappen prüfen.
- Lenkung: Spiel prüfen, Faltenbälge auf Undichtigkeiten und Beschädigungen prüfen. Befestigungsschrauben mit richtigem Drehmoment nachziehen.
- Servolenkung/Niveauregulierung: Flüssigkeitsstand prüfen, gegebenenfalls Hydrauliköl auffüllen.

Karosserie, Ausstattung

- Türscharniere, Türschlösser: Ölen.
- Front- und Heckklappenscharniere, Deckelschloßober- und -unterteil: Mit Mehrzweckfett fetten.
- Unterbodenschutz und Hohlraumkonservierung: Prüfen.
- Sicherheitsgurte: Auf Beschädigungen prüfen.
- Schiebedach: Gleitschienen und Gleitbacken reinigen und leicht mit Silikonspray einsprühen.
- Heizung/Klimaanlage: Mikrofilter erneuern.

Bremsen, Reifen, Räder

- Räder: Abschrauben, Zustand der Felgen (auch innen) prüfen, Räder reinigen und mit vorgeschriebenem Drehmoment anschrauben.
- Bereifung: Profiltiefe und Reifenfülldruck prüfen; Reifen auf Verschleiß und Beschädigungen (einschließlich Reserverad) prüfen.
- Bremsanlage: Bremsflüssigkeitsstand und Dicke der Bremsbeläge prüfen.
- Bremsanlage: Bremsflüssigkeit erneuern (alle 2 Jahre). Leitungen, Schläuche, Bremszylinder und Anschlüsse auf Undichtigkeiten und Beschädigungen prüfen.

Elektrische Anlage

- Beleuchtungsanlage, Hupe: Sämtliche Scheinwerfer, Schluß-leuchten und Blinklampen prüfen, gegebenenfalls Scheinwerfer einstellen. Signalhorn prüfen.
- Scheibenwischer: Wischergummis auf Verschleiß prüfen.
- Scheiben- und Scheinwerferwaschanlage: Funktion prüfen, Düsenstellung kontrollieren, Flüssigkeit nachfüllen, Scheinwerfer-Waschanlage prüfen.
- Batterie: Spannung und Säurestand prüfen.

Zusätzlich alle 40.000 km

- 518i bis 8/94, 524td: Zahnriemenspannung prüfen.
- Dieselmotoren: Förderbeginn der Einspritzpumpe prüfen.

Zusätzlich alle 80.000 km

- Kraftstoffhauptfilter: Erneuern (Benzin- und Dieselmotor).
- Handbremse: Belagstärke prüfen, ggf. erneuern.
- Vorderradlager: Spiel prüfen.
- Automatisches Getriebe: ATF wechseln, Ölsiebe erneuern.
- Kupplungsscheibe: Abnutzung prüfen.
- Kompression: Prüfen.
- Katalysator: Lambdasonde auf Funktion prüfen.
- Abgasanlage: Muttern am Flansch Abgaskrümmer/Zylinderkopf und Abgaskrümmer/vorderes Abgasrohr auf vorgeschriebenes Drehmoment anziehen.
- Schalt- und Hinterachsgetriebe: Öl wechseln (bei 518i, 525td/tds, 520i/525i seit 5/90: Ölwechselintervall auf alle 120.000 km verlängert).
- 525iX (Allradantrieb): Ölwechsel Verteiler- und Vorderachsgetriebe (Werkstattarbeit).
- Ausstattung »ASC+T«: Filter im Vorlauf erneuern (Werkstattarbeit).

Zusätzlich alle 100.000 km

- Motor-Zahnriemen: Erneuern, wo vorhanden (518i bis 8/94, 520i/525i bis 4/90, 524td)

V

Die Wartungsarbeiten

Hier werden, nach den verschiedenen Baugruppen des Fahrzeugs aufgeteilt, alle Wartungsarbeiten beschrieben, die gemäß dem Wartungsplan durchgeführt werden müssen. Auf die erforderlichen Verschleißteile sowie das möglicherweise benötigte Sonderwerkzeug wird jeweils hingewiesen.

Es empfiehlt sich, Reifendruck, Motorölstand und Flüssigkeitsstände für Kühlung, Wisch-/Wasch-Anlage etc. mindestens alle 4 bis 6 Wochen zu prüfen und gegebenenfalls zu ergänzen.

Achtung: Beim **Einkauf von Ersatzteilen** sind immer der **KFZ-Schein** und die **Modellnummer** (siehe Kapitel »Fahrzeugidentifizierung«) mitzunehmen, da zur einwandfreien Fahrzeugidentifizierung oftmals die genaue Angabe der Fahrgestellnummer, des Modells oder des Baujahres erforderlich ist.

Um ganz sicher zu sein, daß man die richtigen Ersatzteile erhalten hat, empfiehlt es sich nach Möglichkeit, das Altteil auszubauen und zum Ersatzteilhändler mitzunehmen. Dort kann man es mit dem Neuteil vergleichen.

Motor und Abgasanlage

Folgende Wartungspunkte müssen nach dem Wartungsplan durchgeführt werden:

- Ventile: Spiel prüfen, einstellen. Entfällt bei folgenden Modellen: 518i, 525td/tds, 520i/525i seit 5/90 (Vierventil-Motor M50).
- Motor: Ölwechsel, Sichtprüfung auf Ölundichtigkeiten.
- Kühl- und Heizsystem: Kühlmittel erneuern (Alle 2 Jahre). Konzentration des Frostschutzmittels prüfen. Sichtprüfung auf Undichtigkeiten und äußere Verschmutzung des Kühlers.
- Zündkerzen beim Benzinmotor: Erneuern.
- Kompression: prüfen.
- Keilriemen: Spannung und Zustand von allen Riemen prüfen.
- Zahnriemenspannung prüfen beziehungsweise Zahnriemen ersetzen.
- Kraftstoffleitungen und -Behälter: Schläuche und Leitungen auf Verlegung, Zustand und Dichtheit prüfen.
- Kraftstoffilter ersetzen beziehungsweise entwässern.
- Gaszug und Drosselklappenhebel: Gelenke schmieren, auf Leichtgängigkeit und Verschleiß prüfen.
- Abgasanlage: Auf Beschädigungen prüfen.
- Lambda-Sonde prüfen beziehungsweise ersetzen.

Ventilspiel prüfen/einstellen

Zum Ventilspiel prüfen/einstellen ist folgendes Spezialwerkzeug erforderlich:

- Eine Fühlerblattlehre in 0,05 mm-Abstufungen.
- Ein ca. 2 mm starker Draht (oder schmaler Schraubendreher).
- Ein Gabelschlüssel- und Stecknußsatz.

Folgende Verschleißteile sind erforderlich:

- Dichtung für Zylinderkopfdeckel.

Um unterschiedliche Wärmeausdehnungen im Ventiltrieb zu kompensieren, muß ein gewisser Abstand zwischen den Nok$

ken der Nockenwelle und dem Ventil beziehungsweise dem Kipphebel vorhanden sein. Dieses Ventilspiel verändert sich mit der Zeit durch Setzen der Ventile und Abnutzung des Ventilantriebs.

Bei zu geringem Spiel verändern sich die Steuerzeiten, die Verdichtung ist schlecht, die Motorleistung nimmt ab, der Motorlauf ist unregelmäßig. In extremen Fällen können sich die Ventile verziehen oder die Ventile beziehungsweise Ventilsitze verbrennen.

Bei zu großem Spiel stellen sich starke mechanische Geräusche ein, die Steuerzeiten verändern sich, der Motor gibt wegen mangelhafter Zylinderfüllung weniger Leistung ab, der Motorlauf ist unregelmäßig.

Das **Ventilspiel** ist entsprechend der Service-Intervall-Anzeige oder im Rahmen der Wartung **alle 20.000 km** zu prüfen, gegebenenfalls einzustellen.

Ausgenommen sind die Modelle **518i, 525td/tds, 520i/525i seit 5/90.** Diese Motoren besitzen **hydraulische Ventilspielausgleicher,** dadurch wird das **Ventilspiel automatisch eingestellt.**

Prüfen/Einstellen

Das Ventilspiel kann bei kaltem oder warmem Motor geprüft beziehungsweise eingestellt werden.

- Zylinderkopfdeckel ausbauen, siehe Seite 23.
- Um die Nockenwelle in die Einstellposition zu drehen, gibt es 2 Möglichkeiten. Erste, einfachere Möglichkeit: 4. Gang einlegen, Handbremse lösen. Fahrzeug etwas verschieben.
- Zweite Möglichkeit: Kurbelwelle an der Kurbelwellen-Riemenscheibe verdrehen. Dazu Getriebe in Leerlaufstellung bringen und Handbremse anziehen. Motor mit Steckschlüsseleinsatz (je nach Motor 27, 30 oder 36 mm Schlüsselweite) an der Zentralschraube der Kurbelwellen-Riemenscheibe im Uhrzeigersinn (Motorlaufrichtung) drehen. Dadurch dreht sich ebenfalls die Nockenwelle.

Hinweis: Damit sich die Kurbelwelle leichter drehen läßt, Zündkerzen ausbauen.

- Zweckmäßigerweise beginnt man mit dem Prüfen/Einstellen des Ventilspiels bei Zylinder 1. Der 1. Zylinder liegt an der Stirnseite des Motors, in Fahrtrichtung gesehen vorn. Danach dreht man den Motor weiter und prüft das Ventilspiel für die folgenden Zylinder entsprechend der Zündreihenfolge. Zündreihenfolge: 1–5–3–6–2–4.
- Das Ventilspiel für Zylinder **1** wird **geprüft/eingestellt,** wenn sich die Ventile für **Zylinder 6 überschneiden**. Die Ventile überschneiden sich, wenn das Einlaßventil gerade schließt und das Auslaßventil gerade öffnet.

Einstellen an Zylinder ...	Bei Überschneiden an Zylinder ...
1	6
5	2
3	4
6	1
2	5
4	3

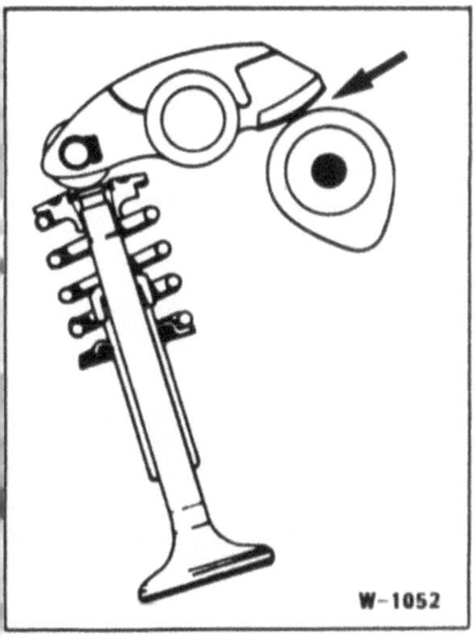

- Eine andere Möglichkeit, die Ventile einzustellen: Motor verdrehen, bis an einem beliebigen Ventil der Nocken der Nockenwelle vom Kipphebel des zu prüfenden Ventils wegzeigt, der Grundkreis liegt dann am Kipphebel an –Pfeil–. Die Abbildung zeigt den Benzinmotor, beim Dieselmotor muß der Nocken vom Schlepphebel des zu prüfenden Ventils wegzeigen. In dieser Stellung Spiel prüfen und gegebenenfalls korrigieren.
  Kurbelwelle weiterdrehen, bis der Nocken eines anderen Ventils vom Kipphebel wegzeigt und Ventilspiel prüfen. Die Reihenfolge ist bei dieser Prüfmethode egal, nur die richtige Zuordnung von Auslaß- und Einlaßventil ist wichtig.

Achtung: Einzelne Kipphebel nach Prüfen/Einstellen des Ventilspiels markieren.

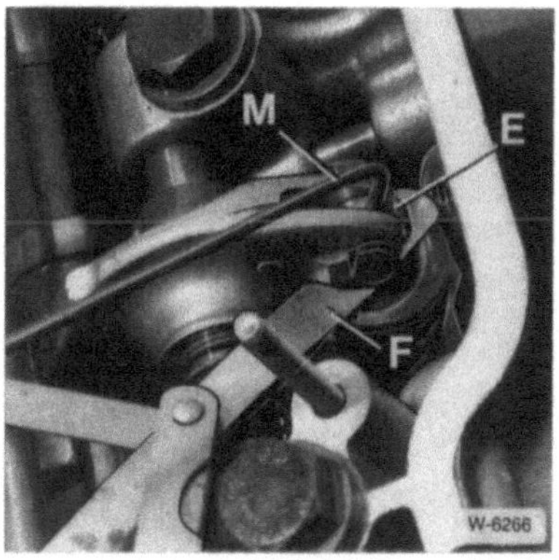

- **Benzinmotor:** Ventilspiel mit Fühlerblattlehre –F– zwischen Exzenter –E– und Ventilschaftende messen.

- **Dieselmotor 524td:** Ventilspiel mit Fühlerblattlehre –F– zwischen Nocke und Schlepphebel messen.
- Das Ventilspiel ist richtig eingestellt, wenn sich die Fühlerblattlehre stramm durchziehen läßt.
- Probehalber Fühlerblattlehre mit 0,05 mm Übermaß (über Sollwert in der Tabelle) ansetzen, sie darf nicht mehr zwischen Ventil und Kipphebel passen. Gegebenenfalls Ventilspiel verringern.

Achtung: Der Sollwert für das Ventilspiel ist bei Einlaßventilen und Auslaßventilen gleich groß.

Motor	Ventilspiel	
	kalt	warm
520i, 525i	0,25 mm	0,30 mm
530i, 535i, 524td	0,30 mm	0,35 mm

Man bezeichnet den Motor als »kalt« bei einer Kühlmitteltemperatur unter ca. +35° C. Zum Einstellen des Ventilspiels bei »warmem Motor« soll die Kühlmitteltemperatur bei etwa +80° C liegen. Erkennbar ist das daran, daß der Kühlmittelschlauch unten am Kühler warm wird. Der Kühlmittelregler hat dann gerade den großen Kühlmittelkreislauf geöffnet.

Einstellen

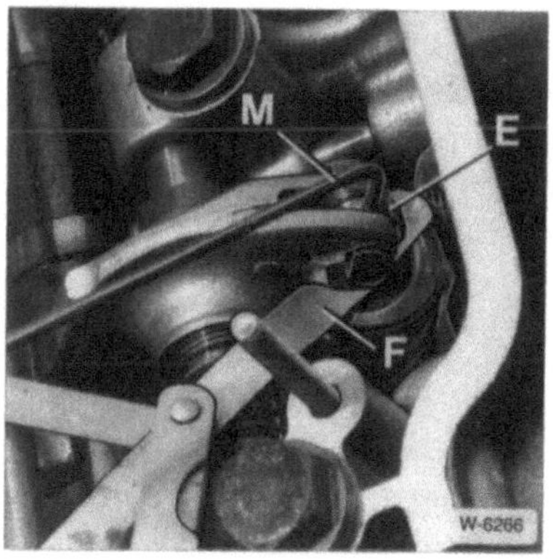

- Falls der Sollwert nicht erreicht wird, BMW-Dorn 113070 in die Bohrung des Exzenters –E– einsetzen, Mutter mit Gabelschlüssel lockern und Exzenter mit Dorn so verdrehen, bis das richtige Ventilspiel erreicht ist. Steht das BMW-Werkzeug nicht zur Verfügung, kann auch ein schmaler, in die Bohrung des Exzenters passender, Schraubendreher oder Draht –M– verwendet werden.
- Kontermutter mit ca. 10 Nm (Wert schätzen) festziehen, dabei Exzenter gegenhalten.
- Ventilspiel nochmal kontrollieren, dann Motor weiterdrehen.
- Nach dieser Anweisung ist das Spiel für sämtliche Ventile zu prüfen beziehungsweise einzustellen.
- Zylinderkopfdeckel einbauen, siehe Seite 23.

Motorölwechsel

Zum Motorölwechsel ist folgendes Werkzeug erforderlich:

- Eine Grube oder ein hydraulischer Wagenheber mit Unterstellböcken.
- Beim Benzinmotor: Ein Spezialwerkzeug zum Lösen des Ölfilters (Ölfilterzange, Spannbandschlüssel oder HAZET-Werkzeug 2169).
- 17er oder 19er Stecknuß zum Lösen der Ölablaßschraube sowie eine Ölauffangschale, die je nach Motor mindestens 5 bis 8 Liter Öl faßt (nur wenn Öl nicht abgesaugt wird).

Folgende Verschleißteile werden benötigt:

- Nur wenn Öl nicht abgesaugt wird: Aluminium-Dichtring für die Ölablaßschraube. Die Ölablaßschraube hat ein Gewinde mit 12 mm Außendurchmesser, der Dichtring hat die Größe A12x15,5 und wird manchmal mit dem Ölfilter mitgeliefert.
- Öl-Filterpatrone.
- Beim **Dieselmotor** und **Vierventil-Benzinmotor** (520/525 i seit 5/90) muß zusätzlich die Deckeldichtung (O-Ring) und die Dichtung der Rücklaufleitung ersetzt werden.
- Je nach Motor 4,25 bis 8 Liter Motoröl. Nur von BMW freigegebenes Motoröl verwenden, siehe Seite 73.

Ölwechselmenge (mit Filterwechsel):

Motor	Füllmenge
518i	4,0 l
520i – 4/90 525i – 4/90	4,25 l
520i ab 4/90* 525i ab 4/90* 530i (6-Zyl.) 535i (6-Zyl.)	5,75 l
530i, 540i (8-Zyl.)	7,5 l
524td	6,0 l
525td/tds	6,75 l
525iX	6,5 l

*) Vierventilmotoren M50

Die Mengendifferenz zwischen der Min.- und Max.-Markierung am Ölpeilstab beträgt: **1 Liter.**

Der Ölwechsel ist nach der BMW-Service-Intervallanzeige durchzuführen, beziehungsweise beim Benzinmotor alle 10 000 km und beim Dieselmotor alle 7 500 km. Falls sehr wenig gefahren wird, Ölwechsel einmal im Jahr vornehmen. Dabei wird gleichzeitig die Filterpatrone gewechselt.

Bei erschwerten Einsatzbedingungen wie Kurzstreckenverkehr, häufiger Kaltstart und staubige Straßenverhältnisse sollten Motoröl und Ölfilter in kürzeren Abständen gewechselt werden.

Das Motoröl darf auch mittels einer Sonde (an der Tankstelle) über das Ölmeßrohr abgesaugt werden. Allerdings muß das neue Öl dann meistens bei der betreffenden Tankstelle gekauft werden.

Achtung: Altöl muß auf jeden Fall bei den Altöl-Sammelstellen abgegeben werden. Die Öl-Verkaufsstellen nehmen die entsprechende Menge Altöl kostenlos entgegen, daher Quittung und Ölkanister für spätere Altölrückgabe aufbewahren! Außerdem informieren Gemeinde- und Stadtverwaltungen darüber, wo sich die nächste Altöl-Sammelstelle befindet. **Keinesfalls darf Altöl einfach weggeschüttet oder dem Hausmüll mitgegeben werden.** Größere Umweltschäden wie beispielsweise Grundwasserverseuchung wären sonst unvermeidbar.

Motoröl ablassen

- Motor auf Betriebstemperatur bringen (60° – 80° C Kühlmitteltemperatur).
- Fahrzeug waagerecht aufbocken, siehe Seite 114.
- **Dieselmotor:** Vorderen Motorraumschutz unterhalb der Ölwanne abschrauben.
- Gefäß zum Auffangen des Altöls unter die Ölwanne stellen.

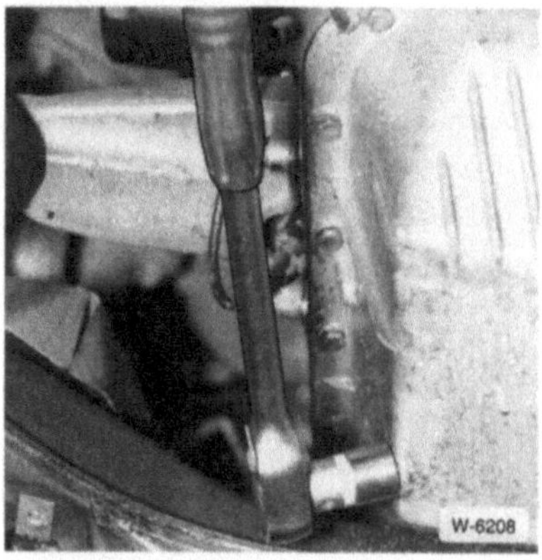
W-6208

- Ölablaßschraube seitlich an der Ölwanne herausdrehen und Altöl ganz ablassen.

Achtung: Werden im Motoröl Metallspäne und Abrieb in größeren Mengen festgestellt, deutet dies auf Freßschäden hin, zum Beispiel Kurbelwellen- oder Pleuellagerschäden. Um Folgeschäden zu vermeiden, müssen nach der Motorreparatur die Ölkanäle und Ölschläuche sorgfältig gereinigt werden. Zusätzlich muß der Ölkühler, falls vorhanden, erneuert werden.

Ölfilter ersetzen

520i/525i bis 4/90, 530i (M30), 535i:

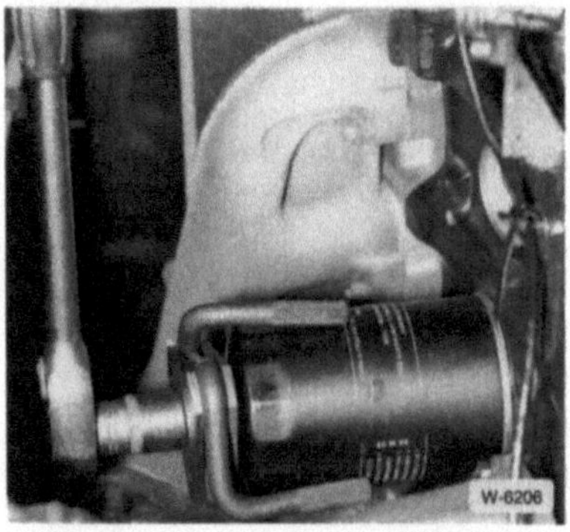
W-6206

- Ölfilter abschrauben. Hierfür gibt es spezielle Werkzeuge, zum Beispiel HAZET 2169. Man kann auch einen spitzen Schraubendreher seitlich in den Ölfilter eintreiben. Beim Drehen läuft dann allerdings Öl aus – Gefäß unterstellen.
- Ölfilterflansch mit Kraftstoff reinigen.
- Gummidichtring am neuen Ölfilter leicht mit Motoröl bestreichen. **Achtung:** Hinweise auf dem Ölfilter beachten.
- Neuen Ölfilter nur von Hand anschrauben, kein Werkzeug benutzen.

518i, 520i/525i seit 5/90 (Vierventilmotor), Dieselmotoren:

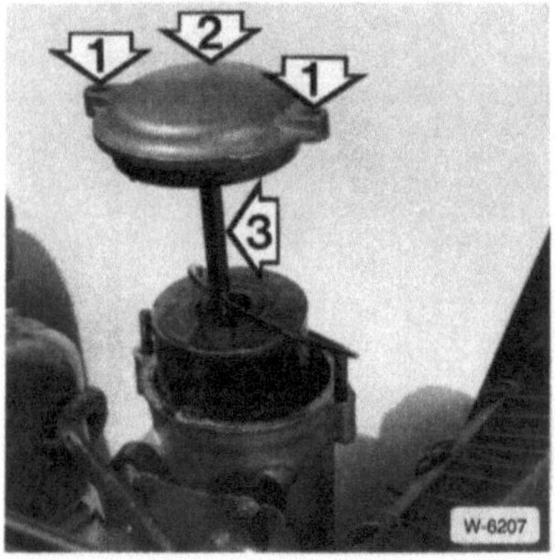

W-6207

- Dieselmotor 524td: 2 Schrauben an der Stelle –1– herausdrehen. Bei den anderen Motoren ist nur 1 Schraube in der Mitte vom Ölfilterdeckel zu lösen.
- Filterdeckel –2– mit Rücklaufleitung –3– nach oben abziehen, danach kann das Öl aus dem Filtergehäuse unter Umgehung des Rücklauf-Sperrventils in die Ölwanne zurückfließen.
- Ölfiltereinsatz –3– herausziehen. Abtropfendes Öl mit Lappen auffangen.
- Ölfilterflansch mit Kraftstoff reinigen.
- Gummidichtring am Ölfilter leicht mit Motoröl bestreichen. **Achtung:** Hinweise auf dem Ölfilter beachten.
- Neuen Filtereinsatz in das Ölfiltergehäuse einsetzen.

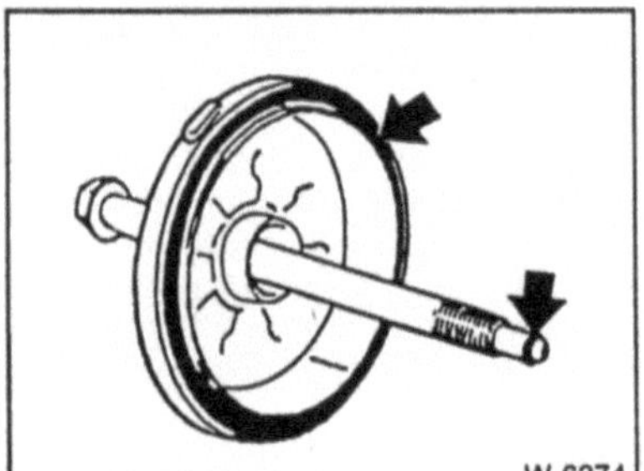
W-6274

- Ölfilterdeckel reinigen, Gummidichtringe –Pfeile– an der Zentralschraube und am Deckel ersetzen.
- Ölfilterdeckel mit Rückleitung gerade von oben aufsetzen und aufdrücken. Dabei greift die Rücklaufleitung in die entsprechende Bohrung am Filterboden.

- 1 Schraube, beim Dieselmotor 524td 2 Schrauben einsetzen, Deckel anschrauben und mit 20 Nm festziehen.

Auffüllen

- Ölablaßschraube mit neuem Dichtring einschrauben und fest, aber nicht mit zu großer Gewalt anziehen. Anzugsdrehmoment bei einer Schraube mit Schlüsselweite 17: 30 Nm, bei Schlüsselweite 19: 60 Nm.
- Je nach Modell vorgeschriebene Menge neues Öl am Einfüllstutzen des Zylinderkopfdeckels einfüllen, siehe Tabelle.
- Motor starten und mit erhöhter Drehzahl (ca. 2500/min) laufen lassen bis die Ölkontrollampe erlöscht (ca. 5 s). Motor abstellen.
- Nach 5minütiger Wartezeit Ölstand mit Meßstab kontrollieren.
- Nach Probefahrt Dichtigkeit der Ablaßschraube und des Ölfilters überprüfen, gegebenenfalls vorsichtig nachziehen.
- Betriebswarmen Motor abstellen und Ölstand nach ca. 2 Minuten nochmals prüfen, gegebenenfalls korrigieren.
- **Dieselmotor:** Untere Motorraumverkleidung anschrauben.
- Falls erforderlich, Service-Intervallanzeige zurückstellen. Dazu ist normalerweise ein spezielles Gerät erforderlich, das von BMW verkauft wird (teuer). Auf Wunsch stellt die BMW-Werkstatt die Anzeige kostenlos zurück.
- Um die Betriebsverhältnisse des Motors besser überwachen zu können, soll beim Ölwechsel immer ein Öl gleichen Typs und möglichst auch gleicher Marke verwendet werden. Daher ist es zweckmäßig, bei jedem Ölwechsel ein Hinweisschild am Motor zu befestigen, auf dem Marke und Viskosität des Öles vermerkt sind.
- Wahllos abwechselnder Gebrauch verschiedener Öltypen ist ungünstig. Motorenöle gleichen Typs, aber verschiedener Marken sollen möglichst nicht gemischt werden. Motorenöle gleichen Typs und gleicher Marke, aber verschiedener Viskosität können im Bedarfsfall während jahreszeitlicher Überschneidung ohne weiteres nachgefüllt werden.

Sichtprüfung auf Ölverlust

Bei ölverschmiertem Motor und hohem Ölverbrauch überprüfen, wo das Öl austritt. Dazu folgende Stellen überprüfen:

- Öleinfülldeckel öffnen und Dichtung auf Porosität oder Beschädigung prüfen.
- Belüftungsschläuche vom Zylinderkopfdeckel zum Luftfilter auf festen Sitz prüfen.
- Zylinderkopfdeckel-Dichtung
- Zylinderkopf-Dichtung
- Trennstelle Zündverteilerflansch
- Ölfilterdichtung: Ölfilter am Ölfilterflansch
- Ölablaßschraube (Dichtring)
- Ölwannendichtung
- Trennstelle zwischen Motor und Getriebe (Dichtung an Schwungrad oder Getriebewelle).

Da sich bei Undichtigkeiten das Öl meistens über eine größere Motorfläche verteilt, ist der Austritt des Öls nicht auf den ersten Blick zu erkennen. Bei der Suche geht man zweckmäßigerweise wie folgt vor:

- Motorwäsche durchführen. Motor mit handelsüblichem Kaltreiniger einsprühen und nach einer kurzen Einwirkungszeit mit Wasser abspritzen. Vorher Zündverteiler und Generator mit Plastiktüte abdecken.
- Trennstellen und Dichtungen am Motor von außen mit Kalk oder Talkumpuder bestäuben.
- Ölstand kontrollieren, gegebenenfalls auffüllen.
- Probefahrt durchführen. Da das Öl bei heißem Motor dünnflüssig wird und dadurch schneller an den Leckstellen austreten kann, sollte die Probefahrt über eine Strecke von ca. 30 km auf einer Schnellstraße durchgeführt werden.
- Anschließend Motor mit Lampe absuchen, undichte Stelle lokalisieren und Fehler beheben.

Motorölstand prüfen

Etwa alle 1000 km sollte der Ölstand des Motors überprüft, gegebenenfalls ergänzt werden. Dabei sollte der Motor nicht mehr als 1,0 Liter Öl auf 1000 Kilometer verbrauchen. Mehrverbrauch ist ein Anzeichen für verschlissene Ventilschaftabdichtungen und/oder Kolbenringe beziehungsweise Öldichtungen.

- Das Fahrzeug muß beim Messen auf einer waagerechten Fläche stehen.
- Nach Abstellen des Motors mindestens 3 Minuten lang warten, damit sich das Öl in der Ölwanne sammelt.
- Ölpeilstab am Motor herausziehen und mit sauberem Lappen abwischen.

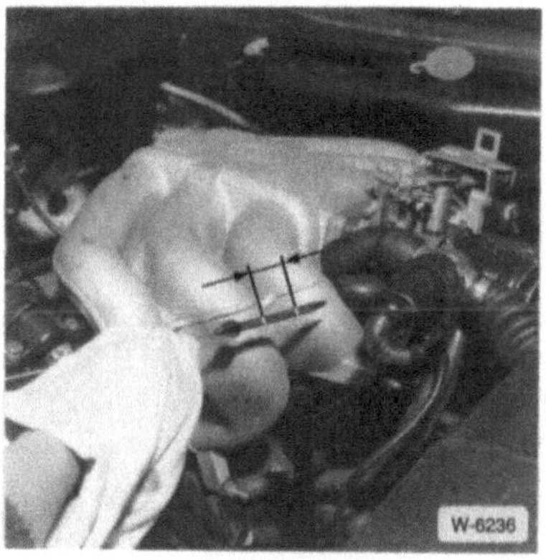

- Anschließend Meßstab bis zum Anschlag einführen und wieder herausziehen. Der Ölstand muß zwischen den beiden Markierungen liegen.
- Neues Öl erst nachfüllen, wenn sich der Ölstand der unteren Marke nähert. Die Ölmenge von der Min.- bis zur Max.-Markierung beträgt **1 Liter**.
- Nachgefüllt wird am Verschluß des Zylinderkopfdeckels. Beim Nachfüllen richtige Ölsorte verwenden, keine Zusätze verwenden, siehe Seite 73.

Kühlmittelstand prüfen

Der Kühlmittelstand sollte in regelmäßigen Abständen – etwa alle vier Wochen – geprüft werden, zumindest aber vor jeder größeren Fahrt.

Zum Nachfüllen – auch in der warmen Jahreszeit – nur eine Mischung aus Kühlerfrostschutzmittel und kalkarmem, sauberem Wasser verwenden.

Achtung: Um die Weiterfahrt zu ermöglichen, kann auch, insbesondere im Sommer, reines Wasser nachgefüllt werden. Der Kühlerfrostschutz muß dann jedoch baldmöglichst korrigiert werden.

- **518i, 520i, 525i:** Der Kühlmittelstand soll bei kaltem Motor (Kühlmitteltemperatur ca. +20° C) an der Markierung am Ausgleichbehälter beziehungsweise etwas darüber liegen.

- **530i, 535i, 524td, 525td/tds:** Das Kühlmittel soll bei kaltem Motor (Kühlmitteltemperatur ca. +20° C) bis zur Markierung am Ausgleichbehälter reichen.
- **Kaltes** Kühlmittel nur bei **kaltem Motor** nachfüllen, um Motorschäden zu vermeiden.

Achtung: Verschlußdeckel bei heißem Motor vorsichtig öffnen. Verbrühungsgefahr! Beim Öffnen Lappen über den Verschlußdeckel legen. Verschlußdeckel möglichst bei einer Kühlmittel-Temperatur unter +90° C öffnen.

- Verschlußdeckel beim Öffnen zuerst etwas aufdrehen und Überdruck entweichen lassen. Danach Deckel weiterdrehen und abnehmen.
- Sichtprüfung auf Dichtheit durchführen, wenn der Kühlmittelstand in kurzer Zeit absinkt.

Kühlmittel wechseln

Das Kühlmittel ist im Rahmen der Wartung alle 2 Jahre zu erneuern. Dazu sind folgende Werkzeuge erforderlich:

- Wagenheber und Unterstellböcke.
- Sechskant-Ringschlüsselsatz oder Stecknußkasten.
- Auffanggefäß für das Kühlmittel.

Folgende Verschleißteile werden benötigt:

- Zum **Nachfüllen** – auch in der warmen Jahreszeit – nur eine Mischung aus Kühlerfrostschutzmittel und kalkarmem, sauberem Wasser verwenden. Am besten destilliertes Wasser verwenden, damit keine Ablagerungen entstehen. Nur von BMW freigegebenes Frostschutzmittel verwenden. **Achtung:** Um die Weiterfahrt zu ermöglichen, kann auch, insbesondere im Sommer, reines Wasser nachgefüllt werden. Der Kühlerfrostschutz muß dann jedoch baldmöglichst korrigiert werden.
- Für die Ablaßschraube am Motorblock wird ein Aluminium-Dichtring der Größe A12x15,5 benötigt.

Inhalt des Kühlsystems

Motor	Füllmenge
518i	6,0 l
520i, 525i o. Klimaanl.	10,5 l
520i, 525i mit Klima.	11,0 l
530i (M30), 535i, 524td	12,0 l
530i, 540i (8-Zyl.)	12,5 l
525td/tds	9,75 l

Ablassen

- Massekabel (–) von der Batterie abklemmen.
- Heizungsschalter im Innenraum auf maximale Heizleistung stellen.
- Verschlußdeckel des Kühlsystems etwas nach links drehen und Überdruck aus dem Kühlsystem entweichen lassen. Dann Deckel weiterdrehen und ganz abnehmen.

Achtung: Bei heißem Motor vor dem Öffnen des Deckels einen dicken Lappen auflegen, um Verbrühungen durch heiße Kühlflüssigkeit oder Dampf zu vermeiden. Deckel nur bei Kühlmitteltemperaturen unter +90° C abnehmen.

- Fahrzeug vorn aufbocken, siehe Seite 114.
- Falls vorhanden, Abdeckung unter dem Kühler ausbauen.

- Sauberes Auffanggefäß unter den Kühler stellen und Ablaßschraube –Pfeil– unten am Kühler lösen. Zum Drehen der Schraube kann eine Münze genommen werden.

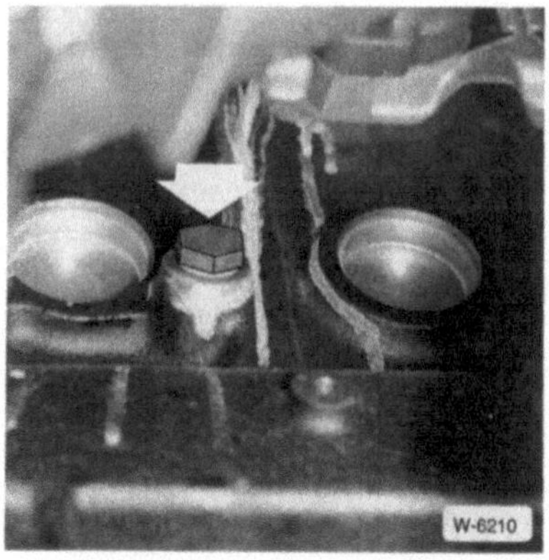

- Auffanggefäß unter den Motor stellen und Ablaßschraube –Pfeil– am Motorblock herausdrehen. Die Schraube sitzt unterhalb vom Abgaskrümmer.
- Kühlmittel ganz ablaufen lassen.

Achtung: Kühlflüssigkeit ist giftig und darf nicht einfach weggeschüttet oder dem Hausmüll mitgegeben werden. Gemeinde- und Stadtverwaltungen informieren darüber, wo sich die nächste Sondermüll-Sammelstelle befindet.
Wird die Kühlflüssigkeit zwischendurch im Rahmen einer Reparatur abgelassen, sollte sie zur Wiederverwendung aufgefangen werden.

- Ablaßschraube mit neuem Dichtring am Motorblock einschrauben und mit 50 Nm festziehen.
- Ablaßschraube am Kühler ganz leicht festziehen. Dazu eine Münze in den Schlitz der Schraube stecken und Ablaßschraube handfest anziehen.

Auffüllen

- **Benzinmotoren:** Entlüftungsschraube –1– am Thermostatgehäuse öffnen. Beim 518i liegt die Schraube direkt unterhalb des Zündverteilers.

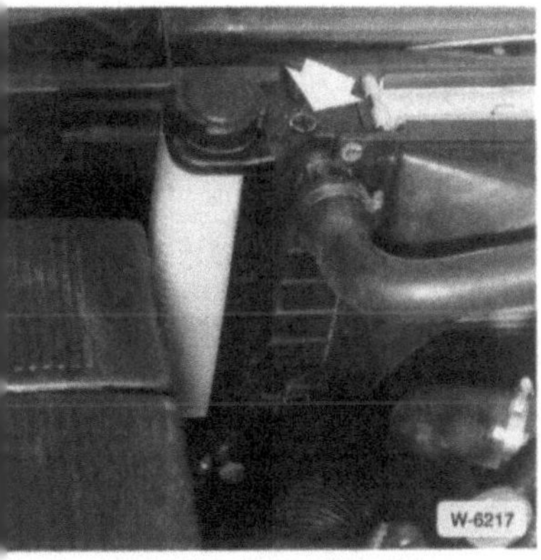

- **Nur Modelle 518i, 520i, 525i:** Zusätzlich Entlüftungsschraube –Pfeil– oben am Kühler neben dem Ausgleichbehälter öffnen.

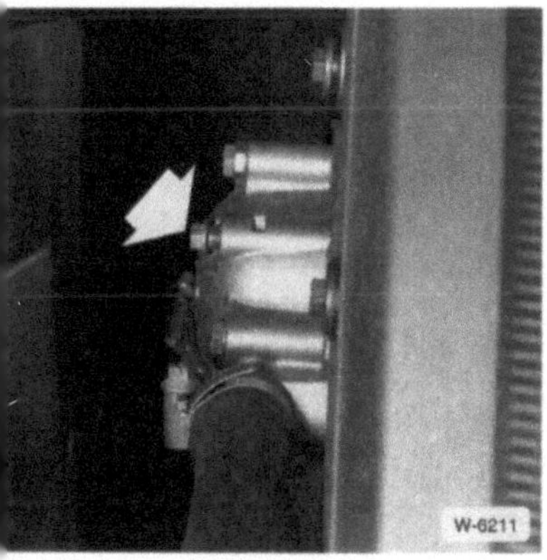

- **Dieselmotor 524td:** Entlüftungsschraube –Pfeil– am Thermostatgehäuse öffnen.

- Kühlsystem über die Öffnung des Ausgleichbehälters soweit füllen, bis der Ausgleichbehälter randvoll mit Kühlmittel ist und an den Entlüftungsschrauben Kühlflüssigkeit austritt. Die Abbildung zeigt den Ausgleichbehälter vom 530i, 535i und Diesel.

- Beim 518i, 520i und 525i sitzt der Ausgleichbehälter direkt am Kühler.
- Entlüftungsschraube am Thermostat verschließen.
- Batterie-Massekabel anklemmen.
- Motor starten und warmlaufen lassen, Drehzahl durch stoßweises Gasgeben über 2500/min halten. Die im System enthaltene Restluftmenge führt zum Absinken des Flüssigkeitsspiegels bis etwa auf die vorgeschriebene Max.-Marke, die am Ausgleichbehälter markiert ist.
- Während des Warmlaufens eventuell Kühlmittel nachfüllen und anschließend Verschlußdeckel schließen.
- Kühlsystem, insbesondere Schlauchanschlüsse sowie Ablaßschrauben und Kühlmittelpumpe, auf Dichtheit prüfen.

Kühlsystem-Sichtprüfung auf Dichtheit

- Kühlmittelschläuche durch Zusammendrücken und Verbiegen auf poröse Stellen untersuchen, hartgewordene Schläuche ersetzen.
- Die Schläuche dürfen nicht zu kurz auf den Anschlußstutzen sitzen.
- Festen Sitz der Schlauchschellen kontrollieren.
- Dichtung des Verschlußdeckels am Einfüllstutzen des Kühlers beziehungsweise Ausgleichbehälters auf Beschädigungen überprüfen.
- Motor warmlaufen lassen und prüfen, ob Kühlflüssigkeit im Bereich der Kühlmittelpumpe austritt.
- Wenn bei heißem Motor Kühlmittel aus einer Bohrung unten an der Pumpe läuft, ist in der Regel der Wellendichtring defekt. In diesem Fall Kühlmittelpumpe überholen beziehungsweise ersetzen.
- Mitunter ist es schwierig, die Leckstelle ausfindig zu machen. Dann empfiehlt sich eine Druckprüfung (Spezialgerät erforderlich) durch die Werkstatt. Hierbei kann ebenfalls das Überdruckventil des Verschlußdeckels geprüft werden.

Frostschutz prüfen

Folgendes Prüfwerkzeug wird benötigt:

- Eine Prüfspindel, die es preiswert im Zubehörhandel gibt und auch oft an Tankstellen zur Benutzung vorliegt.

Regelmäßig vor Winterbeginn sollte sicherheitshalber die Konzentration des Frostschutzmittels geprüft werden, insbesonders wenn zwischendurch reines Wasser nachgefüllt wurde.

- Motor warmfahren, bis der Kühler oben ca. handwarm ist.
- Verschlußdeckel am Ausgleichbehälter vorsichtig öffnen. **Achtung:** Nicht bei heißem Motor öffnen, siehe unter »Kühlmittel wechseln«.

- Mit Meßspindel Kühlflüssigkeit ansaugen und am Schwimmer Kühlmitteldichte ablesen. Der Frostschutz soll in unseren Breiten bis mindestens –30° C reichen.

BMW-Kühlkonzentrat ergänzen

Beispiel: Die Frostschutz-Messung mit der Spindel ergibt einen Frostschutz bis – 10° C. In diesem Fall aus dem Kühlsystem 3 l Kühlflüssigkeit ablassen und dafür 3 l reines Frostschutzkonzentrat auffüllen. Die Tabelle gilt für eine Gesamtfüllmenge des Kühlsystems von 10,5 Litern (520i, 525i ohne Klimaanlage). Bei den anderen Fahrzeugen Werte entsprechend anpassen. **Achtung:** Nur von BMW freigegebenes nitritfreies Korrosions- und Frostschutzmittel nachfüllen.

Gemess. Wert in °C	0	−10	−20	−25
Modell	Differenzmenge in l			
520i, 525i	4,2	3,0	1,5	1,0

- Verschlußdeckel am Kühler verschließen und nach Probefahrt Frostschutz erneut überprüfen.

Kompression prüfen

Folgendes Prüfgerät wird benötigt:

- Ein Kompressionsdruckprüfer, der für Benzinmotoren recht preiswert in Fachgeschäften angeboten wird. **Achtung:** Für den Dieselmotor wird ein Kompressionsdruckprüfer mit größerem Meßbereich benötigt.

Der Kompressionsdruck soll alle 80000 km geprüft werden. Bei den Benzinmotoren müssen die Zündkerzen herausgeschraubt werden; hier empfiehlt es sich, diesen Arbeitsgang mit dem fälligen Zündkerzenwechsel zu kombinieren. Beim Dieselmotor werden zur Prüfung die Glühkerzen demontiert.

Die Kompressionsprüfung erlaubt Rückschlüsse über den Zustand des Motors. Und zwar läßt sich bei der Prüfung feststellen, ob die Ventile oder die Kolben (Kolbenringe) in Ordnung beziehungsweise verschlissen sind. Außerdem zeigen die Prüfwerte an, ob der Motor austauschreif ist beziehungsweise komplett überholt werden muß.

Am meisten Aussagekraft hat der Druckunterschied zwischen den einzelnen Zylindern. Er darf maximal 1,5 bar betragen. Falls ein oder mehrere Zylinder gegenüber den anderen einen Druckunterschied von mehr als 1,5 bar haben, ist dies ein Hinweis auf defekte Ventile, verschlissene Kolbenringe beziehungsweise Zylinderlaufbahnen. Ist die Verschleißgrenze erreicht, muß der Motor überholt beziehungsweise ausgetauscht werden.

Die Höhe des angezeigten Kompressionsdrucks ist von untergeordneter Bedeutung, da er unter anderem auch vom verwendeten Meßgerät abhängt. Er soll bei den Benzinmotoren mindestens 10 bar und bei den Dieselmotoren mindestens 20 bar betragen.

- Zur Prüfung der Kompression muß der Benzinmotor betriebswarm sein, der Dieselmotor muß kalt sein.

Benzinmotoren

- Zündung ausschalten.
- Deckel von der Elektronik-Box im Motorraum hinter dem rechten Stoßdämpfer ausbauen, dazu 4 Schrauben herausdrehen.

- **520i, 525i:** Hauptrelais abziehen, damit während der Prüfung kein Kraftstoff eingespritzt wird. Das Hauptrelais sitzt bei Fahrzeugen bis 4/90 an Stelle −2−, beim neueren 520/525i (mit Vierventilmotor) an Stelle −3−.
- **530i, 535i:** Relais −1− und −2− abziehen. **Achtung:** Bei Fahrzeugen mit EML (Motorleistungsregelung) nur Relais −1− abziehen. Zusätzlich ist hier jedoch die Klemme 1 an der Zündspule abzuziehen, siehe Seite 68.
- Sämtliche Zündkerzenstecker abziehen. Hierzu gibt es eine spezielle Zange, zum Beispiel HAZET 1849. Damit dürfen die Stecker jedoch nur an den Blechhülsen gefaßt werden.
- Anschließend Zündkerzen-Nischen im Zylinderkopf mit Preßluft ausblasen, und alle Zündkerzen mit geeignetem Kerzenschlüssel herausschrauben.
- Motor mit Anlasser ein paarmal durchdrehen, damit Rückstände und Ruß herausgeschleudert werden. **Achtung:** Getriebe in Leerlaufstellung und Handbremse angezogen.

- Kompressionsdruckprüfer entsprechend der Bedienungsanleitung in die Zündkerzenöffnung drücken oder einschrauben.
- Von Helfer Gaspedal ganz durchtreten lassen und während der ganzen Prüfung mit dem Fuß festhalten.
- Motor ca. 8 Umdrehungen drehen lassen, bis kein Druckanstieg mehr auf dem Meßgerät erfolgt.
- Nacheinander sämtliche Zylinder prüfen und mit Sollwert vergleichen.
- Anschließend Zündkerzen mit **25 Nm** einschrauben und Zündkabel nach Zündfolge 1-5-3-6-2-4 aufstecken.
- Hauptrelais aufstecken, Elektronikbox verschließen.

Dieselmotor

- Prüfungsbedingung ist eine geladene Fahrzeugbatterie.
- Deckel von der Elektronik-Box rechts im Motorraum abschrauben.
- Glüh-Hauptrelais und Stecker vom Glühzeit-Steuergerät abziehen. Lage dieser Teile, siehe Kapitel »Dieselmotor«.
- Elektrisches Kabel an den Glühkerzen abschrauben und Glühkerzen mit passendem Steckschlüssel herausschrauben, siehe Seite 101.
- Kompressionsdruckprüfer anstelle der Glühkerzen einschrauben.
- Anlasser solange betätigen, bis kein Druckanstieg mehr erfolgt, Wert notieren. Nacheinander alle Zylinder prüfen.
- Glühkerzen nach erfolgter Prüfung wieder mit 25 Nm einschrauben. Gewinde vorher mit Kupferpaste »CRC«, erhältlich bei den BMW-Werkstätten, einstreichen.
- Anschlußkabel mit 5 Nm an die Glühkerzen anschrauben.
- Hauptrelais aufstecken, Stecker auf Glühzeit-Steuergerät aufstecken.
- Elektronik-Box verschließen.

Zündkerzen ersetzen / elektrische Anschlüsse prüfen

Als Spezialwerkzeug wird benötigt:

- Ein Zündkerzenschlüssel, der dem Bordwerkzeug beiliegt oder auch preiswert im Zubehörhandel zu kaufen ist.
- Zusätzlich empfiehlt sich der Kauf einer speziellen Zange, zum Beispiel HAZET 1849, die das Abziehen der Kerzenstecker erleichtert.

Folgende Verschleißteile müssen gekauft werden:

- Je nach Motor die richtige Zündkerze, siehe Kapitel »Die Zündkerzen«.

Ausbau

Nur 520i/525i seit 5/90 (Vierventilmotor)

- Öleinfülldeckel abnehmen.

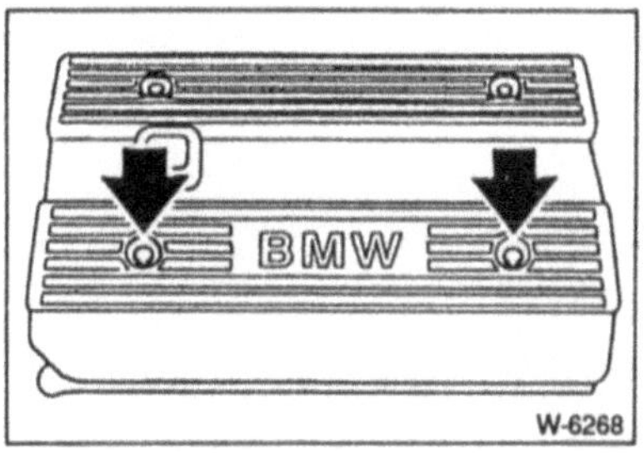

- Abdeckung der Befestigungsschrauben ausclipsen, 2 darunterliegende Schrauben lösen. Zylinderkopfabdeckung abnehmen.

- Anschlußstecker von jeder Zündspule abziehen, dazu Metallbügel an den Steckern nach oben ziehen.

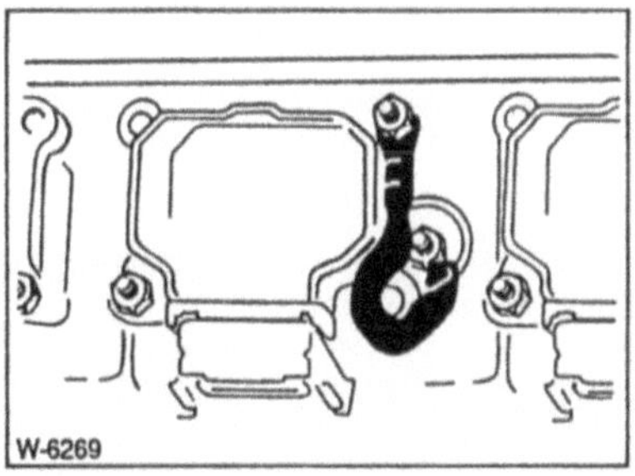

- Befestigungsschrauben an jeder Zündspule lösen, Zündspulen herausziehen. **Achtung:** Bei den Zündspulen der Zylinder 3 und 6 die Massebänder der Zylinderkopfhaube beachten. Sie müssen beim Einbau wieder an gleicher Stelle angeschraubt werden.

- Sämtliche Kerzenstecker abziehen, dabei nur an den Steckern und nicht an den Kabeln ziehen. Die erwähnte Zange erleichtert das Abziehen.
- Zündkerzen-Nischen, wenn möglich, mit Preßluft ausblasen, damit bei ausgebauten Kerzen kein Schmutz in die Gewindebohrung fällt.
- Zündkerzen mit Zündkerzenschlüssel herausschrauben und den Zustand der Kerze (sogenanntes »Kerzengesicht«) prüfen. Mit einiger Erfahrung lassen sich daraus Rückschlüsse auf den Betriebszustand des Motors ziehen. Es gelten folgende Regeln:

Elektroden und Isolierkörper

- Mittelgrau = Richtiges Arbeiten der Zündkerze und richtiges Gemisch
- Schwarz = Gemisch zu fett
- Hellgrau = Gemisch zu mager
- Verölt = Aussetzen der betreffenden Zündkerze oder schlecht abdichtende Kolbenringe (Kompression prüfen).

- Isolatoren der Zündkerzen auf Kriechströme untersuchen. Kriechströme zeigen sich als dünne, unregelmäßige Spuren auf der Oberfläche. Falls sich die Kriechstromspuren nicht vollständig entfernen lassen, betreffende Kerze und eventuell auch undichten Zündkerzenstecker austauschen.
- Falls erforderlich, Zündkerzen mit einer Messingbürste oder einem Sandstrahlgerät reinigen.

Einbau

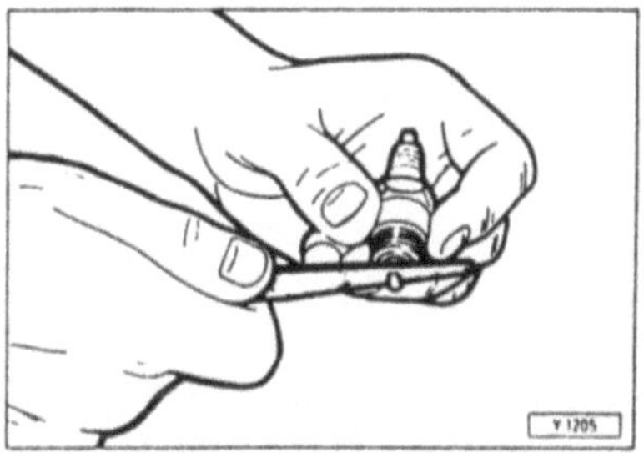

- Motoren außer Vierventilmotor: Elektrodenabstand mit Fühlerblattlehre prüfen. Bei neuen Zündkerzen ist der Elektrodenabstand in der Regel richtig eingestellt. Elektrodenabstand, siehe Seite 71.
- Zum Einstellen des Kontaktabstandes Masse-Elektrode nachbiegen. Dazu seitlich gegen die Masse-Elektrode klopfen. Beim Aufbiegen kleinen Schraubendreher am Gewinderand der Kerze abstützen, keinesfalls jedoch an der Mittel-Elektrode, da diese sonst beschädigt wird. Die Zündkerze der Vierventilmotoren ist nicht einstellbar.
- Gewinde an den Kerzen mit sauberem Lappen reinigen.
- Zündkerzen von Hand bis zur Anlage am Zylinderkopf einschrauben. **Achtung:** Dabei Kerzen nicht verkantet ansetzen.
- Zündkerzen mit **30 Nm** festziehen. **Achtung:** Steht kein Drehmomentschlüssel zur Verfügung, neue Zündkerzen mit Kerzenschlüssel um ca. 90° (¼ Umdrehung) anziehen. Gebrauchte Zündkerzen nur ca. 15° anziehen. Zu fest angezogene Zündkerzen können beim Herausschrauben abreißen oder das Gewinde im Zylinderkopf beschädigen. In diesem Fall Kerzengewinde mit UTC- oder Heli-Coil-Einsätzen reparieren.
- Kerzenstecker entsprechend der Zündfolge 1–5–3–6–2–4 beziehungsweise 1–3–4–2 aufstecken.
- Durch Hin- und Herbewegen festen Sitz der Kerzenstecker und Zündkabel prüfen und diesen sicherstellen.
- Vierventilmotoren: Zündspulen aufschrauben und Abdeckungen anbringen, in umgekehrter Reihenfolge wie unter »Ausbau« beschrieben. Auf richtigen Sitz der Kabelstecker und Massebänder achten.

Elektrische Anschlüsse prüfen

- Sämtliche elektrischen Anschlüsse an der Zündspule sowie am Verteiler auf festen Sitz prüfen.
- Angerissene Klemmen ersetzen.
- Korrodierte Anschlüsse mit einer Drahtbürste oder Schmirgelleinen reinigen, gegebenenfalls mit Kontaktspray einsprühen.
- Die Kontakte dürfen nicht feucht sein, andernfalls Kontakte reinigen und mit Kontaktspray einsprühen.
- Zündkabel auf engen Radius biegen und auf Risse prüfen. Gegebenenfalls alle Zündkabel ersetzen.

Luftfiltereinsatz wechseln

Es wird kein Sonderwerkzeug benötigt.

Folgendes Verschleißteil muß gekauft werden:

- Luftfiltereinsatz. Beim Ersatzteilkauf beachten, daß je nach Motor andere Luftfiltereinsätze benötigt werden.

Ausbau

- **520i/525i seit 5/90 sowie 530i (M30)/ 535i/524td:** Schlauchschelle –1– lösen und Ansaugluftschlauch vom Luftfilter abziehen. Die Abbildung zeigt den Dieselmotor.

- Spannverschlüsse –Pfeile– am Filtergehäuse öffnen. Die Anzahl der Spannverschlüsse variiert je nach Motortyp.
- 520i/525i seit 5/90 (Vierventilmotor): Luftfiltergehäuse mit 2 Schrauben am Halter abschrauben, siehe Seite 90.

- Luftfilterdeckel nach oben anheben und Filtereinsatz –1– herausnehmen.
- Filtergehäuse mit einem Lappen auswischen.
- Filtereinsatz bei geringer Verschmutzung vorsichtig mit der Schmutzseite nach unten ausklopfen. Verölten Filter auf jeden Fall ersetzen.

Achtung: Filtereinsatz weder mit Benzin reinigen, noch mit Öl benetzen. Filter nicht mit Preßluft ausblasen.

Einbau

- Neuen Filtereinsatz in das Luftfiltergehäuse einlegen.
- Deckel von oben ansetzen. Beim Dieselmotor darauf achten, daß die Nasen des Luftfilterdeckels in das Unterteil eingreifen. Schnellverschlüsse zuschnappen lassen.
- Falls ausgebaut, Luftschlauch aufschieben, mit Schraubschelle sichern.
- Vierventilmotor: Luftfiltergehäuse einsetzen und am Halter anschrauben.

Kraftstoffilter entwässern/ersetzen

Der Kraftstoffilter ist unabhängig von der Motorisierung alle 80000 km zu ersetzen. **Beim Dieselmotor ist der Kraftstoffilter im Rahmen der Wartung zusätzlich regelmäßig zu entwässern.**

Es wird kein Sonderwerkzeug benötigt.

Folgendes Verschleißteil muß gekauft werden:

- Kraftstoffilter für den jeweiligen Motor.

Benzinmotoren

Der Kraftstoffilter sitzt am Fahrzeugunterboden rechts vor dem Kraftstofftank. Es sind daher ein Wagenheber sowie Unterstellböcke erforderlich. Außerdem sind 2 Schlauchklemmen zum Abklemmen der Zu- und Ablaufleitung nötig. Es können auch stattdessen Schraubzwingen verwendet werden.

Ausbau

Achtung: Kein offenes Feuer, Brandgefahr!

- Fahrzeug aufbocken, siehe Seite 114.

- Kraftstoffschlauch –1– von der Kraftstoffpumpe zum Filter mit Quetschklemme abklemmen.
- Kraftstoffleitung –2– zum Verteilerrohr abklemmen und am Filter abziehen, vorher Klemmschelle am Anschluß lösen.
- Filterhalter –3– abschrauben und Filter mit Kraftstoffschlauch herausziehen.
- Kraftstoffschlauch am Kraftstoffilter abziehen, vorher Klemmschelle lösen und zurückschieben.

Einbau

- Kraftstoffschlauch zum Verteilerrohr am neuen Filter aufschieben –1– und mit Schelle sichern.
- Zweiten Kraftstoffschlauch am Kraftstoffilter aufschieben –3– und mit Schelle sichern.
- Kraftstoffilter mit elastischer Zwischenlage einsetzen und Halter anschrauben. Dabei auf richtige Einbaulage des Filters achten. Der Pfeil –2– auf dem Filtergehäuse zeigt in Durchflußrichtung.
- Klemmwerkzeug abnehmen.
- Motor starten und Dichtheit der Kraftstoffanschlüsse kontrollieren.
- Fahrzeug ablassen.

Kraftstoffilter Dieselmotor entwässern/ersetzen

Der Kraftstoffilter muß alle 10000 km oder spätestens einmal jährlich entwässert und alle 80000 km ersetzt werden. Er sitzt im Motorraum an der linken Seite. Zum Auffangen des Wassersatzes ist ein geeignetes Auffanggefäß erforderlich. **Achtung:** Auslaufender Dieselkraftstoff muß besonders auf Gummiteilen (Kühlmittelschläuche) sofort naß abgewischt werden, da er sonst diese Teile im Lauf der Zeit zersetzen kann.

Entwässern

- Entlüftungsschraube –1– oben am Filter lösen. Die Abbildung zeigt den ausgebauten Kraftstoffilter.
- Geeignete Auffangwanne unter den Ablaßstutzen –3– stellen.
- Schraube –2– unten am Filter mit der Hand einige Umdrehungen lösen. Läßt sich die Schraube nicht lösen, Rohrzange mit Lederzwischenlage verwenden.
- Etwa 200 cm^3 Wassersatz ablaufen lassen, bis reiner Dieselkraftstoff austritt. Entwässerungsventil von Hand festziehen.
- Entlüftungsschraube oben am Filter festziehen.
- Kraftstoffanlage auf Dichtheit prüfen. Dazu Motor starten. Nach mehrmaligem Gasgeben muß der Kraftstoff blasenfrei durch die durchsichtige Leitung zur Einspritzpumpe fließen.

Filterwechsel

- Flüssigkeit im Filter wie beim Entwässern ablassen.

- Kraftstoffilter mit der Hand vom Filterflansch –1– abschrauben. Falls er zu fest sitzt, mit handelsüblichem Spannbandschlüssel, zum Beispiel HAZET 2170, abschrauben.
- Wenn kein Spannbandschlüssel zur Hand ist, 2 Schrauben –2– herausdrehen und Filter mit Flansch ausbauen und Flansch in Schraubstock spannen. Vorher die Kraftstoffzuleitung und -ableitung abschrauben. Außerdem beide Kabelstecker für Filterflanschheizung und Wasserstandgeber trennen.
- Ablaßschraube mit Wasserstandgeber vom alten Filter in den neuen Filter einschrauben.
- Neuen Filter randvoll mit Diesel füllen und mit der Hand am Filterflansch anschrauben. **Achtung:** Filter nicht zu fest anschrauben. Wenn die Dichtung am Filterflansch aufliegt, nur noch ½ Umdrehung weiterdrehen. Hinweise auf dem Filter beachten.
- Gegebenenfalls Filterflansch mit Filter einbauen und beide Kabelstecker anschließen.
- Nach Probefahrt Dichtigkeit der Kraftstoffanlage überprüfen.

Keilriemen prüfen / Zahnriemen spannen / ersetzen

Keilriemen prüfen

Benötigte Sonderwerkzeuge:

- Die BMW-Werkstatt prüft die Keilriemenspannung mit einem Spezialgerät. Steht das Prüfgerät nicht zur Verfügung, »Daumenprobe« durchführen.

Benötigte Verschleißteile:

- Keilriemen entsprechender Größen. Es empfiehlt sich, immer alle Keilriemen zu erneuern, auch wenn nur einer verschlissen ist. Die richtigen Keilriemengrößen stehen in der Betriebsanleitung.

Der Zustand und die Spannung der Keilriemen für Generator, Servopumpe (für Servolenkung) sowie gegebenenfalls Klimakompressor (für Klimaanlage) müssen geprüft werden. Zu niedrige Keilriemenspannung führt zum erhöhten Verschleiß oder Ausfall des Keilriemens. Bei zu hoher Spannung können Lagerschäden an den betreffenden Aggregaten auftreten.

- Ein Keilriemen muß ersetzt werden bei: Übermäßiger Abnutzung, Ausgefransten Flanken, Ölspuren, Porosität, Querschnittbrüchen.
- Spannung aller Keilriemen prüfen, und zwar durch kräftigen Daumendruck in der Mitte zwischen den beiden Riemenscheiben, die den größten Abstand voneinander haben. Der Keilriemen darf sich um ca. 5 bis 10 mm durchdrücken lassen.
- **Keilriemen für Generator** ersetzen beziehungsweise spannen, siehe Seite 61.

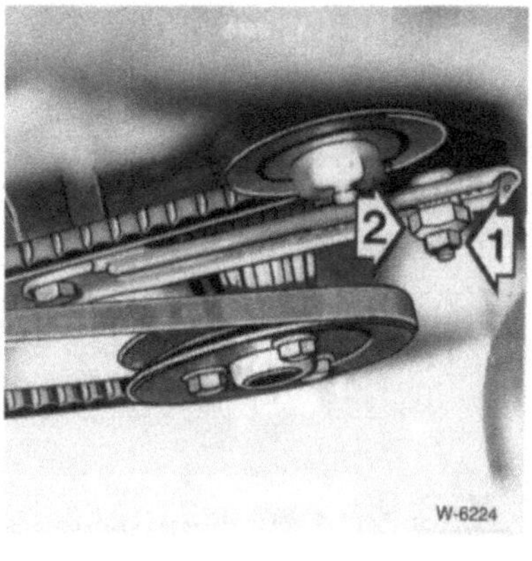

- **Keilriemen für Servopumpe:** Mutter –1– lösen und Spannrad –2– entsprechend verdrehen. Es empfiehlt sich, auch die beiden Schrauben unten am Pumpenlager zu lösen, damit die Pumpe leichter zur Seite schwenkt. Nach dem Spannen alle Schrauben wieder festziehen.
- Beim Keilriemen für **Klimakompressor** entsprechend verfahren.

Zahnriemen ersetzen

Der Zahnriemen soll nach BMW-Wartungsplan sicherheitshalber alle 80 000 km ersetzt werden. Da die Arbeit, falsch ausgeführt, zu erheblichen Motorschäden führen kann, ist auf eine exakte Arbeitsweise zu achten. Der Zahnriemenwechsel wird im Kapitel »Motor« beschrieben.

Beim **Dieselmotor 524td** soll der Zahnriemen alle 40.000 km nachgespannt werden. Zusätzlich soll der statische Förderbeginn der Einspritzpumpe kontrolliert, gegebenenfalls eingestellt werden, siehe Seite 106.

Sichtprüfung der Abgasanlage

- Fahrzeug aufbocken.
- Befestigungsschellen auf festen Sitz prüfen.
- Abgasanlage mit Lampe auf Löcher, durchgerostete Teile sowie Scheuerstellen absuchen.
- Stark gequetschte Abgasrohre ersetzen.

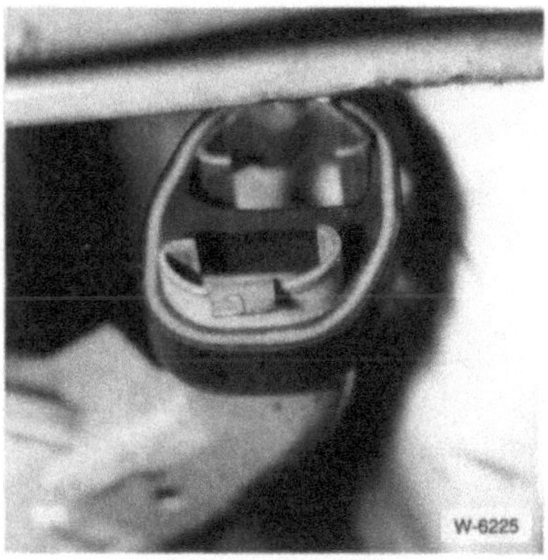

- Gummihalterungen durch Drehen und Dehnen auf Porosität überprüfen und gegebenenfalls austauschen.
- Alle 60 000 km: Flansch-Befestigungsschrauben vorderes Abgasrohr an Abgaskrümmer sowie Abgaskrümmer/ Motorblock auf **45 Nm** nachziehen. **Achtung:** Flanschverbindungen mit Spannfedern müssen nicht nachgezogen werden.

Lambda-Sonde prüfen / ersetzen

Alle 80000 km soll die Funktion der Lambda-Sonde in eingebautem Zustand mit einem Meßgerät geprüft werden, alle 100000 km muß sie routinemäßig ersetzt werden. Die vollständige Prüfung kann nur die BMW-Werkstatt über den Diagnosestecker durchführen. Einen Hinweis auf die Funktionsfähigkeit erhält man jedoch bereits durch den CO-Test, der auch die Prüfung der Lambdaregelung einschließt, siehe Seite 94.

Lambda-Sondenheizung prüfen

- Da die Lambda-Sonde nur in heißem Zustand richtig arbeitet, wird sie während dem Warmlaufen des Motors zusätzlich beheizt. Die Lambda-Regelung setzt hierdurch schon 1 bis 2 Minuten nach Motorstart ein. Wird zusätzlich zum CO-Test die Sondenheizung geprüft, kann man davon ausgehen, daß die Lambda-Regelung funktioniert.

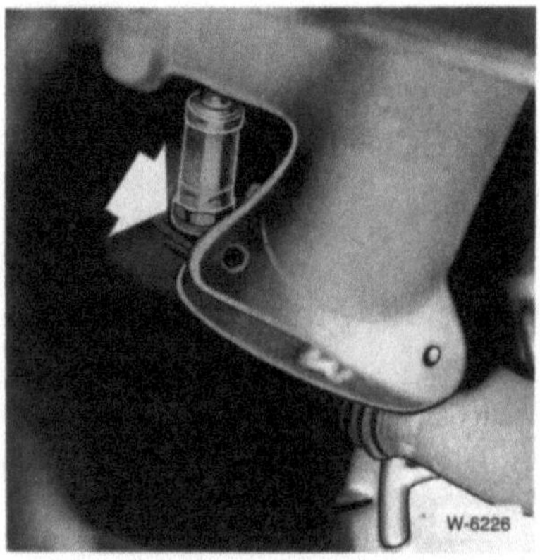

- Festen Sitz der Lambda-Sonde im vorderen Abgasrohr prüfen.
- Steckverbindung für Lambda-Sonde an der Spritzwand aufschrauben, siehe Bild W-2210 auf Seite 112.

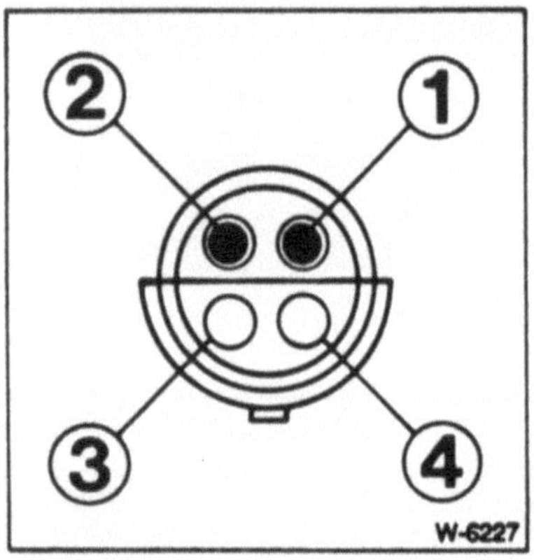

1 = Stecker für Sondenspannung (−),
2 = Stecker für Sondenspannung (+),
3 und 4 = Buchse für Sondenheizung

- Sondenheizung prüfen. Dazu Ohmmeter an Buchsen 3 und 4 (am Stecker zur Lambda-Sonde hin) anschließen und Widerstand messen. Sollwert: maximal 5 Ω Widerstand, sonst Lambda-Sonde ersetzen.

Ersetzen

- Bei Ersatz der Lambda-Sonde muß zusätzlich eine spezielle Paste für das Gewinde bei BMW gekauft werden. Außerdem beachten, daß die Lambda-Sonde nicht vorn am Sondenkörper berührt werden darf. Lambda-Sonde ersetzen, siehe Seite 112.

Kupplung/Getriebe/Achsantrieb

- Kupplung: Schläuche, Leitungen und Anschlüsse auf Undichtigkeiten prüfen, Bremsflüssigkeitsstand prüfen.
- Schalt- und Hinterachsgetriebe: Sichtprüfung auf Undichtigkeiten, Ölstand prüfen (alle 80000 km: Öl wechseln).
- Automatisches Getriebe: Flüssigkeitsstand prüfen, gegebenenfalls ATF auffüllen.
- Achswellen: Gelenkschutzhüllen auf Undichtigkeiten und Beschädigungen prüfen.
- Kardanwelle: Gelenkscheiben auf Verschleiß prüfen.

Die Motorkraft wird über die Kupplung, das Schaltgetriebe und die Kardanwelle zum Hinterachsgetriebe (Differential) übertragen. Von dort gehen zwei Achswellen zu den beiden Hinterrädern. Alle Teile müssen regelmäßig kontrolliert, das Öl in beiden Getrieben erneuert werden.

Achtung: Altöl muß auf jeden Fall bei den Altöl-Sammelstellen abgegeben werden. In der Regel nehmen die Verkaufsstellen für neues Getriebeöl das Altöl kostenlos entgegen. Außerdem informieren Gemeinde- und Stadtverwaltungen darüber, wo sich die nächste Altöl-Sammelstelle befindet. **Keinesfalls darf Altöl einfach weggeschüttet oder dem Hausmüll mitgegeben werden.** Größere Umweltschäden wie beispielsweise Grundwasserverseuchung wären sonst unvermeidbar.

Kupplungsscheibe / Dicke prüfen

Als Sonderwerkzeug wird benötigt:

- Eine BMW-Prüflehre, sie kann auch selbst angefertigt werden.

Als Verschleißteil wird benötigt:

- Nur wenn die Prüfung eine abgenutzte Kupplung ergab: Kupplungs-Mitnehmerscheibe.

Die Kupplung ist selbstnachstellend und wartungsfrei. Der Verschleiß der Kupplungsscheibe ist daher nicht am Spiel des Kupplungspedales erkennbar. Die Dicke der Kupplungsscheibe wird mit einer speziellen Kontroll-Lehre in eingebautem Zustand gemessen. Die Lehre kann selbst angefertigt werden.

Die Dicke der Kupplungsscheibe ist im Rahmen der Wartung alle 80000 km zu prüfen.

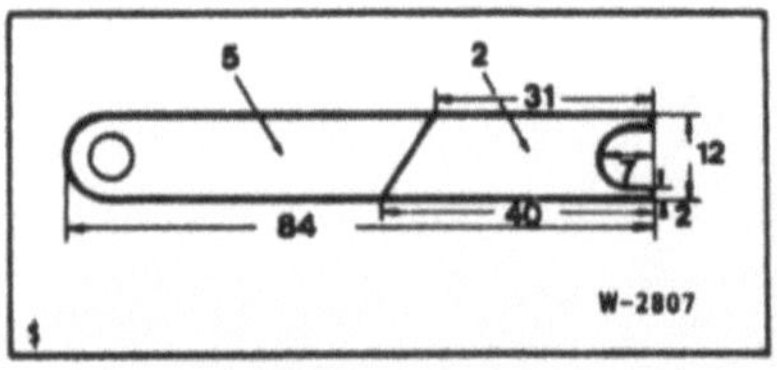

- Kontroll-Lehre nach Skizze aus Stahl anfertigen. Das vordere Teil der Lehre ist 5 mm stark, das andere Teil 2 mm.
- Fahrzeug aufbocken.

- Läßt sich die Lehre −4− bis zum Anschlag in die Öffnung des Nehmerzylinders einführen, ist der Kupplungsbelag in Ordnung.
  Bei einem Spalt von E = 5 mm, zwischen Prüflehre und Nehmerzylinder, ist die Kupplungs-Mitnehmerscheibe verschlissen und muß ausgetauscht werden.

Schaltgetriebe: Öl wechseln

Benötigtes Sonderwerkzeug:

- Zum Herausdrehen der Ablaß- und Einfüllschrauben wird ein 19er Schlüssel für Innensechskantschrauben benötigt.

Verschleißteile:

- Getriebeöl nach hier angegebener Spezifikation.

Das Getriebeöl ist alle 60 000 km im Rahmen der Wartung zu wechseln. Zwischendurch sollte das Getriebe alle 15 000 km auf Undichtigkeiten sichtgeprüft und der Ölstand kontrolliert werden. Er muß bis zur Unterkante der Einfüllschraube reichen.

- Das Getriebe muß vor dem Ölwechsel etwa handwarm sein, ggf. 15minütige Probefahrt durchführen.
- Fahrzeug waagerecht aufbocken, siehe Seite 114.

- Einfüllschraube –Pfeile– am Getriebe herausdrehen. Je nach Getriebebauart befindet sich die Öleinfüllschraube links oder rechts im Getriebegehäuse.
- Ölablaßschraube unten am Getriebe mit Innensechskantschlüssel herausdrehen. **Achtung:** Getriebeöl auffangen und bei der Altölsammelstelle abgeben, keinesfalls einfach wegschütten oder dem Hausmüll mitgeben.
- Ölablaßschraube mit 50 Nm einschrauben.
- Es dürfen nur von BMW freigegebene ATF-Öle verwendet werden. Im allgemeinen sind Automatik-Öle mit der Bezeichnung »Dexron II« zugelassen. Zum Einfüllen wird eine Ölspritzkanne oder ein Schlauch benötigt. Gefäß unterstellen und überschüssiges Öl ablaufen lassen. Nicht zuviel Öl auf einmal einfüllen.

Füllmengen:

518i, 520i, 524td: . . . . 1,0 Liter;
525i, 525td, 530i, 535i: . . . . . . 1,25 Liter.
540i. . . . . 1,75 Liter;
525iX . . . . 0,55 Liter.

Achtung: Grundsätzlich darauf achten, daß nicht mehr Öl eingefüllt wird als bis zur Unterkante der Öleinfüllbohrung.

- Einfüllschraube mit 50 Nm festziehen.
- Fahrzeug ablassen.

Automatisches Getriebe: Ölstand prüfen/Öl wechseln

Prüfen (nur Getriebe mit Einfüllrohr)

Achtung: Seit 2/91 werden bei einigen Fahrzeugen Getriebe eingebaut, die keinen Peilstab (Einfüllrohr) mehr besitzen. Die Kontrolle des vorgeschriebenen Ölstands ist nur mit einem BMW-Service-Tester über die Statusabfrage möglich. Es reicht gewöhnlich, das Getriebe auf Undichtigkeiten sichtzuprüfen und das ATF regelmäßig zu wechseln.

Der vorgeschriebene Ölstand ist für die einwandfreie Funktion des automatischen Getriebes äußerst wichtig.

Der Peilstab für die Prüfung befindet sich im Motorraum. Hier wird auch das ATF (Automatic Transmission Fluid) eingefüllt.

Achtung: Die Peilstab-Prüfung soll bei betriebswarmem Getriebe (+80° C) durchgeführt werden.

- Motor warmfahren, Getriebeöltemperatur soll etwa +80° C betragen.
- Fahrzeug unbeladen auf waagerechter Fläche abstellen.
- Motor im Leerlauf ca. 1 bis 2 Minuten laufen lassen, damit sich der Drehmomentwandler füllen kann.
- Wählhebel in Stellung »P« legen, Feststellbremse anziehen.
- Der Motor dreht während der Prüfung im Leerlauf.

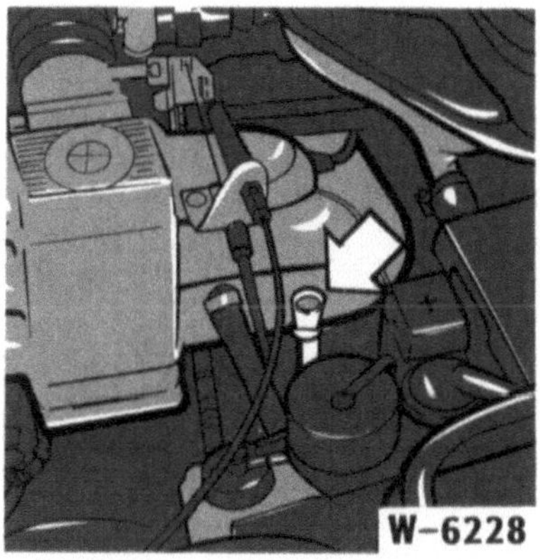

- Ölmeßstab herausziehen und mit einem sauberen, nicht fasernden Lappen, am besten mit Leder abwischen. Anschließend Meßstab voll eintauchen, wieder herausziehen und Ölstand ablesen.
- Der Flüssigkeitsstand muß bei warmem Getriebeöl (ca. +80° C) zwischen den Min.- und Max.-Markierungen liegen.

Achtung: Bei zu niedrigem Ölstand wird von der Ölpumpe deutlich hörbar Luft angesaugt. Das Öl schäumt dadurch auf und kann bei der Ölstandsprüfung zu einem falschen Ergebnis führen. In diesem Fall Motor abstellen, nach ca. 2 Minuten etwas Öl nachfüllen und anschließend Ölstand nochmals bei laufendem Motor prüfen.

- Muß ATF nachgefüllt werden, sauberen Trichter und feinmaschiges Sieb verwenden. Nachfüllmenge zwischen Min.- und Max.-Markierung am Peilstab ca. 0,3 l.

Achtung: Nicht zuviel Öl einfüllen. Zuviel Öl kann Störungen in der Automatik hervorrufen. In jedem Fall muß zuviel eingefülltes Öl wieder abgelassen oder mit einer Spritze abgesaugt werden.

- Altes Öl gleichzeitig am Peilstab auf Aussehen und Geruch prüfen. Verbrannte Reibbeläge verursachen Brandgeruch. Durch verschmutztes Öl können Störungen in der Getriebesteuerung auftreten.

Achtung: Es dürfen nur die vom Werk freigegebenen ATF-Öle verwendet werden. Im allgemeinen sind Automatic-Transmission-Öle mit der Bezeichnung »Dexron II« zugelassen.

Alle zugelassenen ATF-Öle lassen sich miteinander mischen. Keine Zusatzschmiermittel verwenden.

Ohne ATF-Füllung im Drehmomentwandler und automatischen Getriebe darf weder der Motor laufen noch darf der Wagen abgeschleppt werden.

- Nach erfolgter Prüfung oder Korrektur des Ölstandes Meßstab wieder ganz einführen.

- Fußbremse betätigen und sämtliche Wählhebelstellungen langsam durchschalten. Anschließend Ölstand nochmals kontrollieren.

Öl wechseln/Ölsieb reinigen

Benötigtes Sonderwerkzeug:

- Torxschraubendreher-Satz.

Benötigte Verschleißteile:

- ATF-Öl mit BMW-Freigabe.
- Neue Getriebe-Ölwannendichtung.

Die ATF-Füllung wird normalerweise alle 80.000 km gewechselt, gleichzeitig wird auch das Ölsieb in der Ölwanne gereinigt. Bei ATF-Wechsel ist auf allerpeinlichste Sauberkeit zu achten. Selbst geringste Verunreinigungen führen zum Ausfall der Automatik. **Achtung:** Ohne ATF-Füllung darf der Motor nicht laufengelassen werden. Auch darf das Fahrzeug ohne ATF-Füllung nicht abgeschleppt werden.

- Der Ölwechsel soll bei betriebswarmem Getriebe durchgeführt werden.
- Öleinfüllrohr unten von der Ölwanne abschrauben, ablaufendes Öl auffangen.

Achtung: Hat das Öl einen verbrannten Geruch und eine schwärzliche Färbung, muß das Getriebe überholt werden.

Getriebe ohne Öleinfüllrohr:

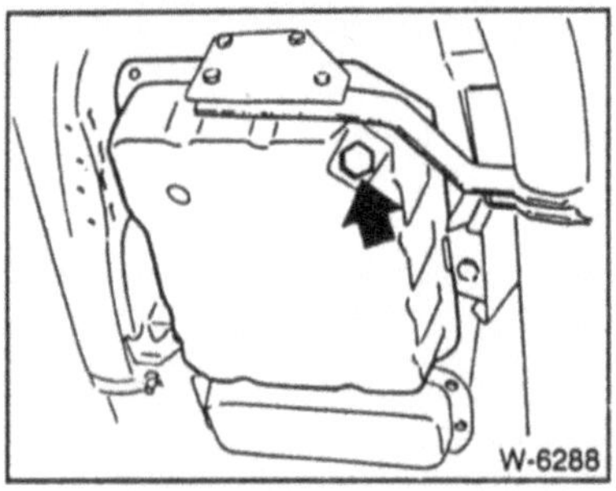

- Ölablaßschraube unten von der Ölwanne abschrauben, ablaufendes Öl auffangen. **Achtung:** Getriebeöl bei der Altölsammelstelle abgeben, keinesfalls einfach wegschütten oder dem Hausmüll mitgeben.

Hat das Öl einen verbrannten Geruch und eine schwärzliche Färbung, muß das Getriebe überholt werden.

- Öleinfüllschraube seitlich an der Ölwanne abschrauben.
- Ölablaßschraube mit neuem Dichtring fest, aber nicht mit zu großer Gewalt anziehen. Der vorgeschriebene Anzugsmoment beträgt 25 Nm.
- Über die seitliche Öleinfüllöffnung ATF einfüllen bis es zur Einfüllöffnung herausläuft. Überschüssiges Öl auffangen.
- Öleinfüllschraube mit neuem Dichtring fest, aber nicht mit zu großer Gewalt anziehen. Das vorgeschriebene Anzugsmoment beträgt 30 Nm.

Getriebe mit Einfüllrohr:

- Ölwanne abschrauben und sorgfältig reinigen. In der Ölwanne befinden sich zwei Magnetscheiben, die etwaige Metallspäne festhalten sollen. Magnete reinigen. **Achtung:** Zum Reinigen nur sauberen, nicht fasernden Lappen benutzen und bei allen Arbeitsschritten auf peinlichste Sauberkeit achten.
- Blech mit Ölsieb unten aus dem Getriebegehäuse herausschrauben. Dazu wird ein Torxschraubendreher benötigt. 3 Befestigungsschrauben herausdrehen, Blech herausnehmen.
- Ölsieb in Benzin reinigen, bei beginnender Verharzung, erkennbar am bräunlich eingebrannten Niederschlag, ersetzen.
- Ölsieb mit Dichtung in das Blech einsetzen, Blech wieder in das Getriebegehäuse einsetzen und die Torxschrauben mit 25 Nm anschrauben.
- Ölwanne mit Magneten und neuer Dichtung anschrauben. Dabei die Haltewinkel so befestigen, daß der kurze Schenkel auf die Ölwanne drückt. Die zwei Haltewinkel mit den geraden Schenkeln müssen seitlich montiert werden.
- Öleinfüllrohr an der Ölwanne festschrauben.
- Ca. 3,0 Liter ATF einfüllen. **Achtung:** Es dürfen nur die von BMW freigegebenen Öle verwendet werden, siehe Betriebsanleitung.
- Ölstand kontrollieren, siehe unter »prüfen«.

Öl im Ausgleichgetriebe wechseln

Benötigtes Sonderwerkzeug:

- 10- oder 12-mm Innensechskantschlüssel für Einfüll- und Ablaßschrauben.

Benötigte Verschleißteile:

- Öl gemäß BMW-Spezifikation.
- 2 Dichtringe, Größe A22x27.
- Kurze Probefahrt durchführen, damit das Öl im Ausgleichgetriebe Betriebstemperatur erreicht.
- Fahrzeug waagerecht aufbocken.

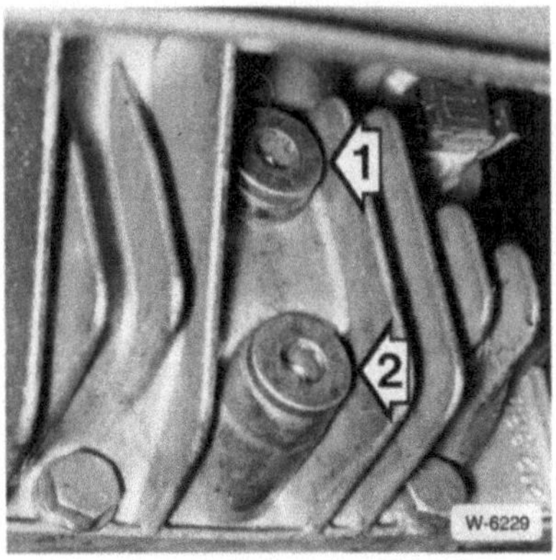

- Öleinfüllschraube –1– mit Innensechskantschlüssel herausdrehen.
- Wenn geringfügig Öl austritt, war der Ölstand in Ordnung und das Getriebe dicht. Andernfalls mit Finger prüfen, ob der Ölstand bis zur Unterkante der Öffnung reicht.

Achtung: Bei größerem Ölverlust Ursache ermitteln und beseitigen.

- Ölablaßschraube –2– unterhalb der Öleinfüllschraube herausdrehen und Getriebeöl auffangen. **Achtung:** Öl umweltgerecht entsorgen!
- Die Ölablaßschraube ist magnetisch, damit die Metallspäne im Getriebe daran haften bleiben. Metallspäne von der Schraube abwischen. Anschließend Ablaßschraube mit neuem Dichtring und **55 Nm** einschrauben.
- Mit Spritzkanne Öl nachfüllen.

Öl-Spezifikation: Hypoid-Getriebeöl SAE 75W-90. Dabei nur ein von BMW freigegebenes Öl verwenden, dies steht auf der Öldose. **Achtung:** Bei Fahrzeugen mit Selbstsperrdifferential (Mehrausstattung) muß höherwertiges Öl genommen werden. Das höherwertige Öl darf in alle Hinterachs-Ausgleichgetriebe eingefüllt werden. Von BMW freigegeben sind zum Beispiel: BMW Hinterachsgetriebeöl Synthetik MSP, Aral Getriebeöl BS-LS, Avia Hypoid 75W-90 LS, Castrol SAF-XLS, Shell Getriebeöl MLS-BMW, Veedol SAF 55.

Füllmengen:

alle außer 535i, 540i: . . . . 1,7 Liter
535i, 540i: . . . . 1,9 Liter
Vorderachsgetriebeöl 525iX: . . . 0,7 Liter

Achtung: Getriebeöl ist zähflüssig, deshalb nicht zuviel Öl auf einmal einfüllen. Jeweils Wartepausen einlegen und Gefäß unterstellen, um überlaufendes Öl aufzufangen.

- Öleinfüllschraube mit neuem Dichtring und **55 Nm** anschrauben.

Gummimanschetten der Achswellen prüfen

- Fahrzeug aufbocken.
- Auf sichtbare Fettspuren an den Manschetten und in deren Umgebung achten.
- Festen Sitz der Klemmschellen prüfen.
- Gummi der Manschette mit Lampe auf Porosität und Risse untersuchen. Eingerissene Gelenkschutzhüllen umgehend erneuern.
- Sollte die Manschette durch Unterdruck im Gelenk nach innen gezogen oder defekt sein, so ist sie umgehend auszutauschen.

Gelenkscheiben an der Gelenkwelle prüfen

- Fahrzeug aufbocken.

- Gelenkscheiben vorn und hinten mit Lampe auf Verschleiß, Beschädigungen und Verformungen prüfen.
- Zwischenstege im Bereich der Paßhülsen –Pfeile– auf Risse prüfen, gegebenenfalls Gelenkscheibe erneuern.
- Bei Verformungen Gelenkwelle entspannen; wenn die Verformung bestehen bleibt, Gelenkscheibe ebenfalls ersetzen.
- Fahrzeug ablassen.

- Bremsanlage: Leitungen, Schläuche, Bremszylinder und Anschlüsse auf Undichtigkeiten und Beschädigungen prüfen.
- Bremsanlage: Bremsflüssigkeitsstand und Dicke der Bremsbeläge prüfen. Die Wartungspunkte der Bremsanlage beziehen sich auf die jeweiligen Anweisungen im Kapitel »Bremsanlage«.
- Räder: Abschrauben, Zustand der Felgen (auch innen) prüfen, Räder reinigen, an der Radmittenzentrierung fetten und mit vorgeschriebenem Drehmoment anschrauben.
- Bereifung: Profiltiefe und Reifenfülldruck prüfen; Reifen auf Verschleiß und Beschädigungen (einschließlich Reserverad) prüfen.
- Vorderradlager: Spiel prüfen.

Bremsflüssigkeitsstand/ Warnleuchte prüfen

Der Vorratsbehälter für die Bremsflüssigkeit/Kupplungshydraulik befindet sich im Motorraum. Er hat zwei Kammern, je eine für jeden Bremskreis. Der Schraubverschluß hat eine Belüftungsbohrung, die nicht verstopft sein darf.

Der Vorratsbehälter ist durchscheinend, so daß der Bremsflüssigkeitsstand jederzeit von außen überwacht werden kann. Die Check-Control zeigt ein Absinken der Bremsflüssigkeit unter den Min.-Stand an. Dennoch ist es ratsam, regelmäßig einen Blick auf den Vorratsbehälter zu werfen.

- Der Flüssigkeitsstand soll, bei geschlossenem Deckel, nicht höher als die Max.-Markierung und nicht unterhalb der Min.-Marke (etwa 5 mm oberhalb beziehungsweise unterhalb der Schweißnaht) liegen.
- Nur Bremsflüssigkeit der Spezifikation **DOT 4** einfüllen.
- Durch Abnutzung der Scheibenbremsen entsteht ein geringfügiges Absinken der Bremsflüssigkeit. Das ist normal.
- Sinkt die Bremsflüssigkeit jedoch innerhalb kurzer Zeit stark ab, ist das ein Zeichen für Bremsflüssigkeitsverlust. Die Leckstelle muß dann sofort ausfindig gemacht werden. In der Regel liegt es an verschlissenen Manschetten in den Radbremszylindern. Sicherheitshalber sollte die Überprüfung der Anlage von einer Fachwerkstatt durchgeführt werden.

Warnleuchte prüfen

- Zündung einschalten, Feststellbremse lösen.

- Kontakt im Verschlußdeckel mit dem Daumen nach unten drücken.
- Ein Helfer kontrolliert, ob die Warnleuchte jeweils aufleuchtet. Falls nicht, elektrische Zuleitung gemäß Stromlaufplan prüfen.

Bremsbelagdicke prüfen

Bei abgefahrenen **vorderen oder hinteren** Scheibenbremsbelägen leuchtet in der Armaturentafel eine Warnleuchte auf. In diesem Fall die Bremsbeläge umgehend ersetzen.

- Scheibenrad zur Radfelge mit Farbe kennzeichnen, damit das ausgewuchtete Rad wieder an gleicher Stelle montiert werden kann. Radschrauben lösen.
- Fahrzeug aufbocken, Räder abnehmen.

- Belagdicke – also ohne metallne Rükkenplatte – von oben durch den Bremsträger sichtprüfen. Im Zweifelsfall Bremsbeläge ausbauen und Belagdicke mit Schieblehre messen. Bei der Feststellbremse hierzu Bremstrommel mit Bremsscheibe ausbauen.
- Die Verschleißgrenze der **Scheibenbremsbeläge** an der Vorder- und Hinterachse ist erreicht, wenn der Belag nur noch eine Dicke von **2 mm** aufweist.
- Bei der **Feststellbremse** (Trommelbremse) ist die Verschleißgrenze erreicht, wenn der Belag eine Stärke von **1,5 mm** hat.
- Ist die Verschleißgrenze erreicht, Bremsbeläge auswechseln. Grundsätzlich alle Beläge einer Achse erneuern.

Hinweis: Nach einer Faustregel entspricht 1 mm Bremsbelag einer Fahrleistung von mindestens 1000 km. Diese Faustregel gilt unter ungünstigen Bedingungen. Im Normalfall halten die Beläge viel länger. Bei einer Belagdicke der Scheibenbremsbeläge von 5,0 mm (ohne Rückenplatte) beträgt die Restnutzbarkeit der Bremsbeläge also noch mindestens 3000 km.

Sichtprüfung bei allen Bremsleitungen

- Fahrzeug aufbocken, siehe Seite 114.
- Bremsleitungen mit Kaltreiniger reinigen.

Achtung: Die Bremsleitungen sind zum Schutz gegen Korrosion mit einer Kunststoffschicht überzogen. Wird diese Schutzschicht beschädigt, kann es zur Korrosion der Leitungen kommen. Aus diesem Grund dürfen Bremsleitungen nicht mit Drahtbürste, Schmirgelleinen oder Schraubendreher gereinigt werden.

- Bremsleitungen vom Hauptbremszylinder zu den einzelnen Radbremszylindern mit Lampe überprüfen. Der Hauptbremszylinder sitzt im Motorraum unter dem Vorratsbehälter für Bremsflüssigkeit.
- Bremsleitungen dürfen weder geknickt noch gequetscht sein. Auch dürfen sie keine Rostnarben oder Scheuerstellen aufweisen. Andernfalls Leitung bis zur nächsten Trennstelle ersetzen.
- Bremsschläuche verbinden die Bremsleitungen mit den Radbremszylindern an den beweglichen Teilen des Fahrzeugs. Sie bestehen aus hochdruckfestem Material, können aber mit der Zeit porös werden, aufquellen oder durch scharfe Gegenstände angeschnitten werden. In einem solchen Fall sind sie sofort zu ersetzen.

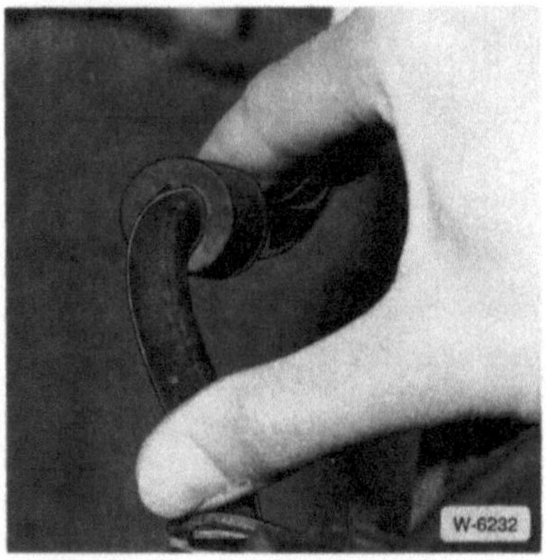

- Bremsschläuche mit der Hand hin- und herbiegen, um Beschädigungen festzustellen. Schläuche dürfen nicht verdreht sein, farbige Kennlinie beachten!
- Lenkrad nach links und rechts bis zum Anschlag drehen. Die Bremsschläuche dürfen dabei in keiner Stellung Fahrzeugteile berühren.
- Anschlußstellen von Bremsleitungen und -schläuchen dürfen nicht durch ausgetretene Flüssigkeit feucht sein.

Achtung: Wenn der Vorratsbehälter und die Dichtungen durch ausgetretene Bremsflüssigkeit feucht sind, so ist das nicht unbedingt ein Hinweis auf einen defekten Hauptbremszylinder. Vielmehr dürfte die Bremsflüssigkeit durch die Belüftungsbohrung im Deckel oder durch die Deckeldichtung ausgetreten sein.

Bremsflüssigkeit wechseln

Benötigtes Sonderwerkzeug:

- Ringschlüssel 10 mm für Entlüfterschrauben.

Benötigte Verschleißteile:

- Bremsflüssigkeit der Spezifikation DOT 4.

Die Bremsflüssigkeit nimmt durch die Poren der Bremsschläuche sowie durch die Entlüftungsöffnung des Vorratsbehälters Luftfeuchtigkeit auf. Dadurch sinkt im Laufe der Betriebszeit der Siedepunkt der Bremsflüssigkeit. Bei starker Beanspruchung der Bremse kann es deshalb zu Dampfblasenbildung in den Bremsleitungen kommen, wodurch die Funktion der Bremsanlage stark beeinträchtigt wird.

Die Bremsflüssigkeit soll einmal jährlich, möglichst im Frühjahr, erneuert werden.

- Vorsichtsmaßregeln beim Umgang mit Bremsflüssigkeit beachten, siehe Seite 156.
- Mit einer Absaugflasche aus dem Bremsflüssigkeitsbehälter Bremsflüssigkeit bis zu einem Stand von ca. 10 mm absaugen.

Achtung: Vorratsbehälter nicht ganz entleeren, damit keine Luft in das Bremssystem gelangt.

- Vorratsbehälter bis zur „Maximum"-Marke mit **neuer** Bremsflüssigkeit füllen.
- Am rechten hinteren Bremssattel sauberen Schlauch auf Entlüfterventil aufschieben, geeignetes Gefäß unterstellen.
- Entlüfterventil öffnen und mit ca. 10 Pumpenstößen am Bremspedal alte Bremsflüssigkeit herauspumpen.
- Entlüfterventil schließen, Vorratsbehälter mit **neuer** Bremsflüssigkeit auffüllen.
- Auf die gleiche Weise alte Bremsflüssigkeit aus den anderen Bremssätteln herauspumpen.

Achtung: Die abfließende Bremsflüssigkeit muß in jedem Fall klar und blasenfrei sein.

- Alte Bremsflüssigkeit bei der örtlichen Deponie für Sondermüll abgeben.

Feststellbremse prüfen

Die Feststellbremse ist an den Hinterrädern als Trommelbremse ausgebildet. Sie befindet sich in den hinteren Scheibenbremsen. Da der Bremsbelag der Feststellbremse kaum abgenutzt wird, kann es vorkommen, daß die Bremstrommel korrodiert oder die Bremsbeläge verschmutzt. Vor einer Prüfung der Feststellbremse empfiehlt es sich deshalb, bei leicht angezogener Handbremse ca. 400 m zu fahren.

- Fahrzeug hinten aufbocken.

- Feststellbremse bis zur 5. Raste anziehen. Beide Räder von Hand durchdrehen. An den Hinterrädern muß nun eine leichte Bremswirkung spürbar sein.
- Handbremse 6 Rasten anziehen, die Hinterräder müssen sich jetzt gerade noch von Hand durchdrehen lassen. Muß die Handbremse weiter angezogen werden, bis sich eine Bremswirkung feststellen läßt, Feststellbremse einstellen, siehe Kapitel »Bremsanlage«.
- Fahrzeug ablassen.

Reifenfülldruck prüfen

- Reifenfülldruck nur am kalten Reifen prüfen.
- Reifenfülldruck einmal im Monat sowie im Rahmen der Wartung prüfen. Fülldrucktabelle, siehe Seite 172.
- Zusätzlich sollte der Fülldruck vor längeren Autobahnfahrten kontrolliert werden, da hierbei die Temperaturbelastung für den Reifen am größten ist.

Reifenprofil prüfen

Die Reifen ausgewuchteter Räder nutzen sich bei gewissenhaftem Einhalten des vorgeschriebenen Fülldrucks und bei fehlerfreier Radeinstellung und Stoßdämpferfunktion auf der gesamten Lauffläche annähernd gleichmäßig ab. Bei ungleichmäßiger Abnutzung, siehe Störungsdiagnose im Kapitel »Reifen«. Im übrigen läßt sich keine generelle Aussage über die Lebensdauer bestimmter Reifenfabrikate machen, denn die Lebensdauer hängt von unterschiedlichen Faktoren ab:

- Fahrbahnoberfläche
- Reifenfülldruck
- Fahrweise
- Witterung

Vor allem sportliche Fahrweise, scharfes Anfahren und starkes Bremsen fördern den schnellen Reifenverschleiß.

Achtung: Die Rechtsprechung verlangt, daß Reifen lediglich bis zu einer Profiltiefe von 1,6 mm abgefahren werden dürfen, und zwar müssen die Profilrillen auf der gesamten Lauffläche noch mindestens 1,6 mm Tiefe aufweisen. Es empfiehlt sich jedoch, sicherheitshalber die Reifen bereits bei einer Mindestprofiltiefe von 2 mm auszutauschen.

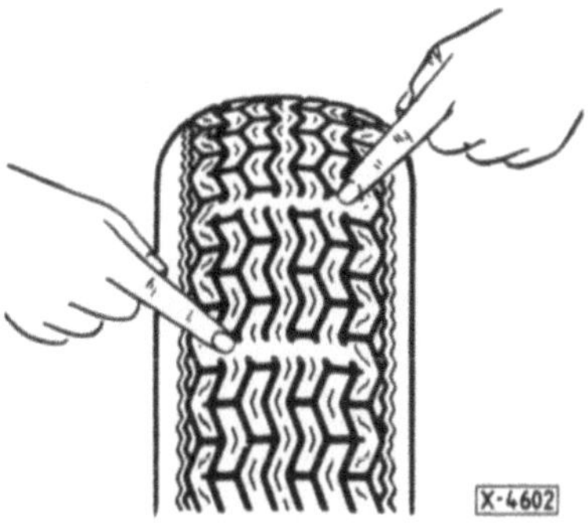
X-4602

Nähert sich die Profiltiefe der gesetzlich zulässigen Mindestprofiltiefe, das heißt, weist der mehrmals am Reifenumfang angeordnete 1,6 mm hohe Verschleißanzeiger an diesen Stellen kein Profil mehr auf, sollten die Reifen bald gewechselt werden.

Achtung: M + S-Reifen haben auf Matsch und Schnee nur ausreichende Wirkung, wenn ihr Profil noch mindestens 4 mm tief ist.

Achtung: Reifen auf Schnittstellen untersuchen und mit kleinem Schraubendreher Tiefe der Schnitte feststellen. Wenn die Schnitte bis zur Karkasse reichen, korrodiert durch eindringendes Wasser der Stahlgürtel. Dadurch löst sich unter Umständen die Lauffläche von der Karkasse, der Reifen platzt. Deshalb: Bei tiefen Einschnitten im Profil aus Sicherheitsgründen Reifen austauschen.

Reifenventil prüfen

- Staubschutzkappe vom Ventil abschrauben.
- Etwas Seifenwasser auf das Ventil geben. Wenn sich eine Blase bildet, Ventil mit umgedrehter Schutzkappe festdrehen.

Achtung: Zum Anziehen des Ventils kann nur eine Metallschutzkappe verwendet werden. Metallschutzkappen sind an der Tankstelle erhältlich.

- Ventil erneut prüfen. Falls sich wieder Blasen bilden oder sich das Ventil nicht weiter anziehen läßt, Ventil erneuern.
- Grundsätzlich Schutzkappe wieder befestigen.

Lenkung/Vorderachse

- Spurstangenköpfe: Spiel und Befestigung prüfen, Staubkappen prüfen.
- Achsgelenke: Staubkappen prüfen.
- Lenkung: Spiel prüfen, Faltenbälge auf Undichtigkeiten und Beschädigungen prüfen. Befestigungsschrauben mit richtigem Drehmoment nachziehen.
- Radlagerspiel Vorderräder prüfen.
- Servolenkung: Flüssigkeitsstand prüfen, gegebenenfalls Hydrauliköl auffüllen.

Staubkappen für Spurstangen-/Achsgelenke prüfen

- Fahrzeug vorn aufbocken.

W-6233

- Staubkappen links und rechts mit Lampe anstrahlen und auf Beschädigungen überprüfen, dabei auf Fettspuren an den Manschetten und in deren Umgebung achten.
- Bei beschädigter Staubkappe, entsprechendes Gelenk auswechseln. Eingedrungener Schmutz zerstört mit Sicherheit das Gelenk.
- Befestigungsmutter für die Gelenke auf festen Sitz prüfen, dabei Mutter jedoch nicht verdrehen. Lockere Muttern ersetzen.

Lenkungsspiel prüfen

- Lenkrad in Mittelstellung bringen.

- Durch das geöffnete Fenster Lenkrad hin- und herbewegen. Am Lenkrad darf dabei maximal ein Spiel von etwa 25 mm vorhanden sein, ohne daß die Räder sich bewegen.
- Bei größerem Spiel am Lenkrad sind Lenkgestänge, Lenkgetriebe und die Lagerspiele der Vorderachse zu prüfen.
- Spurstangen kräftig von Hand hin- und herbewegen. Die Kugelgelenke dürfen kein Spiel aufweisen, andernfalls Gelenke oder Spurstange ersetzen.

Radlagerspiel prüfen

- Fahrzeug vorn aufbocken. Die Vorderräder müssen frei drehen.
- Reifen oben mit der einen Hand kräftig nach außen ziehen, gleichzeitig unten mit der anderen Hand zur Fahrzeugmitte drücken. Anschließend oben nach innen drücken, gleichzeitig unten herausziehen. Wenn ein merklicher Ruck spürbar ist, hat das Vorderradlager zuviel Spiel. Vorgang mehrere Male wiederholen. Es darf kein merkliches Spiel vorhanden sein.
- Prüfung am anderen Vorderrad durchführen, gegebenenfalls defekte Lager ersetzen.
- Fahrzeug ablassen.

Ölstand für Servolenkung prüfen

Benötigtes Sonderwerkzeug: Keines.

Benötigte Verschleißteile:

- ATF-Öl nach angegebener Spezifikation.

Der Ölstand für die Lenkhilfe sollte alle 10000 km geprüft werden. **Achtung:** Bei Fahrzeugen mit **Niveauregulierung** wird das ATF-Öl der Servolenkung auch für die automatische Stoßdämpferregulierung verwendet. Der Vorratsbehälter unterscheidet sich vom abgebildeten. Hinweise am Ende des Kapitels beachten.

- Der Ölstand kann bei kaltem oder betriebswarmem Öl geprüft werden. Betriebswarmes Öl hat eine Temperatur von ca. +80° C, die Temperatur von kaltem Hydrauliköl entspricht der Umgebungstemperatur.
- Bei abgestelltem Motor Verschlußdeckel für Vorratsbehälter abschrauben. Meßstab am Deckel mit sauberem, fusselfreiem Lappen abwischen.

- Deckel wieder aufsetzen und abnehmen (nicht einschrauben). Der Ölstand soll bei aufgelegtem Deckel zwischen den Markierungen am Meßstab liegen, gegebenenfalls Ölstand berichtigen. Nachgefüllt werden darf ein Automatic-Transmission Fluid (ATF) mit der Bezeichnung Dexron, beziehungsweise Dexron II. Das Öl muß von BMW freigegeben sein (steht auf der Öldose). Grundsätzlich nur **neues Öl** nachfüllen, da bereits kleinste Verunreinigungen zu Störungen an der hydraulischen Anlage führen können.
- Die Gesamtfüllmenge beträgt insgesamt ca. 1,0 Liter.
- Motor laufen lassen und gegebenenfalls Öl nachfüllen, bis der Ölstand zwischen den Markierungen liegt.
- Anschließend bei laufendem Motor das Lenkrad mehrmals von Anschlag zu Anschlag bewegen, dadurch entlüftet sich die Anlage.
- Motor abstellen. Der Ölstand darf jetzt ca. 5 mm über die Max.-Markierung ansteigen. Dichtring am Deckel auf Porosität oder Beschädigung prüfen.
- Vorratsbehälter verschließen.

Fahrzeuge mit Niveauregulierung und Servolenkung

- Bei stehendem Motor Handrad am Behälter lösen, Deckel abnehmen.
- Der Ölstand muß bei **unbeladenem** Fahrzeug in Höhe des Siebbodens im Behälter liegen, maximal 5 mm darüber stehen.
- Zum Nachfüllen darf nur **Pentosin CHF 11 S** oder, falls nicht erhältlich, **LHM**-Öl verwendet werden.
- Nach jedem Nachfüllen Motor anlassen und Lenkrad zur Entlüftung der Anlage je 2mal ganz nach links und rechts drehen.
- Motor abstellen und nach 2 Minuten Ölstand überprüfen, gegebenenfalls korrigieren.

Befestigungsschrauben an der Lenkung nachziehen

Benötigtes Sonderwerkzeug:

- Drehmomentschlüssel mit Stecknußkasten.

Die Schrauben an der Lenkung sind regelmäßig auf das richtige Anzugsdrehmoment nachzuziehen. Aufbau der Lenkung, siehe entsprechendes Buchkapitel.

- Fahrzeug aufbocken, siehe Seite 114.
- Sicherheits-Befestigungsschrauben des Lenkgetriebes am Vorderachsträger des Rahmenbodens: **40 bis 50 Nm**.
- Lenkstockhebel an Lenkgetriebe: **mindestens 60 Nm**.
- Selbstsichernde Muttern an den Spurstangengelenken: **35 Nm**.
- Spurstange an Kugelgelenk: **60 Nm**.
- Spurstangen-Klemmschraube: **15 Nm**.
- Lenkführungshebel an Vorderachsträger: M10-Schrauben (=Gewindedurchmesser 10 mm): **45 Nm**, M12-Schrauben **85 Nm**.
- Kreuzgelenk beziehungsweise Gelenkscheibe zwischen Lenkgetriebe/Lenksäule: **22 Nm**.

Elektrische Anlage

- Beleuchtungsanlage: Sämtliche Scheinwerfer, Schlußleuchten und Blinklampen prüfen, gegebenenfalls Scheinwerfer einstellen.
- Signalhorn: Prüfen.
- Scheibenwischer: Wischergummis auf Verschleiß prüfen.
- Scheiben- und Scheinwerferwaschanlage: Funktion prüfen, Düsenstellung kontrollieren, Flüssigkeit nachfüllen, Scheinwerfer-Waschanlage prüfen.
- Batterie: Spannung und Säurestand prüfen.

Batterie prüfen

Benötigtes Sonderwerkzeug:

- Säureschutzfett, zum Beispiel BOSCH-Polfett.
- Stahldrahtbürste (Pol- und Klemmenreinigungsbürste).
- Säureprüfer.

Benötigte Verschleißteile:

- Destilliertes Wasser.

Batterie-Pole reinigen

Bei der regelmäßigen Durchsicht des Wagens sind auch die Batterie-Pole und Anschlußklemmen zu reinigen und mit Säureschutzfett einzureiben.

Säurestand prüfen

Bei der serienmäßig eingebauten Batterie reicht die einmal eingefüllte Säuremenge normalerweise für die gesamte Lebensdauer der Batterie. Dennoch sollte der Säurestand regelmäßig kontrolliert werden.

Achtung: Nicht mit offener Flamme in die Batterie leuchten. Explosionsgefahr!

- Der Flüssigkeitsspiegel soll ca. 5 mm über den Bleiplatten, also etwa bis zur Unterkante der umlaufenden Kante stehen. Bei niedrigerem Stand bis zur Sollhöhe auffüllen. Dazu die Stopfen –Pfeile– herausdrehen und jede Zelle bis zu den in den Verschlußstopfenöffnungen sichtbaren Markierungen auffüllen.

Achtung: Zum Nachfüllen nur destilliertes Wasser verwenden.

Karosserie/Innenausstattung

- Türscharniere, Türschlösser: Ölen.
- Front- und Heckklappenscharniere, Deckelschloßober- und -unterteil: Mit Mehrzweckfett fetten.
- Unterbodenschutz und Hohlraumkonservierung: Prüfen.
- Sicherheitsgurte: Auf Beschädigungen prüfen.
- Schiebedach: Gleitschienen und Gleitbacken reinigen und leicht mit Silikonspray einsprühen.
- Heizung/Klimaanlage: Innenraumluft-Mikrofilter erneuern.

Sichtkontrolle Unterboden/ Karosserie

Bei der regelmäßigen Pflege Augenmerk auf Lackbeschädigungen legen und auch Unterboden öfters reinigen, siehe Seite 264.

Sichtprüfung aller Sicherheitsgurte

Achtung: Geräusche, die beim Aufrollen des Gurtbandes entstehen, sind funktionsbedingt. Bei störenden Geräuschen kann nur der Sicherheitsgurt ausgetauscht werden. Auf keinen Fall darf zur Behebung von Geräuschen Öl oder Fett verwendet werden. Der Aufrollautomat darf nicht zerlegt werden, da hierbei die vorgespannte Feder herausspringen kann. Unfallgefahr!

- Sicherheitsgurt ganz herausziehen und Gurtband auf durchtrennte Fasern prüfen. Beschädigungen können zum Beispiel durch Einklemmen des Gurtes oder durch brennende Zigaretten entstehen. In diesem Fall Gurt austauschen.
- Sind Scheuerstellen vorhanden, ohne daß Fasern durchtrennt sind, braucht der Gurt nicht ausgewechselt zu werden.
- Schwergängigen Gurt auf Verdrehungen prüfen, gegebenenfalls Verkleidung an der Mittelsäule ausbauen.
- Wenn die Aufrollautomatik nicht mehr funktioniert, Gurt auswechseln.
- Gurtbänder nur mit Seife und Wasser reinigen, keinesfalls Lösungsmittel oder chemische Reinigungsmittel verwenden.

Schlösser schmieren

- Schließeinrichtungen für Türen, Front- und Gepäckraumklappe im Rahmen der Wartung nachziehen, ölen beziehungsweise fetten.
- Türschlösser an den Schließzapfen, Schließösen und Anlageflächen der Drehfallen fetten, zum Beispiel mit »Optimol-Optitemp TT 1«.
- Führungsrollen für Motorhaube ölen.
- Schiebedach-Gleitschienen abwischen und mit Silikonspray einsprühen.

Innenraumluftfilter erneuern

- Handschuhkasten ausbauen, siehe Seite 206.

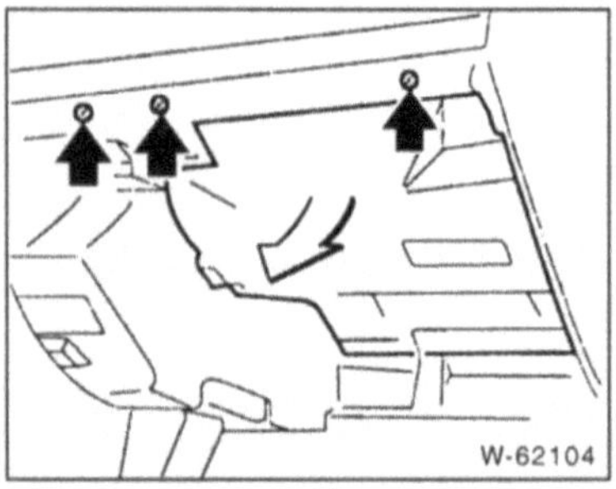

- Schrauben lösen und Verkleidung hinter dem Handschuhfach nach vorn aus der hinteren Klammer herausziehen.

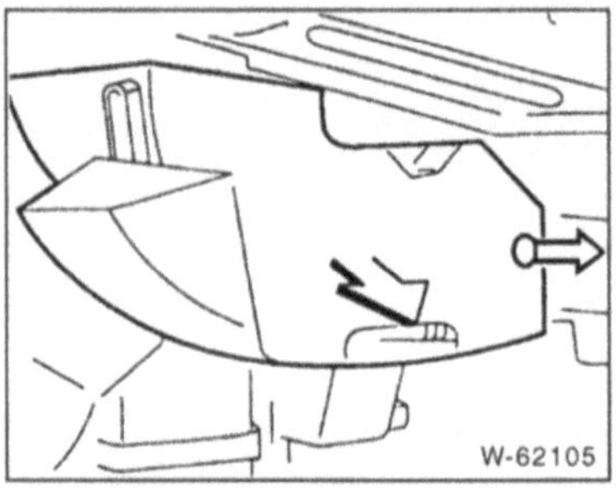

- Klammer herausziehen und Abdeckung ausheben.

- Schrauben lösen und Lüftungskanal ausheben.

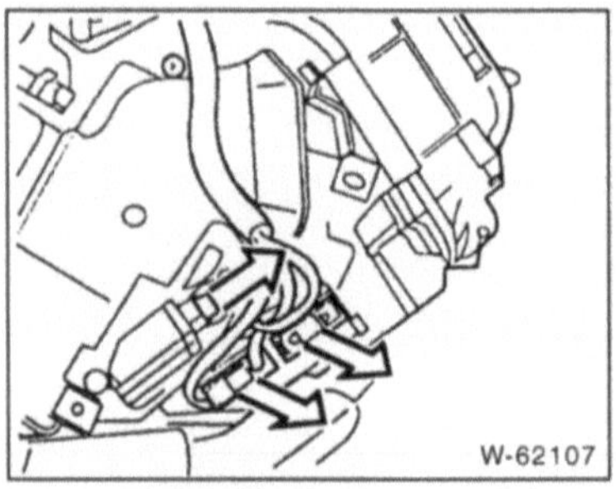

- Alle Stecker vom Heizungs-Steuergerät abziehen und nach oben ablegen.

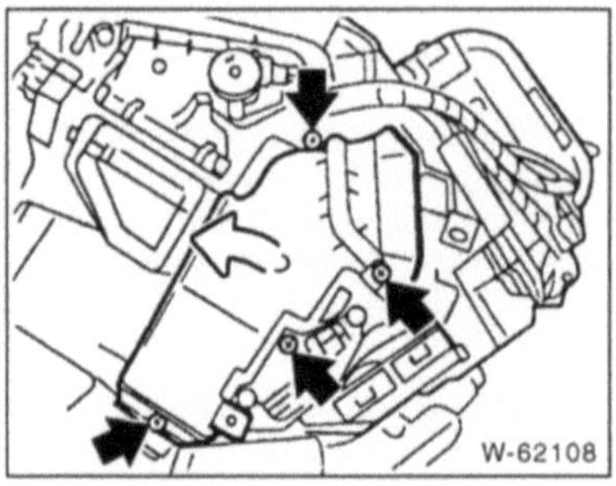

- Schrauben lösen und Abdeckung am Heizgerät ausheben. Bei Klimaanlage ist die Abdeckung kleiner, hier müssen nur 2 Schrauben gelöst werden.

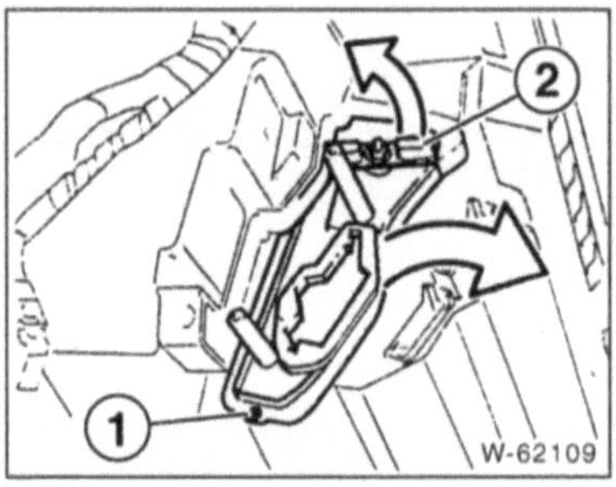

- Klimaanlage: Schraube –1– lösen, Halter –2– ca. 90° drehen und Abdeckung ausheben.

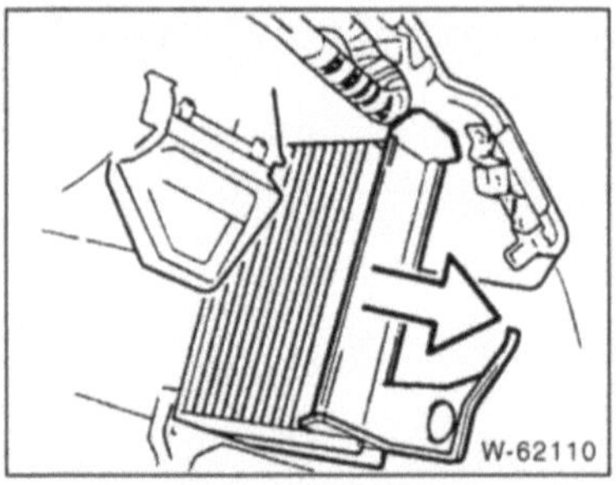

- Mikrofilter seitlich herausziehen.

Einbau

- Der Einbau geschieht in umgekehrter Ausbaureihenfolge.

Starthilfe

Sicherheitshinweis:
Werden die vorgeschriebenen Anschlußhinweise nicht genau eingehalten, besteht die Gefahr der Verätzung durch austretende Batteriesäure. Außerdem können Verletzungen oder Schäden durch eine Batterieexplosion entstehen oder Defekte an der Fahrzeugelektrik auftreten.

- Batterieflüssigkeit von Augen, Haut, Gewebe und lackierten Flächen fernhalten. Die Flüssigkeit ist ätzend. Säurespritzer sofort mit klarem Wasser gründlich abspülen. Gegebenenfalls einen Arzt aufsuchen.
- Keine Funken oder offenen Flammen in Batterienähe, da aus der Batterie brennbare Gase austreten können.
- Augenschutz tragen.
- Darauf achten, daß die Starthilfekabel nicht durch drehende Teile wie z. B. Kühlerventilator beschädigt werden.

- Der Leitungsquerschnitt der Starthilfekabel soll bei Ottomotoren bis ca. 2,5 l Hubraum mindestens 16 mm^2 (Durchmesser ca. 5 mm) betragen. Bei Dieselmotoren oder Ottomotoren über ca. 2,5 l Hubraum soll der Leitungsquerschnitt mindestens 25 mm^2 betragen. Maßgebend ist dabei jeweils das Fahrzeug mit der entladenen Batterie. Der Leitungsquerschnitt ist in der Regel auf der Packung der Starthilfekabel angegeben. Beim Neukauf ist ein Starthilfekabel mit isolierten Kabelzangen und 25 mm^2 Querschnitt empfehlenswert, da es sich auch für Motoren mit geringerem Hubraum eignet.
- Bei beiden Batterien muß die Spannung 12 Volt betragen.
- Eine entladene Batterie kann bereits bei –10° C gefrieren. Vor Anschluß der Starthilfekabel muß eine gefrorene Batterie unbedingt aufgetaut werden.
- Die entladene Batterie muß ordnungsgemäß am Bordnetz angeklemmt sein.
- Flüssigkeitsstand der entladenen Batterie prüfen, gegebenenfalls mit destilliertem Wasser auffüllen.
- Fahrzeuge so weit auseinanderstellen, daß kein metallischer Kontakt besteht. Andernfalls könnte bereits beim Verbinden der Pluspole ein Strom fließen.
- Bei beiden Fahrzeugen Handbremse anziehen. Schaltgetriebe in Leerlaufstellung, automatisches Getriebe zusätzlich in Parkstellung »P« schalten.
- Alle Stromverbraucher ausschalten.
- Grundsätzlich Motor des Spenderfahrzeuges während des Startvorganges mit Leerlaufdrehzahl drehen lassen. Dadurch wird eine Beschädigung des Generators durch Spannungsspitzen beim Startvorgang vermieden.
- Starthilfekabel in folgender Reihenfolge anschließen:
  1. Rotes Kabel –1– an den Pluspol (+) der entladenen Batterie –A– anklemmen.
  2. Das andere Ende des roten Kabels an den Pluspol (+) der stromgebenden Batterie –B– anklemmen.
  3. Schwarzes Kabel –2– an den Minuspol (–) der stromgebenden Batterie anklemmen.

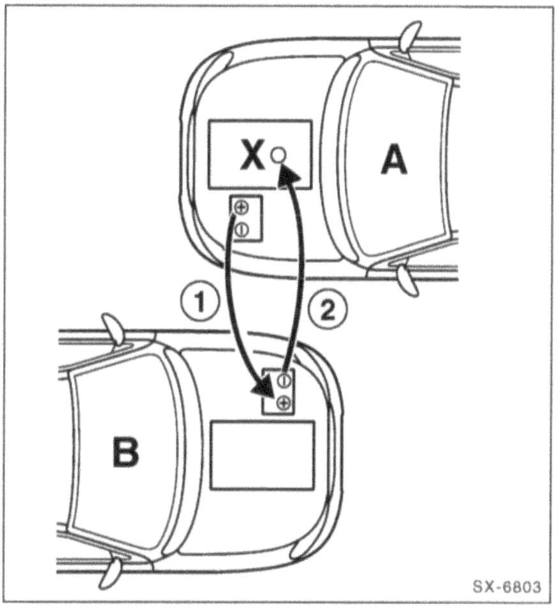

4. Das andere Ende des schwarzen Kabels an eine gute Massestelle –X– des Empfängerfahrzeuges anschließen. **Achtung: Nicht an den Minuspol (–) der leeren Batterie.** Am besten eignet sich ein mit dem Motorblock verschraubtes Metallteil. Unter ungünstigen Umständen könnte beim Anschließen des Kabels an den Minuspol der leeren Batterie, durch Funkenbildung und Knallgasentwicklung, die Batterie explodieren.

Achtung: Die Klemmen der Starthilfekabel dürfen bei angeschlossenen Kabeln nicht in Kontakt miteinander kommen, beziehungsweise die Plusklemmen dürfen keine Massestellen (Karosserie oder Rahmen) berühren – Kurzschlußgefahr!

- Motor des Empfängerfahrzeuges (leere Batterie) starten und laufen lassen. Beim Starten Anlasser nicht länger als 10 Sekunden ununterbrochen betätigen, da sich durch die hohe Stromaufnahme Polzangen und Kabel erwärmen. Deshalb zwischendurch eine »Abkühlpause« von mindestens ½ Minute einlegen.
- Bei Startschwierigkeiten nicht unnötig lange den Anlasser betätigen. Während des Anlassens wird permanent Kraftstoff eingespritzt. Fehlerursache ermitteln und beseitigen.
- Nach erfolgreichem Start beide Fahrzeuge mit der »Strombrücke« noch 3 Minuten laufen lassen.
- Um Spannungsspitzen beim Trennen abzubauen, im Fahrzeug mit der leeren Batterie Gebläse und Heckscheibenheizung einschalten. Nicht das Fahrlicht einschalten. Glühlampen brennen bei Überspannu,ng durch.
- **Nach der Starthilfe** Kabel in **umgekehrter** Reihenfolge abklemmen: Zuerst schwarzes Kabel –2– (–) am Empfängerfahrzeug, dann am stromgebenden Fahrzeug abklemmen. Rotes Kabel –1– zuerst am stromgebenden und dann am Empfängerfahrzeug abklemmen.

Schaltpläne

Der Umgang mit dem Schaltplan

In einem Personenwagen werden bis zu 1000 Meter Leitungen verlegt, um alle elektrischen Verbraucher (Scheinwerfer, Radio usw.) mit Strom zu versorgen.

Will man einen Fehler in der elektrischen Anlage aufspüren oder nachträglich ein elektrisches Zubehör montieren, kommt man nicht ohne Schaltplan aus, anhand dessen der Stromverlauf und damit die Kabelverbindungen aufgezeigt werden. Grundsätzlich muß der betreffende Stromkreis geschlossen sein, sonst kann der elektrische Strom nicht fließen. Es reicht beispielsweise nicht aus, wenn an der Plusklemme (+) eines Scheinwerfers Spannung anliegt, wenn nicht gleichzeitig über den Masseanschluß (–) der Stromkreis geschlossen ist.

Deshalb ist auch das Massekabel (–) von der Batterie mit der Karosserie verbunden. Mitunter reicht diese Masseverbindung jedoch nicht aus, und der betreffende Verbraucher bekommt eine direkte Masseleitung, deren Isolierung in der Regel braun eingefärbt ist. In den einzelnen Stromkreisen können Schalter, Relais, Sicherungen, Meßgeräte, elektrische Motoren oder andere elektrische Bauteile integriert sein. Damit diese Bauteile richtig angeschlossen werden können, haben die einzelnen Kontakte entsprechende Klemmenbezeichnungen.

Um das Kabelgewirr zumindest auf dem Schaltplan übersichtlich zu ordnen, ist das gesamte elektrische System des Fahrzeuges in einzelne Schaltkreise aufgeteilt. Elektrische Bauteile, die zusammenwirken, sind auf einem gemeinsamen Plan dargestellt.

In der Regel sind oben die plusseitigen Anschlüsse (+) des Stromkreises aufgeführt, während unten die Masseanschlüsse (–) gezeichnet sind. Die Masseverbindung wird normalerweise direkt über die Karosserie hergestellt oder aber über eine zusätzliche Leitung von einem an der Karosserie angebrachten Massepunkt.

Achtung: Die Darstellung der Bauteile und Kabel erfolgt nicht maßstabsgerecht. So erscheint zum Beispiel ein Kabel von über 1 m Länge nicht anders, als ein Kabel, das nur wenige cm lang ist.

Die wichtigsten Klemmenbezeichnungen sind:

Klemme 15 wird über das Zündschloß gespeist. Die Leitungen führen nur bei eingeschalteter Zündung Strom. Die Kabel sind meist schwarz oder schwarz mit farbigem Streifen.

Klemme 30. An dieser Klemme liegt immer die Batteriespannung an. Die Kabel sind meist rot oder rot mit farbigem Streifen.

Klemme 31 führt zur Masse. Die Masse-Leitungen sind in der Regel braun.

Wenn der Stromkreis durch ein weißes Dreieck unterbrochen wird, in dem ein Buchstabe steht, weist der Buchstabe auf den Strompfad hin, in dem der Stromkreis weitergeführt wird.

Das folgende Beispiel erklärt, wie der Schaltplan des E-Box Lüfters zu lesen ist:

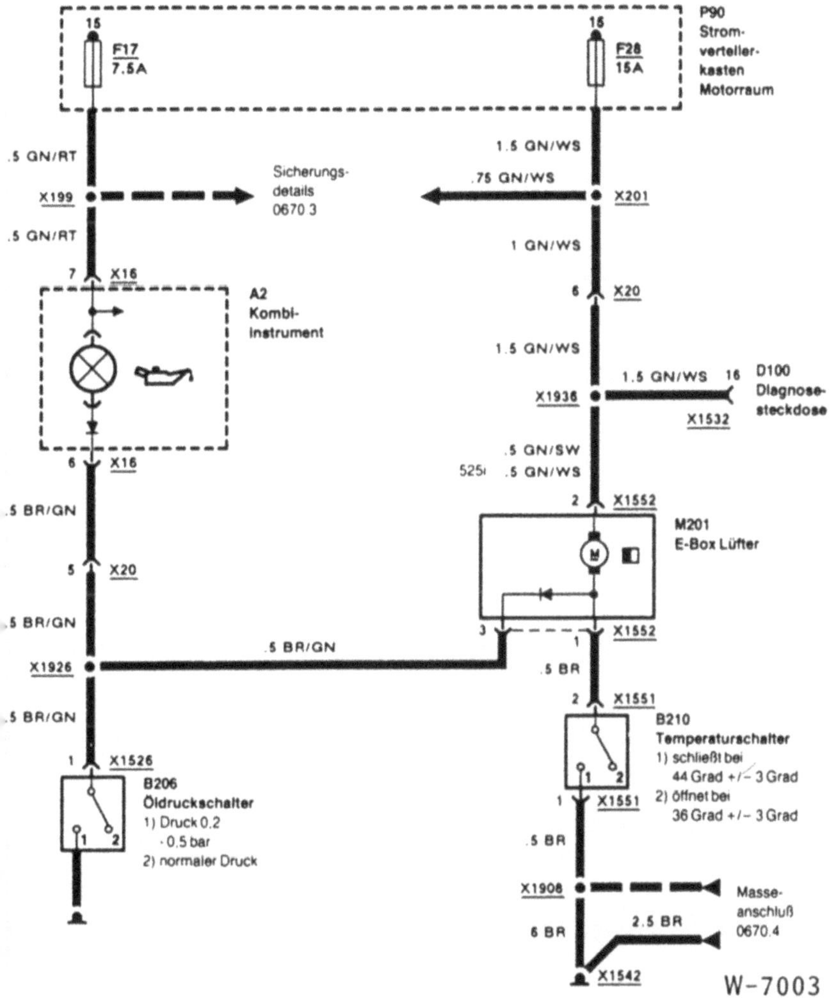

Beispiel: Schaltplan E-Box Lüfter

Bei eingeschalteter Zündung (an Klemme 15 liegt Spannung an) liegt über die Sicherung F28 an Pin 2 des E-Box Lüfters und über die Sicherung F17 an Pin 7 des Kombiinstrumentes (Schalttafeleinsatzes) Batteriespannung an. Schließt der Temperaturschalter bei über +44° C oder der Öldruckschalter bei einem Druck unterhalb von 0,2 bar, so wird Masse zum E-Box Lüfter geschaltet. Der Stromkreis ist geschlossen, und der Lüfter arbeitet. Bei geschlossenem Öldruckschalter (Öldruck zu niedrig) wird zusätzlich Masse zum Pin 6 des Kombiinstrumentes geschaltet, die Öldruckwarnlampe leuchtet.

Allgemeine Hinweise

- Schalter sind immer in Ruhestellung dargestellt; hier: B206, B210.
- Bauteil gestrichelt eingerahmt bedeutet, daß es nur teilweise abgebildet ist; hier: P90, A2.
- Bauteil voll ausgezogen eingerahmt bedeutet, daß es vollständig dargestellt ist; hier: M201, B206, B210.
- Die gestrichelte Linie zwischen Pin 1 und Pin 3 am Stecker X1552 weist darauf hin, daß beide Pins zum Stecker X1552 gehören.
- Die gestrichelte Linie mit Pfeil an der Verbindung X199 weist darauf hin, daß mehrere Leitungen zur Steckverbindung X199 führen.
- Die voll ausgezogene Linie mit Pfeil an der Verbindung X201 weist darauf hin, daß das Kabel 0,75 GN/WS zu einem anderen Schaltkreis führt.
- Die auf die Verbindungen X1908 und X1542 gerichteten Linien mit Pfeilen deuten an, daß Masse anliegt. Die gestrichelte Linie zur Verbindung X1908 zeigt zusätzlich an, daß mehrere Kabel zu dieser Verbindung führen.

Schaltpläne

Da die Original-Schaltpläne für den 5er BMW ca. 1000 Seiten umfassen, beschränkt sich die hier getroffene Auswahl vorwiegend auf den 518i, 520i, 525i und 525td/tds, Modelljahr '94, an dem sich auch Fahrzeugbesitzer älterer Modelle orientieren können.

W-7004

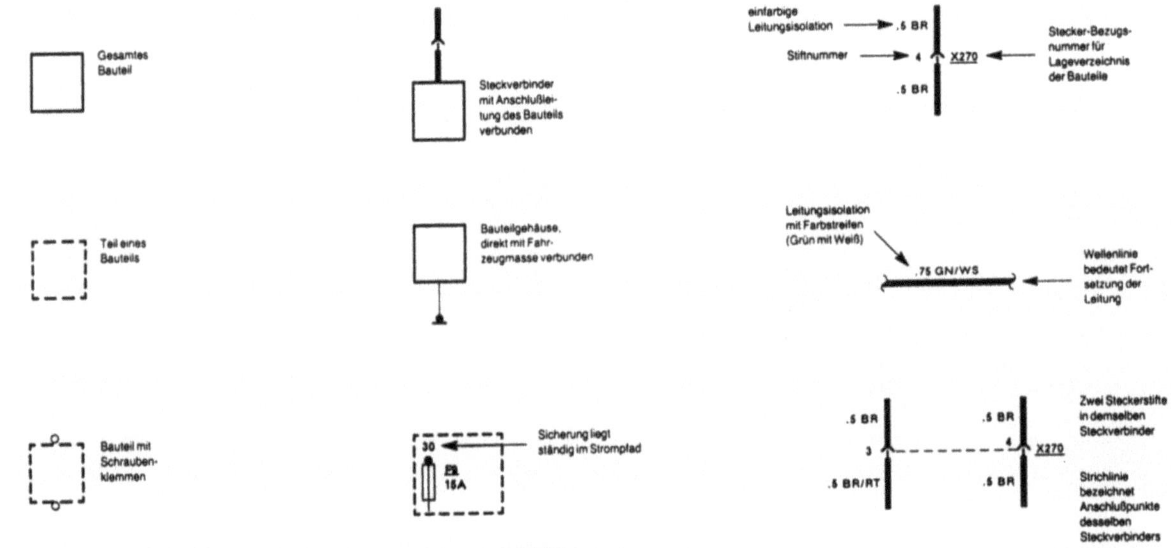

Klemme Nr.	Benennung
50	Batteriespannung: Zündanlaßschalter auf 3
30	Batteriespannung: wird ständig geliefert
15	Batteriespannung: Zündanlaßschalter auf 2 oder 3
15E	Batteriespannung: Zündanlaßschalter auf 2
R	Batteriespannung: Zündanlaßschalter auf 1, 2 oder 3

W-7005

Einpoliger Ein-/Aus-schalter

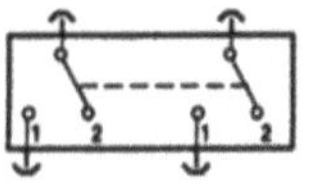

Zweipoliger Schalter
Strichlinie bezeichnet mechanische Verbindung zwischen Schaltern

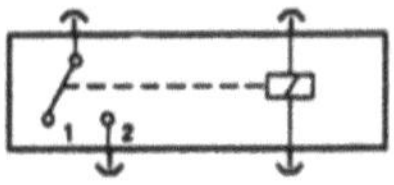

Schließer-Relais

Bei stromdurchflossener Spule wird Schalter in geschlossene Stellung gezogen

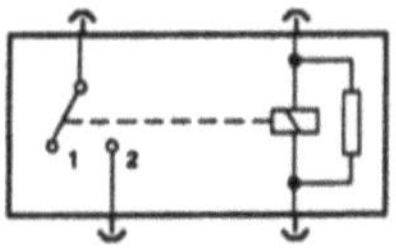

Schließer-Relais mit Schutzwiderstand

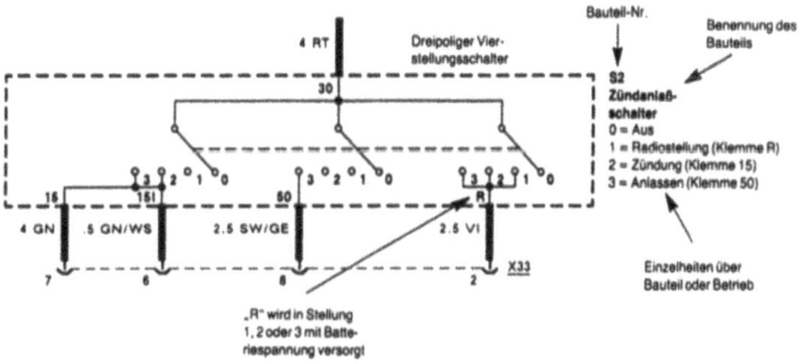

Klemme Nr.	Benennung
50	Batteriespannung: Zündanlaßschalter auf 3
30	Batteriespannung: liegt ständig an
15	Batteriespannung: Zündanlaßschalter auf 2 oder 3
15E	Batteriespannung: Zündanlaßschalter auf 2
R	Batteriespannung: Zündanlaßschalter auf 1, 2 oder 3

W-7006

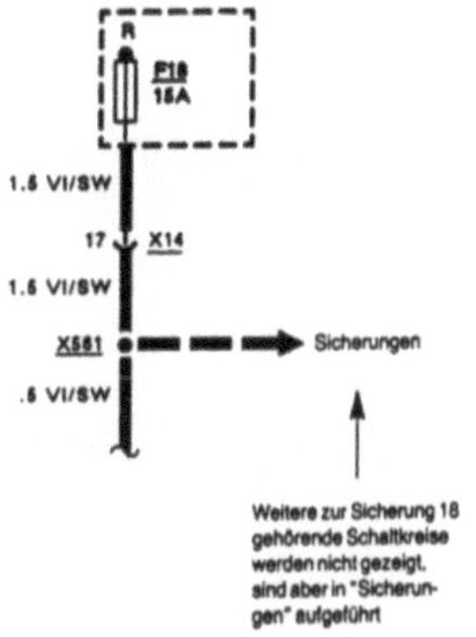

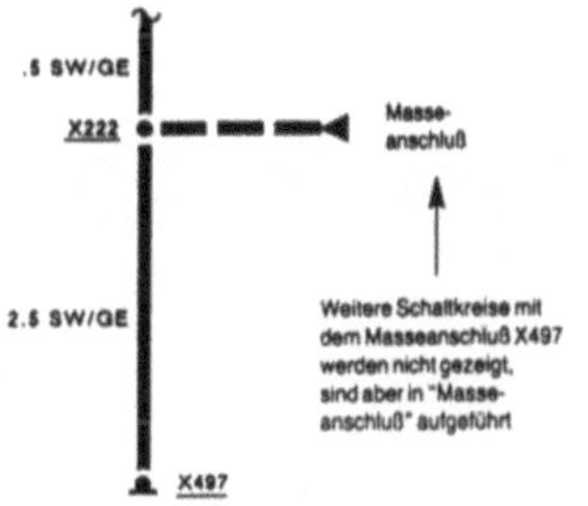

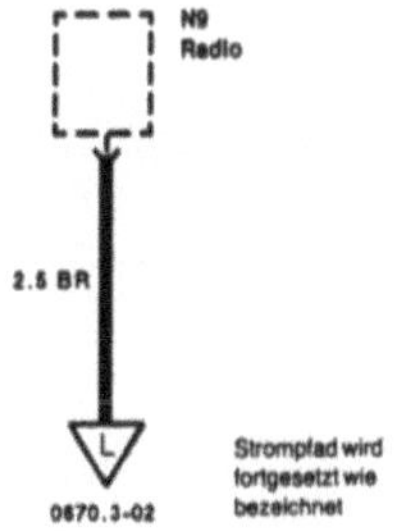

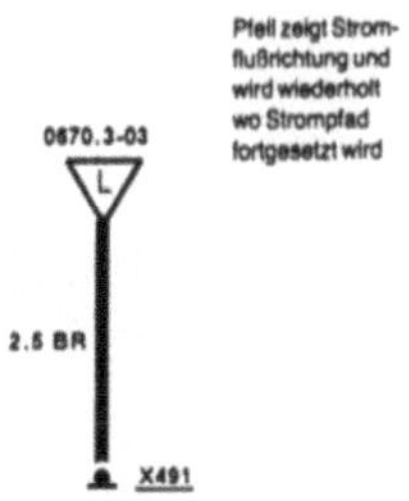

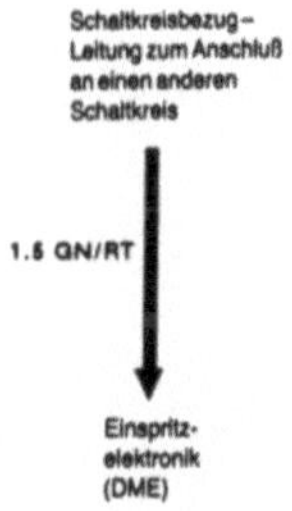

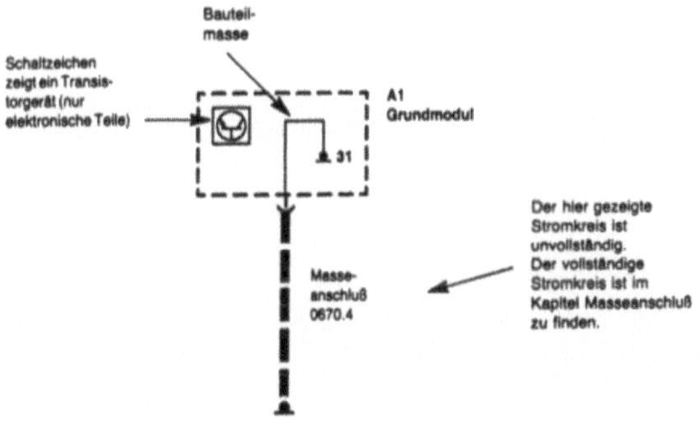

W-7007

Vorglühanlage

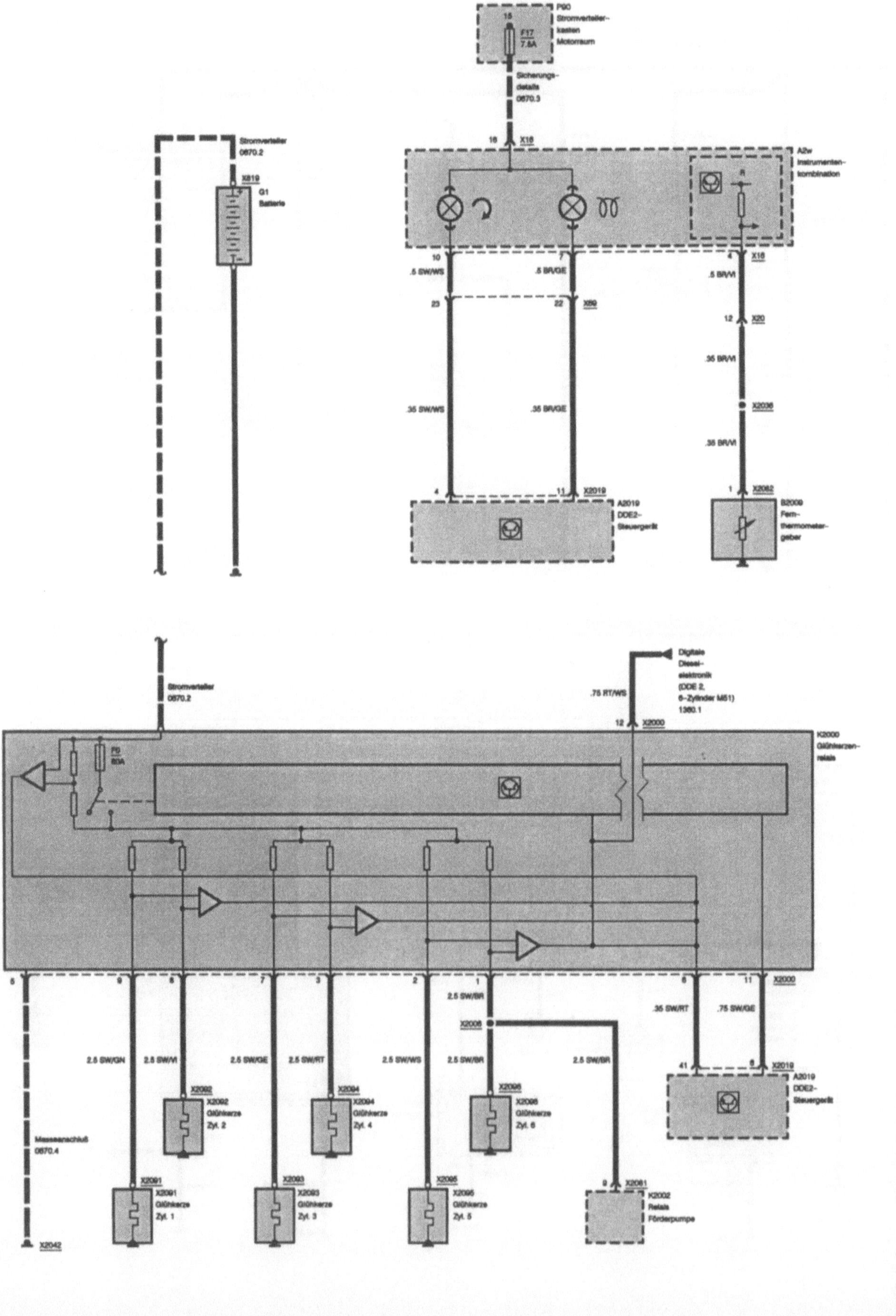

Generator

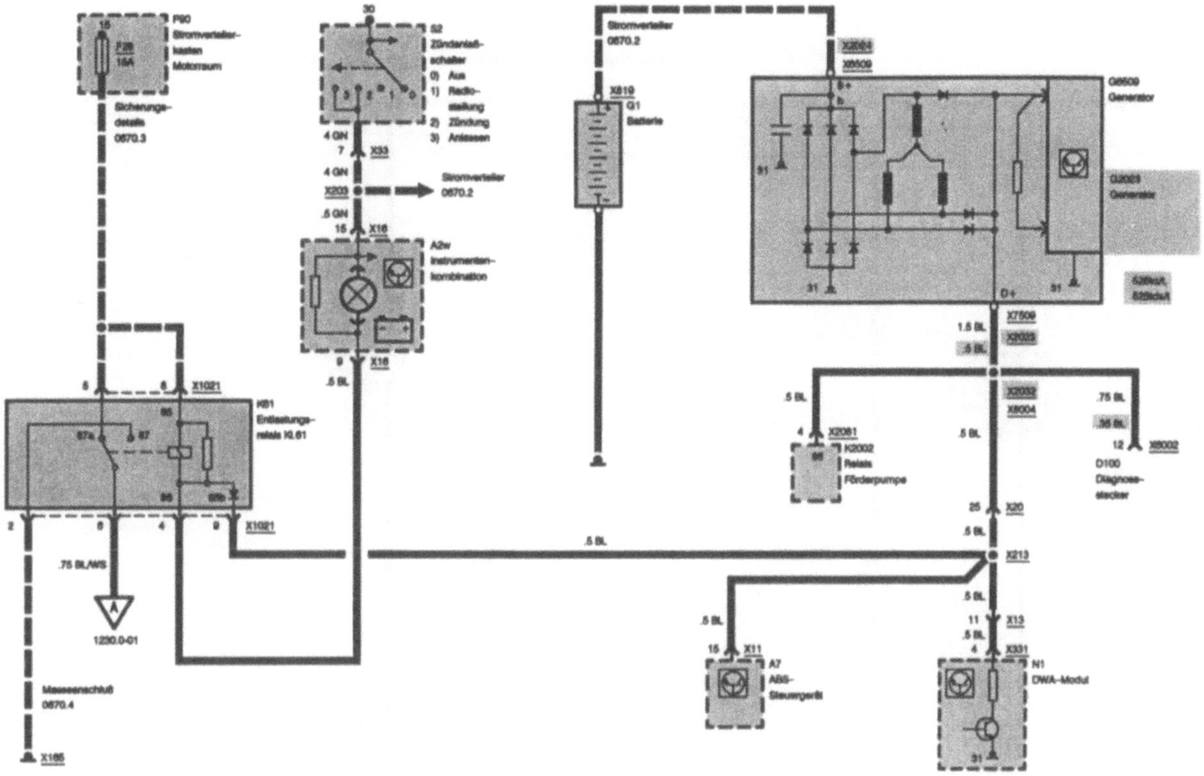

Generator

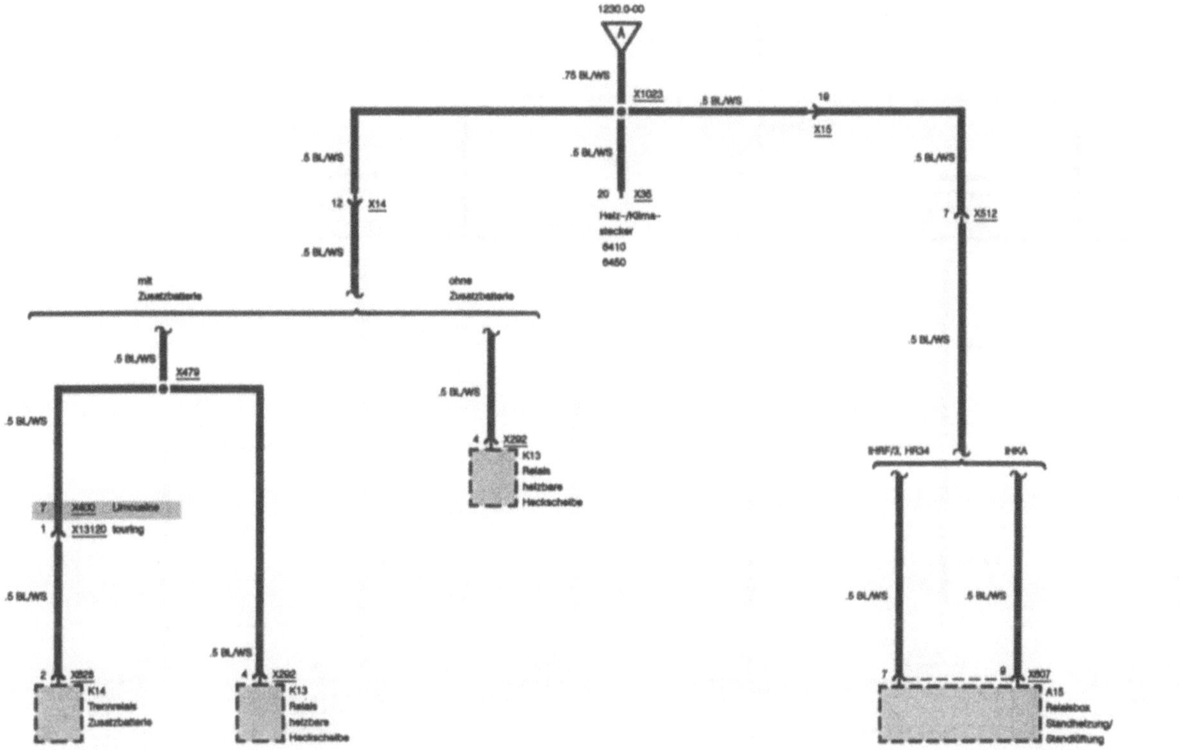

Anlasser

EGS A4S 310R

	L1	L2	L3	L4
P	1	1	0	0
R	1	0	0	1
N	0	1	1	0
D	0	0	0	1
3	0	0	1	0
2	1	0	0	0
1	1	0	1	0

EGS A5S 310Z
EGS A5S 310Z
(Diesel)

	L1	L2	L3	L4
P	1	1	0	1
R	1	0	0	0
N	1	1	1	0
D	0	0	0	1
4	0	0	1	1
3	1	0	1	1
2	0	0	1	0

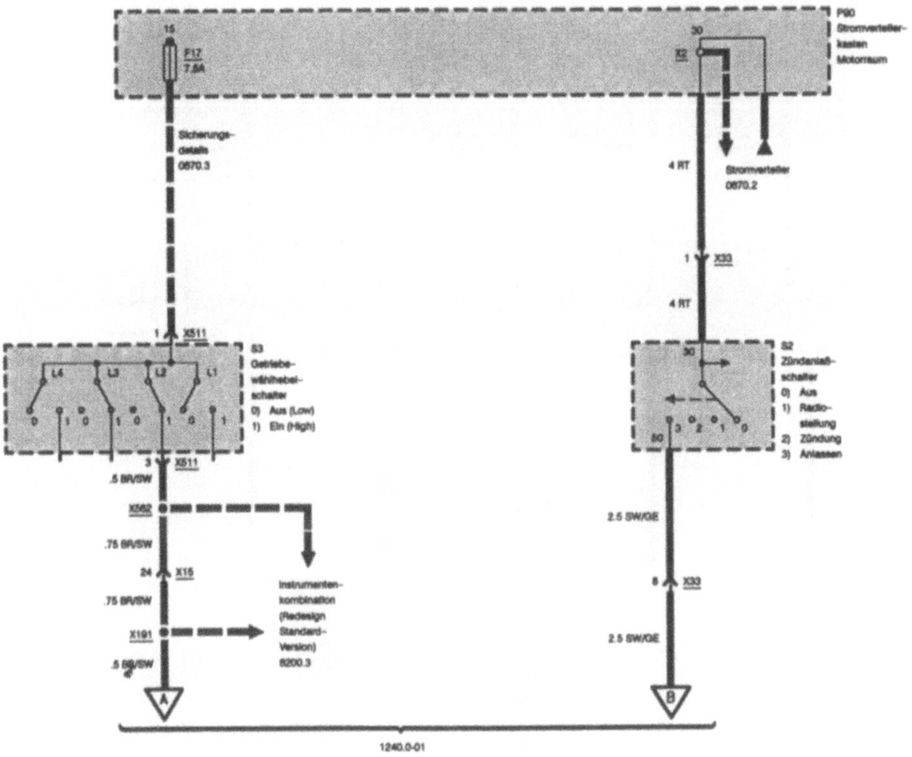

Anlasser

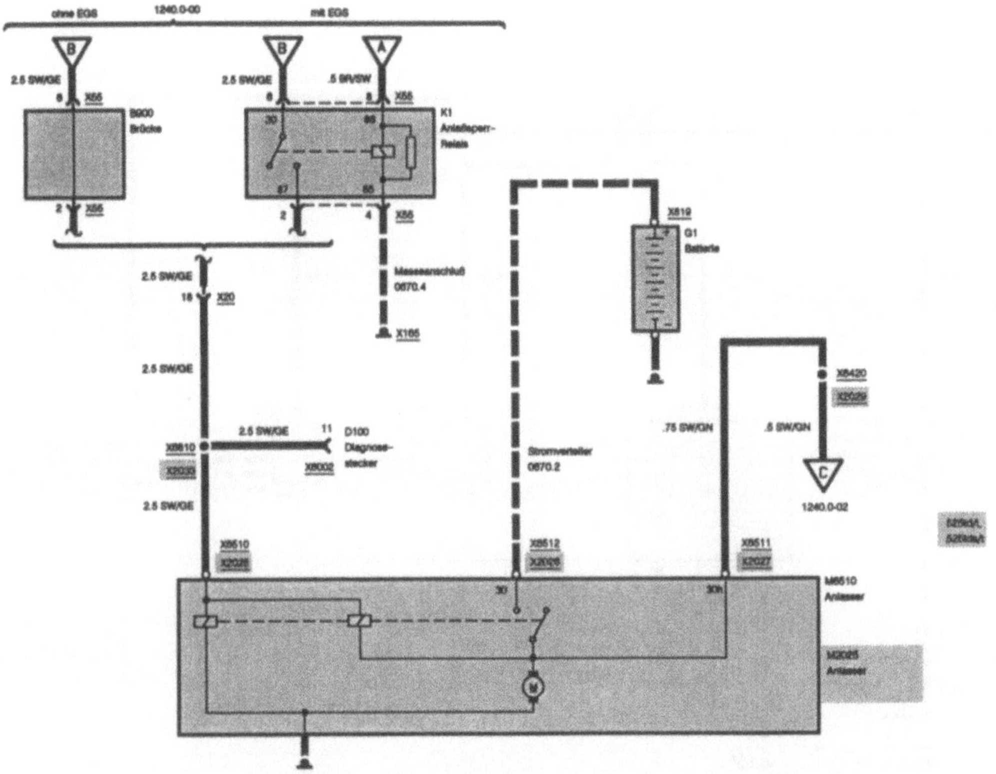

Anlasser

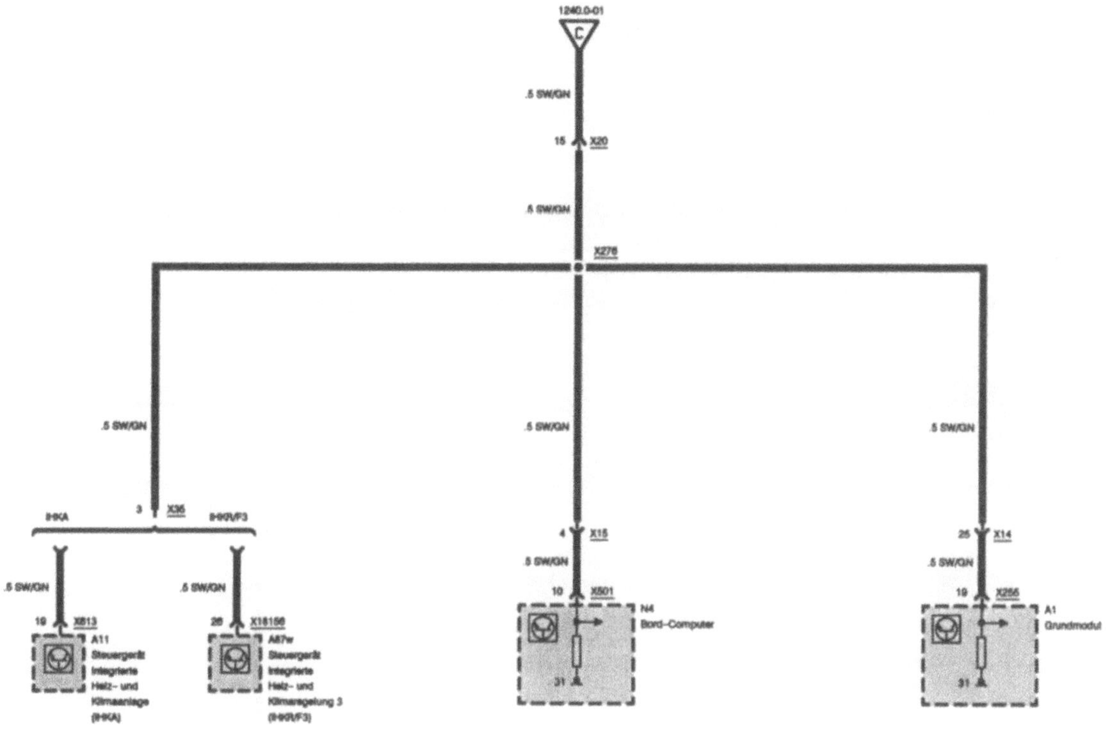

Signalhorn

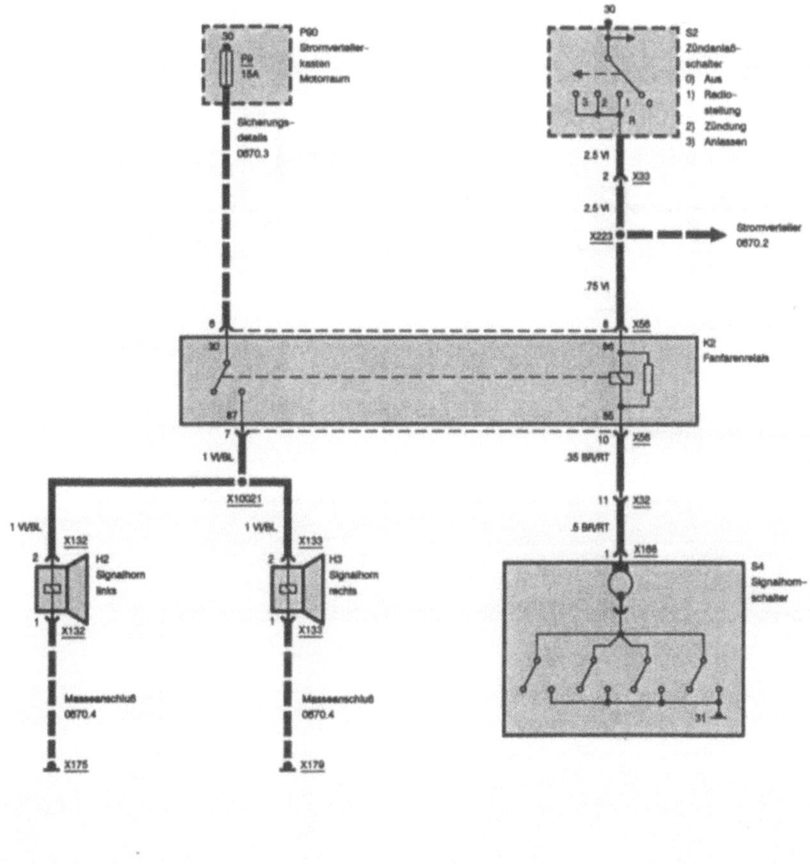

Elektrische Spiegelverstellung

Außenspiegel

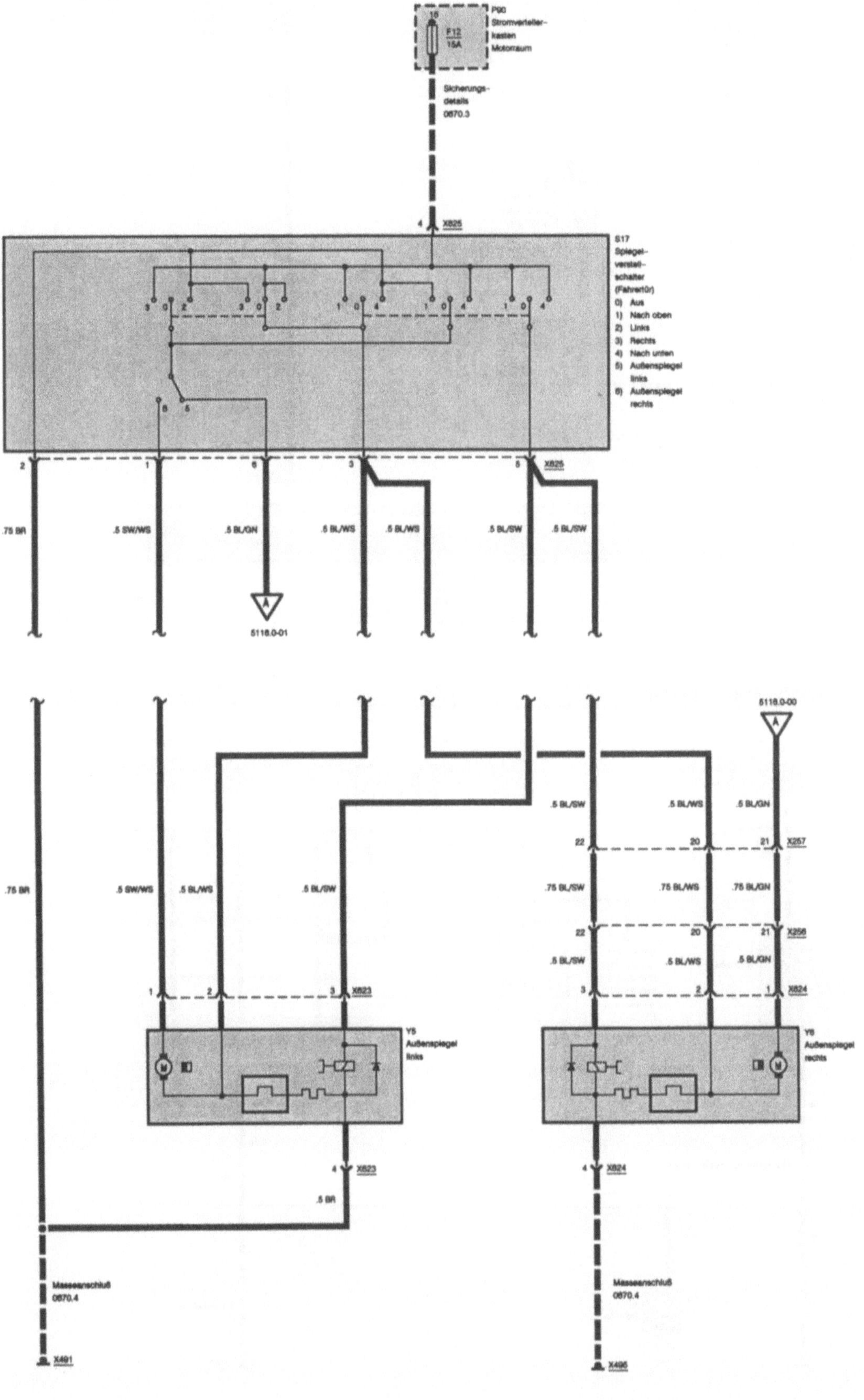

Elektrische Spiegelverstellung

Innenspiegel

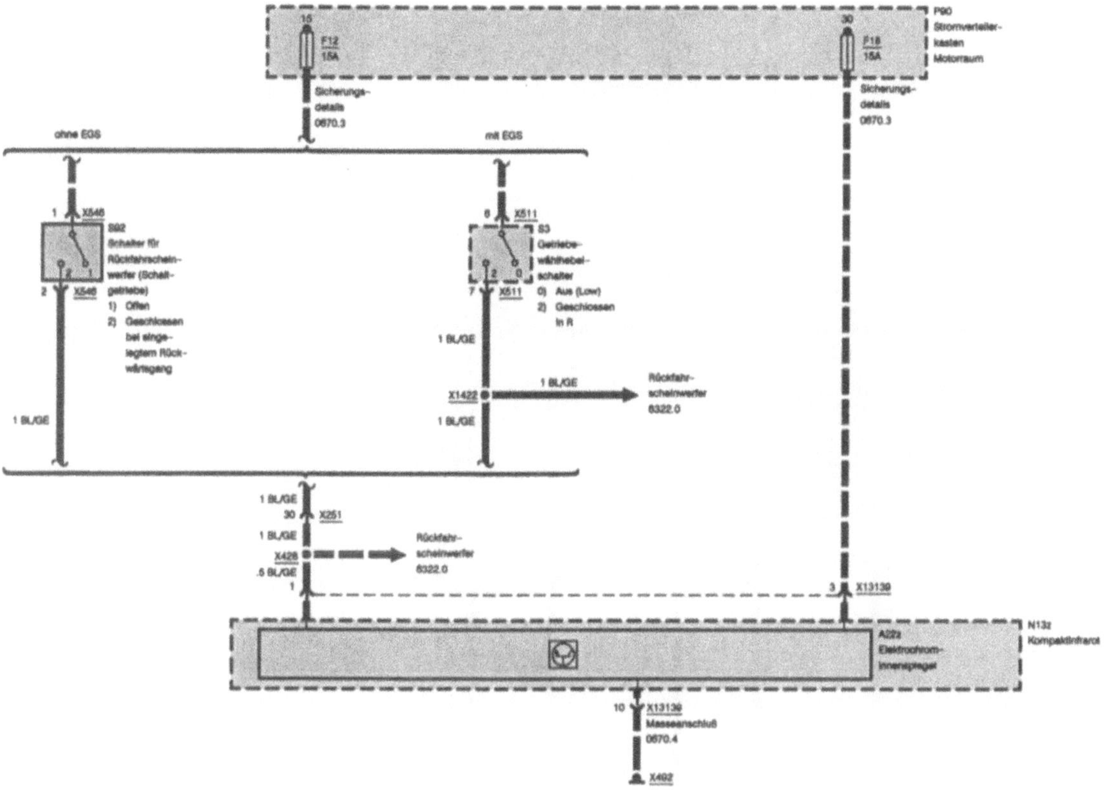

ZKE-Scheibenwisch-/-waschanlage

Eingänge

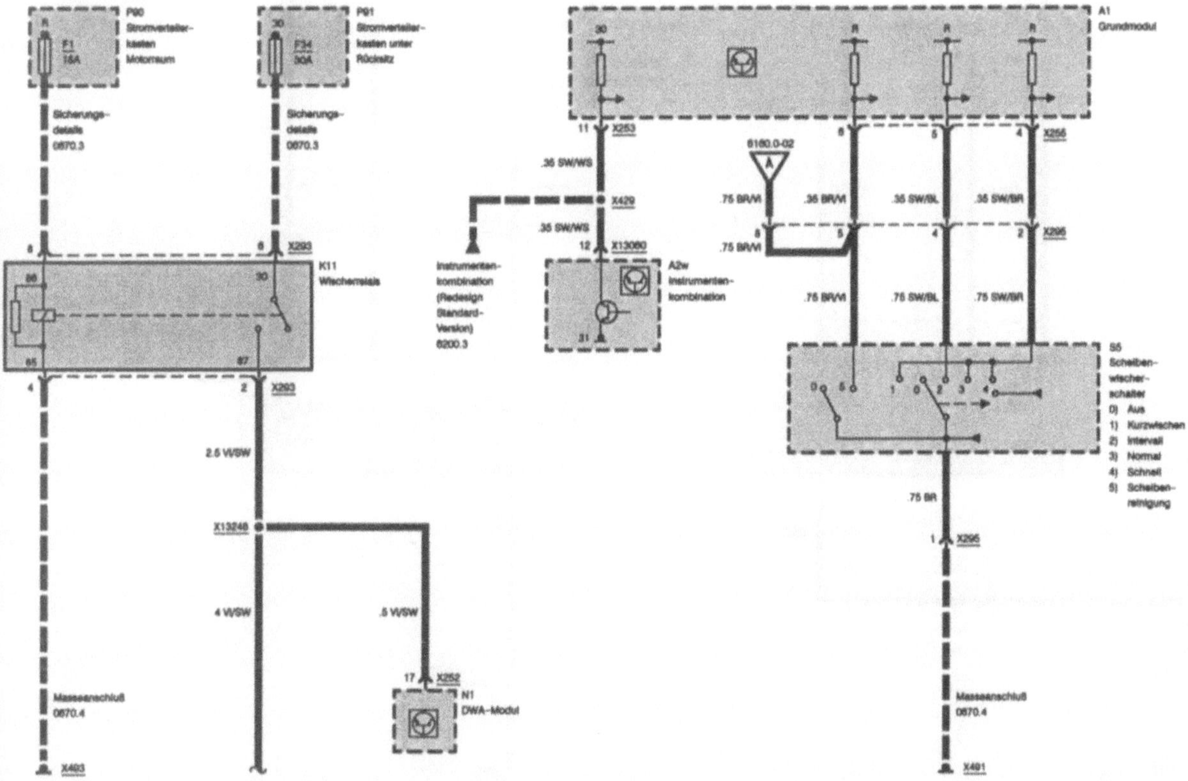

Ausgänge

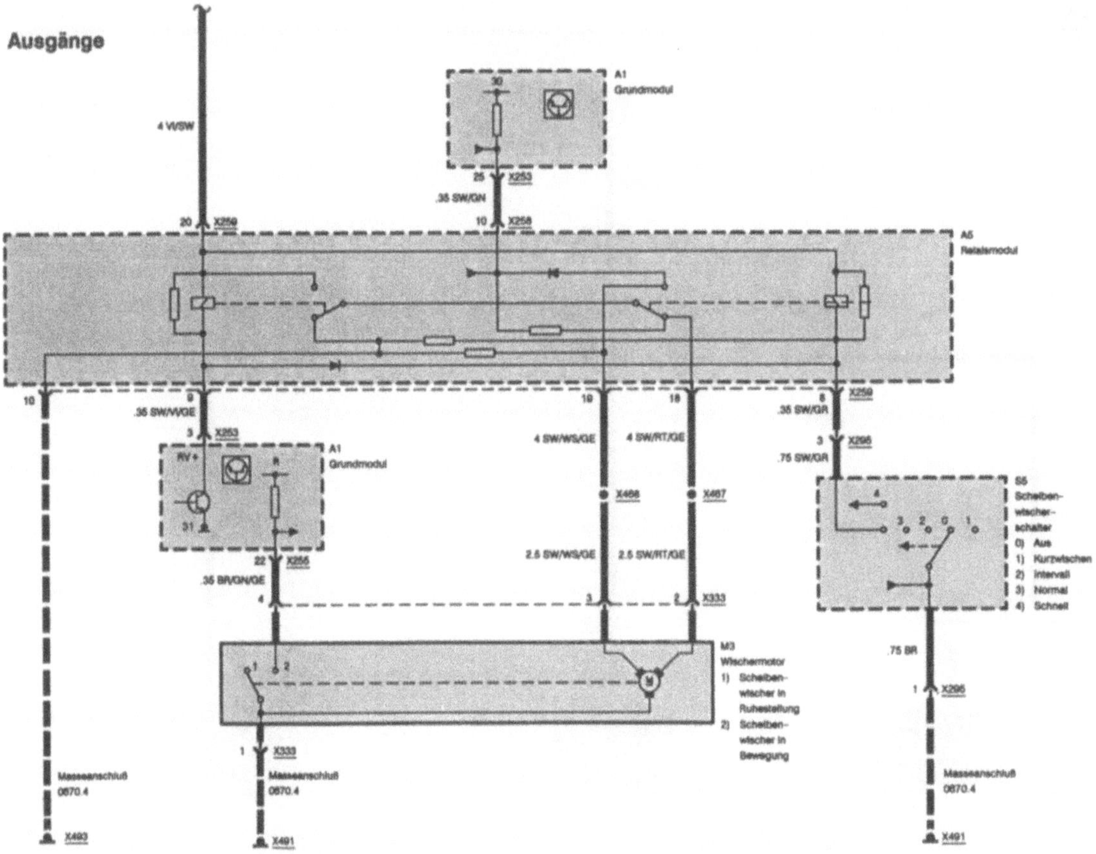

ZKE-Scheibenwisch-/-waschanlage

Ausgänge

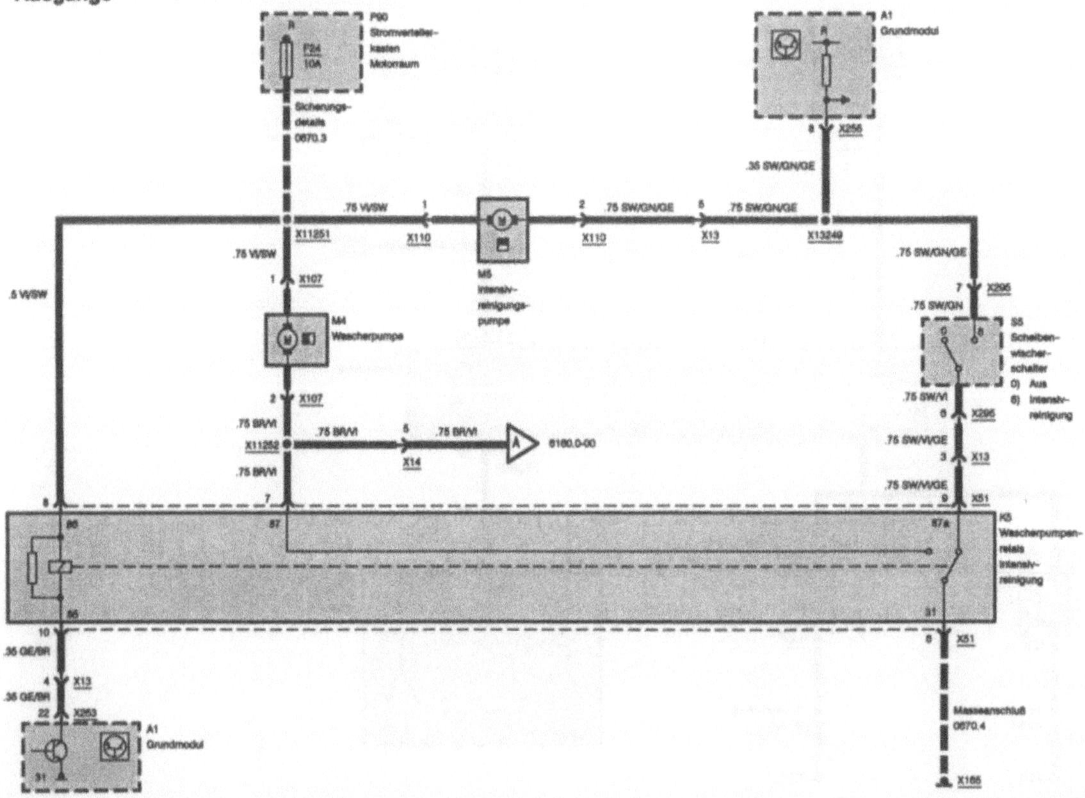

Lichtschalter

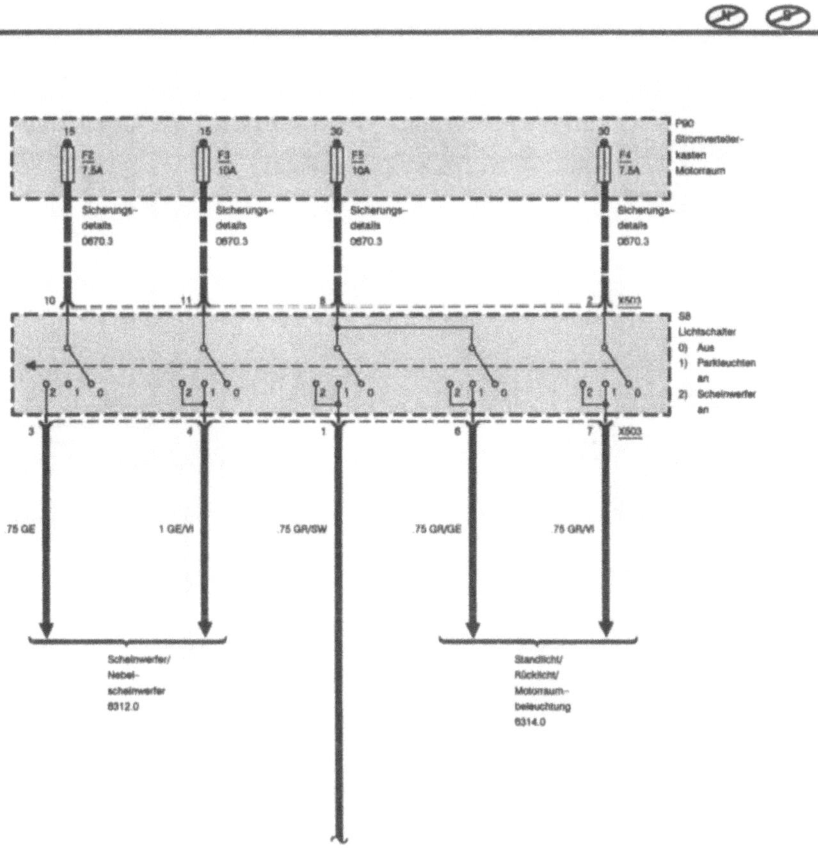

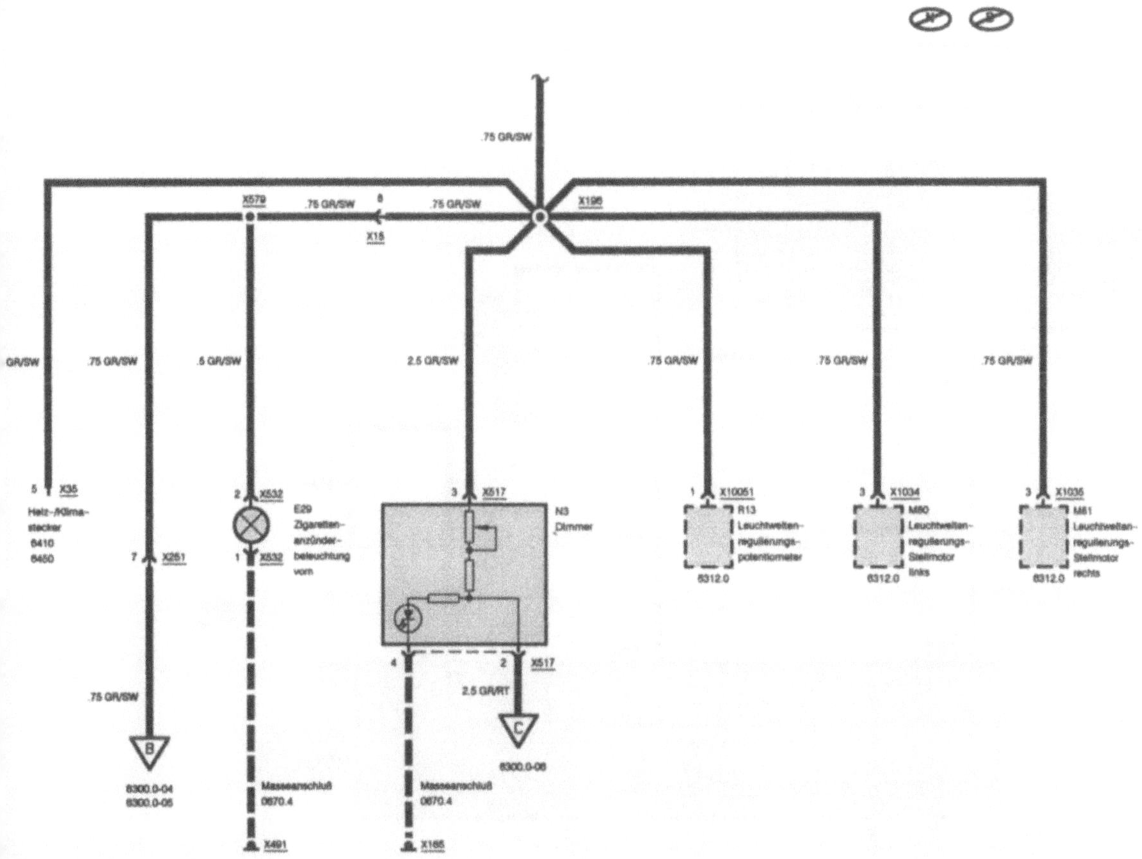

Lichtschalter

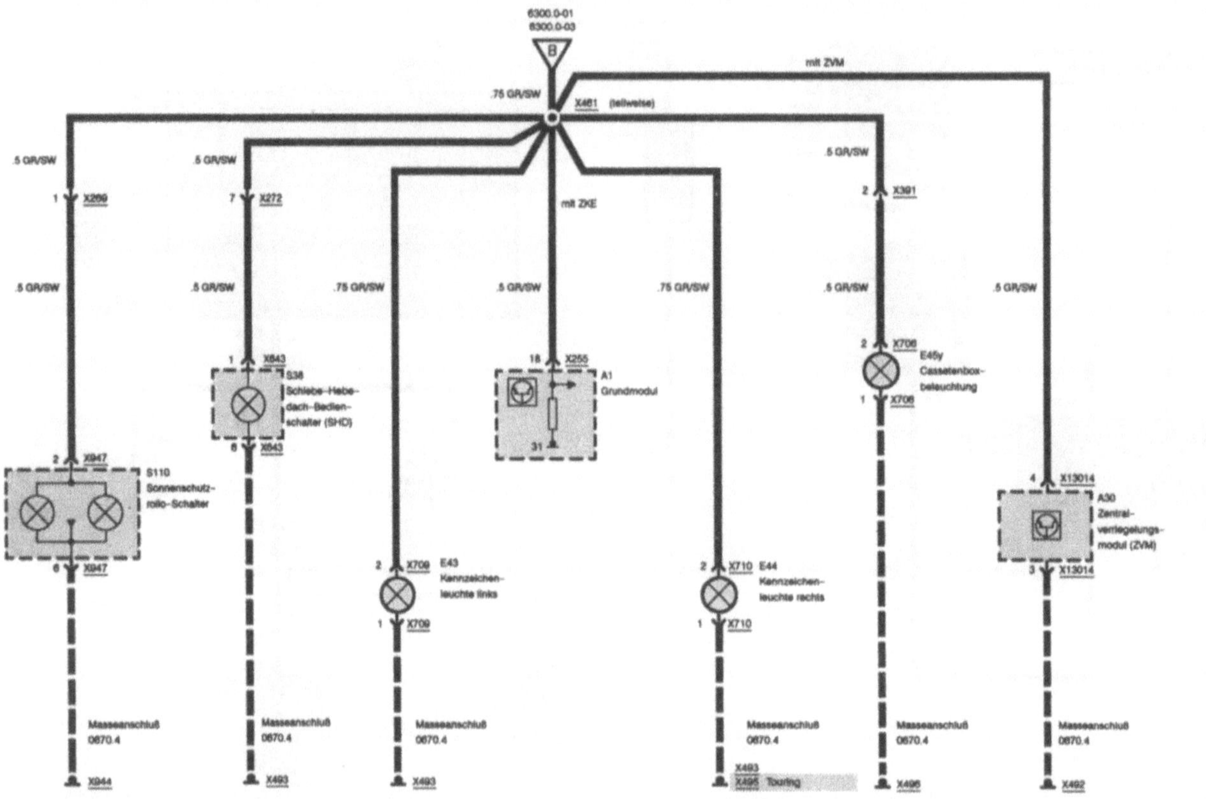

Lichtschalter

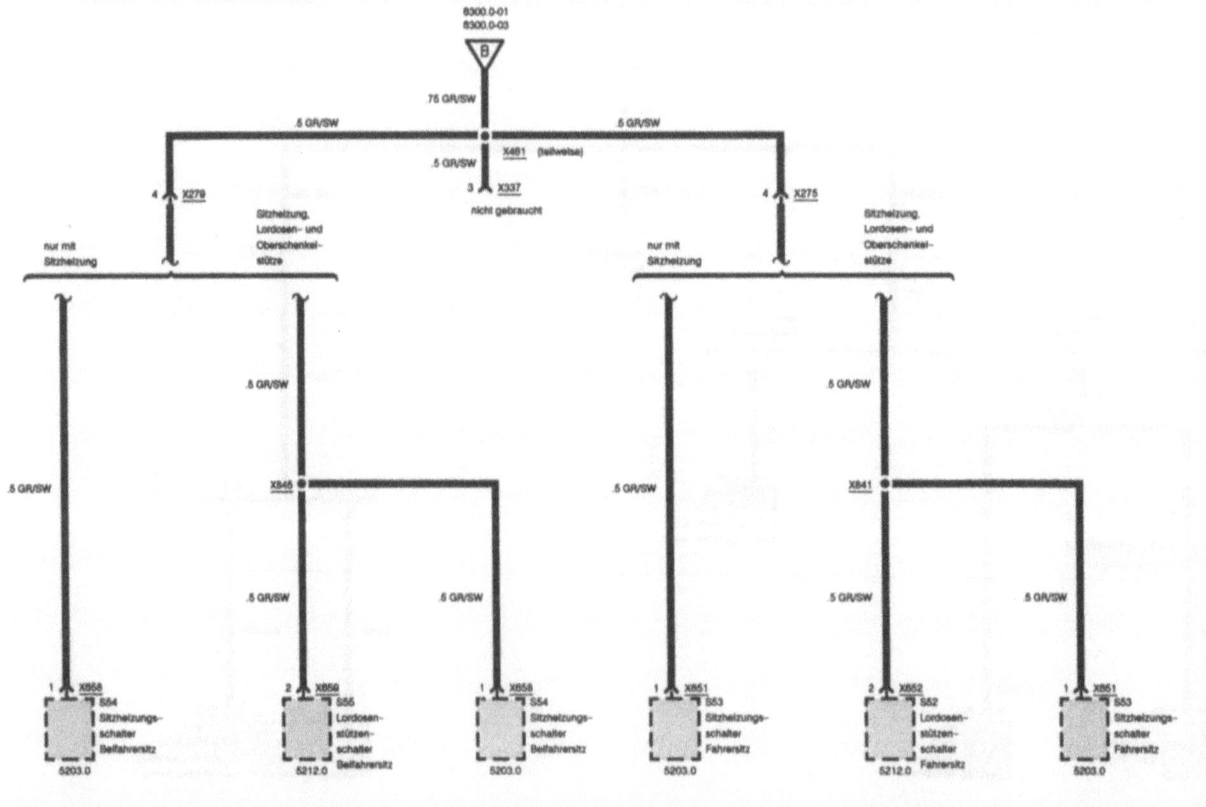

Lichtschalter

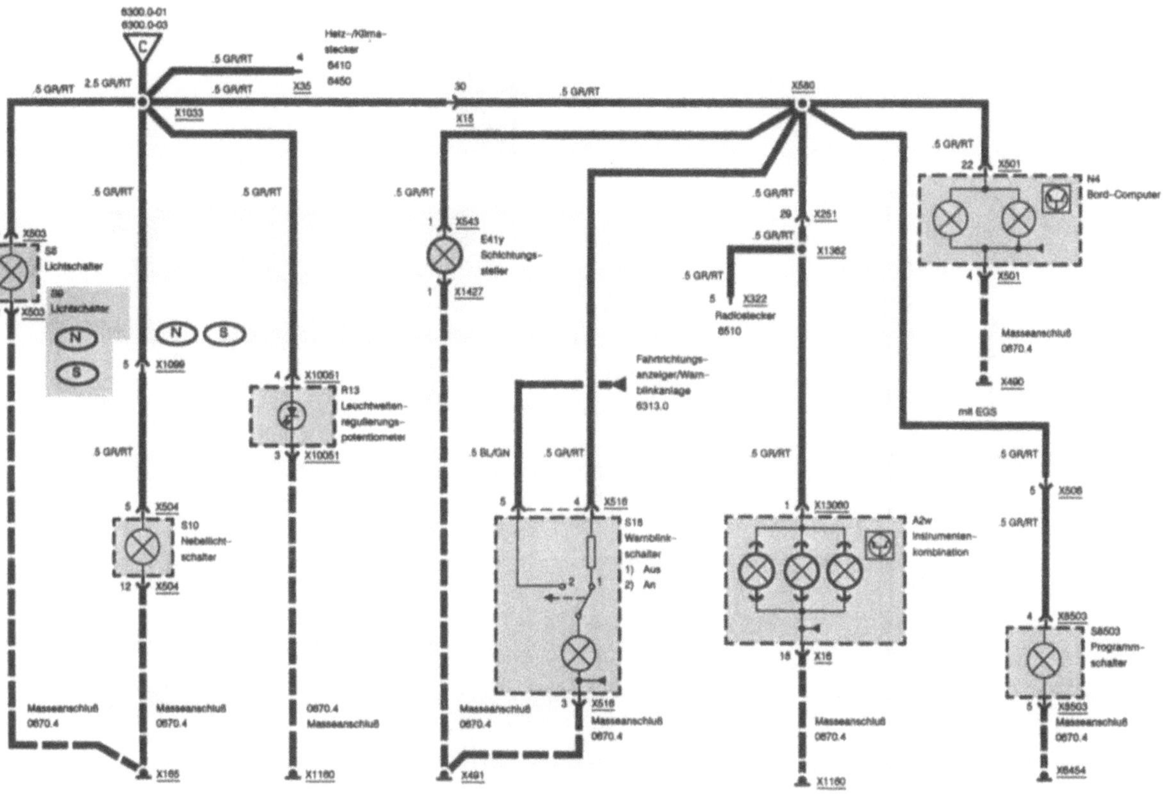

Scheinwerfer/ Nebelscheinwerfer

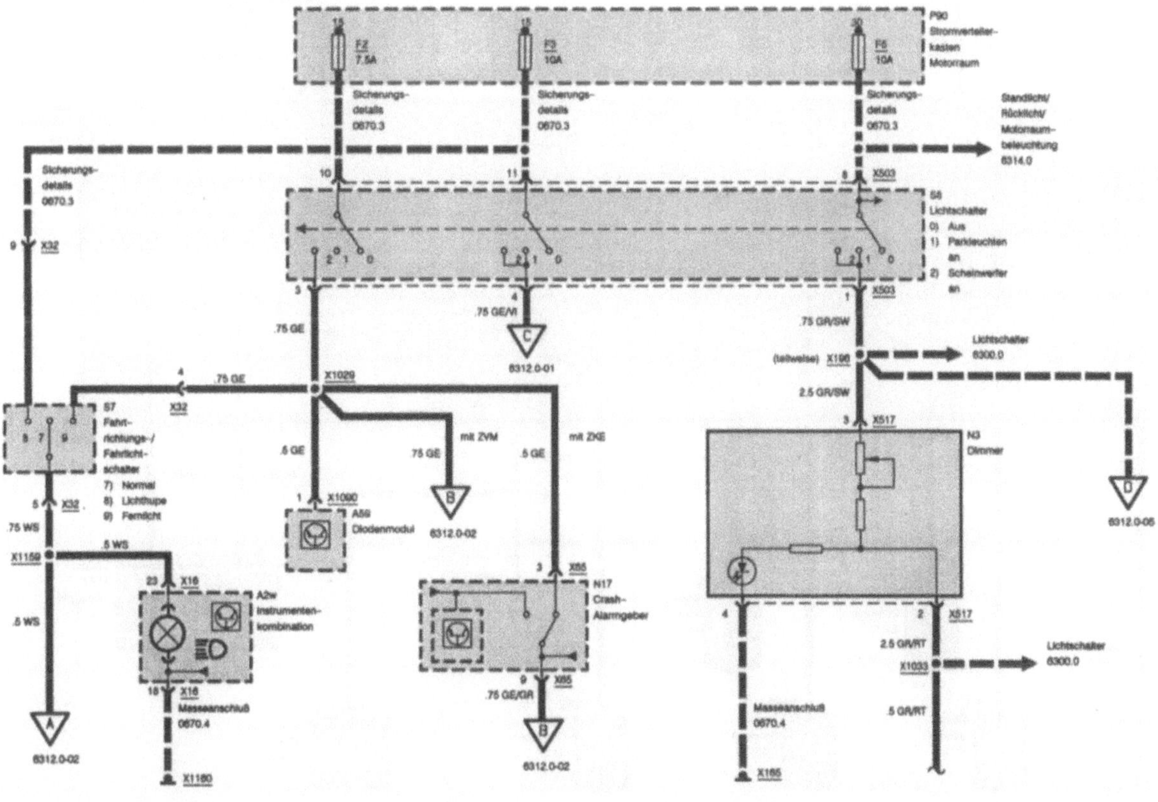

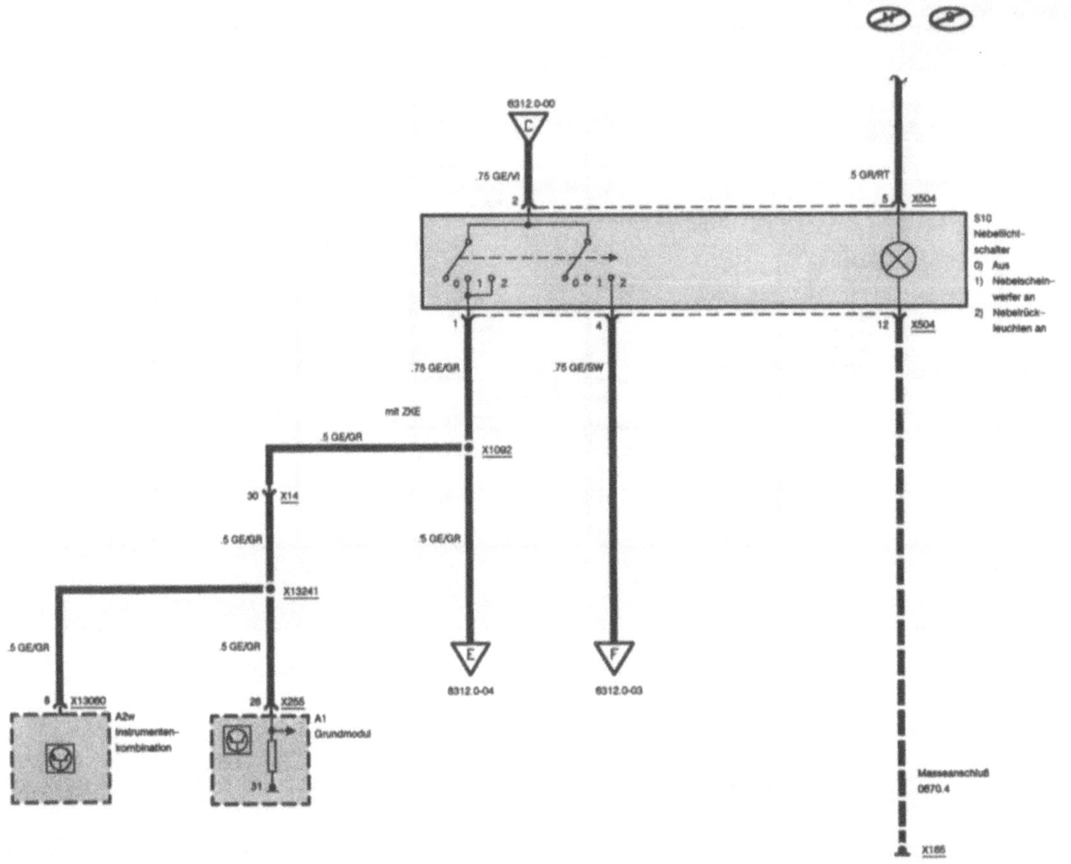

Scheinwerfer/ Nebelscheinwerfer

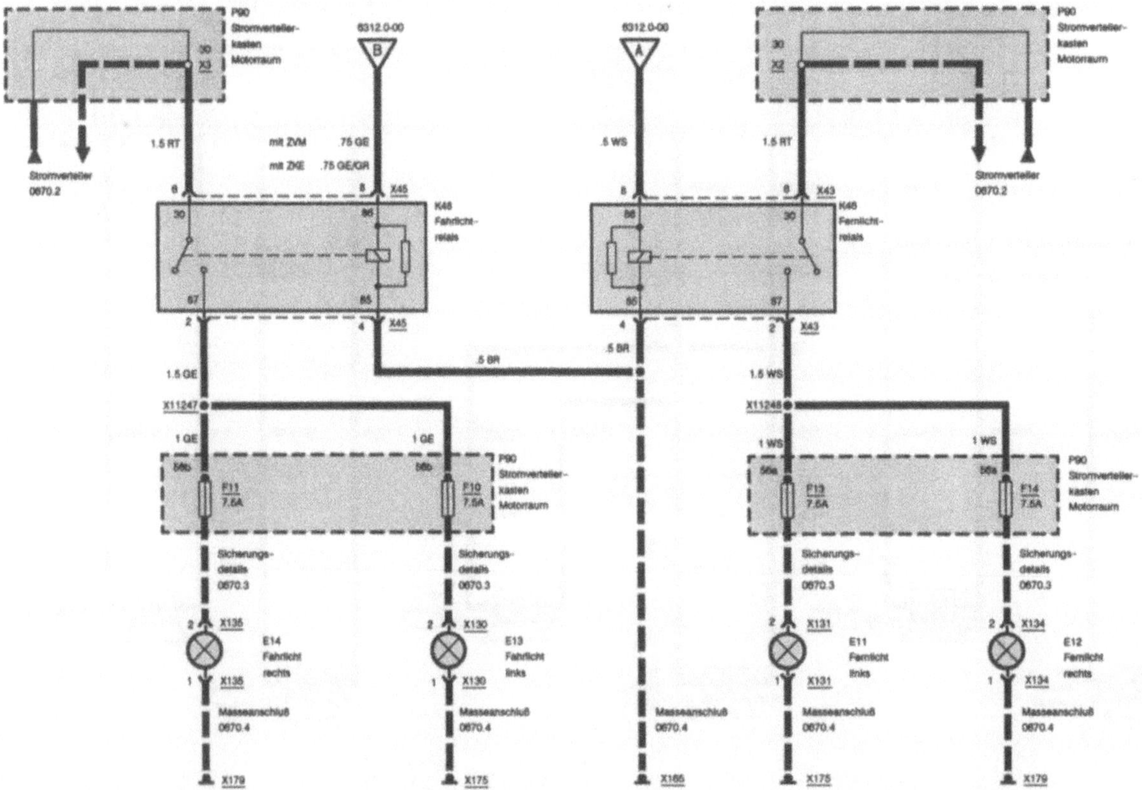

Scheinwerfer/ Nebelscheinwerfer

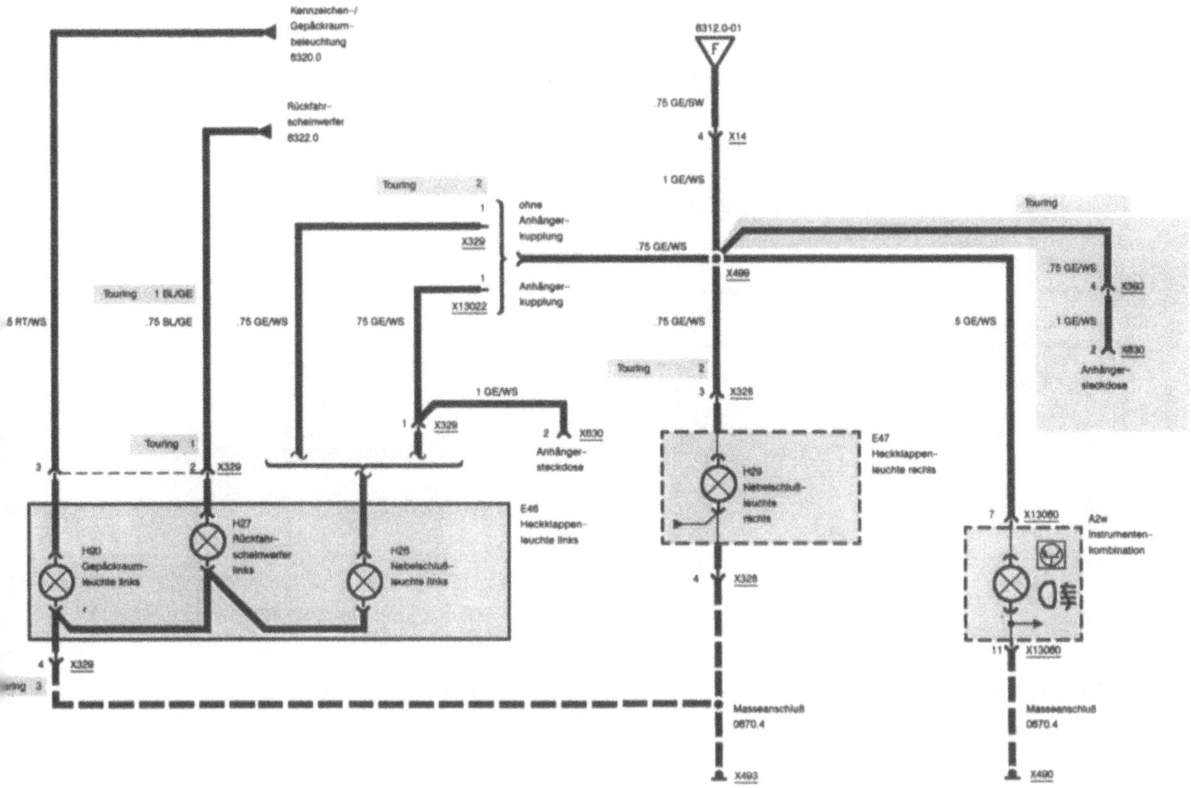

Scheinwerfer/ Nebelscheinwerfer

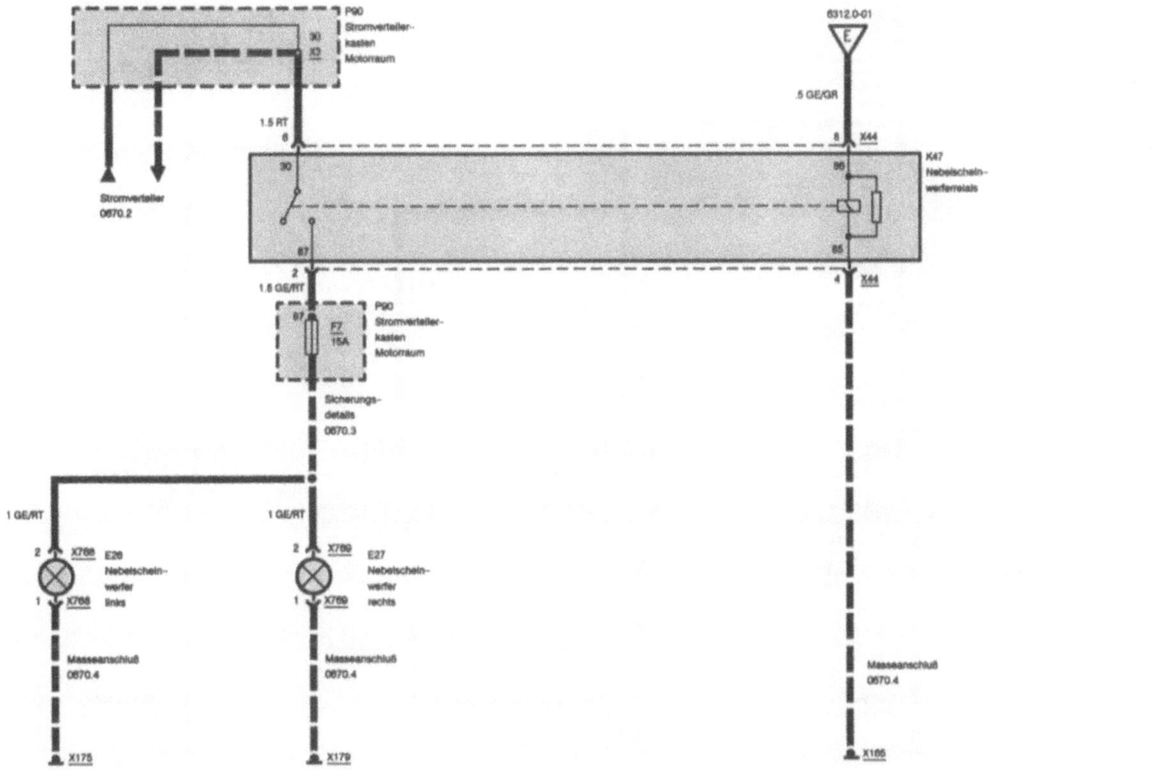

Scheinwerfer/ Nebelscheinwerfer

Leuchtweitenregulierung

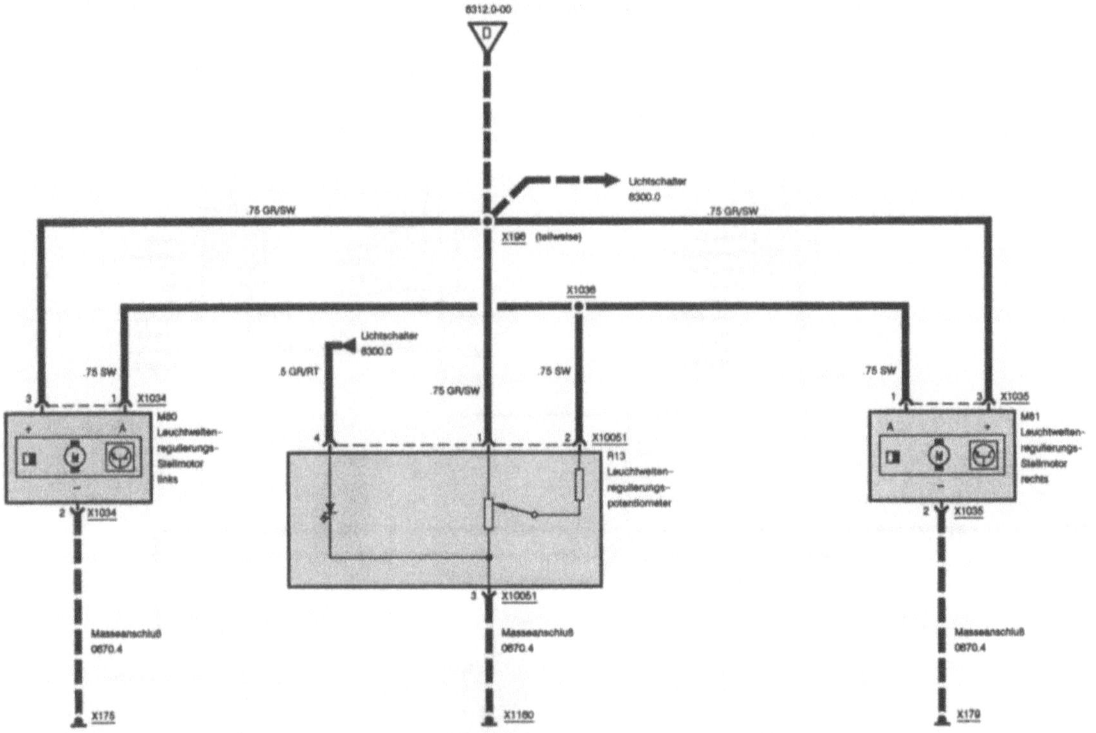

Fahrtrichtungsanzeiger/Warnblinkanlage

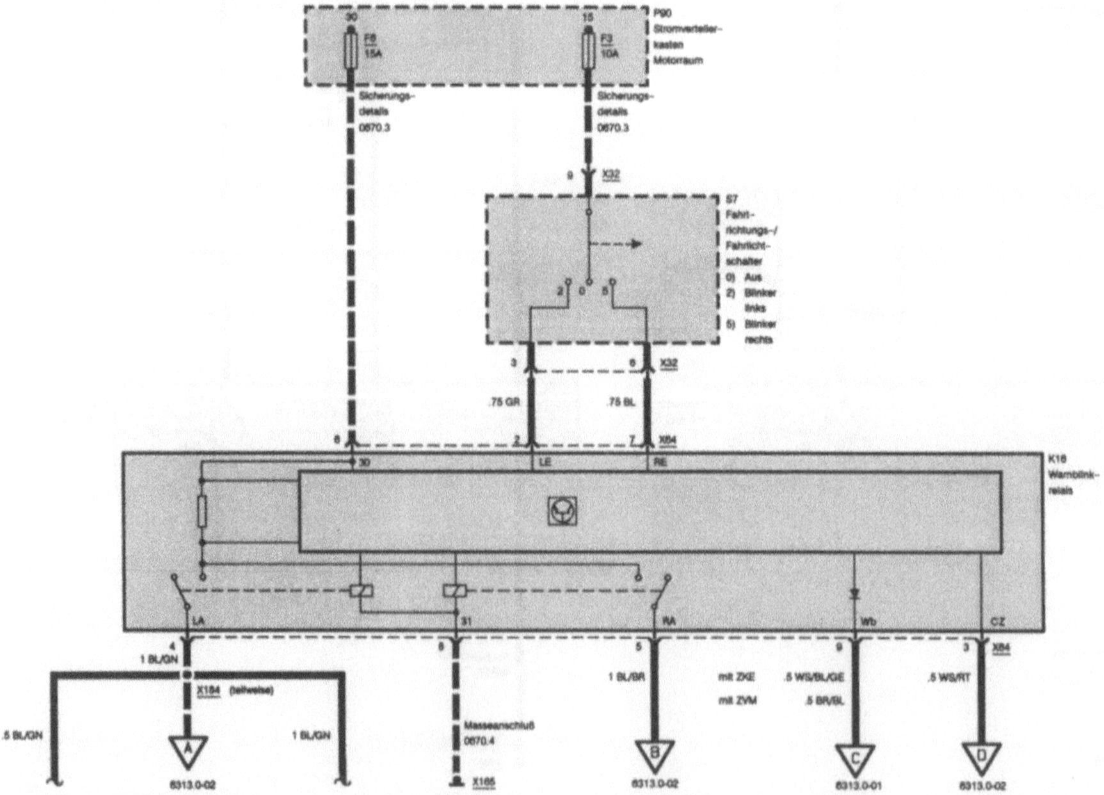

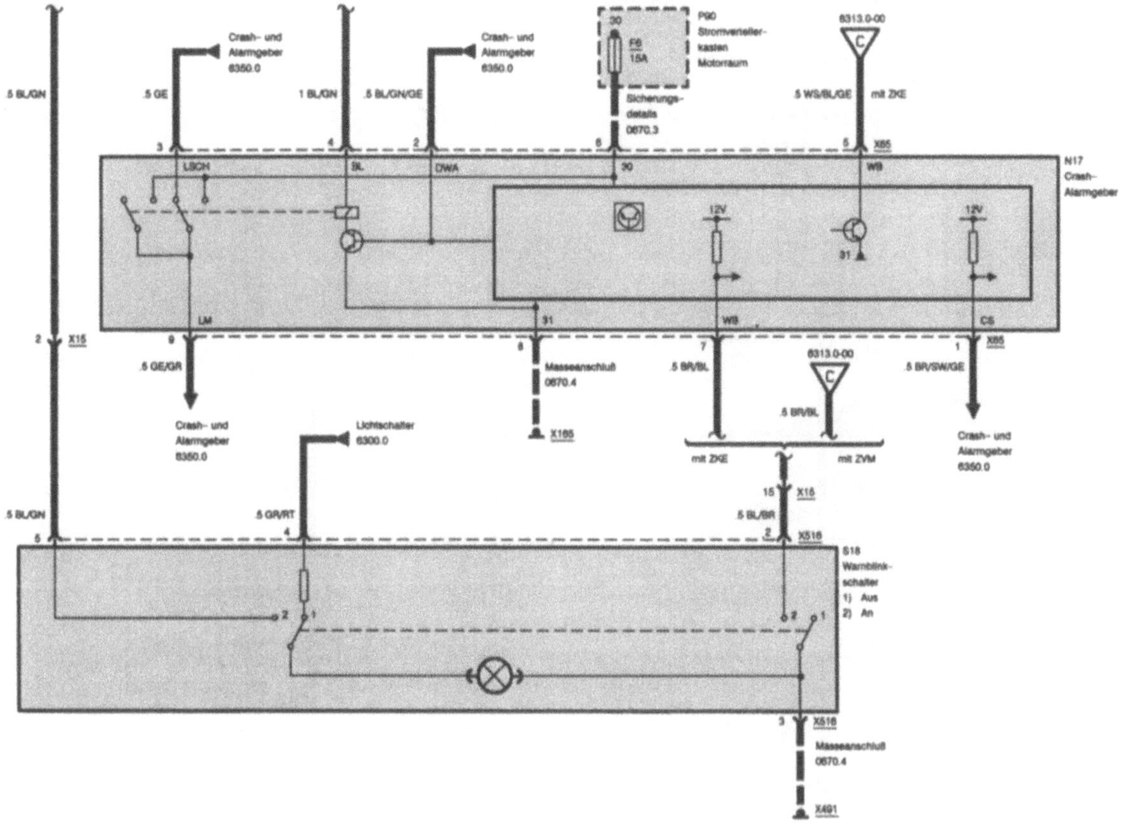

Fahrtrichtungsanzeiger/Warnblinkanlage

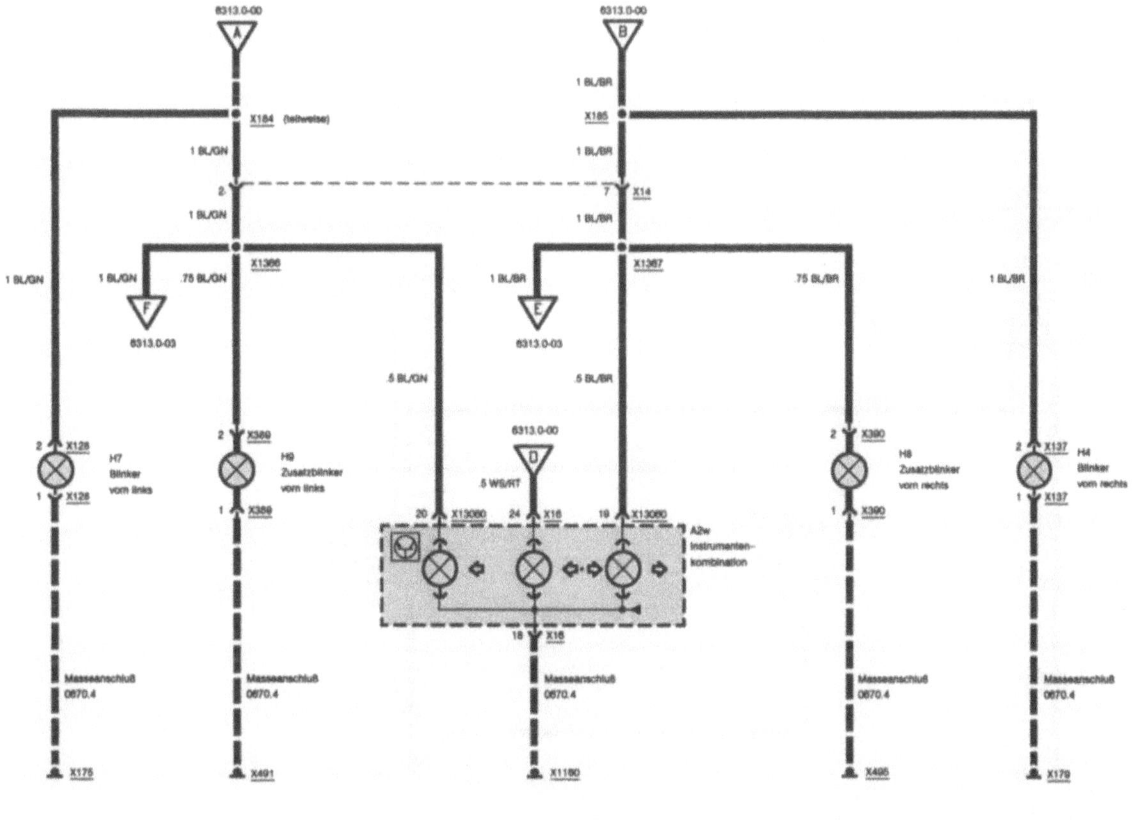

Fahrtrichtungsanzeiger/Warnblinkanlage

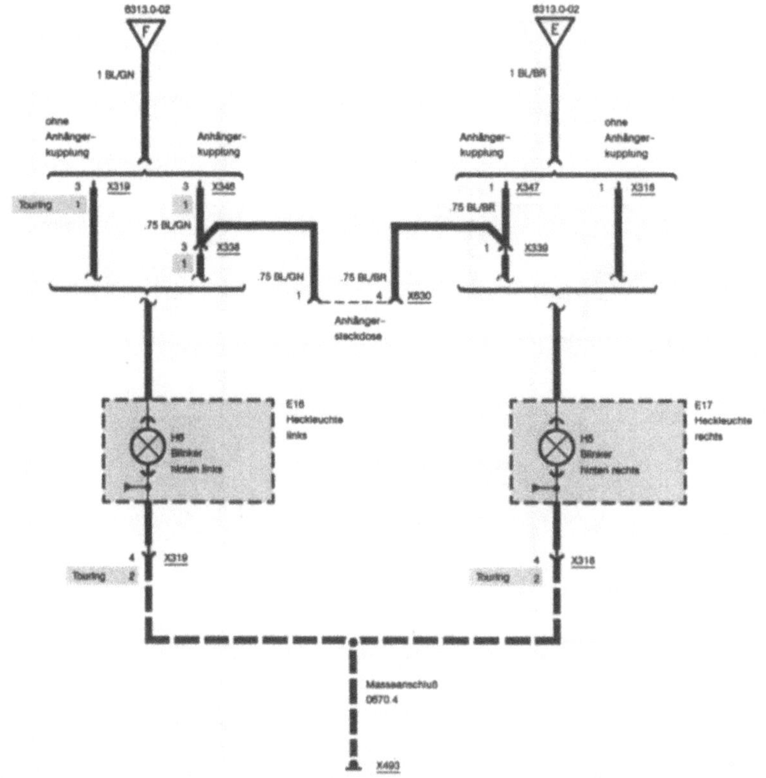

Standlicht/ Rücklicht/ Motorraumbeleuchtung

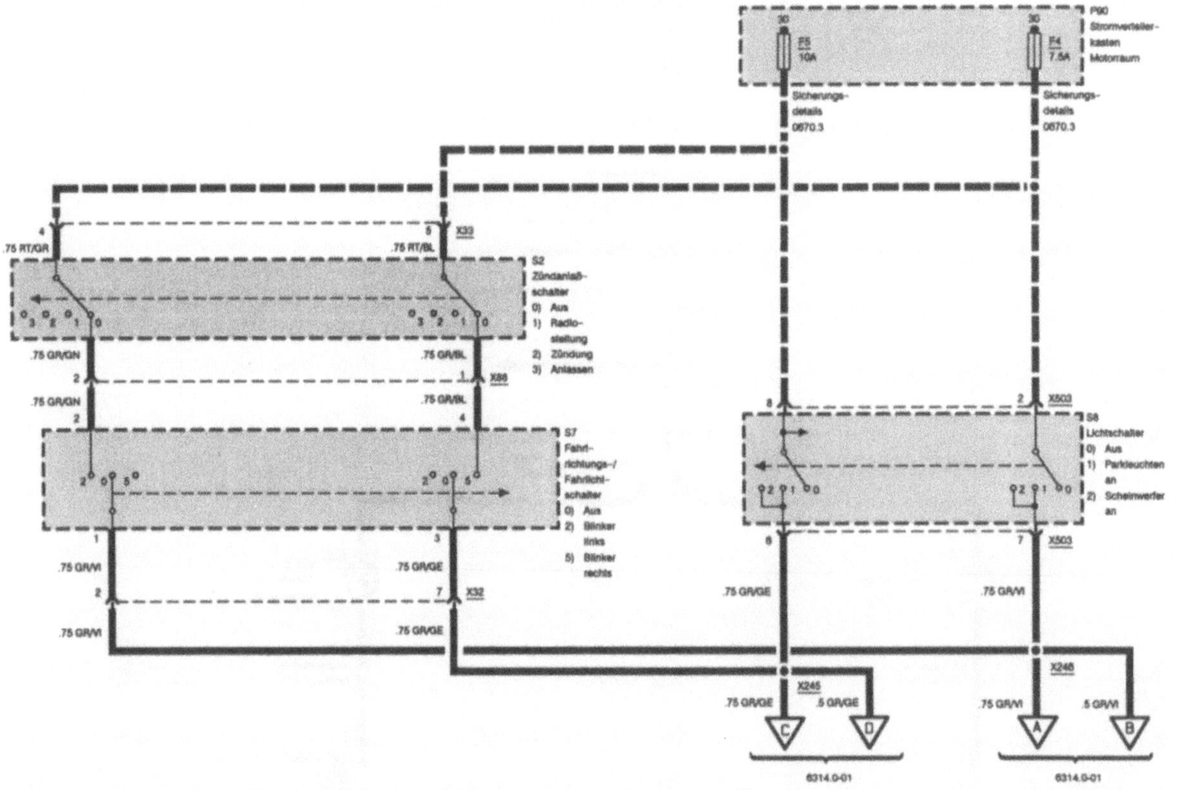

Standlicht/ Rücklicht/ Motorraumbeleuchtung

Standlicht/Rücklicht

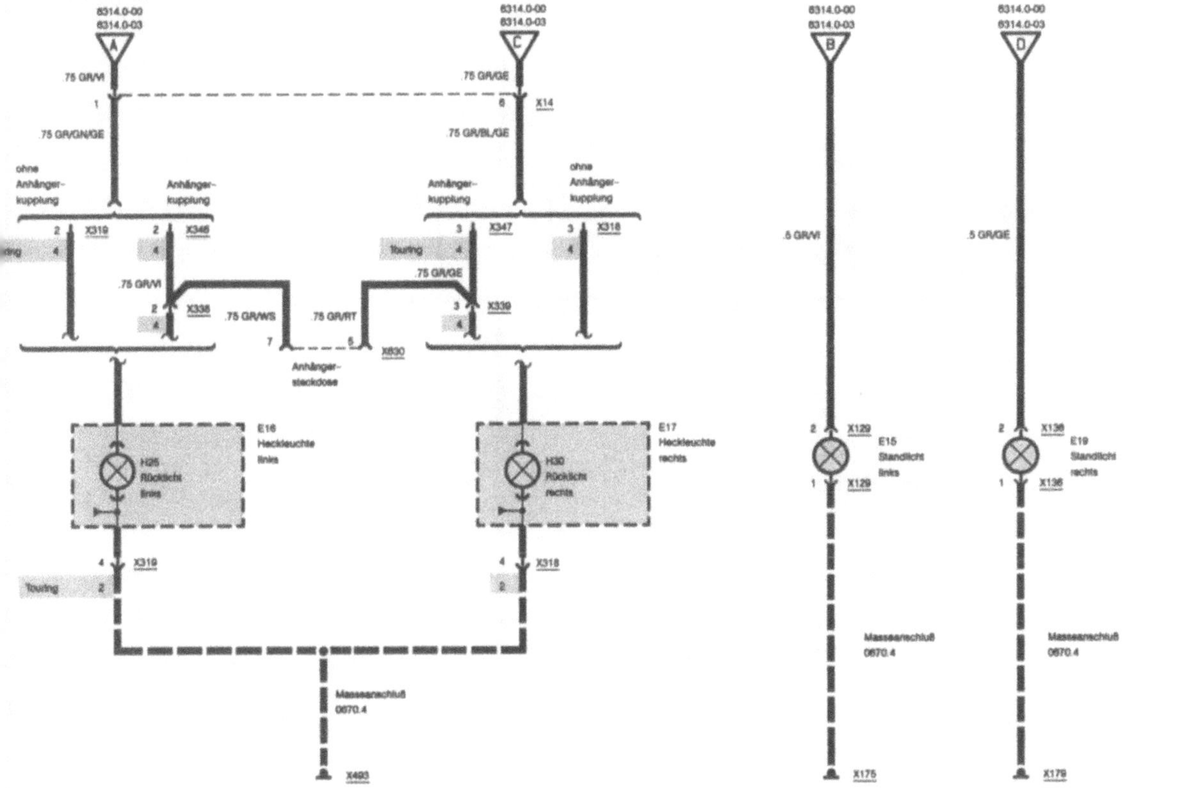

Kennzeichen-/ Gepäckraumbeleuchtung

Kennzeichenbeleuchtung

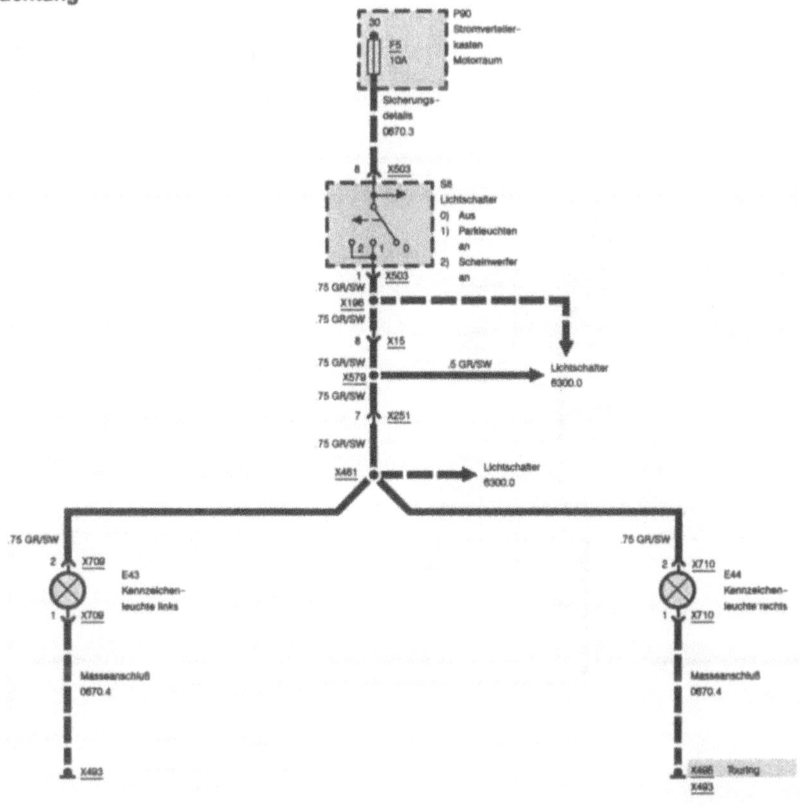

Kennzeichen-/ Gepäckraumbeleuchtung

Gepäckraumbeleuchtung

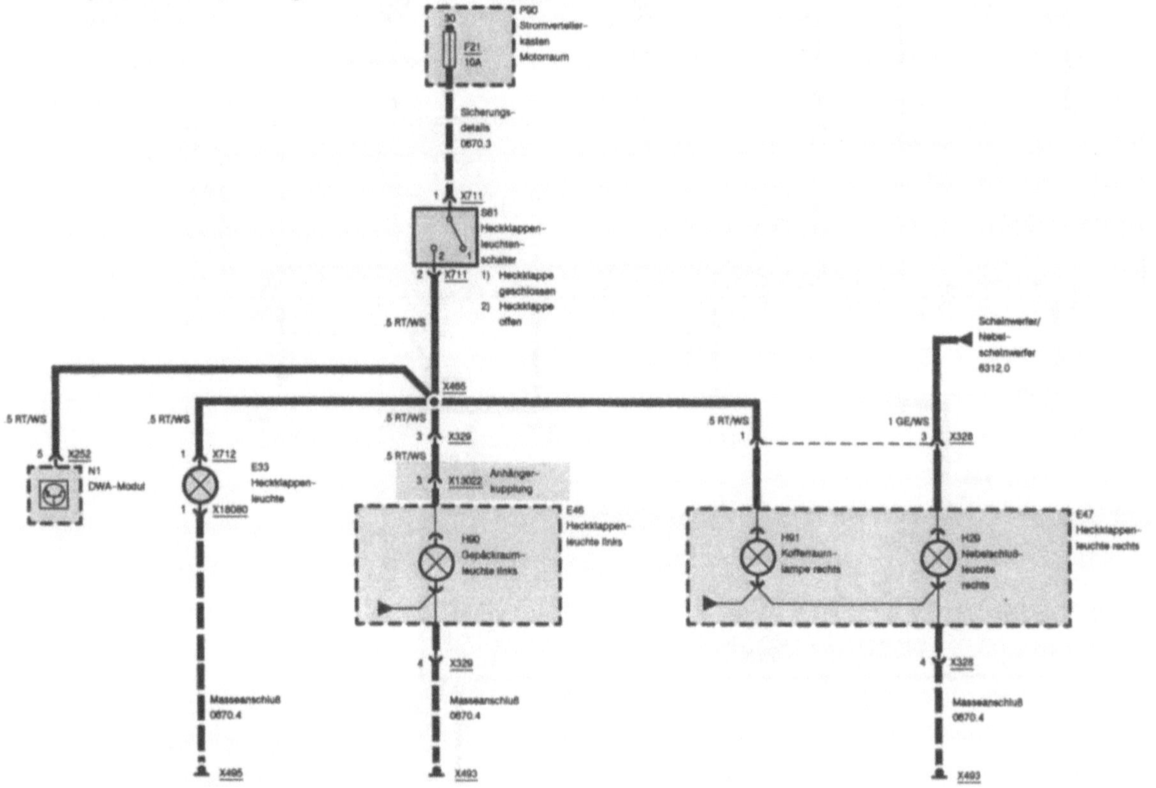

Kennzeichen-/ Gepäckraumbeleuchtung Touring

Gepäckraumbeleuchtung

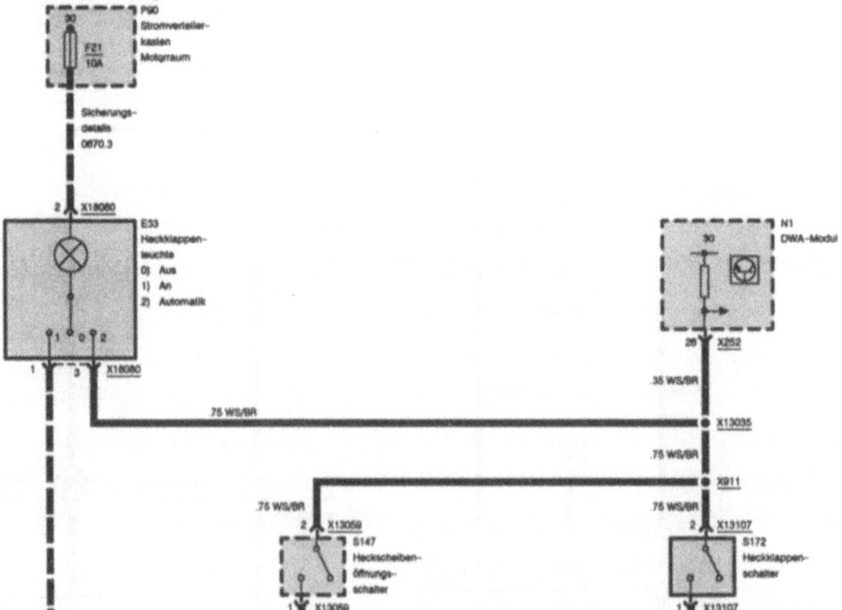

Rückfahrscheinwerfer

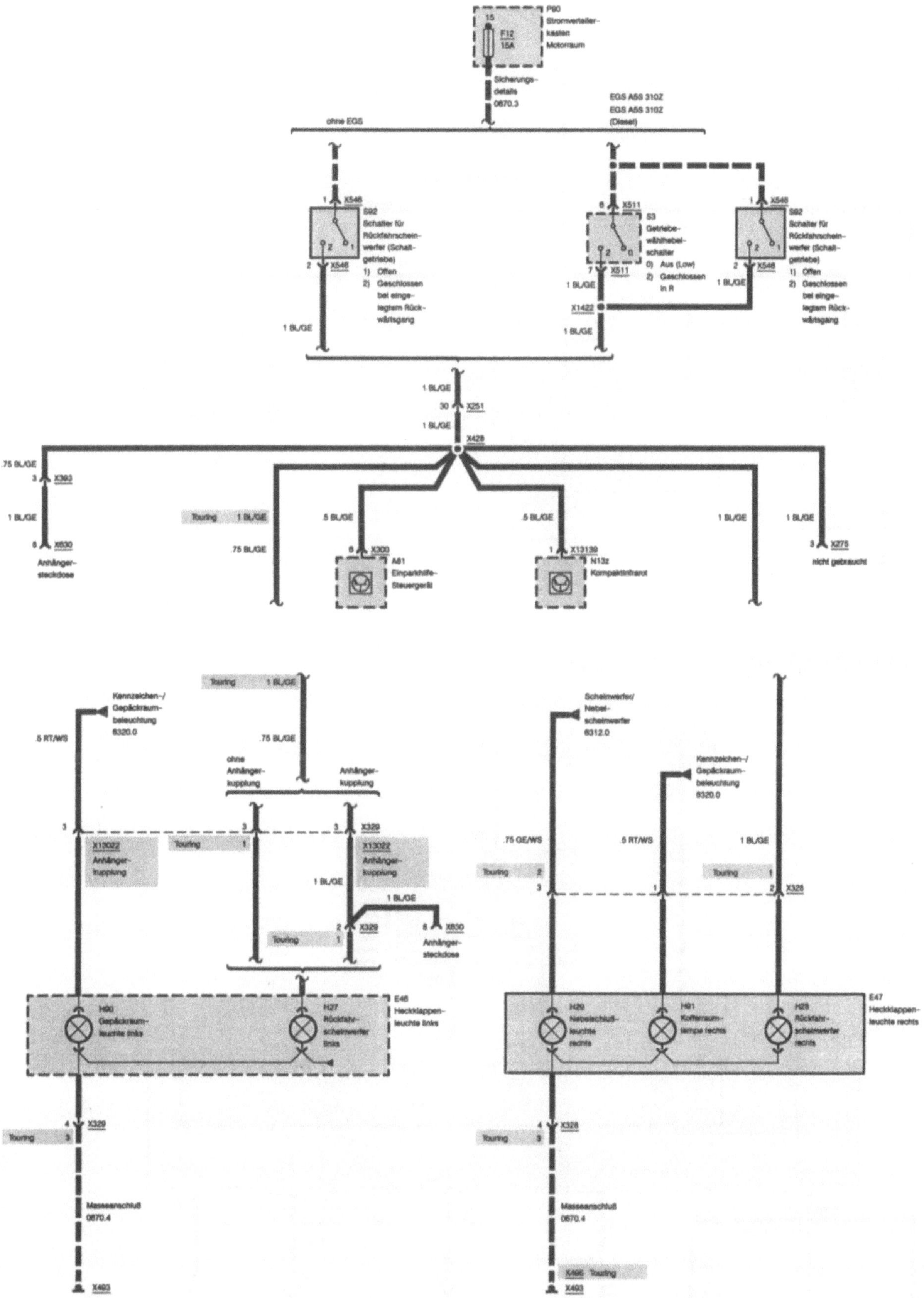

Bremsleuchten

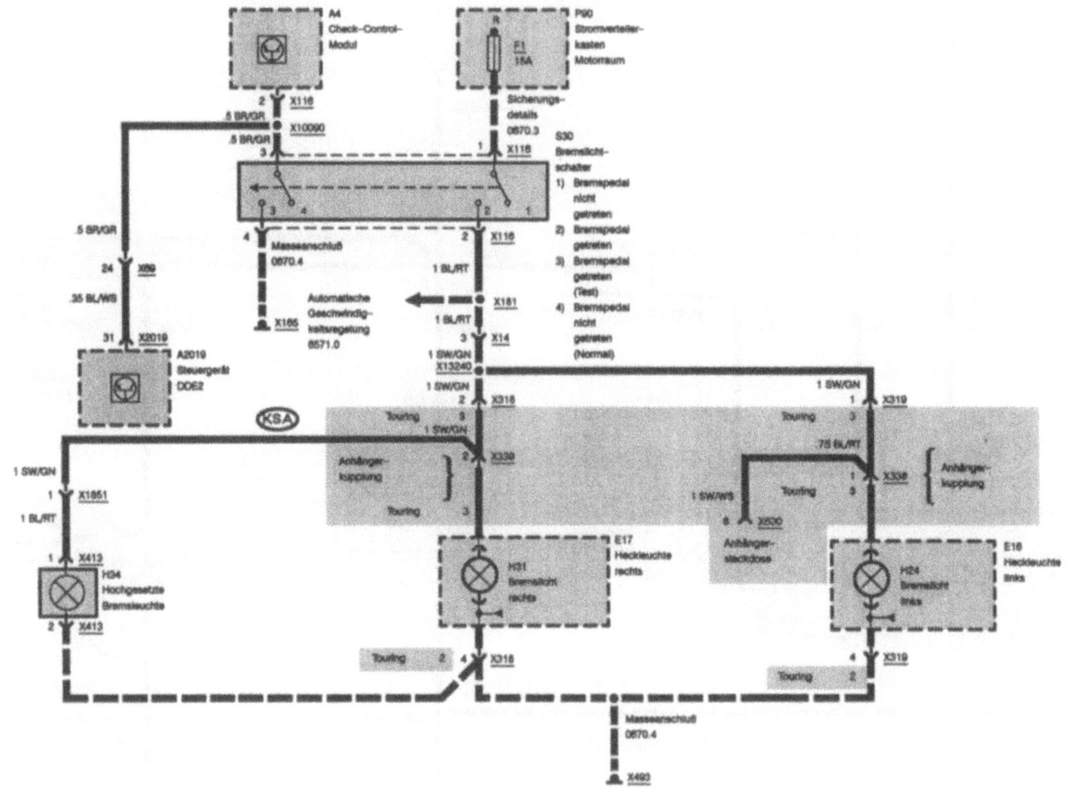

Innenraum

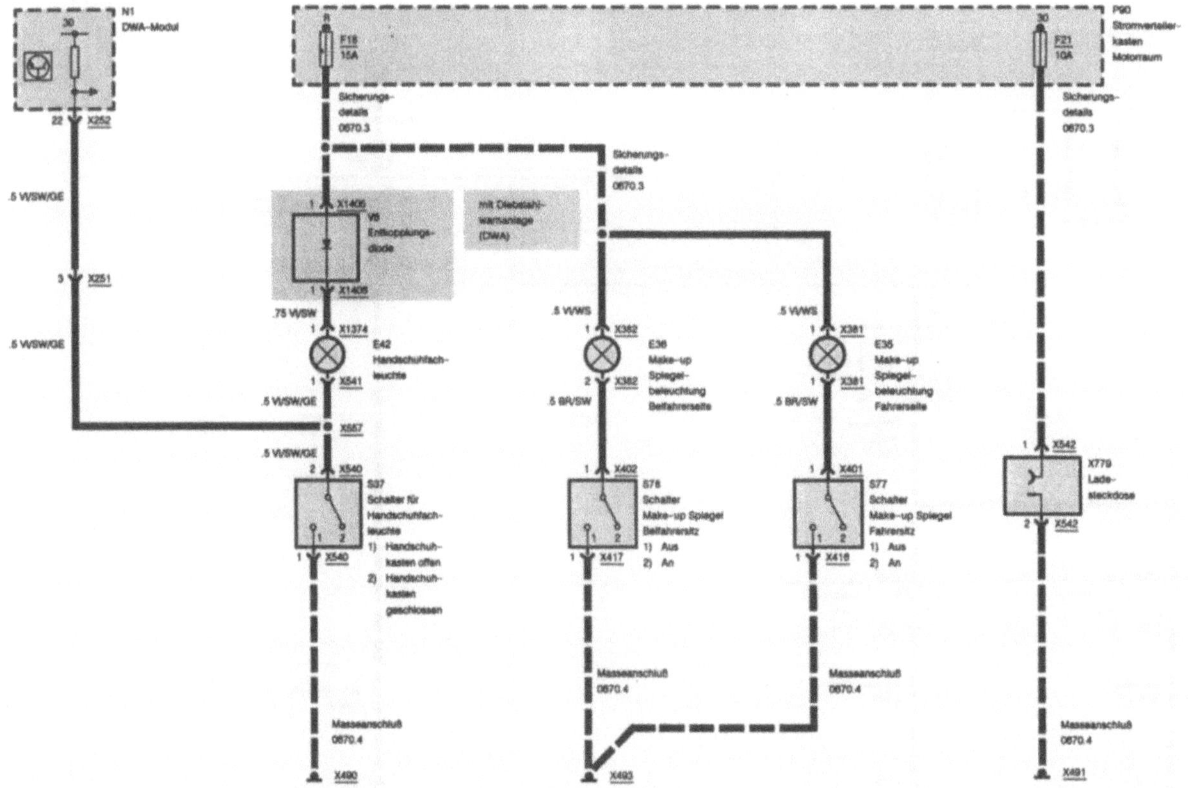

Radio/Stereo

Eine Komponente

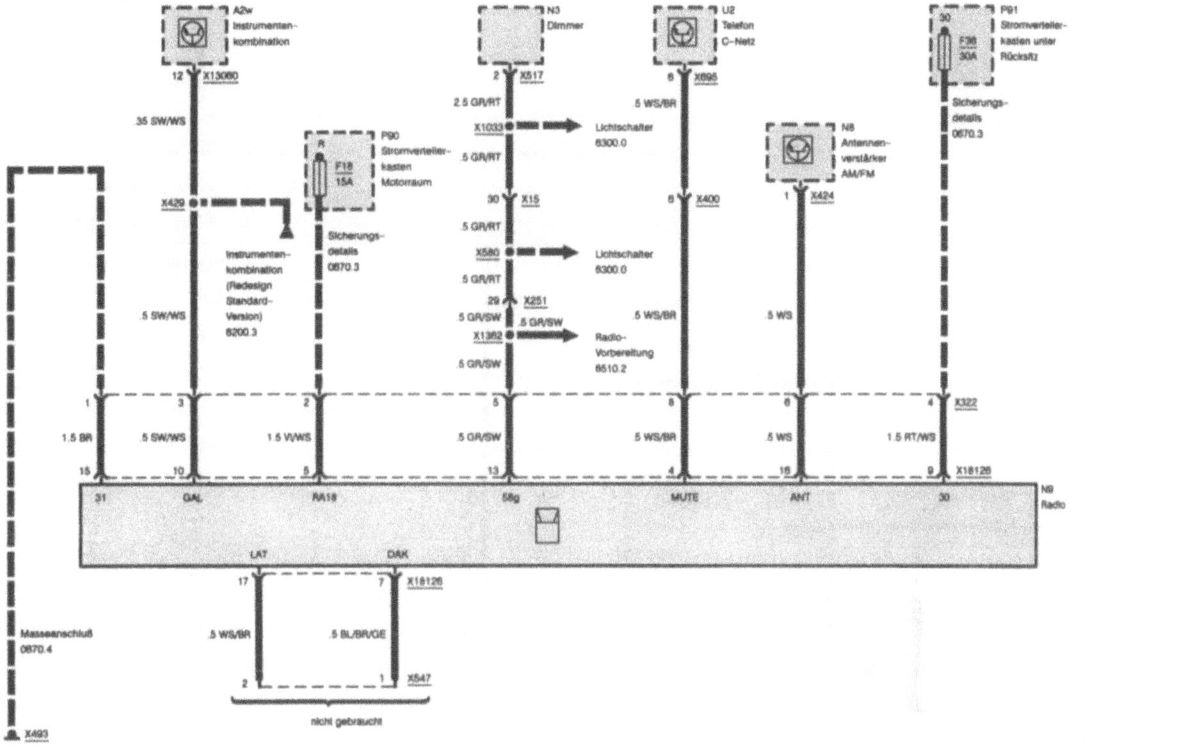

Radio/Stereo

Lautsprecheransteuerung (1 Komponente)

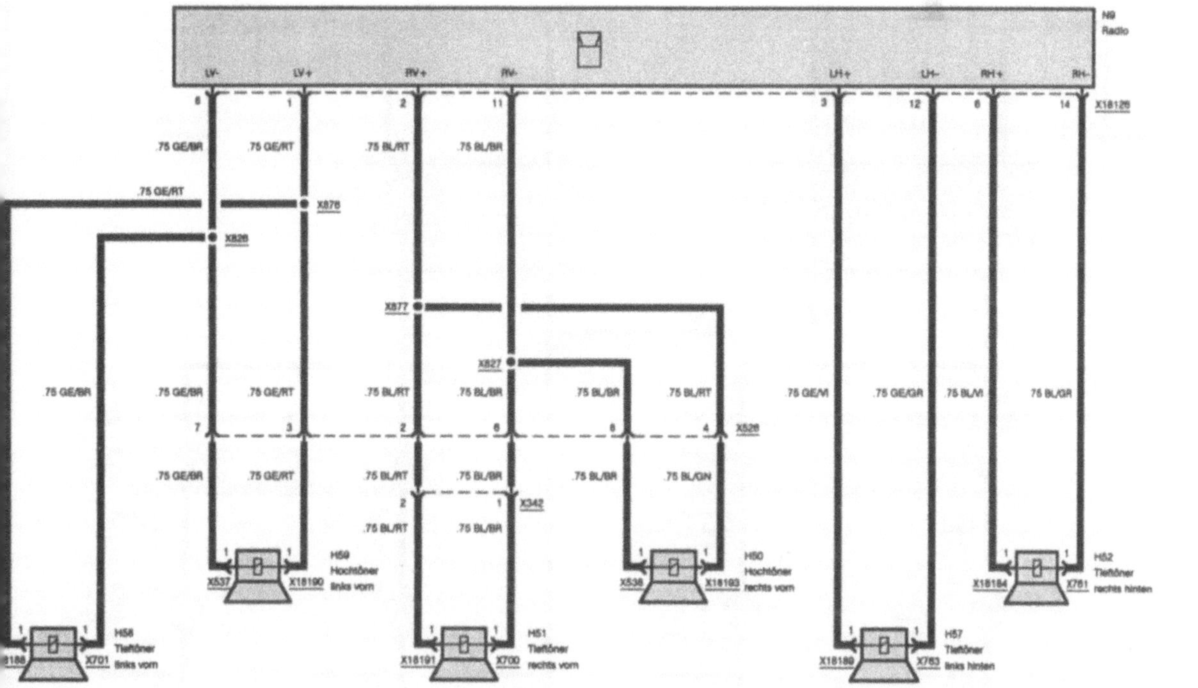